Berck / Graf • Biologiedidaktik

Karl-Heinz Berck
Dittmar Graf

Biologiedidaktik

Grundlagen und Methoden

4., völlig überarbeitete Auflage

unter Mitarbeit von
Anke Fischer und Melek Yaman

Quelle & Meyer Verlag Wiebelsheim

Prof. Dr. Karl-Heinz Berck
Ludwig-Rinn-Straße 29
35435 Wettenberg

Prof. Dr. Dittmar Graf
Fachgruppe Biologie und Didaktik der Biologie
Universität Dortmund
44221 Dortmund

Bibliografische Information der Deutschen Nationalbibliothek

Die Deutsche Nationalbibliothek verzeichnet diese Publikation in der Deutschen Nationalbibliografie; detaillierte bibliografische Daten sind im Internet über http://dnb.d-nb.de abrufbar.

4., völlig überarbeitete Auflage 2010

Druck und Verarbeitung: Media-Print Informationstechnologie GmbH, Paderborn
Printed in Germany/Imprimé en Allemagne

ISBN 978-3-494-01495-1

Inhaltsverzeichnis

1 Lehren von Biologie erfordert Biologiedidaktik 16
1.1 Grundlagen 16
1.2 Biologiedidaktik als Wissenschaft 17
1.3 Definition von Biologiedidaktik 19
1.4 Acht Hauptaufgaben der Biologiedidaktik 21

2 Theorie dient der Praxis 23
2.1 Theorie ist die Leiter zu den Früchten am Baum der Praxis 23
2.2 Einige Grundregeln zum Lehrerverhalten im Biologieunterricht 24

3 Ohne Ziel(e) kein sinnvoller Biologieunterricht 27
3.1 Ziele der Bildungsstandards 28
3.2 Mögliches Leitziele für den Biologieunterricht 29
3.3 Alternativen 31
3.4 Betonung der Fachorientierung 32
3.5 Betonung der Formalen Bildung 32
3.6 Betonung von „Erlebnis" 36
3.6.1 Äußerungen zum Biologieunterricht 36
3.6.2 Exkurs zum Thema „Naturerleben" 38
3.7 Biologie im Kontext 42

4 Lehrziele – pro und contra 43
4.1 Grundposition 43
4.2 Kritik 45
4.3 Typen von Lehrzielen 46
4.3.1 Allgemeines 46
4.3.2 Kognitive Lehrziele 47
4.3.3 Formale Lehrziele 48
4.3.4 Affektive Lehrziele 51

5 Strukturansätze – oder Biologieunterricht kann auf sehr verschiedenen Grundlagen beruhen 55
5.1 Grundsätzliches 55
5.2 Strukturansatz Taxonomie 57
5.3 Strukturansatz Monographien 58
5.4 Strukturansatz Lebensgemeinschaften 58
5.5 Strukturansatz Allgemeinbiologie 60
5.6 Strukturansatz Situationsanalyse 62
5.7 Exkurs: Lernen nach konstruktivistischen Prinzipien 66
5.8 Strukturansatz Prozessorientierung 68
5.9 Strukturansatz „Offener Unterricht" 69
5.10 Biologieunterricht auf dem Weg zur Vermittlung von Kompetenzen 71

6 Anmerkungen zur Curriculumreform 79
6.1 Zur Geschichte 79
6.2 Robinsohn-Modell 80
6.3 Sequenzierung von Inhalten für den Biologieunterricht 81

7 Das Exemplarische Prinzip Wagenscheins – ein Weg zum problemorientierten Unterricht 87
7.1 Das Exemplarische Prinzip – Parameter und Definition 87
7.2 Das Elementare 88
7.3 Das Genetische 88
7.4 Exkurs: Entdeckendes Lernen – Problemorientiertes Lernen 90
7.5 Begegnung mit Phänomenen 92
7.6 Das Fundamentale 92
7.7 Fazit zum Exemplarischen Prinzip 94

8 Was Schüler und andere von einer Biologielehrerin / einem Biologielehrer erwarten 96
8.1 Warum man (keine) Biologielehrerin, (kein) Biologielehrer werden sollte 96
8.2 Beispiele für notwendige Fähigkeiten 97
8.2.1 Expertenwissen von Lehrern 97
8.2.2 Grundkenntnisse eines Biologie-Lehrers 98
8.2.3 Lehrerfolg – Lehrereigenschaften – empirisch 99
8.3 Biologiedidaktik im Studium und Referendariat 100

9 Wie man Schüler (vielleicht) für Biologie interessiert – Lernprozesse im Biologieunterricht 1 107
9.1 Die Interessensdoktrin und die Bedeutung von Wissen 107
9.2 Motivation – Interessiertheit – Interesse 109
9.3 Einige empirische Befunde der Interessensforschung und ihre Anwendung im Biologieunterricht 111
9.3.1 Stellenwert des Faches Biologie 111
9.3.2 Unterrichtsmethoden 112
9.3.3 Interesse an zoologischen und botanischen Themen im Verlauf der Sekundarstufe I 113
9.3.4 Interesse an Humanbiologie im Verlauf der Sekundarstufe I 114
9.3.5 Interesse an Natur- und Umweltschutz im Verlauf der Sekundarstufe I 114
9.3.6 Interesse an Allgemeinbiologischen Themen in der Sekundarstufe I 115
9.4 Vorschläge zur Förderung von Interessiertheit 116

10 Begriffe und Begriffslernen – Lernprozesse im Biologieunterricht 2 118
10.1 Bedeutung von Begriffen 118
10.2 Gezielte Auswahl statt Begriffsüberfrachtung 119
10.3 Was ein Begriff ist 119
10.4 Zur Problematik der Begriffsnamen 121
10.5 Wissenschaftssprache – Umgangssprache 122
10.6 Begriffsverwendung in Schulbüchern und Lehrplänen – verwirrend 123
10.7 Bedeutung des Begriffslernens für Schüler und Ausbilder 126
10.8 Begriffslernen 128
10.8.1 Begriffslernen mit Begriffsnetzen 128
10.8.2 Weitere Verfahren zum Begriffslernen 130
10.8.3 Was Schüler lernen 131
10.8.4 Vorerfahrungen mit Begriffen und Alltagsvorstellungen 132
10.8.5 Auswahl grundlegender biologischer Begriffe 133
10.9 Regeln zur Begriffsvermittlung 134

11 Interesse an Tieren, Pflanzen – nicht nur ein Spezialfall – Lernprozesse im Biologieunterricht 3 136
11.1 Grundlagen und Begründungen 136
11.1.1 Situation 136

11.1.2 Verschiedene Bezeichnungen ... 136
11.1.3 Wozu Artenkenntnisse? ... 137
11.1.4 Belege für die objektive und subjektive Bedeutung von Artenkenntnissen ... 138
11.1.5 Warum kein Interesse an Arten? ... 140
11.1.6 Artenkenntnisse heute (zu) gering? ... 141
11.2 Entstehung von Arteninteressen ... 142
11.2.1 Zeitpunkt ... 142
11.2.2 Einbindung in heutige Curricula ... 143
11.2.3 Anregungsfaktoren ... 143
11.2.4 Typologisierung von Naturbegegnung ... 144
11.3 Vermittlung von Artenkenntnissen ... 145
11.4 Ein Modell zur Genese von Arteninteressen ... 147

12 Verschiedene Methoden der Leistungsmessung ... 149
12.1 Allgemeines ... 149
12.1.1 Objektivierte Leistungsmessung ... 151
12.1.2 Voraussetzung Lehrzielorientierung ... 151
12.1.3 Bewertung unterschiedlicher Lehrziele ... 151
12.1.4 Allgemeiner Maßstab ... 152
12.1.5 Spezieller Maßstab ... 152
12.1.6 Quantifizierung ... 153
12.2 Funktionen der Leistungsmessung ... 154
12.3 Methoden ... 154
12.3.1 Test-Gütekriterien ... 154
12.3.2 Situation im Biologieunterricht ... 155
12.3.3 Aufgabentypen und ihre Beurteilung ... 156
12.3.4 Mündliche Überprüfung ... 159
12.3.5 Schriftliches und mündliches Abitur ... 160

13 Beispiele zur Verwendung und Effektivität von Medien und Fachgemäßer Arbeitsweisen ... 162
13.1 Allgemeine Aspekte ... 162
13.2 Schulbuch ... 164
13.2.1 Funktion ... 164
13.2.2 Beurteilungskriterien ... 165
13.3. Experiment ... 168
13.3.1 Grundsätzliches ... 168
13.3.2 Typen von Schülerexperimenten ... 171
13.3.3 Einige empirische Befunde über die Effektivität von Experimenten ... 172
13.3.4 Demonstrationsexperiment ... 175
13.3.5 Schlussfolgerungen für die Praxis ... 176
13.4 Film – Optische Darstellungen ... 177
13.5 Naturobjekt – Lebende Tiere im Unterricht ... 179
13.6 Exkurs: Beobachtung und Vergleich ... 180
13.7 Exkurs: Schüleraktivität ... 183
13.8 Modelle ... 184
13.9 Quellen ... 186
13.10 Übungsheft – Hausaufgabe – Arbeitsblätter ... 188
13.10.1 Übungsheft ... 188
13.10.2 Biologische Texte schreiben ... 189
13.10.3 Arbeitsblatt ... 191
13.10.4 Aufgabenkultur ... 191
13.10.5 Hausaufgaben ... 192
13.10.6 Facharbeit ... 196

13.11 Tafel 196
13.12 Stationenarbeit 196
13.13 Computer – Multimedia 197
13.13.1 Allgemeines zur Computernutzung im Biologieunterricht 197
13.13.2 Qualität von Programmen für den Unterricht 201
13.13.3 Nutzung von Computern im Biologieunterricht 201
13.13.4 Vorbereitung von Unterricht 208
13.13.5 Schüler lernen zu Hause 209

14 Beispiele für Lehrformen und Schüleraktivitäten 211
14.1 Allgemeines 211
14.2 Einstieg und Kognitiver Konflikt 213
14.3 Vortrag und Erklären 216
14.4 Lernen durch Lehren 218
14.5 Unterrichtsgespräch – Impulsfrage 218
14.6 Direktes Unterrichten 220
14.7 Gruppenarbeit – Kooperatives Lernen 221
14.8 Projekt 223
14.9 Rollenspiel 225
14.10 Außerschulische Lernorte 226
14.10.1 Allgemeines 226
14.10.2 Biologische Exkursionen und anderer Freilandunterricht 228
14.10.3 Schulgarten und Botanischer Garten 229
14.10.4 Zoo 330
14.10.5 Naturkundliches Museum 231
14.10.6 Landheimunterricht 232

15 Unterrichtsprinzipien 234
15.1 Allgemeines 234
15.2 Bemerkungen zu einigen Unterrichtsprinzipien 236
15.2.1 Wissenschaftsorientierung – Wissenschaftsorientierter Unterricht 237
15.2.2 Ganzheitlichkeit 237

16 Vorschläge für die Vorbereitung auf und Beurteilung von Biologieunterricht 240
16.1 Allgemeines 240
16.2 Vorbereitung einer Unterrichtseinheit 241
16.3 Vorbereitung einer Unterrichtsstunde 244
16.4 Beispiel: Entwurf für eine Unterrichtsstunde 246
16.5 Beurteilung von Biologieunterricht 254
16.5.1 Beurteilung durch einen Supervisor 254
16.5.2 Selbstbeurteilung 257
16.5.3 Beurteilung durch Schüler 257

17 Geschichte des Biologieunterrichts – was man daraus lernen kann 259
17.1 Grundsätzliches 259
17.2 Äußere Bedingungen 260
17.3 Zur Geschichte der Strukturansätze und Methoden 267
17.4 Blicke über die Grenzen 273
17.5 Ein Fazit – d e n Biologieunterricht gibt es nicht 278

18 Anmerkungen über den Biologieunterricht in verschiedenen Schulformen 280
18.1 Biologie im Sachunterricht der Grundschule 280
18.1.1 Allgemeines 280
18.1.2 Ausbildung 281
18.1.3 Entwicklung seit 1945 – Strukturansätze und Inhalte 282

18.1.4 Kriterien für die Praxis 283
18.1.5 Unterricht – Inhalte 284
18.2 Biologieunterricht in der Schule für Lernhilfe – Förderschule Lernen 287
18.2.1 Einführung 287
18.2.2 Didaktische Grundsätze 288
18.2.3 Zentrale Aussagen von Rahmenlehrplänen 290
18.2.4 Didaktische Ansätze und Schwerpunkte 291
18.2.5 Empirische Untersuchungen 293
18.2.6 Ausblick 294
18.3 Hauptschule – Realschule – Gesamtschule 295
18.4 Gymnasium – Sekundarstufe II 299
18.4.1 Lehrer 300
18.4.2 Forderungen nach Studierfähigkeit 300
18.4.3 Plan eines Kerncurriculums 300
18.4.4 Grundkurse – Leistungskurse 301
18.4.5 Abituranforderungen 302
18.4.6 Effektivität 302
18.4.7 Wahlverhalten und Interesse der Schüler 303
18.4.8 Konsequenzen für den Unterricht 304
18.5 Integrierter Naturwissenschaftlicher Unterricht – Fachübergreifender Unterricht 305
18.5.1 Begriff und Situation 305
18.5.2 Beispiele 307
18.5.3 Gründe für – gegen Integrierten Naturwissenschaftlichen Unterricht (INU) 309

19 Ohne philosophischen Hintergrund kann man Biologie nicht unterrichten 311
19.1 Allgemeines 311
19.2 Einige Grundprobleme – Überblick 313
19.3 Für Biologieunterricht besonders wichtige Beispiele 320
19.3.1 Stellung des Menschen unter den Lebewesen – oder das Menschenbild-Problem 320
19.3.2 Begründungen für Naturschutz – oder das Naturschutzethik-Problem 322
19.3.3 Kreationismusproblem 323
19.3.4 Esoterikproblem 325
19.3.5 Natur oder Kultur? 327
19.4 Bewertungskompetenz – am Beispiel ethischer Urteilskompetenz 328

Literatur 329

Stichwortverzeichnis 369

Vorwort

Dem Anwenden muss das Erkennen vorausgehen (MAX PLANCK)

Kürzer kann man den Zweck dieses Buches nicht zusammenfassen.

- Es möchte allen Leserinnen und Lesern eine Hilfe für die Praxis ihres Biologieunterrichts sein.
- Für sie Probleme darstellen und nach Möglichkeit lösen;
- angeben, warum mit Hilfe einer bestimmten Theorie Probleme besser gelöst werden können als mit einer anderen;
- Wissen so vermitteln, dass es dazu hilft, Probleme selbst zu lösen;
- geeignete Quellen zur weiteren Beschäftigung mit einer Frage angeben;
- Vorstellungen, Wissen und Gefühle entstehen lassen, wie Biologieunterricht sein sollte.
- Es versucht, darauf zu verzichten, selbstverständlich erscheinende Sachverhalte breit darzustellen. Allerdings lässt es sich schwerlich vermeiden, dass dieselben Argumente oder Unterrichtsstrategien unter verschiedenen Stichworten angegeben werden; Wiederholungen sind beabsichtigt. Die vielfach gewählte listenartige Darstellung, ist einerseits nicht immer angenehm zu lesen, andererseits erleichtert sie Überblick und Lernen.

Biologieunterricht ist ein kompliziertes Unternehmen. Nur wer viel über ihn weiß, kann als Lehrerin oder Lehrer zur eigenen Zufriedenheit und zu der seiner Schüler Biologie lehren. Dies gilt für jede Form biologischer Unterweisung.
Es wurde zu vermeiden versucht, unrealistische und illusionäre Aussagen sowie Vorschläge für Unterricht zu machen. Dennoch wird mancher Leserin oder manchem Leser, das was vorgeschlagen wird, als eine hohe Anforderung erscheinen. Aber Unterrichten ist nun einmal schwierig und komplex – besonders aber Biologieunterricht.

Aristoteles beharrte darauf, dass Frauen weniger Zähne hätten als Männer. Obwohl er zweimal verheiratet war, kam er nie auf den Gedanken, seine Behauptung anhand einer Untersuchung der Münder seiner Frauen zu prüfen (RUSSELL in Die ZEIT Nr. 2, 1998). Über lange Zeit hinweg beruhte Biologiedidaktik vorwiegend auf subjektiver Erkenntnis. Sie hat aber in den letzten Jahrzehnten erhebliche Fortschritte gemacht, versucht, „dem Biologieunterricht in den Mund zu schauen". Es sollte also immer mehr möglich sein, subjektive Erfahrungen durch Forschungsergebnisse zu ergänzen oder zu ersetzen. Weil diese Forschungsergebnisse zudem immer differenzierter werden, muss man auch wegkommen von globalen Aussagen wie z. B.: „Freilandunterricht ist motivierender und lerneffektiver als anderer Unterricht"; er ist es nur unter ganz bestimmten Bedingungen; oder: „im Biologieunterricht wird Beobachten gelernt".

Dies ist der Grund, warum auf die Darstellung empirischer Befunde sowie die Beurteilung von Aussagen im Lichte solcher Forschungsergebnisse großer Wert gelegt wird. Allerdings muss eingeräumt werden, dass dies bislang in vielen Feldern der Biologiedidaktik noch nicht oder nur unzulänglich möglich ist.

Solche Forschungsergebnisse zwingen dazu, manche verbreiteten Tendenzen und Hoffnungen in Bezug auf Biologieunterricht zu relativieren. Dies mag manchen, der sie vertritt, wenig erfreuen. Aber Biologiedidaktik darf sich nicht an Zeitströmungen und mehr oder minder subjektiven Vorstellungen orientieren – sondern wo immer möglich an Fakten. Wer von der Notwendigkeit „biologischer Bildung" für den Einzelnen und die Gesellschaft überzeugt ist, kann schwerlich die Ergebnisse von TIMSS (International Mathematics and Science Study) 1997 und 1998 außer acht lassen. Deutsche Schüler haben dabei in Bezug auf naturwissenschaftliche Kenntnisse wenig rühmlich abgeschnitten. Folglich muss man auch manche bisher für den Biologieunterricht vorgeschlagenen oder dort verwendeten Methoden neu bedenken.

Eine Darstellung grundlegender Themen der Biologiedidaktik hat sich auch um Klärung und Entwicklung biologiedidaktischer Begriffe zu bemühen. Eine klare Terminologie ist eine Grundlage jeder Wissenschaft. Deshalb wird die allgemeine Verwendung dieser Begriffe erörtert.

Notwendig ist weiterhin eine verstärkte Berücksichtigung internationaler Befunde und Aussagen. Literaturverzeichnisse einschlägiger Darstellungen weisen in aller Regel einen beachtlichen Mangel entsprechender Angaben auf (einerlei ob sie in deutscher, englischer oder französischer Sprache verfasst sind; so kann man in dem 1998 erschienenen „International Handbook of Science Education unter Hunderten von Literaturangaben nicht eine deutschsprachige biologiedidaktische Arbeit finden).

Dieser Mangel führt nicht nur dazu, dass Forschungsergebnisse unbekannt bleiben, sondern auch zu jeweils eigenständigen Terminologien – und damit Verständnisschwierigkeiten. Deshalb werden vielfach englische Begriffsnamen angegeben. Lehrerinnen und Lehrer können in Zukunft grundsätzlich überall in der Europäischen Union unterrichten.

Da es noch keine umfassende internationale Bibliographie biologiedidaktischer Publikationen gibt und die Literatur oft an schwer zugänglichen Stellen publiziert wird, ist es leicht möglich, wichtige Veröffentlichungen zu übersehen.

Die heute übliche Schreibweise „Lehrer/Lehrerin“ bzw. „LehrerIn“, entsprechend „Studentin/Student“, „Schülerin/Schüler“ usw. führt zu einem auf Dauer schwer lesbaren und unschönen Text. Deshalb und nur deshalb konnte sich der Autor dazu nicht entschließen – ebenso wenig wie für Ersatzlösungen („Lehrende“). Als Alternative wird abwechselnd in einzelnen Kapiteln „Lehrerin“ bzw. „Lehrer“ verwendet. Der Autor bittet dafür um Verständnis.

Der Quelle & Meyer Verlag hat eine lange und erfolgreiche Tradition in der Herausgabe biologiedidaktischer Lehrbücher:

Walther Schoenichen: Methodik und Technik des naturgeschichtlichen Unterrichts, 1914

Paul Brohmer: Methodik der Naturgeschichte, 1918

Walther Schoenichen: Der Biologieunterricht in der neuen Erziehung, 1919

Fritz Steinecke: Methodik des biologischen Unterrichts an höheren Lehranstalten, 1932

Fritz Steinecke: Methodik des biologischen Unterrichts an höheren Lehranstalten, (Neubearbeitung), 1950

Werner Siedentop: Methodik und Didaktik des Biologieunterrichts, 1964

Gerhard Mostler – Dieter Krumwiede – Günter Meyer: Methodik und Didaktik des Biologieunterrichts, 1975

Es ist dankenswert, dass „Quelle & Meyer“ jetzt einen neuen Versuch wagt. Andreas Kohl, Lektor des Verlags, sei für die vielseitige und nachhaltige Hilfe beim Zustandekommen dieses Buches herzlich gedankt!

Eine wichtige Grundlage dieses Buches sind lange Erfahrungen als Lehrer, Fachleiter an einem Studienseminar und Hochschullehrer für Biologiedidaktik; schließlich als langjähriger Schriftleiter für Biologie einer Zeitschrift für Didaktik der Naturwissenschaften. Eine große Anzahl von Schülerinnen und Schülern, Studentinnen und Studenten, Lehrerinnen und Lehrer, Autorinnen und Autoren sowie Hochschulkollegen hat den Autor dazu angehalten, seine Vorstellungen immer wieder zu überprüfen, gegebenenfalls neu zu formulieren und zu präzisieren – sie in der Unterrichtspraxis bestätigen oder auch widerlegen zu lassen. Ihnen dankt er auf das allerbeste!

Sehr danken möchte ich Dittmar Graf und Anke Fischer, die – trotz der üblichen Arbeitsüberlastung – jeweils ein Spezialthema in diesem Buch bearbeitet haben. Über viele Jahre hinweg hatte ich zudem in Dittmar Graf einen ständigen Diskussionspartner, der mir in vielerlei Hinsicht den besonderen Dienst erwiesen hat – Irrwege möglichst zu vermeiden. Dafür danke ich ihm herzlich.

Dank gilt auch dem langjährigen Kollegen Rainer Klee für Gespräche und Anregungen; weiterhin Frau Hannelore Ruppert für wertvolle technische und andere Hilfe.

Wolfgang Weyershausen war eine fachkundige und wertvolle Hilfe bei der Anfertigung der Druckvorlage.

Mehrere Studentinnen und Studenten haben sich einzelne Kapitel unter dem Gesichtspunkt vorgenommen, ob man denn daraus auch etwas lernen könne; dies war ebenfalls eine wichtige Hilfe.

Ausbildung und Forschung in Biologiedidaktik befinden sich in einer Situation, die man fast schon als prekär bezeichnen möchte: Fachleiter werden zum Teil nicht mehr auf Dauer für diese Funktion ernannt – wie sollen sie dann die dafür erforderliche hohe und steigende Qualifikation erwerben? Referendare werden mit Unterrichtsstunden überlastet – so dass sie kaum mehr Zeit haben, über ihren Unterricht nachzudenken. Verbesserung der biologiedidaktischen Ausbildung an den Universitäten kommt nicht im notwendigen Umfang voran – manche Fachbiologen meinen noch immer, eine fachliche allein reiche aus. Das teure Unternehmen „Biologieunterricht" wird zu wenig erforscht, wie es verbessert werden könnte.

Die seit über hundert Jahren vorgetragenen Argumente über Wert und Notwendigkeit biologischer Bildung scheinen an vielen Bildungspolitikern aus verschiedenen Gründen abgeprallt zu sein. Alle, die von diesem Wert überzeugt sind, die ihn belegen können und Strategien zu seiner Realisierung kennen – sollten gemeinsam diesen Wert begründet darstellen und verteidigen.

Das größte und folgenschwerste Problem des menschlichen Wissens liegt wohl dort, wo es um seine Anwendung auf die Erziehung der Kinder geht schreibt Montaigne 1580 in seinem Essay „Über die Erziehung der Kinder". Auf diese Leistung können und sollen alle Lehrerinnen und Lehrer stolz sein. Und auch darauf, dass sie die noch viel ältere Forderung Ciceros erfüllen: Wir haben nicht die Aufgabe, Weisheit in uns anzuhäufen, sondern etwas mit ihr anzufangen.

Vorwort zur zweiten Auflage

Werte Leserin, werter Leser!

Besten Dank allen, die die erste Auflage der „Biologiedidaktik" gelesen haben – und allen, die auch diese neue Auflage freundlich aufnehmen.

Besonders zu danken habe ich Kollegen, die keine Mühe gescheut haben, mir ausführliche Hinweise, Ergänzungsvorschläge, Ermutigungen und Kritik zu übermitteln. Erwähnen darf ich unter nicht wenigen die Herren J. Bretschneider, O. Düll, Kl. Dylla, M. Hesse, W. Lerchner, G. Schaefer, K. Schilke, E. Schmidt, E. Voland, H. Werner und G. R. Witte. – Auch weiterhin freue ich mich über jede Art von Anregungen und Verbesserungsvorschlägen.

Leider können viele Vorschläge in einer neuen Auflage dieses oder jenes Thema aufzunehmen oder ausführlicher zu behandeln, vorerst nicht berücksichtigt werden. Es ist verständlich, dass ein Verlag auf finanzielle Effektivität achten muss – sonst könnten Bücher wie das vorliegende in Zukunft nicht mehr gedruckt werden oder nur für einen sehr hohen Preis. Also musste aus Kostengründen der bisherige Seitenumbruch erhalten bleiben, und es waren nur einige wichtige Ergänzungen zu einzelnen Themen als Anhang möglich.

Lehrerinnen und Lehrer tragen die Hauptlast für einen guten naturwissenschaftlichen Unterricht (2001 gedenk die Bundesregierung 850 Millionen Mark für

Gentechnologie auszugeben; wie viel aber zur Erforschung und Unterstützung der naturwissenschaftlichen Unterweisung, von deren Qualität jeden Schulmorgen Hunderttausende junger Menschen direkt betroffen sind?). Für diese Arbeit wünsche ich Ihnen viel Erfolg!

Diese Auflage ist der Erinnerung an
Dr. Andreas Kohl
gewidmet, allzu früh gestorbener Lektor des Quelle & Meyer Verlags, die dieses Buch auf den Weg gebracht hat.

Karl-Heinz Berck Sommer 2001

Vorwort zur dritten Auflage

Die Welt, die der Intellektuelle antrifft, scheint ihm nur dazusein, damit sie in Frage gestellt werde. Die Dinge an sich genügen ihm nicht. Er macht ein Problem aus ihnen (Ortega y Gasset: Der Intellektuelle und der Andere).

Noch vor kurzem konnten sich außer den Fachleuten die meisten unter „Biologiedidaktik" nichts vorstellen. Mit TIMSS und PISA ist auch diese Fachdidaktik fast in aller Mund. Es wäre gut, wenn dadurch immerhin erkannt würde, welche Leistungen Lehrerinnen und Lehrer aller Art vollbringen, um einen wichtigen Bereich unserer Kultur vor allem an junge Menschen zweckmäßig und effektiv zu vermitteln!

Für Lernende ist es unterdessen verwirrend und erschwerend, sich mit der Vielfalt neuer Bezeichnungen in der Biologiedidaktik auseinander zu setzen. Offenbar halten es manche Autoren für nützlich, herkömmliche gegenüber neu kreierten Bezeichnungen zu vernachlässigen (vielleicht nach dem Prinzip „Jargon als Instrument der Abgrenzung"?). Um nur wenige Beispiele zu nennen: Erprobung eines Unterrichtsthemas wird auch als „Instruktionsstudie" oder „Unterrichtsintervention" bezeichnet; Problemorientierte Materialsammlung als Portfolio-Methode; für Begriff steht vielfach „Konzept", obwohl diese Bezeichnung noch in einer Vielzahl anderer Bedeutungen verwendet wird; Kognitiver Frame wird für Wissen benutzt. Dies geht manchmal so weit, dass man sich fragt, ob selbst Fachleute sich untereinander verstehen und ob dies ein guter Weg für eine Wissenschaft – und vor allem vor Lernenden zu verantworten ist. Auch Lehrer, die Ergebnisse der Biologiedidaktik anwenden möchten, dürften dadurch vielfach eher abgeschreckt werden. In diesem Buch werden jedenfalls die eingeführten Bezeichnungen verwendet und die neu erfundenen in aller Regel zusätzlich angeführt.

Aufgrund der „Bologna Erklärung" von 1999 befinden sich auch Biologiestudium und Lehrerausbildung im turbulenten Umbruch. Zudem machen die meisten Universitäten und Bundesländer ihre eigenen Vorschläge. Das alles ist bislang schwer oder eher nicht zu durchschauen. Deshalb ist es derzeit sehr problematisch, Kapitel über die Ausbildung von Studenten und Referendaren für den Biologieunterricht zu schreiben – ohne in irgendeiner Hinsicht Unvollkommenes oder gar Falsches zu berichten. Dafür kann man nur um Verständnis bitten.

Dank gilt allen Leserinnen und Lesern, besonders aber denen, die mir kritische Zuschriften zur 1. Auflage geschickt haben. Wie früher schon erwähnt, können sie erst in dieser Auflage gewürdigt und berücksichtigt werden. – Vielmals zu danken habe ich E. Zabel und J. Bretschneider für ihre Informationen zur Biologiedidaktik in der DDR.

Mögen neue Leser an der Lektüre der „Biologiedidaktik" sich nicht nur „abarbeiten", sondern auch ein wenig Freude haben über theoretischen und praktischen Erkenntnisgewinn.

Karl-Heinz Berck Frühjahr 2005

Vorwort zur vierten Auflage

Biologieunterricht und Sachunterricht sollen sich in Zukunft erheblich verändern (wie schon einmal um 1920 beim „Arbeitsunterricht“ und um 1970 bei der Curriculumreform). Nach dem relativ schlechten Abschneiden deutscher Schüler bei PISA 2000, 2003 und 2006 (Programme for International Student Assessment) sind Forschung und Bildungspolitik intensiv darum bemüht, Erkenntnisse zu gewinnen, wie man Schülern Fähigkeiten vermitteln kann, die sie dazu befähigen, Wissen im Alltag und Beruf anzuwenden, soziale Kompetenzen und Wege der Erkenntnisgewinnung zu erwerben. Als vordingliche Aufgabe wird auch angestrebt, die Abhängigkeit des Schulerfolgs von der sozialen Herkunft zumindest zu verringern.

Dies sind alles wahrhaft erstrebenswerte Ziele. Man kann nur hoffen, dass den Lehrern dazu realistische Hilfen gegeben werden, die sie nicht überfordern und die anthropologischen Voraussetzungen der Schüler richtig eingeschätzt werden. – Deshalb erscheint es auch erforderlich, dass das Lehramts-Studium verändert bzw. verbessert wird.

Es darf jedoch getrost behauptet werden, dass viele Lehrer schon lange Biologie so unterrichtet haben, wie es den genannten Zielsetzungen entspricht!

Gerade Autorinnen und Autoren neuer biologiedidaktischer Arbeiten möchte man (erneut) das folgende Votum zu bedenken geben:
Auf allen Gebieten des Geisteslebens gilt es seit wenig mehr als einem Jahrhundert für ‚wissenschaftlich', wenn man in dem eigens gezüchteten Jargon seines Spezialgebietes redet und schreibt. Wir sollen, meine ich, danach streben, auf jedem Gebiet menschlichen Geisteslebens eine allgemein menschliche Sprache zu pflegen. Ich behaupte, das ist durchführbar (MAX VERWORN in einem Vortrag „Die Frage nach den Grenzen der Erkenntnis“, 29.2.1908; aus „Natur und Volk“, Bd. 88, S. 244, 1958).

Wir sehen uns einem evidenzbasierten Biologieunterricht verpflichtet. Deswegen stellen wir immer wieder ausführlich Forschungsergebnisse der Biologiedidaktik vor. So kann sich jede Lehrerin, jeder Lehrer ein Bild machen, ob das, was sie bzw. er unterrichtet, gut begründet ist oder ob Forschungsdefizite bestehen und den Biologieunterricht betreffende Entscheidungen nur auf Mutmaßungen beruhen. – Manche Erkenntnisse mögen unter den veränderten Bedingungen im zweiten Jahrzehnt des 21. Jahrhunderts auf den ersten Blick überholt erscheinen. Wir sind jedoch der Auffassung, dass grundlegendes Wissen zum Biologieunterricht bei jeder Form dieses Unterrichts und zu jeder Zeit beachtet werden muss.
Insgesamt wurden in der neuen Auflage ca. 1200 Quellen berücksichtigt. Seit der letzen Auflage sind über 100 aktuelle Arbeiten neu aufgenommen worden.
Bedanken möchten wir uns bei allen, die durch ihre konstruktive Kritik zur Verbesserung des Buches beigetragen haben. Unser besonder Dank gilt Frau ELENA HAMDORF für ihre Anregungen und Ergänzungen in den Abschnitten 18.2 und 19 und Frau SUSANNE PORZIG für die Bearbeitung des Indexes.
Auch für diese Auflage hoffen wir, wie schon bisher, auf eine freundliche Aufnahme durch Studierende und Fachkollegen,

Karl-Heinz Berck — Dittmar Graf
Sommer 2010

1 Lehren von Biologie erfordert Biologiedidaktik

1.1 Grundlagen

Biologiedidaktik hat die Aufgabe, allen Lehrenden und an Entscheidungen über Biologieunterricht Beteiligten ein wissenschaftlich möglichst gut begründetes Handeln zu ermöglichen.

Biologiedidaktik ist eine junge Wissenschaft. Lange Zeit hat man es weithin versäumt oder nicht für notwendig gehalten, Vorgänge, die mit Biologieunterricht jeglicher Art zusammenhängen, wissenschaftlich zu untersuchen. Deshalb gibt es auf diesem Gebiet vielfach noch zu wenig empirisch gesicherte Kenntnisse. Viele Aussagen beruhen bisher auf „informierter Willkür", also begründeten persönlichen Erfahrungen, die durchaus nützlich, wichtig und oft zutreffend sind. Biologiedidaktik muss jedoch durch intensive Forschung gesicherte Erkenntnisse gewinnen, die bei der Planung, Strukturierung und Durchführung biologischer Unterweisung jeglicher Art begründete Entscheidungen ermöglichen (s. auch Krumwiede 1982a). Eine erfreulich intensive Forschungsaktivität hat jedoch nach den internationalen Untersuchungen von TIMSS und PISA inzwischen begonnen.

Die Geschichte des Biologieunterrichts zeigt zudem, dass es Inhalte und Methoden gab und gibt, die eher durch Zeitumstände, Moden oder den Einfluss bestimmter Persönlichkeiten bedingt wurden als durch begründete Urteile oder empirisch belegte Erkenntnisse. Dies wird sich wahrscheinlich auch in Zukunft nicht völlig vermeiden lassen; solche Abhängigkeiten vom Zeitgeist sollten jedoch deutlich bewusst gemacht werden. Und Lehrerinnen sollten neuen Entwicklungen auch nicht blindlings, sondern stets kritisch folgen.

So hatten zum Beispiel die Ideen Schmeils von etwa 1900 bis 1965 (mit Ausnahme der NS-Zeit) großen Einfluss auf den Biologieunterricht. Er sah Biologieunterricht als „Handlanger der Wissenschaft" an und betonte folglich die Vermittlung von Kenntnissen der biologischen Systematik. Auf diesem Gebiet lag zu Beginn seiner Aktivitäten auch ein Schwerpunkt der Biologie. Man unterrichtete jedoch Biologie in der Schule weiterhin nach den Prinzipien Schmeils, als längst andere Fragestellungen im wissenschaftlichen Bereich vorherrschten. Ähnlich verhält es sich mit der Abfolge der Themen zur Menschenkunde in der Klasse 10. Praktisch alle Schulbücher folgten dabei jahrzehntelang den medizinischen Lehrbüchern – ohne dass es dafür einleuchtende Gründe gab.

Auch die Kultusbehörden folgen bei Entscheidungen, besonders bei der Abfassung von Lehrplänen, vielfach eher politischen und ideologischen Vorstellungen. Dagegen bleiben Erkenntnisse der Biologiedidaktik oftmals unberücksichtigt.

Biologieunterricht betrifft täglich Hunderttausende von Schülern. Die zur Verfügung stehende Zeit ist knapp, zu knapp bemessen. Sie beträgt derzeit in der Bundesrepublik für die Klassen 5 bis 10 im Mittel nur 6 bis 8 Jahreswochenstunden. Im Zusammenhang mit der Verkürzung der Schulzeit durch G8 besteht die Gefahr, dass die Anzahl der Biologiestunden weiter gekürzt wird. In der Sekundarstufe II ist der Umfang des Biologieunterrichts in den einzelnen Bundesländern verschieden. In der Regel müssen Schüler dort nur ein naturwissenschaftliches Fach wählen (vgl. KMK 2008).

Deshalb müssen Auswahl der Inhalte und andere Entscheidungen über den Unterricht genau begründet werden – um eine grundlegende und fundierte biologische Bildung zu erreichen. Dies erscheint – wenn überhaupt – nur möglich, wenn dabei biologiedidaktische Erkenntnisse beachtet werden.

Diese werden noch wichtiger, wenn jede Schule ihren eignen Lehrplan entwickeln soll, wie dies viele Schulen derzeit machen müssen. Eine für die Lehrer zweifellos schwierige Aufgabe.

Auch Selbstbewusstsein und Ansehen der Lehrenden dürften sich verbessern, ihnen bei der Erfüllung ihrer wichtigen und oft nicht leichten Aufgabe helfen, wenn sie sich als Unterrichts- oder Vermittlungswissenschaftler im Bereich Biologie verstehen.

Die Notwendigkeit von Biologiedidaktik kann (vereinfacht) in einem Satz zusammengefasst werden: Weil es eine Auswahl von Inhalten unter bestimmten Zielsetzungen und eine Optimierung von Unterricht geben muss.

1.2 Biologiedidaktik als Wissenschaft

Unterricht sollte stets auf einer wissenschaftlichen Grundlage erfolgen;
und zwar gleichgültig ob in Klasse 1 oder 13. Diese beinhaltet (biologie)didaktische, allgemein unterrichtswissenschaftliche und fachliche Aussagen. Deshalb ist es notwendig, sich damit vertraut zu machen, was Wissenschaft ist und mit welchen Methoden Wissenschaft arbeitet.

Wissenschaft soll und will den Menschen bei der rationalen Weltbewältigung helfen. Sie sucht nach Fixpunkten im Kontinuum der Welt, mit deren Hilfe begründetes Handeln besser möglich ist; z. B. wenn sie aus der großen Anzahl von Stoffen in unserem Körper den „Fixpunkt Insulin" herausfindet oder wenn man weiß, in welchem Alter die Vermittlung von Artenkenntnissen den besten Erfolg hat.

Mindestens drei grundlegende Merkmale kennzeichnen eine Wissenschaft (Abb. 1):
- Sie bearbeitet einen für das Verständnis der Welt wichtigen Weltausschnitt:
- inhaltliche Struktur.
- Sie stellt ein System von Theorien, Aussagen und Begriffen auf: Substantielle
- Struktur.
- Sie gewinnt ihre Erkenntnisse mit bestimmten Methoden: Syntaktische
- Struktur.

An dieser Stelle sei angemerkt: Um zusammengesetzte Begriffsnamen, die aus einem Adjektiv und einem Substantiv bestehen, deutlich als Bezeichnung für einen Begriff zu kennzeichnen, werden beide stets groß geschrieben (gemäß Duden-Regel R 75), also Substantielle Struktur, Formales Lehrziel, Biologische Exkursion, Außerschulischer Lernort. Dies entspricht auch der Tradition in der Biologie, z. B. Roter Milan, Weiße Taubnessel.

Diese Unterteilung von Wissenschaft (s. Schwab 1964) ist keineswegs theoretische Spielerei. An mehreren Stellen wird darüber berichtet werden, dass Biologieunterricht mehr die substantielle (Wissen) oder mehr

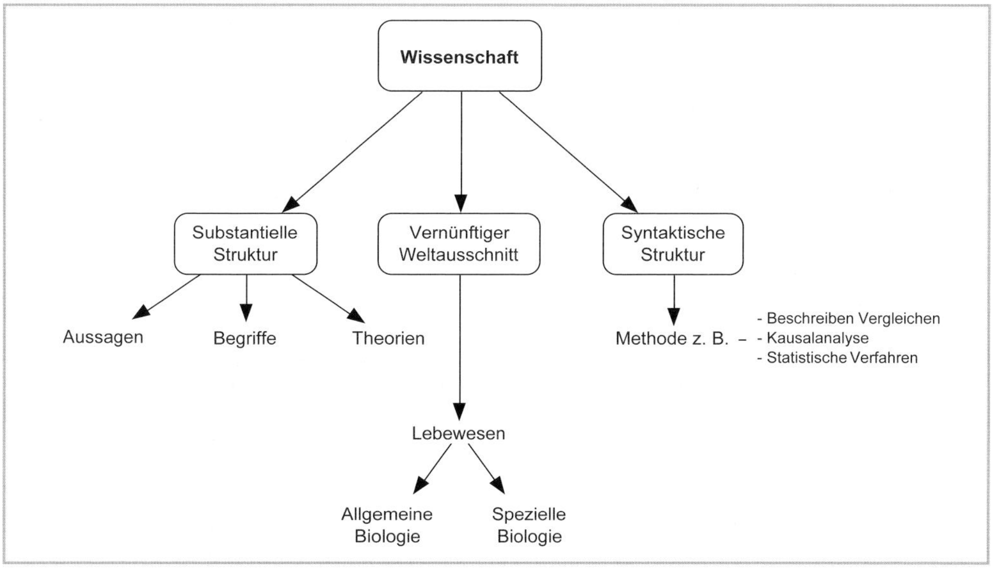

Abb. 1: Struktur von Wissenschaft - angewandt auf Biologie

die Syntaktische Struktur (Methodenkenntnis) in den Vordergrund stellen kann.

In Bezug auf die inhaltliche Struktur von Biologiedidaktik darf, ja muss man das Lehren und Erlernen biologischen Wissens als einen wesentlichen Weltausschnitt bezeichnen. Die große Bedeutung biologischer – und damit auch medizinischer – Kenntnisse für alle Bereiche unseres Lebens bedarf heute wohl keiner weiteren Begründung. Dem widerspricht der viel zu geringe Anteil von Biologieunterricht an öffentlichen Schulen. Biologisches Wissen trägt zudem zu einer wesentlichen Kategorie unseres Menschseins bei: der Selbsterkenntnis (mehr dazu s. Kap. 19.3.1). Zugleich ist Lernen und damit Lehren ein wesentlicher Aspekt des Weltausschnittes „Mensch“. Lernen ist die zentrale Tätigkeit, die den Menschen im eigentlichen Sinn erst zum Menschen macht. Darin liegt allgemein die besondere Bedeutung von Unterricht.

Zu dem zweiten Merkmal (Bestimmungsstück) von Wissenschaft, der Entwicklung von Theorien, liegen in Bezug auf Biologiedidaktik bisher wenig systematische Publikationen vor. Wichtige Hintergrundtheorien, die in der aktuellen biologiedidaktischen Forschung eine Rolle spielen, sind in einem von Krüger & Vogt (2007) herausgegebenen Band zusammengetragen. Hier werden vorab fünf grundlegende Theorien der Biologiedidaktik angegeben, die sich aus einer Fülle von Einzelbefunden ergeben.

- Biologische Kenntnisse sind für ein begründetes Selbstverständnis des Menschen (heute) unerlässlich.
- Biologische Kenntnisse sind für das Verständnis der natürlichen Umwelt und der Gesellschaft (heute) unerlässlich.
- Biologische Kenntnisse beeinflussen und verändern unser Handeln.
- Es gibt Kriterien, die eine begründete Auswahl biologischer Inhalte ermöglichen, die nach Maßgabe der vorhandenen Lernzeit vermittelt werden können.
- Es gibt Kriterien, deren Anwendung eine möglichst optimale Vermittlung biologischer Kenntnisse bei bestimmten Lerngruppen ermöglichen.

Theorien sind gut belegte Grundaussagen einer Wissenschaft (mehr zur Bewertung und zu Kennzeichen von Theorien in Kap. 19.2., Punkt 1). Sie dienen als Leitlinien weiterer Forschung. So ist die umfassendste Theorie der Biologie die Evolutionstheorie. Erst mit ihrer Hilfe können Einzelbefunde, die für sich allein wenig Sinn ergeben, zusammengefasst und interpretiert werden.

Mancher mag bezweifeln, ob man die angegebenen biologiedidaktischen Theorien bereits als solche bezeichnen darf. Sie entsprechen jedoch grundlegenden Anforderungen, die Vollmer (1980: 107 ff.) an Theorien gestellt hat, wie z. B. innere Widerspruchsfreiheit, Prüfbarkeit, Erklärungswert und „prognostische Kraft“.

Die genannten Theorien sind eine Grundlage dafür, was im weiteren Verlauf dargestellt werden soll. Vorerst werden nur Beispiele für die erste dieser Theorien angegeben. Es kann die wohlbegründete Behauptung aufgestellt werden, dass ohne bestimmte biologische Kenntnisse ein zutreffendes Menschenbild heute nicht mehr möglich ist (s. auch Kap. 19.3.1):

- Hatte sich Darwin (1900:124) in seinem grundlegenden Werk – wohl notgedrungen und entgegen seiner Überzeugung – noch vorsichtig in Bezug auf die Herkunft des Menschen geäußert, so ist inzwischen durch zahlreiche Fakten belegt: Der Mensch hatte nichtmenschliche Vorfahren; er hat sehr lange Zeit in einer „biologischen Phase“ gelebt; d. h., unter Bedingungen, denen auch Tier- und Pflanzenarten unterliegen.
- Unser Selbstverständnis muss vor diesem Hintergrund, mit Blick auf unsere Evolution erfolgen. Viele Komponenten unseres Verhaltens, wie z. B. Sexual-, Rollen- und Eltern-Kind-Verhalten, individuelle Fähigkeiten sind von biologischen Gegebenheiten in uns abhängig. Sie sind zum Teil angepasst an Bedingungen dieser biologischen Phase, so dass sie heute auch negative Auswirkungen haben können. Diese gilt es mit Hilfe von Kenntnissen nach Möglichkeit zu vermeiden.
- Auch die Art und Weise, wie wir die Welt erkennen, ist aus evolutionären Notwendigkeiten entstanden und an diese angepasst (s. Kap. 19.2).

- Aufgrund der gemeinsamen Evolution ergibt sich: Die anderen Lebewesen um uns herum sind wirklich unsere „Brüder und Schwestern". Diese Erkenntnis sollte uns dazu anhalten, sie nicht unserem Bedürfnis nach immer mehr Luxus willkürlich zu opfern (s. Kap. 19.3.3, z. B. Wilson 1977, Birnbacher 1982).
- Eine an Grundsätzen ausgerichtete Erziehung ist ohne ein begründetes Menschenbild kaum möglich. Deshalb müssen sich alle, die Biologie unterrichten, intensiv mit den vielfältigen Aspekten biologischer Themen beschäftigen, die einen Beitrag zu diesem Menschenbild leisten. Und sie sollten solches Wissen auch ihren Schülern vermitteln.

Eine Zeit lang ist diskutiert worden, ob Biologiedidaktik eher eine pädagogische oder biologische Disziplin ist (z. B. Schaefer 1972, Rüther 1978, allgemein Timmermann 1972). In Bezug auf die Inhaltliche und Substantielle Struktur ist Biologiedidaktik, wie wohl gezeigt werden kann, eigenständig. Dabei besteht jedoch eine enge Verbindung zu ihrer zentralen Bezugswissenschaft, der Biologie. Was die Syntaktische Struktur betrifft, hat sie Forschungsmethoden mit mehreren Wissenschaften aus verschiedenen Bereichen gemeinsam. Organisatorisch erscheint Biologiedidaktik am besten der Biologie zuordenbar, da ihr Spezifikum nun einmal die Vermittlung biologischen Wissens und von Handlungsmöglichkeiten in diesem Bereich ist.

Spezifikum und Eigenständigkeit der Biologiedidaktik ergeben sich u. a. auch aus folgenden Überlegungen (s. Heintel 1978):
- Sie hat immer das Dreigestirn Fach – Schüler – Lehrerin zu bedenken; keine dieser drei Komponenten kann vernachlässigt werden oder unberücksichtigt bleiben.
- Ihre Fragestellungen und deren Lösungen können nicht vom Bezugsfach Biologie abgelöst werden.
- Sie setzt keine Traditionen und Fachsystematiken bei der Wissensvermittlung ungeprüft voraus. Vielmehr unterwirft sie biologisches Wissen einer Rekonstruktion in notwendige und überprüfbare Lernprozesse. Der Fachbiologe verfügt dazu in der Regel nicht über die notwendige Wissenschaftsmethodik; deshalb kann er auch nicht automatisch der „beste Didaktiker" sein, wie manchmal vermutet wird.
- Didaktische Forschungen, die sich nicht auf bestimmte Inhalte beziehen, reduzieren sich auf allgemeine, weitgehend unverbindliche Ergebnisse. Diese bleiben meist unbefriedigend. Sie müssen fast immer an spezifische Bedingungen eines Faches angepasst werden. – Aus solchen Argumenten ergibt sich auch die grundlegende Bedeutung von Fachdidaktik gegenüber den Erziehungswissenschaften.

Begriffe: Inhaltliche Struktur, Substantielle Struktur, Syntaktische Struktur von Wissenschaft, Theorie, Menschenbild, Spezifika von Biologiedidaktik

1.3 Definition von Biologiedidaktik

Biologiedidaktik untersucht mit Hilfe empirischer und hermeneutischer Methoden, welche Erkenntnisse der Biologie und welche Möglichkeiten der Wechselwirkung mit Lebewesen bestimmten Gruppen von Menschen mit möglichst optimalen Methoden zu vermitteln sind – zum Zweck der besseren Weltbewältigung.

Dies ist eine mögliche Definition. Es gibt auch andere (z. B. Werner 1980: 64). Diese Definition bedarf der Erläuterung.

1. Empirische Methoden werden sowohl in der Biologie und als auch in anderen Wissenschaften angewandt. Empirie in den Naturwissenschaften soll hier nur kurz definiert werden als eine Methode der Erkenntnisgewinnung mit Hilfe genau geplanter Experimente. Erst eine Vielzahl gleicher Ergebnisse führt zu einer allgemeinen Aussage oder Theorie. Methoden dieser Art benutzt Biologiedidaktik z. B., wenn Eignung für und genaue Durchführung eines bestimmten Experiments im Biologieunterricht untersucht werden soll.

Dazu drei Beispiele: Lernversuche im Y-Lauf mit Zwerghamstern; Nachweis der Wirkung von Salzsäure auf Hefepilze;

Nachweis der starken Erhöhung der Temperatur der Laubschicht im Frühjahr als Modellversuch im Klassenraum (KLEE & VOGEL 1978).

Typische Untersuchungen in der Biologiedidaktik bedienen sich jedoch meist Methoden der empirischen Sozialforschung, wie sie auch in Psychologie, Pädagogik und Soziologie verwendet werden (Zusammenstellung und Einzelheiten bei KLAUER 1978). Man bezeichnet dieses Verfahren auch als Didaktisches Experiment. Es soll hier nicht diskutiert werden, ob die Bezeichnung „Experiment" in diesem Zusammenhang wirklich benutzt werden darf. Allgemein wird jedoch von „experimenteller Pädagogik" gesprochen (z. B. SCHORB o. J.). Zu dieser Methode der Biologiedidaktik drei, stark vereinfacht dargestellte Beispiele:

- Welche gesundheitsbezogenen Interessen haben Schüler und Schülerinnen in der Sekundarstufe I (TODT, SCHÜTZ & MOSER 1978)? Schüler beantworten eine Liste mit Fragen zum Thema. Dabei geben sie auf einer Skala, die Wahlmöglichkeiten zwischen „sehr gern" und „sehr ungern" ermöglicht, ihr Interesse für jede Frage an.
- Führen Schüler- oder Demonstrationsexperimente im Biologieunterricht zu einem höheren Lernzuwachs (FÜLLER 1992)? Vor und nach dem Didaktischen Experiment wird das Wissen mit Hilfe von Multiple-Choice-Tests gemessen.
- Wie viele biologische Begriffe lernen Schüler im 5. und 6. Schuljahr im Mittel auf Dauer in einer Unterrichtsstunde bei den Themen „Ernährung und Verdauung" sowie „Photosynthese (GRAF 1989a)? Nach einem standardisierten Unterricht zu diesem Thema verbinden die Schüler vorgegebene Begriffe zu Aussagen und diese zu Begriffsnetzen (s. Kap. 10.8). Daraus kann die Anzahl der richtig gelernten Begriffe ermittelt werden. Die Befragung erfolgt unmittelbar nach dem Unterricht und dann erneut nach acht Wochen.

Wie bei allen Experimenten dieser Art müssen sie mit einer genügend großen Anzahl von Schülern durchgeführt und die Ergebnisse statistisch abgesichert werden.

2. Auch hermeneutische Methoden werden in der Biologiedidaktik verwendet. Hermeneutik bedeutet (ausführlich z. B. bei GROOTHOFF & STALLMANN 1971) Interpretation, Erklärung und Verstehen eines Sachverhaltes, z. B. eines Textes oder eines historischen Vorgangs. Auch hierzu drei Beispiele:

- Ein Leitziel oder Oberstes Ziel für den Biologieunterricht kann wohl kaum empirisch gefunden werden. Vielmehr wird es nach derzeitiger Einschätzung am besten auf der Grundlage eines Menschenbildes, allgemeiner Bildungsziele und von Zeitumständen entwickelt. Weil dies so ist, wurde oben bereits darauf hingewiesen, dass Biologiedidaktik stets auch vom Zeitgeist mitbestimmt wird.
- Untersuchung der Auswirkungen, die die ideologischen Verfälschungen biologischen Wissens in der nationalsozialistischen Epoche auf den Biologieunterricht hatte.
- Sexuelles Verhalten in unserer heutigen Gesellschaft ist Folge einer ganzen Reihe wissenschaftlicher und gesellschaftlicher Ereignisse. Sexualerziehung muss von der heutigen Situation ausgehen und zugleich Bedeutung und Auswirkungen der einzelnen Faktoren kennen, die zu ihr geführt haben (z. B. KEIL 1974).

3. An dieser Stelle erscheint eine Anmerkung zum in der Definition enthaltenen Begriff „Biologie" angebracht. Man kann in dieser Wissenschaft zwischen einer Allgemeinen und einer Speziellen Biologie unterscheiden – oder wie Konrad Lorenz einmal ironisch, aber einprägsam formulierte: zwischen „Problembiologen" und „Viechsbiologen". Die großen Fortschritte in der Entwicklung dieser Wissenschaft wurden ganz überwiegend durch übergeordnete, allgemeine Fragestellungen erreicht; es sei nur an MENDEL, DARWIN und WATSON erinnert.

Beim Unterrichten ist es bedeutsam, sich zu vergegenwärtigen, ob man Inhalte vermittelt, die sich auf Allgemeine Biologie oder Spezielle Biologie beziehen. Auch in welcher Weise man die beiden Bereiche verknüpft (etwa die Mitbehandlung einer allgemeinen Frage bei der Darstellung einer Pflanzenart, s. Kap. 5.3), muss genau bedacht werden.

4. Nach der verwendeten Definition ist es auch Aufgabe von Biologiedidaktik, Beziehungen eines einzelnen oder Gruppen von Menschen zu Tieren oder Pflanzen zu untersuchen. Es gibt keine andere Wissenschaft, die diesen Zusammenhang systematisch erforscht und zugleich solche Erkenntnisse für den Unterricht benötigt; z. B. welchen subjektiven Wert die Vermittlung von Artkenntnissen im Biologieunterricht für die Schüler hat (s. Kap. 3.62).

Auf den in der Definition enthaltenen Begriff „Didaktik" wird hier nicht eingegangen. Es soll jedoch darauf hingewiesen werden, dass es recht unterschiedliche „Modelle der Didaktik" gibt, mit denen jeweils verschiedene Vorstellungen von Unterricht verbunden sind. Als Einführung in diese Fragen erscheint das Buch von Blankertz (1970) noch immer lesenswert.

Begriffe: Biologiedidaktik, Empirie, Hermeneutik, Didaktisches Experiment, Allgemeine Biologie, Spezielle Biologie

1.4 Acht Hauptaufgaben der Biologiedidaktik

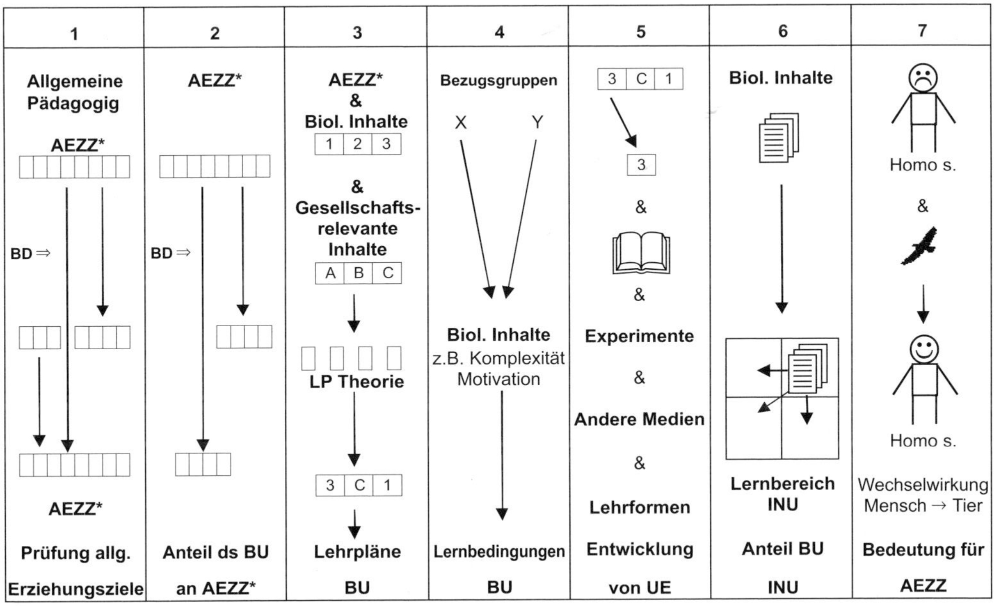

Abb. 2: Schematische Darstellung von Hauptaufgaben der Biologiedidaktik; AEZZ - Allgemeine Erziehungsziele; AEZZ* - modifizierte Erziehungsziele, BD - Biologiedidaktik, BU - Biologieunterricht, 1,2,3 - bestimmte biologische Inhalte, A,B,C - gesellschaftsrelevante Inhalte, die im Biologieunterricht behandelt werden sollten, INU - Integrierter Naturwissenschaftlicher Unterricht

Aufgrund der Definition und der weiteren genannten Aspekte lassen sich mindestens acht Hauptaufgaben biologiedidaktischer Forschung angeben (s. dazu auch Timmermann 1972:20). Deren Ergebnisse bei jeder Art von Lehre berücksichtigt werden können.

1. Überprüfung, ob heute vorgetragene Ziele von Erziehung und Bildung mit Erkenntnissen der Biologie übereinstimmen oder durch dieses Wissen modifiziert werden müssen; z. B: Ist das Rollenverhalten von Frauen und Männern nur eine Frage der Erziehung oder auch von biologischen Dispositionen abhängig? Welche Folgerungen ergeben sich aus neurobiologischen und soziobiologischen Erkenntnissen für unser Selbstverständnis?

2. Bestimmung des Beitrags, den Biologieunterricht zur allgemeinen, grundlegenden Erziehung leisten kann und muss; z. B.:

Biologieunterricht hat die Aufgabe, die Einsicht zu vermitteln, dass der Mensch Teil der natürlichen Umwelt ist, dass und wie er von ihr abhängt. Oder es gilt, Handlungsbereitschaft zum Schutz der Umwelt zu fördern und zu erreichen.

3. Entwicklung einer Theorie, mit deren Hilfe begründete Lehrpläne für verschiedene Formen biologischer Unterweisung entwickelt werden können (z. B. Timmermann 1972, VDBiol. 1973, 1987, Berck 1975a).

4. Mit Hilfe einer Lehrplantheorie spezifische Lehrpläne für bestimmte Bezugsgruppen entwickeln (Beispiele für begründete Lehrpläne: VDBiol. 1973, 1987, Hessischer Kultusminister: Rahmenrichtlinien Biologie für die Sekundarstufe I 1972). Fähigkeiten, Interessen u. a. der jeweiligen Bezugsgruppen müssen dabei berücksichtigt werden.

5. Realisierung von Lehrplänen durch überprüfte Ausarbeitung von Unterrichtselementen aufgrund der „Bildungsstandards und Unterrichtseinheiten in denen Auswahl und Abfolge der Inhalte, Experimente, Medien, für bestimmte Inhalte besonders geeignete Unterrichtsformen, psychologische Voraussetzungen der Schüler (z. B. spezifische Interessen) usw. erforscht werden.

6. Untersuchung des notwendigen biologischen Anteils an fachübergreifenden Projekten, dem Integrierten Naturwissenschaftlichen Unterricht (s. Kap. 18.5) sowie der Effektivität dieses Unterrichts. Besonders bedeutsam ist diese Frage heute z. B. für den Sachunterricht in der Primarstufe.

7. Überprüfung der Bedeutung, welche die Beschäftigung mit Tieren und Pflanzen für einzelne Menschen hat; z. B. für sogenannte Hobby-Biologen, Menschen, die sich für Naturschutz einsetzen, Kinder und Jugendliche, aber auch bei der Pflege von Pflanzen und Tieren (s. Kap. 11, z. B. Plötz 1970, Berck & Klee 1992).

8. Weiterhin ist bedeutsam (worauf die Abbildung nicht hinweist): Aus dem Studium der Geschichte des naturwissenschaftlichen, speziell des biologischen Unterrichts können sich Einsichten ergeben, was an historischen Erfahrungen heute effektiv zu übernehmen oder abzulehnen ist.

Ein Versuch, die Aufgaben von Physik-Didaktik zusammenzustellen (Jörg 1982) kommt – man möchte sagen fast zwangsläufig – zu entsprechenden Ergebnissen. Allerdings darf man wohl sagen, dass diese Aufgaben in der Biologiedidaktik, bedingt durch die komplexen Beziehungen des Menschen zu Lebewesen (und damit für sein Selbstverständnis) vielfältiger sind.

Aus dieser Darstellung ergibt sich auch eine Aufgliederung der Biologiedidaktik in zwei Teilbereiche:

- Allgemeine Biologiedidaktik beschäftigt sich mit Fragen, die grundsätzlich alle Bereiche des Biologieunterrichts betreffen (diese Aufgabe hat sich dieses Buch gestellt).
- Spezielle Biologiedidaktik beschäftigt sich mit Inhalt und Methodik bestimmter Themen des Biologieunterrichts, z. B. Gesundheitserziehung, Naturschutzerziehung, auch mit Teilelementen solcher Themen oder Einzelthemen (Darstellung der Dinosaurier, der Photosynthese). Über manche dieser Gebiete (z. B. Umwelterziehung, Gesundheitserziehung, dazu ausführlich bei Weigelhofeer, 2000) liegen umfangreiche Erkenntnisse vor, die man beim Unterrichten benötigt.

Als Lehrer sollte man möglichst viele Befunde der Biologiedidaktik kennen – sonst kann man schwerlich wissenschaftlich begründet unterrichten.

Es sollte an dieser Stelle erwähnt werden, dass es verschiedene Gesellschaften gibt, die sich der Erforschung von Biologiedidaktik widmen, da deren Befunde durchaus auch für Lehrer von Interesse sein können. Die „Fachsektion Didaktik der Biologie im VBIO – Verband Biologie" hält u. a. alle zwei Jahre umfangreiche Tagungen ab und veröffentlicht die Ergebnisse. Die „Commission for Biological Education (CBE)" in der Internationalen Union for Biological Sciences (IUBS), widmet sich biologiedidaktischer Forschung und dem Studium der Biologie. Dies gilt ebenso für „European Researchers in Didaktics of Biology (ERIDOB)".

Begriffe: Forschungsgruppen Biologiedidaktik, Allgemeine Biologiedidaktik, Spezielle Biologiedidaktik

2 Theorie dient der Praxis

2.1 Theorie ist die Leiter zu den Früchten am Baum der Praxis

Was du nicht verstehst, das besitzest du auch nicht.

Diese Meinung aus Goethes „Maximen" wird in Bezug auf den „Besitz" von Eigenschaften eines effektiven Lehrers unterschiedlich beantwortet.

Es gibt die Vorstellung, dass es ausreicht, wenn Lehrende gute Fachkenntnisse in Biologie und gewisse „handwerkliche" Kenntnisse und Fähigkeiten besitzen, wie man unterrichtet. Es ist die Vorstellung von der Meisterlehre. :Anfänger gehen bei einem erfahrenen Schul-Meister in die Lehre. Auf diese Weise lässt sich ohne Zweifel viel lernen. Unterrichten von Anfängern unter Aufsicht eines erfahrenen und in Zusammenarbeit mit einem theoretisch geschulten Lehrer dürfte denn auch zu den effektivsten Wegen gehören, wie man am besten Unterrichten lernt (s. Roth 1998, s. Kap. 8.3).

Es hat sich jedoch gezeigt, dass so auch Unterrichtsverfahren über lange Zeit tradiert werden, die durch effektivere ersetzt werden können bzw. müssen. So führte z. B. Steinecke (1951) den Begriff „Zelle" erst in der 11. Klasse ein; Spanner (1960/1964) in der 8. Klasse. Eine Wissensüberprüfung von 872 Schülern zu Beginn der 5. Klasse zeigte jedoch, dass etwa 70 Prozent den Begriff bereits beherrschten (Eckert 1980). Eine Tradition der „Meisterlehre", den Begriff Zelle erst sehr spät im Biologieunterricht zu behandeln, entsprach weder inhaltlichen Notwendigkeiten noch den Lernmöglichkeiten der Schüler.

Grundsätzlich gilt: Die Geschichte der Wissenschaften zeigt, dass bedeutende Fortschritte nicht erreicht werden durch reines, vom Zufall bestimmtes Ausprobieren, sondern erst durch Theorien, die durch empirische Prüfung von Hypothesen gewonnen werden. Dies soll mit einem Beispiel aus der angewandten Biologie illustriert werden. Bierbrauen erfolgte lange Zeit ausschließlich durch Versuch und Irrtum. Dabei gab es immer wieder Verluste und Rückschläge, die nicht erklärt werden konnten. Erst durch Pasteurs Theorie, dass die Gärung durch Mikroorganismen hervorgerufen wird, wurden die „Störenfriede" identifiziert und die Herstellung u. a. von Bier auf ein neues Niveau gehoben.

Weiterhin findet sich die Meinung, zum Lehrer müsse man „geboren" sein; Lehren sei „Naturbegabung". In ähnlicher Weise äußerte sich Highet (1956): *I believe that teaching is an art, not a science.* Der Kritik von Heintel (1978: 21) an einer solchen Aussage ist nichts hinzuzufügen: *Immer, wo Menschen zur Begründung von Erscheinungen in dieser Weise die Natur herangezogen haben, hat diese Scheinauszeichnung der Natur eigentlich nur die Unfähigkeit der Menschen bezeichnet, ein Problem in den Griff zu bekommen.* – Einzuräumen ist, dass es eine Reihe für das Unterrichten nützlicher Eigenschaften gibt, die der eine schneller und besser, der andere nur mühsam erwirbt, z. B.: Intellektuelle Beweglichkeit und ein hohes Maß an Einfallsreichtum; lebenslang anhaltende Neugier, die sich auf viele Bereiche der Kultur und Umwelt erstreckt; Schlagfertigkeit und gutes Sprachvermögen; Bereitschaft, andere Menschen zu verstehen; Fähigkeit zum Zuhören. Wer unterrichten will, sollte bedenken, ob er über solche Eigenschaften verfügt und sie bereits vor dem Studium überprüfen, z. B. durch ein Sozialpraktikum.

Das alles reicht aber nicht aus, um Unterricht so zu halten, dass er gut begründet ist. Dazu benötigt man Theorien, denn: Eine Theorie ist die empirisch geprüfte Verallgemeinerung der Erfahrung. Umfängliche vermittlungswissenschaftliche

Kenntnisse sind erforderlich; Lehrer sind Vermittlungswissenschaftler. Dazu nur einige Beispiele:

- Die Beurteilung eines Biologie-Lehrplans ist ohne eine Lehrplantheorie nicht möglich: Welcher Grundansatz bei der Auswahl der Inhalte wurde gewählt, bauen die Themen aufeinander auf, gibt es ein Ableitungssystem für die Auswahl der Themen usw.?
- Die Beurteilung eines Biologie-Schulbuchs erfordert die Kenntnis eines Kriterienkatalogs, mit dessen Hilfe eine solche Beurteilung erst möglich ist: Prinzipien der Stoffauswahl, Länge der Sätze, Anzahl der Begriffe pro Textmenge, Verwendung von Datenmaterial usw. (s. Kap. 13.2).
- Regelmäßig wird der Anspruch erhoben, dass im Biologieunterricht viel experimentiert werden soll. Ohne eine Theorie, wozu solche Experimente dienen und unter welchen Bedingungen sie im Vergleich mit anderen Methoden einen hohen Lerneffekt haben, bleibt ein solches Unternehmen blind (s. Kap. 13.3).
- Die Vermittlung von Arten-Kenntnissen kann auf sehr verschiedene Weise erfolgen. Bei der Wahl der Methoden ist zu prüfen, welche aufgrund empirischer Prüfung überhaupt effektiv und für eine gewisse Altersstufe am effektivsten sind, welche begründeten Entscheidungsmöglichkeiten es für die Auswahl von Arten gibt usw. (s. Kap. 11.3). Zusätzlich ist eine Theorie erforderlich, warum und wozu Artenkenntnisse überhaupt nützlich sind (s. z. B. Mayer 1992).

Diese Beispiele lassen erkennen, dass Unterrichten ohne umfängliche Kenntnis einschlägiger Theorien in aller Regel wenig effektiv ist und vielfach die Schüler nicht erreicht. Oder anders gesagt: Wer an einer Wissenschaft teilhaben will, muss die grundlegenden Theorien, die die Scientific Community akzeptiert, kennen.

Zusammenfassend kann festgestellt werden:

- Theorien sind für effektives und sinnvolles Unterrichten unumgänglich;
- Theorien sind zeitlich und inhaltlich vorrangig vor der Praxis;
- Theorien müssen an der Unterrichtspraxis gemessen und in ihr erprobt sein und werden;
- oder ganz kurz: Praxis ohne Theorien ist blind.

Begriffe: Meisterlehre, Lehren als Naturbegabung, Lehren als Vermittlungswissenschaft, Theorie

2.2 Einige Grundregeln zum Lehrerverhalten im Biologieunterricht

However much the class like you, they will loathe your boring lessons.
What makes you think you can shout louder than twenty-five kids?
(Dallas 1980)

Lehrende, vor allem Anfänger, werden folgerichtig fragen, ob sich aufgrund von Theorien und Hypothesen, aber auch subjektiver Erfahrung mit bei Schülern erfolgreichen und weniger erfolgreichen Lehrern so etwas wie Grundregeln ergeben, an die man sich beim Unterrichten von Biologie halten kann. An dieser Stelle ist weniger an methodische Einzelvorschläge gedacht, sondern an Grundlagen des Lehrerhandelns. Wegen ihrer Bedeutsamkeit kommt dieses Buch an vielen Stellen immer wieder auf solche Kriterien zurück (vorab s. dazu besonders Kellough 1994:153 ff., mit der Angabe von 50 Fehlern, die Lehr-Anfänger häufig machen).

Zum Thema Lehrer-Schüler-Interaktionen gibt es sehr viele Publikationen (Beispiele: Tausch & Tausch 1977, Todt 1977, Grell 1981, Hofer 1981, Druva & Anderson 1983, Bonnstetter 1984, Brophy & Good 1986, White & Tisher 1986) mit einer Vielzahl von hinlänglich abgesicherten Erkenntnissen und Vorschlägen. Eine ausführliche Darstellung und kritische Würdigung von Forschungsergebnissen über mehrere Faktoren des Lern-Umfeldes bietet die Arbeit von Fraser (1998).

Die in der Literatur angegebenen Befunde beziehen sich auf unterschiedliche Schülergruppen. Die Befunde sind zum Teil nicht immer identisch. Demnach kommt eine überschaubare und begrenzte, dafür aber eher praktikable Auswahl an subjektiven Entscheidungen kaum vorbei. Dennoch sollen einige grundlegende Voraussetzungen angeführt werden, die bei Schülern Wissen, positive Einstellungen, Interesse und wohl auch Persönlichkeitsentwicklung fördern (s. auch Kap. 9.3, 9.4, 16.5.2). Dies (s. auch Tab. 8-1) sind z. B.:

- Vorbereitung: Gründliche Vorbereitung einer Unterrichtseinheit – und jeder einzelnen Stunde; eine nur skizzenhafte Stundenvorbereitung führt u. a. zu langweiliger methodischer Routine.
- Kenntnisse: Gute Fachkenntnisse und die Bereitschaft, sich ständig weiterzubilden, z. B. fachdidaktische Zeitschriften zu lesen und Fortbildungskurse zu besuchen, zeichnen erfolgreiche Lehrer aus.
- Klarheit: Der Unterricht ist klar, übersichtlich und folgerichtig gegliedert, hat einen erkennbaren roten Faden, Wesentliches wird deutlich herausgestellt; die Schüler können stets Fragen zur Klärung stellen.
- Schlagfertigkeit lernen, angewöhnen; mentale Überlegenheit wird (meist) anerkannt.
- Wissens-Anspruch: Von den Schülern etwas fordern, lieber etwas zu viel als zu wenig, so dass diese in jeder Stunde etwas hinzulernen.
- Interessante Impulsfragen stellen, die Schüler zum Mitdenken herausfordern.
- Disziplin-Anspruch: Allgegenwärtigkeit des Lehrenden, nicht ablenken lassen von Nebensächlichkeiten oder dafür viel Zeit verwenden; Schwung und Spannung sowie Abwechslung, Mobilisierung und Aktivierung (statt gelangweiltem Herumsitzen) möglichst vieler Schüler, Forderung nach verantwortlichem und sorgfältigem Arbeiten. – Falls Strafen erforderlich sind, diese vorher ankündigen.
- Tadel: Es macht wenig Sinn, eine ganze Klasse global zu tadeln – niemand fühlt sich so recht angesprochen; aber „Unverschämtheiten“ eines Schülers keinesfalls auf sich beruhen lassen; mit einzelnen Schülern nach dem Unterricht allein sprechen.
- Langeweile: Wenn einem Lehrenden der eigene Unterricht langweilig wird, ist dieser es schon längst für die Schüler. Diese haben verschiedenartige Taktiken, der Langeweile zu entgehen, die Lehrer als Störung empfinden (müssen).
- Wärme: Vielfach belegt ist, dass ein Lehrender zwar einerseits eine Führungsrolle in der Klasse übernehmen, dass er andererseits den Schülern mit Achtung und Wärme sowie mit Aufrichtigkeit begegnen muss (s. besonders Reed 1961); sich nach dem Ergehen einzelner Schüler erkundigen.
- Sozialklima: Zum Wohlfühlen in der Klasse und damit auch zur Anteilnahme am Unterricht trägt ein positives Sozialklima erheblich bei; Lehrende können darauf Einfluss nehmen.
- Heiterkeit: Unterricht ist eine ernste Angelegenheit – aber der Lehrer muss auch heiter, vergnügt sein, die Schüler zum Lachen bringen (sie wollen oder müssen „entspannend“ Lachen; wenn es der Lehrer nicht tut, dann eben ein Mitschüler auf seine Weise).
- Lob: Der Lehrende setzt sich gezielt mit den Sachäußerungen der Schüler auseinander, gibt positive Informationen über spezifische Fähigkeiten der Schüler, greift Schüleräußerungen auf und verwendet sie in seinem Unterricht. Also: Wo immer möglich, Positives betonen, loben – und nicht vor allem negatives Schülerverhalten tadeln.
- Verhalten: Nonverbales Auftreten eines Lehrers, wie er die Klasse im Blick behält, er sie durch sein Verhalten gleichsam zwingt, sich alle zu beteiligen, auch seine Kleidung spielen eine große Rolle.
- Unterrichtsstil: Drei Typen von Lehrern der Naturwissenschaften werden von manchen unterschieden (White & Tisher 1986): Vorwiegend informierende, problemlösende und fragende. Obwohl es sicher schwer ist, seinen Unterrichtsstil zu ändern, sollten Lehrende dies gegebenenfalls doch anstreben. So kann man Anfängern im Bereich Biologie schwerlich effektiv etwas beibringen, indem man mit ihnen diskutiert. Andererseits werden überdurchschnittlich intelligente Schüler am besten durch Problemlöse-Strategien gefördert; bei unterdurchschnittlichen ist keine der drei Methoden erfolgreicher. Jedenfalls ist ein häufiger Wechsel der Methoden,

je jünger die Lernenden sind, umso dringender geboten.
Zu ähnlichen Ergebnissen kommen neue Befunde (NEUHAUS & VOGT 2003). Mit Fragebogen wurden Gymnasiallehrer (n=600) befragt. Es fanden sich besonders drei Typen: 1. Schwerpunkt auf fachlichem Gebiet, strenger, konsequenter Unterricht. 2. Auseinandersetzung mit biologischen Themen durch Schülerarbeit, bevorzugen Gruppenarbeit, soziale Kompetenzen sollen gefördert werden. 3. Indifferent, sind nicht von ihren Fähigkeiten überzeugt, negatives Bild der Schüler, bevorzugen fragend-entwickelnden Unterricht. Die höchsten Werte der Interessiertheit von Schülern finden sich bei Lehrern der 1. Gruppe! – Wer sich selbst für wenig fähig hält, resigniert ist, seine Schüler grundsätzlich für dumm hält, wird schwerlich einen für die Schüler und sich befriedigenden Unterricht zustande bringen.

- Diskussionen: Ist in einer Klasse eine Diskussion über ein Thema zustande gekommen, muss man sich dafür Zeit lassen, sie nicht abbrechen, weil man meint, man müsse mit dem „Stoff" vorankommen.
- Kritikbereitschaft: Lehrende sollten Fehler zugeben, sich nicht so leicht persönlich betroffen fühlen oder gar beleidigt sein, nicht kleinlich sein, aber andererseits (um dies zu wiederholen) bei schwereren Verstößen auch keine Mühe scheuen, um die Schüler dafür zur Rechenschaft zu ziehen.
- Variabilität: Lehrende zeigen Spontanität, Glaubwürdigkeit, vor allem müssen sie in der Lage sein, sich auf unterschiedliche Klassen einzustellen und ihre Unterrichtsmethoden entsprechend zu variieren.
- Mit anderen Lehrern abstimmen, wie man gemeinsam auf einzelne Schüler oder eine Klasse reagieren soll; sich nicht als Lehrerin isolieren lassen.

Als bestätigende Wiederholung werden besonders wichtige Ergebnisse einer anderen Studie referiert (TOBIN, TREAGUST & FRASER 1988). In Australien wurden 20 Lehrer und Lehrerinnen der Naturwissenschaften, die als besonders erfolgreich bekannt waren, längere Zeit beobachtet, um typische Kennzeichen ihres Unterrichts zu erkennen. Dies waren vor allem:

- Genaue Beachtung, ob die Schüler alles verstanden hatten;
- Förderung der Zusammenarbeit der Schüler und der gegenseitigen Hilfeleistung bei
- der Lösung von Problemen;
- Aufgaben stellen, die Schüler zum Denken anregen; sie dazu anhalten, Probleme mit Hilfe von Experimenten und Literatur selbst zu lösen;
- positive Reaktion auf Antworten von Schülern, auch wenn diese u. U. falsch sind;
- alle Schüler am Unterricht beteiligen, sich nicht nur auf gute Schüler stützen;
- die Lehrenden hatten sehr gute Fach- und Fachdidaktikkenntnisse.

Dies sind nur einige ausgewählte, aber wohl besonders wichtige Aspekte. Eine Reihe weiterer entsprechender Untersuchungen über Zusammenhänge zwischen dem Verhalten von Lehrern der Naturwissenschaften und den Reaktionen der Schüler wird im „Handbook of Research on Teaching" dargestellt (CRAIG 1963, auch in Übersetzung bei BÖDDEKER et al. 1974; mehr dazu auch in Kap. 8.2).

Die angegebenen Vorschläge mag oder sollte gerade der Anfänger beherzigen. Für ihn sind sie vor allem gedacht. Der Fortgeschrittene wird dagegen (wie die Meisterschafts-Forschung zeigt, TROTTER 1986) über Regeln hinausgehen, Einsicht in größere Zusammenhänge gewinnen und danach handeln.

Begriffe: Lehrer-Schüler-Interaktion

3 Ohne Ziel(e) kein sinnvoller Biologieunterricht

Mögliche Situationen: Man kann leicht in Diskussionen verwickelt werden, ob und wozu überhaupt Biologieunterricht in der Schule notwendig und nützlich ist („die Schüler lernen ja sowieso nicht mehr, wie man eine Eiche und eine Buche unterscheiden kann"). Vielleicht sollten die Schüler besser mehr Englisch und Französisch lernen?

Zukünftig muss in der Sekundarstufe II nur ein naturwissenschaftliches Fach gewählt werden (KMK 2008); es kann in manchen Bundesländern als Prüfungsfach im Abitur sogar entfallen. Wie würde man für das Fach Biologie begründen können, dass dies so wichtig ist wie z. B. Mathematik?

Zentraler Aspekt von Biologieunterricht ist die „Zielfrage" (Schaefer 1971), also wozu und mit welchem Ergebnis Biologie unterrichtet werden soll. Eine begründete Auswahl der Inhalte und der zu erwerbenden Kompetenzen ist ohne Klärung über ein anzustrebendes Leitziel nicht möglich. Öffentlicher Unterricht, in welchem Bereich er immer erfolgt, ist zudem kein Privatunternehmen, bei dem jeder Lehrende seine eigene Stoffauswahl vornehmen könnte.

In diesem Zusammenhang erscheint eine gewisse Wiederholung erlaubt:

- Die Wissenschaft Biologie kann dieses Ziel nicht angeben oder setzen (dazu Schaefer 1973), auch wenn früher nicht selten die Meinung vertreten und im Unterricht realisiert wurde, die man als Abbilddidaktik oder Scientismus bezeichnen kann: Biologieunterricht sei ein „Abklatsch", eine verkürzte Darstellung seiner Bezugswissenschaft. Damit wird verkannt, dass Biologieunterricht einen Beitrag zur Bildung und Erziehung leisten muss, wenn er sich nicht als Schulfach überflüssig machen will (s. dazu auch Manitz 1998). „Bildung und Erziehung" sind aber Begriffe, die in der Biologie nicht explizit vorkommen.
- Es ist selbstverständlich, dass Biologieunterricht die Aufgabe hat, Kenntnisse in Biologie zu vermitteln. Dabei trifft die Formulierung eines Leitziels Vorentscheidungen darüber, welche ihrer Erkenntnisse und zugehörigen Fähigkeiten ausgewählt und wie sie strukturiert werden.
- Ein Leitziel für den Biologieunterricht muss folglich vor dem Hintergrund dieses Auftrags im Einklang mit anthropologischen Vorstellungen gesucht werden. Dass dabei der jeweilige Zeitgeist Einfluss auf die Formulierung eines solchen Leitziels hat, erscheint fast unvermeidlich. Zugleich ist dieser Einfluss, zum Beispiel in Bezug auf eine jeweils fragwürdige Modernität, nicht unbesehen hinzunehmen.
- Diese Anfälligkeit des Leitziels hat ihren Grund darin, dass es stets nur als Wertentscheidung, hermeneutisch, aber nicht empirisch zu bekommen ist. Es ist eine Setzung bzw. eine schlüssige Ableitung aus einer allgemeinen Setzung, die allerdings anthropologisch begründbar sein muss.
- Die Formulierung eines Leitziels ist keine theoretische Spielerei. Vielmehr sollte eine Lehrerin jede ihrer Biologiestunden daran messen, ob sie zum Erreichen dieses Leitziels beiträgt.

Neben der Bezeichnung „Leitziel" gibt es für denselben Begriff noch die Bezeichnungen „Oberstes Lernziel", „Richtziel" u. a. In der Literatur ist eine Festlegung auf einen dieser Namen nicht eindeutig erkennbar; und auch sonst gibt es offenbar keine Argumente, die für einen bestimmten Namen sprechen. Deshalb ist die Auswahl dieser Bezeichnung willkürlich.

Begriffe: Leitziel (Oberstes Lernziel, Richtziel), Abbilddidaktik (Scientismus), Zielfrage

3.1 Ziele der Bildungsstandards

Biologieunterricht und Biologielehrer stehen derzeit durch verschiedene Veränderungen vor einer wahrhaft „didaktischen Herkulesaufgabe“ (Richter 2007).

- Durch die Verkürzung der Schulzeit bis zum Abitur auf 12 Schuljahre und die Beschränkung des Biologieunterrichts in der Sekundarstufe II (s. Kap. 18.4.5);
- durch weitere Stundenkürzungen auch in der Sekundarstufe I (in Bayern etwa nur noch sechs Jahres-Wochenstunden Biologieunterricht);
- in manchen Bundesländern Einführung des Faches „Naturwissenschaften“ bzw. Naturwissenschaft und Technik o. ä.
- Freiräume, die sich u. U. durch Wahlpflichtunterricht (Profilierungsunterricht oder andere Bezeichnungen) ergeben, müssen sinnvoll ausgefüllt – oder gar gegenüber anderen Fächern „erkämpft“ werden.
- Schulen entwickeln eigene Profile mit eigenen Lehrplankonkretisierungen.
- Die verkürzte Unterrichtszeit erfordert eine Neustrukturierung der Inhalte auf der Grundlage der „Bildungsstandards“
- und unter strikter Beachtung der „Basiskonzepte“, grundlegender Inhalte der Biologie, und deren „kumulativer“, vernetzter Vermittlung.
- Dabei soll aber vor allem Biologieunterricht weg von der „reinen Wissensvermittlung“ hin zur Vermittlung „übergeordneter Kompetenzen“ (s. Kap. 5) umgestaltet werden.

An dieser Stelle muss aber darauf hingewiesen werden, dass der immer wieder zu lesende Vorwurf, bislang sei Biologieunterricht vorwiegend eine Sache der reinen Wissensvermittlung gewesen, der Realität und den intensiven Bemühungen vieler Lehrer ebenso wie Bemühungen der Fachdidaktik (s. unten Leitziel im Zusammenhang mit der „Curriculumreform“) schlechterdings nicht gerecht wird.

Man kann nur hoffen, dass alle diese geplanten Veränderungen sich hinlänglich effektiv umsetzen lassen und zu einem guten Biologieunterricht führen werden.

An alle Lehrenden ergeben sich daraus gewaltige Anforderungen.
Gerade sie sind ohne gründliche Kenntnisse in der Biologiedidaktik schwerlich zu meistern.

Die meisten dieser geplanten Veränderungen haben ihre Ursache: Die deutschen Schüler lagen bei PISA 2000 und 2003 in Naturwissenschaften unter dem Mittelwert bzw. im Durchschnitt der untersuchten Länder (s. auch Kap. 17.2, Punkt 7). Bei der Untersuchung 2006 erreichten sie jedoch einen Platz oberhalb des Mittelwertes. – Die Fragen dieser Tests bezogen sich auf „grundlegende und anschlussfähige Kompetenzen in authentischen naturwissenschaftlichen und technischen Kontexten“ (s. Hammann & Prenzel 2008).

Als Ergänzung und Erläuterung zu dem bereits Gesagten darf noch erwähnt werden: Biologieunterricht soll grundlegend in Hinsicht auf eine solche „naturwissenschaftliche Grundbildung“ (s. Scientific Literacy Kap.3.2) verändert werden. Als Basis dafür dienen „Bildungsstandards“, „als wesentlicher Faktor der Steuerung eines Schulsystems, das auf vermehrte Eigenständigkeit der Akteure setzt“ (Umsetzung der KMK-Standards, MNU 2006, H. 2, Beihefter). Sie sind für alle Bundesländer verbindlich – und zwar für den mittleren Bildungsabschluss nach der 10. Klasse (Kultusministerkonferenz 2005). – Für die Sekundarstufe II liegen einheitliche Bildungsanforderungen vor (s. Gilbert & Richter (2004): Es gibt zwar inzwischen eine Vielzahl von theoretischen, hypothetischen Erörterungen; aber bis heute existieren kaum empirische Ergebnisse, wie sich Kompetenzen entwickeln oder gar, wie sie im Biologieunterricht realisiert werden können. Dagegen werden dazu gelegentlich offenbar eher intuitive Vorschläge gemacht (s. z. B. Skiba & Spieler (2008). Zum immer wieder geforderten kumulativen (aufbauenden) Lernen (s. Kap. 5.7) gibt es offenbar bislang überhaupt keine Vorschläge; allerdings hat Graf schon 1989 am Beispiel des aufbauenden Begriffslernens einen Weg für kumulatives Lernen aufgezeigt.

Ziel des Biologieunterrichts ist u. a. als Teil der genannten naturwissenschaftlichen Grundbildung *Phänomene erfahrbar zu machen, Sprache und Historie der Naturwissenschaften zu verstehen, ihre Ergebnis-*

se zu kommunizieren sowie sich mit ihren spezifischen Methoden der Erkenntnisgewinnung und deren Grenzen auseinanderzusetzen (KULTUSMINISTERKONFERENZ 2005, S. 7). Indem Biologieunterricht die verschiedenen Systeme der lebendigen Natur (wie Zelle, Organismus, Ökosysteme, Biosphäre, Evolution) behandelt, gelingt es ihm "in besonderem Maße multiperspektivisches und systemisches Denken zu entwickeln". Weiterhin trägt er *zur Entwicklung individuellen Selbstverständnisses und emanzipatorischen Handelns bei* (S. 7).

Diese Ziele sollen erreicht werden durch die Vermittlung von zwei Kompetenzbereichen mit vier Kompetenzen (ausführlich s. Kap. 5): 1. Konzeptbezogene Kompetenzen: Fachwissen, 2. Prozessbezogene Kompetenzen: Erkenntnisgewinnung, Kommunikation (s. auch Kap. 13.12) und Bewertung (s. dazu auch 19.4). – In Bezug auf das Fachwissen bilden drei Basiskonzepte die Kristallisationspunkte: System, Struktur und Funktion, Entwicklung (inklusive Evolution); erweitert zu Struktur, Funktion, Fortpflanzung, Regulation, Energie, Stoffe, Information, Angepasstheit, Vielfalt, Zeit, Wechselwirkung, Ebenen und Mensch (Umsetzung der KMK-Standards, MNU 2006, H. 2, Beihefter[1]). Diese Basiskonzepte orientieren sich an den Dimensionen, in die man die Wissenschaft Biologie aufteilen kann: Strukturebenen (System), Allgemeine Biologie (Struktur und Funktion), die zeitliche Dimension (Entwicklung). Die vierte Dimension, die Spezielle Biologie, findet in den Basiskonzepten keine Repräsentation (vgl. CAMPBELL & REECE 2006).

SCHANZE & NENTWIG (2008) haben Zustand und mögliche Realisierung von Standards im internationalen Vergleich dargestellt. Danach sind derzeit wesentliche Aspekte offen bzw. ungeklärt. Kompetenzmodelle sind empirisch nicht überprüft, ob ein Curriculum die Standards bestimmt oder umgekehrt ist international strittig, wie das Erreichen der Standards überprüft werden kann ist unklar; schließlich kommen die Autoren zu dem Schluss: Wenn die Lehrer nicht entsprechend weitergebildet werden – dürfte auch diese Reform (wie manche frühere) erfolglos bleiben. – Dabei sind sie bei der Entwicklung der Schulcurricula besonders gefordert.

Hier ist jedoch aufgrund der jetzigen Situation anzumerken: 1. Den Verfassern von Lehrplänen für die einzelnen Bundesländer werden durch die Bildungsstandards keine Hinweise gegeben, wie die genannten fachlichen Bereiche in ein Themenspektrum aufgeschlüsselt werden und nach welchen Prinzipien Lehrpläne entwickelt werden sollen. So ist zu befürchten, dass diese Lehrpläne sehr unterschiedlich ausfallen. 2. Aus den genannten Basiskonzepten lassen sich wichtige Themen wie z. B. Vermittlung von Artenkenntnissen, Verhalten der Lebewesen, Umwelt- und Naturschutz, Sexualerziehung, Soziobiologie, Drogenabhängigkeit ableiten, diese Ableitung ist aber nicht zwingend; da diese nicht ausdrücklich und als Verpflichtung erwähnt werden, erscheint es nicht unwahrscheinlich (zumal bei weiter abnehmender Stundenzahl), dass sie nicht genügend berücksichtigt werden. 3. Deutlich ist, dass die Schulung prozessbezogener Kompetenzen bzw. Formaler Fähigkeiten (s. auch Kap. 4.3.3) eine dominierende Rolle spielen soll und fachliche Inhalte nicht zuerst ausgewählt und in eine sinnvolle Reihenfolge gebracht werden – diesen dann erst die Schulung formaler Fähigkeiten zugeordnet wird. Die bisher vorgelegten Beispiele (s. etwa MNU 2006, H. 2, Beihefter; Kernlehrpläne in NRW) lassen jedenfalls keine solche Ordnung erkennen. – Es gibt auch grundsätzliche Fragen: „Ich fürchte, dass auch noch so gut ausgewählte, strukturierte und formulierte Bildungsstandards keine Garantie für bessere Unterrichtserfolge sind (FLADT 2005).

3.2 Mögliche Leitziele für den Biologieunterricht

Biologieunterricht soll Schülern solche Kenntnisse, Fertigkeiten und Fähigkeiten vermitteln, die sie in die Lage versetzen, sich selbst besser zu verstehen und in ge-

1 Leider herrscht wenig Einheitlichkeit in der Formulierung der Basiskonzepte. In den Kernlehrplänen in NRW kommt noch das Basiskonzept Energie dazu, in den von der KMK 2004 herausgegebenen Einheitlichen Prüfungsanforderungen für die Abiturprüfung finden sich: Strutur und Funktion, Reproduktion, Kompartimentierung, Steuerung und Regelung, Stoff- und Energieumwandlung, Information und Kommunikation, Variabilität und Angepasstheit, Geschichte und Verwandtschaft.

genwärtigen und zukünftigen Situationen, die biologische Qualifikationen erfordern, begründet zu handeln.

Im Zusammenhang mit einer grundlegenden Revision des Biologieunterrichts Anfang der 1970er Jahre im Rahmen der Curriculumreform (Kap. 5.1, 17.3) ist wohl erstmals von Memmert (1970) und dann in den „Hessischen Rahmenrichtlinien Sekundarstufe I Biologie“ (Hess. Kultusminister 1972, weiterhin VDBiol 1973) dieses Leitziel formuliert worden. In leicht veränderten Variationen ist es bis heute weithin anerkannt (s. jedoch Kap. 3.3–3.7). Auch die Bund-Länder-Expertenkommission (s. Bund-Länder-Kommission 1997:47) führt dieses Ziel erneut an. – Eine ganze Anzahl älterer Leitziele für den Biologieunterricht findet sich z. B. bei Keckstein (1981).

Ein solches Leitziel bedeutet vorab für jeden Unterrichtenden und für alle, die auf dieser Grundlage Lehrpläne oder Schulbücher verfassen, eine Situationsanalyse durchzuführen. Das heißt, solche für viele Menschen wichtigen Fragen und Probleme ausfindig zu machen, deren Beantwortung bzw. Lösung biologisches Wissen erfordert. Zugleich muss aufgezeigt werden, welches biologische Basiswissen erforderlich ist, um solche Fragen zutreffend beantworten zu können. Es wird unterschiedliche Antworten geben, welche dieser Fragen so wichtig sind, dass sie bei geringer Unterrichtszeit in jedem Fall im Biologieunterricht behandelt werden sollten. Einen konkreten Niederschlag von Bemühungen, diese Themen ausfindig zu machen, findet sich sowohl im „Rahmenplan des VDBiol für das Schulfach Biologie“ aus dem Jahr 1973 wie aus dem Jahr 1986 (VDBiol 1973, 1987; Themen s. Anhang nach Kap. 19).

In diesem Leitziel ist enthalten, was man als die drei Determinanten eines Lehrplans (Curriculum-Determinanten) bezeichnet. Er sollte stets die Gesichtspunkte Schüler-, Wissenschafts- und Gesellschaftsrelevanz eines Themas bedenken, gegeneinander abwägen und berücksichtigen. In welchem Ausmaß eine dieser drei Determinanten bei der Vermittlung eines Inhalts beachtet werden kann, ist von Thema zu Thema verschieden. So wird man beim Thema „Rauchen“ andere Schwergewichte setzen als beim Thema „Zelle“.

Die genannten Ziele erscheinen nach wie vor sinnvoll und notwendig, ja grundlegend. Inzwischen wird jedoch ein anderes bzw. weiteres Ziel als dominierend angesehen (Wiederholung zu 3.1): Das Erreichen von Scientific Literacy (das zuerst etwa 1982 in den USA auftauchte). Schüler mit „Scientific Literacy“, einer „naturwissenschaftlichen Allgemeinbildung“, verstehen *wie Wissenschaft, Technik und Gesellschaft sich gegenseitig beeinflussen; sie sind in der Lage, dieses Wissen bei Entscheidungen in ihrem Alltag zu verwenden. Auf der Grundlage genauer Kenntnisse von Begriffen und Methoden sind Menschen in der Lage, weiter zu lernen und logisch zu denken.* (s. Collette & Chiapetta 1994:20, Baumert et al. 2003:195). Mit PISA 2006 wird das Scientific Literacy Konzept noch erweitert (s. Hammann & Prenzel 2008): Danach gehört auch ein ausgeprägtes Interesse an naturwissenschaftlichen Themen und Fragestellungen ebenso wie die Fähigkeit, solche Phänomene erklären zu können und ein verantwortlicher Umgang mit Ressourcen unserer Umwelt dazu.

Dies ist ein anspruchsvolles Ziel. Man muss abwarten, wie es sich in Lehrplänen im Zusammenhang mit der Vermittlung aufbauender fachlicher Inhalte niederschlägt; vor allem wie und ob es Lehrer umsetzten bzw. zu erreichen versuchen. Bislang sind noch kaum geeignete bzw. befriedigende Unterrichtsmaterialien bekannt, die entsprechende Hilfen für den Biologieunterricht sein könnten. Allenfalls vereinzelte Veröffentlichungen, die isolierte Stücke von möglichem Unterricht darstellen (s. z. B. Dübel & Bayrhuber 2007: Van Dijk & Kattmann 2008).

Begriffe: Bildungsstandard, Leitziel (Oberstes Lernziel), Situationsanalyse, Curriculum-Determinante, Wissenschaftsrelevanz, Schülerrelevanz, Gesellschaftsrelevanz, Scientific Literacy, Kumulatives Lernen

3.3 Alternativen

Es darf wiederholt werden: Aufgrund des genannten Leitziels werden für den Biologieunterricht Situationen ausgesucht, 1. zu deren Lösung biologisches Wissen erforderlich ist, 2. in die voraussichtlich viele Menschen kommen, 3. bei denen die Vermittlung von Basiswissen und spezifischem biologischem Wissen im Mittelpunkt steht und 4. die mit dem Training von Kompetenzen und Handlungsmöglichkeiten verbunden sind.

Dieses Leitziel ist grundsätzlich als ausgewogen anzusehen, auch wenn im konkreten Fall (in einem Lehrplan, Schulbuch oder Unterricht), das Verhältnis zwischen den drei Curriculum-Determinanten in die eine oder andere Richtung verschoben sein kann.

Alternativen zu dem hier vorgestellten Leitziel sind vorhersehbar (Abb. 3). Sie ergeben sich, wenn eine der drei Curriculum-Determinanten – oder auch ein Aspekt einer dieser Komponenten – überbetont oder gar verabsolutiert wird, und zwar nach folgendem Muster:

- Überbetonung des Fachwissens, also der substantiellen Struktur von Wissenschaft: Verfechter der Abbilddidaktik;
- Überbetonung formaler und/oder methodologischer Kenntnisse, also der syntaktischen Struktur von Wissenschaft: Verfechter der formalen Bildung;
- Überbetonung subjektiver Erfahrungen, Bedürfnisse: Verfechter der Erlebnisbiologie;
- Überbetonung des gesellschafts- und schülerbezogenen Wissens: Verfechter der Existenzbiologie. Bei dieser Form von Unterricht wurde biologisches Wissen weitgehend außer Acht gelassen. Sie wurde dereinst von Drutjons propagiert (1982, 1973, mit Einzelheiten) und wird seitdem nicht mehr vertreten.

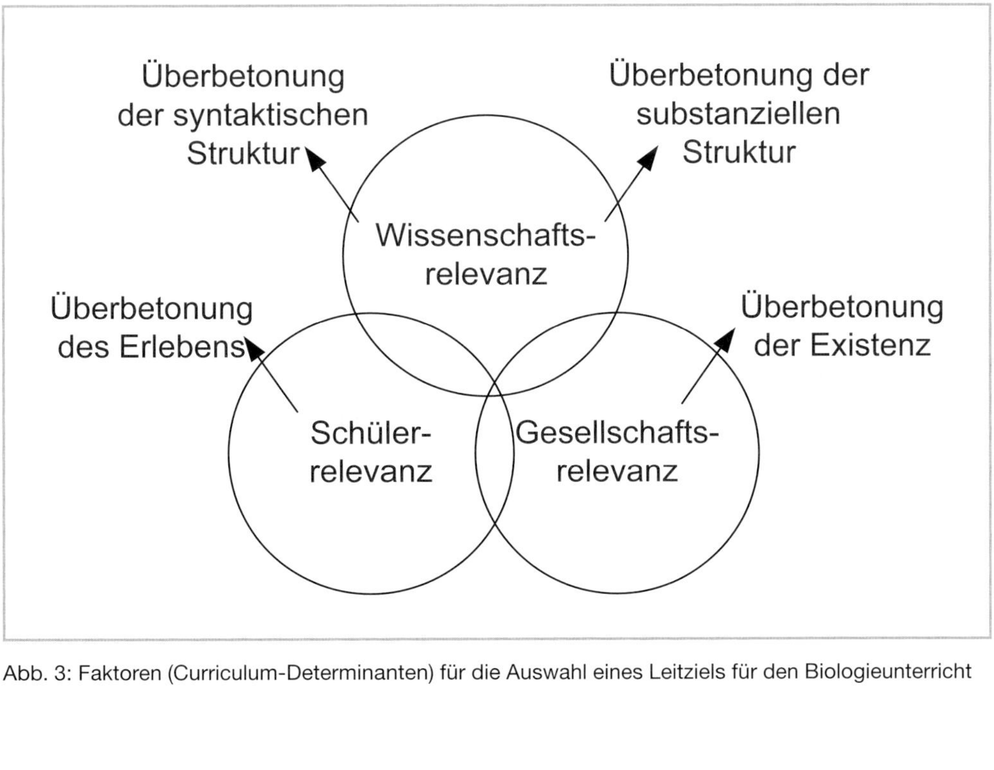

Abb. 3: Faktoren (Curriculum-Determinanten) für die Auswahl eines Leitziels für den Biologieunterricht

3.4 Betonung der Fachorientierung

Die Position eines vorwiegend fachlich ausgerichteten Biologieunterrichts (s. auch Kap. 15.2), der über Jahrzehnte vorherrschte, wird heute eher selten vertreten. Beispielhaft sollen hier Anmerkungen Liebs (1986) sein. Seine Bedenken gegen das oben genannte Leitziel werden mit mehreren Befürchtungen begründet: Die Vermittlung biologischer Kenntnisse komme zu kurz, fachfremde Inhalte würden dagegen zunehmen; es erfolge eine Politisierung des Biologieunterrichts; die Lehrer seien nicht dafür ausgebildet und folglich nicht in der Lage, gesellschaftsrelevante Themen zu unterrichten (als Beispiel nennt er das Thema „Zusammenhang zwischen Nahrungsproduktion, Gesundheitszustand und Bevölkerungszahl").

Letztlich läuft diese Kritik darauf hinaus, Biologieunterricht (wieder) ausschließlich – und dies ist daran das Problematische – an Struktur und Inhalt der Biologie zu orientieren. Dies wird, wie bereits betont, als Abbilddidaktik (s. Kap. 3.1) bezeichnet. Warum dies ohne Aufgabe seines Bildungsauftrags nicht möglich ist, wurde bereits zu zeigen versucht (eine ausführliche Kritik an Liebs Äußerungen s. Berck 1987a). Zudem existiert eine vorgegebene Fachstruktur von Biologie, die etwa für den Biologieunterricht übernommen werden könnte, gar nicht.

Ernst zu nehmen an dieser Kritik ist, dass Biologielehrerinnen während des Studiums vielfach nicht in notwendigem Umfang allgemeines und spezielles biologiedidaktisches Wissen vermittelt wird, das sie später benötigen. So sind z. B. Kenntnisse in Sexual-, Umwelt- und Gesundheitserziehung unabdingbar. Deshalb muss eine spezifische Ausbildung in Bezug auf solche Themen erfolgen.

Es ist eine allgemein bekannte Tatsache, dass im Biologieunterricht der Oberstufe vieler Gymnasien – bedingt durch allgemeine Lehrpläne, Schul-Lehrpläne und die weithin ausschließlich fachliche Ausbildung von Biologielehrerinnen – noch immer rein biologische, zum Teil „extrem fachwissenschaftliche" Themen dominieren; dazu eine ausführliche Erörterung in Kapitel 18.4. Immerhin ist erstaunlich, dass Högermann (2008) auch im Zusammenhang mit der betonten Vermittlung von Kompetenzen 21 spezifische biologische Inhalte vorschlägt.

Begriffe: Abbilddidaktik, Fachorientierung, Biologiedidaktik

3.5 Betonung der Formalen Bildung

In den USA und Deutschland fragen sich Bildungspolitiker, ob die generelle Tendenz weg vom leistungsorientierten Fachunterricht hin zu einer eher auf die Förderung von Schlüsselqualifikationen gerichteten Pädagogik ein verhängnisvoller Irrtum gewesen ein könnte (Kerstan 1998, Beurteilung der Ergebnisse der TIMSS- und PISA-Studien; ebenso Stern 2003).

Ein Gesichtspunkt mit dem wir einen besonderen Bildungsbeitrag [des Fachs Biologie] hervorheben möchten, ist die Beobachtungsfähigkeit, die wir unvergleichbar gründlich zu schulen vermögen. Ist das wahr? Sehr oft verlängern wir diese Fähigkeit in die menschliche Mitte hinein, wenn wir sagen, dass damit gebildet werde zu Exaktheit, Zuverlässigkeit, Verantwortlichkeit. Aber nicht immer zeigt ein auf biologischem Gebiet äußerst unbestechlich beobachtender Mensch diese Eigenschaft auch auf anderen Gebieten. Biologie macht den Menschen nicht besser. (Klumpp 1953:105).

Dies soll nun anders werden. Zahlreiche Forschungsarbeiten werden in Gang gesetzt, um die Vermittlung solcher Fähigkeiten auf empirisch überprüfte Grundlagen zu stellen (s. Kap. 5.10). Den Anstoß dazu gab das schlechte Abschneiden deutscher Schüler bei TIMSS und PISA (s. auch 17.2, Punkt 11).

Gerade deshalb lohnt es sich, die Geschichte des Biologieunterrichts (und allgemein des Naturwissenschaftlichen Unterrichts) unter diesem Gesichtspunkt genauer zu betrachten. Vor allem Wege und Erfahrungen sowie Skepsis früherer

Autoren können bei der heutigen Arbeit wertvolle Hilfen leisten.

So wurde immer wieder diskutiert, ob es wichtiger sei, ein bestimmtes inhaltliches Wissen, Materiale Bildung, oder allgemeine intellektuelle Fähigkeiten zu erwerben: „Formale Bildung". Das heißt unter anderem auch, nicht Inhalte und deren „objektive Aussagen" sind primär von Bedeutung, sondern die Förderung allgemeiner Fähigkeiten eines Menschen. Als solche Fähigkeiten werden zum Beispiel genannt: selbständiges und kritisches Denken, intellektuelle Beweglichkeit, Problemlösefähigkeit, Leistungsfreude usw. (s. z. B. Kap. 7.3). – Eine ausführliche Darstellung über die Geschichte der Forderung nach „Formaler Bildung" findet sich bei LIND (1992).

Unter den Forderungen nach Formaler Bildung kann man zwei Richtungen oder Schwerpunkte ausfindig machen: Die eine betont die Ausbildung der genannten sehr allgemeinen Fähigkeiten; nennen wir sie Allgemeine Formale Bildung. Die andere wendet sich eher der syntaktischen Struktur der jeweiligen Bezugswissenschaft zu, also dem Erlernen ihrer Methoden; bezeichnen wir sie als Syntaktische Formale Bildung.

Betrachtet man, was z. B. Biologielehrerinnen oder -didaktiker bewegen mag, Formale Bildung in den Mittelpunkt von Unterricht zu stellen, findet man u. a. folgende Gründe:

- Wissen veraltet schnell, ist speziell – formale Fähigkeiten sind dem Wissen übergeordnet.
- Eng damit verbunden ist „Transfer-Hoffnung": Formale Fähigkeiten sind auf verschiedenes Wissen und verschiedene Gebiete anzuwenden, auch überall im täglichen Leben.
- Mancher ist sich offenbar nicht sicher, ob Inhalte, die in der Schule vermittelt werden, allein als Wissen, „Materiale Bildung" so wichtig sind, dass man sie benötigt.

So fällt auf, dass für Schulfächer, bei denen Zweifel in Bezug auf die Notwendigkeit ihrer Inhalte geäußert werden, besonders oft deren Bedeutung für die Schulung allgemeiner formaler Fähigkeiten in Anspruch genommen wird. So wird Philosophieunterricht als „Schule der Logik" bezeichnet; Lateinunterricht mit der „Förderung der Denkfähigkeit" begründet. Und auch für den Mathematikunterricht wurde und wird die Entwicklung solcher Fähigkeiten in besonderem Maße hervorgehoben (GRIESEL 1980 – und in bekannter Wiederholung, aber wieder ohne Belege bei KOLLOTSCHEK (1995).

Viele Behauptungen über die Bedeutsamkeit Formaler Bildung gehen demnach von Hoffnungen auf Transfer aus, d.. h., der Anwendung vorhandener Strukturen auf neue Fälle (s. MESSNER 1978: 21, 60). Diese Hoffnung muss sich freilich empirischen Untersuchungen zur Transferforschung stellen. Erste Forschungen schon kurz nach der Jahrhundertwende (z. B. THORNDIKE 1924 mit 14000 Schülern) haben gezeigt, dass intensives Lernen z. B. von Mathematik oder Latein „Denkfähigkeiten" oder andere allgemeine Fähigkeiten kaum mehr fördern als das Erlernen von „Buchhaltung oder Kochen". ELLIS (1965) hat Ergebnisse der Transferforschung zusammengestellt. Daraus ergibt sich ein sehr eingeschränkter allgemeiner, nur unter bestimmten begrenzten Voraussetzungen wirkender Transfer, ohne dass hier auf dort dargestellte Einzelheiten eingegangen werden soll.

HARLEN (1998:183ff.) referiert Vorstellungen, die auf einer UNESCO-Konferenz 1980 über mögliche Wirkungen naturwissenschaftlichen Unterrichts in der Primarstufe (Pre-Secondary Science) zusammengestellt wurden; z. B.: Er hilft Kindern, logisch zu denken, Probleme zu lösen; solche Kenntnisse können dazu beitragen, das Leben der Menschen zu verbessern; die intellektuelle Entwicklung kann dadurch gefördert werden; solcher Unterricht kann Fähigkeiten besonders in Mathematik und Sprachen positiv beeinflussen usw. HARLEN muss jedoch feststellen: *Bis zum heutigen Tag kennt der Autor keine Untersuchungen, die schlüssig nachweisen, dass die Ziele der UNESCO-Liste zutreffen, bestätigt werden können.* In einer neuen Zusammenstellung der Befunde kommt auch STERN (2003) zu dem Ergebnis: „Wissen ist der Schlüssel zum Können". Eine solche Aussage sollte schwerlich ein Anreiz dafür sein, der Formalen Bildung (Syntaktischen Struktur, Formalen Lehrzielen) eine dominierende Rolle im Biologie- bzw. Sachunterricht einzuräumen.

In jüngster Zeit versucht man, Ursachen für geringen Transfer zu finden. In diesem Zusammenhang wird von „trägem Wissen" (inert knowledge) gesprochen: Wissen das offenbar – oder scheinbar? – vorhanden ist, aber nicht eingesetzt wird, wenn es gilt, anstehende Probleme zu lösen, also Transfer zu erreichen.

Ausführlich hat Dörner (1992) im Zusammenhang mit Fähigkeiten zum Lösen „komplexer Situationen" Aussagen zum Wechselspiel von inhaltlichem und formalem Wissen gemacht. Doch auch er kann keine Patentrezepte angeben, wie dieses erfolgt; oder positive Belege nennen, wie es am besten erreicht wird. Es kommt, so meint er (S. 306), *nicht darauf an, dass man irgendwelche exotischen ‚Denkfähigkeiten' schult. Es kommt eigentlich nur auf eines an, nämlich die Schulung des ‚gesunden Menschenverstandes'.*

Im Zusammenhang mit der Untersuchung der Frage wieso es trotz relativ gutem Sachwissen zur Umweltproblematik relativ geringe Bereitschaft zum Handeln gibt, fand Gräsel (2000, n=408, 16–19 Jährige) heraus: Vermutetes „träges Wissen" wird eher verhindert, wenn der Unterricht mit sozialen und anwendungsbezogenen Themen begonnen wird; Gruppenarbeit und Aktivitäten hinzukommen.

Problematisch ist der häufig in der Literatur angegebene Begriff „Kreativität". Selbst Kreativitäts-Forscher haben sich nicht auf eine allgemein anerkannte Definition geeinigt. Nur so viel ist sicher, dass großes Wissen und dessen Neukombination dazu gehört, außergewöhnliche „kreative Einfälle" zu produzieren (so sei etwa auf Darwin, Watson oder Kekulés hingewiesen). Und welcher Lehrende könnte schon mit einiger Sicherheit sagen, dass er durch kreative Fragen, Experimente oder andere Aktionen wirklich die Kreativität eines Schülers geförderte hätte.

Einer grundsätzlichen Kritik hat bereits Blankertz (1970:40) die Überbetonung von Formaler Bildung unterzogen: *Formale Bildung unterstellt der Didaktik also einen ungeschichtlichen, mithin wirklichkeitsfremden Ansatz. Bildungsinhalte können nicht frei, d. h. allein unter Ansehung ihres formalen Wertes gewählt werden. Die Inhalte wirken im Prozess der geistigen Aneignung ja nicht nur mit ihrer formalen, sondern ebenso auch mit ihrer inhaltlichen Kraft, so dass die Inhaltlichkeit der Bildung durchaus nicht gleichgültig bleiben kann.*

Zwei Autoren sollen erwähnt werden, die sich besonders ausführlich mit dem Bildungswert des naturwissenschaftlichen und biologischen Unterrichts und seiner Bedeutung für die Formale Bildung auseinandergesetzt haben – zumal sie für Biologiedidaktik zugleich von allgemeinem Interesse sind und heute wieder bedacht werden sollten.

Anlass für Kerschensteiners Hauptwerk (zuerst 1914, hier 1963) war die Behauptung, gegen die er sich wehrte, dass vor allem durch das Erlernen der alten Sprachen Formale Bildung möglich sei. Er sagt z. B.: *Da zweifellos die formale Bildung oder die Erziehung zum logischen Denken die wesentliche Aufgabe des höheren Unterrichts ist und für alle Zeiten bleiben wird und bleiben muss, so wäre es unverantwortlich, dieses Instrument mehr und mehr außer Gebrauch zu setzen* (S. 34). Mit zahlreichen Beispielen, die auch heute noch von Interesse sind, versucht er zu belegen, wie im naturwissenschaftlichen Unterricht durch Übungen, Experimente, Entwicklung von Begriffen u. a. eine Schulung im Denken, zur „geistigen Zucht" möglich erscheint. Zugleich betont er aber die Bedeutung von Wissen.

Während also Kerschensteiner dem Wissen neben der Formalen Bildung große Bedeutung zumisst, begründet Litt (1954) den Bildungswert der Naturwissenschaften vor allem, man kann auch sagen ausschließlich mit der Methode, durch die der Mensch zum „Objektivieren" befähigt wird: Man sieht, *welches groteske Missverständnis es ist zu glauben, das geistige Geschehen, in dem diese [Natur]Wissenschaft samt ihrer Anwendungen sich bildet, sei ohne eigentliche bildende Wirkung. Wir sehen hier eine geistige Leistung sich vollziehen, die dem Menschen die ungeheuerlichste Anspannung denkerischer Energien zugemutet hat.* (Litt 1955/56).

Vorstellungen, wie Litt sie vorgetragen hat, hatten erhebliche Auswirkungen auf den naturwissenschaftlichen Unterricht. Das zeigen die „Saarbrücker Rahmenvereinbarungen der Kultusministerkonferenz“ aus dem Jahr 1959 (s. Höfling 1960/61). Danach reicht es aus, dass die Schüler in der Oberstufe in einer Naturwissenschaft unterrichtet werden, weil eben eine zum Erlernen von Methoden und Prinzipien genügt. Heute reduzieren die Kultusminister erneut den naturwissenschaftlichen Unterricht in der Oberstufe auf ein Fach (KMK 2008)! Die Begründung dafür erscheint schwerlich einleuchtend.

Zusammenfassend muss – nach allem, was man bis heute darüber weiß – gesagt werden, dass Transfer nur bedingt, nur in einem engen Bereich möglich ist. D. h. zum Beispiel, wenn man im Biologieunterricht „Beobachtung“ schult und damit Erfolg haben sollte, gilt dies wohl nur für bestimmte biologische Phänomene, nicht aber etwa für den Straßenverkehr. Zudem sind solche Vorstellungen insofern problematisch, weil man bei einer Überbetonung dieses Aspekts auf viele Inhalte des Biologieunterrichts verzichten könnte.

Für Biologieunterricht wird immer wieder in Anspruch genommen, dass er globale, allgemeine Fähigkeiten trainiert, also Allgemeine Formale Bildung (s. auch Kap. 5.8). So soll er z. B. schulen: folgerichtiges Denken, sittliche Entscheidungsfähigkeit; *zu gewissenhafter Arbeit, zu Ordnung, Sauberkeit und Pünktlichkeit anleiten* (SIEDENTOP 1968:11f.).

Entsprechend liest man als mögliche formale Ziele von Sportunterricht: *Sport kann als Spiel auf anschauliche Weise Lebenserfahrung vermitteln und bei entsprechender Reflexion die Werte Tapferkeit und Maßhaltung, Fairness und verantwortliche Kameradschaft verdeutlichen* (HAINZ 1983).

Man möchte der Evolutionären Pädagogik derzeit nur bedingt zustimmen, die sogar so weit geht (VOLAND & VOLAND 2002), dass wir nur Lernen, was wir aufgrund unserer biologischen Struktur, den vorhandenen Modulen „lernen sollen“; vielleicht gehört ja folgerichtiges, problemlösendes Denken dazu. Noch deutlicher ist das Urteil, dass Menschen prinzipiell nicht belehrbar sind.

Grundsätzlich gilt, dass Transfer allgemeiner Fähigkeiten, die im Biologieunterricht erworben werden sollen, gezielt geschult werden muss – und nicht nebenbei erfolgt. So sollte z. B. das richtige „Bedienen eines Mikroskops“ bei jeder Benutzung dieses Geräts mit einer Kontrollliste, die die einzelnen Schritte auflistet, geübt werden.

Nun kann es keine Zweifel geben, dass es auch Ziel von Biologieunterricht sein muss, formale Fähigkeiten zu schulen. Er ist unter bestimmten methodischen Bedingungen (s. Kap. 13, 14) und nach Maßgabe der Einschränkungen, die Transferforschung aufgezeigt hat, dazu auch in der Lage. Problematisch wird es aber immer dann, wenn Inhalte, also die Substantielle Struktur der Biologie, zweitrangig oder gar beliebig werden; wenn also Formale Bildung dominiert und kein auf wohlbegründeter Auswahl beruhendes Wissen vermittelt wird. Und zwar deshalb, weil durch zahlreiche Untersuchungen gezeigt werden kann, dass ohne Wissen qualifiziertes Denken nicht möglich ist (weitere Ergebnisse der Kognitionsforschung über die Bedeutung von Wissen s. Kap. 9.1). Wissen ist auch eine Voraussetzung für Interesse (s. z. B. WEINERT 1986, 1997).

Es sollte vielmehr umgekehrt vorgegangen werden: Zuerst werden Inhalte festgelegt und dann geprüft, welche allgemeinen Fähigkeiten gezielt bei bestimmten Themen geschult werden können. Denn Biologieunterricht ist gehalten, eine Vielzahl von Themen zu vermitteln, deren Kenntnis bedeutsam ist.

Die Ergebnisse einer Studie (LAUDENBACH 1983) über die Verwendung von Lehrerinnen in der Industrie dürften von Interesse sein. Die befragten Arbeitgeber legten einerseits auf Fachwissen großen Wert, andererseits auf formale Fähigkeiten wie z. B.: Sich im Selbststudium in ein Gebiet einarbeiten zu können; Texte, Diskussionen mündlich und schriftlich wiedergeben zu können, Schlüssigkeit und Bedeutung von Argumenten beurteilen zu können.

Begriffe: Formale Bildung, Materiale Bildung, Allgemeine Formale Bildung, Syntaktische Formale Bildung, Transfer, Träges Wissen, Bildungswert der Naturwissenschaften

3.6 Betonung von „Erlebnis"

3.6.1 Äußerungen zum Biologieunterricht

Mögliche Situation: Häufig hört man die Äußerung: „Ich unterrichte vor allem das, was meinen Schülern Spaß macht". Ist „Spaß an etwas" der entscheidende [!] Grund, um ein Thema zu unterrichten? Besteht nicht die Leistung eines Lehrenden gerade darin, alle Themen interessant zu gestalten?

Noch folgenschwerer als die im vorhergehenden Abschnitt besprochene erscheint eine Tendenz, die sich mit Stichworten wie Dominanz der Schülerbedürfnisse (Staeck 2009:145, Ellenberger 1993) und Erlebnispädagogik (bis hin zu esoterikartigen Betrachtungen; s. Kap. 19.3.4) beschreiben lässt. In Bezug auf den Biologieunterricht bezieht sich Erlebnispädagogik vor allem auf „Naturbegegnung" oder „Offenen Unterricht", der vielfach mit solchen Ansätzen verknüpft wird (s. Kap. 5.9).

Nun könnte es sein, dass neben dem allgemeinen Mangel an verbindlichen Inhalten bei der gegenwärtigen Reform Naturbegegnung, Vermittlung von Artenkenntnissen und Erziehung zur Naturverbundenheit eher in den Hintergrund des Biologieunterrichts geraten. Jedenfalls lassen das Formulierungen der „Bildungsstandards" und bislang vorliegende Unterrichtsvorschläge befürchten (s. Berck 2009). Um so mehr erscheint es erforderlich, dass sich ein Lehrer mit den Begründungen für solche Fragen beschäftigt, um für sich entscheiden zu können, ob er solchen Tendenzen folgt.

Besonders im biologischen Anteil des Sachunterrichts der Primarstufe wurde und wird von manchen Autoren die Schulung von „Erlebnis" betont; z. B.:

- *Da der eigentliche Biologieunterricht in der Schule mit guten Gründen erst im 5. Schuljahr einsetzt, kommt für eine biologisch orientierte Natur- und Umweltkunde in der Grundschule nur eine erste Einführung, im Wesentlichen eine Bioästhetik in Frage* (Klausing 1968).
- *Hier nun steht das Bemühen, das Kind erlebnishaft an Pflanzen und Tiere heranzuführen und emotional für die Natur aufzuschließen, am Anfang aller unterrichtlichen Arbeit in der Biologie. Es beherrscht vorrangig die Arbeit im biologischen Sachunterricht der Grundschule* (Stichmann 1970). Zur Lernfähigkeit von Schülern dieses Alters siehe dagegen z. B. Kap. 10.8.3.
- Als obersten Grundsatz für Unterricht gibt Cornell (1991) an: *Lehre weniger und teile mehr von deinen Gefühlen mit.*

Es soll auf den Zusammenhang solcher Tendenzen mit der derzeitigen gesellschaftlichen Situation hingewiesen werden, die z. B. der Philosoph und Soziologe Schulze (1992) aufgrund zahlreicher Untersuchungen als „Erlebnisgesellschaft" bezeichnet. Einige Stichworte aus seinem Buch deuten an, was er damit meint: Der seiner kulturellen Eigenständigkeit und seines sozialen Kontextes beraubte Mensch ist fest im Griff der Kommerzgesellschaft; es geht meist nicht darum, das Leben, die Gesellschaft, die Welt zu erkennen, sondern an Gefühle heranzukommen; das Genussmotiv hat Karriere; es gibt eine Entkollektivierung von Wirklichkeitsmodellen; Narzissmus ist populär; der homo ludens spielt mit zunehmender Verbissenheit; „wie Medikamentenabhängige sich an ihren Stoff gewöhnt haben,. so der Erlebniskonsument an die tägliche Ration psychophysischer Stimulation".

Weitere Beispiele sollen extreme Positionen dieser Art aufzeigen. In einer Schrift mit dem Titel „Lebenswirklichkeit und Biologieunterricht" charakterisiert Kühnemund (1993) einen Biologiedidaktiker als jemanden, der „primär vom Erleben" ausgehen soll. Gebhard (1994:51) schlägt vor, bei der Behandlung von Tieren das „anthropomorph-animistische Denken" zu berücksichtigen. Man liest sogar den Satz: *Der Mensch wird sich der Güte des Lebens generell bewusst* (Ellenberger 1993:19), der für einen Biologen schwerlich nachvollziehbar ist.

Für den Biologieunterricht dürften die Ideen von Cornell (1991:10) ein wichtiger Ausgangspunkt für solche Ansätze sein. Er will zum Beispiel *durch die Natur zu freudigen, erhellenden Einsichten und Erfahrungen kommen und so den Frieden der eigenen Seele* (Cornell 1989:61) finden. – U. a. hat Hoenemann (1993) solche Vorstellungen kritisiert, weil ein fast ausschließlich positiv gefasster Begriff von „Natur“ die Gefahr in sich birgt, dass eine heile Welt vorgegaukelt und Bedrohungen nicht mehr gesehen werden. Ganz abgesehen davon, dass niemand weiß, ob und wie solche Wirkungen zustande kommen (s. u.).

Besonders schwerwiegend sind solche Äußerungen auch deshalb, weil derzeit der Begriff „Natur“ im Bereich der Alternativmedizin, Esoterik, moderner Mythologien und der Technikfeindlichkeit in bestimmter Weise benutzt wird (s. z. B. Coward 1995, Kap. 19.3). „Natur“ ist verknüpft mit Sinn- und Glaubensvorstellungen, sie ist „gut und wohltätig“, „rein und gesund“. „Natürliche Behandlungsweisen“ werden empfohlen, die jedoch menschliche Erfindungen sind. In großer Anzahl werden Waren angeboten, die uns verheißen, die „gütige Natur“ ins Haus zu bringen und die als „biologisch“ bezeichnet werden. Dies mag bei bestimmten Nahrungsmitteln zutreffen; insgesamt ist hier aber eine Ideologie am Werk, die man als problematisch, weil unrealistisch bezeichnen muss. Der „Welt des nicht vom Menschen Gemachten“ werden Absichten unterlegt, die wir nicht in ihr erkennen können.

Es werden so viele Zitate zur Erlebnispädagogik wiedergegeben, weil mit ihr meist auch die Hoffnung verbunden ist, durch Naturerlebnis und -begegnung werde zu einem Interesse an der Umwelt und zu verantwortungsvollem Handeln für die Natur angeregt (z. B. Trommer 1989). Es sind jedoch bislang keinerlei empirische Befunde bekannt, dass solche Hoffnungen belegbar sind. Vielmehr kommt eine umfangreiche Untersuchung an Erwachsenen (n=1200; ausführliche Darstellung durch Fischer 1995) zu dem Ergebnis, *dass sich erlebnispädagogisches Handeln automatisch in veränderten Individualkonstellationen (also einem geänderten Bewusstsein, Verhalten) niederschlägt, bleibt auch nach diesen Untersuchungen völlig unbelegt.*

Es stellt sich also die Frage, ob sich Biologieunterricht in diesem Zusammenhang zu schnell und unbedenklich an die moderne Erlebnisgesellschaft anpasst. Sollte in der geschilderten Situation *die Antwort der Erziehung [nicht eher] den Charakter einer Gegenwirkung gegen Schäden haben, die von der Gesellschaft her drohen* (Kroh 1956)?

Es muss zudem mehr als bedenklich stimmen und zur Vorsicht mahnen, dass solche Vorstellungen – wenn auch ohne Zweifel unbeabsichtigt – lebhaft an bestimmte Äußerungen in der NS-Zeit und kurz danach (!) erinnern: *Der bisherige Biologieunterricht kann getrost als lebensfremd bezeichnet werden, denn er erarbeitete wohl Erkenntnisse über Lebensvorgänge, zog aber das Eigenleben des Kindes kaum oder mindestens nicht genügend in den Kreis seiner Betrachtung ein. Die rein intellektualistische Einstellung des Biologie- wie des menschenkundlichen Unterrichts in der liberalistischen Periode packte das Kind nicht im Innern. Es genügt nicht, dass individualhygienische Belehrungen gegeben werden, sondern darüber hinaus müssen Rassenhygiene und der Rassegedanke zu ihrem Recht kommen. Auch diese Gebiete dürfen nicht intellektualistisch gestaltet werden, sondern müssen das Herz des Schülers ergreifen, müssen in ihm das unverlöschbare Wollen entzünden, dem Vaterland im Sinne der Reinhaltung der Rasse und der Eugenik zu dienen (Brohmer 1935:7/9). Weiterhin: Ich meine einen Biologieunterricht, der dem Herzen des Volkes entspricht und daher allen intellektualistischen Ballast abstreift, der die Bedürfnisse des Volkes berücksichtigt und die dem Deutschen eingeborene Naturverbundenheit weckt und fördert.* (Brohmer 1952:7).

Nachdrücklich ist zu betonen, dass Biologieunterricht keineswegs auf Erlebnisse verzichten kann und soll. Die ausgewählten Zitate werden nicht angegeben, um gegen „Erlebnisse im Biologieunterricht“ zu sprechen, sondern nur gegen eine Überbetonung, Verabsolutierung dieses Aspekts – oder gar eine Mystifizierung und Ideologisierung von Naturerlebnissen.

Gute und erfolgreiche Lehrer haben schon immer kognitives Lernen mit affektivem verknüpft, wo immer dies nötig und möglich war (z. B. Siedentop 1968). „Erlebnis“ als Anregungsfaktor für „naturfern“ aufgewachsene Schüler, auch als Zugang zu biologischen Fragen, ist notwendig. Solche erlebnishaft-affektiven Komponenten waren jedoch stets dem Wissenserwerb zu- bzw. untergeordnet.

Begriffe: Erlebnispädagogik, Erlebnisgesellschaft, Dominanz der Schülerbedürfnisse, „Natur“

3.6.2 Exkurs zum Thema „Naturerleben“

Als ich einst an einem schönen Frühlingstage spazieren ging, wandelten vor mir zwei Frauenzimmer. Als die eine schmachtend aufseufzte: Ach, die jrine Beeme! Worauf die andere, ein junges Ding, mit naiver Verwunderung fragte: Mutter, was gehen ihnen die jrine Beeme an? Was aber jene naive Frage betrifft, so kommt sie mir nie aus dem Gedächtnis. Überall, wo ich unwahre Naturempfindung und dergleichen grüne Lügen ertappe, lacht sie mir ergötzlich durch den Sinn (Heinrich Heine: Die Bäder von Lucca, Kap. IV).

Die Natur ist völlig unromantisch. Wir alle versehen sie mit romantischen Zügen; dies ist eine falsche Einstellung, egoistisch und absurd wie alle Egoismen (James Joyce).

A Forderung und Beschreibung

Wer ernstlich seinen Schüler zu „Naturerleben“, Naturbegegnung den Weg weisen will (dazu im einzelnen Kapitel 11) und dies auch für sich für einen wichtigen Wert hält – kommt schwerlich darum herum, sich mit den theoretischen Grundlagen dieses Vorhabens zu beschäftigen. Sonst bleibt dies meist nur ein Schlagwort. Taugt nicht als Gegengewicht zu eher passivem Konsumverhalten. Leicht wird man dabei auch Opfer zahlreicher Ideologien.

Immer wieder wird dazu aufgefordert, dass im Biologieunterricht so etwas wie eine Fähigkeit zu „Naturerlebnis“ entsteht. So der allgemein verwendete Terminus (z. B. zusammenfassend bei Janssen 1988, Trommer 1988, Zimmerli 1970). Dieser Gesichtspunkt hatte in der Vergangenheit im Biologieunterricht und der Biologiedidaktik einen hohen Stellenwert. Es bleibt abzuwarten, ob dies zukünftig für Unterrichtsinhalte auch weiterhin zutrifft. Wer jedoch überzeugt ist, dass dies stets eine zentrale Aufgabe von Biologieunterricht ist, sollte sich über die Grundlagen dieser Aufgabe informieren. Deshalb wird hier ausführlich darauf eingegangen.

Bei diesem komplexen und weithin ungeklärten Thema können aber nur einige Facetten angesprochen werden. Zudem sind solche Aussagen notwendigerweise zum Teil spekulativ.

Die Forderung nach Erziehung zu „Naturerleben“ tritt in zwei Versionen auf, wie schon die Zitate in Abschnitt 3.6.1 zeigen:

- „Reines Naturerleben“ steht im Vordergrund; die Verknüpfung mit biologischem Wissen ist kein essentieller Bestandteil.
- Betrachtung biologischer Objekte wird mit Erlebnis, Emotionen verknüpft.

B Biologen und emotionale Betrachtung von Naturobjekten

Auf die Angabe von zwei geradezu euphorischen Äußerungen von Biologen über die Verbindung ihrer wissenschaftlichen Arbeit mit Emotionen soll nicht verzichtet werden. Sie unterstützen einerseits Forderungen nach solchen Verknüpfungen und helfen andererseits, weiter unten vorgetragene Vorstellungen zu untermauern. Bei solchen Aussagen bleibt offen, was zuerst da war: Eine allgemeine Emotion, die zu Interesse an bestimmten Objekten geführt hat, oder Beschäftigung mit bestimmten Objekten, die dann mit Emotion verknüpft wird.

Welche Mühsal, welches Forschen und Suchen könnte ermüdender, beschwerlicher sein als die Botanik. Welch ein Zauber, den ich nicht zu erklären vermag, uns dazu hindrängt, so dass die Liebe zu den Pflanzen sogar die Liebe zu uns selbst übersteigt. Wenn ich das Los der Botaniker überdenke, so weiß ich wahrhaftig nicht, ob ich ihre Verzückung angesichts der Pflanze als die Entzückung des Weisen oder die des Verrückten bezeichnen soll (Linné in „Lappländische Reise“, 1964).
Und so beschreibt Darwin seinem Freund Hooker die Befruchtung der Orchidee *Orchis pyramidalis: Ein sattelförmiges Organ ergreift ein Haar in wunderbarer Art, dann vollzieht sich eine weitere Bewegung in den Pollinien, diese veranlassen die beiden Seitenflächen die Narbe zu verlassen. Nie habe ich etwas so Schönes gesehen* (in Wichler 1963).

C Erster theoretischer Hintergrund: Evolutionäre Ästhetik (s. auch Kap. 19.2)

Es ist wahrscheinlich, dass bei der ästhetischen Wirkung von Natur auch unsere biologischen Strukturen wirksam werden. Auf diesen Grundlagen könnten Naturerscheinungen nach positiven und negativen Überlebensfaktoren emotional bewertet werden. Schön ist, was dem Überleben der Art dient.

Aufgrund zahlreicher Versuche geht Rensch (1965) davon aus, dass auch bei höheren Wirbeltieren ästhetische Vorstellungen bestehen. Und Morris (1963) stellt eine Reihe ästhetischer Prinzipien auf, die von Menschenaffen (wie in der Kunst) beim Malen von Bildern verwendet werden. Wie in Kapitel 19.2 (Punkt 9) ausführlicher dargestellt wird, gibt es z. B. in der Vorstellung vieler Menschen „idealtypische Wälder", die sie am liebsten aufsuchen möchten. Männer empfinden bestimmte Frauen als besonders schön usw. Solchen Einstellungen dürften angeborene „ästhetische Urteile" zugrunde liegen:

Da es also sehr wahrscheinlich eine phylogenetische Disposition für die Erfahrung von „Naturschönheit" gibt, wäre dies eine mögliche Erklärung für deren Intensität. Da wir dergleichen jedoch nicht im Einzelnen kennen, kann man z. B. im Biologieunterricht schwerlich konkret daran anknüpfen.

D Zweiter theoretischer Hintergrund: persönliche Erfahrung

Nachhaltige persönliche emotionale Erfahrungen sind als weiterer Faktor oder als Hauptfaktor der individuellen Wertschätzung von „Naturschönheit" sehr wahrscheinlich bzw. vorauszusetzen.

Hier ist z. B. das Erlebnis einer bestimmten Landschaft in der Jugendzeit (in der geborgenen Gemeinsamkeit mit Eltern oder einem anderen Menschen, den man besonders schätzt) zu nennen. Dies könnte dazu führen, dass man gerade eine solche Landschaft immer wieder aufsuchen möchte, sie besonders schön findet. Ein Musikstück, ein Geruch werden als besonders angenehm, „schön" empfunden, wenn man sie unter einem starken emotionalen Eindruck erlebt hat.

Dies dürfte auch auf die aus irgendeinem Grund besonders emotional erlebte Begegnung mit einer Tier- oder Pflanzenart zutreffen; ebenso auf die mit anderen gemeinsam glückhaft erlebte Beschäftigung mit einer Gruppe von Lebewesen (s. Kap. 11.4). Ein solches Beispiel ist, wenn ein Liebhaber-Botaniker eine Pflanze findet, die er schon lange gesucht hat. Entsprechend sind wohl die wiedergegebenen Äußerungen von Biologen einzuordnen. D. h., die kenntnisgeleitete und erfolgreiche Beschäftigung mit biologischen Objekten ruft Emotionen hervor.

Entsprechend äußert sich Stray (1999). Seine Hauptthesen sind: Natur kommt nicht pur vor, sondern stets in bestimmten Lebenszusammenhängen; jeder hat ein individuelles, von Erfahrung bestimmtes Bild von „Natur" mit persönlicher Wertbesetzung. Dies ist abhängig von der allgemeinen kulturellen Tradition zum Thema „Natur". Um zu einer persönlichen Beziehung zur „Natur" zu kommen, bedarf es bestimmter Erlebnisse, Begegnungen, Erfahrungen, Kenntnisse.

Insgesamt dürfte der „Erinnerungswert" eines Ereignisses einen Einfluss darauf haben, ob etwas als angenehm oder schön eingestuft wird. Dies hat in vielen Fällen auch so etwas wie einen „Überlebenswert": Es werden solche Situationen bevorzugt aufgesucht, die ein Individuum in einen – zumindest einst – positiven Zustand versetzen.

Trifft diese Annahme zu – wofür viel spricht – kann im Biologieunterricht versucht werden, solche Beziehungen herzustellen. Es ist jedoch zu fragen, ob dabei in der Regel so nachhaltige emotionale Erfahrungen entstehen können, wie durch Erlebnisse im täglichen Leben, durch persönliche Beziehungen. Jedenfalls bedarf es dazu besonderer Fähigkeiten und Anstrengungen eines Lehrenden. Sonst ist die Gefahr groß, dass solche emotionalen Ereignisse „konstruiert" und damit weitgehend wirkungslos bleiben. Dass dabei stets auch Wissen vermittelt wird, dürfte dagegen kein Hinderungsgrund sein.

E Dritter theoretischer Hintergrund: Problematik des „reinen Naturerlebens"

Von Verfechtern eines „reinen", von Wissen abgelösten Naturerlebens wird vorgeschlagen – um nur ein Beispiel anzugeben – „Wasserspiele" (bei denen verschiedene Wasser-Geräusche erzeugt werden) durchzuführen, wobei offenbar nur das Erlebnis der Geräusche angestrebt wird (NOACK & WINKEL 1988; Beispiele für entsprechende Hausaufgaben s. Kap. 13.10.5). Eine Pflanze soll im Biologieunterricht gerade nicht benannt werden, sondern man verharrt im „Wahr-zu-Nehmenden", in einer subjektiven Beschreibung (TROMMER 1988).

Oder wenn zum Beispiel HAUG et al. (o. J.) meinen: *Das höchste Ziel des Naturkunde-Unterrichts ist, dem Schüler die Liebe zur Natur ins Herz zu pflanzen* – muss man sich fragen, was dies wohl bedeuten könnte. Zu welchen Auswüchsen „Naturliebe" führen kann, ist hinlänglich bekannt (s. auch Kap. 4.3.4). Nach KELLERTS (1980) Untersuchungen sind Menschen die Tiere „besonders lieben", wenig an deren Biologie oder Schutz interessiert. Wenn SCHREIER (1986) versucht hat, Schülern „Wege zum Naturschönen" z. B. durch Sammeln, „sich sammeln" und Betrachten zu weisen, so bleibt er jede Auskunft darüber schuldig, zu welchem Effekt dies geführt hat.

Sollte mit „Liebe zur Natur" dagegen gemeint sein, bei den Schülern aufgrund von Wissen eine positive Einstellung zu bestimmten Naturobjekten hervorzurufen, ist dies zu befürworten. Sollte jedoch „Natur" zum Subjekt erhoben werden, erscheint dies problematisch. Denn über „Sinn" oder „Bedeutung" von „Natur" können wir nichts aussagen; es bleibt bei einem „als ob", wie schon KANT (1949: 333) darlegt hat:

Auch Schönheit der Natur, das ist ihre Zusammenstimmung mit dem freien Spiele unserer Erkenntnisvermögen, kann als objektive Zweckmäßigkeit betrachtet werden. Wir können sie als eine Gunst, die die Natur für uns gehabt hat, betrachten, dass sie über das Nützliche noch Schönheit und Reize so reichlich austeilt, und sie deshalb lieben und uns selbst in dieser Betrachtung veredelt fühlen, gerade als ob [!] die Natur ganz eigentlich in dieser Absicht ihre herrliche Bühne aufgeschlagen und ausgeschmückt habe.

F Vierter theoretischer Hintergrund: Naturerleben als ästhetisches Ereignis

In den Empfehlungen „Biologieunterricht und Bildung" (Deutscher Verein MNU 2001) wird unter den Kompetenzen, die vermittelt werden sollen, auch „ästhetische Wahrnehmung" angegeben. Deshalb erscheinen Hinweise auf Untersuchungen zu diesem Thema geboten.

Es ist eine außerordentlich schwierige Frage, wie man die vielfach geforderte ästhetische Naturbegegnung von Schülern denn nun tatsächlich fördern könnte. Wie kann man Wissenschaft und Kunst vernetzen, fragen sich RETZLAFF-FÜRST & HORN (2000; ausführlich RETZLAFF-FÜRST 2000), die dazu eine empirische Untersuchung vorgelegt haben (n=260, 6. und 9. Klassen). Sie gehen dabei von einer Aufschlüsselung in verschiedene ästhetische Faktoren aus: Formale (Formelemente, Farben etc.) und inhaltliche (Stimmungen und Assoziationen, bereits vorhandene Vorstellungen). Die Schüler haben verschiedene Bilder beurteilt, ob sie diese „schön" oder „nicht schön" finden; und zwar (a) Bilder einzelner Tiere/Pflanzen auf farbigem Hintergrund, (b) „künstlerisch" gezeichnete Bilder, (c) komplexe naturnahe Bilder, (d) Bilder von Lebewesen, die wirtschaftlich genutzt werden. Insgesamt wurden dabei von den Schülern zur Beurteilung zu 62 Prozent formale, zu 38 Prozent inhaltliche ästhetische Faktoren verwendet.

Man wird schwerlich erwarten, dass bei einem so neuen, aber endlich begonnenen Forschungsbereich schon viele probate Empfehlungen möglich sind. Für den Biologieunterricht macht RETZLAFF-FÜRST (2000) erste, durchaus realistisch erscheinende Vorschläge: 1. Der Lehrer sollte zuerst auf ein ästhetisches Urteil verzichten („heute zeige ich euch einen besonders schönen Schmetterling"). 2. Tiere und Pflanzen bzw. deren Bilder, die wahrscheinlich von den Schülern als „schön" empfunden werden, sollten bevorzugt ausgewählt werden. 3. Es sollte neben auf inhaltliche auch auf formalästhetische Faktoren bei der Auswahl und Präsentation von Objekten und Bildern geachtet werden (z. B. Abbildungen von Pflanzen und Tieren in ökologischem, naturnahem, ökonomischem Kontext regen auf inhaltlicher Basis auch ästhetische begründete

Urteile an). 4. Zuerst Bearbeitung formaler Details eines Objekts (Schlangenhaut, Spinnenauge) oder inhaltlicher (ökologische Bedeutung von Spinnen); dann erst Darstellung u. U. eher inhaltlich/formal abgelehnter Gesamtdarstellungen (wie Bilder von Spinnen, Schlangen). Dies kann zu positiven Einstellungen führen. Formale Kategorien sollten zudem direkt durch bestimmte Arbeitsschritte (etwa Vergleichen von Formen und Farben) erkennbar und geschult werden.

Anders sieht es beispielhaft Seel (1991) unter dem Gesichtspunkt einer philosophischen Ästhetik. Nach ihm ist Naturerleben im strengen Sinn ein ästhetischer Vorgang. Ein solcher kann er aber nur sein, wenn man dabei von einer theoretischen, instrumentellen Betrachtung von Natur absieht (Seel 1991:25).

Aufgabe von Biologieunterricht als einer wissenschaftsorientierten Einrichtung ist es gerade, Wissen zu vermitteln. Wer im Biologieunterricht dem von Seel vorgetragenen Modell von Naturerleben als einem rein ästhetischen, nichtinstrumentellen Vorgang zustimmt, sollte die Frage beantworten können: Was bleibt von dieser Art der Naturbetrachtung, wenn sie nicht mit Wissen verknüpft wird?

G Gefahr der Ideologisierung

Es sei noch einmal auf die Gefahr der Ideologisierung bei diesem Thema hingewiesen. Sie liegt z. B. nahe, wenn Naturbetrachtung zur „harmonischen Schau der Welt“ wird, wenn bei der Behandlung von Lebewesen auch für „anthropomorph-animistisches Denken“ plädiert wird (Gebhard 1994), wenn durch Naturerleben ein „fast magischer Zugang“ zu Naturwissenschaften (Trommer 1988) als Möglichkeit angenommen wird. Mit Recht weist Schaal (1959) darauf hin, dass ein Kind Tiere erst dann *richtig verstehen kann, wenn es sich von der animistischen Auffassung löst* – also Tiere so zu betrachten lernt, wie sie sind.

In der (älteren) biologiedidaktischen Literatur finden sich zahlreiche „Begründungen“ für „Erziehung zur Naturverbundenheit“, die man in etwa als theologisch-christlich, theosophisch, auf einem irrationalen Heimatbegriff beruhend, apologetisch („Biologieunterricht ist mehr“), psychokompensatorisch bis antirational bezeichnen kann.

H Biologieunterricht

Es ist eine leichte Aufgabe, im Biologieunterricht, sei es in der Schulstube oder im Freiland, Objekte so darzustellen, dass Fakten zu einem spannenden und emotionalen Naturerlebnis werden.

Beispiele dazu sind fast beliebig (s. z. B. auch Siedentop 1968, Stichmann 1970); die Folgenden ergeben sich aus Erfahrungen: Die Betrachtung des Klappmechanismus von Staubblättern einer Wiesensalbeiblüte durch Grundschüler; zum ersten Mal bei Nacht Stimmen von Fledermäusen mit einem Fledermausdetektor hören; das Balzverhalten von Stockenten an einem Parkteich beobachten; sich in die Lebensweise des Haussperlings vertiefen; die Entdeckungsgeschichte der Mendel-Regeln oder der DNS verfolgen usw.

Naturerlebnisse im Unterricht können demnach unmittelbar mit biologischen Aussagen verknüpft werden. Biologieunterricht hat kein „reines Naturerlebnis“ nötig, die Fakten sprechen für sich. *Man findet niemals ein affektives Stadium ohne kognitive Elemente, noch das Umgekehrte* meint Piaget (zit. nach Schmitt 1987:1) – wobei „niemals“ aus der Sicht der Evolutionären Ästhetik aber wohl zu relativieren ist.

Zusammenfassung

Dieser lange und zum Teil sicher auch nicht einfach lesbare Abschnitt war notwendig – eben weil das Thema von manchen heute sehr in den Vordergrund gestellt wird. Es ergibt sich als möglicher Ertrag:

- Der theoretische Hintergrund dafür, was „Naturerlebnis“ ist, welche Wurzeln es hat, was es bewirkt, ist noch weithin ungeklärt.
- Dennoch sollte jeder Lehrende versuchen, solche Erlebnisse seinen Schülern zu vermitteln.
- Ein solches Unternehmen muss gut bedacht und geplant werden, sonst

bleibt es „konstruiert" – und damit unwirksam.

- Ideologische Vorstellungen über „Natur" sind dabei zu vermeiden. Sie widersprechen der Forderung nach Wissenschaftlichkeit des Biologieunterrichts.
- Naturerleben als Aufgabe von Biologieunterricht bedeutet in aller Regel, Wissen über Lebewesen mit ästhetischen und emotionalen Bezügen zu verknüpfen. Diese Forderung ist nicht nur so alt wie Naturgeschichtlicher Unterricht, sie wurde von guten Lehren schon immer beachtet und nüchtern realisiert.

Nebenbei: Es ist die vielfach aufgestellte These zu hinterfragen, ob es heute mehr als früher an einer positiven Einstellung zur „Natur" fehlt, an der Fähigkeit zu „Naturerlebnis". Letztlich ist diese Frage nicht zu beantworten; siehe dazu Kapitel 11.1.6. Gewiss gibt es in Großstädten genug Menschen, die nur wenig Kontakt zur „Natur" haben. Es muss aber darauf hingewiesen werden, dass es noch nie eine so verbreitete und vergleichsweise erfolgreiche Naturschutzbewegung gegeben hat, getragen von mitgliederstarken Verbänden, wie seit Anfang der achtziger Jahre. Der Absatz von sogenannten „Naturführern" ist hoch.

3.7 Biologie im Kontext (s. auch 5.10)

Unter den neuen Aspekten für den Biologieunterricht befindet sich auch „Biologie im Kontext". Solche Gesichtspunkte waren allerdings bereits im Rahmen der Curriculumreform berücksichtigt, theoretisch erörtert und konkret in den Lehrplänen ausgearbeitet worden: Als die Determinanten eines Lehrplans sollten demnach stets die Gesichtspunkte Schüler-, Wissenschafts- und Gesellschaftsrelevanz eines Themas bedacht, gegeneinander abgewogen und berücksichtigt werden (s. 3.2). Nun werden diese Grundfragen unter neuer Bezeichnung wieder aufgegriffen. Es darf betont werden, dass gute bzw. erfolgreiche Lehrer, Alltagsbezügen stets in ihrem Unterricht eine zentrale Rolle zugewiesen haben.

Themen des Biologieunterrichts sollen mit dem Vorwissen der Schüler und Alltagserfahrungen verbunden werden; weiterhin die Verknüpfung von Lebenswelt und Wissenschaft durch „sinnstiftende und lebenspraktische Kontexte", „authentische Problemsituationen" erreicht werden (s. z.B. Bayrhuber et al. 2007). Dabei soll auch das (schon lange angestrebte) „aufbauende Fachwissen" beachtet werden. Dazu wurde ein vom BMBF finanziertes Forschungsprojekt (bik) durchgeführt, das inzwischen beendet wurde. Aufgabe von Arbeitsgruppen aus Lehrern und Fachdidaktikern war es, auf der Grundlage der KMK-Bildungsstandards Unterrichtseinheiten und Aufgaben zu entwickeln. Diese sollen die Kompetenzbereiche Fachwissen, Erkenntnisgewinnung, Kommunikation und Bewertung besonders berücksichtigen.

Konkrete Beispiele oder Unterrichtseinheiten für den Biologieunterricht, die dem Lehrer den begründeten Zusammenhang zwischen aufbauendem Fachwissen und der Vermittlung spezieller Kompetenzen an die Hand geben, sind (trotz einiger Vorstudien s. Bayrhuber et al. 2007b, Vorschläge bei Högermann 2008) bislang nicht bekannt geworden. Zu Recht sagt dazu Ralle (2003): „Wenn man also die Ansprüche, die mit den Kompetenz-Formulierungen einher gehen, einlösen will, muss man sich zeitgleich Gedanken um die unterrichtliche Sisyphusarbeit der Begriffsklärung und der Vereinheitlichung im ‚Output' des Begriffsverständnisses machen". Damit Lehrer dies gegebenenfalls für jeweils eigene Schulcurricula leisten können, müssen sie über umfangreiches Wissen verfügen!

Bei einem Versuch (Töpperwien & Köttker 2008) Unterrichtsmaterialien vorzulegen, um „Kompetenzen zu vermitteln", kann man in Bezug auf die Auswahl der biologischen Inhalte keinerlei roten Faden erkennen, ja man muss sie wohl als willkürlich bezeichnen.

4 Lehrziele – pro und contra

Wer kein Ziel für seinen Unterricht hat – gleicht Schilfhalmen im Wind

4.1 Grundposition

Mögliche Situation: Das Thema „Wald als Lebensgemeinschaft" soll in einer Klasse 6 unterrichtet werden. Fängt man an, darüber nachzulesen, so erhält man einen Wust an Informationen. Was davon soll man den Schülern vermitteln? Was sollen die Schüler am Ende wissen?
Auch wenn die Vermittlung von Kompetenzen zentraler Inhalt des Unterrichts ist, wird man bei umfänglichen Themen zur Biologie (wie z. B. Zellorganellen, Genregulation, s. Högermann 2008) nicht um die Formulierung von Lernzielen umhin kommen.

Jeder, der in irgendeiner Weise Biologie unterrichtet, muss sich auf bestimmte Themen vorbereiten. Orientiert er sich dabei an der Vermittlungswissenschaft, sind mindestens drei Gesichtspunkte wichtig:

- Er misst die Auswahl der Inhalte an einem Leitziel.
- Es stellt sich für den Unterrichtenden die Frage, was die Lernenden im Einzelnen behalten sollen.
- Dies ist verknüpft mit der weiteren Frage, was man bei einer Lehrzielkontrolle verlangen kann.
- Nach der Veränderung von Biologieunterricht, der sich an Bildungsstandards und Kompetenzen orientieren soll, ist bei der Formulierung von Lehrzielen besonders auch zu berücksichtigen, dass sie die damit geforderten Leistungen einschließen. Jedenfalls kommt keine Form von Unterricht ohne die Formulierung von Lehrzielen aus.

Je globaler die Vorbereitung ausfällt, desto unsicherer muss die Beantwortung dieser Fragen ausfallen – entsprechend schlecht können sich die Lernenden orientieren. Deshalb gibt es die Aufforderung, vor dem Unterricht genaue Lehrziele zu formulieren. Sie beschreiben, was der Lernende nach einem bestimmten Unterrichtsabschnitt können soll (s. Mager 1994) und welche Themen der Lehrer zu unterrichten gedenkt.

Für diesen Begriff gibt es zwei verbreitete Bezeichnungen: „Lehrziel" und „Lernziel". Obwohl man dazu verschiedener Meinung sein kann, wird der Begriffsname Lehrziel hier bevorzugt. Wer unterrichtet, kann sich zwar Lehrziele vornehmen, ob der Lernende sie auch zu seinen Lernzielen macht, ist dagegen unsicher. Da Grobziele oder Globalziele (s.u.) fast nur als Lehrziele, dagegen kaum als Lernziele formuliert werden können, ergibt sich ein weiteres wichtiges Argument für die Auswahl des Begriffsnamens „Lehrziel".

Hierzulande hat sich die Verwendung des Begriffs „Lehrziel" seit Ende der sechziger Jahre (mit der sogenannten Curriculumreform, s. Kap. 6.1, 6.2) eingebürgert. Bemühungen um Lehrziele und Lehrzielkataloge gehen jedoch bis in die zweite Hälfte des vergangenen Jahrhunderts zurück (s. dazu Eraut 1991). In den USA wurde besonders ab 1948 an der Systematisierung von Lehrzielen (Taxonomy of Educational Goals) gearbeitet. Damit wollte man u. a. erreichen, dass Überprüfungsmethoden verglichen und Beziehungen zwischen Unterricht und Leistungskontrolle hergestellt werden können (Bloom 1974:4). Auch wenn jüngst Kataloge zum Basiswissen entwickelt werden, kommt man um die Formulierung von Lehrzielen zu einzelnen Komponenten schwerlich umhin.

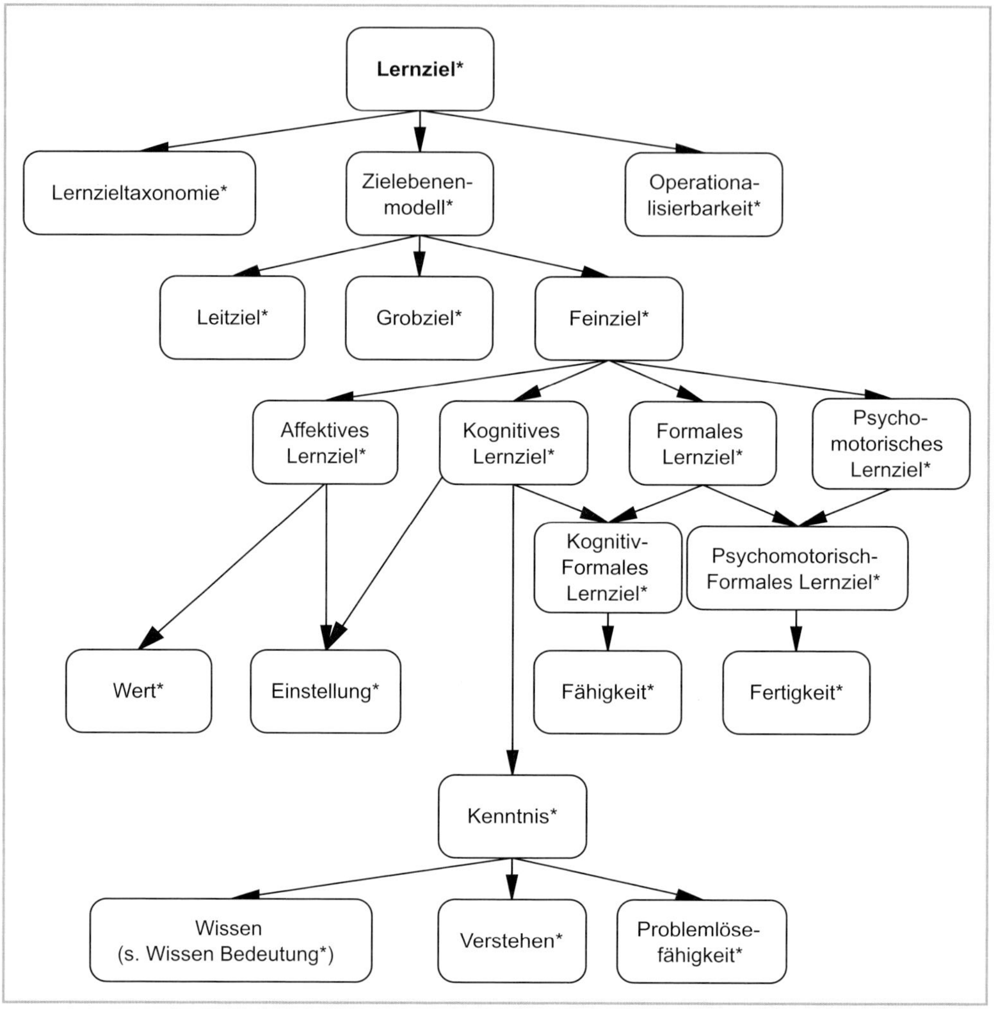

Abb. 4: Begriffsnetz zum Lernzielkomplex; die Sternchen markieren in dieser und in nachfolgenden Abbildungen diejenigen Begriffe, die im Wörterbuch der Biologiedidaktik (BERCK & GRAF 2003) erklärt werden.

Auch wenn die explizite Formulierung von „Lehrzielen" noch vergleichsweise jung ist, so gab es schon früher analoge Aussagen, vor allem in sogenannten „Handbüchern für den Unterricht". Sie ergaben sich schon daraus, dass sehr detailliert dargestellt wurde, welche Inhalte vermittelt werden sollten. Dazu drei Beispiele:

- *Der Sperling: Hier zeige ich euch zwei Sperlinge. Wie wird der Sperling noch genannt? Sprecht: Der Sperling wird auch noch Spatz genannt. Was ist der Sperling? Vogel. Gib mir an, was jeder Vogel haben muss! Federn, zwei Beine, zwei Flügel.* Es folgen vier Seiten mit weiteren Fragen zu diesem Thema (ZIMMERMANN 1891).
- *Der Schädel des Menschen: Die 8 Schädelknochen; sie schließen das Gehirn und den Gehörapparat ein, sind durch Nähte verbunden und heißen, a. Das Stirnbein, welches noch die obere Decke der Augenhöhle bildet* usw. (SCHILLING 1852).
- Die Bezeichnung „Lehrziel" benutzt z.B. SPANNER (1960/64) schon um 1960 (Bd. 1): *Die Gartentulpe: Lehrziel: Beschreibung einer Pflanze nach Vorkommen, Verbreitung, Wuchsform, Blütezeit, Wurzelregion, Spross- und Blattgestaltung. Vom Aufbau einer Blüte.*

Der Befund, dass es in irgendeiner Form „schon immer" Lehrziele gegeben hat, legt den Schluss nahe, dass rationaler Unterricht ohne Lehrziele schwerlich möglich ist. Lehrziele haben also mindestens folgende Funktionen (s. auch Schröder 1985:176):

- Schwerpunktsetzung: Wenn keine Lehrziele formuliert werden, übersehen Lehrer und Lernende, was mit den Inhalten eigentlich bezweckt werden soll; Lehrziele dienen der besseren Gewichtung von Inhalt und Ziel.
- Orientierung: Ohne Lehrziele läuft der Unterricht Gefahr, sich in Nebensächlichem zu verlieren, auszuufern.
- Zwischenschritte: Ohne Lehrziele werden notwendige Zwischenschritte und vorhersehbare Schwierigkeiten leichter übersehen.
- Kontrolle: Lehrziele ermöglichen es am Ende einer Unterrichtssequenz festzustellen, ob diese auch effektiv war; zudem wird mit ihrer Hilfe Unterricht für Schüler und Eltern transparenter.

Aus dem letztgenannten Aspekt ergibt sich zugleich die Forderung, dass ein Lehrziel überprüfbar – oder nach verbreitetem Sprachgebrauch: operationalisierbar – sein soll. Es wird weiter unten deutlich (s. Kap. 12.1), dass einer solchen Forderung nicht immer entsprochen werden kann.

Daraus ergibt sich, wie Lehrziele konkret formuliert werden sollten, damit sie die Absicht des Unterrichts möglichst gut zum Ausdruck bringen (s. auch Mager 1994):

- Tätigkeit: Genaue Angabe, was die Lernenden tun sollen (schreiben, an einem Modell erkennen und benennen usw.);
- Bedingungen: Lernleistungen sollen unter bestimmten Bedingungen gezeigt werden (eine schematische Darstellung beschriften, von einem Experiment ein Protokoll anfertigen usw.);
- Maßstab: Umfang des Wissens, der erwartet wird, damit eine Leistung positiv bewertet werden kann (wie viele Teile eines Organs sollen mindestens benannt werden, wie viele Tierarten des Lebensraums x sollen bekannt sein usw.).

Was diese Kennzeichen von Lehrzielen im Einzelnen bedeuten und was sie für einen konkreten Nutzen haben, kann man am besten verstehen, wenn man ein Beispiel durchdenkt. Angenommen, es soll in einer Klasse 5 das Thema „Hörvorgang und Ohr" behandelt werden.

Zuerst ist das Thema zu analysieren, das Wissen zusammenzustellen, das in diesem Zusammenhang wichtig und für die Lerngruppe bedeutsam ist. Wichtig ist, welche Kenntnisse und Vorstellungen die Schüler vom Lerngegenstand vermutlich schon haben. Dann kann als Lehrziele z. B. festgelegt werden: Welche Teile des Ohrs die Schüler an einem Modell erkennen und begrifflich benennen sollen; zu welchen Teilen sie eine zutreffende Aussage über die Funktion machen sollen, und zwar in welcher Form; welche Maßnahmen zum Schutz des eigenen Gehörorgans und dem anderer sie mündlich oder schriftlich beschreiben und begründen sollen; welche allgemeinen Kompetenzen sie erwerben sollen.

Begriffe: Lehrziel (Lernziel), Lehrziele und Biologieunterricht: Orientierung, Kontrolle, Operationalisierbarkeit, Taxonomie

4.2 Kritik

Die ersten beiden der oben angegebenen historischen Beispiele über Analogien für Lehrziele wurden auch deshalb ausgewählt, um eine Art der Kritik an der Verwendung von Lehrzielen verständlich zu machen. Unterricht kann mit so kleinschrittigen Lehrzielen geplant werden, dass er dadurch weitgehend festgelegt wird. Dadurch könnte es in der Tat zu einem starren Ablauf kommen. Solche Kritik ist aber heute doch wohl eine Scheinkritik. Seit langem sind keine Vorschläge oder Entwürfe aus dem Bereich des Biologieunterrichts bekannt, die einen solchen Weg gehen. Zudem stehen dem die genannten Leitsätze für Lehrerverhalten (Kap. 2.2) entgegen.

Unter ganz anderen Gesichtspunkten wurden auf der Grundlage detaillierter Lehrziele sogenannte Unterrichtsprogramme entwickelt. Dieser Programmierte Unterricht dient dazu, dass sich Schüler ohne Lehrer selbständig Kenntnisse erwerben können. Er soll und kann aber Unterricht durch Lehrerinnen nicht ersetzen, sondern eine Möglichkeit zum Eigenstudium bieten. – Es ist darauf hinzuweisen, dass eine Untersuchung an 497 dreizehnjährigen (und älteren) Gymnasiasten in München ergab, dass ein Lernprogramm zum Thema „Photosynthese" einen wesentlich höheren Lerneffekt hatte als ein durch einen Lehrer durchgeführter Unterricht (PLOSS 1987). Es gilt demnach, die Effektivität von Programmiertem Unterricht weiter zu erforschen; besonders welche Themen u. U. in dieser Form effektiver unterrichtet werden können (ausführlich dazu in Kap. 13.12).

Die Verwendung von Lehrzielen wird vor allem von solchen Autoren kritisiert, die sich aus unterschiedlichen Gründen gegen eine ausführliche Unterrichtsplanung oder eine (vermeintlich) zu starke Orientierung an einer Fachwissenschaft (Kap. 3.4) wenden. So wird z. B. befürchtet,

- Es komme dadurch zu einer *Funktionalisierung aller Unterrichtsabläufe im Hinblick auf äußerliche Verhaltensziele, eine einseitige Ausrichtung auf kontrollierbares Leistungsverhalten und die Ablösung des Lernprozesses vom subjektiven Erfahrungs- und Bedürfnishintergrund der Schüler* (MESSNER 1979).
- Es *sei nicht möglich, aber auch nicht wünschenswert, die Lehrer-Schüler-Interaktionen im Unterricht vollständig zu verplanen* (JANK & MEYER 1993: 307 ff.).

Aus Lehrzielen, mit denen die Intention von Unterricht vorab bedacht wird, folgt weder dessen „Verplanung" noch mangelndes Eingehen auf Schülerinteressen.

Kritik an der Formulierung von Lehrzielen wird u. a. auch damit begründet, dass Lehrer, auch wenn die Schüler Fragen stellen, möglichst schnell zu ihrem lehrzielbestimmten Unterrichtsplan zurückkehren wollen und Schülerbeiträge nicht als vollwertigen Teil des Unterrichts ansehen.

Diese Kritik richtet sich aber an Lehrer, die Schülerfragen zu wenig beachten. Es hat schon immer Lehrende gegeben, die wenig oder nicht auf Schüleräußerungen eingehen, da sie ein anderes Vorgehen nicht trainiert oder sachliche Schwierigkeiten mit einem Thema haben. Bislang liegen offenbar keine Befunde vor, dass in einem Unterricht, der auf Lehrzielen basiert, sozusagen zwangsläufig weniger kreativ, problem- oder schülerbezogen gearbeitet wird. Demnach überwiegen die genannten Vorteile, die Lehrziele für den Unterricht haben.

Begriffe: Kleinschrittiges Lehrziel, Programmierter Unterricht

4.3 Typen von Lehrzielen

4.3.1 Allgemeines

Es gibt eine ganze Reihe von Versuchen, Unterrichtsziele zu kategorisieren, zusammenzufassen (z. B. DEUTSCHER BILDUNGSRAT 1970a). Eine Beschränkung auf Aussagen, die für Biologieunterricht von besonderem Interesse sind, erscheint notwendig. Zuerst wird ein Überblick über allgemein verwendete Lehrziel-Typen gegeben; Einzelheiten zu jedem dieser Typen in den folgenden Abschnitten.

Lehrziele können sich auf unterschiedlich umfangreiche oder komplexe Themen beziehen. So dient das Leitziel (Kap. 3.2) als Richtschnur für den gesamten Biologieunterricht. Weiterhin kann man Grobziele, auch Globalziele genannt, also übergeordnete Lehrziele, für ein umfassendes Thema formulieren. Sie sind so umfangreich, dass die schon für Lehrziele genannten Bedingungen kaum erfüllt werden können; denn erst mit der Formulierung von Lehrzielen auf der untersten Ebene, den Feinzielen, können die genannten Forderungen erfüllt werden. Diese Feinziele beziehen sich dann auf bestimmte konkrete Lernprozesse.

Beispiele von Grobzielen zum Thema „Wald" (s. auch HESS. KULTUSMINISTER 1967) sollen dies verdeutlichen. Die Lernenden sollen die Bedeutung begründen können, die

- der Wald für eine Landschaft und für den Menschen hat,
- der Wald für das Überleben zahlreicher Tier- und Pflanzenarten hat,
- der Wasserkreislauf im Wald für Klima und Vegetation hat.

Es wird deutlich, dass es beim Lernen im Biologieunterricht um recht unterschiedliche Leistungen geht. BLOOM et al. haben deshalb (1974:7) aufgrund umfänglicher Untersuchungen eine weithin akzeptierte Typisierung und Charakterisierung von Lehrzielen vorgenommen:

- Kognitive Lehrziele beziehen sich auf Wissen und die Entwicklung intellektueller Fähigkeiten und Fertigkeiten.
- Affektive Lehrziele beziehen sich auf Änderung der Interessen, Einstellungen und Werte sowie die Entwicklung von Werthaltungen.
- Psychomotorische Lehrziele beziehen sich auf manuelle Fertigkeiten und andere körperliche Tätigkeiten.

Dass sich diese Lehrziel-Typen nicht immer eindeutig voneinander trennen lassen, spricht nicht gegen sie, ist kein Einwand gegen Lehrziele. Nicht nur in der Biologiedidaktik, sondern auch in der Biologie gibt es zahlreiche Bereiche, denen sich nicht alle Phänomene eindeutig zuordnen lassen; dies gilt zum Beispiel für viele Begriffe (Hassenstein 1967a, s. Kap. 10.3).

Nun gibt es einen weiteren, vielfach erwähnten Typ von Lehrzielen, der sozusagen quer zu den aufgezählten liegt: Formale Lehrziele. In Kapitel 4.3.3 wird versucht, eine Einordnung dieses Begriffs vorzunehmen.

Mit den Bemühungen, Lehrziele zu formulieren und in Typen einzuteilen, gingen Versuche einher, Lehrziel-Taxonomien (auch als Lehrziel-Hierarchien bezeichnet, s.u.) aufzustellen.

Dies bedeutet, Lehrziele nach dem Grad der Komplexität des Wissens oder Handelns einzuteilen, den Lernende zeigen sollen. Es ist deutlich, dass z. B. die Definition eines Begriffs (in der Regel) weniger komplexes Wissen erfordert als die genaue Begründung und Ableitung einer Theorie (s. dazu auch Tab. 5-2) oder einer komplexen Kompetenz.

Besonderen Einfluss hatten und haben die Taxonomien von Bloom et al. (1974). Inzwischen gibt es eine ganze Reihe solcher Taxonomien mit leider sehr unterschiedlichen Bezeichnungen (Zusammenstellung bei De Landsheere* 1991). Für die drei Typen von Lehrzielen sind jeweils eigene Taxonomien entwickelt worden.

Begriffe: Grobziel, Feinziel, Kognitives Lehrziel, Affektives Lehrziel, Psychomotorisches Lehrziel, Formales Lehrziel, Lehrziel-Taxonomie (Lehrziel-Hierarchie)

4.3.2 Kognitive Lehrziele

Ein Kognitives Lehrziel bezieht sich auf einen konkreten biologischen Wissensinhalt. Grundsätzliches dazu, welche Anforderungen an seine Formulierung zu stellen sind, wurde bereits in Kapitel 4.1 erörtert. Ein solches Lehrziel sollte der Intention des Leitziels entsprechen, sonst muss man es als überflüssig bezeichnen. Zum anderen kann das Fehlen bestimmter Kognitiver Lehrziele verhindern, dass bestimmte Aspekte des Leitziels erreicht werden (s. dazu auch Schaefer 1973).

Beispielhaft sollen einige Kognitive Lehrziele zu einem zentralen Thema angeführt werden: der Evolution; und zwar zum Beleg oder Faktum dieser wichtigsten Theorie der Biologie, die in keinem Biologieunterricht fehlen sollte:

- Durch Vergleich eines Affen- mit einem Menschenskelett 10 Übereinstimmungen finden und benennen können.
- Die vier möglichen Gründe für diese Übereinstimmungen angeben und begründen können, ob sie als biologisch relevante Ursachen für diese Übereinstimmungen anerkannt werden können oder abzulehnen sind.
- Mit Beispielen begründen können, warum Verwandtschaft der einzige zutreffende Grund für diese Übereinstimmungen ist.
- Die drei wichtigsten Kriterien nennen können, mit deren Hilfe Biologen aufgrund des Verwandtschaftsprinzips solche Übereinstimmungen genau beschreiben (Homologie-Kriterien) und sie als homolog bezeichnen.
- An drei (bislang nicht behandelten) Beispielen entscheiden und begründen, ob es sich um homologe Strukturen handelt.
- Zwei experimentelle Beispiele nennen können, die das Prinzip belegen „je näher verwandt, desto mehr und desto eindeutigere Homologien“ usw.

Entsprechend kann bzw. sollte man schon für die Grundschule Kognitive Lehrziele aufstellen; willkürlich seien auch dazu drei Beispiele genannt:

- Die vier Hauptteile einer Blüte an einem Modell benennen können.
- Jeweils drei Kennzeichen (einer bestimmten Anzahl) auf dem Schulgelände häufiger Pflanzen angeben können.
- Zwei Unterschiede zwischen einem Laubbaum und einem Nadelbaum angeben können.

Um es zu wiederholen: Man erkennt an diesen Lehrzielen deren Nutzen für die Vorbereitung des Unterrichts, die wichtigsten Ziele, die man bei einem Thema erreichen will, sowie das, was die Lernenden wissen sollen. Dass ebenso – wo immer erforderlich – auf das eingegangen wird, wonach die Schüler fragen und welche Kompetenzen vermittelt werden können, gehört zu den Prinzipien eines guten Unterrichts.

Zwar gibt es eine ausführliche Taxonomie Kognitiver Lehrziele von Bloom et al. (1974), die nach der Stufe des Wissens gegliedert ist (von der Kenntnis einer Einzelheit wie „eine Amsel ist ein Vogel" bis zur vergleichenden Beurteilung von Theorien: „Lamarckismus versus Darwinismus"). Sie hat aber offenbar wenig konkreten Einfluss auf Biologieunterricht oder Biologiedidaktik gehabt. Deshalb wird hier nicht weiter auf sie eingegangen. Siehe jedoch ihre Anwendung zur Beurteilung der Qualität von Fragen in Kapitel 14.5. und 17.2, Punkt 12.

Es gibt bislang, soweit erkennbar, vor allem inhaltlich-sachliche und logische Begründungen für den Nutzen Kognitiver Lehrziele für das Lernen im Biologieunterricht. Dagegen sind keine sicheren empirischen Befunde bekannt, die gezielt belegen, dass solcher Unterricht effektiver ist, als ein Unterricht ohne Kognitive Lehrziele. Auch internationale Übersichten, z. B. White & Tisher (1986) oder Tamir (1991), enthalten dazu relativ wenig Aussagen. Eine vergleichende Betrachtung von 150 Untersuchungen zur Effektivität von älteren Lehrplänen im Vergleich mit neueren lehrzielorientierten Lehrplänen zeigt jedoch: Letztere rufen bei Schülern einen höheren Lernerfolg in Bezug auf Leistung und eine Reihe anderer Fähigkeiten, wie etwa Einstellungen, experimentelle Fertigkeiten usw. hervor (Shymansky et al. 1983). Ähnlich äußert sich Eraut (1991:316): Als ein allgemeines Ergebnis kann man festhalten, dass klare Direktiven den Lernerfolg erhöhen, aber Kognitive Lehrziele sind dafür nur ein Faktor.

Begriffe. Kognitives Lehrziel, Taxonomie Kognitiver Lehrziele

4.3.3 Formale Lehrziele

Herkömmlich wird „Formales Lernziel" so definiert: *Erwerb allgemeiner Kenntnisse, Fähigkeiten und Fertigkeiten, die sich nicht auf spezifisches Wissen beziehen* (Berck & Graf 2003). Danach beruhen auch „Kompetenzen" (s. Kap. 5.10) auf der Vermittlung durch Formale Lernziele (FLZ). Dieser Begriff wird allerdings in diesem Zusammenhang kaum mehr verwendet. Es erscheint aber wenig verständlich, diesen sachlogisch begründeten Begriff einer Wissenschaft aufzugeben. Das könnte zudem Leser älterer Literatur verwirren.

Demnach erfolgt auch das Erlernen von „Kompetenzen" den folgenden Prinzipien für FLZ.

BIOLOGIEUNTERRICHT UND FORMALE LERNZIELE (FLZ)

Komplexität von Inhalten	Forderungen Biologiedidaktiker	Lernpsychologie
Auf wenige Inhalte beschränkt (Maikäfer)	gezielte Schulung	Transfer-hoffnung
Umfassende Sach-Verhalte (Zellteilung)	Schulung Methoden der Biologie	Untersuchungen Transhoffnung
Allgemeine Fähig-keiten (Experiment, Graphen zeichnen)	FLZe formulieren	Ergebnisse Kognitionspsy.
FORMALE BILDUNG		

Abb. 5: Verschiedene Aspekte zur Formalen Bildung

Dieser Abschnitt steht in enger inhaltlicher Verbindung mit den Kapiteln 3.5 und 5.10. Einige Wiederholungen erscheinen nützlich. Vorab soll Abbildung 5 verdeutlichen, dass sich biologisches Wissen auf unterschiedlich große Bereiche beziehen kann. Wissen über den Maikäfer z. B. beschränkt sich auf einen vergleichsweise kleinen Inhalt, über Aufbau und Funktion der Zelle auf einen großen, betrifft es doch alle Lebewesen. Entsprechend beziehen sich auch Lehrziele auf unterschiedlich große, in den meisten Fällen könnte man auch sagen unterschiedlich wichtige Wissensbereiche.

Noch globaler und in der Regel über Biologie hinausgehend sind z. B. folgende Lehrziele:

- Die typischen Schritte eines Experiments (Kap. 13.3) kennen, dazu Hypothesen
- formulieren und bei dessen Durchführung und Beurteilung beachten.
- Aus einem Experiment gewonnene Werte in einem geeigneten Graphen darstellen können.
- Aus einer wissenschaftlichen Arbeit die wichtigsten Inhalte darstellen können.

Zur Verdeutlichung einige weitere Beispiele für Formale Lehrziele, die sich vorwiegend auf bestimmte Fertigkeiten beziehen, die man beherrschen sollte:

- Ein Mikroskop richtig bedienen können.
- Beim Experimentieren Grundregeln der Unfallverhütung beachten.
- Mit einfachen Methoden ein mikroskopisches Präparat herstellen können.

Es wird aus den Beispielen aber auch deutlich, dass man Formale Lehrziele in zwei Gruppen einteilen kann oder muss:

- Kognitiv-Formale Lehrziele, die sich auf übergeordnetes, von einem konkreten Inhalt abgelöstes Wissen beziehen,
- Psychomotorisch-Formale Lehrziele, die sich auf allgemeine Fertigkeiten und Fähigkeiten beziehen.

Auch wenn sich diese beiden Typen von Lehrzielen vielfach überschneiden, ist es doch sinnvoll, sich im Biologieunterricht deutlich zu machen, welche Art von Wissen angestrebt wird, weil sie unterschiedliche Leistungen der Lernenden erfordern. – Der Begriff FLZ wird vielfach auch synonym mit „Psychomotorischem Lehrziel" verwendet. Da es auch Formale Lehrziele gibt, die sich nicht unmittelbar auf körperliche Fertigkeiten beziehen, sollte dies aus Gründen der Klarheit vermieden werden.

In Kapitel 3.5 wurden Möglichkeiten und Grenzen der Realisierung Formaler Lehrziele bereits diskutiert. Dort wurde auch dargelegt, dass viele Biologiedidaktiker schon immer deren große Bedeutung für den Biologieunterricht betont haben. Mit der derzeitigen Reform des Biologieunterrichts werden FLZe zum dominierenden Prinzip für Auswahl von Inhalten und deren Vermittlung im Biologieunterricht – den Kompetenzen. Es muss abgewartet werden, in welcher Weise damit Fähigkeiten und Wissen der Schüler verbessert werden können.

Es soll noch ein gutes Beispiel angeführt werden, dass dieser Tendenz, also auch der Vermittlung Formaler Lernziele, schon früher großer Wert beigemessen wurde. Es findet sich in dem früher in den USA verbreiteten Unterrichtswerk „BSCS – Biological Sciences Curriculum Studies" (1968): There are two major aims in studying any natural science. One aim is to become acquainted with scientific facts. The second aim is even more important: to understand what science is, to recognize its spirit and to appreciate is methods.

Diese Überlegungen über Formale Lehrziele sind nicht nur „graue Theorie", sondern nützliche Voraussetzungen für guten und effektiven Unterricht. So muss man sich deutlich die spezifischen Bedingungen bewusst machen, wenn man Formale Lehrziele angehen will. Auf Transfer kann man nur hoffen, wenn dieser gezielt geschult wird – er stellt sich keineswegs „so nebenbei" ein (s. Kap. 3.5). So sollte z. B. das „Einstellung eines Präparats bei Anwendung eines starken Objektivs" möglichst anhand einer Kontrollliste, die die einzelnen Schritte auflistet, geübt werden.

Das gilt in gleicher Weise für das Training Kognitiv-Formaler Lehrziele. Sollen Lernende aus einer wissenschaftlichen Arbeit die wichtigsten Ergebnisse darstellen, müssen sie z. B. lernen (ausführlicher in Kap. 13.9 und 13.10): Den Text in Sinnabschnitte zu gliedern, diesen eine Überschrift zu geben, die wichtigsten Begriffe zu erkennen und sich deren Bedeutung klar zu machen usw. Nur wenn der Unterrichtende klare Vorstellungen über die jeweiligen Ziele hat, besteht Transfer-Hoffnung.

Vielfach werden in sogenannten Lehrprobenentwürfen von Referendaren Formale Lehrziele zur Begründung von Inhalten angegeben, ohne dass irgendetwas geschieht, um diese Lehrziele dann auch zu realisieren. Dazu zwei Beispiele: In einem solchen Entwurf zum Thema „Photosynthese und Ernährung des Menschen" (Klasse 8) steht: *Das Kapitel Photosynthese ist ein interessantes Beispiel, mit dem naturwissenschaftliches Denken geübt werden kann;* bei dem Thema „Verdauung und ihre Organe" (Klasse 5) fand sich: *Die Schüler können sich so in logischem Denken üben.*

Zusammenfassung der wichtigsten Befunde zum Thema „Formale Lehrziele":

- Es gibt eine verbreitete Forderung, dass es wichtiger sei, Formale Lehrziele zu schulen als Kognitive Lehrziele. Derzeit werden vielfältige Forschungen durchgeführt, um dies empirisch zu belegen.
- Berufung auf die Schulung formaler Fähigkeiten ist kein Ersatz für die genaue Begründung der ausgewählten Inhalte.
- Für die Annahme, im Biologieunterricht komme es schon „durch die Sache" zur Schulung formaler Fähigkeiten, spricht wenig.
- Es gilt, jeweils zu überlegen, mit welchen Inhalten welche formalen Fähigkeiten am besten geschult werden können.
- Es erscheint nützlich, zwischen Kognitiv-Formalen Lehrzielen und Psychomotorisch-Formalen Lehrzielen zu unterscheiden: mit ihnen werden den Schülern jeweils unterschiedliche Leistungen abverlangt.
- Transfer ist umso wahrscheinlicher, je bewusster Formale Lehrziele trainiert werden und
- je begrenzter, spezifischer die angestrebten Fähigkeiten sind.
- Je allgemeiner, umfassender die angestrebte Fähigkeit ist, desto weniger besteht Aussicht auf Erfolg.

Begriffe: Formales Lehrziel, Kognitiv-Formales Lehrziel, Psychomotorisch-Formales Lehrziel, Transfer

4.3.4 Affektive Lehrziele

Mögliche Situationen: Ein Schüler wirft während eines Ausflugs eine Glasflasche in den Wald oder zertrampelt Pilze; ein Schüler macht rassistische Äußerungen

[Der Lehrer muss] vorerst für sich den Stoff daraufhin prüfen, ob er in der Lage ist, auch die Affektivität der Schüler zu wecken und zu befriedigen. Es zeigt sich dabei sogleich, dass die Präsentation des Stoffes darüber entscheidet, ob der Schüler ihn als eine Herausforderung zu einem persönlichen Engagement empfindet oder nicht (Kubli 1981:156)[2].

Biologie beschäftigt sich mit Lebewesen. Diese können nicht nur als Objekte untersucht werden; ihnen wird ein Eigenwert zugeschrieben (s. Kap. 19.2). Daraus folgt eine mehr oder minder große affektive Beziehung zu ihnen. Insofern hat Biologie unter den Naturwissenschaften eine Sonderstellung. – Dieser „Eigenwert von Lebewesen" mag für manche Biologiedidaktiker Anlass sein, ihn im Biologieunterricht zu sehr zu betonen, in dessen Mittelpunkt zu stellen oder ihn sogar zu ideologisieren; dieses Problem wurde ausführlich in den Kapiteln 3.5 und 3.6 erörtert.

Es gibt eine allgemeine Übereinstimmung, dass Biologieunterricht heute mehr denn je Einstellungen, Werturteile, affektive Verhaltensweisen gegenüber Lebewesen sowie ihrer und unserer Umwelt schulen muss (s. Kap. 3.6). Gerade auch bei der Orientierung an „Kompetenzen" ist darauf zu achten, dass affektive Elemente genügend mitbedacht und berücksichtigt werden. Um dies sicherzustellen, wurde ja der Kompetenzbereich „Bewertung" ausgewiesen.

Während es nicht primär Aufgabe eines Biologen als Fachwissenschaftler ist, sich mit solchen Fragen zu beschäftigen, kann sie ein Biologielehrer nicht ausklammern. Er würde sonst einen wesentlichen Bereich menschlicher Erfahrung außer acht lassen; dies wurde bei der Definition von „Biologiedidaktik" (Kap. 1.3) bereits berücksichtigt.

Damit die Schulung solcher Eigenschaften, die man am besten als Persönlichkeitsmerkmale bezeichnet – möglicherweise! – gelingt, sind Affektive Lehrziele erforderlich; z. B. sollen die Schüler lernen

- beim Skilaufen die Pisten nicht zu verlassen, da bestimmte Tiere ein Mindestmaß an Ruhe benötigen;
- Tiere nicht zu quälen oder ohne vernünftigen Grund zu töten;
- keine geschützten Tiere oder Pflanzen oder Teile von ihnen aus ihrem Lebensraum zu entnehmen;
- eine positive emotionale Beziehung zu Lebewesen zu bekommen, gerade auch gegenüber solchen, die im Allgemeinen eher Abneigung hervorrufen;
- sich für den Schutz der Sinnesorgane anderer Menschen einzusetzen, wenn man für sie Verantwortung hat (z. B. als Betriebsingenieur).

Schon aus diesen Formulierungen ist erkennbar, dass Affektive Lehrziele mindestens zwei Probleme mit sich bringen, die bei den beiden anderen besprochenen Lehrziel-Typen nicht auftreten:

- Die sonst an Lehrziele gestellte Forderung nach Überprüfbarkeit (Operationalisierbarkeit) ist nicht oder kaum zu erfüllen. Jedermann kann zustimmen, dass man Lebensräume für bedrohte Tierarten erhalten soll. Ob er dies (später) auch tut, besonders wenn er dadurch Nachteile hat, ist im Biologieunterricht nicht oder kaum überprüfbar. Bei der öffentlichen Zustimmung zu einem Affektiven Lehrziel liegt die Gefahr der „Kulturheuchelei" nahe.
- Unterrichtende sind in Gefahr, Affektive Lehrziele anzustreben, durch die den Lernenden bestimmte, unter Umständen subjektive Wertvorstellungen vermittelt werden. Man kann z. B. eine bestimmte Meinung zu Fragen der Abtreibung oder der Nutzung von Atomenergie haben, die von anderen nicht geteilt wird. Bei der Vermittlung von Wertvorstellungen ist „Indoktrination", der bewusste oder unbewusste Versuch, andere von eigenen Wertvorstellungen zu überzeugen, tunlichst zu vermeiden. Eine solche Gefahr erscheint

---

2 In dem zitierten Buch mit dem anscheinend „abgelegenen" Titel findet sich auch ein sehr lesenswerter Abschnitt über den Bildungswert der Naturwissenschaften.

umso größer, je jünger die Schüler sind.

Dies alles bedeutet nicht, auf die Vermittlung allgemein anerkannter Wertvorstellungen zu verzichten. Andererseits sollte in strittigen Fällen das Für und Wider verschiedener in der Gesellschaft vorhandene Meinungen dargestellt und mit den Schülern diskutiert werden. Lehrende sollten in solchen Fällen nur auf ausdrückliche Aufforderung durch die Schüler ihre private Meinung sagen und sie als persönliches Urteil kennzeichnen. Dies entspricht nicht nur dem, was man als „pädagogische Ethik" bezeichnen möchte, es dient auch dem Schutz des Lehrenden.

Wie man Affektive Lehrziele am besten realisiert, ist eine schwierige Frage und ein vielfältiges Thema. Dazu hier nur der Hinweis auf zwei Aspekte. Erfolgreiche Lehrer haben schon immer kognitive Inhalte, das Lernen von Wissen, mit affektiven verknüpft. Emotionen bei einem Thema zu erreichen, ist das „Salz in der Suppe". Ein Unterrichtsthema kann noch so gut vorbereitet und dargestellt werden, wenn Emotionen fehlen, bleibt es vielfach langweilig. Es gehört demnach zu den Fähigkeiten eines Lehrenden, solche emotionalen Beziehungen aufzufinden – und sich ein entsprechendes Affektives Lehrziel vorzunehmen. Beispiele mögen dies verdeutlichen.

- Das Thema „Knochen und Knochenbrüche" beginnt man in der Grundschule besser nicht mit einem „Knochen", sondern mit der Frage: Wer von euch fährt beim Skilaufen am liebsten ganz wild über die Piste?
- Im Zusammenhang mit Naturschutzfragen, Seen als Rastgebiete für Zugvögel: Windsurfer segeln auch im Herbst und Winter auf Seen herum, sie scheuchen dabei ständig Wasservögel auf. Diese kommen aus dem Norden und benötigen tagelang Ruhe, um Nahrungsreserven für die Wanderung aufzubauen. Man weiß, dass viele dieser Tiere sterben, wenn sie ständig aufgescheucht werden. Mögliches Affektives Lehrziel: Seen und andere Wasserflächen nutzen wir zum Vergnügen, viele Lebewesen benötigen sie dagegen, um leben zu können. Deshalb muss man sich dafür einsetzen, dass ein Teil unserer Seen als Naturschutzgebiete ausgewiesen wird.
- Thema Ethologie oder Humangenetik in Klasse 10, Behauptung: „Psychische Unterschiede zwischen Frauen und Männern entstehen nicht nur durch Erziehung, sondern haben auch biologische Wurzeln". Diese teilweise noch immer kontroverse Aussage führt aufgrund der subjektiven Betroffenheit in aller Regel zu intensiven Diskussionen. Das Affektive Lehrziel hat Einstellungen zum Inhalt, die sich auf das eigene Selbstverständnis beziehen: Die Schüler sollen lernen, dass es zum Wesen des Menschen gehört, ein kritisches Selbstverständnis zu entwickeln und Aussagen über den Menschen auch unter biologischen Gesichtspunkten zu beurteilen (Literatur dazu siehe unter „Soziobiologie", Kap. 19.3).
- Das scheinbar so trockene Thema „Versorgung eines Muskels mit energiereichen Stoffen" kann zur emotionalen Erfahrung werden, wenn es mit der Frage verknüpft wird: „Wann wird ein Läufer beim schnellen Laufen ‚sauer'?"

Ein wichtiger Gesichtspunkt bei jeder Unterrichtsvorbereitung ist also stets, emotionale Gesichtspunkte des Themas aufzuspüren. In diesem Zusammenhang soll auf ein allgemein bekanntes Phänomen hingewiesen werden: Durch zu intensive rein kognitive Behandlung von Themen kann eine ursprünglich vorhandene positive emotionale Einstellung auch „kaputtgeredet" werden. Die sich über viele Schulklassen hinziehende Beschäftigung mit Tier- und Pflanzengruppen zur Zeit des sogenannten SCHMEILSCHEN Biologieunterrichts (s. Kap. 17.3) hat kaum dazu geführt, bei den Schülern positive Beziehungen zu Lebewesen hervorzurufen.

Ein eher unsicheres Verfahren dürfte es sein, emotionale Aspekte zu sehr zu betonen und dabei die Vermittlung von Wissen zu vernachlässigen (s. Kap. 3.6). So hat es zum Beispiel wenig Sinn, sich emotional für den Schutz unserer Wälder einzusetzen, wenn man nicht weiß, warum dies geschehen soll und was dabei geschehen muss. Die mehrfach erwähnte Untersuchung von KELLERT (1980) ergab: „Schöne" und emotional ansprechende Tiere rufen bei vielen Menschen große Zuneigung hervor. Solche Menschen wissen jedoch über diese in der Regel wenig und haben kaum ökologische Einstellungen. Eine „schützende Einstellung" zu Pflanzen konnte SCHERF (1986) in gewissem Umfang bei Grundschulkindern (4. Klasse) gerade durch intensive kognitive Beschäftigung erreichen (mehr dazu s. Kap. 11.2).

Es ist davon auszugehen, dass die Vermittlung von Wissen in Verbindung mit affektiven Komponenten die größte Chance hat, bei den Lernenden eine Veränderung von Einstellungen und Werthaltungen zu bewirken. Dazu ist aber die bewusste Beachtung Affektiver Lehrziele erforderlich.

Taxonomie (Hierarchie) Affektiver Lehrziele: KRATHWOHL et al. (1973, 1964), denen wir eine grundlegende Darstellung über Affektive Lehrziele verdanken, haben darauf hingewiesen, dass diese häufig zu global formuliert waren bzw. sind. Dies hat meist zur Folge, dass ihre Realisierung erfolglos blieb – ganz zu schweigen von Versuchen, sie zu überprüfen. Als Beispiel für ein solches globales Ziel kann man nennen: „Schüler zu Naturverbundenheit zu erziehen".

Krathwohl et al. schlagen aufgrund empirischer Befunde demgegenüber vor, Stufen affektiver Anteilnahme zu berücksichtigen. Sie entsprechen einer Zunahme der Internalisierung (Verinnerlichung) von Werthaltungen. Da Krathwohls Taxonomie auch für den Biologieunterricht bedeutsam ist, werden die Hauptstufen hier wiedergegeben (Tab. 4-2); zugleich verbunden mit entsprechenden Aussagen zum Thema „Ornithologie und Naturschutz".

Tab. 4-2: Taxonomie Affektiver Lehrziele nach KRATHWOHL – angewandt auf das Beispiel „Ornithologie und Naturschutz"

Stufe	Hauptstufen der Krathwohl Taxonomie	Beispiele
1	Wahrnehmen Gewahrwerden	Vögel überhaupt sehen und hören
	Bereitschaft zur Wahrnehmung	Bereitsein, Vögel zu hören
	Selektive Aufmerksamkeit	Unter verschiedenen Umweltreizen, gerade auf Vögel schauen, hören
2	Beantworten/ Antwortbereitschaft	Bereitschaft, aktiv Vögel zu beobachten
	Befriedigung	beim Beobachten Befriedigung empfinden
3	Bewerten/Akzeptieren eines Wertes	Beschäftigung mit und Schutz von Vogelarten als persönlich wichtig ansehen
	Bevorzugung eines Wertes	diese Beschäftigung der Teilnahme an einem Fußballspiel vorziehen, Geld dafür ausgeben
	Verpflichtung gegenüber einem Wert	Vogelarten schützen helfen
4	Organisieren Konzeptualisierung	Vogelschutz auf seine ökologischen und ethischen Begründungen prüfen
	Einordnen in ein Wertesystem	Bedeutung von Vogel/Naturschutz im Vergleich mit dem Bau einer Straße bewerten
5	Charakterisierung durch einen Wert	Erhaltung von „Natur" als Teil einer „Lebensphilosophie", ethisch/moralischen Einstellung ansehen

Folgende Erkenntnisse oder auch Handlungsanweisungen kann man aus dieser Taxonomie gewinnen:

- Will man eine bestimmte Einstellung fördern, dürfte dies wenig effektiv sein, wenn man bei den oberen Stufen einsetzt.
- Vielmehr sollte man bei einem Schüler oder einer ganzen Klasse gezielt von Stufe zu Stufe voranschreiten.
- Man kann Schüler am besten fördern, wenn man weiß, auf welcher Stufe sie sich in Bezug auf eine bestimmte Einstellung befinden.
- Für wichtige Themen der Biologie (z. B. Gentechnik, Evolution und Selbstverständnis, Manipulationen des menschlichen Erbguts, s. dazu Kap. 20) sollte jeder Lehrer eine „Lebensphilosophie“ haben.

Begriffe: Affektives Lehrziel, Indoktrination, Operationalisierung, Taxonomie Affektiver Lehrziele: Wahrnehmen, Beantworten, Bewerten, Organisieren, Charakterisieren

5 Strukturansätze – oder Biologieunterricht kann auf sehr verschiedenen Grundlagen beruhen

5.1 Grundsätzliches

Mögliche Situation: Der Kultusminister erlässt einen neuen Lehrplan, oder ein neues Biologiebuch ist erschienen – welches sind die Grundideen dieser Dokumente?

Biologiedidaktische Forschung schlägt neue Unterrichtsformen vor.
Auch diese sollten Lehrende hinterfragen.

Es soll ein Lehrplan für die Schule oder eine bestimmte Klassenstufe entwickelt werden – nach welchen Grundprinzipien soll dies geschehen?

Wollen Lehrer als „Staatsbeamte“ Lehrpläne nicht einfach unkritisch ausführen, müssen sie sich gründlich und wissend damit auseinandersetzen.

Den „idealen Lehrplan“ für den Biologieunterricht gibt es nicht. Wohl kaum jemand dürfte heute noch nach dem Plan unterrichten wollen, den Steinecke 1938 S. 37) veröffentlichte und als „Ideallehrplan“ bezeichnete; er hat im Wesentlichen folgenden Inhalt:

- Unterklassen: Einzelbetrachtung von Blütenpflanzen und Wirbeltieren, Vorbereitung systematischer und ökologischer Gruppenbildung, System der Wirbeltiere;
- Mittelklassen: Nacktsamer, Sporenpflanzen, wirbellose Tiere, System der Pflanzen und Tiere, Vorbereitung der Genetik;
- Oberklassen: Zelle, Leben als Gesamterscheinung, Reizerscheinungen und Sinnesleben, Stoff- und Kraftwechsel, Genetik (Fortpflanzung, Ontogenie, Deszendenz, Vererbung).

Veränderungen biologischer Erkenntnis, gesellschaftliche Bedingungen und Notwendigkeiten der Ausbildung der Schüler erfordern es, dass Lehrpläne angepasst werden. Es soll dazu beispielhaft auf Umwelterziehung, Drogenproblematik und Selbstverständnis des Menschen hingewiesen werden.

Lehrpläne sind zentrales Medium der Steuerung von Unterricht. Wo immer Zweifel an der Effektivität von Unterricht besteht, werden Lehrpläne geändert (z. B. nach PISA. S. vor allem Kap. 5.10). Über deren tatsächlichen Nutzen und Wirksamkeit, Realisierung durch Lehrer im Unterricht ist wenig bekannt (ausführlich bei Bell et al. 1998). Ebenso über Prinzipien, nach denen sie entwickelt werden. Umso mehr sollten Lehrerinnen Lehrpläne hinterfragen und sich kritisch mit ihnen auseinander setzen.

Auch lernpsychologische und biologiedidaktische Erkenntnisse sollten bzw. müssen sich in der Neugestaltung von Lehrplänen auswirken. Wie schon dargelegt (Kap. 2.1), kann man keinen vernünftigen Grund dafür angeben, z. B. das Thema „Zelle“ nicht bereits in der Unterstufe zu behandeln.
Es gibt bislang (wenn dies überhaupt möglich sein sollte) keine empirisch abgesicherten Kenntnisse dafür, welche Leitideen, die zur Konstruktion eines Lehrplans verwendet werden, zu dem besten Unterrichtserfolg führen. Deshalb ist es an sich möglich, von

- unterschiedlichen Aspekten der Biologie,
- gesellschaftlichen Bedürfnissen,
- das Fach Biologie übergreifenden Gesichtspunkten,
- der Entwicklung übergeordneter Fähigkeiten wie etwa Einsicht in Prinzipien der Wissenschaft, des Experimentierens oder der Problemlösefähigkeit
- und von Lernprozessen bei der Konstruktion von Lehrplänen auszugehen.

Im Zusammenhang mit der Diskussion eines bestimmten Leitziels für den Biologieunterricht (Kap. 3.2) wurden grundlegende Alternativen dazu (Kap. 3.3) bereits ausführlich besprochen.

Die einem Lehrplan oder Lehrplan-Vorschlag zugrundliegenden Prinzipien werden als dessen Strukturansatz bezeichnet. Es lassen sich typische, immer wieder verwendete Strukturansätze erkennen, die mit einem Namen belegt werden, z. B. „Strukturansatz Lebensgemeinschaften“; d. h., die Leitidee liegt darin, Lebensgemeinschaften in den Mittelpunkt des Unterrichts zu stellen.

Neben der hier gewählten Bezeichnung werden auch noch „Strukturierungsansatz“, „Strukturierungsprinzipien“, „Curriculumansatz“, „Ansatz“, „Konzeption“, „Konzeptfindung“, „Anordnungsprinzip“, „Stoffanordnung” bzw. „Anordnung der Unterrichtsinhalte” u. a. verwendet (s. dazu auch Kattmann & Isensee 1975). „Strukturansatz“ wird der Vorzug gegeben, weil er auch in allgemeinen Darstellungen verwendet wird (z. B. Frey 1980). Zudem besteht keine sprachliche Notwendigkeit, etwa den komplizierteren Namen „Strukturierungsansatz“ zu verwenden. Der gewählte Namen sagt das aus, was er soll: welcher Ansatz für die Struktur eines Lehrplans verwendet wird.

In diesem Kapitel geht es darum, einige dieser Strukturansätze, ältere und neuere, vorzustellen (Tab. 5-1). Seit der Curriculumreform (Kap. 6) gibt es eine ganze Reihe neuer Vorschläge; daraus wird eine Auswahl getroffen. Sie orientiert sich unter anderem daran, ob diese Vorschläge realisiert wurden, d. h., irgendwo Schulwirklichkeit geworden sind. Auch Biologieunterricht, der sich an der Vermittlung von „Kompetenzen“ orientiert, muss sachlogisch unter dem Begriff „Strukturansatz“ subsummiert werden. Ein solcher Ansatz sollte als Kompetenzorientierung bezeichnet werden.

Vor allem muss das Für und Wider dieser Strukturansätze oder Lehrplan-Vorschläge kritisch erörtert werden. Dient doch ihre Darstellung nicht einem theoretischen Bedürfnis, sondern sie möchte eine Hilfe für alle Lehrenden sein. Bei der Beurteilung eines neuen Lehrplans oder auch eines Lehrbuchs erscheinen solche Kenntnisse notwendig, man kann auch sagen unabdingbar, um deren Leitideen besser erkennen und bewerten zu können. Wenn für eine bestimmte Klasse oder Klassenstufe in einer Schule ein Lehrplan entwickelt wird (eine heute vielfach zu hörende Forderung), ist eine kenntnisreiche Diskussion dazu erforderlich, welcher Strukturansatz dafür gewählt wird.

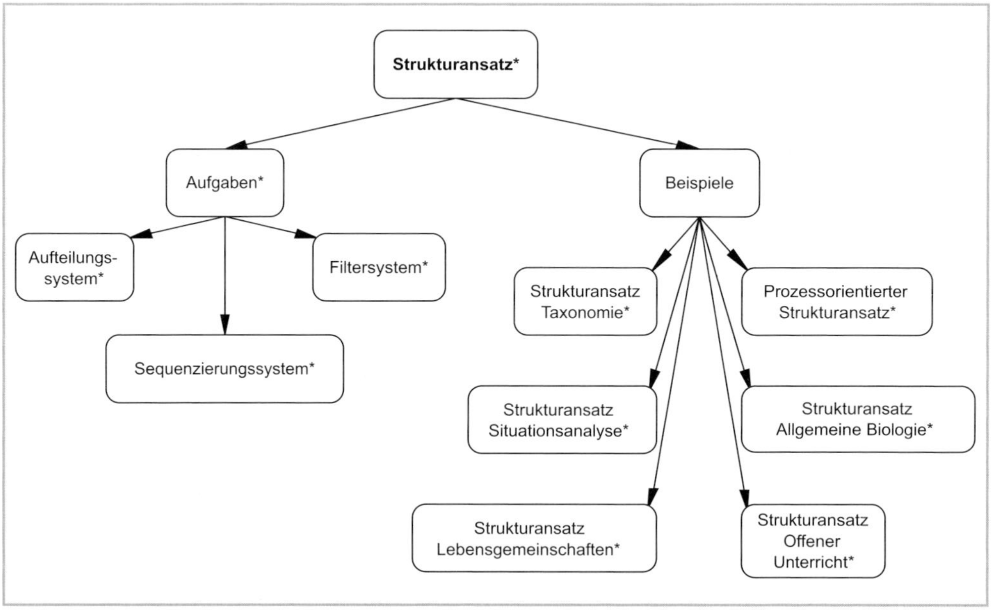

Abb. 6: Begriffsnetz zum Komplex „Strukturansatz“ – Elemente, Beispiele

Ein ausgearbeiteter Strukturansatz für einen Lehrplan sollte heute eine Reihe von Kriterien enthalten, die darin verwendete grundlegende Annahmen und Entscheidungen erkennen lassen (s. auch EULEFELD et al. 1975); die folgende Liste muss vorerst sehr abstrakt erscheinen:

- das Leitziel;
- Wertentscheidungen (z. B. welche Kenntnisse als besonders wichtig angesehen werden, politisch bestimmte Entscheidungen);
- Kriterien für die Auswahl der Fachinhalte und ihre Zuordnung zu Klassenstufen;
- Aussagen, wie der Anteil der fachlichen, persönlich und zum Verständnis der Gesellschaft wichtigen Themen gewichtet wird – und warum dies so geschieht;
- Prinzipien, wie einzelne Unterrichtsinhalte zu Themen verknüpft werden und wie man weitere Unterrichtseinheiten konstruieren kann;
- ob allgemeine Prinzipien (z. B. lerntheoretischer Art) berücksichtigt werden oder dominieren, welche dies sind und warum sie ausgewählt wurden.

Es muss jedoch betont werden, dass nur wenige Lehrpläne auf solche Fragen klare Antworten geben. Als bedauerlich – oder geradezu als Rückschritt – ist es zu bezeichnen, dass besonders in neueren Lehrplänen für den Biologieunterricht weithin auf eine (stringente) Begründung ihres Strukturansatzes und der Themenauswahl verzichtet wird.

In den folgenden Abschnitten werden zuerst drei eher traditionelle, vorwiegend historisch interessante Strukturansätze vorgestellt (die aber als Teilelemente auch heute ihre Berechtigung haben können), gefolgt von solchen, die im Zusammenhang mit oder nach der Curriculumreform entwickelt wurden.

Begriffe: Strukturansatz, Lehrplan, Strukturansatz-Kriterien

5.2 Strukturansatz Taxonomie

Über einen langen Zeitraum, bis zum Ende der sechziger Jahre, war vor allem der Biologieunterricht in den Klassen 5–9 vorwiegend an den Gruppen der Lebewesen (der biologischen Systematik, Taxonomie) ausgerichtet. Der bereits erwähnte „Ideallehrplan“ von STEINECKE (1933) ist dafür ein Beispiel. Dabei wurde meist mit den am höchsten entwickelten Gruppen, Säugetieren und Blütenpflanzen, begonnen. Auch wenn Schmeil (dessen Schulbücher lange den Biologieunterricht beeinflusst haben) ursprünglich zumindest auch andere Vorstellungen hatte, könnte man vereinfacht in diesem Zusammenhang von Schmeilschem Biologieunterricht sprechen (s. Kap. 17.3).

Ihren Ursprung hatte diese Betrachtungsweise sehr wahrscheinlich in der Dominanz der Systematik in der Biologie. Auch in der Ausbildung der Biologielehrer war Systematik vorherrschend und wurde nur langsam und mühsam verändert. Es ist deshalb kaum verwunderlich, wenn Lehrende diesen Aspekt auch in der Schule betonten.

Befürworter einer exzessiven Behandlung systematischer Gruppen sind heute wohl kaum mehr zu finden. In der Schulwirklichkeit kann man jedoch feststellen, dass nicht selten noch immer die Neigung besteht, auf diesem Weg zu verharren. Unterrichtstradition, Vorbildung und scheinbare Leichtigkeit mögen der Grund dafür sein.

Dieser Strukturansatz hat den Vorteil, dass die Abfolge der Themen klar vorgegeben ist, eben durch die biologische Systematik der Lebewesen. Und es ist in der Tat ein bis heute kaum gelöstes Problem, wie eine möglichst sinnvolle Abfolge von Themen erfolgen kann (Sequenzierungs-Problem, ausführlich in Kap. 6.3), wenn man diesen Weg verlässt.

Mit diesem Strukturansatz war die Hoffnung verbunden, dass die so Unterrichteten eine möglichst positive Beziehung zu Tieren und Pflanzen, zur „belebten Natur“ entwickeln. Es gibt jedoch keine Hinweise darauf, dass dieser Erfolg auch eintrat. Vielmehr fallen in die Zeit des Schmeilschen Biologieunterrichts ganz erhebliche Naturzerstörungen, ohne dass die so ausgebildeten Verantwortungsträger dagegen nachdrücklich vorgegangen wären.

Vor allem ältere Lehrer könnten dazu neigen, diesem Verfahren noch immer zu folgen. Deshalb sollen Einwände gegen diesen Strukturansatz genannt werden:

- Systematik ist nur ein und heute nicht gerade der wichtigste Zweig der Biologie;
- allgemeinbiologische Kenntnisse werden auf diesem Weg kaum, zumindest nicht systematisch vermittelt;
- lernpsychologisch ist dieses Verfahren, die jahrelange Aneinanderreihung von Gruppen von Lebewesen, kaum vertretbar;
- zwar können auf diesem Weg Kenntnisse über bedrohte Arten und Naturschutz vermittelt werden, aber im Vergleich zum gesamten notwendigen Wissen ist der Beitrag zum Welt- und Selbstverständnis eher gering.

Begriffe: Strukturansatz Taxonomie, Sequenzierungs-Problem

5.3 Strukturansatz Monographien

Im Grunde genommen ist dies eine Spezialform des vorhergehenden Ansatzes. Besonders in der Unterstufe und Grundschule werden/wurden typische, häufige oder bekannte Arten einer Gruppe ausführlich dargestellt. Ironisch wird dieses Verfahren auch als „Kopf-Schwanz-Methode" bezeichnet. Dabei wurden auch Kenntnisse über typische Merkmale der betreffenden Gruppe (sogenannte „Baupläne") und verwandte Formen vermittelt. Zum Beispiel enthält das dreibändige „Lehrerhandbuch Botanik" von Spanner (1960/1964) vorwiegend Monographien, die aber immer noch lesenswert sind.

Bei einer Befragung von Biologielehrern und -lehrerinnen zum Unterricht in den Klassen 5 und 6 nannten noch 75 Prozent „Monographien" als wichtigste Themen (Dylla 1972). – Man kann auch von „Organ-Monographie" sprechen, wenn ein Organ mehr oder minder isoliert dargestellt wird.

Heute werden Monographien vielfach unter dem Stichwort „exemplarisch" verwendet, allerdings ohne dass sich dadurch an dem herkömmlichen Verfahren viel ändert; das sogenannte „exemplarische Prinzip" (Kap. 7) stellt jedenfalls komplizierte Anforderungen an die Vermittlung eines Themas.

Stichmann (1970:116 f.), der die Nützlichkeit von Monographien betont, kannte den Einwand, dass dadurch zu wenig allgemeinbiologisches Wissen vermittelt wird. Er schlug deshalb vor, jede *Artmonographie mit einzelnen allgemeinbiologischen Akzenten* zu verknüpfen (z. B. Raben- und Nebelkrähe mit Artbegriff, Rassenbildung; Dohle mit Sozialverhalten und Rangordnung). Dies ist ein nützlicher Vorschlag, könnte jedoch nur dann zu einem verbindlichen Wissen für alle Schüler führen, wenn jeder Monographie festliegende Aspekte zugeordnet werden – ein weder praktikables noch wünschenswertes Verfahren.

Indessen haben Monographien, als Illustrationen, Ergänzungen und zur Vermittlung von Artenkenntnissen in begrenzter Anzahl eingesetzt, nach wie vor eine wichtige Funktion. Vor allem in der Grundschule, aber auch in Klasse 5 (und möglicherweise 6) kommen sie offenbar dem Bedürfnis entgegen, bestimmte Tiere und Pflanzen genauer kennen zu lernen. So hat Hannig schon 1971 (zit. nach Werner 1973) durch empirische Untersuchungen gezeigt, dass das Interesse an Tieren im 3. Schuljahr am größten ist, aber auch noch im 6. relativ hoch liegt; dies wurde seitdem mehrfach bestätigt (s. dazu auch Kap. 9.3.3).

Der Lernerfolg bei der Verwendung von Monographien, bei denen eine Lehrererzählung in der Form eines „Artensteckbriefes" und ein Arbeitsblatt benutzt wurden, liegt relativ hoch (s. Kap. 11.3). Weitere Untersuchungen müssen zeigen, ob sich diese Befunde verallgemeinern lassen. Bei der (immer wieder zu beklagenden) Zeitknappheit für Biologieunterricht bedarf es jedenfalls einer genauen Begründung dafür, welche Monographien für den Unterricht ausgewählt werden.

Begriffe: Strukturansatz Monographien, Monographie, Artensteckbrief, „Kopf-Schwanz-Methode"

5.4 Strukturansatz Lebensgemeinschaften

Mit dem Ausdruck „Lebensgemeinschaft" wird besonders im Unterricht großer Missbrauch getrieben (Beiler 1949).

Mit der Entwicklung der Ökologie am Ende des vorletzten Jahrhunderts bot sich eine neue Möglichkeit auch für den Biologieunterricht an, und zwar Lebensgemeinschaften als Themen aufzunehmen, ja diese als Strukturansatz zu wählen. Gefördert wurde solches Vorgehen durch einen weitgehend an der Systematik der Lebewesen ausgerichteten Biologieunterricht, der wegen seiner Einseitigkeit schon früh Gegenreaktionen ausgelöst hat (mehr dazu im Kapitel über die Geschichte des Biologieunterrichts, Kap. 17.3). Besonders für die Volksschule (Hauptschule) bot sich mit der Darstellung von Lebensgemeinschaften eine anscheinend einfachere und der Anschauung besser zugängliche Alternative an.

In dem zu Recht berühmten Buch von Junge (1885) werden bereits fast alle Gründe genannt, die bis heute für die Behandlung von Lebensgemeinschaften angeführt werden; z. B: soll jeder Schüler erkennen, „du bist ein Glied in dem Ganzen, du empfängst und gibst, du bist abhängig und wirkest ein". Es gibt Möglichkeiten zum Erleben, Anschauen, Beobachten, Experimentieren – und Erkennen von Gesetzmäßigkeiten; der Lehrer „muss aus der Natur unterrichten".

Schon bald nach Junges Versuch, Lebensgemeinschaften zu einem wichtigen, wenn nicht dem wichtigsten Thema von Biologieunterricht zu machen, finden sich in Lehrerhandbüchern (z. B. Busemann 1905) Vorschläge, wie dies zu realisieren sei. Seitdem spielen Lebensgemeinschaften bis heute im Biologieunterricht aller Schulformen eine mehr oder minder große Rolle. Vor allem nach dem Zweiten Weltkrieg gab es Lehrpläne und Schulbücher für den „Naturkundeunterricht" in der Hauptschule, die sich fast ausschließlich an diesem Strukturansatz ausrichteten (z. B. Lehrplan Bayern für die Volksschule von 1949 und 1955). Es ist offensichtlich, dass mit der sogenannten „Ökologie- und Umweltbewegung" sowie der Freilandbiologie ab Mitte der 1980er Jahre Themen dieser Art erneut stark betont werden.

Seit Beginn der Bearbeitung von Lebensgemeinschaften im Biologieunterricht haben sich sowohl Befürworter (s. o.) wie Gegner nachdrücklich zu Wort gemeldet (ausführliche Darstellung bei Stichmann 1970; dort auch eine Liste von Sachinhalten, die vermittelt werden können).

Gegenargumente hat z. B. Siedentop (1968: 204) zusammengestellt: *Das Netzwerk der Beziehungen [einer Lebensgemeinschaft] ist auch für die Wissenschaft nur an einigen Stellen durchschaubar. Diese Überlegungen zeigen, dass die Lebensgemeinschaften kein brauchbares Anordnungsprinzip für den biologischen Unterrichtsstoff liefern können. Ein Beispiel macht das klar. Man kann in Sexta aus der Lebensgemeinschaft des Teiches wohl eine Reihe von Blütenpflanzen und die Säuger sowie die Vögel behandeln. Es wäre völlig unmöglich, Algen, Einzeller zu besprechen. Dass die sonstigen Beziehungen dem Verständnis gar nicht zugänglich sind, ist sicher.* Nun wird heute kaum jemand einen Hinderungsgrund darin sehen, auch sogenannte niedere Tiere in einer 5 Klasse zu behandeln. Aber noch immer gilt: Biologieunterricht, der vorwiegend einem solchen Strukturansatz folgt, dürfte wegen der Komplexität einer Lebensgemeinschaft mit erheblichen Verständnisschwierigkeiten nicht nur bei Schülern, sondern auch bei Lehrern zu rechnen haben. Es ist zudem wohl auch kaum möglich, mit der Behandlung von Lebensgemeinschaften mit einiger Sicherheit einen Überblick über allgemeinbiologische Themen und die Schüler unmittelbar betreffende Themen zu erreichen.

Man macht die – nach diesem Befund fast zu erwartende und doch auch wieder erstaunliche – Feststellung, dass man in der Literatur fast keine ausgearbeiteten Unterrichtseinheiten über Lebensgemeinschaften im strengen Sinn findet. Es zeigt sich vielmehr:

- In frühen Entwürfen dieser Art werden unter der Bezeichnung „Lebensgemeinschaft" einzelne Tier- oder Pflanzenarten vorgestellt, aber kaum ökologische Zusammenhänge. Auch jüngere Darstellungen verfahren nach demselben Muster, ergänzt durch andere Aspekte; etwa: „Der Mensch arbeitet und erholt sich im Wald".
- In neuen Darstellungen werden „Lebensgemeinschaften" in einzelne Aspekte bzw. Themen aufgelöst; z. B. „Lebensraum Auen": „Rettung aus

der Aue, Eroberung der Auen – der Bisam, jedem Wasser gewachsen" usw.; „Fließgewässer": „Lebenslauf eines Baches, Bachforelle, Rhein – Kloake der Nation" usw. (Themenhefte UB[3] 205, 1995; 59, 1981).

- In Entwürfen von Strukturansätzen nach dem „Ökologischen Konzept" (die jedoch offenbar in keinem Lehrplan realisiert worden sind) werden Themen zur Ökologie weit aufgeschlüsselt. Und zugleich darauf hingewiesen, dass beispielhaft ein Ökosystem (Gewässer, Wälder, s. z. B. Rodi 1975) behandelt werden soll. Dabei wird eine Verschiebung von der Bezeichnung „Lebensgemeinschaft" zu „Ökosystem" deutlich.
- Auch in zahlreichen Publikationen zu „Ökologie und Umwelterziehung" findet man nur wenige ausführlichen Darstellungen über Lebensgemeinschaften oder dann eben unter dem Begriff „Ökosystem" (s. z. B. Eulefeld 1981, 1981b, Knirsch 1986, Eschenhagen et al. 1993). Dort angegebene Unterrichtsvorschläge beziehen sich – man möchte sagen: wegen der Komplexität fast zwangsläufig – meist auf Teilaspekte.

Einige ausgearbeitete Beispiele für den Unterricht über Ökosysteme sollen erwähnt werden. Ihre Lektüre vermittelt eine Vorstellung von der Komplexität solcher Themen und den Zeitbedarf; sie erscheinen vorwiegend für die Sekundarstufe II geeignet: Reichelt (1974): Ökologie exemplarisch – der Bodensee; Schmidt (1991): Beispiel Stadtparkteich; Rüther (1991): Ökosystem Wald.

Es hat sich inzwischen herumgesprochen, wie schwierig und meist unbefriedigend die Behandlung einer Lebensgemeinschaft ist. Wohl deshalb finden sich heute in der Literatur dazu kaum mehr Unterrichtsvorschläge oder eher unter der Bezeichnung „Ökosystem". Stattdessen werden einzelne ökologische Themen vorgeschlagen. Diese sind meist mit Feldarbeit verknüpft und gleichen eher Monographien zu bestimmten Themen (z. B. Streifzüge durch Wald und Flur mit ausführlicher Behandlung einzelner Tiergruppen bzw. Aspekte, Prax. Biol. 51, ab H. 3, 2003 mehrere Folgen; Begegnungen mit Waldameisen, Prax. Biol. 51, H.6, 2002; Nahrungsbeziehungen auf Streuobstwiesen, UB H. 257, 23 ff., 2000; Wallhecken, UB H. 245, 39 ff., 1999).

Trotz der genannten Bedenken und thematischer Verlagerungen sollte prinzipiell an der Bearbeitung der einen oder anderen Lebensgemeinschaft auch in der Sekundarstufe I festgehalten werden. Zumal dies viele Lehrpläne fordern. Lehrende sollten dabei beachten:

- Will man wirklich die Beziehungen in einer Lebensgemeinschaft darstellen, so erfordert dies gründliche Kenntnisse, die Voraussetzung zur Auswahl der wesentlichen Aspekte sind.
- Es sollte ein Beispiel gewählt werden, das über längere Zeit gut erreichbar ist, in dem die Lernenden selbst arbeiten können; für eine Schule ist es günstig (Materialsammlung), wenn mehrfach dasselbe Gebiet bearbeitet wird.
- Für die Schüler ist dies ein anspruchsvolles Thema; eine öffentliche Darstellung der Ergebnisse (z. B. in Form einer Ausstellung) fördert die Aktivitäten.

Begriffe: Strukturansatz Lebensgemeinschaften, Ökologisches Konzept, Ökosysteme im Biologieunterricht

5.5 Strukturansatz Allgemeinbiologie

Biologie sucht wie andere Wissenschaften nach dem Allgemeinen, das den Lebewesen zugrunde liegt, stellt Gesetze auf und formuliert Begriffe. Dies ist der Bereich der Allgemeinen Biologie (s. Kap. 1.3). Man kann dazu einige Grundfragen formulieren: Wie funktionieren Lebewesen? Wie wird die Information über Aufbau und Funktion eines Lebewesens von Generation zu Generation weitergegeben? Welches sind die biologischen Grundlagen des Verhaltens? Wie verändern sich Lebewesen (Arten) im Lauf der Erdgeschichte? usw.
Auch der „Kompetenzbereich Fachwissen" der Bildungsstandards (Beschlüsse der Kultusministerkonferenz 2005) ist in 22

---

3 Abkürzungen von Zeitschriften s. Literaturverzeichnis.

speziellen biologischen Themen aufgeschlüsselt (von „Zelle als System verstehen“ bis „erklären der Variabilität der Lebewesen“); wobei der Unterschied zum Allgemeinbiologischen Strukturansatz darin besteht, weniger das Wissen zu betonen als „das Verständnis für“ – was jedoch gute Kenntnisse voraussetzt. Entsprechend schlägt Högermann (2008) 21 spezifische biologische Inhalte vor.

Nach dem Zweiten Weltkrieg wurde in Deutschland in der gymnasialen Oberstufe überall dieser Strukturansatz angewandt. Es gibt wohl vier Gründe dafür, dass mit Ende der sechziger Jahre, allgemeinbiologische Themen auch in der Mittelstufe/ Sekundarstufe I bis hin zur Primarstufe (s. Fahrenberger 1972) wenigstens vorübergehend eine große Rolle spielten. Diese Gründe sind zum Teil bis heute von Interesse, z. B. wenn man entscheiden muss, ob man solche Themen aufnimmt.

- Viele Lehrer sind der Ansicht, dass auch Schüler, die mit der 10. Klasse die Schule verlassen, wenigstens einen gewissen Überblick über die „moderne Biologie“ erhalten sollten. – Es verbreiteten sich die Vorstellungen Bruners (1966), wonach alle Stoffgebiete auch jüngeren Schülern vereinfacht, aber im Kern zutreffend, vermittelt werden könnten.
- Unterrichtsforschungen zeigten, dass in der Tat viele allgemeinbiologische Themen auch in niedrigeren Klassen als bisher meist angenommen, effektiv unterrichtet werden können (s. z. B. Dylla 1972; verschiedene „Unterrichtseinheiten“ des IPN, Kettling 1987).
- Es gab Einflüsse aus anderen Ländern. In England wurde mit dem seinerzeit verbreiteten Schulbuch „Nuffield Biology Texts“ (1966) ebenso wie in USA mit dem „BSCS – Biological Sciences Curriculum Study“ (1959) ein Schwerpunkt auf allgemeinbiologische Themen gelegt. Im „Nuffield Biology Text I“ wird diese Absicht besonders deutlich: *Der Kurs wurde auf der Grundlage einer Reihe grundlegender biologischer Themen entwickelt; zum Beispiel der Frage nach der Wechselwirkung zwischen Bau und Funktion, Anpassung und den Beziehungen zwischen den Lebewesen und ihrer Umwelt.*

Eine „Übersicht über die Inhalte der Biologie-Lehrpläne (Klassen 5–10) der Länder der Bundesrepublik Deutschland“ (Beilage MNU 37, Heft 5, 1984) zeigt, dass neben der Behandlung von Tier- und Pflanzengruppen allgemeinbiologische Themen eine große Rolle spielen.

Es ist noch einmal deutlich herauszustellen: Mit diesem Strukturansatz sollen die Schüler einen Einblick in moderne Gebiete der Biologie erhalten, mit den Grundzügen von Biologie vertraut gemacht werden (Strukturlernen). Man hofft, Schüler dadurch auch in die Lage zu versetzen, dass sie neue biologische Erkenntnisse besser einordnen, verstehen und behalten können. Diese Tendenz soll durch die Vermittlung von Kompetenzen verstärkt, ja in den Mittelpunkt des Unterrichts gestellt werden.

Schon bald haben sich zahlreiche Autoren gegen diesen Strukturansatz Allgemeinbiologie in seiner absoluten Form gewandt; dabei sind die Hauptargumente (s. auch Kap. 4.2):

- Die Gefahr ist groß, dass damit Biologieunterricht von einer reinen Abbilddidaktik (s. Kap. 3.4), also einem „Abklatsch“ der Wissenschaft Biologie, bestimmt wird.
- Schüler und Gesellschaft betreffende Themen werden überhaupt nicht berücksichtigt oder kommen jedenfalls zu kurz.
- Schüler der Unterstufe sind auch intensiv an Einzelphänomen, z. B. Tier- und Pflanzenarten, interessiert.
- Lernpsychologische Schwierigkeiten ergeben sich, wenn vorwiegend globale, abstrakte Themen unterrichtet werden (so kann man vielleicht Themen zur Genetik bereits in 5. Klassen behandeln, Dylla 1972, ob dies aufgrund der Interessenslage dieser Schüler sinnvoll ist, ist eine andere Frage).

Allgemeinbiologische Themen sind inzwischen dennoch auch in der Sekundarstufe I fast überall vorgesehen. Zu gewichtig ist das Argument, dass die Schüler sonst über wichtige Aspekte dieser Wissenschaft nie systematisch etwas lernen. Sie werden aber meist mit anderen Gesichtspunkten kombiniert, wie der folgende Abschnitt zeigt. – Nach PISA (s. oben, weiterhin Kap. 17.2, Punkt 11) wird verstärkt versucht, einen Katalog biologischen Basiswissens zu formulieren. Dieser soll dann als Grundlage für die Verwendung allgemeinbiologischer Themen dienen.

Begriffe: Strukturansatz Allgemeinbiologie, Allgemeine Biologie, Abbilddidaktik, Strukturlernen, Nuffield Biology, BSCS

5.6 Strukturansatz – Situationsanalyse

Mit der „Curriculumreform" (etwa ab 1968) wurde eine Reform des Biologieunterrichts begonnen. Dieser hatte sich seit dem Zweiten Weltkrieg – zumeist auf alten Traditionen beruhend – unverändert dahingeschleppt. Diese Reform muss man als eine erhebliche positive Entwicklung bezeichnen.

Man darf sagen, dass die jüngst geplanten Veränderungen mit der Konzentration auf „Kompetenzen" (s. Kap. 5.10) viele der mit der Curriculumreform bereits vorgesehenen Umgestaltungen aufnehmen und weiter entwickeln. Allerdings meist ohne diesen Zusammenhang zu erwähnen oder damals gewonnene Erkenntnis aufzugreifen. Sie sollen deshalb hier dargestellt werden.

Möglicherweise kann der abgedruckte aktualisierte VDB-Plan bei der Erstellung schuleigener Lehrpläne eine Hilfe sein.

Mindestens vier Gründe führten dazu, dass man Anfang der siebziger Jahre die bestehenden Strukturansätze als unzulänglich empfand:

- Bereits Ende der fünfziger Jahre stellte Wagenschein (z. B. 1961/62) mit seinem „exemplarischen Prinzip" (s. Kap. 7) den „linearen Unterricht" in Frage. Vielmehr sollten ins Zentrum von Biologieunterricht rücken: Die Bedeutung der Phänomene; der repräsentative Modellfall, den die Schüler erschließen; elementare Erkenntnisse der Biologie, die möglichst auch für das Selbstverständnis der Schüler bedeutsam sind. Seine Vorstellungen waren zwar Anregung, führten jedoch nicht zu einer nachhaltigen Veränderung des Unterrichts.
- Die „Saarbrücker Rahmenvereinbarungen" von 1959 hatten zu einer erheblichen Kürzung des naturwissenschaftlichen Unterrichts geführt (s. Kap. 3.5). Diese Situation hat sich bis heute immer mehr verschärft. Dem musste durch neue Ideen entgegengetreten werden.
- Den größten Einfluss hatte Robinsohn ([Erstauflage 1967] 1971), der mit seiner Schrift „Schulreform als Revision des Curriculum" eine Veränderung des gesamten Unterrichts in Deutschland einläutete. Er forderte darin u. a. (mehr dazu in Kap. 6.2), dass die drei Curriculum-Determinanten Wissenschafts-, Schüler- und Gesellschaftsrelevanz (Kap. 3.2) gleichermaßen bei der Themenauswahl für einen Lehrplan (Curriculum) zu beachten sind. Dies begründet er u. a. mit der veränderten Situation in unserer hochindustrialisierten Gesellschaft.
- Davon ist Biologieunterricht wegen der steigenden Bedeutung biologischer Erkenntnisse für den Einzelnen und die Gesellschaft besonders betroffen. Deshalb müssen die Situationen ausfindig gemacht werden, in die mit hoher Wahrscheinlichkeit viele Menschen kommen können – und in denen sie biologisches Wissen benötigen, um entscheiden zu können: Situationsanalyse.
- In der Primarstufe (s. Kap. 18.2), aber nicht nur dort, kann und sollte Situationsanalyse betont mit dem „situationshandlungs-sachorientierten Aspekt" (s. Soostmeyer 1998) verbunden werden.

Die ersten beiden Dokumente, in denen der „Strukturansatz Situationsanalyse" entwickelt wurde und die nachhaltigen Einfluss auf eine Veränderung des Biologieunterrichts hatten, waren die „Hessischen Rahmenrichtlinien Biologie für die Sekundarstufe I" (Hess. Kultusminister o. J. [1972], Ausführungen dazu: Dylla et al. 1974) und der „Rahmenplan des Verbandes Deutscher Biologen für das Schulfach Biologie" (VDBiol 1973). Diese beiden Lehrpläne weisen eine Reihe wichtiger Grundsätze auf, die bis heute bedeutsam geblieben sind:

- Grundlage der Stoffauswahl ist die Analyse gegenwärtiger und zukünftiger Lebenssituationen des Menschen.

- Die Themen müssen deshalb der Forderung nach der in etwa gleichmäßigen Beachtung der genannten Curriculum-Determinanten entsprechen.
- Der Mensch steht im Mittelpunkt des Biologieunterrichts der Sekundarstufe I.
- Es wird ein Leitziel formuliert, das dem in Kapitel 3.2 dargestellten entspricht.
- Zur Auswahl der Inhalte wird ein ausführliches Ableitungssystem vorgestellt.
- Es wird die Formulierung von Grobzielen und eingeschränkt auch von Feinzielen für die einzelnen Unterrichtseinheiten gefordert.
- Die Unterrichtung formaler Fähigkeiten zur Erschließung biologischer Inhalte ist wichtiger Teil des Unterrichts, aber der Auswahl von Inhalten nachgeordnet.
- An Stelle einer Vielzahl von Einzelthemen sind Unterrichtseinheiten vorgesehen, mit denen wichtige Gesichtspunkte zusammengefasst werden (z. B. „Nahrung und Ernährung beim Menschen, Angeborenes und erlerntes Verhalten, Gefährdung unserer Umwelt").
- Die Inhalte sind so ausgewählt, dass sie mehrmals, einer höheren Erkenntnisebene entsprechend (Spiralprinzip) behandelt werden.
- Die Pläne sind so konzipiert, dass sie grundsätzlich in allen Schulformen verwendet werden können.

In der Folge wurden über 20 neue Lehrpläne für den Biologieunterricht der Bundesländer veröffentlicht, in denen in unterschiedlichem Ausmaß Gedanken dieser beiden Dokumente übernommen wurden. Der Verband Deutscher Biologen legte 1987 eine revidierte und weiterentwickelte Fassung des „Rahmenplans für das Schulfach Biologie" vor (VDBiol 1987). Im Zusammenhang mit der derzeitigen Reform wurde noch kein übergeordneter Plan für den Biologieunterricht veröffentlicht. Die über einen längeren Zeitraum von einer Kommission ausgewählten Inhalte könnten vermutlich auch derzeit Hinweise für die Auswahl von Inhalten geben. Deshalb wird er (in stark gekürzter Form) am Ende dieses Kapitels abgedruckt.

Eine ganze Reihe von Autoren hat Kritik an diesem Strukturansatz geübt. Häufig vorgebrachte Einwände wurden bereits erörtert (s. Kap. 3.3–3.7). Einerseits wird befürchtet, dass die Grundaussagen der Biologie zu kurz kommen; während gerade umgekehrt eingewandt wird, dass trotz aller Beteuerungen Existenzfragen der Schüler nicht zum Ausgangspunkt der Themenauswahl gemacht werden. Auch der geringe Anteil biologischer Taxonomie und der Vermittlung von Artenkenntnissen ist von manchen kritisiert worden; Erziehung zur Naturverbundenheit sei damit gefährdet.

Neben den an verschiedenen Stellen ausführlich diskutierten Argumenten, die gegen den Situationsanalytischen Strukturansatz vorgebracht wurden, gibt es Gründe, die auch die derzeitigen Reformbemühungen behindern dürften:

- Viele Lehrerinnen und Lehrer waren und werden nicht entsprechend ausgebildet, um die vielfältigen und hohen Anforderungen erfüllen zu können, die Biologieunterricht nach einem solchen Ansatz mit sich bringt (s. z. B. Entrich 1994).
- Untersuchungen zeigen, dass es vor allem auf den einzelnen Lehrenden ankommt, ob schüler- und gesellschaftsrelevante Bezüge im Biologieunterricht im notwendigen Umfang hergestellt werden (s. z. B. H. U. Graf 1994:464).
- Die Kultusminister haben in aller Regel nicht dafür Sorge getragen, dass die von ihnen erlassenen Pläne auch tatsächlich in dem beabsichtigten Sinn praktiziert wurden.
- Die Kultusminister haben weiterhin nicht in dem erforderlichen Umfang für die unabdingbare Weiterbildung der Lehrenden gesorgt.
- Und auch dies muss gesagt werden: Es besteht die Neigung, neue Lehrpläne aufgrund noch unsicherer oder gar unbelegter pädagogischer Hypothesen zu erlassen. Wenn solche Pläne zudem auf begründete Ableitungssysteme verzichten, entziehen sie sich damit auch der Kritik.

Erwähnenswert ist, dass noch 1997 nach der Bund-Länder-Kommission (1997:47) die bildungstheoretische Grundlage von Biologieunterricht auf „das Lernen auf gegenwärtige und zukünftige Lebenssituationen" auszurichten ist. – Ähnliche Tendenzen finden sich auch im schweizerischen Stoffplan für das Abitur „Maturität 98", s. BAMERT & RUTZ 1998; ebenfalls in der Biologiedidaktik in Frankreich, s. Kap. 17.4).

Bedauerlich und verwirrend ist, dass für Veränderungen seit der Curriculumreform immer wieder neue Bezeichnungen gewählt werden. Verbreitet ist inzwischen „Bezug zur Lebenswirklichkeit" (s. BAYRHUBER et al. 1997). Auch die Termini „Lernen im Kontext" (RALLE, 2000 für den Chemieunterricht) oder „Kontextualisierung" – womit die Herstellung lebensweltlicher Bezüge im Unterricht gemeint ist – werden seit einigen Jahren häufig verwendet. UMBREIT (2001) dehnt sogar den Begriff „Wissenschaftspropädeutik" (s. Kap. 19.1) so weit aus, dass er der Situationsanalyse entspricht. MAYER (2000) benutzt die inzwischen nicht selten verwendete Bezeichnung Mehrperspektivischer Unterricht. Auch STES (science/technology/environment/society) wird verwendet. Lehrer sollten solche Bezeichnungen kennen und eingedenk sein, dass es sich dabei schwerlich um neue Strukturansätze handelt. – In der früheren DDR wurde die Bezeichnung „Linienführung" in etwa analog zu dem Begriff Strukturansatz verwendet (ZABEL 1987:58, 1998:3, Zabel pers. Mitt.).

Dreizehnmal (!) wird in dem Band „Biologie und Bildung" (BAYRHUBER et al. 1999) von verschiedenen Autoren versucht, der Frage nachzugehen, welchen Beitrag Biologieunterricht zur „Bildung/Allgemeinbildung" leisten kann bzw. sollte (s. dazu auch Kap. 5.10). Typische Vokabeln, mit denen dies angegangen wird, sind z. B. Erschließung der Lebenswirklichkeit, vielseitige Entwicklung und Entfaltung eines Menschen, Vernetzung von Wissen, Entwicklung diverser Kompetenzen, sich Erfreuenlernen an der Welt. Es ist zu fragen, ob das angegebene Leitziel für den Biologieunterricht, das auf dem Situationsanalytischen Strukturansatz beruht, sich nicht mit solchen Forderungen deckt.

Themen aus dem Rahmenplan 1987 des VERBANDES DEUTSCHER BIOLOGEN (VDBiol1987), aktualisierte und stark gekürzte Fassung, viele Einzelheiten s. dort.

Themen für den biologischen Anteil des Sachunterrichts

a) Tiere aus dem Erfahrungsbereich der Schüler
b) Pflanzen aus dem Erfahrungsbereich der Schüler
c) Der Mensch unter besonderer Berücksichtigung von Gesundheitserziehung, Ernährung und Bewegung, Sexualerziehung, Abhängigkeit des Menschen von bestimmten Tieren und Pflanzen
d) Der Mensch und seine Umwelt, Umwelterziehung, Naturschutzerziehung

Themen für die Sekundarstufe I
Klassen 5/6

a) Kennzeichen von Lebewesen
b) Einführung in den Verwandtschaftsbegriff und die Kenntnis wichtiger Bestandteile des Baus ausgewählter Gruppen von Wirbeltieren und Blütenpflanzen
c) Funktionale Betrachtung insbesondere von Pflanzen unter besonderer Berücksichtigung der Angepasstheit
d) Funktionale Betrachtung des menschlichen Körpers – unter dem Gesichtspunkt funktionaler Einheiten und enger Verknüpfung mit Themen zur Gesundheit; z. B. Bewegung, Ernährung und Verdauung, Atmung, Reaktion auf Reize.
e) Physische und psychische Aspekte der menschlichen Sexualität und Entwicklung
f) Verhaltensweisen bei Mensch und Tieren, insbesondere Haustieren – unter besonderer Berücksichtigung des Lernverhaltens der Schüler.
g) Freizeitbiologie und Artenkenntnis; Einübung in Freilandarbeit, Behandlung von Naturschutzfragen.
h) Klassen 7/8
i) Stoffaufnahme bei Pflanzen durch Wurzel und Blatt, Photosynthese, Atmung bei Pflanzen (mit einfachen Versuchen).
j) Zelle und ausgewählte Zellfunktionen, besonders Zellteilung.
k) Formen der Fortpflanzung, Beispiel für einen Generationswechsel bei Nichtsamenpflanzen, Fortpflanzung und Entwicklung bei Insekten
l) Untersuchung ökologischer Gesetzmäßigkeiten und Zusammenhänge
m) an Einzelorganismen und einem bei-

spielhaften Ökosystem, an ausgewählten Umwelt- und Naturschutzfragen, Nachhaltigkeit

n) Grundphänomene des Verhaltens und ihre Bedeutung für das Verständnis menschlichen Verhaltens

Klassen 9/10

o) Bau und Funktion von Organen und Organsystemen des Menschen; darin integriert Fragen der Gesundheitserziehung

p) Humanökologie (Gesundheit und Umweltbelastung, Auswirkung energiereicher Strahlen, biologischer Aspekte von Arbeitsplatz, Wohnung und Freizeitgestaltung).

q) Fortpflanzung, Individualentwicklung sowie Sexualverhalten des Menschen und dessen Ausprägung durch Kultur und Gesellschaft

r) Grundlagen der Genetik unter besonderer Berücksichtigung der Humangenetik; Mendel-Regeln, Chromosomen, Mutationen, Modifikationen, Tier- und Pflanzenzüchtung, Analyse von Familienstammbäumen, wichtige Erbkrankheiten, genetische Familienberatung, Einfluss von Umweltfaktoren auf das Erbgut, sozialgenetische Probleme

s) Grundlagen der Evolution, besonders
   - Belege für das Faktum der Evolution
   - ausgewählte Beispiele des Evolutionsverlaufs einer Tier- bzw. Pflanzengruppe
   - Wichtige Evolutionsmechanismen
   - Grundzüge der Abstammung des Menschen, ihre Bedeutung für Selbstverständnis und Weltbild, kulturelle Evolution
   - Bevölkerungsexplosion und ökologische Ressourcen.

Themen für die Sekundarstufe II

Zellbiologie
- Aufbau prokaryotischer und eukaryotischer Zellen
- Feinbau der Organellen, Feinbau der Chromosomen
- Mitose
- Stofftransport; aktive und passive Transportmechanismen
- Energieumsatz in der Zelle
- Spezialisierung der Zellen
- Beispiele für biotechnisch und gesundheitlich bedeutsame Mikroorganismen.

Genetik
- Klassische Genetik und Zytogenetik (Mendel-Regeln, Meiose, Befruchtung, Vererbung des Geschlechts, geschlechtschromosomale Mutationen, Modifikationen)
- Grundlagen der Molekulargenetik (Nukleinsäuren, genetischer Code, Proteinbiosynthese, Genregulationen)
- Beispiele aus der angewandten Genetik (Züchtung, Gentechnologie, Genetischer Fingerabdruck))
- Aspekte der Humangenetik (Einfluss von Anlage und Umwelt; Erbkrankheiten, Genetische Familienberatung, Sozialgenetik.

Stoffwechsel- und Entwicklungsphysiologie
- Photosynthese und ihre Bedeutung für Menschheit und Biosphäre
- Biologische Oxidation und Gärung (aerobe und anaerobe Energiegewinnung, einschließlich arbeits- und sportphysiologischer Betrachtungen)
- Entwicklungsprozesse bei Pflanzen (genetische und hormonelle Steuerung; Wirkung von Herbiziden)
- Entwicklungsprozesse bei Tieren (genetische und hormonelle Steuerung; Furchung, Keimblattbildung, Organdifferenzierung)
- Immunbiologie; incl. AIDS
- Prä- und postnatale Entwicklung beim Menschen, einschließlich wichtiger Entwicklungsstörungen

Informationsverarbeitung und Verhalten
- Sinnes- und Nervenphysiologie
- Einfluss von Drogen und Medikamenten, Suchtgefährdung, Doping
- Hormonphysiologie (Regelungsprozesse, Fehlsteuerungen, Krankheiten)
- Angeborenes Verhalten, (Reflex, Beispiele für Verhaltensgenetik) und erlerntes Verhalten (Lernmechanismen, Lernformen)
- Sozialverhalten (z. B. Kommunikation Sozialverbände, Spiel) Soziobiologie
- Vergleich des Verhaltens von Tieren und Mensch, Möglichkeiten und Grenzen verhaltensbiologischer Betrachtung des Menschen,

Ökologie und Umweltschutz
- Abhängigkeit ausgewählter Arten von abiotischen und biotischen Faktoren, ökologische Nische
- Beziehungen zwischen Lebewesen (Nahrungskette – Nahrungsnetz – Nahrungspyramide; Symbiose, Parasitismus)
- Ökosysteme (Stoffkreisläufe und Energiefluss, biologisches Gleichgewicht)
- Mensch und Umwelt (biologische und soziale Aspekte der Umweltveränderung durch den Menschen, Begründungen und Maßnahmen des Naturschutzes; umweltbedingte Krankheiten und Mutationen)
- Mensch und Biosphäre (Bevölkerungswachstum, Geburtenregelung; biologische Aspekte der Rohstoff- Nahrungs-, Raum- und Energieprobleme; ethische Aspekte; Nachhaltigkeit

Evolutionslehre
- Belege für die Evolution
- Ursachen der Evolution
- Evolutionsmechanismen
- Populationsgenetik
- Grundzüge der Abstammung der Wirbeltiere
- Grundzüge der Abstammung des Menschen
- Biologische Aspekte der kulturellen Evolution
- Evolutionäre Entwicklungsbiologie
- Erkenntnistheoretische, weltanschauliche und ethische Aspekte der Evolutionslehre

Begriffe: Strukturansatz Situationsanalyse, Situationsanalyse, Exemplarisches Prinzip, Rahmenplan des Verbandes Deutscher Biologen für den Biologieunterricht

5.7 Exkurs: Lernen nach konstruktivistischen Prinzipien

Es ist schwer zu entscheiden, in welchem Zusammenhang Vorstellungen über „Lernen mit Hilfe konstruktivistischer Prinzipien" am besten dargestellt werden. Nahe liegt jedoch, eine Beziehung zum „Situationsanalytischen Strukturansatz" herzustellen (s. dazu jedoch auch Kap. 7.4). Und zwar erscheint dies dann möglich, wenn dieser (vergleichbar mit Wagenscheins „Exemplarischem Prinzip") nicht nur als Prinzip der Auswahl von Inhalten, sondern zugleich auch als deren konkrete bzw. sinnvolle Vermittlung verstanden wird.

In diesem Kapitel wird also aufgezeigt,
- dass Lernen nach „Konstruktivistischen Prinzipien" einerseits an den Situationsanalytischen Ansatz anknüpft,
- andererseits Verfahren vorschlägt, die für die Vermittlung von Kompetenzen grundlegend sind.
- Es werden mehrere Bezeichnungen erörtert (wie Situiertes Lernen, Kumulatives Lernen), die im Wesentlichen synonym mit Lernen nach „Konstruktivisten Prinzipien" verwendet werden.
- Und schließlich aufgezeigt, dass ähnliche Lehrverfahren, die im Biologieunterricht immer wieder vorgeschlagen wurden, eine lange Tradition haben.

Was also ist Lernen nach „konstruktivistischen Grundsätzen"? Beispielhaft sollen Aussagen Yagers (1995:53) zu diesem Thema herangezogen werden. *Wie können Lehrer der Naturwissenschaften konstruktivistische Vorstellungen realisieren? Das ist kein prinzipieller Wechsel im Vergleich mit existierenden Verfahren, sondern eher deren Neuorganisation mit anderen Schwerpunkten. In der Tat verwenden viele hervorragende Lehrer instinktiv [!] viele Gesichtspunkte konstruktivistischer Praxis.* Entsprechend weist Yager (1995) daraufhin, dass „Konstruktivismus nahezu 300 Jahre alt ist" – man könnte auch sagen, er ist noch viel älter, wenn man an die „sokratische Methode" des Entstehens von Erkenntnissen denkt (dazu auch Giordan 1998).

Yager gibt eine Reihe von Kennzeichen dieser Form des Lernens an, von denen einige wiedergegeben werden:
- Benutze die Fragen und Ideen von Schülern als Leitlinien von Unterrichtsstunden und Unterrichtseinheiten.
- Unterstütze Zusammenarbeit, Informationsbeschaffung und Handlungen von Schülern, die sich aus dem Unterricht (Lernprozess) ergeben.
- Verwende Gedanken, Erfahrungen und Interessen der Schüler, um den Unterricht voranzubringen, zu strukturieren

(das bedeutet häufig, dass der Plan des Lehrers geändert werden muss).
- Benutze Impulsfragen (open-ended questions).
- Ermutige die Schüler, ihre eigenen Ideen zu überprüfen usw.

Weiterhin macht YAGER Vorschläge, wie Lehrerinnen überprüfen können, ob sie diese Prinzipien im Unterricht verwirklichen; z. B.:
- Benutze das Interesse von Schülern an (bedeutsamen) örtlichen Problemen zur Gestaltung des Unterrichts.
- Beteilige die Schüler daran, Informationen zu suchen, die zur Lösung von Problemen des täglichen Lebens beitragen.
- Dehne das Lernen auf Situationen außerhalb der Klasse, der Schule usw. aus.
- Gehe häufig auf wissenschaftliche, technische Tätigkeiten ein, besonders solche, die als Quelle von Informationen dienen.
- Mache deutlich, dass Naturwissenschaften und Technik unser Leben heute und in Zukunft nachhaltig beeinflussen usw.

Man kann YAGER (und anderen, die ähnliche Aussagen machen) in doppelter Hinsicht zustimmen:
1. Biologieunterricht, der solche Grundsätze beachtet, ernst nimmt, dürfte in vielerlei Hinsicht wesentlich effektiver sein als Unterricht, der dies eben nicht tut. YAGER gibt dafür nicht nur empirische Befunde an, sondern erwähnt auch, dass 85–90 Prozent selbst guter Schüler bei „herkömmlichem Unterricht“ nicht in der Lage sind, zu dem im Unterricht Gelernten Alltagsbezüge (Transfer, s. Kap. 3.5) herzustellen.
2. Diese Form des Lernens ist aber nun tatsächlich keineswegs neu. Etwa seit den Anfängen der Reformpädagogik wird sie für den Biologieunterricht immer wieder gefordert (s. z. B. H. GRUPE 1921) – aber sicher keineswegs immer realisiert. Erfolgreiche Lehrerinnen dürften jedoch stets „konstruktivistische“ Prinzipien berücksichtigt haben. In diesem Buch wird an vielen verschiedenen Stellen auf die Nützlichkeit, ja Notwendigkeit der Beachtung solcher Grundsätze hingewiesen; z. B.: WAGENSCHEINS „Genetisches Prinzip (s. Kap. 7.3) geht von ähnlichen Vorstellungen aus. Auch „Entdeckendes Lernen“ (Kap. 7.4) und „Interessensbildung“ (Kap. 9.1) hat einen ähnlichen Hintergrund. Bereits im Abschnitt über „Grundregeln des Lehrerverhaltens“ (Kap. 2.2) werden vergleichbare Grundsätze zusammengestellt, die sich aus vielen lernpsychologischen Untersuchungen ergeben. Selbst richtig formulierte „Impulsfragen“ (Kap. 14.5) sind zumindest ein wesentliches Element solcher Formen des Lernens (die sich sogar von Gaudigs um 1920 vorgetragenen Prinzipien „freies Unterrichtsgespräch“, „Familienschule“ kaum unterscheiden dürften).

Eine Verabsolutierung dieses Verfahrens hat Kritik hervorgerufen. So könnte man sich der Kritik von MATTHEWS (zit. nach FRASER & TOBIN 1998:77) anschließen, wonach „Konstruktivismus im Wesentlichen eine Wiederbelebung des Empirismus [und des Sensualismus] ist, ohne den Symbolcharakter naturwissenschaftlicher Kenntnisse zu berücksichtigen. GIORDAN (1996; 1998:244) nennt das „Konstruktivistische Model“ zu einfach, um die vielfältigen Prozesse des Lernens zu beschreiben; zudem werde der Lernende isoliert, er könne nicht alles selbst erfragen, finden. – Aussagen des sogenannten „Radikalen Konstruktivismus“ (s. z. B. SCHMIDT 1991), mit denen u. a. die sichere Existenz von Umwelt, Objekten bezweifelt (s. dazu auch Kap. 19.2), damit auch der Unterschied zwischen Wissenschaft und Nichtwissenschaft aufgehoben werden soll, sind für den Biologieunterricht zumindest ungeeignet.

Gewiss beruhen konstruktivistische Erkenntnisse auf nützlichen neuen Theorien, auch die empirische Basis über die genannten Phänomene ist dadurch breiter geworden. Es fällt aber nicht leicht – zumindest konkret für den Biologieunterricht – das „Neue“ an dieser Form des Lernens zu entdecken[4]. Es sei denn, man sieht darin eine Zusammenfassung vorhandener Einsichten, die dazu auffordert, solche

4 In der angegebenen englischsprachigen Literatur über „Konstruktivistisches Lernen“ fehlen Bezüge oder Vergleiche zu früheren Beschreibungen ähnlicher Art; offenbar ist die deutschsprachige Literatur dazu völlig unbekannt – jedenfalls wird sie nicht zitiert.

Vorstellungen im Unterricht verstärkt anzuwenden.

Etwa seit Anfang der neunziger Jahre wird auch ein anderer Begriff in diesem Zusammenhang benutzt: „Situiertes Lernen“ (Überblick s. z. B. PRENZEL 1997, Anwendung BUND-LÄNDER-KOMMISSION 1997). Dessen zentrale Prinzipien (zum Teil als Wiederholung und Ergänzung zu den oben genannten) sind u. a.: Die Bedeutung schulischen Lernens muss dem Schüler deutlich werden, indem er für Situationen kompetent wird, die ihn betreffen; authentische Situationen müssen sich auf die Lebenswelt der Schüler beziehen; Schüler sollen das erworbene Wissen „flexibel“ in unterschiedlichen Situationen anwenden können. Weitere Stichworte sind: Wissen wird kontextualisiert erworben, es sollte „erfahrungsgesättigtes Handlungswissen“ sein, die „soziale Interaktion des Erwerbszusammenhangs“ betont werden. Forderungen also, die z. B. in dem Begriff „Situationsanalyse“ bereits weitgehend enthalten sind.

Schließlich wird ein weitere ähnliche Bezeichnung verwendet, deren Nähe zum Konstruktivistischem Lernen erkennbar ist: Kumulatives Lernen. *Darunter versteht man einen Lernprozess, bei dem bereits vorhandene Wissenselemente im hohen Maß zum Ausgangspunkt für neu hinzukommendes Wissen gemacht werden* (FREIMANN 2001). Weitere Kennzeichen: Solide und gut strukturierte Wissensbasis, Vernetzung führt zu qualitativ anderen kognitiven Strukturen, fachübergreifende Aspekte. Betont werden dabei (s. Heft 7, Prax. Biol. 50, 2001) Methoden wie Wissen durch Begriffsnetze verknüpfen, schematische Darstellungen und Erschließungsfelder (advance organizers; s. Kap. 10.8.2; bei AUSUBEL ist dies jedoch ein deduktives Verfahren!) verwenden. – Man kann nicht umhin zu fragen, was am Kumulativen Lernen oder einzelner seiner Elemente neu ist, mithin auch einer neuen Bezeichnung bedarf. Es sind eher Kennzeichen eines guten Biologieunterrichts, wie er von vielen Lehrern schon immer durchgeführt wurde – wenn auch gewiss nicht von allen (s. auch Kap. 6.3).

Der Unterschied zwischen Problemlösendem, Situierten und Kumulativen Lernen dürfte für den praktischen Unterricht wenig bedeutsam sein. Alle diese Verfahren sind im Grund mit WAGENSCHEINS Exemplarischen Prinzip vorgedacht bzw. in ihm enthalten.

Begriffe: Konstruktivismus, Lernen nach konstruktivistischen Prinzipien, Situiertes Lernen, Kumulatives Lernen

5.8 Strukturansatz – Prozessorientierung

Die Bezeichnung „Prozessorientierung“ wie das Synonym „Methodenorientierung“ (gelegentlich auch allgemein „Verfahrensorientierung“ genannt) weist darauf hin, dass die Lernenden Verfahren lernen und einüben sollen, die in den Naturwissenschaften verwendet werden, wie z. B. Beobachten, Ordnen, Vergleichen, Experimentieren, Messen, Daten auswerten. Da die Auswahl der Methoden nicht auf Biologie beschränkt bleibt, kann man auch von einem fachübergreifenden Unterricht (s. Kap. 18.5) sprechen.

Auch Kompetenzorientierter Unterricht ist von seinem zentralen Anliegen unter die Begriffe Prozessorientierung und Formale Bildung zu subsumieren. Dies sollte nach der Sachlogik auch so gesehen werden und ist notwendig, wenn irgendwann ein logisches System von Biologiedidaktik entworfen werden sollte.

Denn der theoretische Ort dieses Strukturansatzes ist, dass eine Komponente von Wissenschaft, die Syntaktische Struktur (s. Kap. 1.2), in den Mittelpunkt des Unterrichts gestellt wird. Es wird als Hauptaufgabe angesehen, Formale Bildung (und zwar Syntaktische Formale Bildung, s. Kap. 3.5) zu vermitteln. Im Extremfall wird alles inhaltliche Wissen diesem Aspekt untergeordnet. Es geht also wohlgemerkt nicht darum, dass Methoden dieser Art geschult werden, sondern um eine Verabsolutierung dieses Aspekts. – Da das Für und Wider einer solchen Betrachtungsweise bereits in Kapitel 3.5 ausführlich erörtert wurde, kann hier darauf verwiesen werden.

Neben der notwendigen Betonung dieses Aspekts in fast allen älteren Lehrplänen, besonders aber auch bei der Reform nach PISA, gibt es einzelne Pläne, die durchgängig nach dem Strukturansatz „Prozessorientierung" ausgerichtet waren. Ab etwa 1970 wurden besonders in vielen Lehrplänen für die Grundschule Vorstellungen dieser Art betont (NEFF, 1975, stellt dazu sieben Beispiele vor; s. auch Soostmeyer 1998).

So wurden z. B. in den von 1976 bis 1996 gültigen „Hessischen Rahmenrichtlinien für den Sachunterricht in der Primarstufe, naturwissenschaftlich-technischer Aspekt" (HESS. KULTUSMINISTER 1976) – *allgemeine Lernziele – methodenorientierte Verhaltensweisen – formuliert und den Lerneinheiten vorangestellt. Dabei handelt es sich um grundlegende kognitive Verhaltensweisen des Erfahrens, Erkennens und Bewirkens. Sie müssen in der Grundschulzeit entwickelt werden und bilden somit die Basis des erst später anzusetzenden systematischen und fachspezifischen Lernens.*

Grundlegend hat SCHIETZEL (1973) die Anwendung dieses Verfahrens in der Grundschule u. a. am Beispiel der Induktion (die ja in den genannten Verfahren des Experimentierens, Erkennens usw. sozusagen versteckt ist) kritisiert: *Die Induktion gewinnt nur dann wissenschaftlichen Rang, wenn die Frage logisch scharf gestellt und die (experimentelle) Antwort kritisch analysiert wird. Die vorliegenden Zeugnisse lassen uns zu dem Schluss kommen: eine einigermaßen den Anforderungen angemessene Handhabung des induktiven Schlussverfahrens und damit eine naturwissenschaftliche Erkenntnis ist in der Grundschule unmöglich.* Es bleibt abzuwarten, ob es bei der Vermittlung von Kompetenzen gelingt, dieses und ähnliche Probleme zu lösen.

Begriffe: Strukturansatz Prozessorientierung (Methodenorientierung), Syntaktische Struktur von Wissenschaft, Formale Bildung

5.9 Strukturansatz – Offener Unterricht

Mögliche Situation: Zu kaum einem Unterrichtskonzept gibt es so unterschiedliche Meinungen wie zu diesem. So könnte ein Gespräch lauten: „Machen Sie auch Offenen Unterricht?" – „Offener Unterricht macht meinen Schülern Spaß!"– „Ich halte viel von Offenem Unterricht." – „Und ich halte nichts davon!"

Zuerst muss mit KASPER (1980) deutlich festgestellt werden: *Es wird unterstellt, es gäbe* ***den*** *offenen Unterricht als Bezeichnung einheitlicher, strukturgleicher unterrichtlicher Phänomene, Ereignisse, Handlungen. Dem wird die These gegenübergestellt, dass der Begriff „Offener Unterricht" als Oberbegriff zur Bezeichnung eines deutlich differenzierten Spektrums von Handlungsformen angesehen wird.* Ähnlich hatte sich schon LENZEN* (1976) geäußert: *Ein „Konzept" im Sinne einer auch nur programmatischen Theorie existiert überhaupt nicht. Durchgängige gemeinsame Vorstellungen liegen kaum vor.*

Weil dies so ist, muss betont werden, dass im Folgenden nicht von (einer selbstverständlichen) „Offenheit im Unterricht" die Rede ist, sondern von „Offenem Unterricht im strengen Sinn". Empirische Erhebungen zu diesem Thema grenzen vielfach nicht in dieser Weise ein, so dass man nicht genau weiß, worauf sich die Ergebnisse beziehen. Offenheit in Organisationsformen (z. B. Arbeits- und Sozialformen), im inhaltlichen Bereich (z. B. Berücksichtigung fakultativer Inhalte, von Schülern eingebrachter Themen), Offenheit gegenüber der Umwelt der Schule usw. – sind schon lange typische Kennzeichen vor allem, aber nicht nur des Unterrichts in der Primarstufe (Grundschule). Offenheit im Unterricht kann man demnach fast als Synonym für „guten Unterricht" bezeichnen.

Definitionen oder Beschreibungen von Offenem Unterricht im engeren Sinn sind z. B.:

- *Curricula, die durch alle am Lernprozess Beteiligten gestaltet und in denen aufgrund demokratischer Verfahren Entscheidungen über Handlungsmöglichkeiten getroffen werden, sind offene Curricula (HÖBEL-MÄVERS et al. 1976:14).*
- *Bereits auf der Ebene der Unterrichtsplanung heißt Offenheit, die Lernvoraussetzungen der Schüler nicht spekulativ durch das Planungsmonopol des Lehrers vorwegzunehmen, sondern in einem freien und flexiblen Unterrichtsprozess selbst zur Wirkung kommen zu*

lassen (GRODDECK 1983).

- *Zum Unterrichtsgegenstand kann eigentlich nur [!] werden, was dazu auffordert, Hypothesen zu bilden, Daten zu sammeln, Ergebnisse zu analysieren (KLASSEN 1981: 56).*

Strukturansatz „Offener Unterricht" bedeutet demnach im strengen, man mag einwenden im überspitzten Sinn, dass es keinen Lehrplan gibt, sondern die Inhalte jeweils „von allen Beteiligten" ausgesucht werden. Man kann demnach eigentlich gar nicht von einem Strukturansatz im oben verwendeten Sinn sprechen. – Die Bezeichnung „Offener Unterricht" bzw. „Offene Curricula" wurde wohl erstmals 1971 in England (open education) verwendet (s. BRÜGELMANN 1972).

Obwohl es Offenen Unterricht inzwischen seit etwa 25 Jahren gibt, ist nicht bekannt, dass die genannte theoretische Lücke geschlossen wurde. Die Legitimation, die LENZEN (1976) einforderte, steht noch immer aus. Aber es gibt eine Reihe amerikanischer Zusammenfassungen von „open education". Da wohl keine deutschen Untersuchungen zum naturwissenschaftlichen oder gar biologischen Anteil eines solchen Unterrichts bekannt sind, muss auf diese allgemeinen Aussagen zurückgegriffen werden.

HORWITZ (1979) fasste etwa 200 empirische Erhebungen über „open education" zusammen. Es waren entweder keine signifikanten oder nur unsichere Vorteile in den Bereichen Wissen, Selbstkonzept, Ängstlichkeit, Angepasstheit und Selbstkritik (locus of control) zu erkennen. Dagegen gibt es in Bezug auf Einstellung zur Schule, Unabhängigkeit, Neugier und Kooperationsbereitschaft eine Anzahl von Untersuchungen, die zeigen, dass Offener Unterricht diese Eigenschaften besser fördert. HEDGES, GIACONIA & GAGE (1981) haben 153 Publikationen analysiert und kommen zu ähnlichen Befunden. Sie sind der Meinung, dass positive Auswirkungen des Offenen Unterrichts auf Schüler bislang nicht deutlich bewiesen werden konnten. Dass diese Lehrmethode also nicht entscheidend besser ist als eher traditionelle Methoden. Es kommt hinzu, dass diese Untersuchungen sich wohl nur zum Teil auf einen Unterricht beziehen, der im oben genannten strengen Sinne als Offener Unterricht bezeichnet werden kann.

WALBER* (1986:226) fasst die bis dahin vorliegenden Ergebnisse etwas verschlüsselt mit folgenden Worten zusammen: *Schüler aus Klassen mit ,open education' sind nur wenig oder gar nicht schlechter in Bezug auf allgemeines Wissen und etwas oder wesentlich besser in Bezug auf einige Ergebnisse, die Pädagogen, Eltern und Schüler für sehr nützlich halten.* Zugleich erwähnt er, dass „open education" inzwischen (in den USA) weithin abgelehnt wird. In England sind entsprechende Versuche in öffentlichen Schulen für die naturwissenschaftlichen Fächer ab 1988 durch das „National Curriculum of Science" beendet worden. Dem ging eine Studie, ein Appell der ROYAL SOCIETY (1985) voraus: Es wurde darin dringend eigenständiger und umfangreicher naturwissenschaftlicher Unterricht für alle Schüler in der Primarschule (die Primary School umfasst die Klassen 1–6) bis zum Alter von 16 Jahren gefordert; auch ältere Schüler sollten naturwissenschaftlichen Unterricht nicht mehr abwählen dürfen.

Im Zusammenhang mit Offenem Unterricht wird der Begriff „Schülerzentrierung" des Biologieunterrichts verwendet. Wenn damit (s. o.) ausgesagt werden soll, dass vor allem die Schüler über seine Inhalte und Themen (auch Methoden, Lehrformen, Medien) entscheiden, dann ergibt sich der Widerspruch, dass es Aufgabe des Biologieunterrichts ist, einen Kanon grundlegenden biologischen Wissens und ebensolcher Fähigkeiten zu vermitteln. Und dies muss er gegebenenfalls auch gegen die scheinbaren Interessen der Schüler tun. In Bezug auf Methoden und Medien muss der Lehrer aufgrund seines biologiedidaktischen Wissens die optimalen Entscheidungen treffen.

Die Bezeichnung „Schülerorientierung" geht dagegen von einer Selbstverständlichkeit des heutigen Unterrichts aus: Berücksichtigung der Erfahrungen, Interessen, Alltagsvorstellungen und Emotionen der jeweiligen Schülergruppe (s. auch Kap. 5.7, 9.3).

Unabhängig von empirischen Befunden über die Effektivität von Offenem Unterricht ist aus der Sicht biologischer Unterweisung folgendes zu bedenken:

- Es gibt (auch für die Grundschule) verbindliche biologische Inhalte zum Weltverständnis, die gelernt werden sollten bzw. müssen (s. Kap. 18. 1).
- Aufbauender Unterricht ist nicht möglich, wenn es keinen verbindlichen Lehrplan gibt.
- Lehrer sind überfordert, wenn sie situativ jeweils neu ausgewählte Themen inhaltlich und didaktisch gut unterrichten sollen (dies gilt besonders für den zahlreiche Gebiete umfassenden Sachunterricht).
- Die „geheimen Miterzieher", vor allem Fernsehprogramme, dürften einen erheblichen Einfluss auf eine vorwiegend von Schülern bestimmte Themenauswahl haben. Interessen der Schüler kann ein Lehrer auch berücksichtigen, indem er sie befragt.
- Und, wie gesagt, eine Theorie von Offenem Unterricht gibt es offenbar bis heute nicht.

Die geschilderte Extremform des Offenen Unterrichts wird heute wohl kaum mehr praktiziert. – Wenn aber nun die einzelnen Schulen aufgrund der Umstellung auf „Kompetenzorientierten Unterricht" ihren jeweils eigenen Lehrplan entwerfen sollen, erscheint die „Gefahr" nicht ganz auszuschließen, dass nun jede Lehrerin ihren „eigenen offenen Plan" unterrichtet.

Gerade deshalb sollten sich besonders Anfänger im Lehramt mit dem Für und Wider dieser Unterrichtsform vertraut machen.

Begriffe: Offener Unterricht, Offenheit im Unterricht, open education, Schülerzentrierung, Schülerorientierung

5.10 Biologieunterricht auf dem Weg zur Vermittlung von Kompetenzen

In der Folge des zunächst mit Überraschung aufgenommenen mäßigen Abschneidens deutscher Schülerinnen und Schülern bei den internationalen Bildungsvergleichsstudien TIMSS und PISA kam es in Deutschland zu intensiven Diskussionen über mögliche Reformen im Bildungssystem.

Man forderte, dass man im Bildungsgang weit mehr als früher auf dasjenige achten sollte, was sich durch unterrichtliche Maßnahmen bei Schülern ändert und den Focus nicht mehr so sehr auf den Input zu legen. Mit Input sind hier Parameter wie der durchzunehmende Stoff, Prüfungsrichtlinien, zu benutzende Schulbücher, Stundenzahl des Unterrichts, methodische Überlegungen usw. gemeint. Man sah das Bildungssystem bislang weitgehend Inputgesteuert. Dem wurde das Konzept der Outputsteuerung entgegengesetzt. Unter Output oder Outcome werden konkret erworbene Wissensstrukturen, Kompetenzen, Qualifikationen, Einstellungen, Überzeugungen und Werthaltungen verstanden. Damit wird beabsichtigt, einer Voraussetzung zum lebenslangen Lernen gerecht zu werden (BMBF 2007).

Schulen und die beteiligten Lehrkräfte sollen Verantwortung dafür übernehmen, dass der angestrebte Output tatsächlich erreicht wird. Vielleicht besteht einer der größten Unterschiede zu traditionellem Unterricht darin, dass es hierbei nicht um das Ermitteln durchschnittlicher Lernleistungen geht, sondern dass die Individualdiagnose bei jedem Schüler und jeder Schülerin geleistet werden soll. Die Idee ist verbunden mit der Reduktion der ausführlichen und umfangreichen inhaltlichen Vorgaben, die in traditionellen Lehrplänen und Rahmenrichtlinien üblich waren.

Der Outcome sollte in von allen Schülerinnen und Schülern zu erreichenden Bildungsstandards für die verschiedenen Unterrichtsfächer und Bildungsabschlüsse spezifiziert und konkretisiert werden. Um dies umzusetzen, wurde von der Kultusministerkonferenz 2002 (2004) beschlossen, für den mittleren Schulabschluss (Jahrgangsstufe 10) in den naturwissenschaftlichen Fächern nationale Bildungsstandards zu entwickeln (Beschlüsse der Kultusministerkonferenz 2005). Die Kultusministerien der Bundesländer verpflichteten sich, diese Standards in ihren Lehrplänen zu implementieren und auch in der Lehreraus- und –fortbildung anzuwenden.

Die Standards sollen durch das 2004 speziell gegründete Institut zur Qualitätsentwicklung im Bildungswesen (IQB) an der Humboldt-Universität in Berlin ständig überprüft, weiterentwickelt und deren Implementierung in den Schulen wissenschaftlich begleitet werden. 2004 wurden dann die „Bildungsstandards im Fach Biologie für den Mittleren Schulabschluss" von der Kultusministerkonferenz (2004) verabschiedet. Die Standards beziehen sich im Sinne der Outputorientierung auf zu erzielende Lernergebnisse. Der zur Erreichung der Standards notwendige Bildungsprozess wird nicht reglementiert.

In den Bildungsstandards für den Biologieunterricht wird zunächst auf die Bedeutung von Naturwissenschaften als wesentlicher Bestandteil der Allgemeinbildung hingewiesen – eine leider bis heute immer noch nicht selbstverständliche Aussage. Die sich zudem aufgrund der geringen Unterrichtszeit – gerade für den Biologieunterricht – schwerlich realisieren lässt.

Als Bildungsziel wird das Erreichen einer naturwissenschaftlichen Grundbildung festgelegt. Diese wird in den Bildungsstandards definiert als die Fähigkeit *Phänomene erfahrbar zu machen, die Sprache und Historie der Naturwissenschaften zu verstehen, ihre Ergebnisse zu kommunizieren sowie sich mit ihren spezifischen Methoden der Erkenntnisgewinnung und deren Grenzen auseinander zu setzen. Dazu gehört das theorie- und hypothesengeleitete naturwissenschaftliche Arbeiten, das eine analytische und rationale Betrachtung der Welt ermöglicht*" (Beschlüsse der Kultusministerkonferenz 2005: 6). – Seit PISA 2006 hat sich allerdings eine andere Definition durchgesetzt: Naturwissenschaftliche Grundbildung beschreibt die Fähigkeit:

- *naturwissenschaftliches Wissen anzuwenden, um Fragestellungen zu erkennen, sich neues Wissen anzueignen, naturwissenschaftliche Phänomene zu beschreiben und aus Belegen Schlussfolgerungen zu ziehen,*

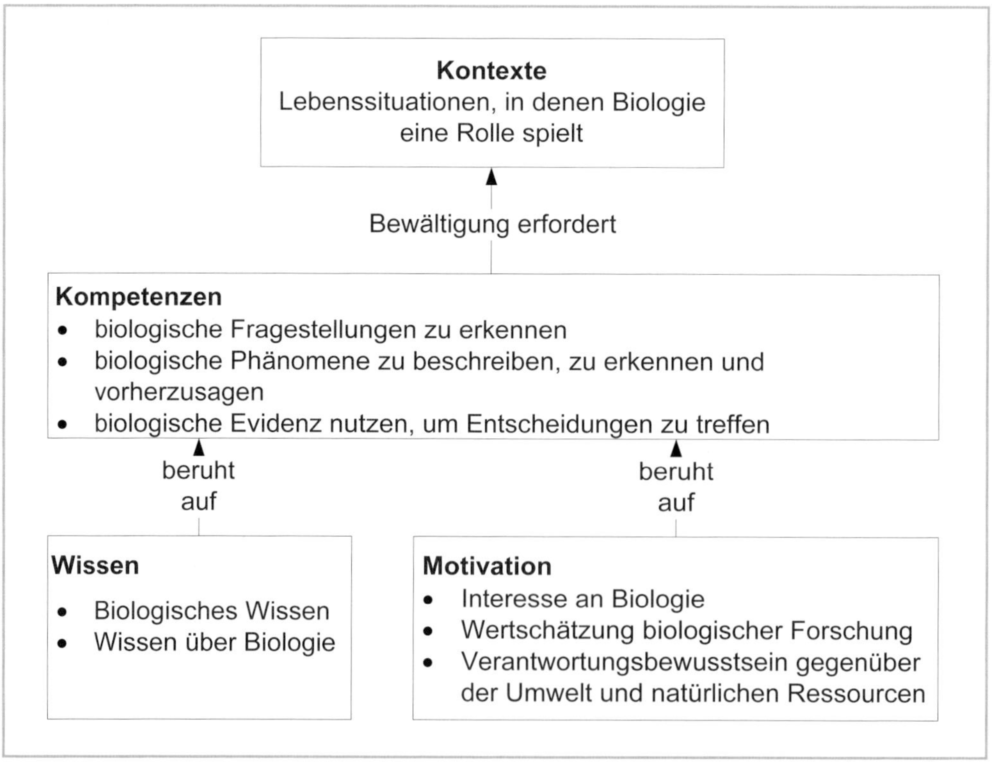

Abb. 7A: Zusammenhänge zwischen Kompetenzen, Kontexten, Wissen und Motivation; verändert nach PISA 2006

- *die charakteristischen Eigenschaften der Naturwissenschaften als eine Form menschlichen Wissens und Forschens zu verstehen,*
- *zu erkennen und sich darüber bewusst zu sein, wie Naturwissenschaften und Technik unsere materielle, intellektuelle und kulturelle Umwelt formen, sowie die Bereitschaft,*
- *sich mit naturwissenschaftlichen Ideen und Themen zu beschäftigen und sich reflektierend mit ihnen auseinander zu setzen* (PISA-Konsortium 2007:65).

Für den Biologieunterricht wird in den Standards ausdrücklich sein Beitrag zur Entwicklung eines individuellen Selbstverständnisses und zum gesundheitsbewussten und umweltverträglichen Handeln in gesellschaftlicher Verantwortung betont.

Um dies zu erreichen, werden Kompetenzen (s. Abb. 7A) formuliert, die von Schülerinnen und Schülern bis zum Ende der 10. Klasse erworben werden sollten. Diesen liegt die Kompetenzdefinition von Weinert (2001:27) zugrunde: Kompetenzen sind die bei Individuen verfügbaren oder durch sie erlernbaren kognitiven Fähigkeiten und Fertigkeiten, um bestimmte Probleme zu lösen, sowie die damit verbundenen motivationalen, volitionalen und sozialen Bereitschaften und Fähigkeiten, um die Problemlösungen in variablen Situationen erfolgreich und verantwortungsvoll nutzen zu können[5].

Es handelt sich also bei diesen Kompetenzen um Verhaltensdispositionen (kognitive Fähigkeiten und Fertigkeiten), Probleme zu lösen und kontextunabhängig (in variablen Situationen) zu verwenden. In der Definition wird auch auf die besondere Bedeutung von Motiven, Handlungsbereitschaften und sozialem Wollen hingewiesen.

Die zu erwerbenden Kompetenzen werden in vier Kompetenzbereiche geordnet: Fachwissen, Erkenntnisgewinnung, Kommunikation, Bewertung (s. Tab. 5-1). „Fachwissen“ wird gelegentlich auch als konzeptbezoge-

5 Da das einschlägig die in am häufigsten verwendete Definition darstellt, sollte sie kritisch analysiert werden. Sie leidet v. a. darunter, dass auch erlernbare, also noch nicht vorhandene Fähigkeiten und Fertigkeiten unter den Kompetenzbegriff subsummiert werden. Wenn man also als Lehrer unter der Prämisse arbeitet, dass jeder im Prinzip das Geforderte lernen kann, impliziert diese Verwendung des Kompetenzbegriffs im Grunde das Vorhandensein aller Kompetenzen schon vor dem eigentlichen Lernprozess bzw. Unterrichtsgang. Dies führt das Arbeiten mit Kompetenzen natürlich ad absurdum. Einzelne Autoren haben aus diesem Grund „erlernbar“ durch „erlernt“ ersetzt.

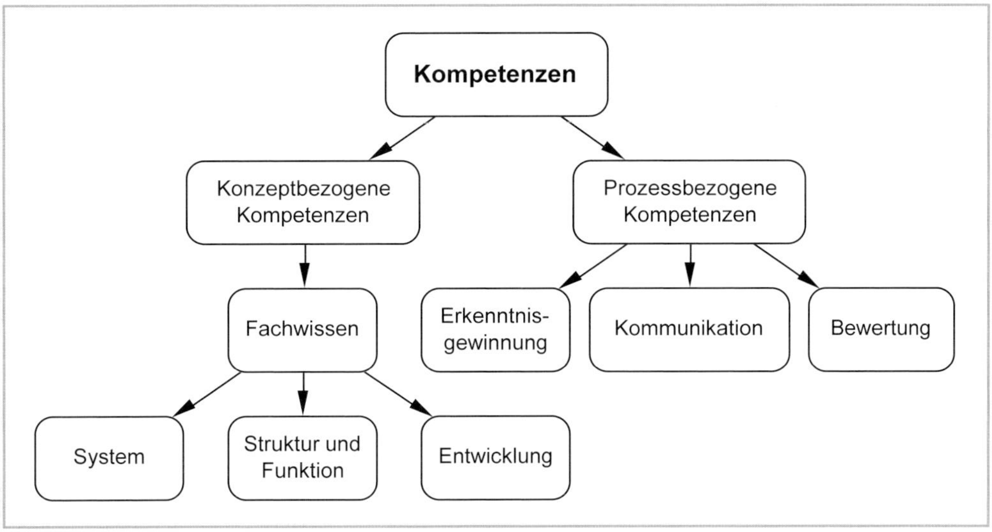

Abb. 7B: Zusammenhänge zwischen Kompetenzen und Basiskonzepten ne Kompetenz bezeichnet, wohingegen die anderen unter prozessbezogene Kompetenzen zusammengefasst werden. Mit diesem Terminus soll verdeutlicht werden, dass diese Kompetenzen über biologisches Wissen und Verstehen hinausgehen, indem sie die Handlungsfähigkeit der Lernenden in den Mittelpunkt des Unterrichts stellen. Alle vier Kompetenzbereiche sind bezüglich der Outcomeorientierung wichtig und stehen gleichberechtigt nebeneinander.

Zur Erreichung von Fachkompetenz wird eine einschneidende Reduktion der Unterrichtsinhalte auf den Kern biologischen Wissens und exemplarisches Vorgehen (s. Kap. 7) gefordert. Zur Strukturierung der Inhalte werden wenige zentrale Basiskonzepte formuliert, die die Beschränkung auf das Wesentliche bei gleichzeitiger hinreichender Abdeckung aller bedeutsamen Bereiche sicherstellen sollen. In den Bildungsstandards wird davon ausgegangen, dass die Begriffe „System" „Struktur und Funktion" sowie „Entwicklung" dieser Rolle gerecht werden (s. Abb. 7B). Die Basiskonzepte orientieren sich an den Dimensionen, in die man die Wissenschaft Biologie aufteilen kann: Strukturebenen (System), Allgemeine Biologie (Struktur und Funktion), die zeitliche Dimension (Entwicklung). Die vierte Dimension, die Spezielle Biologie, findet in den Basiskonzepten keine Repräsentation (s. CAMPBELL & REECE 2006). Beachtetet werden muss, dass unter dem Terminus „Entwicklung" zwei sehr verschiedene Konzepte subsummiert werden: Ontogenese und Phylogenese. Bei der Ontogenese handelt es sich um die Entfaltung vorhandener Potentiale in Individuen, bei der Phylogenese um die Veränderung von Potentialen im Laufe von Generationen. Wenn diese Unterschiede unterrichtlich nicht sorgfältig aufgearbeitet werden, kann es leicht zu Verständnisschwierigkeiten kommen.

In den Bildungsstandards für Chemie und Physik werden ebenfalls – aber zum Teil andere – Basiskonzepte formuliert, die alle zueinander kohärent sein sollen. Es wird die Vermutung ausgesprochen, dass dadurch eine fächerübergreifende und in sich schlüssige Vernetzung der Kenntnisbestände aus den drei Naturwissenschaften ermöglicht bzw. verbessert wird.

Zu allen Kompetenzbereichen werden sogenannte Regelstandards formuliert, die in der Summe als biologische Kompetenz oder auch als biologische Grundbildung bezeichnet werden können.

Kompetenzen können auf unterschiedlichen Niveaus formuliert werden, die kognitive Prozesse und Handlungen in bestimmter Qualität beschreiben, die von Schülerinnen und Schülern ausgeführt werden sollen. BYBEE (1997) hat ein Modell mit vier Stufen zum Kompetenzbereich Fachwissen formuliert, die sich aufsteigend im Rückgang von Alltagsvorstellun-

Tab. 5-1: Kompetenzbereiche für den mittleren Schulabschluss – Biologie (vgl. (BESCHLÜSSE DER KULTUSMINISTERKONFERENZ 2005)

Kompetenzbereich	Erläuterung
Fachwissen	Biologische Fakten kennen und Basiskonzepten zuordnen
Erkenntnisgewinnung	Kenntnisse über grundlegende Elemente naturwissenschaftlicher Erkenntnisgewinnung – kriterienbezogenes Beobachten, kriterienbezogenes Vergleichen, hypothesengeleitetes Experimentieren, Modelle bilden und nutzen sowie Arbeitstechniken anwenden
Kommunikation	Biologische Informationen erschließen, vermitteln und austauschen; Entschlüsseln von Informationsträgern, wie Graphiken, Formeln usw.
Bewertung	Bewertung biologischer Sachverhalte in fachlichen und gesellschaftlichen Kontexten auf der Basis von Fachwissen; ethische Urteilsbildung

gen bzw. an der Zunahme wissenschaftlicher Vorstellung ausdrücken. Es wird davon ausgegangen, dass sich der Erwerb von Kompetenzen in diesen Stufen vollzieht. Bei PISA wurde dieses Modell unter Verzicht auf die oberste Stufe auf fünf Stufen ausgedehnt (s. Tab. 5-2), indem die Stufen 2 und 3 unterteilt wurden. Für den Kompetenzbereich Erkenntnisgewinnung hat HAMANN (2004) Modelle für die Bereiche „Hypothesenbildung" und „Planung von Experimenten" vorgeschlagen.

Inzwischen liegt eine Reihe weiterer Erhebungen zur Evaluation und Effektivität der Vermittlung verschiedener Kompetenzbereiche vor; dazu Beispiele.

MAYER und Mitarbeiter haben den „Kompetenzbereich naturwissenschaftliche Erkenntnisgewinnung" untersucht. Als eine Komponente dieses Bereichs wird das Wissenschaftliche Denken herausgestellt. Wobei *der naturwissenschaftliche Erkenntnisprozess als eine Form des Problemlösens verstanden werden kann* (MAYER 2007): Überwindung einer Diskrepanz zwischen Ausgangszustand und einem angezielten Endzustand. Der Problemlöser setzt zahlreiche Prozeduren ein wie kausales Denken, Deduktion und Induktion, Urteilen unter Unsicherheit. Problemlöseprozesse folgen einer „systematischen Abfolge von Prozeduren, z. B. Interne Repräsentation des Problems, Lösungsplan, Anwendung der Methode, Evaluation des Ergebnisses". Zur Untersuchung des Problemlösens werden u. a. schriftliche Tests verwendet. Dabei sollen die Aufgaben „in einen lebensnahen Kontext" eingebettet werden. Damit besteht die Annahme, dass Ergebnisse gefunden werden, die „näher an angezielten Kompetenzen liegen".

Bei einer Untersuchung (HOF & MAYER 2009) wurden Schülern 7. Klassen (n=205) in drei Gruppen aufgeteilt: Eine arbeitet nach einer Information über „Phasen des Forschenden Lernens (inquiry skills)" ohne weitere Instruktionen (open inquiry); einer Gruppe gab der Lehrer Hilfen beim Formulieren von Fragen und von Hypothesen (guided inquiry); der dritten Gruppe schließlich wurde ausschließlich Wissen vermittelt (direct instruction). Während der acht Stunden Unterricht über herkömmliche Themen zur Fotosynthese formulierten Gruppe I und II jeweils auch zugehörige Elemente Forschenden Lernens wie Fragen stellen, Hypothesen aufstellen, Experimente planen, Daten interpretieren. Nach dem Unterricht wurde das Wissen der Schüler mit einem schriftlichen Test (naturgemäß an neuen Aufgaben) überprüft. Gruppe I hatte einen Zuwachs an „inquiry skills" von 16, Gruppe II von 6, Gruppe III von 1 %. Der Wissenszuwachs betrug bei Gruppe I 16, bei Gruppe II 22 und bei Gruppe III bei 14 %.

Sollten diese Befunde allgemein bestätigt werden, ergibt sich in Bezug auf das Problemlösen: 1. Inquiry Skills lassen sich trainieren; 2. am besten bei selbständigem Arbeiten der Schüler ohne Hilfen; 3. auch Wissen wird auf diesem Weg erworben; am wenigstens bei reiner Wissensvermittlung.

Um den sukzessiven Erwerb von Kompetenzen operationalisieren zu können, werden sogenannte Kompetenzentwicklungsmodelle erarbeitet, die sich an den Kompetenzstufen (s. Tab. 5-2) orientieren und deren Erreichen mit speziell konstruierten Problemaufgaben geprüft werden soll (zu Aufgaben s. Abschnitt 13.10.4).

Mittlerweile liegen auch Kompetenzstufen für die verschiedenen Kompetenzbereiche vor. Zur Bewertungskompetenz, genauer zur Bewusstmachung ethisch-moralischer Relevanz wurde ein Modell von REITSCHERT & HÖSSLE (2007) erstellt, das folgende Stufen beinhaltet: I Deskriptiv-pragmatische Problemwahrnehmung; IIa rationale Bewusstmachung des ethisch-moralischen Problems; IIb emotional gefärbte ethisch-moralische Problemwahrnehmung; III objektive Erkenntnis des ethisch-moralischen Wertekonflikts.

Abschließend sollen einige Kritikpunkte zusammengetragen werden, die im Zusammenhang mit den neuen Lehrplankonzepten immer wieder vorgebracht werden (eine Fundamentalkritik findet sich bei KLEIN (2009).

Zunächst einmal wird vielfach darauf hingewiesen, dass historische bewährte Befunde zu wenig berücksichtigt werden. So wird ohne Not auf bewährte Vorschläge verzichtet und Entwürfe werden als neu verkauft, die so neu gar nicht sind (s. auch Abb. 7C). Z. B. wird darauf aufmerksam gemacht, dass schon lange Ergebnisse

Tab. 5-2: Stufen zum Erfassen der Ausprägung Naturwissenschaftlicher Grundbildung (Kompetenzstufen) bei Schülern (nach SCIENCE EXPERT GROUP 2001 und ARTELT u. a. 2001; verändert).

Kompetenzstufe	Kennzeichen	Umgehen mit Evidenz	Kommunizieren	Verständnis von Begriffen, Aussagen
Stufe I: Nominelles naturwissenschaftliches Wissen	Begriffe und Fragen werden als naturwissenschaftlich, identifiziert, es herrschen jedoch falsche Vorstellungen von naturwissenschaftlichen Konzepten und Prozessen vor	Schlussfolgerungen aus Alltagswissen	---	Einfaches Faktenwissen
Stufe II: Funktionales naturwissenschaftliches Alltagswissen	Naturwissenschaftliche Konzepte werden für Vorhersagen oder Erklärungen auf Alltagsniveau genutzt.	Schlussfolgerungen aus Informationen ziehen	---	Alltagswissen anwenden, daraus Erklärungen geben
Stufe III: Funktionales naturwissenschaftliches Wissen	Naturwissenschaftliche Termini werden korrekt verwendet, naturwissenschaftliche Begriffe werden korrekt. definiert	Bei Schlussfolgerungen zwischen relevanten/ irrelevanten Daten unterscheiden	---	Aus Fakten zutreffende Erklärungen geben
Stufe IV: Konzeptuelles und prozedurales Verständnis	Versteht Konzepte der Naturwissenschaft und besitzt prozedurales Wissen in den Naturwissenschaften auf einfachem Niveau	Daten auf Schlussfolgerungen beziehen, Argumentationsketten bilden	Über einfache Daten kommunizieren	Elaborierte Fakten anwenden, Erklärungen geben
Stufe V: Konzeptuelles und prozedurales Verständnis auf hohem Niveau	Versteht Konzepte der Naturwissenschaft und besitzt prozedurales Wissen in den Naturwissenschaften auf differenziertem Niveau	Alternative Gesichtspunkte beurteilen	Über Daten präzise kommunizieren	Modelle entwickeln, daraus Vorhersagen machen

von Unterricht im Mittelpunkt des Interesses standen. Um das Gelernte der Schüler möglichst gut überprüfen zu können, sind ja gerade die verschiedenen Lernzieltaxonomien bis hin zu den Konzepten zur Operationalisierbarkeit entwickelt worden (s. Kap. 4.3.2).

Weitere Belege, dass sich in Deutschland Biologiedidaktik schon lange auch um Ergebnisse von Unterricht bemüht hat, finden sich schon bei Kerschensteiner über den „Arbeitsunterricht“ bis hin zu Wagenschein, aber erst recht bei der Curriculumreform (s. Kap. 6). Diese hätte auf der Basis der Parameter „Schüler-. Wissenschafts- und Gesellschaftsrelevanz“ zu einem Unterricht in dem derzeit erwünschten Sinn führen können. Wagenschein (Kap. 7) al-

lerdings wusste selbst, dass seine Vorschläge wohl vergeblich sein würden. Und gegen die Curriculumreform polemisierten konservative Elternverbände so heftig, dass ängstliche Politiker davon Abstand nahmen (trotz zahlreicher neuer Bildungspläne) sich für diese Reform nachhaltig einzusetzen.
Erwähnt werden darf auch, dass die (allermeisten) Post-PISA-Forscher die genannten Errungenschaften der deutschen Naturwissenschaftsdidaktiken kaum zur Kenntnis nehmen, sie nicht zitieren und auswerten. Die meisten schließen sich unmittelbar an die Verhältnisse in den USA an. Dort waren der Ausgangspunkt von Überlegungen zu Reformen und von Forschungen wahrscheinlich die Veröffentlichungen des National Research Council und der „National Science Education Standards“ von 1996 (revidiert 2000) sowie das Projekt 2061 der American Association for the Advancement of Science.

In diesem Zusammenhang wird auch auf die Einführung einer gegenüber früher völlig veränderten Terminologie verwiesen, die z. T. nicht aus neuen Begriffen, sondern nur aus neuen Begriffsnamen besteht.

Ein zweiter Vorwurf besteht darin, dass viele Maßnahmen realisiert werden sollen, ohne dass ihr Erfolg vorher im Rahmen zeitlich und räumlich begrenzter Modellversuche empirisch geprüft worden ist. Z. B. ist die Problemlösefähigkeit in variablen Situationen möglicherweise nur in Ansätzen erreichbar. Frühere Untersuchungen zum Transfer gelernter Inhalte auf andere Bereiche zeichnen ein ernüchterndes Bild (s. Kap. 3.5).

Allgemein wird „vernetztes, kumulatives Lernen“ eingefordert. Dies erscheint nur möglich, wenn die biologischen Inhalte in irgendeiner Form ausgewählt und in eine möglichst stringente Abfolge gebracht werden. Sonst wird *anschlussfähiges Wissen. als Grundlage entsprechender Problemlösefähigkeit nicht herausgebildet* (Freimann 1999). So auch Bayrhuber et al. (2007b): *Fachwissen als Kompetenz bedeutet den Erwerb aufeinander aufbauender, umfangreich vernetzter Wissensstrukturen.*

In den USA gibt es lebhafte noch nicht entschiedene Auseinandersetzungen darüber (s. z. B. Kathleen 2009, Cobern et al. 2009), wie Effektivität von Unterricht besser gewährleistet ist: durch „direct instruction, science content storyline“ oder durch „inquiry instruction, inquiry-oriented“. Dagegen findet man bislang bei uns keine Publikationen, wie Aufbauender Unterricht im Zusammenhang mit Kompetenzorientierung gewährleistet werden soll.

Dem liegt ein sachlogisches Problem zugrunde:

- Primär Auswahl von Formalen Strukturen, also Auswahl von zu vermittelnden Kompetenzen – denen dann sekundär geeignet erscheinende Inhalte zugeordnet werden.
- Primär Auswahl von biologischen, aufeinander aufbauenden Inhalten – denen dann bestimmte damit zu vermittelnde Kompetenzen zugeordnet werden.

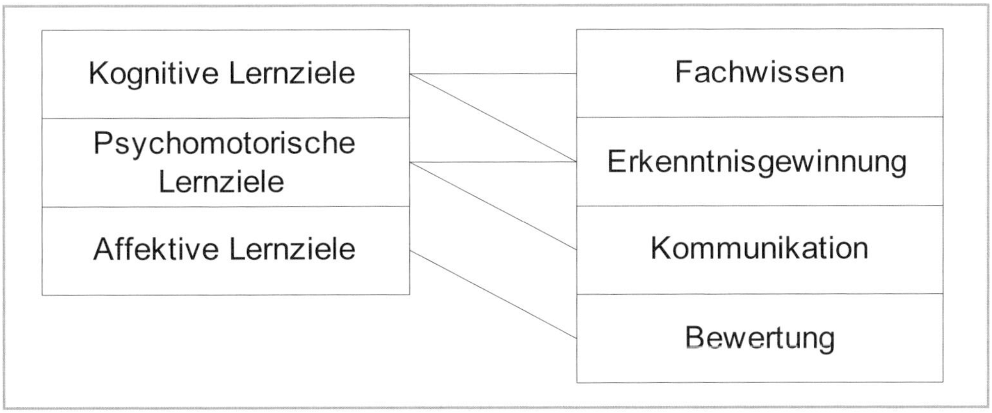

Abb. 7C: Kompetenzbereiche und ihre Beziehungen zu Lernzielen

Bislang nur spärliche neue Veröffentlichungen lassen eine willkürliche Zuordnung von Inhalten bei der Vermittlung von Kompetenzen erkennen. Hier scheint ein erhebliches Defizit biologiedidaktischer Forschung zu bestehen.

Nun sind allenthalben Lehrplankommissionen zu Gange, die auf der Grundlage der „Bildungsstandards" Kernlehrpläne entwickeln. Man muss befürchten, dass diese Gruppierungen bislang keine Hilfe dabei bekommen, wie Inhalte mit der Vermittlung von Kompetenzen verknüpft werden. Ob und wie weit die Kritik angebracht ist oder nur dem innovativen Charakter des neuen Ansatzes geschuldet ist, wird sich erst zeigen, wenn umfangreiche unterrichtliche Erfahrungen sowie empirische Forschungsergebnisse zur Kompetenzorientierung vorliegen.

Begriffe: Inputsteuerung, Outputsteuerung, Lebenslanglernen, Bildungsstandards, Allgemeinbildung, Naturwissenschaftliche Grundbildung, Selbstverständnis, Kompetenzstufen, Kompetenzbereiche, Basiskonzepte, Kompetenzen/Evaluation

6 Anmerkungen zur Curriculumreform

6.1 Zur Geschichte

Die sogenannte Curriculumreform ist nun schon etwa 40 Jahre her. Manchem mag es überflüssig erscheinen, auf sie noch ausführlich einzugehen. Sie hat jedoch Biologieunterricht weitgehend verändert. Viele dieser Veränderungen sind Grundlage des Biologieunterrichts geworden. Deren Ursprünge versteht man nur, wenn man gut über diese Reform informiert ist.

Immer wieder werden neue Lehrpläne erlassen. Welche Ziele werden damit verfolgt? Wie wird die Auswahl der Unterrichtsthemen begründet? Man kann getrost sagen: Man muss solche Lehrpläne beurteilen können – ohne ihnen blind zu folgen. Dazu vermittelt die Kenntnis der Curriculumreform entscheidende Hilfe!

Viele Lehrende sind heute angehalten, einen Lehrplan (oder Teillehrplan) für ihre Schule oder Klasse zu entwickeln; wie soll man dabei vorgehen?

Vieles von dem, was in den Kapiteln 3 bis 6 dargelegt wurde, ist Ergebnis der Curriculumreform. Im vorhergehenden Text wurde dieser Begriff zudem schon oft erwähnt. Es erscheint nützlich, den historischen Bezug dieses wichtigen Ereignisses und seine Auswirkungen auf Biologieunterricht noch einmal geschlossen darzustellen. – Einen Überblick über die Entwicklung von Curricula in den USA, England und dem „Rest der Welt" [!] seit etwa 1950 gibt Van den Akker 1998.

„Curriculum" ist eine Bezeichnung für Lehrplan, die in der Barockzeit (erstmals um 1550 erwähnt) verwendet wurde. Dieses lateinische Wort bedeutet in diesem Zusammenhang die Summe aller Lehrstoffe, die im „Lauf" der Schulausbildung gelernt werden sollten. In seiner heutigen Bedeutung ist der Begriff erweitert und meint etwa: Zweck, Inhalt und Organisation eines Lehrplans.

Im angelsächsischen Raum hat der Begriff „Curriculum" weithin eine etwas andere, in der Regel umfassendere Bedeutung als die hier verwendete (s. Hopmann & Riquarts° 1995). Oftmals wurde oder wird er dort gleichbedeutend mit Didaktik oder auch Fachdidaktik verwendet. Sowohl die gewöhnliche Verwendung im deutschsprachigen Raum als auch die ursprüngliche Bedeutung rechtfertigen jedoch das hier gewählte Vorgehen. Bei der Lektüre englischsprachiger Literatur ist die Beachtung dieses semantischen Unterschieds nützlich.

Nach dem Ende des Zweiten Weltkrieges wurden im Biologieunterricht weithin Verfahren der Themenauswahl und des Unterrichts aus der Zeit vor der NS-Diktatur aufgegriffen. So standen z. B. in den Klassen 5–9 vor allem Tier- und Pflanzengruppen (s. Strukturansatz Taxonomie, Kap. 5.2) im Mittelpunkt des Unterrichts, in der gymnasialen Oberstufe Themen der Allgemeinen Biologie. Inhalte, die Schüler unmittelbar betreffen, blieben – zumindest in den offiziellen Lehrplänen – fast völlig ausgespart. So folgt auch das von 1970 bis 1979 in mehreren Bänden publizierte „Handbuch der praktischen und experimentellen Schulbiologie" (Falkenhan 1970/79) weithin dieser Sichtweise. Zusammenfassend kann man die Situation des Biologieunterrichts vor der Curriculumreform in folgender Weise charakterisieren (Stichmann 1981): *Die anschwellende Stofffülle, die allgemein zu wenig konkreten Lernziele und die den Bedürfnissen der Schüler nur unzureichend Rechnung tragenden Inhalte waren neben der zu geringen Nutzung der modernen Erkenntnisse der Biologie die wichtigsten Mängel der Biologie-Lehrpläne in allen Schulformen.*

Es gab in der Zeit nach dem Zweiten Weltkrieg (auch) im deutschsprachigen Raum eine Reihe von Versuchen, diese Situation zu ändern. Dazu sollen nur einige Beispiele genannt werden. Wichtig waren die Bemühungen Wagenscheins (s. Kap. 7) ab Ende der fünfziger Jahre. Siedentop (1965) schlug vor, den Menschen zum Leitmotiv des Biologieunterrichts zu machen (wobei ihm bezeichnender Weise vorgehalten wurde, der „Lehrer soll bei seinem Fach" bleiben). Beiler (1965) legte einen Plan vor, der von dem Prinzip der „Bedeutung der Einzelthematik für die Lebenswirklichkeit des Kindes" und „Grundsachverhalten der Biologie" ausging. Weitere Gründe, die in diesem Zeitraum für eine Veränderung von Biologieunterricht, für neue Lehrpläne sprachen, wurden in Kapitel 5.6 bereits dargestellt.

Begriffe: Curriculum /Lehrplan, Curriculumreform, Reformbemühungen

6.2 Robinsohn-Modell

Die genannten und weitere Versuche von Didaktikern der Naturwissenschaften, Unterricht zu verändern, bereiteten vielleicht den Boden, es war ihnen aber kein durchschlagender Erfolg beschieden. Offensichtlich bedurfte es dazu einer allgemeinen, von den Schulbehörden getragenen Schulreform.

Auslöser dafür war Robinsohns (1967, 1971) Schrift „Schulreform als Revision des Curriculum". Viele seiner Vorstellungen waren nicht (völlig) neu, sondern gingen auf eine Reihe angloamerikanischer Vorschläge zurück, auf die hier nicht eingegangen werden soll (z. B. Bruner 1966, Krathwohl et al. 1964, Mager 1965).

Robinsohn gibt eine Reihe von Gründen an, warum es an der Zeit sei, Lehrpläne grundsätzlich zu ändern. Diese Gründe sind keineswegs nur historisch von Interesse, sondern sie gelten – zum Teil sogar verschärft – bis heute; deshalb sollen die wichtigsten wiedergegeben werden:

- Wissensexplosion: Sie erfordert neue Formen der Auswahl von Inhalten für den Unterricht.
- Verwissenschaftlichung: Immer mehr Menschen müssen eine intellektuelle (Allgemein-) Bildung haben, anderenfalls haben sie in der technisierten Welt z. B. kaum Berufschancen.
- Ausweitung des Schulbesuchs: Als Folge der Veränderungen in unserer Gesellschaft hat sich die Ausbildung quantitativ und qualitativ verändert. – Der Anteil von Biologieunterricht ist dagegen eher geringer geworden. Dies erfordert sehr genau begründete Überlegungen, welche Kenntnisse vordringlich vermittelt werden müssen.
- Berufsvorbereitung: Teilnahme an der modernen Produktion erfordert spezifische Kenntnisse, die Unterricht zu berücksichtigen hat.
- Berufsmobilität: Heute ist der Zwang, in einem anderen als dem erlernten Beruf arbeiten zu müssen, größer als wohl je zuvor.
- Objektivierung von Lehrplänen: Robinsohn forderte dazu auf, zur Entwicklung von Lehrplänen unabhängige Fachleute zu berufen, die dazu möglichst intersubjektive Kriterien und wissenschaftliche Erkenntnisse verwenden. Zugleich sollte damit eine Demokratisierung der Arbeit an Lehrplänen erreicht werden. Es wird aber schwerlich jemand bezweifeln, dass ein Lehrplan aufgrund gut bedachter, möglichst intersubjektiver Prinzipien entwickelt werden sollte und nicht intuitiv, nach den subjektiven Vorstellungen einer kleinen Personengruppe. – Offensichtlich werden aber bei der derzeit anstehenden Reform erneut Lehrpläne (wie schon bei den „Bildungsstandards") von einer kleinen, von Kultusministern ausgewählten, Personengruppe erstellt.

Aufgrund der genannten Einsichten hat Robinsohn Vorschläge gemacht, welche Kennzeichen grundsätzlicher Art einen Lehrplan auszeichnen sollten; diese wurden dann vielfach und vielfältig weiterentwickelt. Die meisten sind in Kapitel 5.6 schon dargestellt worden. Sie sind auch bis heute – etwa durch neue biologiedidaktische Erkenntnisse – nicht überholt. Ihre erneute Aufzählung kann der Erinnerung und Zusammenfassung dienen, welche typischen Kennzeichen viele Lehrpläne für den Biologieunterricht etwa ab 1972 haben, hatten – oder welche ohne erkennbare Gründe in neuen Lehrplänen aufgegeben wurden.

- Beachtung der drei Kriterien Wissenschafts-, Schüler- und Gesellschaftsrelevanz bei der Auswahl von Inhalten (Kap. 5.6);
- Formulierung eines Leitziels und dessen konkrete Beachtung bei der Ausarbeitung von Themen (Kap. 3.2);
- Formulierung von Lehrzielen (Lernzie-

len) zu den einzelnen Themen bzw. Unterrichtseinheiten (Kap. 4);

- Biologische Themen werden mit anderen Inhalten zu Unterrichtseinheiten zusammengefasst;
- Themen sollen nicht nur einmal unterrichtet, sondern nach dem Spiralprinzip auf höherer intellektueller Ebene erneut aufgegriffen werden. Ein für Biologieunterricht besonders wichtiger Gesichtspunkt, da viele seiner Inhalte von der rein beschreibenden bis zur kausalanalytisch/molekularen Ebene eine sich ständig differenzierende Betrachtung erfordern.
- Im Zuge der Veränderung der gesamten Schulstruktur schlug Robinsohn, aber ebenfalls der „Deutsche Bildungsrat" vor, einheitliche Lehrpläne für alle Schulformen zu entwickeln. Einige Bundesländer folgten diesem Vorschlag; seither wurden diese Versuche jedoch weitgehend wieder aufgegeben.

Kritik an Robinsohn wurde von Vertretern eines vorwiegend an der Struktur der Wissenschaft Biologie oder an der Taxonomie der Lebewesen ausgerichteten Biologieunterrichts vorgetragen (s. dazu vor allem Kapitel. 5.6). Verfechtern eines Strukturansatzes „Existenzbiologie" gingen dagegen Robinsohns Vorschläge nicht weit genug. – Weitere Kritik an der Curriculumreform und auf dieser Basis entwickelter Lernpläne gab es reichlich; in verschiedenen Kapiteln, besonders in 5.6, wurde auf sie eingegangen. – Konservative Elternverbände und Politiker griffen die neuen Lehrpläne heftig an. Sie sahen darin eine Realisierung linker Ideologien („Emanzipationspädagogik"). Auch die Kultusminister unterstützten die Umsetzung ihrer Lehrpläne kaum. So kamen diese bald zu Fall.

Für den Biologieunterricht brachte die Curriculumreform jedoch anhaltende Veränderungen: Der vorwiegend an der Systematik der Lebewesen orientierte Unterricht verschwand; neue Strukturansätze wurden entwickelt; Schüler- und Gesellschaftsrelevanz wurden auf allen Schulstufen betont; neue Themen, meist als Unterrichtseinheiten formuliert, Lernzielorientierung eingeführt u. a. – Wer die Wurzeln und Gründe dieser Veränderungen verstehen will, sollte sich deshalb gut über die Curriculumreform informieren.

Man sollte mehr wissen über die Auswirkungen von Reformen wie z. B. der Curriculumreform, die Auswirkungen neuer Lehrpläne, deren Realisierung durch Lehrer. Biehl et al. (1998) haben dazu eine gründliche Literaturstudie vorgelegt. Dabei müssen sie feststellen, dass vor allem in Deutschland ein großes Forschungsdefizit besteht; es bezieht sich u. a. auf folgende Bereiche: Wie Lehrpläne in der Unterrichtspraxis verwendet werden, wer diese beeinflusst; welche Lehrmaterialien dazu entwickelt wurden; zu grundlegenden Aspekten der Lehrplanarbeit. Solche Fragen sind offensichtlich bis heute unbeantwortet geblieben. Dies dürfte auch Einfluss darauf haben, wie effektiv Veränderungen des Biologieunterrichts nach PISA erfolgen können.

Begriffe: Robinsohn-Modell, Objektivierung von Lehrplänen, Spiralcurriculum

6.3 Sequenzierung von Inhalten für den Biologieunterricht

Mögliche Situation: Wer immer an einem Lehrplan oder auch an einem Plan für ein Schuljahr arbeitet, dem stellt sich alsbald die Frage, auf Grund welcher Prinzipien die Abfolge der Inhalte festgelegt werden kann. Ähnliches gilt aber auch immer dann, wenn man eine Unterrichtseinheit (s. Kap. 16.2) entwickelt.

Angemerkt werden muss an dieser Stelle, dass bei bestimmten neuen Publikationen (z. B. Töpperwien &. Köttker 2008) keinerlei begründete Abfolge der Inhalte zu erkennen ist.

1. Einleitung

Bis zur Curriculumreform bzw. im Biologieunterricht, der sich vorwiegend an Otto Schmeils (s. Kap. 1.1) Ideen orientierte, war die Festlegung der Reihenfolge der Themen relativ unproblematisch. Die Logik der Abfolge wurde durch die Taxonomie der Lebewesen (weitgehend) vorgegeben (Kap. 5.2): Der Biologieunterricht der Klassen 5–9 folgte im wesentlichen der biologischen Systematik; bei menschenkundlichen Themen wurde die Struktur der medizinischen Lehrbücher zur Sequenzierung herangezogen.

Bei allen Strukturansätzen, die sich nicht an der biologischen Taxonomie orientieren, ist die Frage, nach welchen Prinzipien die Themen aufeinander folgen sollen, ungleich schwerer zu beantworten. Eine „willkürliche Abfolge der Themen" wurde in den 1970er Jahren als Kritikpunkt an neuen Lehrplänen vorgebracht. Es handelt sich hierbei um ein wichtiges Problem, dessen Lösung gesucht werden muss denn:

- Eine hinlänglich einheitliche Sequenzierung (wenigstens zu einem Strukturansatz) wäre in Hinsicht auf Einheitlichkeit von Biologieunterricht und Schulbücher notwendig. – Leider wird in neueren Lehrplänen meist nicht angegeben, nach welchen Prinzipien der Sequenzierung erfolgt.
- Vor allem ist eine einheitliche Sequenzierung Voraussetzung für einen aufbauenden Biologieunterricht (auch als Kumulatives Lernen bezeichnet), dessen wir dringend bedürfen.

Die wichtigste und erste Entscheidung bei der Entwicklung eines Lehrplans ist die Auswahl des zugrundeliegenden Strukturansatzes (Kap. 5.1), also die Verwendung eines grundlegenden Filtersystems. Dann müssen die ausgewählten und aufgeteilten Inhalte in eine zeitliche Reihenfolge gebracht werden (Sequenzierungssystem). – Hier wird der Terminus „Sequenzierung" gegenüber dem ebenfalls möglichen Terminus „Stoffanordnung" vorgezogen, weil letzterer bereits anders besetzt ist (s. Kap. 5.1).

2. Lösungsvorschläge

In den gängigen deutschsprachigen Lehrbüchern der Biologiedidaktik findet man so gut wie nichts über die Behandlung des Sequenzierungsproblems. Wegen seiner Bedeutung sollen Vorschläge, die es dazu gibt, ausführlicher erörtert werden.

Schon 1964 hat sich Siedentop (1965) mit „Grundsätzen der Stoffanordnung" auseinandergesetzt. Er benennt dabei einige Prinzipien: „Vom Leichten zum Schweren", „vom Nahen zum Fernen", „vom Besonderen zum Allgemeinen", „an die geistige Stufe der Entwicklung angepasst.".– Ausführlicher mit der Sequenzierung der Themenabfolge nach der Phase der Orientierung an der Taxonomie hat sich wohl zuerst Müller (z. B. 1973) beschäftigt. Seine sogenannten „Oberprogramme mit Netzplancharakter" (die man heute wohl als Begriffsnetze bezeichnen würde, Kap. 10.8) beziehen sich jedoch stets auf Einzelthemen (etwa „Honigbiene", „Verdauung beim Menschen"), da die staatlich vorgegebenen Themen und deren Abfolge in der DDR nicht in Frage gestellt werden durften. Zu jedem dieser Themen suchte er zentrale Begriffe, Fakten, Gesetze aus und bringt sie in Netzwerke, aber Begriffe spielen dabei die Hauptrolle. Stets ist für ihn dabei die „Sachlogik des Biologiestoffes" zentrales Anliegen. Zusätzlich spielen Fachverbindungen, materielle Bedingungen, methodische Realisierbarkeit, psychogenetische Bedingungen u. a. eine Rolle. In der konkreten Realisierung ist allerdings von diesen Kriterien neben der „Sachlogik" wenig zu erkennen. Ob die von ihm und seiner Arbeitsgruppe entwickelten „Oberprogramme" für den Biologieunterricht geeignet sind, wurde durch Überprüfung im Unterricht ermittelt.

Die Ähnlichkeit des Vorgehens in anderen Ländern zeigt folgendes Beispiel: In den Lehrplänen für die achtjährige Schule 1970/71 des Ministeriums für Volksbildung der UdSSR findet sich folgende Passage: *Die Auswahl des Materials in allen Abschnitten der Schulbiologie ist unter Berücksichtigung der allmählichen Bildung der biologischen Grundbegriffe durchgeführt worden* (Kuchenbecker 1978: 132). Wie dies im Einzelnen geschieht, wird allerdings aus dieser Publikation nicht deutlich.

Der „Rahmenplan des Verbands Deutscher Biologen für das Schulfach Biologie 1987" (Berck & Graf 1987c:9) richtet sich an folgendem Prinzip aus: *Die Vermittlung grundlegender biologischer Kenntnisse, die für ganz bestimmte Lebenssituationen von Bedeutung sind, erfordert. einen weithin von der Sachlogik der Biologie bestimmten Aufbau des Unterrichts.* Es bleibt offen, was diese denn wohl sein könnte. Es ist zudem fraglich, ob es diese, so allgemein formuliert, überhaupt gibt.

KLAUTKE (1974b: 543) nennt einige Grundsätze für die Stoffanordnung im Biologieunterricht. Zunächst stellt er fest, dass die wissenschaftliche Systematik bei der Sequenzierung nur begrenzt Impulse geben kann. Er nennt neben der Systematik physiologische Grundphänomene (wie Atmung oder Gärung) als für höhere Klassen geeignete Leitlinien. Darüber hinaus sollten entwicklungs-psychologische Gegebenheiten berücksichtigt werden. Seiner Auffassung nach ist die entscheidende Frage: *Welche Stoffe müssen bzw. sollten zweckmäßigerweise vorausgegangen sein, um darauf aufbauend das jetzige Gebiet ökonomisch 'durchzunehmen' und optimal verständlich zu machen, welche Stoffgebiete sollten sich anschließen, um rationell und effektiv unterrichten zu können?*

Ausführlicher besprechen RABINOWITZ & SCHUBERT (1991) das Problem. Ähnlich wie schon SIEDENTOP (s.o.) diskutieren sie die Möglichkeit, Kriterien wie „vom Einfachen zum Komplexen", „vom Konkreten zum Abstrakten", „Vorwissen der Schüler" und im Anschluss an BRUNER „Sachlogik des Faches" (structure of discipline) für die Sequenzierung zu verwenden. Sie kommen zu dem Ergebnis, dass keines dieser Kriterien bislang eine befriedigende Lösung bietet.

Fünf verschiedene Möglichkeiten schlagen POSNER & RUDNITSKY (1994) vor: Orientierung an der Struktur der Welt, den Begriffen einer Wissenschaft, den Forschungsmethoden, am Lernprozess der Schüler, an der Anwendung des Wissens. Im Wesentlichen schlagen sie als Schlussfolgerung vor, dass jeder Lehrer die für seine Schüler und seinen Stoff geeignete Methode herausfinden muss. Ein solcher Vorschlag muss jedoch für die Konstruktion eines Lehrplans und aus den weiteren genannten Gründen unbefriedigend bleiben.

Zusammenfassend kann gesagt werden: Sofern es überhaupt Versuche gibt, sich mit der Sequenzierung der Themen zu befassen, geschieht dies bislang eher kursorisch, in der Regel mit dem Hinweis auf die „biologische Sachstruktur". Diese kann es neben der biologischen Taxonomie, wenn überhaupt, wohl nur in zweierlei Hinsicht hinlänglich objektivierbar geben (GRAF & BERCK 1998):

- Ausgehend von der Kompartimentierung von Lebewesen (Zelle, Organ, Organsystem etc.) zu ihrer Sozialisierung inklusive Umweltbeziehungen;
- oder unmittelbar (was mit dem Vorherigen eng verknüpft ist) über eine „Begriffsorientierte Sequenzierung".

Es ergibt sich die Erkenntnis: Offenbar gibt es nach heutigem Wissen für den Biologieunterricht (falls er nicht dem System der Lebewesen folgt) überhaupt nichts anderes an logischen Prinzipien, begründbaren Kriterien für die Sequenzierung von Unterrichtsinhalten als ein aufbauendes Begriffssystem.

3. Sequenzierung von Inhalten

Die „Begriffsorientierte Sequenzierung" kann sowohl bei der Festlegung der Unterrichtsinhalte eines Unterrichtsthemas („Feinsequenzierung") als auch der eines Lehrplans („Grobsequenzierung") hilfreich sein.

Die Festlegung der Grobsequenzierung, so theoretisch sie zuerst einmal klingen mag, ist vor allem eines: Eine Hilfe für die Schüler, und zwar bei Lehrerwechsel, bei Schulwechsel oder Klassenwechsel eines Schülers, aber auch als Orientierungslinie für Schulbuchverlage etc. Wie weiter unten deutlich wird, muss jedoch die Feinder Grobsequenzierung vorhergehen.

Dieser Vorschlag zur Sequenzierung wirft wahrscheinlich die „alte" Frage auf (s. Kritik an Lehrzielen, Kap.4.2), ob mit solcher vorgegebener Grob- und erst recht Feinsequenzierung der Lehrende nicht zu sehr festgelegt, der Unterricht in eine Zwangsjacke gepresst wird. Hierzu muss man erneut feststellen: Die Verbindlichkeit in Bezug auf die Behandlung biologischer Themen ist derzeit objektiv und subjektiv gering; vulgo: Jeder kann fast machen, was er will. Dies kann nicht im Interesse der Verbreitung biologischen Wissens und einer sinnvollen biologischen Bildung der Schüler sein.

Mögliche Feinsequenzierungen (Abb. 8) sind immer nur Vorschläge; es gibt stets verschiedene Wege, Ergänzungen sind möglich. Der individuelle Unterrichtsverlauf wird nicht festgeschrieben, sondern nur die Art und Reihenfolge der Begriffseinführung.

Wenn die hier erörterte Art der Feinsequenzierung allgemein angewandt wer-

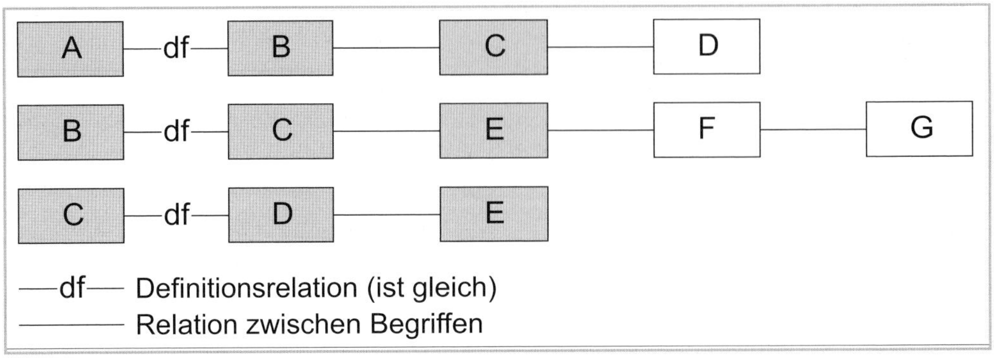

Abb. 8: Modell zur Feinsequenzierung von Begriffen im Biologieunterricht; A - G: Begriffe; graue Hinterlegung: Begriff den Schülern bislang unbekannt; ohne Hinterlegung: Begriff den Schülern bereits bekannt (aus Graf & Berck 1998)

den würde, könnte dies vermutlich auch ein guter Weg zur Verbesserung des Lernens sein – und zwar ein uralter (s.o.): vom Einfachen zum Komplizierten. Auch das in letzter Zeit häufig geforderte „Kumulative Lernen“ (also die Anknüpfung des Unterrichts an vorhandenes Wissen der Schüler) dürfte eigentlich nur auf diese Weise möglich sein; ein anderer Weg dafür ist jedenfalls bislang nicht bekannt geworden.

4. Feinsequenzierung

Voraussetzung für sinnvolles Lernen biologischer Inhalte ist eine sachgerechte und das Vorwissen der Schüler berücksichtigende Begriffsauswahl (s. Kap. 10.2). Bei der Auswahl der Begriffe innerhalb eines vorgegebenen Strukturansatzes und seiner Unterrichtsinhalte kann nach folgenden Filterkriterien vorgegangen werden (Abb. 8):

- Vorkommen eines Begriffs in Grundbegriffslisten (s. Zusammenstellung bei Graf 1989a, 1998b).
- Häufigkeit der Begriffe in biologiedidaktischen Materialien (Lehrplänen, Schulbüchern, Unterrichtshilfen etc. (Kap. 10.6).
- Ist der Begriff zum Verständnis der Inhalte notwendig? Bei der Feststellung ist die Verwendung des Mapping-Verfahrens nützlich (s. Kap. 10.8.1, Graf 1989b, 2009).
- Ist der Begriff notwendig, um andere als wichtig angesehene Begriffe verstehen zu können?

Alle ausgewählten Begriffe werden definiert:

1. Definitionen erfolgen in Übereinstimmung mit der Begriffsverwendung in der Biologie. D. h., die Inhalte werden zwar didaktisch auf das den Schülern entsprechende Niveau reduziert, die Begriffe müssen aber sachlich zutreffend sein.
2. Es werden in der Definition nur Begriffe verwendet, die den Schülern mit hinreichender Wahrscheinlichkeit bereits bekannt sind. Dabei werden, so weit möglich, nur Alltagsbegriffe und bereits eingeführte biologische Fachbegriffe benutzt. Alltagsbegriffe sind solche, die besonders häufig außerhalb der Schule vorkommen. Selbstverständlich ergibt sich hierbei immer eine gewisse Unschärfe.
3. Sollte es sich nicht vermeiden lassen, dass in der Definition ein noch unbekannter Begriff auftaucht, so muss dieser ebenfalls definiert werden.
4. Es wird darauf geachtet, dass nach Möglichkeit immer wieder die gleichen Begriffe verwendet werden, um insgesamt mit einer möglichst geringen Anzahl auszukommen (s. Kap. 10.7).
5. Auch Begriffe, die bei einem Thema oder in der Unterrichtseinheit neu eingeführt werden, sollen, wenn möglich, zur Definition nachfolgender biologischer Begriffe herangezogen werden. So werden die neuen Begriffe wiederholt.

Aus den Definitionen ergeben sich mögliche Reihenfolgen bei der Begriffseinführung, in der Regel mehrere. Im Abgleich mit didaktischen Überlegungen muss daraus im Anschluss eine definitive Reihenfolge der Begriffseinführung festgelegt werden (Abb. 8). Aus dem Beispiel ergibt sich eine eindeutige Reihenfolge. Zuerst sollte Begriff C eingeführt werden, dann B und schließlich A.

5. Grobsequenzierung

Zur Grobsequenzierung kann man folgende Kriterien heranziehen:

- Je höher in einer Unterrichtseinheit oder in einem übergeordneten Thema der Anteil an Alltagsbegriffen bzw. biologischen Begriffen in Alltagsverwendung, desto früher kann die Einheit unterrichtet werden. Diese Aussage kann auch einfach als Faustregel verwendet werden, wenn ein Lehrer die Abfolge von Unterrichtseinheiten in einem Schuljahr festlegt.
- Müssen in einer Unterrichtseinheit mehrere (viele) biologische Begriffe verwendet werden, die zu einem nicht zentral von dieser Unterrichtseinheit berührten biologischen Thema gehören, so muss dieses Thema vorher unterrichtet werden.

Ein Beispiel zeigt Abbildung 9. Drei Begriffe, die zum Themenbereich „Ernährung und Verdauung" gerechnet werden können, werden im Bereich „Ökologie" verwendet. Daraus folgt, dass man sinnvollerweise zunächst den Themenbereich „Ernährung und Verdauung" behandeln sollte. Begriffe, die über Definitionen verbunden sind, werden durch Pfeile verknüpft. Der Begriff an der Pfeilbasis wird zur Definition des Begriffs an der Pfeilspitze verwendet. Die dicken Pfeile weisen auf die Verknüpfung mit dem zweiten Themenbereich hin.

6. Ausblick

Die praktische Umsetzung der „Begriffsorientierten Sequenzierung" für den Biologieunterricht steckt in den Anfängen. U. a. sind Empirische Untersuchungen notwendig, ob damit Lernleistungen erhöht werden können. Lehrer können auch (noch) nicht auf genügend Unterrichtsthemen mit ausgearbeiteten Vorschlägen für Definitionen und zur Feinsequenzierung zu-

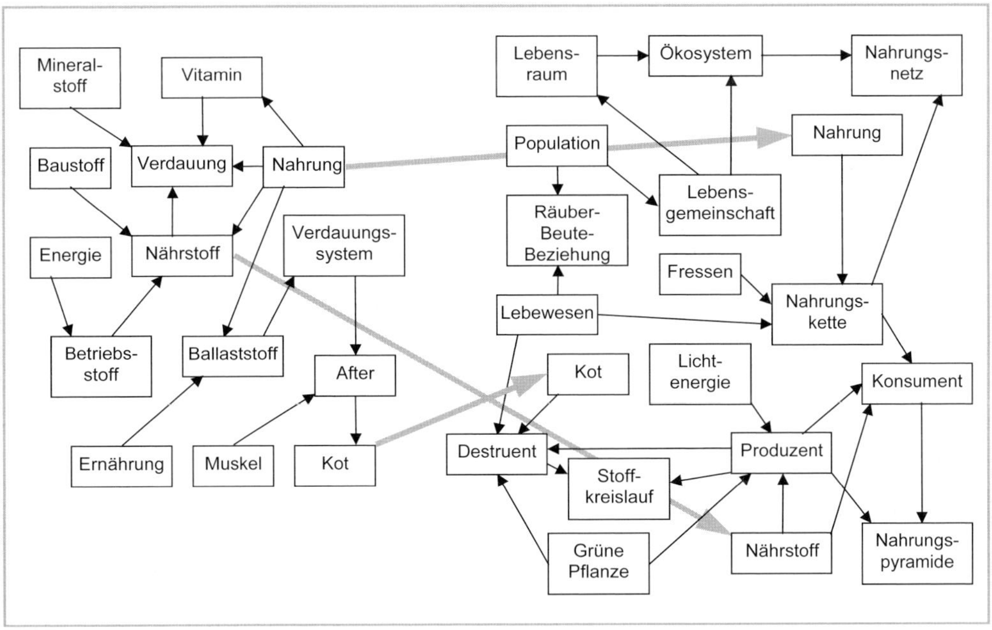

Abb. 9: Teile von Begriffsnetzen zu den Themen „Verdauung und Ernährung" sowie „Ökologie"; drei Begriffe aus dem ersten Themenbereich werden im zweiten wieder verwendet (dicke Pfeile); die dem Begriffsnetz zugrundeliegenden Definitionen finden sich bei GRAF (1989b); aus GRAF & BERCK (1998)

rückgreifen, um damit eine abgesicherte Grobsequenzierung der Unterrichtsinhalte für die Sekundarstufe I vornehmen zu können. Aber sie können mit Hilfe dieses Instrumentariums immerhin überprüfen, ob die von ihnen gewählte Abfolge von Unterrichtseinheiten sinnvoll ist.

Dieses Verfahren mag manchem zu kompliziert, „zu weit weg vom konkreten Unterricht" erscheinen – aber Biologieunterricht ist kompliziert und erfordert großes biologisches und biologiedidaktisches Wissen und dessen sinnvolle Anwendung. Zugleich sind solche Verfahren zur Verbesserung des Biologieunterrichts früher oder später unumgänglich, damit Biologielehrer ihre Entscheidungen – genau wie Physiker oder Mediziner – wissenschaftlich möglichst gut begründen können.

Man kann bislang nicht erkennen, wie bei Biologieunterricht auf der Grundlage von Bildungsstandards und der Vermittlung von Kompetenzen eine sinnvolle und begründete Sequenzierung möglich ist – wenn auf das geschilderte Verfahren der Begriffsorientierung verzichtet wird.

Begriffe: Sequenzierung von Inhalten, Begriffsorientierte Sequenzierung, Feinsequenzierung, Grobsequenzierung

7 Das Exemplarische Prinzip Wagenscheins – ein Weg zum problemorientierten Unterricht

Mögliche Situationen: Schüler unterschiedlichen Alters können z. B. folgendes äußern, was hier in der Originalfassung wiedergegeben wird:

- *Naturschutz ist doch alles Mist, so lange Leute in den Klinken noch auf den Gängen liegen müssen.*
- *Wieso haben Pornos eigentlich so einen Erfolg?*
- *Eben habe ich gehört, dass der Mensch geschaffen wurde, aber er stammt doch vom Affen ab.*
- *Das ist doch eine Bankrotterklärung für die Naturwissenschaften, wenn sie nur Modelle der Welt finden können.*

Wie könnte man mit solchen Äußerungen umgehen?

7.1 Das Exemplarische Prinzip – Parameter und Definition

Es geht bei den Zitaten um Grundaussagen zum Verständnis des Menschen und der Welt. Lehrende sollten deren Bedeutung für die Schüler erkennen. Mehr noch: Sie sollten bei der Planung von Unterricht solche Grundaussagen besonders beachten, ihnen viel Zeit widmen und dafür ein eigenes Unterrichtsverfahren wählen. Zudem kann an solchen Beispielen auch eine Grundlage zum Verständnis von Biologie gelegt werden. Dazu kann das Exemplarische Prinzip dienen (s. Wagenschein 1965). Bemerkenswert ist, dass auch bei dem Biologieunterricht auf der Grundlage von „Bildungsstandards" immer wieder die ausführliche Behandlung von „Fallbeispielen" angesprochen wird.

Nach dem Zweiten Weltkrieg wurde Biologie ohne wesentliche Veränderungen so weiter unterrichtet, wie man es vor der Zeit des Nationalsozialismus getan hatte (s. Kap. 17.2;). Die Situation hatte sich jedoch in vielerlei Hinsicht geändert. Einer der ersten Versuche am Ende der fünfziger Jahre, dies im Unterricht zu berücksichtigen, war das „Exemplarische Prinzip" (früher schon die Arbeitsschulbewegung, s. Kap. 17.3, Punkt 4).

Eine ganze Reihe von Autoren (wie z. B. Scheuerl 1958, Newe 1963, Gerner 1966, Klafki 1971) hat sich ausführlich zu diesem Thema geäußert. Sie bleiben hier jedoch unberücksichtigt: Biologischen Unterricht haben, wenn überhaupt, vor allem Wagenscheins Vorstellungen beeinflusst. Er war der Ansicht (1962:6), *das Feld der Biologie könnte geradezu ein Tummelplatz des Exemplarischen sein.* Jedoch: während das Wort „exemplarisch" bis heute in einer Vielzahl von Aufsätzen und fast unvermeidlich in Lehrprobenentwürfen auftaucht – für den Gesamtkomplex dessen, was Wagenschein als Exemplarisches Prinzip beschreibt, gilt nach wie vor sein Diktum: Es wurde eher ein Begriff als Anlass zu ernster Erprobung (Wagenschein 1970: 6).

Auch wenn Wagenscheins Vorstellungen inzwischen in der Literatur nur wenig beachtet werden, ist doch deutlich, dass ihnen nach PISA (s. Kap. 17.2, Punkt 11) besondere Bedeutung zukommt. Oder vergleicht man sie etwa mit dem „konstruktivistischen Lernen" (s. Kap. 5.7), erkennt man schnell, dass sie heute nicht nur aktuell, sondern bedeutsam sind. Deshalb werden sie hier ausführlich erörtert.

Man möchte betonen, dass unter den neuen Aspekten der Vermittlung von Kompetenzen (s. Kap. 5.10) Wagenscheins-Prinzipien dabei in vielerlei Hinsicht eine Hilfe sein könnten – ohne dass jedoch die Autoren auf sie zurückkommen oder erklären, warum sie dies nicht tun. Es darf als geradezu verblüffend bezeichnet werden, wie Wagenschein diese Prinzipien bereits dargestellt hat.

An dieser Stelle darf auch angemerkt werden: Eine Wissenschaft sollte ihre historische Dimension nicht vernachlässigen und wichtige „Pioniere" nicht unerwähnt lassen.

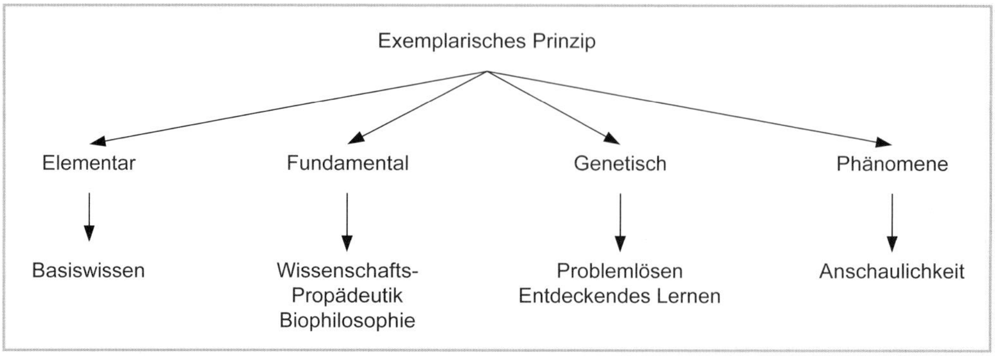

Abb. 10: Parameter des Exemplarischen Prinzips und zugehörige neue Begriffe

Zuerst soll versucht werden darzustellen, wie das Exemplarische Prinzip in der Biologiedidaktik zu umschreiben ist. Freilich könnte es darüber unterschiedliche Meinungen geben, da Wagenschein seine Prinzipien oder Parameter im Lauf der Entwicklung seiner Vorstellungen keineswegs einheitlich benutzt hat – ohne dass dies hier im Einzelnen belegt werden soll. Mindestens vier Komponenten kann man erkennen:

- Das Elementare
- das Genetische
- die Begegnung mit Phänomenen
- das Fundamentale.

Der Begriff „Exemplarisches Prinzip" wird hier definiert, auch wenn Wagenschein (z. B. 1970: 11f.) selbst äußerst vorsichtig mit einer präzisen Festlegung war. Es wird darunter ein Verfahren der Themenauswahl und des Unterrichtens verstanden, das (möglichst) die vier genannten Komponenten berücksichtigt.

Im Folgenden werden zuerst die vier Parameter erörtert und mit zwei (stets erneut aufgegriffenen) Beispielen illustriert.

7.2 Das Elementare

Werden Inhalte und Themen im Biologieunterricht wirklich nach dem Exemplarischen Prinzip unterrichtet, so sollten sie „elementar" sein. D. h., sich auf für eine Wissenschaft wesentliche, grundlegende Aussagen, Erkenntnisse oder Einsichten beziehen. Dazu also die zwei angekündigten Beispiele:

1. Der Artbegriff ist grundlegend für das Verständnis der Einteilung von Lebewesen, der Systematik und der Evolution von Organismen. Bei der Behandlung dieses Begriffs darf seine Problematik, d. h., dass er in vielen Fällen nur bedingt gilt, nicht unterschlagen werden.
2. Ohne eine gründliche Kenntnis des Homologiebegriffs (Berck 1970) erscheint ein Verständnis des „Das" der Evolution – also der Beweis, dass es sie gibt – nicht möglich. Bemerkenswert ist, dass dieser Begriff in vielen Schulbüchern unzulänglich, mit der Gefahr des Zirkelschlusses dargestellt wird.

Eine Analyse, welches die grundlegenden Begriffe der Biologie sind (s. Kap. 10), erscheint gut geeignet, die wichtigsten elementaren Themen und Aussagen aufzuspüren. Die so häufig zu findende Bezeichnung, etwa die Kirschblüte sei „exemplarisch" für den Bau einer Blüte, ist in diesem Sinn unzutreffend und sollte besser durch „beispielhaft" ersetzt werden. Freilich kann man niemanden daran hindern, so zu verfahren, da „exemplarisch" für „beispielhaft" schon länger verwendet wird, als es das Exemplarische Prinzip gibt. Auch die in diesem Zusammenhang oft zu lesende Aussage, wonach das Exemplarische Prinzip mit „Mut zur Lücke" mehr oder minder gleichgesetzt wird, trifft den Kern der Sache nicht.

7.3 Das Genetische

Es ist eine alte Erkenntnis, dass Themen möglichst „genetisch" unterrichtet werden. Nicht immer völlig, aber in etwa synonym hierzu sind: forschend-entwickelndes oder fragend-entwickelndes, induktives-deduktives, problemorientiertes Verfahren, didaktische Induktion (s. MEMMERT 1970), kreatives Lernen, in etwa auch: Entdeckendes Lernen. Es erscheint dringend geboten angesichts dieser Bezeichnungsvielfalt, sich auf einen Namen für denselben Begriff festzulegen – schon um Verwirrungen zu vermeiden. Die Bezeichnung „genetisch" erscheint besonders geeignet, da sie die Inhalte der anderen und weiterer Synonyme (s. u.) weitgehend umfasst.

Man kann den Vorgang des genetischen Lernens mit dem Satz beschreiben: Die Lernenden sollen die Wahrheit vor ihren Augen wachsen sehen. Oder: Wann immer möglich, sollen die Schüler biologische Erkenntnisse selbst herausfinden. Es sind geradezu Grundforderungen der Vermittlung von Kompetenzen wie etwa „Phänomene erfahrbar machen, ihre Ergebnisse zu kommunizieren sowie sich mit den spezifischen Methoden der Erkenntnisgewinnung auseinander zu setzen." In diesem Zusammenhang könnte man bei WAGENSCHEIN (1965) viel lernen.

Wenn WAGENSCHEIN (1970:77) in diesem Zusammenhang auch die Bezeichnung „sokratisch" benutzt, so mag dies seinen Ursprung darin haben, dass z. B. im Mathematikunterricht genetisches Vorgehen vor allem mit Hilfe der provozierenden, kreativen Frage erfolgen kann. Diese Möglichkeit gibt es durchaus auch im Biologieunterricht (s. z. B. Impulsfrage, Kap. 14.5). „Genetisch" sollte hier jedoch in der Regel bedeuten, dass von Beobachtungen, Experimenten, Quellen u. a. ausgegangen wird. Naturwissenschaftler setzen voraus, dass man keineswegs alles mit Hilfe einer Frage „aus dem Kopf herausholen" kann, sondern dass man zur Lösung von Fragen der Beobachtung, des Experiments bedarf. In Kapitel 13.3.3 werden Befunde erörtert, die die Effektivität des genetischen Lernens durch Experimentieren zum Inhalt haben; s. ebenfalls Kapitel 13.7.

Genetisches Lernen lässt sich auf die bereits angegebenen Beispiele „Art" und „Homologie" etwa folgendermaßen anwenden:

- Artbegriff: „In der Natur" finden wir nur Individuen, einzelne Pflanzen und Tiere. Das Erstaunliche ist, dass sich (fast) alle zu Gruppen zusammenfassen lassen, die wir Arten nennen. Anhand nahe verwandter Pflanzenarten (z. B. etwa Glockenblumen oder Ahornarten) lässt sich das Charakteristikum einer Art von den Schülern finden. Es bedarf dann der Untersuchung und Reflexion, warum es Arten überhaupt gibt und welche adaptive und evolutionäre Bedeutung ihnen zukommt.
- Homologiebegriff: Auch die Beschäftigung mit Evolution sollte von einer Beobachtung ausgehen. Vergleicht man z. B. ein Menschen- und ein Affenskelett (man kann dies durch die Betrachtung von Modellen von Cytomchroma-Molekülen verschiedener Tierarten ergänzen), so springt die große Übereinstimmung ins Auge. Fast immer findet eine Gruppe von Lernenden selbst die Frage, welche denkbaren Erklärungsmöglichkeiten es dafür gibt. Daraufhin ist zu untersuchen, welche davon biologisch akzeptiert und welche widerlegt werden können.

ENGELBRECHT (2003) kritisiert Genetisches Lernen und versucht diese Kritik mit einigen theoretischen Erörterungen zu untermauern. An einem (!) Unterrichtsbeispiel will er z. B. erkannt haben und aufzeigen, dass dieser Lernprozess „eine unwahrscheinliche Variante der vielfältigen Lernwege" ist. Fünf von WAGENSCHEIN (1965: 32–38) ausführlich dargelegte Unterrichtsbeispiele leuchten jedenfalls ein. Eine ausführliche Engelbrecht widersprechende Diskussion gibt es in MNU 57, Seite 238 bis 243.

Nach PISA wird genetisches – problemorientiertes – Unterrichten erneut betont (s. u.). Warum diesem Postulat manchmal eine andere Realität gegenübersteht, hat verschiedene Ursachen. Erwähnt sei, dass schon WAGENSCHEIN darauf hingewiesen hat, dass es bereits im Studium erforderlich wäre, mehr „genetisch ausgerichtete" Veranstaltungen anzubieten. Studierende sollten nicht nur „fertiges Wissen" erwerben, sondern auch eine Vorstellung davon haben, wie man zu diesem Wissen gekommen ist.

WAGENSCHEIN hat erkannt, dass bei geringer Unterrichtszeit (eine Situation, die sich immer mehr verschärft) ein durchgehend genetischer Unterricht nicht möglich ist, wenn ein gewisser Überblick über notwendiges Wissen nicht auf der Strecke bleiben soll (s. z. B. Siedentop 1968:47). Davon ist Biologieunterricht besonders betroffen, da er eine Fülle von für die Schüler wesentlichen Inhalten zu vermitteln hat.

Dafür hat Wagenschein neben anderen Vergleichen das Bild von der Brücke benutzt: Einerseits ist es erforderlich, dass eine Brücke Pfeiler hat, die sie tragen, andererseits müssen diese miteinander durch die Brückenauflage verbunden werden. Dieses Bild entspricht dem Wissen, das durch das Exemplarische Prinzip vermittelt und dem weiteren Grundwissen, das durch andere, „herkömmliche" Verfahren des Unterrichts erworben wird. – Wer den Biologieunterricht in seiner Zeitnot betrachtet, kann nicht umhin, dort diese Art des Erkenntnisgewinns für die realistische zu halten. Zugleich möchte man die Berufung auf die geringe Unterrichtszeit doch eher als problematisch bezeichnen, wenn auf die Beachtung des Exemplarischen Prinzips völlig verzichtet wird. Es fehlt dann leicht das Fundament.

7.4 Exkurs: Entdeckendes Lernen – Problemorientiertes Lernen

Es ist sehr die Frage, ob zwischen dem „Genetischen" im Sinne Wagenscheins, Entdeckendem Lernen, Problemorientiertem Lernen auch „Konstruktivistischem Lernen" (s. ausführlich in Kap. 5.7) und eine weiterer Vielzahl oben bereits angeführter Bezeichnungen – überhaupt wesentliche Unterschiede bestehen. Alle Verfahren wollen jedenfalls Ähnliches: Schüler aktiv an der Erarbeitung von Wissen beteiligen und Wissen mit Alltagsbezügen verknüpfen.

In der Lernpsychologie und im Anschluss daran auch in der Biologiedidaktik gibt es etwa ab 1960 (Bruner 1966, [deutsch 1970], 1973) eine viele Jahre andauernde Diskussion über Vor- und Nachteile des „Entdeckenden Lernens".

Bruner stellt u. a. folgende Vorteile des Entdeckenden Lernens heraus: Alles wirkliche Wissen des Menschen ist selbstentwickelt; nur solches Wissen ist persönlich bedeutsam und wird folglich besser behalten; dadurch entsteht Motivation, Interesse und Befriedigung; intellektuelle Fähigkeiten, Problemlösefähigkeiten u. a. werden gefördert.

Ausubel (1973) u. a. stellen Gegenargumente zusammen, die gegen Entdeckendes Lernen sprechen; z. B.: Zeitmangel; Tests zeigen nicht die Ergebnisse, die erwartet werden; das meiste, was man weiß, stammt aus Erkenntnissen, die andere bereits gefunden haben; Hauptziel der Ausbildung ist der Erwerb von Wissen.

Schwab (1962:71) vertritt aufgrund umfangreicher eigener Erfahrungen die Meinung: *Entdeckendes Lernen ist nicht die einzige Methode des Unterrichtens und nicht notwendigerweise die wünschenswerte für alle Klassen und alle Schüler. Von den zwei möglichen Verfahren sollte dem ersten der Vorrang eingeräumt werden.*

In jedem Fall ist entsprechendes Hintergrundwissen erforderlich – dessen Umfang die Lehrerin kennen muss – sonst wird Entdeckendes Lernen uneffektiv und führt zu schlichtem Raten.

In der angloamerikanischen Literatur wird zwischen zwei Verfahren des Entdeckenden Lernen unterschieden (s. Schwab 1962:71, Chiapetta & Koletta 2006: 103–105): 1. „teaching science as inquiry" (auch „enquiry"); dem entspricht weitgehend „discovery learning"; d. h., Forschungsstrategien der Wissenschaft erkennen und nachvollziehen; lernen wie naturwissenschaftliche Erkenntnis zustande kommt: 2. „teaching science by inquiry", selbst forschungsanaloge Untersuchungen anstellen.

Eine weitere spezifische Form des Entdeckenden Lernens wird vor allem in den USA verwendet und erforscht (Zusammenfassung bei Abraham 1998): die Methode des „learning cycle approach" mit den Schritten „EIA" (E – Exploration, I – Invention, A – Application). Fast genau das entsprechende Verfahren haben Freytag et al. (1974) schon früher vorgeschlagen.

Dies bedeutet: Schüler sammeln zuerst Erfahrungen über einen Sachverhalt, der eingeführt werden soll, und zwar anhand von Experimenten oder anderen Materialien; dann werden vom Lehrer und den Schülern die gesammelten Daten besprochen und mit deren Hilfe neue Inhalte eingeführt; schließlich werden die so gelernten Inhalte an Beispielen trainiert. Viele Variationen dieses Verfahrens wurden überprüft; vor allem hat sich die Aufnahme einer einleitenden „Vermutungsphase" bewährt. Dies entspricht etwa dem, was man heute als „Problemfindung" und dem anschließenden Formulieren von „Hypothesen" in den Mittelpunkt von Unterricht stellt.

Obwohl abschließende empirische Befunde (s. z. B. Sonderheft des Journals of Research in Science 1983, WHITE & TISHER 1985, s. auch Kap. 5.7) trotz zahlreicher Untersuchungen kaum vorliegen, kann man davon ausgehen, dass Genetisches Lernen, Entdeckendes Lernen in Bezug auf Behalten von Wissen, Motivation und Interesse, Problemlösefähigkeit und Erlernen von Forschungsstrategien erhebliche Vorteile hat. Zumindest einfache Versionen dieser Lehrform verwenden Biologielehrer schon lange, sie dürften heute die Regel sein.

Man erkennt leicht, dass das Prinzip, „die Schüler sollen die Wahrheit vor ihren Augen wachsen sehen" (um WAGENSCHEIN erneut zu zitieren) oder auch „sie sollen die Wahrheit selbst vor ihren Augen wachsen lassen" immer wieder in ähnlicher oder gleicher Weise vorgetragen wird. Wenn es – fast redundant – mehrmals erörtert wird, hat dies seinen Grund darin, dass es unter verschiedenen Bezeichnungen in der Biologiedidaktik verwendet wird, die nicht unbeachtet bleiben können. Nicht zuletzt auch unter dem Stichwort „Vermittlung von Kompetenzen".

Neuerdings wird unter den oben erwähnten Bezeichnungen Problemorientiertes Lernen bevorzugt – wobei ein Unterschied zu Entdeckendem Lernen schwer zu erkennen ist. Bemühungen um eine solche Form des Lernens (auf die an verschiedenen Stellen immer wieder eingegangen wird, s. z. B. Impulsfrage, Gruppenarbeit, Forderungen nach PISA) gibt es schon lange.

Betont werden auch im Zusammenhang mit Problemlösendem Lernen die vielfach erwähnten Fähigkeiten, neue Erklärungen für Bekanntes zu finden, neue Aufgaben zu lösen, Fragestellungen zu finden. Für verschiedene Fächer wurde empirisch festgestellt (z. B. UIHLEIN 2001, KRIEGE & GUNTER 2004), dass gute „Problemlöser" über gutes Wissen im zugehörigen Bereich verfügen. Zahlreiche *kognitionspsychologische Untersuchungen zeigen, dass spezifisches Wissen eine zentrale Rolle beim logischen Denken und jedem Lernen spielt. Allgemeine Fähigkeiten, wie das Analysieren und Lösen von Problemen kann man gar nicht einsetzen, wenn man nicht viele Kenntnisse und Wissen über ähnliche Fragen hat* (RESNICK 1987).

Zusammenfassend ist für den konkreten Unterricht hilfreich, wenn folgende Problemlösestrategien (u. a. SUCHMAN nach COLLETTE & CHIAPETTA 1994, ähnlich auch Kap. 13.3.3) beachtet werden:

Die Schüler sollten über ausreichendes, gutes Wissen in dem betreffenden Gebiet verfügen.

Die Schüler sollen zu einem Problem möglichst viele Fragen stellen, die der Lehrer vorerst nur mit „ja oder nein" beantwortet.

Sie sollen dazu alle möglichen Hypothesen aufstellen und Argumente sammeln, die für oder gegen eine Hypothese sprechen.

Sie sollen die Hypothesen mit der sparsamsten Erklärung auswählen und möglichst überprüfen, ob eine Erklärung dem biologischen Prinzip entspricht, dass alle Vorgänge/Strukturen letztlich dem Überleben der eigenen Gene dienen.

Dazu steht den Schülern (ja nach Problem unterschiedliches) Material zur Überprüfung ihrer Fragen bzw. Hypothesen zur Verfügung.

Zeit lassen, denn Lösungen kommen meist nur nach einer Phase der Ruhe, des „Wegdenkens" zustande.

Begriffe: Genetisches Lernen (forschend-entwickelndes, fragend-entwickelndes, induktives-deduktives, problemlösendes, kreatives Lernen, didaktische Induktion), Handlungsorientierter Unterricht, Entdeckendes Lernen (teaching science as inquiry, teaching science through inquiry), Problemlösendes Lernen, Problemlösestrategien.

7.5 Begegnung mit Phänomenen

Neben dem Aspekt des Genetischen hat Wagenschein den der „Begegnung“ mit den Realobjekten, den Ausgangssituationen, den Phänomenen besonders und immer wieder betont – gegenüber der vorschnellen Verwendung komplizierter Fachbegriffe, von Apparaten und Mathematisierungen. Die beiden Parameter „Genetisch“ und „Begegnung“ sind bei ihm eng miteinander verknüpft, aber keineswegs identisch; man kann auch genetisch unterrichten, indem man von relativ komplexen fachwissenschaftlichen Aussagen oder Quellen (s. Kap. 13.9) ausgeht.

Im Biologieunterricht vor allem der Unterstufe ist die Gefahr einer verfrühten Benutzung fachlicher Abstraktionen im Gegensatz zu Physik und Chemie kaum gegeben (dies könnte auch zu der Überlegung Anlass geben, ob es Sinn macht, diese beiden Fächer zu früh zu unterrichten; eine Frage, die sich auch bei der Lektüre des Buchs „Kinder auf dem Weg zur Physik“, Wagenschein et al. 1973, stellt). Dagegen ist die Verführung durch wohlfeile Medien, die man „nur aus dem Schrank“ holen muss, groß und verhindert vielfach die aufwendigere Anwendung von Objekten, den Bezug zu Phänomenen.

Eine erhebliche Gefahr besteht heute in der Oberstufe. Viele Biologielehrerinnen versuchen, die Wissenschaftlichkeit ihres Faches – auch im Vergleich mit Physik und Chemie – dadurch zu beweisen, dass sie möglichst abstrakte, von den Phänomenen weithin abgekoppelte Themen auswählen.

7.6 Das Fundamentale

Ein zentraler Aspekt des Exemplarischen Prinzips ist der Parameter des „Fundamentalen“. Wagenschein (1970:22, 24) nennt „solche Erfahrungen“ fundamental, „welche die gemeinsame Basis des Menschen mit der Sache [mit der er sich auseinandersetzt] erzittern lassen“; und: *Ich möchte aber glauben, dass auch gewisse Endergebnisse nahezu fundamental genannt werden können, insofern sie die Stellung des Menschen in der Welt in einem neuen Licht zeigen.* Davon ausgehend sollen hier solche Ergebnisse biologischer Forschung als fundamental bezeichnet werden, die unser Selbstverständnis in Frage stellen, entscheidend verändern oder erweitern.

Die Beachtung der angeführten vier Parameter des Exemplarischen Prinzips als einzelne wird für den Biologieunterricht schon lange gefordert, ist kaum neu. Das Fundamentale wurde und wird jedoch vergleichsweise am wenigsten berücksichtigt. Man möchte meinen, dass auch die „Bildungsstandards“ (Beschlüsse der Kultusministerkonferenz 2005) in diesem Bereich Defizite aufweisen. Was Wagenschein dazu geschrieben hat und es sind die Beispiele, die er verwendet hat, genauer zu betrachten, zumal sie zu Missbrauch geführt haben.

Fundamentale Themen für den Biologieunterricht im oben definierten Sinn dürften sich in drei Gruppen aufteilen lassen:

- Solche, die Grenzen unserer Erkenntnis markieren;
- solche, die unsere Stellung innerhalb der Lebewesen klären;
- solche, die unsere Abhängigkeit und Gefährdung, unsere Verpflichtungen
- und Freiheiten in besonderem Maße deutlich werden lassen.

Es ist offensichtlich, dass es sich bei den ersten beiden Komplexen um biophilosophische Fragestellungen (dazu ausführlich Kap. 19) handelt; der dritte Komplex bezieht sich eher auf grundlegende Orientierungshilfen für unser Verhalten. Dies stellt die Lehrenden vor die nicht endende Aufgabe, Fachwissenschaft und „Welt“ immer wieder daraufhin zu überprüfen, welche (neuen) Fragen dieser Art als Teil ihres Unterrichts zu bearbeiten sind. – Obwohl dies selbstverständlich zu sein scheint, ist offenbar vor allem bei Fachbiologen und Studierenden die Notwendigkeit einer entsprechenden Schulung noch nicht allgemein erkannt. Wagenschein (1970: 20) wusste es besser: *Kein von seinem Fach benommener Lehrer, kein philosophisch nicht angerührter Lehrerin ist imstande, Physik allgemeinbildend zu unterrichten* – und Biologie erst recht nicht.

Wieder soll an den oben genannten Beispielen etwas zur Möglichkeit oder Notwendigkeit der Beachtung des Fundamentalen gesagt werden.

- Beim Artbegriff kann es um Schwierigkeiten und Grenzen biologischer Begriffsbildung gehen. Einerseits ist dessen typische Definition auf manche konkreten Fälle nicht anwendbar, wobei die grundlegende Erkenntnis sich bilden kann, dass biologische Begriffe vielfach nur „im Zentrum" ihres Bedeutungsbereiches gelten (s. HASSENSTEIN 1954). Dies ist so, weil durch Evolution überall bei Organismen Wandel und Vielfalt besteht. Besonders auf fossile Formen ist der übliche Artbegriff nicht anwendbar; es bedarf weiterer Kriterien, um überhaupt von Arten sprechen zu können. Auch die Erkenntnis, dass wir überhaupt in der Lage sind, die Fülle der Lebewesen zu ordnen und nicht etwa einem Chaos gegenüberstehen, dürfte als fundamental bezeichnet werden.
- Homologiebegriff: Vergleicht man Menschen- und Affenskelett, so ergeben sich vier denkbare (!) Gründe für deren Übereinstimmung: Zufall, Schöpfung, funktionale Notwendigkeit und Verwandtschaft. Drei dieser Gründe können die Lernenden als für eine biologische Betrachtung nicht relevant erkennen. Es bleibt nur „Verwandtschaft" (genetische Kontinuität) als begründete Ursache für solche Übereinstimmung und als Basis für die Entwicklung des Homologiebegriffs (mehr dazu BECKER & BERCK 1992). Dies ist wohl als eine wirklich fundamentale Erkenntnis zu bezeichnen, die u. a. dazu führt, dass man nicht umhin kann, den Menschen als Teil der Evolution zu verstehen.

Weitere Beispiele für den Biologieunterricht, die es neben der Beachtung der anderen Parameter in besonderem Maße ermöglichen, Fundamentales anzusprechen, sollen angedeutet werden. In aller Regel sind diese oder ähnliche Beispiele nicht in Schulbüchern zu finden.

- Farben, Töne und andere Empfindungen (und erst recht Wahrnehmungen) kommen in der physikalischen Welt und folglich auch in der Physik „nicht vor", sondern entstehen in unserem Nervensystem; zu diesem Thema hat sich WAGENSCHEIN (1961/62) bereits ausführlich geäußert. Demnach erschließen unsere Sinnesorgane uns nicht die Welt an sich, sondern eine unserem Aufnahme- und Verarbeitungsvermögen gemäße „Umwelt" (s. Evolutionäre Erkenntnistheorie, Kap. 19.2, Punkt 8). Schüler der Klasse 7 zum Beispiel versuchen sozusagen mit allen Mitteln, die provozierende Behauptung zu widerlegen, dass „zwei Menschen eine Farbe nicht gleich sehen".
- Menschliches Verhalten wird mitbestimmt durch darin enthaltene „vormenschliche Komponenten". Wir werden dadurch „unterhalb" der Bewusstseins- bzw. Willensschicht beeinflusst (wobei das Ausmaß dieses Einflusses noch immer unklar ist) – vor allem dann, wenn wir diese Abhängigkeit nicht kennen. Zum Beispiel ist die Vorstellung, dass jeder Mensch aufgrund seiner Mimik, Gestik und Gestalt ein Signalgeber ist und unser Verhalten ihm gegenüber mitbestimmt, „unsympathisch".
- Man geht in der Biologie grundsätzlich davon aus, dass die Vorgänge in der Welt kausal verlaufen. Von Studierenden der Biologie bejahen etwa zwei Drittel die Frage, ob es „Willensfreiheit" gibt (s. dazu RENSCH 1963).

Das „Fundamentale" ist in der Biologiedidaktik und im Unterricht nicht nur missverständlich verwendet, sondern gelegentlich auch missbraucht worden. Deshalb müssen dazu einige Anmerkungen gemacht werden. Es ist nicht auszuschließen, dass Wagenschein solche Missverständnisse gefördert hat. Seine (1962, 1970: 27f.) mehrmalige Zitation von Portmann kann leicht zu diesem Missbrauch führen. Zwar findet man bei Wagenschein u. W. keine eigenen Aussagen, die eine nichtphylogenetische oder gar vitalistische Tendenz zum Ausdruck bringen. Aber schon der Satz von PORTMANN, wonach „Form, Gestalt und Gebaren als ‚Kundgabe von Innerlichkeit in der Erscheinung' „ verstanden werden sollen, könnte dazu führen. Auch die ständige Verwendung von Begriffen wie „Innerlichkeit, Sinn, Selbstdarstellung" usw. durch PORTMANN (1961) macht bei diesem eine entsprechende Tendenz deutlich. Es ist klar, dass man sich im Biologieunterricht, wenn es um fundamentale Themen geht, auf vitalistische Aussagen nicht einlassen darf (s. Kap. 19.2., Punkt 5). Dies widerspräche der Grundaussage der Biologie: der Evolutionstheorie.

Begriffe: das Fundamentale, Biophilosophie, Vitalismus

7.7 Fazit zum Exemplarischen Prinzip

Viele Darstellungen des Exemplarischen Prinzips in der biologiedidaktischen Literatur erscheinen verkürzt, nicht so, dass sie seiner Realisierung im strengen Sinn förderlich sind; z. B.:

- Memmert (1970) handelt unter dem Stichwort „Exemplarische Biologie" eine ganze Reihe von Verfahren ab, die - vereinfacht dargestellt - dem möglichst eigenständigen Lernen der Schüler dienen und eine geeignete Stoffauswahl ermöglichen. Bei ihm bleibt sowohl der Aspekt des Fundamentalen als auch die Verklammerung der vier Parameter (weitgehend) unberücksichtigt; das Exemplarische Prinzip wird so ausgeweitet, dass es mit dem ursprünglichen Ansatz nur wenig zu tun hat und seiner Spezifika entkleidet wird.
- Eschenhagen et al. (1985: 101) meinen: *Obgleich der Begriff in der Literatur nicht einheitlich verwendet wird, versteht man darunter doch allgemein ein Verfahren der Stoffauswahl, das geeignet ist, die Stofffülle zu beschränken. Kennzeichnend ist, dass nach dem exemplarischen Prinzip der Unterricht nicht linear erfolgt, sondern an bestimmten erschließenden Problemen orientiert wird.* Auch diese Darstellung lässt wesentliche Merkmale des Exemplarischen Prinzips vermissen.
- Erneut soll darauf hingewiesen werden: Die in diesem Zusammenhang oft zu lesende Aussage, wonach das Exemplarische Prinzip mit „Mut zur Lücke" mehr oder minder gleichgesetzt wird, trifft den Kern der Sache ebenfalls nicht.

Wagenschein war bzw. ist mit seinem Verfahren zwar in Einzelfällen in Bezug auf Biologieunterricht erfolgreich, sein Aufruf zur Veränderung von Unterricht als „Erledigungsmaschinerie" hat sich ausgewirkt. Alle Anzeichen sprechen dafür, dass sich dies jetzt ändern soll und hoffentlich auch ändert. Lange aber hatte das Exemplarische Prinzip vergleichsweise wenig konkreten Nachhall. Dafür gibt es mehrere Gründe, zum Beispiel:

Die meisten seiner Forderungen werden in der Biologiedidaktik als einzelne schon lange erhoben und nach PISA sogar als zentral für den Biologieunterricht angesehen. Als Beleg für diese Aussage sollen einige Zitate aus der einflussreichen Schrift von Preuss aus dem Jahr 1860 angegeben werden: *Das Einigende hat entschieden einen höheren Wert: Die spezielle Betrachtung kann in der Schule immer nur als Mittel zum Zweck angesehen werden* (S.37); *ohne Veranschaulichungsmittel ist der naturgeschichtliche Unterricht Larifari* (S.62), *gibt dem Kinde jeden Augenblick das Recht und die Gelegenheit der Frage, die Kinder also nicht bloß passive Empfänger sind* (S.126).

Nur ein Teil der biologischen Themen lässt sich nach dem Exemplarischen Prinzip im strengen Sinne unterrichten. Ob es (nicht allein der Aspekt des Genetischen oder der Begegnung) im Biologieunterricht der Unterstufe überhaupt angewandt werden kann, bleibt unsicher. Ein Lehrplan lässt sich wohl nicht nach diesen Grundsätzen konstruieren. Derzeit wird jedoch davon ausgegangen, dass es auch in der Grundschule anwendbar ist.

Wagenschein selbst hat durch eine zum Teil wechselnde Darstellung seiner Ideen vielleicht nicht genügend für deren Klarheit gesorgt und so deren Realisierung erschwert.

Was kann man aus alledem für Schlussfolgerungen ziehen?

- Zwar werden die Parameter des Exemplarischen Prinzips als einzelne vielfach in der Biologiedidaktik besprochen und im Unterricht angewandt, als Komplex stellt es ein eigenständiges Verfahren dar – das jedoch neuerdings unter den Aspekten Problemlösendes Lernen, Entdeckendes Lernen intensiv (mit weitgehender Aussparung des Fundamentalen) propagiert wird.
- Notwendig wäre es, dass mehr geeignete Unterrichtsbeispiele entwickelt

und vor allem Auswirkungen des Exemplarischen Prinzips empirisch überprüft werden – nur so kann letztlich das Ausmaß seiner Bedeutung erkannt werden.

- Alle Lehrerinnen sollten so ausgebildet werden, dass sie genügend biophilosophisches und wissenschaftstheoretisches Wissen besitzen, um fundamentale Themen zu erkennen und dann auch zu unterrichten.
- Jedem Lehrenden kann man empfehlen, die Unterrichtsinhalte für ein Schuljahr, etwa ab Klasse 7 – und erst recht die eines Semesters – daraufhin zu überprüfen, welche sich mit dem Viererkomplex Exemplarisches Prinzip unterrichten lassen und
- in je nach Klassenstufe unterschiedlicher Anzahl einige dieser Themen – im eigentlichen Sinne dieser Bezeichnung – exemplarisch zu unterrichten, „sie als Pfeiler einer Brücke tief in den Boden zu rammen".
- Unter einem neuen Namen kann die Beachtung der Grundsätze Wagenscheins bei der Vermittlung von Kompetenzen jedenfalls eine wichtige Rolle spielen.

Begriffe: Exemplarisches Prinzip, das Elementare, das Genetische, (fragend-entwickelnde, forschend-entwickelnde Verfahren), das Fundamentale, Wissensvermittlung als „Brückenbau", Bedeutung von Phänomenen

8 Was Schüler und andere von einer Biologielehrerin/einem Biologielehrer erwarten

Es ist nichts schrecklicher als ein Lehrer, der nicht mehr weiß, als die Schüler allenfalls wissen sollen. Wer andere lehren will, kann wohl oft das Beste verschweigen, was er weiß, aber er darf nicht halbwissend sein (J. W. GOETHE: Wilhelm Meisters Wanderjahre).

8.1 Warum man (keine) Biologielehrerin, (kein) Biologielehrer werden sollte

Reale Situation: Sie haben sich entschieden, Biologielehrerin/Biologielehrer zu werden – oder sind es bereits. Haben Sie gute Gründe und welche, gerade dieses Fach zu wählen? Gibt es besondere Fähigkeiten und Eigenschaften, die man benötigt, wenn man Biologie lehren möchte?

Über einige allgemeine Fähigkeiten, die Lehrer – besonders Lehrer der Naturwissenschaften – benötigen, wurde bereits in Kapitel 2.2 berichtet (viele Angaben zu diesem Thema findet sich im „Handbook of Research on Teaching", WITTROCK 1986). Die Frage ist, ob Biologielehrer darüber hinaus spezifische Fähigkeiten und Eigenschaften haben sollten bzw. müssen, wenn sie erfolgreich – und dies heißt ja letztlich auch für sie befriedigend unterrichten wollen.

Solche Lehrer müssen zwar viel über Biologie wissen, aber sie sind keine Biologen, sondern Vermittlungswissenschaftler für Biologie. D. h., sie müssen Fachleute für Biologieunterricht sein; über sichere, auf Wissen gegründete Urteile in diesem Bereich verfügen. Dies ist allerdings kaum anders möglich, als dass sie während des Studiums eine entsprechende Ausbildung erhalten. Aufgrund ihres wissenschaftlichen Urteils sind sie berechtigt, ja gehalten, gegenüber Anordnungen von Kultusbehörden Kritik zu üben.

„Jeder ist einmal in die Schule gegangen": Es besteht eine beachtliche Neigung, in pädagogischen Fragen mitreden zu können. Dem ist eine große Professionalität gegenüberzustellen, die erkennen lässt, dass auch in diesem Bereich nur mit Hilfe von gründlichem Wissen begründet geurteilt werden kann.

Es ist allgemein bekannt und wurde schon erwähnt: Biologie ist eine explodierende Wissenschaft; man bezeichnet sie vielfach als „Jahrhundertwissenschaft" (VOLLMER 1995). Das hat für alle Lehrenden die unausweichliche Konsequenz, im fachlichen Bereich ständig hinzuzulernen. Andernfalls veraltet ihr Wissen schnell. Viele Gebiete der Biologie können ohne solches Weiterlernen nach einer gewissen Zeit eigentlich überhaupt nicht mehr richtig gelehrt werden.

Es ist wohl einfacher, ein anderes Fach zu wählen, da das Wissen vieler Fächer sich nicht in dem Ausmaß wie das der Biologie erweitert. Dieses Fach zu wählen bedeutet demnach, es gleichsam zum Lebensprinzip zu machen bzw. dazu verdammt zu sein.

Die meisten Themen oder Probleme im öffentlichen und privaten Bereich enthalten heute neben anderen auch biologische Aspekte. Biologielehrer müssen solche Themen rechtzeitig erkennen und über sie informiert sein. Deshalb kommen sie auch nicht umhin, intensiv am „Zeitgeist" teilzunehmen, ein ausgearbeitetes, aber neuen Ideen zugängliches Weltbild zu besitzen und eine persönliche Philosophie (KRAMER 1975). Man kann dafür einen Begriff verwenden, und zwar „Aufgeschlossenheit für Biologie" (Biological Awareness, s. VLIJM et al. 1981). Er bedeutet, dass man als Lehrender Biologie nicht nur als „Schulfach" betrachtet, sondern mit biologischen Fragen „lebt".

Schließlich erfordert Biologieunterricht es vielfach, dass ein Lehrender sich auch außerhalb der eigentlichen Unterrichtszeit seinen Schülern widmet, mit ihnen etwas unternimmt, zum Beispiel Exkursionen, Teilnahme an Naturschutzaktivitäten, Durchführung von Ausstellungen (s. dazu besonders Kap. 11.2, Punkt 5).

Es ist sicher bedauerlich, wenn Schüler bei einem Mathematiklehrer nicht genug lernen. Viel bedeutsamer aber kann es z. B. sein, wenn Unterricht in Sexualerziehung für die Schüler keine zuverlässige Hilfe ist, Drogenerziehung ihr Verhalten nicht beeinflusst hat oder sie nichts über weitere biologische Faktoren erfahren, die das Leben jedes Einzelnen beeinflussen.

Empirische Befunde biologiedidaktischer Forschungen ermöglichen es in vielen Fällen, wissenschaftlich begründete Urteile zu fällen und den Unterricht danach auszurichten. Es gibt kaum noch ein Thema oder ein Unterrichtsvorhaben, zu dem keine Literatur vorliegt (so wurden z. B. bis etwa 1970 ca. 4000 Arbeiten zum Thema „Experimentieren im Biologieunterricht" veröffentlicht; Grönke 1991). Diese Befunde sollten deshalb jeweils zu Rate gezogen werden. Leider gibt es noch keine internationale biologiedidaktische Bibliographie, so dass die Literaturauswertung oft nicht einfach ist. Die CD-Rom „Datenbank Schulpraxis – Literaturnachweise für Schule und Unterricht, 2009" (Landesinstitut für Schule und Weiterbildung, Soest) erleichtert die Suche nach geeigneter Literatur.

Es gibt also eine Reihe von Gründen, weshalb man gut bedenken sollte, ob man gerade Biologielehrerin/Biologielehrer werden will. Dieses Fach erfordert jedenfalls besonderes Engagement. Ist man bereit, dies zu akzeptieren, und hat man zudem auch noch intensives Interesse an Tier- und Pflanzenarten, ist Biologieunterricht eines der Fächer, das sich besonders interessant unterrichten lässt und an dem Schüler in der Regel großes Interesse haben.

Zusammenfassend und allgemeiner kann man feststellen: Unsere spezialisierte Welt kommt in vielen Bereichen ohne den Fachmann nicht aus. Lehrer müssen in ihrem Berufsfeld Fachleute sein. Nur dann können sie auch mit Anerkennung bei Schülern und Eltern rechnen. Fachmännisches Tun als Lehrer bedeutet wissenschaftliche Analyse und Begründung möglichst aller seiner Tätigkeiten (s. dazu Witte 1974). Man muss zudem seine Rolle als Lehrer annehmen (s. Kap. 8.2). Dergleichen Aussagen mögen vielleicht für manchen nicht sehr ermutigend klingen. Es erscheint jedoch nützlich, sie vor einer weitreichenden Berufsentscheidung zu bedenken.

Begriffe: Aufgeschlossenheit für Biologie (Biological Awareness), Vermittlungswissenschaft

8.2 Beispiele für notwendige Fähigkeiten

Es ist allgemein bekannt, dass Qualität und Wirksamkeit jedes Erziehungsprogramms weitgehend durch Qualität und Effektivität der Lehrenden bestimmt wird. Gute Lehrer können zum Lernen anregen und den Einzelnen dazu bringen, seine Fähigkeiten maximal zu entwickeln. Schlechte Lehrer können Lernen behindern (Meyer 1988:81).

Good teachers are as important for science concept development as wether a lesson is cast as inquiry or direct (Cobern et al. 2009).

8.2.1 Expertenwissen von Lehrern

Der Lernpsychologe Bromme (1995) hat zahlreiche empirische Untersuchungen zum Expertenwissen von Lehrern (wisdom of practice) durchgeführt: Was Lehrer wissen oder tun müssen, wenn sie unterrichten. Eines seiner wichtigsten Ergebnisse ist: *Das Experten-Wissen von Lehrern besteht aus zwei Komponenten: Der Kognitiven Integration von Wissen verschiedener Fachgebiete und deren Verknüpfung mit der jeweiligen Unterrichtssituation: Kontextualisierung des Wissens. Nach unseren Erkenntnissen besteht die Kognitive Integration darin, die Grundaussagen einer Fachwissenschaft zu transformieren. So werden pädagogische Konzepte auf ein Fach bezogen angewandt. In Bezug auf Mathematikunterricht etwa bekommen pädagogische Konzepte. einen spezifischen Sinn, eine spezifische Funktion – die sich von der im Fremdsprachenunterricht unterscheidet. Ähnlich schon* Zacharias (1981): *Es ist die Aufgabe der Fachdidaktiken, die allgemeinen Modelle [der Allgemeinen Didaktik] fachspezifisch zu konkretisieren.*

Danach besteht die entscheidende Leistung eines Biologielehrers (s. dazu auch Kap. 1.4) u. a. darin,

- sein biologisches Wissen mit seinem allgemeinen Wissen zu verknüpfen;
- zu bedenken, welche Kenntnisse anderer Fachgebiete zugleich unterrichtet werden müssen bzw. sollten, damit biologisches Wissen überhaupt oder besser verstanden wird (Kognitive Integration);
- solches Wissen auf eine bestimmte Altersstufe bzw. Klasse zu beziehen (Kontextualisierung);
- über gute Kenntnisse in Biologiedidaktik zu verfügen, mit deren Hilfe solches Wissen am besten umzusetzen ist.

Sowohl Kognitive Integration wie Kontextualisierung sind biologiedidaktische Leistungen, die an spezifische Inhalte gebunden sind. Pädagogik sowie Psychologie dienen dabei vorwiegend als notwendige Hilfswissenschaften, da sie die biologischen Inhalte „nicht kennen“.

8.2.2 Grundkenntnisse eines Biologie-Lehrers

In einer ganzen Reihe von Publikationen (z. B. Kramer 1975, Dallas 1980, Vijm et al. 1981, Sektion Fachdidaktik im VDBiol 1978, Meyer 1988) werden die genannten grundlegenden Fähigkeiten ausdifferenziert. Daraus ließe sich eine lange Liste notwendiger Eigenschaften aufstellen. Hier sollen nur die wohl wichtigsten wiedergegeben werden, die sich nicht auf allgemeine Fähigkeiten von Lehrern, allgemein zu erwartende biologische und biologiedidaktische Kenntnisse und bereits erwähnte Leistungen beziehen. Vor allem Studierende sollen so darauf aufmerksam gemacht machen, was sie sinnvollerweise lernen müssen – und was zugleich in der Ausbildung vorgesehen werden sollte.

- Auseinandersetzung mit der praktischen, der intellektuellen und der übergreifenden Bedeutung der Biologie (als Brücke zwischen Wissenschaften, Vorkommen in Kunst, Literatur, Religion).
- Entwicklung ethischer Normen zum Umgang mit der belebten Umwelt (s. Kap. 19.2, Punkt 10); Kenntnisse in Biophilosophie und Erkenntnistheorie.
- Kenntnisse über die Geschichte biologischer Forschung (weil sich durch Beispiele aus der Genese biologischer Probleme und Befunde manche heutigen besser verstehen und erklären lassen).
- Bereitschaft, die Schüler zu Amateur-Biologen zu erziehen, besonders zu „Freiland-Biologen“ (s. Kap. 11.1, Punkt 4); d. h., zu Menschen, die sich in ihrer Freizeit (auch) mit biologischen Objekten beschäftigen.
- Erwerb grundlegender Kenntnisse vor allem in Chemie, Physik und Geologie; sowie in anderen Bereichen, die zum Unterrichten von Gebieten wie z. B. Gesundheits-, Umwelterziehung, Biotechnik, Freilandarbeit erforderlich sind.
- Training von Fähigkeiten für die praktische Laborarbeit und somit für die Durchführung von Experimenten; dazu gehören z. B. auch Kenntnisse über für den Unterricht geeignete Geräte sowie andere Anschauungsmittel und wo man sie erhält; Regeln kennen zur Unfallverhütung im Biologieunterricht (s. z. B. Flörke 1967).
- Lokale Kenntnisse über das Vorkommen von Tier- und Pflanzenarten erwerben, auch zur Beschaffung geeigneter Materialien; Kenntnisse und Fertigkeiten in der Schulgarten-Arbeit sind heute nützlich.

Als eine besondere Fähigkeit wird heute oft „Biologisches Denken“ von Lehrern erwartet. Ein Begriff, der offensichtlich schwer zu definieren ist; in der Literatur konnte jedenfalls dergleichen nicht gefunden werden. Ausführlich hat sich mit dem „Denken in der Biologie“ bereits Arber (1960:86) auseinandergesetzt. Ihr erschien dafür die Bezeichnung „Bipolarität“ gut geeignet. Heute wird dieses spezifische Denken oft damit beschrieben, dass es sich durch Beachtung von Vernetzung, Vielfach-Kausalität, Integration (d. h., Denken in Zusammenhängen, Systemen, hierarchischen Strukturen, z. B. Dietrich 1976) usw. auszeichnet. Besonders SCHAEFER hat sich mit diesem Problem beschäftigt (z. B. 1980b, 1984; ausführlich in SCHAEFER & MANITZ-SCHAEFER 2002). Er bezeichnet dieses Spezifikum als inklusives Denken, das *in offenen Grenzen und überlappenden Bereichen* geschieht. Ihm wird exklusives Denken gegenübergestellt, Denken *in geschlossenen Grenzen und disparaten Bereichen* (1984:324). Zweck des Trainings im inklusiven Denken ist es z. B., *unsere exklusiv gespaltene Welt wieder zu einem Ganzen zusammenzufügen. Naturwissenschaftlicher Unterricht, der dieses Denken übt, wird wieder praktische Lebenshilfe sein.* Bei der Vermittlung von Kompetenzen (s. Kap. 5.10) werden solche Eigenschaften den Lehrenden in hohem Maße abverlangt.

An zwei Beispielen soll die Probe aufs Exempel gemacht werden. Unterwirft man z. B. den Begriff „Blüte" inklusiver Betrachtung (Schaefer 1984), so wird man sich neben biologischen Befunden wie Definition, Metamorphose, Funktion etc. eine Vorstellung von einer Vielzahl konkreter Blüten und praktischer Anwendungen von Blüten und Blütenteilen machen, sich vielleicht Darstellungen von Blüten in der Kunst anschauen. Beschäftigung mit der Frage nach der „Sonderstellung des Menschen" (s. Kap. 19.3.1) macht sowieso nur Sinn, wenn man über vielfältige Begriffe und Aussagen aus verschiedenen Bereichen Bescheid weiß.

8.2.3 Lehrerfolg – Lehrereigenschaften – empirisch

Es liegt eine Reihe empirischer Untersuchungen über die Abhängigkeit des Lernerfolgs im naturwissenschaftlichen Unterricht von Lehrereigenschaften, Unterrichtsmethoden, Unterrichts-Management etc. vor. WHITE & TISHER (1986, neuere Zusammenstellung bei FRASER & TOBIN 1998:643 ff.), die solche Befunde zusammengefasst darstellen, kommen jedoch zu dem Ergebnis, dass es schwer ist, diese zu verallgemeinern. Deshalb sollen in eher subjektiver Auswahl nur einige Arbeiten über besonders positive Auswirkungen von Lehrereigenschaft und Lehrerleistungen im naturwissenschaftlichen Unterricht vorgestellt werden, die das bereits Gesagte (s. auch Kap. 2.2) im Wesentlichen untermauern.

Doch zuerst soll auf die fundamentale Eigenschaft von Lehrenden im Biologieunterricht hingewiesen werden: gründliche Fachkenntnisse! Wie problematisch diese sein können oder tatsächlich häufig sein dürften, zeigt z. B. folgende Untersuchung: Acht Fragen hatten Lehramtsstudierende (n=489, s. MÜLLER 2003) zu beantworten. Alle bezogen sich auf Themen, die im Biologieunterricht, Leistungskurs oder Grundkurs, behandelt worden sein müssten (z. B.: Einfachste Gleichung der Fotosynthese, Teile einer typischen Blüte, Definition von Mitose und Meiose). Das Ergebnis war wahrhaft katastrophal: Nur etwa 2 Prozent erreichten mindestens 50 % der erforderlichen Punkte; mit null Punkten schnitten etwa 15 Prozent ab!

Man muss also zukünftigen Studierenden, die Biologie als Lehrfach wählen wollen, dringend empfehlen, sich bereits in der Schule gute entsprechende Kenntnisse anzueignen und darin während des Studiums nicht nachzulassen. Fragen von Grundschülern (s. Kap. 18.1) lassen erkennen, welches Wissen bereits im Sachunterricht erforderlich ist.

REED (1961) untersuchte die Abhängigkeit des Interesses von Schülern (9. Klasse, n=1045) an Naturwissenschaften von drei Lehrereigenschaften: der Freundlichkeit des Lehrers (teachers warmth), dem Leistungsanspruch und der Fähigkeit intrinsische Motivation hervorzurufen („zu begeistern, mitzureißen"). Die höchste Korrelation (bei r=0,7) bestand zur „Begeisterungsfähigkeit", gefolgt von der „Freundlichkeit"; zum Leistungsanspruch gab es keinen absicherbaren Zusammenhang.

In etwa schließen sich daran die Ergebnisse von TODT & HÄNDEL-MATTES (1990) an, die sich ausschließlich auf Biologieunterricht beziehen; sie sind in Tabelle 8-1 wiedergegeben. Daraus lassen sich weitere Kennzeichen eines von Schülern als positiv empfundenen Unterrichts entnehmen.

Eine umfangreiche Untersuchung (BONNSTETTER 1984), in der „normale" Naturwissenschafts-Lehrer mit nach bestimmten Kriterien ausgesuchten „besonders guten Lehrer" (Excellent Science Teachers, n=231) verglichen wurden, ergab: Letztere haben längere Unterrichtserfahrung, beteiligen sich in großem Umfang

Tab. 8-1: Bedingungen im Biologieunterricht, die mehr als 75 Prozent von Schülern/Schülerinnen „oft" bzw. „sehr oft" realisiert haben möchten (n=ca. 1000, Todt & Händel-Mattes, Forschungsbericht 1990); L- Lehrer/Lehrerin

Rang	Jungen	Mädchen	Item
1.5	84	83	L gab gerechte Noten
1.5	84	84	L ließ mir genügend Zeit zum Überlegen, wenn er (sie) mich drannahm
3.5	83	83	Unterricht war abwechslungsreich gestaltet
3.5	83	85	L erklärte den Stoff gut
7	80	83	L hatte Geduld, wenn ein Schüler etwas nicht verstanden hatte
7	80	80	Es wurden Themen behandelt, deren Bearbeitung ich mir zutraute
7	80	78	der Unterricht war locker und L machte auch einmal einen Scherz
7	80	81	Es herrschte ein gutes Verhältnis zwischen L und Schülern
7	80	81	Ich hatte die Gelegenheit, meine Meinung offen zu äußern
10	79	82	L beherrschte das Thema gut
11	78	81	L ging bereitwillig auf meine Fragen ein
12	77	76	Ich merkte, dass ich von Stunde zu Stunde etwas Neues hinzugelernt habe
14	76	79	Ich hatte im Unterricht Gelegenheit, mich aktiv zu beteiligen, selbst etwas zu tun
14	76	70	L gab uns am Anfang einer Stunde einen Überblick darüber, was wir in der Stunde behandeln werden
14	76	82	L informierte uns vor Lernkontrollen, was er (sie) von uns erwartete

an Fortbildung, lesen einschlägige Zeitschriften in größerer Anzahl (life-long learning), beteiligen sich an der Entwicklung von Projekten, arbeiten oft mit Kollegen in und außerhalb der Schule zusammen, führen mehr Experimente im Unterricht durch, diskutieren mit Schülern mehr und dozieren weniger, halten mit Schülern auch Veranstaltungen außerhalb des eigentlichen Unterrichts ab, organisieren alle ihre mit Unterricht zusammenhängenden Arbeiten gut.
Die Grundlage für Erfolge von Lehrenden der Biologie ist also keineswegs geheimnisvoll, „naturgegebene Kunst", die man „kann oder nicht kann" (s. Kap. 2.1). Wer etwa am Anfang beim Unterrichten Schwierigkeiten hat, sollte getrost sein: Man kann viel hinzulernen.

Begriffe: Experten-Wissen, Kognitive Integration, Kontextualisierung, Biologisches Denken, Exklusives – Inklusives Denken

8.3 Biologiedidaktik im Studium und Referendariat

Zukünftige Biologielehrer müssen ihre Ausbildung weitgehend selbst in die Hand nehmen, selbst bestimmen, wie sie sich auf ihren Beruf vorbereiten wollen. Dieser Abschnitt dürfte aber auch für Ausbilder von Interesse sein. – Zu diesem Thema werden nur wenige Anmerkungen und einige, möglicherweise idealtypische, Vorschläge gemacht.

Die Situation in der sogenannten Ersten Phase der Ausbildung an der Universität ist derzeit (auch) im Bereich der Biologielehrer-Ausbildung noch immer heterogen, so dass dazu kaum allgemeine Aussagen möglich sind. Dies geht auch deutlich aus einem „Entwurf: Empfehlungen zur Lehrerausbildung" vom 20.1.1998 der Hochschulrektorenkonferenz hervor – deren Vorstellungen zur Vereinheitlichung und Verbesserung jedoch der Realisierung harren. Vereinheitlichung im Interesse der Studierenden ist nützlich, etwa wenn sie die Universität wechseln. Noch bedeutsamer wird dies dadurch, dass in der Europäischen Union in Zukunft Lehrende im Land ihrer Wahl tätig sein können. Dies ist wichtig für die Betroffenen und vergleichbaren guten Unterricht.

Allgemein wird die Forderung erhoben und begründet, dass diese Ausbildung für alle Lehramtsstudiengänge adäquat nur an Universitäten (bzw. vergleichbaren wissenschaftlichen Hochschulen) erfolgen kann. Nur dort ist die Kombination von Forschung und Lehre im notwendigen Umfang gewährleistet, ohne die ein wissenschaftlich begründetes Handeln der Lehrenden (s. Kap. 1.1) nicht möglich ist. Nur dort sind die vielfältigen Fachrichtungen vertreten, die Lehrer (mehr als dies für andere Studierende erforderlich ist) das notwendige Wissen vermitteln können. Auch eine entsprechende Spezialisierung der Hochschullehrer ist vorwiegend an Universitäten möglich.

Dazu sind auch reduzierte Diplom- oder Magisterstudiengänge nicht in der Lage (abzuwarten bleibt, wie sich neue Bachelor-Magister-Studiengänge auswirken), sondern nur eine grundständige spezifische Ausbildung, in der Fachdidaktik eine zentrale Rolle spielt (wie schon in Kap. 8.2. begründet wurde). Vielmehr sollte auch bei der fachlichen Ausbildung zukünftiger Lehrer mehr als bisher darauf geachtet werden, dass vor allem solche Inhalte vermittelt werden, die für den Biologieunterricht bedeutsam sind. Die Klage ist alt, aber weithin immer noch nicht überholt: *An den meisten Hochschulen erhalten die „Nebenfächler" keine ihnen gemäße Sonderausbildung, sondern einfach Bruchstücke dessen, was für das „Hauptfach" gelehrt wird* (Steiner 1957:12). Ältere und neue Lehrpläne, die viele neue Anforderungen stellen, haben dazu geführt, dass über die inadäquate Ausbildung der Biologielehrer geklagt wird. Befragungen von Referendaren spiegeln diesen Mangel – etwa in Bezug auf Humanbiologie – überaus deutlich wider (z. B. Schröer 1973, Lentke 1974). – Bemerkenswert erscheint jedenfalls eine Befragung von Referendaren (Merzyn 2005), wobei nach deren Auskunft mehr Fachdidaktik keinen negativen Einfluss auf die Fachkompetenz hat. Studierende sollten dergleichen Dozenten an Universitäten durchaus weitersagen.

Aus den genannten Gründen sollte auch Lehrerfortbildung vor allem an Universitäten erfolgen. Wobei man es als einen erheblichen Mangel bezeichnen muss, dass Biologielehrer nicht regelmäßig die Gelegenheit haben, in speziellen Veranstaltungen neues Wissen zu erwerben (in keinem anderen Beruf wäre dies heute bei ständiger Ausweitung des Wissens möglich). Einige Bundesländer verpflichten inzwischen Lehrerinnen, in jedem Schuljahr eine bestimmte Anzahl an Fortbildungsveranstaltungen zu besuchen, ohne jedoch entsprechende Voraussetzungen zu schaffen.

Aus einer Studie, die von der „International Union of Biological Sciences" im Auftrag der UNESCO durchgeführt wurde (Meyer 1988), ergeben sich einige Hinweise zur Situation der Ausbildung von Biologielehrern, die bis heute schwerlich überholt sind (s. auch Darstellung der Situation in Deutschland in der Mitte der siebziger Jahre in Eulefeld & Rodi 1978; De Jong et al. 1998):

- Viele Studierende haben zu wenig Interesse an ihrem zukünftigen Lehrberuf; sie werden nur dann Lehrer, wenn sie nicht in einem Beruf, der sich unmittelbar auf Biologie bezieht, unterkommen. – Dem ist durch eine grundständige Ausbildung als Lehrer entgegenzuwirken.
- An Universitäten wird zwar dem Studium der Biologie bei bestimmten Lehrergruppen große Bedeutung eingeräumt,

nicht aber der berufsbezogenen, also auch der biologiedidaktischen Ausbildung. – Entsprechend sollten die Studienpläne geändert werden (s. u.).

- Umgekehrt wird bei der Ausbildung von Primarstufenlehrern auf die Vermittlung biologischer Kenntnisse zu wenig Wert gelegt, so dass sie auf diesem Gebiet keinen fundierten Unterricht halten können. – Dies erfordert entsprechende Studienpläne.
- Berufsbezogenes Studium kann nicht so vor sich gehen, dass nach ausschließlichem Studium eines Faches dann ein „pädagogischer Teil" angehängt wird; vielmehr sollten diese Elemente von Anfang an Teil des Studiums sein. Dies wird unterstützt durch eine Studie über die Lehrerausbildung in Europa, wonach Lehrer in Gefahr sind, unbewusste oder „Allerweltsvorstellungen" in ihrem Unterricht zu verwenden, wenn sie sich nicht mit Beginn ihres Studiums mit der Vermittlungswissenschaft ihres Faches auseinandersetzen (s. De Jong et al. 1998). Neuerdings wird dieser sogenannten „konsekutiven Lehramtsausbildung" wieder das Wort geredet (s. z. B. Ralle 2002 aufgrund des Urteils eines „Expertenrates"). Auch was sich künftige Lehrer an fachlichem Wissen aneignen, sollte unter deren kritischem Bewusstsein geschehen, was davon für den Biologieunterricht wirklich wichtig ist. Dozenten der Biologie können dies nicht wissen, sondern treffen in der Regel eine fachegoistische Auswahl.
- Die Vermittlung von Kenntnissen zur Wissenschaftstheorie, Philosophie ihres Faches muss für zukünftige Biologielehrer ebenso essentieller Teil des Studiums sein wie die Betrachtung der gesellschaftlichen Bedeutung von Biologie.
- Es zeigt sich, dass dort die gesamte Ausbildung in der ersten und zweiten Phase am effektivsten ist, wo wissenschaftlich bestens ausgebildete, schulerfahrene und spezialisierte Dozenten diese Arbeit leisten.

Die folgende Aussage ist nach Roth (1998:178) durch zahlreiche Untersuchungen belegt, und er bezeichnet sie ausdrücklich als Theorie: *Das Erlernen grundlegender Prinzipien des Unterrichtens muss durch eine Art Führung und Training erfolgen, die [dem Lehranfänger] Sicherheit und Rückkoppelung ermöglichen, ihn anhand von Beispielen korrigieren und voranbringen, und zwar in konkreten Unterrichtssituationen und anhand ganz bestimmter Unterrichtsbeispiele – dergleichen kann durch nichts ersetzt werden.* Dies beinhaltet auch, dass Ausbilder Anfängern durch eigene Unterrichtsstunden zeigen, wie Biologieunterricht sein sollte; weiterhin dass gemeinsam Unterricht gehalten wird. Diese Theorie zum Erlernen von Unterrichtspraxis bürdet allen, die Lehrer ausbilden, in welcher Phase immer, eine beachtliche Verantwortung auf. Manche Hochschullehrer z. B. nehmen die Schulpraktika der Studenten nicht ernst genug, zumal sie die letzte Gelegenheit sind, Studierende gegebenenfalls vom Lehrerberuf abzuraten. Gerade entgegengesetzt ist die Entscheidung wohl der meisten Kultusminister, Referendaren (allein aus finanziellen Gründen) bereits kurz nach Beginn ihrer Ausbildung an der Schule in erheblichem Umfang eigenständigen Unterricht abzuverlangen.

In einer „Empfehlung" deutscher Verbände, die verschiedene Naturwissenschaften vertreten (Deutscher Verein Förder. mathema. u. naturw. Unterr. 1989) werden für die Ausbildung von Gymnasiallehrern an der Universität für das Fach Biologie „mindestens 70–80" Semesterwochenstunden gefordert. Davon soll der Anteil der (Fachdidaktik) Biologiedidaktik 15 Prozent betragen, also etwa 12 Semesterwochen. Hinzu kommen Schulpraktika in Verbindung mit Seminaren im Umfang von zusätzlich 6 Semesterwochenstunden, was eigentlich zu wenig ist. Für die Ausbildung von Real- und Hauptschullehrern sind mindestens 50 Semesterwochenstunden vorzusehen, wobei jedoch der genannte Anteil von Biologiedidaktik an der Gesamtstundenzahl gleich hoch sein soll.

Berliner Lehramtsanwärter (n= ca. 150, alle Fächer) gaben folgendes Urteil zur Frage nach dem Stand der fachdidaktischen Ausbildung ab: „Befriedigend" 30 Prozent, „unzureichend" 30, „gar nicht" 40 Prozent (Melchert 1985). Weiterhin stellt der Autor eine Reihe von Untersuchungen zusammen, die sich mit dem Urteil von Lehrern über ihre Ausbildung auseinandersetzen. Sowohl der pädagogische als auch der berufsbezogene Anteil des Studiums erfährt dabei eine durchweg erheblich negative Beurteilung (über 50 Prozent „unzureichend“, „schlecht“ etc.). Es muss offen bleiben, welches die Ursachen sind, die zu so negativen Urteilen führen.

Die Ausbildung für den Sachunterricht (ausführlich in Kap. 18.3) erfolgt derzeit nach unterschiedlichsten Lehrplänen und mit unterschiedlicher Stundenzeit (ausführliche Darstellung in Schmitt 1994). Allgemeine Aussagen zur Struktur dieses Studiengangs sind deshalb kaum möglich. Aufgrund des belegbaren großen Interesses von Grundschülern an biologischen Fragen (s. Kap. 18.1) ist es jedoch erforderlich, dass zukünftige Lehrer in diesem Bereich genügend biologisches Wissen erwerben – besonders auch Kenntnisse über einheimische Tier- und Pflanzenarten.

Studiengänge für den Sachunterricht, die eine „Ausbildung“ in allen in diesem Zusammenhang bedeutsam erscheinenden Fächern vorschreiben, führen wegen der geringen zur Verfügung stehenden Stundenzahl zwangsläufig zu dilettantischem Wissen in allen Bereichen. Viel sinnvoller wäre es, ein Hauptfach „Sachunterricht – Naturwissenschaftlicher Aspekt“ (und analog: „Gesellschaftlicher Aspekt“) einzuführen.

Die Situation der Lehrerausbildung an den Universitäten erscheint derzeit besonders schwierig. Es soll an dieser Stelle noch einmal wiederholt werden, dass zukünftige Biologielehrer selbst darüber entscheiden und sich intensiv darum bemühen müssen, welche für ihren zukünftigen Beruf wichtigen Inhalte sie während ihres Studiums erlernen!

Der biologiedidaktische Anteil des Studiums von Gymnasiallehrern könnte sich in folgende Veranstaltungen aufgliedern:

- Vorlesung „Grundlagen der Biologiedidaktik“ (2 Semesterwochenstunden),
- Seminar „Grundlagen der Biologiedidaktik“ (2 Semesterwochenstunden),
- Seminar/Übung „Methodik des Biologieunterrichts“ (2 Semesterwochenstunden),
- Seminar/Übung „Fachübergreifende Themen“, z. B. „Sexualerziehung“, „Umwelterziehung“, „Stellung des Menschen unter den Lebewesen“, „Drogenproblematik“ usw. (möglichst 4 Semesterwochenstunden),
- Seminar „Entwicklung einer Unterrichtseinheit zu einem auswählbaren Thema“ (2 Semesterwochenstunden),
- Seminar „Biophilosophie“ (2 Semesterwochenstunden).
- Schulpraktikum (mindestens 6 Wochen) mit vorbereitendem Seminar (2 Semesterwochenstunden).

Der Veranstaltungstyp „Fachübergreifende Themen“ bezieht sich auf Unterrichtsinhalte, die praktisch in jedem Lehrplan vorkommen, jedoch in der fachlich-biologischen Ausbildung in aller Regel unberücksichtigt bleiben. An sich müssten alle wichtigen dieser Themen studiert werden, dafür fehlt jedoch die Zeit; als Beispiel dafür, was man zum „Thema Ökonomie und Ökologie“ wissen muss s. Graf (1996).

Veranstaltungen zum Erlernen und Erproben von „Schulversuchen im Biologieunterricht“ sind sehr erstrebenswert; wegen der geringen Studienzeit für Biologiedidaktik muss erwartet werden, dass solche Kenntnisse und Fertigkeiten von zukünftigen Gymnasiallehrern bei der fachbiologischen Ausbildung erworben werden.

Der Studienplan für Haupt/Realschullehrer in Biologiedidaktik kann analog gegliedert sein. Jedoch sollten hierbei statt des Seminars „Biophilosophie“ vier Semesterwochenstunden „Schulversuche im Biologieunterricht“ vorgesehen werden.

Es wird gelegentlich die Meinung vertreten, dass die biologiedidaktische Ausbildung während der zweiten Phase, der Referendarzeit, eine entsprechende während des Studiums überflüssig mache. Überschlägt man die während des Referendariats dafür zur Verfügung stehende Zeit, so zeigt sich, dass sie bei höchstens drei Semesterwochenstunden liegt, also viel zu gering ist. Zudem kommt diese Ausbildung zu spät, um eine Basis für wissenschaftlich begründetes Handeln der Lehrenden zu schaffen (s. o.). An manchen Studienseminaren gibt es z. B. keine speziellen Veranstaltungen und Ausbilder für den Sachunterricht.

Vielfach wird darüber geklagt (nicht zuletzt von Referendaren), dass die Ausbildung in der ersten und zweiten Phase nicht miteinander verknüpft, aufeinander bezogen ist. Dies gilt verstärkt für die Verzahnung von Allgemeiner Didaktik und Fachdidaktik, die noch nicht überall erfolgt ist. Bei zum Teil abnehmender Studienzeit wäre eine solche Koordination noch mehr als bisher eine dringende Aufgabe.

Allgemein zur Koordination von Fachdidaktik und Allgemeiner Didaktik im Studienseminar liegen mehrere Vorschläge vor (Zacharias 1981), es ist jedoch nicht bekannt, dass dergleichen institutionell auch nur versucht wurde.

Ausführlich hat Reinhold (2004) dargelegt, welche Inhalte der Naturwissenschaftsdidaktiken an den Universitäten vermittelt werden sollten, wobei er die schon lange vorliegenden und an Universitäten auch praktizierten Vorschläge für Biologie nicht berücksichtigt. Seine eher globalen Themenlisten bringen kaum neue Gesichtspunkte gegenüber dem folgenden Plan.

Der folgende „Biologiedidaktik Studienrahmenplan“ enthält genaue Angaben zur biologiedidaktischen Ausbildung und damit die notwendigen Kenntnisse und Fähigkeiten zukünftiger Biologielehrer; stark gekürzte Fassung übernommen aus: Verband Deutscher Biologen, Sektion Fachdidaktik; s. Zeitschrift „Biologen heute“ 3/2000; Autoren: W. Lerchner, K.-H. Gehlhaar, R. Hedewig, F. Horn, S. Klautke, 2009 ergänzt aufgrund der Entwicklungen nach PISA 2002 und 2006. Dieser Plan könnte eine Hilfe für Universitäten sein, wenn sie Inhalte eines betreffenden Studiengangs festlegen müssen. Daraus lassen sich auch „Studienmodule“ entwickeln.

Grundlagen der Biologiedidaktik (Allgemeine Biologiedidaktik) 6 SWS (Vorlesung 2 SWS, Seminar/Übung 4 SWS)

Die grundlegenden Erkenntnisse der Biologiedidaktik nach dem neuesten Forschungsstand können am besten in Form eines detaillierten Überblicks in einer Vorlesung im Umfang von 2 SWS geboten werden. Die Vorlesung bietet auch eine Einführung in Inhalte und Methoden biologiedidaktischer Forschung. Die Vertiefung und Bezugnahme zur Schulpraxis erfolgt in Seminaren und/oder Übungen. Im Seminar werden die theoretischen Konzepte, in die die Vorlesung einführt, konkretisiert, wobei der Theorie-Praxis-Bezug von besonderer Bedeutung ist. Im Seminar werden auch die fächerübergreifenden Aufgaben des Biologieunterrichts formuliert, ausgearbeitet und diskutiert. In den Übungen werden stärker schulpraktische Themen und Methoden bearbeitet.

1 Ziele und Aufgaben des Biologieunterrichts und der Biologiedidaktik
   - Biologie als Wissenschaft und Unterrichtsfach
   - Geschichte des Biologieunterrichts
   - Biologiedidaktik als Wissenschaft (Aufgaben, Forschungsmethoden, wichtige Theorien)
   - Aufgaben der Biologiedidaktik in der Lehre

2 Strukturansätze und Lehrpläne des Schulfaches Biologie
   - Leitziel des Biologieunterrichts
   - Bedeutung der Inhaltsauswahl, besonders Biologie im Kontext, authentische Problemsituationen
   - Strukturansätze des Biologieunterrichts
   - Grundsätze für Stoffauswahl und Stoffanordnung
   - Kennzeichen eines zeitgemäßen Curriculums
   - Lehrpläne, Rahmenrichtlinien in Deutschland
   - Biologieunterricht in anderen Ländern

3 Modelle zur Vermittlung von Kompetenzen im Fach, zur Erkenntnisgewinnung, Kommunikation und Bewertung.

4 Philosophische Aspekte
   - Erkenntnistheoretische Grundlagen des Biologieunterrichts
   - Wissenschaftspropädeutik
   - Bioethische Fragestellungen

5 Lehrer und Schüler
   - Berufsprofil des Biologielehrers
   - Schüler: Interessen, Motivation, Alltagsvorstellungen, weitere psychologische Aspekte
   - Lehrer-Schüler-Interaktionen
   - Anwendung von Lerntheorien im Unterricht

6 Methoden und Arbeitsweisen im Biologieunterricht
   - Exemplarisches Lehren und Lernen
   - Didaktische Reduktion, Transformation und Rekonstruktion
   - Ebenen des methodischen Handelns, z. B. Handlungssituationen, Sozialfor-

men, Methodische Großformen
- Methodenkonzepte, z. B. Problemlösender Unterricht, Offener Unterricht
- Fachgemäße Arbeitsweisen
- Begriffsbildung und Begriffslernen
- Freilandbiologie/Exkursionen
- Originale Naturbegegnung, Naturerleben

7 Fächerübergreifender Unterricht
- Bereichsdidaktische Aufgaben: Umwelt-, Gesundheits-, Sexualerziehung
- Fächerübergreifende biologische Themen
- Vorleistungen aus der Heimatkunde- und dem Sachunterricht

8 Medien im Biologieunterricht
- Unterrichtsmedien und deren Funktionen im Lernprozess
- Einsatz und Effektivität von Medien, Multimedia und Internet
- Biologiefachraum, Vorbereitungsraum, biologische Sammlung und Experimentierraum

9 Planung, Durchführung und Analyse von Biologieunterricht
- Unterrichtsvorbereitung, Unterrichtsdurchführung
- Auswertung und Beurteilung des Unterrichts

10 Evaluation von Schülerleistungen
- Funktion der Leistungsmessung
- Methoden der Leistungsmessung und deren Beurteilung

Praktisches Arbeiten im Biologieunterricht (4 SWS Übung)
In den Schulexperimenten lernen die Studierenden fachgemäße Arbeitsweisen, insbesondere das Prinzip der experimentellen Methode kennen. Sie führen Untersuchungen und Experimente mit biologischen Objekten, Geräten und Chemikalien durch, die für den Einsatz an Schulen geeignet sind. Die Studierenden sollen in diesen Veranstaltungen Untersuchungen und Experimente möglichst eigenständig planen und durchführen. – Inhalte:
- Erkenntnistheoretische Grundlagen und Methoden des Experimentierens
- Empirische Befunde zum Experimentieren
- Auswahl geeigneter Experimente
- Lehrplanbezug, Lernziele, didaktische Begründung und Bewertung
- Planung, Durchführung und Auswertung der Experimente durch die Studierenden
- Übung fachgemäßer Arbeitsweisen, z. B. Mikroskopieren, Bestimmen, Herbarisieren, Tier- und Pflanzenhaltung in der Schule

Schwerpunktthemen des Biologieunterrichts (Spezielle Biologiedidaktik, 2 SWS Vorlesung/Seminar)
Schwerpunktthemen der Primarstufe sind z. B.: Tiere und Pflanzen aus dem Erfahrungsbereich der Schüler, der Mensch und seine Umwelt, Gesundheit des Menschen
Schwerpunktthemen der Sekundarstufe I sind z. B.: Humanbiologie, Sexualität, Drogenmissbrauch, Ökosysteme und deren Gefährdung
Schwerpunktthemen der Sekundarstufe II sind z. B.: Zellbiologie, Genetik, Gentechnik, Ökologie und Umweltschutz, Evolution, Biophilosophie
Hierbei werden fachliche Sachverhalte ausgewählt, für den Unterricht didaktisch strukturiert und methodisch aufbereitet.

Freilandbiologie/Exkursionen/ Mehrtägige Exkursionen (2 SWS)
Die Studierenden sollen in diesen Veranstaltungen die Methodik der Planung, Durchführung und Auswertung von Schulgartenarbeit und Exkursionen mit Schülern erarbeiten und deren didaktische Begründungen reflektieren. Hierzu gehören Exkursionen, bei denen die Studierenden mit Schülern an außerschulischen Lernorten arbeiten. – Inhalte:
- Methodik der Exkursionen und des freilandbiologischen Arbeitens in der Schule
- Untersuchungen im Schulgarten und in Freiland-Ökosystemen, z. B. Wald, Gewässer, Wiese
- Erwerb von Form- und Artenkenntnissen sowie systematischen Bezügen
- Arbeiten an Einrichtungen, die sich als außerschulische Lernorte eignen, z. B. Botanischer Garten, Umweltzentrum, Zoo, Kläranlage, naturkundliches Museum
- Anleitung von Schülern auf Unterrichtsgängen und Exkursionen

Schulpraktische Studien
Die schulpraktischen Studien dienen der Überprüfung der Wahl des Berufszieles Biologielehrer, der Motivation für die Beschäftigung mit fachdidaktischen Fragestellungen und der Arbeit mit Kindern und Jugendlichen im Unterricht. Sie sollen befähigt werden, die eigene Unterrichtstätigkeit und die der anderen Studierenden auszuwerten und einzuschätzen. [Dazu folgende Veranstaltungen:]

- Ein semesterbegleitendes Schulpraktikum (schulpraktische Studien), 3-4 SWS.
- In mindestens einem Blockpraktikum (4–5 Wochen in der vorlesungsfreien Zeit)
- Begleitveranstaltungen zu den Schulpraktika (Seminare zur Vor- und Nachbereitung)

9 Wie man Schüler (vielleicht) für Biologie interessiert – Lernprozesse im Biologieunterricht 1

Es gibt wohl kein Gebiet der Biologiedidaktik, für das so viele fundierte Erkenntnisse vorliegen wie die Interessensforschung! Deren folgerichtige Anwendung könnte Ergebnisse des Biologieunterrichts wesentlich fördern.

9.1 Die Interessensdoktrin und die Bedeutung von Wissen

Mögliche Situation: Die Lehrerin bemüht sich vor der Klasse mit aller Kraft, das Thema, das sie vermitteln will, möglichst „interessant" darzustellen – aber nur wenige hören richtig zu (oder werfen im schlimmsten Fall mit Papierkügelchen). Beim Abfragen in der nächsten Stunde wird noch deutlicher, wie wenig die Schüler behalten haben.

Man kann behaupten: Interesse der Schüler an Biologie ist für das Lernen im Biologieunterricht von großer Bedeutung. Dies wird auch mit der sogenannten „Interessensdoktrin" ausgesagt: Mehr Interesse bewirkt ein besseres schulisches Lernen und damit höheren Lernerfolg (TODT 1978). Verschiedene empirische Studien (SCHIEFELE 1994:229; WILD, KRAPP & WINTELER 1992:279) lassen erkennen, dass Interesse „tiefergehendes Lernen", die Verwendung besserer Lernstrategien fördert und die Betroffenen aktiver lernen.

Wo Interesse letztlich „herkommt", wie es entsteht, ist in vielerlei Hinsicht noch immer unklar (s. u.). Es ist eine der zugleich faszinierendsten wie betrüblichen Erfahrungen jedes Lehrenden, dass er kaum weiß, eher durch Zufall einmal erfährt, wodurch er bei einem Schüler möglicherweise Interesse hervorgerufen hat: Was von alledem, was man als Lehrerin sagt oder tut, eine nachhaltige Wirkung hat oder hatte. Sie muss stets hoffen und intensiv wollen, dass bei ihren Schülern Interesse entsteht. Eine entscheidende Voraussetzunge dafür ist, dass man sich als Lehrender selbst für Biologie interessiert und dass man etwas darüber weiß, wie man Interesse fördern – oder eben auch vernichten kann.

Wenn es einer Lehrerin gelingt, bei einigen ihrer Schüler Interesse an einem Bereich der Biologie zu wecken, mag sie zufrieden sein. Man sollte stets bedenken, wie viele Bereiche unserer Kultur um das Interesse junger Menschen konkurrieren. Auch eine Biologielehrerin hat die Aufgabe, ihre Schüler auf dem Gebiet zu fördern, auf dem sie bei ihnen besondere Fähigkeiten erkennt. Es gibt keine Veranlassung zur „Frustration" oder gar zum „Burnout-Syndrom" für eine Lehrerin, wenn es ihr über eine längere Zeit nicht gelingt, Schüler für Biologie zu interessieren.

Es gibt grundsätzlich zwei unterschiedliche Vorstellungen davon, woher bei Schülern Interesse kommt bzw. kommen könnte, und zwar:

Schüler haben es „irgendwoher". Entwicklungsbedingt oder durch das kulturelle Umfeld angeregt, treten allgemeine Interessen auf; etwa „eine natürliche Zuneigung zu Tieren". VOGT, WIEDER & SCHWAAB (2000) konnten (allerdings nur bei einer kleinen Gruppe von Kindern) zeigen, dass selbst Vorschul- und Grundschulkinder bereits ausgeprägte „Interessen" haben können, vor allem ähnliche wie Freunde und Eltern; Lehrer spielten dabei keine Rolle.

Wichtig sind auch Identifikation mit ihrer Geschlechtsrolle, höheres Interesse der Jungen an technischen Problemen, spezifische Anregungen im Elternhaus oder durch Lesen. Man könnte dies die „Interessensgenesehypothese I" nennen. Oder anders ausgedrückt: Es gibt vorhandene Interessen, auf die man im Unterricht eingehen, die man ausnutzen muss.

Wie noch gezeigt wird, ist dieser Aspekt durchaus bedeutsam. Man hört deshalb auch nicht selten von Lehrerinnen: Ich behandele vor allem das, was meine Schüler interessiert. Andererseits kann man nachdrücklich die Meinung vertreten, dass eine Lehrerin die Fähigkeit haben muss, fast alle Themen des Biologieunterrichts so zu gestalten, dass die Schüler sich ihnen widmen. Dass Schüler „Spaß, Freude" an Themen haben, kann also nicht oberster Maßstab für deren Auswahl sein.

Die Kognitionspsychologie hat inzwischen genug Befunde zusammengetragen (z. B. Resnick 1987, Weinert 1986, Todt 1989, Löwe 1992a), wonach Wissen eine wesentliche Voraussetzung für Interesse ist. D. h., ohne sachbezogenes Wissen im weiteren Sinn kann kein Interesse an der Sache entstehen: Interessensgenesehypothese II.

Man kann demnach davon ausgehen, dass durch Wissen Interesse entsteht. Das trifft auch für gute Leistungen zu (Wilson 1983). Zudem gilt es, Schüler, die schon über spezifische oder gar umfangreiche Kenntnisse in einem biologischen Gebiet verfügen (und solche Schüler kennt fast jede Lehrerin) intensiv zu fördern. Etwa indem sie diesen Bereich im Unterricht vorstellen dürfen oder ihnen Literatur zur Verfügung gestellt wird. Schüler sollten auch dahingehend beraten werden, ob sie die für ein Interessensgebiet erforderlichen Fähigkeiten besitzen (Behalten von Formen oder Vogelstimmen, Geschick beim Experimentieren); wohl nur dann wird sich auf Dauer Befriedigung – diese zentrale Kategorie von Interesse – bei dieser Beschäftigung einstellen.

Schon weil desinteressierte Schüler meist passiv, müde, teilnahmslos, oft sogar „störend" im Unterricht sind, dürften die meisten Lehrerinnen ein Erklärungsmodell für eine solche unbefriedigende Situation suchen. Einige Aspekte, die sich aus verschiedenen Untersuchungen ergeben (z. B. Solomon 1986, Lehrke et al. 1985, Comber & Keeves 1973, Berck 1987) erscheinen bedenkenswert:

- Zuerst ist erneut auf grundlegende, von Schülern als positiv empfundene Eigenschaften von Lehrerinnen hinzuweisen, die u. a. in Kapitel 8.2 dargestellt wurden. Falls Schüler wenig Anteilnahme am Unterricht zeigen, erscheint es nicht unbillig, dass sich Lehrerinnen zuerst fragen, was sie an ihrem Verhalten ändern können oder müssen.
- Naturwissenschaftlicher, auch biologischer Unterricht muss vorwiegend den Verstand der Schüler ansprechen. Er tut dies vielfach in einem Ausmaß, das andere, ebenfalls wichtige psychische Bedürfnisse der Schüler nicht ausreichend berücksichtigt: etwa nach Emotionen oder Eigentätigkeit.
- Schüler verstehen biologische Aussagen vielfach als „Autorität", die als nicht hinterfragbar angesehen wird. Entsprechend ist nach ihren Vorstellungen in diesem Unterricht die eigene Meinung, Stellungnahme nicht gefragt – zumal, wenn sie die Lehrerin nicht ermöglicht oder einfordert.
- In diesem Zusammenhang sollte auch bedacht werden, dass Schüler mit hohem „Autoritätsbedürfnis" und weniger eigenen persönlichen Ansichten (Solomon 1986) möglicherweise besonderen Gefallen am biologischen Unterricht finden könnten.
- Bei Schülern der Sekundarstufe I besteht ein besonderes Interesse an personenbezogenen Problemen, Erfahrungen und Orientierungen („personal orientations", Solomon 1986). Vielfach fehlen vielen Schülern solche Themen in ausreichendem Maße im Biologieunterricht – und sie wenden sich anderen, für sie sinngebenderen Bereichen zu.
- Gerade Mädchen vermissen oft den genannten Bezug. Ihre zunehmende Abkehr von naturwissenschaftlichem Unterricht kann durch die Aufnahme personenbezogener Themen umgekehrt werden (Noll 1984, Todt et al. 1978).

Insgesamt gilt, dass die Entwicklung von Interessen nicht nur ein Mittel zum Zweck des Lernens, des Aneignens von Wissen ist, sondern ein bedeutsames affektives und kognitives Persönlichkeitsmerkmal. Viel wird über die „Bildungsaufgabe" des Biologieunterrichts geschrieben (s. auch Kap. 5.10); dies ist eine, der sich jede Lehrerin widmen sollte. Schrieb doch Herbart schon 1818: *Das Lernen soll dazu dienen, dass Interesse aus ihm entstehe. Das Lernen soll vorübergehen, und das Interesse soll während des ganzen Lebens verharren.* Entsprechend Krapp (1989): *Zudem gehört die Interessens-Förderung zum Bildungsauftrag der Schule: Fehlt das Interesse, kann von Bildung nicht die Rede sein.*

Begriffe: Interessensdoktrin, Interessensgenesehypothese I, Interessensgenesehypothese II, Interessens-Förderung

9.2 Motivation – Interessiertheit – Interesse

Wer nun davon überzeugt ist, dass man auch im Biologieunterricht Interesse anregen, fördern muss, sollte eine Vorstellung oder besser eine Theorie haben, die zu erklären versucht, was Interesse ist. Es gibt allerdings mehrere Definitionen dieses Begriffs (z. B. Todt 1978, Löwe 1992a). Hinzu kommen weitere Begriffe wie z. B. „allgemeines Interesse", „spezifisches Interesse", auf die hier jedoch nicht eingegangen wird. Es gibt weiterhin nahe verwandte Begriffe oder Konstrukte, die sich zum Teil nicht ganz einfach voneinander unterscheiden lassen.

Interesse
definiert Todt (1978:14) als *Verhaltens- und Handlungstendenzen, die relativ überdauernd sind,... die gerichtet sind auf verschiedene Gegenstands-, Tätigkeits- oder Erlebnisbereiche.... [Dabei] können zu verschiedenen Zeiten und unter verschiedenen Bedingungen die kognitiven oder die affektiven... Komponenten im Vordergrund stehen.* Sie sind ein Persönlichkeitsmerkmal. Schiefele (1994) und Krapp (1992) verstehen unter Interesse eine *herausgehobene, subjektiv bedeutsam erlebte Beziehung zwischen einer Person und einem Gegenstand ihrer erfahrbaren Umwelt.*

Demnach steht für Psychologen die Person im Mittelpunkt: Sie hat Interessen. Für Biologiedidaktik (wie für die Pädagogik) ist die Wechselwirkung zwischen der Person und dem Gegenstand bedeutsam. Ein Gegenstand ist nicht als solcher bedeutsam, sondern er wird es durch das Interesse, das jemand ihm entgegenbringt.

Daraus wird deutlich, dass Lehrerinnen nach diesen Definitionen zuerst einmal gar nicht auf eine Verbesserung des Interesses der Schüler, also eine überdauernde, anhaltende positive Einstellung abzielen, sondern auf deren Aufmerksamkeit und Teilnahme am Unterricht. Für diesen Sachverhalt gibt es einen anderen Begriff.

Interessiertheit
ist eine positive emotionale Befindlichkeit als Gegensatz zu Langeweile und Abneigung. Sie ist gekennzeichnet durch das Gefühl der Sympathie, der Aufmerksamkeit, des Verstehens, des sinnvollen Tätigseins und des Dazulernens. Sie ist (1) situationsabhängig, (2) nicht notwendigerweise abhängig von Interessen, (3) aber eine mögliche Voraussetzung für Interessen (Todt 1990).

Auch wenn die Lehrerin das Ziel nicht aus den Augen verlieren sollte, Interesse bei ihren Schülern zu wecken, wird sie sich vorab mit Strategien beschäftigen, die Interessiertheit an ihrem Unterricht hervorrufen können bzw. könnten. Dazu ist ein weiterer Begriff zu bedenken.

Motivation
ist die momentane Bereitschaft eines Menschen, seine sensorischen, kognitiven und motorischen Funktionen auf die Erreichung eines ... Zieles zu richten, wie Heckhausen (1968) formuliert. Dieser Autor hat auch versucht, eine „Formel" für die momentane Lernbereitschaft – der eben Motivationen zugrunde liegen – aufzustellen. Sie lautet vereinfacht:

Momentane Lernbereitschaft =
Leistungsmotiv
+ sachbezogener Anreiz
+ Bedürfnis nach Zustimmung
+ Bedürfnis nach Abhängigkeit
+ Bedürfnis nach Geltung
+ Bedürfnis nach Strafvermeidung
+ Bedürfnis nach optimaler Stimulation

Bei aller Vorsicht und Bedenken (etwa gegenseitige Abhängigkeit und Hierarchie der genannten einzelnen Motive) gegenüber einer solchen „Formel", lassen sich daraus doch unterrichtspraktische Schlussfolgerungen ziehen, die z. B. bei Todt* (1977, mit entsprechenden Belegen) dargestellt sind. Sie sind so wichtig, dass sie an mehreren Stellen erörtert werden (Grundregeln zum Lehrerverhalten, Kap. 2.2; notwendige Fähigkeiten eines Biologielehrers, Kap. 8.2; Einstieg, Kap. 14.2).

Das Leistungsmotiv geht davon aus, dass es dergleichen bei jedem oder jedenfalls den meisten Menschen gibt. Ein weiterer wichtiger Aspekt, der mit dem Leistungsmotiv zusammenhängt, ist die Anpassung der Schwierigkeit des Lehrstoffs an die Leistungsfähigkeit der Schüler, nach Möglichkeit sogar des einzelnen Schülers. Dies setzt genaue Kenntnisse über das Wissen der Lernenden voraus: So wird z. B. im Zusammenhang mit der Vermittlung von Begriffen (Kap. 10.2) auf die notwendige Auswahl und deren mengenmäßige Begrenzung hingewiesen; chemische Kenntnisse kann man heute kaum mehr voraussetzen, dies trifft ebenso auf Artenkenntnisse im Zusammenhang mit der Behandlung ökologischer Themen zu.

Umgekehrt muss dagegen ein bestimmter Anspruch an die Schüler bestehen, sonst wird Unterricht langweilig. So sollte sich eine Lehrerin nach jeder Stunde fragen: Welches biologische oder andere Wissen haben die Schüler heute neu erworben? Auf welches neue Niveau habe ich sie gehoben? Vor allem im Sachunterricht der Grundschule dürften Schüler derzeit in vielen Fällen unterfordert werden. Ihr Wissen und ihr Interesse sind zum Teil beachtlich (s. dazu Kap. 18.1).

Sachbezogener Anreiz als Motiv für Interessiertheit beinhaltet unter anderem eine klare Gliederung des Unterrichts, so dass Zusammenhänge und Ablauf erkennbar werden; weiterhin Anschaulichkeit und Verwendung geeigneter Beispiele (s. auch Tab. 8-1), Eigenaktivitäten der Schüler sowie „besondere Ereignisse" (wie Exkursionen, Freilandarbeit, Durchführung eines Naturschutzprojektes, einer Ausstellung).

Einstellungen
sind nach Schiefele & Krapp (1981) *positive, neutrale oder negative Urteile über einen bestimmten Gegenstandsbereich.* Collette & Chiapetta (1994:71) meinen: *Einstellungen beziehen sich auf die Grundhaltungen eines Menschen zu einer Idee. Das Konstrukt weist auf die positiven oder negativen Gefühle hin, die jemand gegenüber einer Sache hat.* So kann eine Person eine positive Einstellung dazu haben, Tiere und Pflanzen zu schützen – ohne es je zu tun.

Der Begriff wird in der englischsprachigen Literatur (attitude) vielfach synonym mit Interesse verwendet. Dort werden auch Untersuchungen über „Einstellungen" durchgeführt, während in der deutschsprachigen Literatur vor allem „Interessen" untersucht werden (ausführlicher Bericht über Forschungsergebnisse durch Olson & Zaana (1993). – Gelegentlich wird der Begriff auch in der biologiedidaktischen Literatur unter dem Gesichtspunkt der „Erziehung zu Einstellungen" verwendet (z. B. Bereitschaft zu Kritik, Offenheit zum sinnlichen Erleben; s. Eschenhagen et al. 1985:88). Dabei handelt es sich jedoch vorwiegend um formale Fähigkeiten, nicht dagegen um Einstellungen zu einem bestimmten Thema oder einer Wertvorstellung (s. Kap. 3.5).

Für eine Biologielehrerin könnte es bedeutsam sein, positive oder negative Einstellungen (z. B. Angst vor Spinnen, Engagement im Umweltschutz, Ablehnung der Evolution) und deren Ursachen zu erkennen; also auch Gefühle und Neigungen der Schüler, und sie bei der Auswahl und Ausgestaltung ihrer Unterrichtsthemen zu beachten. Dies erscheint besonders bedeutsam, wenn Schüler z. B. grundsätzlich negativ zu Ergebnissen naturwissenschaftlicher Forschung eingestellt sind, sie sich gegenüber Aussagen von „Esoterikern" (s. Kap. 19.3) unkritisch verhalten.

Von unmittelbarem Nutzen für den Biologieunterricht könnte der Befund sein (s. Olson & Zaana 1993), dass man Informationen, die zur eigenen Einstellung passen, leichter lernt und behält als solche, die ihr widersprechen. Informationen, die eine Einstellung ändern möchten, müssen demnach intensiv behandelt und immer wieder abgefragt werden, falls sie einen Effekt haben sollen.

Begriffe: Interesse, Interessiertheit, Motivation, Momentane Lernbereitschaft (Heckhausen Formel), Leistungsmotiv, Sachbezogener Anreiz, Einstellung

9.3 Einige empirische Befunde der Interessensforschung und ihre Anwendung im Biologieunterricht

Im Gegensatz zu anderen biologiedidaktischen Bereichen ist „Interesse“ vielfach an einer größeren Anzahl von Schülern untersucht worden, und zwar nicht nur von Biologiedidaktikern (umfangreiche Zusammenstellung der Literatur bei Löwe 1992a:15 ff.), sondern auch von Psychologen (z. B. Todt 1978, 1990, Krapp & Prenzel 1992). Aus solchen Untersuchungen gewonnene Erkenntnisse zeigen, dass man in Bezug auf das Interesse von Schülern an Biologie und Biologieunterricht keine globalen, sondern vielmehr für verschiedene Gebiete differenzierte Aussagen machen muss, wie „Interesse“ im Biologieunterricht gefördert werden kann. Es ist vielmehr erforderlich, aus der Vielzahl der Ergebnisse Beispiele für einzelne Elemente von Interesse und für einzelne Gebiete des Biologieunterrichts zu betrachten. Dass die Befunde verschiedener Autoren nicht immer völlig übereinstimmen, ist bei einem so schwierigen Untersuchungsgebiet kaum verwunderlich.

Konkrete Werte im folgenden Text (wobei im wesentlichen signifikant belegte Beispiele erörtert werden) beziehen sich stets auf die Auswertung einer „fünfstufigen Beantwortungsskala“ von „gar kein Interesse“ bis „sehr großes Interesse“, also mit einem erreichbaren Maximalwert von 5,0.

9.3.1 Stellenwert des Faches Biologie

In der Grundschule besteht relativ hohes Interesse an biologischen Themen; im Verlauf der Sekundarstufe I nimmt es für viele Gebiete kontinuierlich ab. Dies ist eine Erscheinung, die bemerkenswerter Weise offenbar überall, unabhängig von der Schulform oder dem Lehrplan eintritt. Die Motivierung wird also im Lauf der Schulzeit schwieriger. Biologie nimmt aber dennoch in der Rangfolge der Fächer einen der ersten Plätze ein.

Löwe (1992c, Manuskript; ähnlich schon bei Freydank 1974, bestätigt auch durch Kögel et al. 2000) vertritt die Meinung, dass der mit der 5. Klasse einsetzende Fachunterricht zur „Interessenserosion“ führt; z. B. mit der wissenschaftlichen Begriffsbildung, dem „Knochenzählen“, dem „Zählen der Kronblätter“ – während ein Blumenstrauß vorher vorwiegend ein ästhetisches Objekt war. Man kann diese Begründung wohl für überspitzt halten. Zu bedenken ist sie. Zumal mehrfach belegt werden konnte (z. B. Löwe 1992a:54), dass Schüler der Sekundarstufe I in ihrer Freizeit durchaus Interessen an Biologie nachgehen, aber weniger Interesse am Biologieunterricht haben. Dieser Meinung steht die verbreitete Ansicht gegenüber, dass die Abnahme des Interesses an Biologie im Lauf der Sekundarstufe I (auch) bedingt ist, durch die Zuwendung zu stärker personenbezogenen und anderen kulturellen Bereichen.

Zum allgemein hohen Interesse an Biologie vor allem bei jüngeren Schülern gibt es mehrere Untersuchungen; dazu nur ein Beispiel. Eine Studie (England, n=3400, 12 Jahre alt, Qualter 1993) bei der zahlreiche Fragen zu naturwissenschaftlichen Themen gestellt wurden (z. B. warum manche Zwillinge sich weitgehend gleichen; wie unsere Lungen funktionieren; warum das Meer salzig ist), zeigt deutlich, dass biologische Themen weitaus bevorzugt werden. Untersuchungen zum Chemieunterricht zeigen (Schminke – Pfeifer & Haag 2007; 10. und 12. Klasse), dass auch dort Themen aus Medizin und Biologie höchste Interessenswerte erreichen.

Vor allem Mädchen interessieren sich für Themen, die einen unmittelbaren Bezug zu ihrem Leben haben, dagegen kaum für physikalische und chemische Probleme. Dies bestätigt eine weitere Untersuchung (Holstermann & Bögeholz 2007; 145 Mädchen und 117 Jungen 10. Klassen): Jungen interessieren sich stärker als Mädchen für Forschung, gefährliche Anwendungen der Naturwissenschaften sowie Physik und Technik, Mädchen dagegen besonders für Krankheiten, Körperfunktionen, Körperbewusstsein, Übersinnliches sowie Naturphänomene; dies deutet auf eine Geschlechtsspezifität naturwissenschaftlicher Interessen hin. Die Ergebnisse von deutschen Jugendlichen stimmen weitgehend mit Befunden schwedischer und englischer Schüler(innen) überein.

Zusammenfassung:
Obwohl bereits viel über die Interessen von Jugendlichen an naturwissenschaftlichen Themen bekannt ist, gibt es bislang kaum Studien, die einen direkten internationalen Vergleich erlauben. Im Zentrum einer Untersuchung stehen naturwissenschaftliche Interessen deutscher Jugendlicher, die im Rahmen der internationalen Studie The Relevance of Science Education (ROSE) erhoben wurden. Die Stichprobe besteht aus 145 Mädchen und 117 Jungen der 10. Klasse. Über eine Hauptkomponentenanalyse wurden 13 Interessensfaktoren extrahiert, von denen sich acht als geschlechtsspezifisch erwiesen. Während Jungen sich stärker als Mädchen für Forschung, gefährliche Anwendungen der Naturwissenschaften sowie Physik und Technik interessieren, zeigen Mädchen besonderes Interesse an Krankheiten, Körperfunktionen, Körperbewusstsein, Übersinnlichem sowie Naturphänomenen. Ein Vergleich der 10 interessantesten und am wenigsten interessanten Themen für deutsche Jungen und Mädchen deutet ebenfalls auf eine Geschlechtsspezifität naturwissenschaftlicher Interessen hin. Die Ergebnisse von deutschen Jugendlichen stimmen weitgehend mit Befunden schwedischer und englischer Schüler(innen) überein.

9.3.2 Unterrichtsmethoden

Über allgemeine und methodische Bedingungen, die Interessiertheit an Unterricht fördern, wurde schon in Kap. 8.2 (s. besonders Tab. 8-1) berichtet. Viele Untersuchungen (Talton & Simpson 1987, Finke 1998) bestätigen diese Erkenntnisse, die wegen ihrer Bedeutsamkeit erneut in Tabelle 9-1 angeführt werden. Man kann sie mit folgenden Stichworten zusammenfassen: Gutes Klassenklima; auf die Schüler eingestellte, gerechte, kompetente Lehrerin; Themen werden klar dargestellt, anspruchsvoller Unterricht; subjektive Anwendbarkeit des Gelernten.

Setzt man voraus, dass durch Anwendung dieser Prinzipien positive Einstellun-

Tab. 9-1: Rangfolge der Wichtigkeit allgemeiner Bedingungen der Interessiertheit im Biologieunterricht; 5.-10. Klasse, n= ~1550 (Finke 1998)

Rang	Item	Mittelwert
1.	Zu meinen Mitschülern hatte ich ein gutes Verhältnis	4,0
2.	Den Erklärungen des Lehrers konnte ich gut folgen	3,8
3.	Wenn ich etwas nicht verstanden hatte, konnte ich den Lehrer nochmals fragen	3,8
4.	Ich fand den Unterricht interessant	3,8
5.	Den Anforderungen im Unterricht konnte ich gut folgen	3,7
6.	Ich fühlte mich im Unterricht wohl	3,7
7.	Ich merkte, dass ich von Stunde zu Stunde etwas hinzugelernt hatte	3,7
8.	Ich fand den Unterricht abwechslungsreich	3,7
9.	Ich fand den Unterricht anschaulich	3,6
10.	Ich habe eigene Meinungen und Ideen im Unterricht einbringen können	3,6
11.	Es wurden Themen behandelt, über die ich zu dieser Zeit etwas wissen wollte	3,5
12.	Was im Unterricht behandelt wurde, war auch außerhalb der Schule anwendbar	3,5

gen zu Naturwissenschaften entstehen, ist dagegen bemerkenswert, dass es nur schwache Korrelationen zwischen solchen positiven Einstellungen und entsprechenden Leistungen gibt (COLLETTE & CHIAPETTA 1994).

In Bezug auf die Anwendung einiger spezieller Methoden im Biologieunterricht konnte z. B. gezeigt werden:

- Das Interesse der Schüler an Schülerversuchen ist meist größer als an Demonstrationsversuchen. Grundsätzlich fällt jedoch das Interesse am Experimentieren von Klasse 5–9 stark ab (LÖWE 1992a, HESSE 1984).
- Ebenfalls nimmt Interesse an Tierhaltung und am Mikroskopieren im Verlauf der Sekundarstufe I besonders bei Mädchen erheblich ab (HESSE 1984, LÖWE 1992a:44).
- Ähnliches gilt für das Sammeln biologischer Objekte und das Anlegen eines Herbars (HESSE 1984).
- Allgemein gilt die kaum verwunderliche Erkenntnis, dass Methodenvielfalt der Interessiertheit an Biologieunterricht förderlich ist.

9.3.3 Interesse an zoologischen und botanischen Themen im Verlauf der Sekundarstufe I

Das Interesse der Schüler der 10. Klasse an der Beschäftigung mit Arten ist erheblich geringer als das von Schülern der 5. Klasse oder der Grundschule. Um einen konkreten Wert anzugeben: HESSE (n=1276, 1984, fünfstufige Skala) fand für die Klasse 5 einen Mittelwert für zoologische Themen von 2,62, für die Klasse 9 von 1,94. Stets ist zudem Interesse an Tieren höher als an Pflanzen (z. B. BERCK & KLEE 1992) und in der Regel bei Mädchen größer als bei Jungen. Die Werte für botanische Themen liegen im Mittel um etwa 0,5 Punkte niedriger und fallen im Lauf der Sekundarstufe I stärker ab.

Dieser Interessensabfall geht auch aus Abbildung 11 hervor. Sie beruht auf einer vergleichenden Untersuchung von LÖWE (1992c) an Schülern der 3. bis 10. Klasse in Baden-Württemberg (n=635) und Brandenburg (n=497). Offensichtlich hatten in diesem Fall weder regionale Unterschiede noch unterschiedliche Schul- und Gesellschaftssysteme (die Brandenburger Schü-

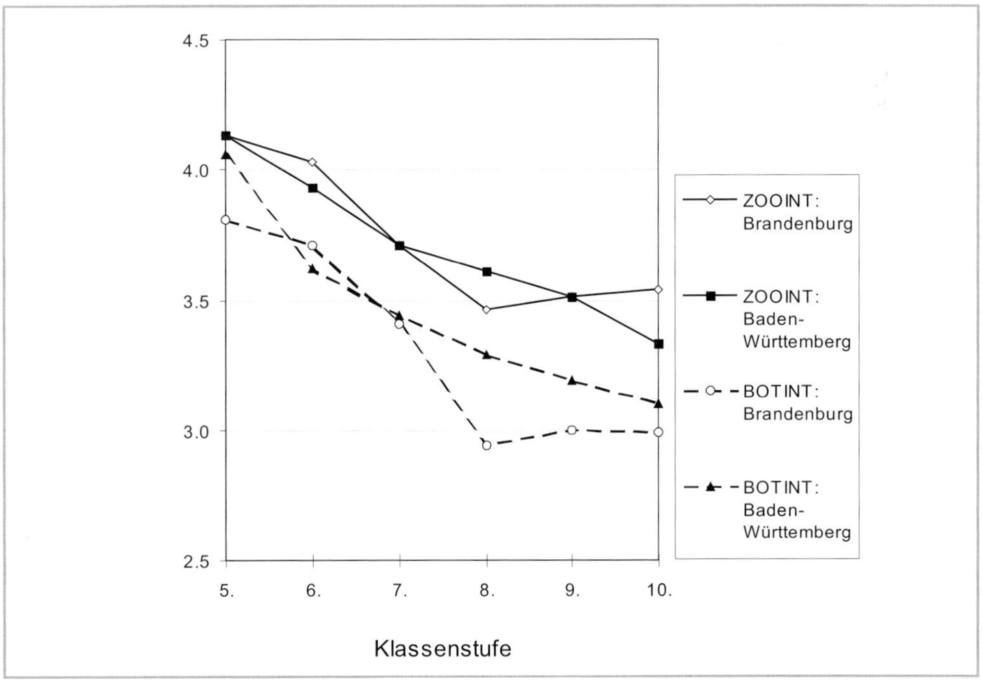

Abb. 11: Verlauf der pflanzenkundlichen (BOTINT) und tierkundlichen (ZOOINT) Interessen brandenburgischer (BR) und baden-württembergischer (BW) Schüler; Fragen zu den Teilgebieten zu Mittelwerten zusammengefasst; SkE – Skaleneinheiten (aus LÖWE 1992c)

ler haben Biologieunterricht vorwiegend zur DDR-Zeit erlebt) wesentlichen Einfluss auf die Entwicklung der Interessen an Biologie bzw. an den Teilgebieten Botanik und Zoologie.

Da dem Thema „Interesse an Tieren und Pflanzen" ein eigenes Kapitel gewidmet ist, hier vorab nur einige für Biologieunterricht besonders wichtig erscheinende Befunde:

- Interesse für Tier- und/oder Pflanzenarten entwickelt sich vorwiegend zwischen dem 9. und 12. Lebensjahr (Abb. 11). Dazu gibt es in der Literatur weitgehend übereinstimmende Angaben. Daraus folgt für den Biologieunterricht: Tiere und Pflanzen (und man muss heute solchen Kenntnissen in Bezug auf Umwelt- und Naturschutz sowie Freizeitverhalten Bedeutung beimessen) sollten vor allem in der 3./4. sowie in der 5. Klasse behandelt werden. Lehrerinnen der Grundschule tragen deshalb eine besondere Verantwortung für das Zustandekommen gerade solcher Interessen. Bei der Darstellung von Pflanzen ist zudem die Bedeutung solcher Kenntnisse für das tägliche Leben herauszustellen. Die Entscheidung einer Lehrerin, in höheren Klassen die Schüler dennoch mit dieser Thematik zu beschäftigen, sollte verbunden sein mit besonderer Beachtung der Schülerrelevanz.
- Erwachsene, die sich in ihrer Freizeit intensiv mit Arten beschäftigen, interessieren sich keineswegs unterschiedslos für alle Arten, sondern betont für bestimmte Gruppen von Lebewesen. Vielleicht erscheint es deshalb sinnvoller, Schülern die Einarbeitung in eine selbstgewählte Gruppe zu ermöglichen, anstatt allgemein Arten-Kenntnisse vermitteln zu wollen.
- Mehrmals (Literatur in Kap. 11) wurden Anregungsfaktoren untersucht, die zu Interesse an Arten führen. Dominierend sind dabei „eigene Naturbegegnungen und Erlebnisse", ohne dass man genau weiß, was diese Aussage im Einzelnen beinhaltet. Gefolgt wird dieser Faktor vom Lesen einschlägiger Bücher und Anschauen von Filmen (wobei jedoch das Interesse für „Tierbücher" von Klasse 3 bis 8 ganz erheblich abfällt). Auch die Mitarbeit in „Naturschutzverbänden" spielt als Anregungsfaktor für Arteninteresse eine große Rolle; eine vergleichsweise geringe dagegen Eltern und der Biologieunterricht (in neuen Untersuchungen und in den USA, s. Klee 1997, werden die beiden letzten Faktoren besser eingestuft).

9.3.4 Interesse an Humanbiologie im Verlauf der Sekundarstufe I

Zu dieser Thematik gibt es leicht unterschiedliche Ergebnisse. Im Vergleich mit dem Interesse an Tieren und Pflanzen ist das an Humanbiologie in den ersten Klassen allgemein geringer. Nach einigen Untersuchungen (Kelly 1985, Arbinger et al. 1976) steigt es dann mit zunehmendem Alter kontinuierlich an, nach anderen fällt es von der 5. bis 7. Klasse etwas ab, um erst dann stärker anzusteigen. Stets sind Schülerinnen signifikant höher interessiert als Jungen. Die Pubertät könnte für den Verlauf dieser spezifischen Interessen verantwortlich sein.

Entscheidend (Finke 1998) für die Entstehung von Interesse an diesem Bereich ist die Angst davor, selbst zu erkranken (1. Rang unter den Anregungsfaktoren). Entsprechend bedeutsam ist das Thema „Gesundheitsrisiken" für den Biologieunterricht. Demnach sollte auch bei humanbiologischen Themen verstärkt auf Ich-Bezug geachtet und Ängste der Schüler vor Krankheiten aufgegriffen werden. Als Informationsquellen werden Printmedien und in etwas geringerem Maß „Filme im Fernsehen" genannt. Beachtenswert ist auch, dass der Biologieunterricht als Anregungsfaktor bei dieser Thematik einen hohen Stellenwert einnimmt (3. Rang); dagegen sind personenbezogene Einflüsse (den Lehrer eingeschlossen) gering.

9.3.5 Interesse an Natur- und Umweltschutz im Verlauf der Sekundarstufe I

Arbinger et al. (1976) konnten in der Sekundarstufe I noch ein fast konstantes und relativ hohes Interesse an Natur- und Umweltschutz ermitteln. Bei einer weiteren Untersuchung 1995 (Finke 1998) fiel es ab Klasse 7 deutlich ab. Dies könnte ein Beispiel dafür sein, dass die häufige Behandlung eines Themas (zudem in verschiedenen Schulfächern) und die vermehrte öffentliche Diskussion zu einer Gewöhnung oder sogar Abstumpfung führen. Umwelterziehung spielt in den letzten Jahren im Biologieunterricht verständlicherweise eine große Rolle. Vielleicht weist dieser Befund aber auf die Ambivalenz einer zu starken Betonung dieses Themas hin. – Dagegen spricht: Den zentralen Begriff der Biodiversität kannten Schüler 11ter Klassen kaum, setzten ihn nur wenig in Beziehung zu sozialen Problemen und Dilemmata (Menzel & Bögeholz 2006). Wäre dies zu verallgemeinern, würde es bedeuten, dass im Biologieunterricht dennoch solchen Themen nicht genügend Aufmerksamkeit geschenkt wird.

Die wichtigsten Anregungsfaktoren für aktive Mitarbeit im Natur- und Umweltschutz, also tatsächlich in Handeln umgesetztes Interesse (n=995, Mitglieder von Naturschutzverbänden, Kontrollgruppe; Berck & Klee 1992), sind: eigene Naturbegegnung, Beschäftigung mit Arten, Lesen, Informationen aus verschiedenen Quellen zum Thema. Schüler der Sekundarstufe I, die nach ihrem Interesse in diesem Bereich gefragt wurden (Finke 1998) nennen: Aktivitäten in Natur-Umweltschutzgruppen, Verantwortungsgefühl für Umweltzerstörungen, Informationen aus Printmedien, Besuch eines Naturschutzgebietes. Trotz einiger Unterschiede zwischen beiden befragten Gruppen zeigen sich viele Gemeinsamkeiten. Zu ähnlichen Ergebnissen kommen auch Untersuchungen in den USA (s. Klee 1997; Bogner 1997).

Relativ deutlich ergeben sich daraus für eine Biologielehrerin spezielle Aufgaben: Es ist nützlich, wenn sie eine Verbindung zu entsprechenden Jugendgruppen herstellt; auch die Bearbeitung eines „vor der Haustür" liegenden Natur-Umweltschutzthemas und die intensive Beschäftigung mit Tier-/Pflanzenarten erscheinen besonders effektiv.

Ob und in welchem Ausmaß Interesse z. B. an Tier- und Pflanzenarten und an „Naturbegegnung" zu andauerndem Engagement für Naturschutz und Handeln im Umweltschutz führt, ist unsicher. Während der Umgang mit Lebewesen vor allem in der Jungendzeit in dieser Hinsicht positiv bewertet werden kann, gibt es bisher wenige Hinweise darauf, dass einschlägiges Wissen zu entsprechenden Effekten führt (s. Klee 1997).

9.3.6 Interesse an Allgemeinbiologischen Themen in der Sekundarstufe I

Zu dieser Thematik gibt es vergleichsweise wenige und unsystematische Untersuchungen. Hesse (1984, entsprechend Löwe 1992a:38) fand, dass abstrakte Fragen (z. B. „Zellen und ihre chemischen Leistungen", „Zellen als Grundbausteine") sehr niedrig bewertet wurden. Zugleich stießen angewandte Themen (z. B. „Weinherstellung") vor allem bei Jungen auf eine wesentlich höhere Zuwendung. Interesse an dem Thema „Vererbung" nimmt, bei dennoch vergleichsweise niedrigen Werten (Jungen Kl. 5 1,1; Kl. 9 1,5), Mädchen (Kl. 5 1,4; Kl. 9 2,0), im Laufe der Sekundarstufe I zu. Hesses wenige Fragen zur Evolution (wie „Entwicklung der Lebewesen", „Versteinerungen") ergaben hohe Werte zwischen 2–3 Punkten; Ähnliches gilt für „Verhaltensbiologie". In diesem Zusammenhang zeigt z. B. Abbildung 12, wie das Interesse an Gentechnologie und zugehörigen ethischen Fragen im Laufe der Schulzeit ansteigt.

Es wiederholt sich bei Themen zur Allgemeinen Biologie, dass „Ich-Bezug" und „Anwendung", auch wenn beide von den Schülern nur vermutet werden, auf wesentlich höheres Interesse stoßen als anscheinend abstrakte. Folglich liegt es nahe, dass Lehrerinnen versuchen (worauf ja immer wieder hingewiesen wird), allgemeinbiologische Fragen nach Möglichkeit mit Aspekten zu verbinden, die Schüler für sich für bedeutsam halten. So kann man etwa das Thema „Zelle" am Beispiel einer Krebserkrankung einführen; „Immunbiologie" mit „Organtransplantation" (s. Kap. 16.3) verbinden, von der jeder betroffen sein könnte; „Mendel-Genetik" an Erbgängen des Menschen und nicht der „Erbsen" darstellen.

Begriffe: Interessenserosion, Interesse am Fach, Interessen und Unterrichtsmethoden, Interesse an spezifischen Gebieten

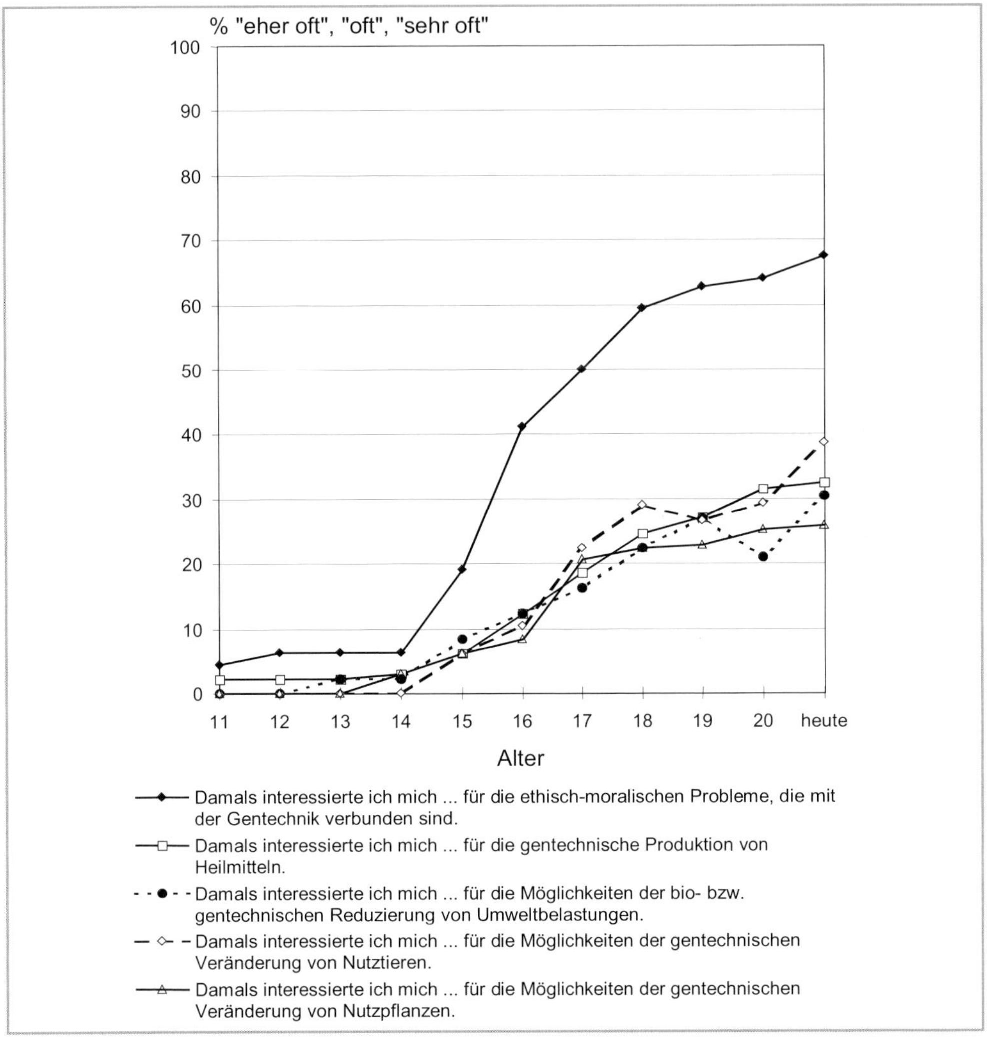

Abb. 12: Retrospektivbefragung zu verschiedenen Items zu Fragen der Gentechnologie (n=50 Studentinnen, die Werte für Studenten sind weitgehend analog; Todt, Forschungsbericht 1996)

9.4 Vorschläge zur Förderung von Interessiertheit

Zusammenfassend lassen sich aus diesen Befunden einige „Regeln" aufstellen, wie sie ähnlich schon in anderen Kapiteln formuliert wurden. Mit ihrer Hilfe kann man versuchen, Interessiertheit – vielleicht sogar Interesse – bei Schülern zu erreichen.

- Besonders bedeutsam und günstig ist es, wenn eine Beachtung der empirisch belegten zeitlichen Verteilung der Interessensschwerpunkte an bestimmten Themen während der Schuljahre möglich ist; dies erleichtert es, die Schüler zu interessieren. – Man kann nur hoffen, dass diese Befunde bei der Entwicklung neuer Lehrpläne, vor allem von Schullehrplänen, berücksichtigt werden.
- Lehrerinnen können sich durch Befragung ihrer Schüler ein Bild davon machen, was diese (an einem Thema) besonders interessiert.
- Wesentliche Voraussetzung: intensives Interesse der Lehrerin an Biologie.
- Sachlich genug wissen und kreative Einfälle haben.

- Wann immer möglich, den Unterricht mit einem bemerkenswerten Problem („Provokation“, „Überraschung“), einem geeigneten Einstieg beginnen; Einzelheiten dazu s. Kap. 14.2.; und zwar
- solchen mit Ich-Nähe, Praxisbezug, die besonders bei Mädchen Emotionen hervorrufen.
- Eine Lehrerin sollte sich immer wieder auch außerhalb des eigentlichen Unterrichts Zeit nehmen für die Schüler – bei Schülern vorhandene Interessen erkennen und fördern!
- Ein klar und logisch aufgebauter, „durchsichtiger“ Unterricht ist als Motivation notwendig. *Gute Lehrerinnen arbeiten hart daran, ihren Unterricht verständlich zu gestalten* (Collette & Chiapetta 1994: 74).
- Unterricht muss dem Wissensniveau der Schüler entsprechen und zugleich Anforderungen stellen, auch in Bezug auf Hausaufgaben; Mangel an Anforderungen schafft keine Interessiertheit.
- Wo und wie immer möglich, die Schüler selbst etwas herausfinden lassen („Rätselstruktur“, Finden von Hypothesen).
- Gruppenarbeit impliziert (meist) das Wettbewerbsprinzip – und damit Interessiertheit.

Jeder Lehrende weiß, wie unterschiedlich die Reaktionen von Schülern sind, wie variabel er auf sie eingehen muss. „Regeln“ dazu, wie man Interessiertheit hervorrufen kann, sind deshalb vor allem Möglichkeiten zur Orientierung – aber dies eben doch.

10 Begriffe und Begriffslernen – Lernprozesse im Biologieunterricht 2

Mephisto: Im Ganzen – haltet euch an Worte! Dann geht ihr durch die sichere Pforte zum Tempel der Gewissheit ein. – Schüler: Doch ein Begriff muss bei dem Worte sein. – Mephisto: Schon gut! Nur muss man sich nicht allzu ängstlich quälen. Denn eben wo Begriffe fehlen, da stellt ein Wort zur rechten Zeit sich ein (J. W. Goethe: Faust).
Mögliche Situation: Lehrende, welche Menschengruppe sie immer unterrichten, vermitteln gleichsam ständig Begriffe. Geeignete bzw. notwendige Begriffe auszuwählen und mit möglichst optimalen Strategien zu vermitteln, ist eine grundlegende Aufgabe von Unterricht.

Zur besseren Orientierung gibt Abbildung 13 einen Überblick über in diesem Kapitel behandelte Themen.

10.1 Bedeutung von Begriffen

Begriffe sind die Bausteine der geistigen Welt des Menschen… Wo immer Wirklichkeit betrachtet, analysiert, kategorisiert, verglichen wird, laufen Prozesse der Begriffsbildung ab (HUBER 1970:9).

Es dürfte schwer sein, die Bedeutung des Begriffslernens zu überschätzen (GAGNÉ 1973). Also muss man auch einiges dazu schreiben.

Es gibt mindestens sieben Gründe, der Vermittlung von Begriffen im Biologieunterricht größte Aufmerksamkeit zu schenken:

- Orientierung in der Welt ist ohne Begriffe kaum möglich. Unendlich viele Ereignisse treffen unseren Sinnesappa-

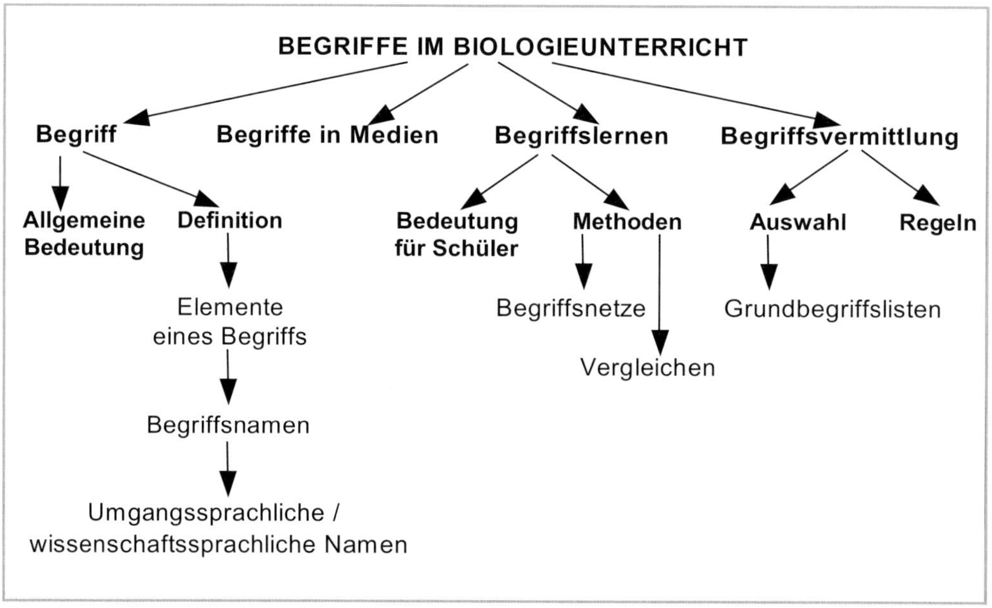

Abb. 13: Begriffe im Biologieunterricht – Überblick über in Kapitel 10 behandelte Themen

rat. Müssten alle diese Ereignisse einzeln gespeichert werden, so wäre wohl unsere Fähigkeit überfordert, Informationen zu speichern und zu verarbeiten.

- Kognitionspsychologie geht heute allgemein davon aus, dass Begriffe und Aussagen die Grundeinheiten der Informationsspeicherung im menschlichen Gedächtnis sind (HOFFMANN 1986, ANDERSON 1988).
- Begriffe (und Aussagen) sind grundlegende Elemente von Wissenschaft. Die Ergebnisse biologischer Forschung werden in Begriffe gefasst. *Konstituierendes Element der Einheit des biologischen Wissens ... ist der Begriff* (BRETSCHNEIDER 1993:133). Biologische Begriffe beschreiben Einsichten, die vorher unbekannt waren; so gab es z. B. vor MENDELS Forschungen weder den Begriff „Gen“ noch „Diploidie“.
- Ohne in die Begriffswelt der Biologie einzudringen, kann man diese nicht verstehen – dies gilt auch für einfachste Formen des Lernens.
- In der Biologie gibt es eine unüberschaubare Anzahl von Begriffen; z. B. 30 000 im „Lexikon Biologie“ (früher Herder-Verlag, jetzt Spektrum-Verlag). Die Biologen *haben das umfänglichste Begriffssystem unserer Kultur entwickelt: mehrere Millionen empirisch geprüfter Begriffe... Eine Begriffswelt, welche den Begriffsumfang der großen Sprachen um eine Größenordnung übertrifft* (RIEDL 1987:9). Wie wohl bei keiner anderen Wissenschaft nehmen die Erkenntnisse der Biologie zu. Auswahl der wichtigsten Begriffe ist deshalb unabweisbar. Sonst wird eher zufälliges Wissen vermittelt.
- Man muss wissen, dass durch neue Forschungsergebnisse manche Begriffe ihre Bedeutung ändern können. Ständiges Weiterlernen ist deshalb notwendig.
- Grundsätzlich gilt: Ein Lehrer, der keine völlig klare Kenntnis der Begriffe hat, die er vermitteln will und muss, kann wohl kaum guten Unterricht halten.

Von mehreren Autoren wird das Verhältnis von natürlicher Weltbetrachtung und wissenschaftlicher Welterkenntnis diskutiert (z. B. HILLS 1982, KÜNZLI 1988, BERCK & GRAF 1992; weitere Aussagen dazu in Kap. 19.2, Punkt 8). Es gibt keinen bruchlosen Übergang von der bloßen Naturbetrachtung zu ihrer theoretischen Konstruktion – z. B. in Form von Begriffen. Vielmehr ist jeweils ein Perspektivenwechsel erforderlich. Ohne gründliche Kenntnis von Begriffen ist ein solcher Wechsel kaum möglich. Man kann sich das leicht an einem Beispiel klar machen: Die Betrachtung einer Pflanze allein reicht nicht aus, wenn man etwas für ihren Schutz tun will. Erst muss man sie als bedroht erkennen, sie in naturschutzrelevante Kategorien einordnen.

Begriffe: Grund-Vokabular, Begriff, Weltbetrachtung – Welterkenntnis

10.2 Gezielte Auswahl statt Begriffsüberfrachtung

Es soll ausdrücklich darauf hingewiesen werden, dass eine bewusste Vermittlung ausgewählter Begriffe (Begriffsökonomie) nichts mit einer Vernachlässigung anderer Aspekte des Biologieunterrichts zu tun hat. Sie will weder noch darf sie zur „Begriffshuberei“ führen. Das Gegenteil ist der Fall. Gezielte und beschränkte Auswahl von Begriffen soll gerade den nötigen Freiraum schaffen für alle die Aktivitäten, die notwendig zum Biologieunterricht gehören wie Experimentieren, Freilandarbeit, Diskussionen usw.

WAGENSCHEIN (1977) hat einst den Einwand vorgetragen, dass bei einer zu schnellen und verfrühten Einführung von Begriffen, die „Phänomene“ und deren intensive Betrachtung zu kurz kommen könnten. Gezielte Auswahl und gründliche Vermittlung weniger Begriffe sollen gerade Zeit lassen für die Beschäftigung mit den ihnen zugrundeliegenden Phänomenen.

Zugleich sollte bei jedem Begriff bedacht werden – darauf wird schon hier hingewiesen – ob er zum Grund-Vokabular biologischer Begriffe gehört. Und dieses sollte immer wieder präzise vermittelt und geübt werden.

10.3 Was ein Begriff ist

Der Leser mag versuchen, bevor er weiterliest, eine eigene Definition von „Begriff“ zu formulieren. – In der Tat gibt es zu diesem

Konstrukt in der Literatur viele verschiedene Definitionen. Zwei in unserem Zusammenhang nützlich erscheinende sind:

Begriffe sind unanschauliche kognitive Strukturen, in denen die für einen Gegenstand oder mehrere Gegenstände wesentlichen Merkmale zusammengefasst werden (Huber 1970:159).

Ein Begriff ist eine kognitive Einheit, die rezipierte Ereignisse nach kritischen Attributen sowie Regeln ihrer Verknüpfung zusammenfasst. Ein Begriff wird mit einer Lautfolge und/oder einer Zeichenkombination benannt und steht damit der Kommunikation zur Verfügung (Graf 1989a, leicht verändert).

Daraus ergeben sich mehrere Einsichten über Begriffe:

- Es gibt sie immer nur als Denkvorgänge. In unserer Umwelt sind Begriffe nicht vorhanden, sondern immer nur eine Vielzahl von Einzelereignissen. So gibt es nur einzelne Individuen von Bäumen eines bestimmten Aussehens; wir fassen sie etwa zur Art „Weißbirke" zusammen.
- Der Terminus oder Name eines Begriffs ist nicht der Begriff – sondern sein Stellvertreter; dies ist ein weit verbreitetes Missverständnis. Nur wenn man von „Biotop" eine genaue kognitive Vorstellung besitzt, „hat" man diesen Begriff. Einen Begriff verwenden zu können ist also etwas anderes, als nur ein Wort zu beherrschen; es kann sinnleer als Worthülse gebraucht werden. – Der einem Begriff zugeordnete Namen wird als Prädikator bezeichnet, wenn es um eine eher im Alltag verwendete Bezeichnung handelt, wissenschaftlich genau definiert dagegen als Terminus.
- Begriffe sind Einheiten, weil man mit ihrer Hilfe alle Vertreter dieses Begriffs zusammenfassen und von anderen unterscheiden kann. Damit man dies mit Sicherheit vermag, muss man die Definition eines Begriffs beherrschen. Wenn man die Begriffe „Homöostase" und „Art" nicht genau definieren kann, besitzt man sie nicht, sondern hat nur eine vage Vorstellung von ihnen. – Gardner (1975:9) gibt fünf Funktionen an, die Begriffsdefinitionen haben können: Vokabeln kennen lernen, Unklarheiten beseitigen, Bedeutungen klären, theoretische Zusammenhänge verstehen, Einstellungen beeinflussen.
- Jedem Ereignis oder jeder Gruppe von Gegenständen, die man zu einem Begriff zusammenfasst, kann man eine Vielzahl von Merkmalen, Eigenschaften zuordnen: dies sind die Attribute eines Begriffs. Z. B. sind Attribute des Begriffs „Insekt": Sechsbeinigkeit, Außenskelett, Chitinskelett usw.
- Bei der Definition wird von den Attributen abgesehen, die nur ein Teil der Gegenstände besitzt, die zu einem Begriff zusammengefasst werden. Die allen gemeinsamen Merkmale werden zu Kritischen Attributen, die Teil der Definition sind. So haben zum Beispiel nicht alle Insekten vier Flügel; Vierflüglichkeit ist demnach kein Kritisches Attribut des Begriffs „Insekt", wohl aber „Sechsbeinigkeit".
- Oft ist es in der Biologie nicht leicht, eindeutige Kritische Attribute für einen Begriff zu finden (Hassenstein 1967a). So kommt man z. B. beim Begriff „Pflanze" in Schwierigkeiten, wenn man als kritisches Attribut „Autotrophie" benutzt und die Pilze in diesen Begriff einschließt.

Man kann sich weitere Eigenschaften von Begriffen an einem Schema (Abb. 14) klar

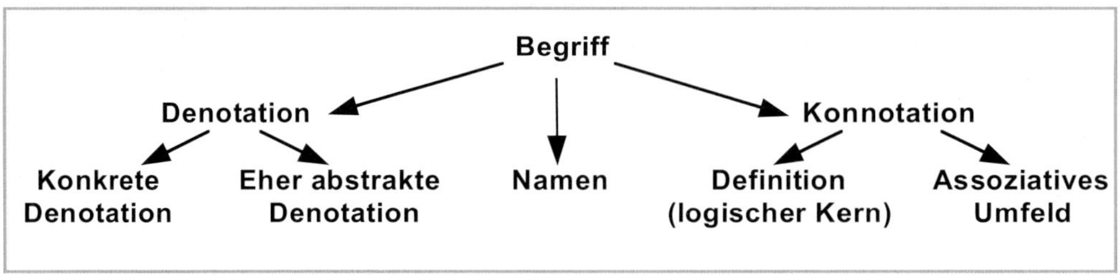

Abb. 14: Schema eines Begriffs

machen und bedenken, welche Einsichten man daraus für die Vermittlung von Begriffen gewinnt:

- Alle Ereignisse oder Gegenstände der Umwelt, die zu einem Begriff zusammengefasst werden, kann man als dessen Denotation bezeichnen (über eine andere Sinngebung dieser Bezeichnung s. Kaminski 1965). Man kann dafür auch die Bezeichnung Begriffsumfang benutzen. Demnach machen alle Säugetiere die Denotation des entsprechenden Begriffs aus. Es ist aber deutlich, dass man verschiedene Typen von Säugetieren kennen muss, um eine zutreffende Denotation zu gewinnen.
- Viele Begriffe der Biologie haben eine konkret anschauliche Denotation, zum Beispiel „Baum“. Andere dagegen sind die Zusammenfassung kaum oder nicht unmittelbar sichtbarer Ereignisse. Sie haben eine mehr oder weniger abstrakte Denotation. „Auslese“ oder „Homologie“ sind solche Begriffe.
- In der Umgangssprache werden Begriffe ohne konkrete Denotation auch als abstrakte Begriffe bezeichnet. Wie z. B. die oben angegebene Definition von Huber zeigt, ist dies im strengen Sinn falsch. Alle Begriffe sind Abstraktionen einer Gruppe von Ereignissen. Beim scheinbar konkreten Begriff „Blüte“ muss man von allen realen Objekten dieser Art absehen, um zum Begriff zu kommen.
- Das Erlernen von Begriffen mit eher abstrakter Denotation ist meist schwer. Deshalb muss man sich beim Lehren für sie viel Zeit nehmen. Weiterhin ist zu prüfen, ob z. B. mit Hilfe von Modellen ein solcher Begriff veranschaulicht werden kann.
- Konnotation ist alles das, was eine Peron von einem Begriff im Kopf hat, weiß, gelernt bzw. erfahren hat. Konnotation beinhaltet zwei Komponenten:

  Das Lernen einer Definition, auch Logischer Kern genannt, ist zum Verständnis eines Begriffs wichtig oder unabdingbar.

  Zugleich müssen eher subjektive Vorstellungen entstehen oder vorhanden sein, sonst bleibt ein Begriff in der Regel „tot“. Es muss also zu einem Begriff auch ein Assoziatives Umfeld (Schaefer 1980a) entstehen. Dies ist z. B. beim Begriff „Fisch“ leicht möglich, bedarf aber einiger Bemühungen etwa beim Begriff „Genmutation“. In solchen Fällen wird man sich häufig mit Beispielen, die einen Begriff repräsentieren, helfen müssen.

Es sollte angemerkt werden, dass heute statt der Bezeichnung „Begriff“ auch „Konzept“ verwendet wird. Dafür ist eigentlich keine Notwendigkeit erkennbar, es sei denn, man passt sich dem englischsprachigen „concept“ an. Konzept wird zudem uneinheitlich verwendet: (a) Synonym zu Begriff, (b) Begriff und Aussage, (c) zugleich Begriff, Aussage und spezifischer Inhalt (z. B. lebensweltliches Konzept), (d) inneres Konzept als Vorstellung, die sich jemand von etwas macht, (e) schließlich im Sinn von „Leitlinie“ (Biologiedidaktisches Konzept).

Begriffe: Begriff (Definition), Terminus/Begriffsname/Prädikator, Attribut eines Begriffs, Kritisches Attribut eines Begriffs, Denotation, Konnotation, sogenannter „abstrakter Begriff“, Assoziatives Umfeld

10.4 Zur Problematik der Begriffsnamen

Mag es im alltäglichen Umgang durchaus wünschenswert sein, bestimmte Synonyme zu verwenden…, so ist es im wissenschaftlichen Bereich unter Umständen sehr gefährlich, in ähnlicher Weise zu diskutieren; mögliche Eindeutigkeiten werden dann nicht ausgeschöpft, Missverständnis erzeugt… Ganz zu schweigen davon, dass damit Anfängern der Zugang zu wissenschaftlichen Fakten erschwert oder gar unmöglich gemacht wird (Preuss 1987).

In der Biologie, vor allem aber im Biologieunterricht werden bedauerlicherweise für einen Begriff vielfach mehrere Namen (Termini, Symbole) benutzt. Hinzu kommt der Unterschied zwischen wissenschaftlichen und eher umgangssprachlichen Termini (s. u.). Schon 1965 bemerkte Spanner: *Das Begriffsdurcheinander war mir ein Ärgernis, da es die Kinder verwirren musste;* wobei Spanner eigentlich das Durcheinander von Begriffsnamen meint. Dazu Beispiele:

– Für Spermium finden sich in Schulbüchern und vergleichbaren Schriften: Samenzelle, Samenfaden, Samen, Spermienzelle, männliche Geschlechtszelle u. a.;

- für Imago erwachsenes, fertiges, geschlechtsreifes, fortpflanzungsfähiges Insekt, Vollinsekt – nur die Bezeichnung Imago selbst wird gänzlich vermieden (ERBER 1983);
- für die Petalen, also die typischen bunten Blätter einer Blüte, finden sich: Blumen-, Blüten-, Blumenkron-, Blüten- und Kronblatt; selbst bei STRASBURGER (31. Aufl., 1983) findet man für diesen Begriff drei verschiedene Namen: Kron-, Blumenkron- und Blütenblatt;
- welche vielfältigen Überlegungen erforderlich sind, um zu begründeten Begriffsbenennungen zu kommen, hat PUTHZ (1987) am Beispiel der Benennungen für Mitose und Meiose ausgeführt.

Diese Beispiele, denen sich viele hinzufügen ließen, sollen die Verwirrung verdeutlichen, in die Lernende kommen müssen, wenn sie in einem Buch diese, in einem anderen jene Bezeichnung für den gleichen Begriff lesen. Auch in vielen Biologiestunden und -vorlesungen kann man diesen heterogenen Gebrauch von Begriffsnamen erleben.

In Bezug auf Namen von Arten und andere Bezeichnungen der Systematik sind Schüler zur Vermeidung von Unklarheiten (die sehr häufig vorkommen) darauf hinzuweisen, dass dies meist typische „Eigennamen" sind, die weder Eigenschaften der betreffenden Art noch ihre Stellung im System widerspiegeln müssen. So ist ein Meerschweinchen eben kein Schwein, ein Silberfischchen kein Fisch, ein Rainfarn kein Farn usw. Andererseits kriecht ein Wurm zwar, aber er ist kein Kriechtier; eine Rabenkrähe singt nach allgemeiner Vorstellung nicht, sie ist aber ein Singvogel. D. h., 1. Arten können typische Eigenschaften anderer Gruppen von Lebewesen aufweisen, ohne dass sie zu dieser Gruppe gehören; 2. Es können ihnen auch (anscheinend) typische Merkmale der Gruppe fehlen, zu der sie gehören.

Leider ist es bisher nicht gelungen, wenigstens für die biologischen Begriffe, die grundlegend für den Biologieunterricht sind, einheitliche Namen festzulegen (dagegen gibt es in England einen solchen Versuch; s. INSTITUTE OF BIOLOGY 2009). Dies ist jedoch eine wichtige Aufgabe von Biologiedidaktik.

Auf die Frage von Lehrenden, was man tun soll, wenn in Schulbüchern unterschiedliche Namen für einen Begriff vorkommen, gibt es zurzeit keine angemessene Antwort. Vorerst bleibt nur festzuhalten: Lehrer sollten sich der hier erörterten Problematik bewusst sein und in ihrem Unterricht auf eine einheitliche Verwendung von Namen für einen biologischen Begriff achten. Unter Umständen erscheint es auch nützlich, die Schüler auf diesen Sachverhalt aufmerksam zu machen.

10.5 Wissenschaftssprache – Umgangssprache

Im Biologieunterricht muss fast immer entschieden werden, ob eine fachliche Bezeichnung (Fachterminus) oder ein „deutscher" Namen, Alltagsnamen, für einen Begriff gewählt wird: Chlorophyll oder Blattgrün, Gen oder Erbanlage, Vakuole oder Zellsaftraum.

Zur Entscheidung der Frage, ob zur Benennung eines Begriffs ein Fachterminus gewählt wird oder nicht, gibt es bislang keine allgemein anerkannten Grundsätze (BRETSCHNEIDER, 1992, fordert eine Festlegung für den Biologieunterricht). Es sollen jedoch dazu einige Vorschläge gemacht werden:

- Fachtermini für biologische Begriffe werden benutzt, falls sie bereits allgemein verwendet werden, z. B. Gen, Mutation, Biotop, Antibiotikum. Auskunft darüber erhält man zum Beispiel durch die Analyse der in regionalen Tageszeitungen verwendeten Begriffe. Z. B. aus dem Bereich Genetik wurden 51 Prozent der dort verwendeten Begriffe mit Fachtermini benannt (SCHIMPF 1980).
- Umgekehrt gilt Entsprechendes für umgangssprachliche Termini, falls sie allgemein verwendet werden, z. B. Zellkern, Zellplasma.
- Deutsche Bezeichnungen sollten in den Fällen vermieden werden, wo es leicht zu Verwechslungen oder Fehlvorstellungen kommen kann, z. B. nicht Schmarotzer sondern Parasit, nicht Samen sondern Spermium.

Es gibt Bereiche, in denen es für alle nützlich ist, beide Bezeichnungen zu beherrschen, um z. B. ärztliche Angaben, Beipackzettel von Arzneimitteln, Aufschriften auf Nahrungsmitteln zu verstehen oder um mit anderen reden zu können, etwa zum Thema Sexualität.

Gegen die weitgehende Verwendung von Fachtermini auch in unteren Klassen wird vielfach angeführt, dass die sprachlichen Wurzeln dieser Termini nicht oder nur schwer verständlich sind. Dafür sprechen jedoch mehrere Argumente:

- Die Verwendung eines deutschen Terminus, Namens aus der Alltagssprache, in Anfangsklassen und eines Fachterminus in höheren Klassen für einen Begriff erfordert Umlernen. Dies sollte bei der für den Biologieunterricht geringen Unterrichtszeit möglichst vermieden werden.
- Fachtermini sind (oder sollten sein) eindeutig, situationsunabhängig und vor allem international verständlich – eine heute sicher besonders wichtiger Aspekt.
- Auch im Biologieunterricht müssen Vokabeln gelernt werden. Das Erlernen von Fachtermini ist sicher nicht immer leicht. Es müsste aber überprüft werden, ob es z. B. viel schwerer ist, „Imago" statt „Vollinsekt" zu lernen.

Es wäre gewiss wünschenswert, wenn die Schüler im Biologieunterricht den wissenschaftlichen und den umgangssprachlichen Terminus für einen Begriff beherrschen würden. Dies erscheint aber unter den heutigen zeitlichen Vorgaben wenig realistisch.

10.6 Begriffsverwendung in Schulbüchern und Lehrplänen – verwirrend

Aufgrund der dargelegten Fülle biologischer Begriffe ist eine gezielte Auswahl erforderlich, welche Begriffe gelernt wer-

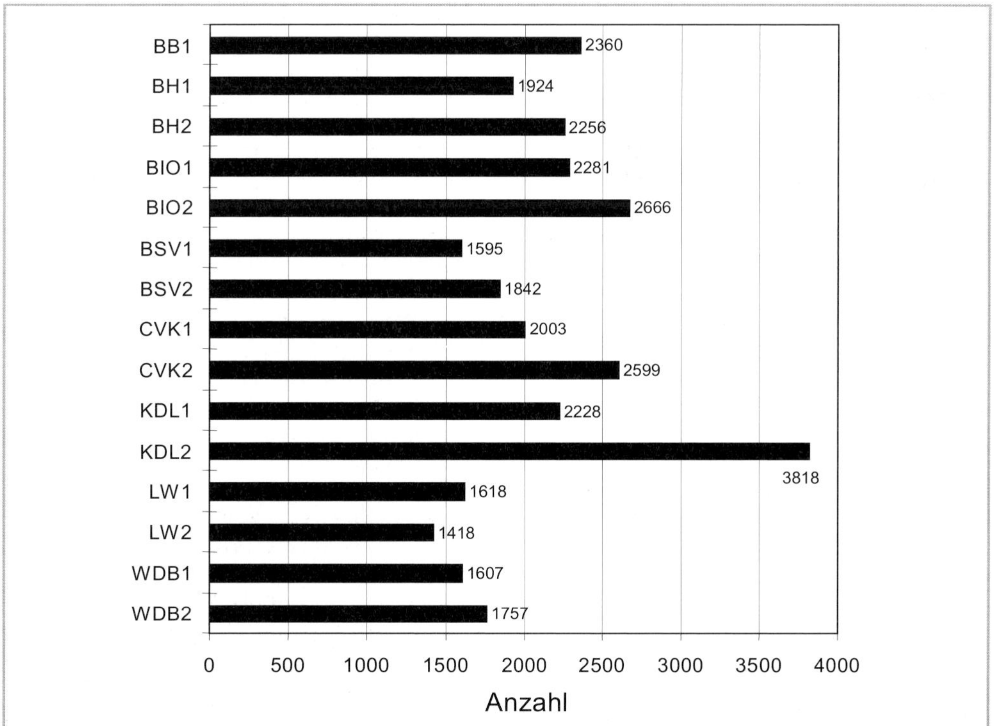

Abb. 15: Anzahl verschiedener biologischer Begriffe in Schulbüchern für die Klassen 5-6 bzw. 7-10; die Ziffern 1 bzw. 2 neben dem Kürzel für ein Biologieunterrichtswerk (deren genauer Titel absichtlich nicht angegeben wird, s. jedoch angegebene Quelle) beziehen sich jeweils auf den Band für die Klassen 5/6 bzw. 7/10 (aus GRAF 1989a)

den sollen. Sonst kommt es zu einem völlig heterogenen Wissen (worüber auch in den USA geklagt wird, s. WANDERSEE 1985, YAGER 1984).

Diese Verwirrung wird besonders deutlich, wenn Begriffsauswahl und Begriffsverwendung in Schulbüchern und Lehrplänen analysiert werden. Dazu nur einige Ergebnisse aus dem deutschen Raum (H. BERCK 1986, GRAF 1989a, BINGER & BERCK 1993); sie dienen u. a. dazu, die Notwendigkeit einer kritischen Prüfung solcher Materialien zu demonstrieren:

- In 26 Schulbüchern für die Primarstufe wurden 1 304 verschiedene (!) biologische Begriffe, ohne Artnamen, gefunden.
- Nur etwa ein Prozent dieser Begriffe kommt übereinstimmend in allen diesen Büchern vor; d. h., es gibt fast keinen Konsens über die Begriffe, die gelernt werden sollen.
- Die Spanne der Anzahl verschiedener Begriffe in diesen Büchern für die Klassen 1 bis 4 reicht von 1 015 bis 206. In 15 analysierten Schulbüchern für die Sekundarstufe I findet man als geringste Anzahl 1595 verschiedene biologische Begriffe. Das Maximum erreicht ein Buch für die Klassen 7 bis 10 mit 3818 verschiedenen biologischen Begriffen! In Schulbüchern für Oberschulen in Polen, vier Klassen, zählte CICHY (1992:336) 8 964 verschiedene Begriffe. – Im Vergleich dazu kam Gottfried Benn in seinen Gedichten mit 2700 verschiedenen Wörtern aus; auch Rainer Maria RILKE benötigte nur 5000 verschiedene Wörter (ZIMMER 1988).
- Nur etwa 5 Prozent der insgesamt in acht Schulbüchern für die Klassen 5 bis 6 verwendeten biologischen Begriffe kommen in allen diesen Büchern vor.
- Für die Klassen 7 bis 10 ist die Übereinstimmung noch geringer – wo sie doch noch notwendiger wäre, damit ein gewisser Kanon von Wissen gelernt wird. Nur etwa 4 Prozent der darin verwendeten biologischen Begriffe kommen übereinstimmend in sieben, weit weniger als 20 Prozent übereinstimmend in mehr als drei Büchern vor.
- In drei verbreiteten Unterrichtsfilmen werden 167 biologische Begriffe verwendet. Davon 60 Prozent nur einmal pro Film. Passagenweise werden die Zuschauer alle vier Sekunden mit einem neuen Begriff konfrontiert (BINGER & BERCK 1993).
- In den überprüften „Unterrichtseinheiten“ zu biologischen Themen des IPN für die Klassen 4 bis 6 finden sich für jede Unterrichtsstunde im Durchschnitt etwa sechs neue biologische Begriffe; es wird (s. u.) zu prüfen sein, ob dies der Lernfähigkeit der Schüler entspricht.
- Eine erste Untersuchung (drei 4. Klassen, 8 Stunden; Happel 1997) zur tatsächlichen Begriffsverwendung im Unterricht ergab: Pro Stunde wurden durchschnittlich 117 Begriffe genannt, darunter 23 verschiedene biologische. Schüler verwendeten im Mittel 1,3 Begriffe pro Stunde, alle anderen entfielen auf den Lehrer.

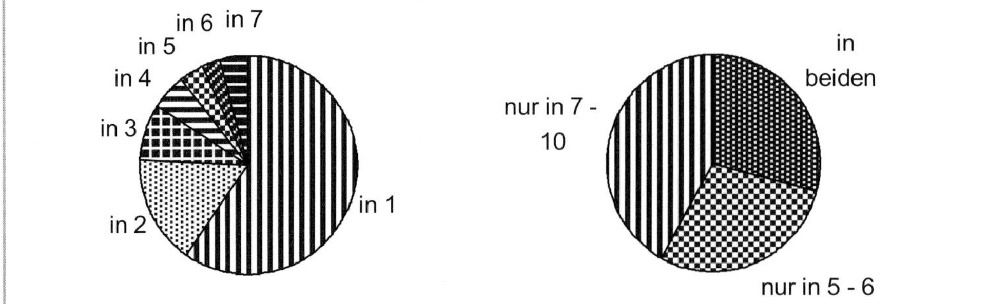

Abb. 16: (a) Anzahl biologischer Begriffe (n=7 776) in Schulbüchern für die Klassen 7-10; (b) Vergleich der Begriffe, die in Schulbüchern für die Klassen 5-6 und 7-10 übereinstimmend vorkommen (aus GRAF 1989a).

Sind schon die meisten Schulbuchautoren offenbar der Flut biologischer Begriffe ausgeliefert, so sind es die meisten Lehrer noch mehr. Aber sie müssen so unterrichten, dass die Schüler weder verwirrt noch überfordert werden. Lehrer sollten nur solche Unterrichtsmaterialien benutzen, das sie anhand einer Kriterienkatalogs (s. Kap. 13.2.2) auf eine möglichst gute Auswahl und Darstellung von Begriffen geprüft haben.

Um sich eine Vorstellung zu machen über die Verwendung von Begriffen in neueren Schulbüchern wurden vier dieser Bücher (Zufallsauswahl) ausgesucht. Auf jeweils 10 Seiten wurden alle erwähnten Begriffe einmal gezählt, ohne Artnamen, Aufgaben und Anleitungen zum Experimentieren. Dabei ergaben sich die folgenden Annäherungswerte (stets „etwa-Angaben").

1. Bioskop, Gymnasium Klassen 5/6 (Westermann 2004), Kapitel Blütenpflanzen (Bau, Funktion, Fortpflanzung);
   - 115 Begriffe (z. B. 13 Begriffe für „Wurzel"; noch immer: Sammelnussfrucht, Nuss, Beere, Steinfrucht, Sammel-Steinfrucht), bei 142 Zeilen Erklärungstext und 28 Abbildungen pro Zeile etwa 1,3 Begriffe; im Index finden sich 700 Stichworte, davon 25 Prozent für Artnamen.
2. Fokus Biologie, Gymnasium Klassen 5/6 (Cornelsen 2005), Kapitel Bauplan Blütenpflanzen;
   - 120 Begriffe, bei 125 Zeilen Erklärungstext und 20 Abbildungen etwa ein Begriff pro Zeile; im Index 600 Stichworte, davon ein Drittel Artnamen.
3. Erlebnis Biologie 2, Ausgabe Hessen, ohne Angabe der Klassenstufe, jedoch deutlich für die Klassen 9/10 (Schroedel 2004), Kapitel Chromosomen, Zellteilung, Mutation, Vererbung beim Menschen;
   - 80 Begriffe, bei 300 Zeilen Erklärungstext und 20 Abbildungen etwa 0,3 Begriffe pro Zeile; im Index 900 Stichworte, davon etwa 20 Prozent allgemeine Angaben.
4. Das Biobuch, Klassen 7–10 (Diesterweg 1989), Kapitel Chromosomen, Mutation, Vererbung beim Menschen;
   - 85 Begriffe, bei 253 Zeilen Erklärungstext und 27 Abbildungen etwa 0,25 Begriffe pro Zeile; im Index 1200 Stichworte, davon etwa 10 Prozent keine allgemeinbiologische Angaben.

Gelegentlich werden (noch immer) Synonyme benutzt (z. B. Samenzelle – Spermium, Leitungsgewebe – Leitungsbahn – Blattader).

Vor allem bei den Büchern für die Klassen 5/6 fällt auf, dass die Autoren offenbar schwer auf „Universitätswissen" verzichten können. Zudem liegt die „Begriffsdichte" für die Unterstufenklassen erheblich höher als für die Klassen 9/10.

Vielleicht machen es diese Befunde verständlicher, wenn derzeit eine erhebliche Veränderung u. a. des Biologieunterrichts diskutiert wird.

Umgekehrt steht es mit der Begriffsvermittlung in einem Buch (Töpperwien & Köttker 2008), das die „Vermittlung von Kompetenzen" zum Inhalt hat. Beispiel „Hundegebiss" (5. Klasse): Es werden dazu etwa 9 Begriffe angegeben (wie Eck-, Schneide-, Backen-, Fang-, Reißzahn), aber welche davon etwa so wichtig sind, dass sie gelernt werden sollen, bleibt unklar (was man erwarten könnte: Aufbau eines Zahns, fehlt); dazu „Begriffe" wie „hart, glatt, Höcker, große Oberfläche" etc. – Zum Thema „Skelett – ein tolles Gerüst", das der Vermittlung des „Basiskonzepts Struktur und Funktion" dienen soll, finden sich (etwa 16) Begriffe, die wie eine willkürliche Auswahl anmuten; etwa Skelett, Oberschenkelknochen, Knochenmehl, Kollagen, Gesamtskelett. Keiner der Begriffe wird definiert oder angemerkt, welcher davon etwa behalten werden soll.

Es dürfte ja schwerlich richtig sein, dass bei der Vermittlung von Kompetenzen biologisches Wissen, Begriffslernen – wie in diesem Fall – völlig außer Acht bleibt, unwichtig geworden scheint. (Ohne in die Begriffswelt der Biologie einzudringen, kann man diese nicht verstehen: s. o.)

Friege & Lind (2004) kommen bei einer empirischen Untersuchung (Leistungskurse Physik) im Zusammenhang mit der Vermittlung von Problemlösekompetenz zum Schluss: *Es erscheint demnach überhaupt nicht gerechtfertigt, das Faktenwissen „abzuwerten" bzw. es gering zu schät-*

zen… Ein umfangreiches Faktenwissen ist vielmehr ein Zeichen hoher Kompetenz.

Neben der Benennung und Menge der Begriffe gibt es weiterhin ein inhaltlich-definitorisches Problem. Dies wird am besten anhand von Beispielen aus der biologischen Fachliteratur aufgezeigt. Dort werden Begriffe vielfach ungenau oder unterschiedlich dargestellt. Untersuchungen biologischer Lehrbücher zu den Themen „Ernährung und Verdauung" sowie „Zelle" (Graf 1986, Berck & Graf 1987a) in bezug auf die Verwendung von Begriffen, die meist in Klasse 9/10 vermittelt werden, ergaben erstaunliche Unschlüssigkeiten, ja Widersprüche.

So definiert z. B. Penzlin (1977): *Die Vorgänge der Nahrungsaufnahme, Verdauung, Resorption und Defäkation bezeichnet man zusammenfassend als Ernährung.* Faller (1976) meint dagegen: *Ernährung – die Aufnahme von chemischen Stoffen in die Zellen;* was ja bedeuten würde, dass die Aufnahme von Sauerstoff, Giften u. a. auch zur „Ernährung" gehört. Bei Cleffmann (1979) wiederum besteht *Verdauung aus den Teilvorgängen Nahrungsaufnahme, enzymatische Spaltung, Passage, Resorption und Defäkation.* – Zu ähnlichen Befunden kommen Bromme & Bünder (1994) in Bezug auf die Begriffe „Säure" und „Base" durch verschiedene Experten.

Solche Unklarheiten mögen vielleicht für Fachleute weniger bedeutsam sein. Für die Entwicklung eines Grundwissens bei Schülern sind sie ein beachtliches Hindernis. Lehrer können einen biologischen Begriff vielfach nicht unbesehen übernehmen, sondern sie müssen zuerst prüfen, welche der in der Fachliteratur vorgeschlagene Version am besten dem Begriffsinhalt entspricht. Es gehört gegebenenfalls zur Sachanalyse für eine Unterrichtsstunde (s. Kap. 16.3) darzustellen, mit welcher Bedeutung ein biologische Begriff Schülern eines bestimmten Alters zu vermitteln ist.

10.7 Bedeutung des Begriffslernens für Schüler und Ausbilder

Der Lernerfolg im Biologieunterricht ist vielfach wenig befriedigend. Dies ist aber wohl kaum ein Spezifikum und gilt wohl ebenso für andere Fächer. Untersuchungen zeigen dies und sollen damit die Notwendigkeit zur Verbesserung dieser Situation deutlich machen:

- Dietrich (1962) erfragte in 10 Klassen des 7. und 8. Jahrgangs (DDR), welche Kenntnisse die Schüler noch vom Stoff der 5. und 6 Klassen besaßen. Der Wert lag bei 13 Prozent.
- Eschenhagen & Schilke (1973; s. auch Entrich & H. U. Graf 1984) legten Studenten am Anfang ihres Biologiestudiums (!) 90 Fragen zur Allgemeinen Biologie vor, deren Behandlung im Biologieunterricht vorausgesetzt werden konnte. Nur 10 Prozent der Befragten fanden mehr als 25 Prozent richtige Lösungen und etwa 50 Prozent dieser Studienanfänger nur 0–15 %.
- Von Studierenden (Ausbildung als Pädagogische Assistenten, n=86, Schulabschluss Realschule oder Gymnasium) in München konnten z. B. 78 % nicht angeben, was Hefe ist, 63 % wussten nicht, was ein Gen ist; 99 % machten keine richtige Aussage zum Begriff Dissimilation; 92 % konnten nicht sagen, wie Fotosynthese verläuft; 62 % wussten nichts über Darwin (Stieren 1973). Analoge, zum Teil noch schlechtere Ergebnisse fand bereits Werner (1971) bei Studenten für das Lehramt mit dem Fach Biologie in Bamberg.
- Auch für den Biologieunterricht der achtziger Jahre hat Oehmig (1990a) nachgewiesen, wie unbefriedigend weithin die Kenntnis auch scheinbar einfacher Begriffe bei Schülern ist; weiterhin wie schlecht sie zum Teil in Schulbüchern dargestellt werden.
- Zum Verständnis biologischer Aussagen notwendige chemische Kenntnisse sind „überaus niedrig" (Lumer 1996:160); es bedarf einer gezielten Auswahl und eines gezielten Trainings.
- Eine Untersuchung an Erwachsenen (n=132; Hesse & Lumer 2000) zeigt, wie gering grundlegendes biologisches

Wissen ist. Blätter vier häufiger Bäume (die Schülern im 4. Schuljahr in hohem Maße bekannt sind) konnten nur von 35 Prozent ehemaliger SI-Schüler und 50 Prozent ehemaligen SII-Schüler richtig erkannt werden. Noch schlechter war das Ergebnis, als vier wirbellose Tiere genannt werden sollten. An die chemische Formel von Kochsalz konnten sich nur noch 55 Prozent der Befragten erinnern. – Ähnlich schlechte Befunde ergaben sich durch Befragung doch offenbar besonders interessierter Besucher einer Ausstellung zum Thema „Gentechnik" (Krüger 2000); nur geringes ökologisches Wissen bei Schülern fanden Müller & Gerhardt (2000).

- Bemerkenswert sind die Befunde einer Gruppe von Biologielehrern: *Die im Verlauf der Jahrgangsstufen zunehmende Fülle der vorgestellten Phänomene [überdeckt] die Basisprinzipien, die daher nur ungenügend präzisiert und gefestigt werden... Anschlussfähiges Wissen... als Grundlage entsprechender Problemlösefähigkeit wird nicht herausgebildet* (Freimann 1999).
- Graf (2008) konnte zeigen, dass bei Lehramtsstudierenden (n=1228) grundlegende Kenntnisse über und Verständnis von Evolutionsmechanismen fehlen, dies gilt auch für solche, die Biologie-Leistungskurse besucht haben

Diese Liste ließe sich leicht mit weiteren Befunden anreichern. Dass diese so ausführlich dargestellt werden, möchte vor allem dem Zweck dienen, jedem Lehrer vor Augen zu führen, wie gründlich er in seinem Unterricht bedenken muss, wie er seinen Schülern grundlegendes, bleibendes biologisches Wissen „beibringen" kann.

Ganz gewiss bedeutet Lernerfolg im Biologieunterricht nicht allein, Kenntnisse über Begriffe und Aussagen zu besitzen. Aber man kann diese Ergebnisse schwerlich anders als erschreckend bezeichnen – besonders in Hinsicht auf die Effekte des Biologieunterrichts!

Diese Befunde geben genug Anlass, sich die Bedeutung des Begriffslernens für die Schüler vor Augen zu führen (s. auch Lumer 1996:85 ff.). Dazu ist mindestens anzumerken:

- In Begriffen fixiertes, gebundenes Wissen wird besser behalten als diffuses Wissen (Ausubel et al. 1981). Hurd (in Tütken & Spreckelsen 1970) geht noch weiter und behauptet: *Es ist Zeitverschwendung, Fakten zu lehren, die nicht an einen bedeutungsvollen Begriff gebunden sind.*
- *Kognitionspsychologische Untersuchungen zeigen, dass spezifisches Wissen eine zentrale Rolle beim logischen Denken und jedem Lernen spielt. Allgemeine Fähigkeiten, wie das Analysieren und Lösen von Problemen, ... kann man gar nicht einsetzen, wenn man nicht viele Kenntnisse und Wissen über ähnliche Fragen hat* (Resnick 1987).
- *Wenn wir die ganze Psychologie des Unterrichts auf ein einziges Prinzip reduzieren müssten, würden wir sagen: Der wichtigste Faktor, der das Lernen beeinflusst, ist das, was der Lernende bereits weiß* (Ausubel et al. 1981). Kenner eines bestimmten Gebietes weisen sich durch den Besitz zahlreicher klarer Begriffe und Begriffsnetze (s. u.) aus. Jeder kann an sich ausprobieren, dass er neues Wissen an bekanntes leicht anknüpfen kann. Aber dort, wo man wenig weiß, hat man Mühe mit dem Behalten und Einordnen von Wissen. Ausubel hat deshalb den Unterschied zwischen „unsinnigem Lernen" (rote learning) und „sinnvollem Lernen" (meaningful learning) gemacht. Letzteres besteht eben darin, Neues an Vorhandenes anzuknüpfen.
- Schüler können ein neues Thema besser lernen, wenn sie grundlegende Begriffe kennen.
- Je konsequenter im Unterricht von Anfang an grundlegende biologische Begriffe ausgewählt, verwendet und gründlich trainiert werden, sowie auf einheitliche Namensgebung geachtet wird, desto weniger wird Umlernen erforderlich. – Vorschläge zur Auswahl von Grundbegriffen zu Biologie, Chemie, Physik: s. Schaefer 2000.)
- Damit kann eine Hoffnung verbunden werden: Die für den Biologieunterricht übereinstimmende Vermittlung grundlegender Begriffe könnte zu einem aufbauenden Biologieunterricht und damit einem besseren Basiswissen führen.

- Kein Biologiebuch für den Unterricht wählen, das sich nicht auf grundlegende Begriffe beschränkt.

Für alle Ausbilder ist eine umfangreiche empirische Arbeit von MENDE (1994) über Biologiedidaktische Begriffe (aus Lehrbüchern der Biologiedidaktik n=1514, Chemie- und Physikdidaktik n=1490 sowie Lehrplänen) wichtig. Diese Untersuchung zeigt vor allem: Es ist ein *möglichst einheitlich verwendetes verständlich definiertes Repertoire an didaktischen Begriffen* zu fordern – und *Autoren sollten nach Möglichkeit vermeiden, bei Veröffentlichungen neue didaktische Begriffe einzuführen* (MENDE 1994: 287), wie dies derzeit häufig der Fall ist. Befragungen von (n=430) Studenten und Referendaren zeigen einerseits, dass Begriffskenntnisse in Biologiedidaktik in hohem Maß als „wichtig" eingestuft werden, andererseits aber nur geringe Kenntnisse (um 17 Prozent) bei genauen Definitionsversuchen vorhanden sind. Eine Wissenschaft lebt vor allem auch von einer genauen Begrifflichkeit. Demnach ist es wichtig, dass Ausbilder zentrale Biologiedidaktische Begriffe aussuchen und diese gründlich schulen.

Begriffe: Unsinniges Lernen (rote learning), Sinnvolles Lernen (meaningful learning)

10. 8 Begriffslernen

10.8.1 Begriffslernen mit Begriffsnetzen (Concept Maps)

Die Ausführungen in den Kapiteln 10.1–10.7 sollten Überlegungen zur Folge haben, wie Begriffslernen im Biologieunterricht verbessert werden kann. GRAF* (1995) hat dazu eine umfassende Literaturübersicht vorgelegt, der hier weithin gefolgt wird (neuerdings auch als Similarity Judgements Tests bezeichnet).

Unter den Forschungsaktivitäten zur Frage „Wie lernt man Begriffe am besten?" ragt eine Methode seit Beginn der siebziger Jahre heraus: das Lernen mit Hilfe von Begriffsnetzen, Concept-Maps, vielfach auch kurz Maps genannt. Deshalb soll dieses Verfahren hier zuerst ausführlicher dargestellt werden. – Hervorzuheben sind an dieser Stelle die Arbeitsgruppen von MÜLLER (z. B. 1964, ausführliche Literaturliste in LEPEL & KATTMANN 1991) und HEINZEL (HEINZEL & SCHUBERT 1969) mit zahlreichen biologiedidaktischen Arbeiten, die neben theoretischen Untersuchungen schon ab 1965 Begriffsnetze zum Lehrplan der DDR entwickelt haben. Neuerdings werden vermehrt Vorschläge für Concept-Maps zu

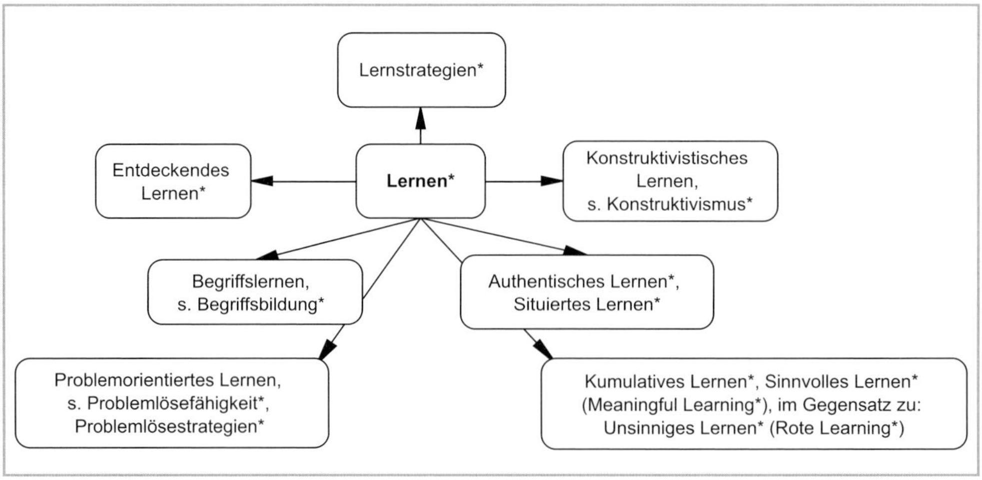

Abb. 17: Zusammenstellung von Vorschlägen für möglichst effektives Lernen im Biologieunterricht

einzelnen Themen publiziert; so – um nur ein Beispiel zu nennen – zum Thema „der Weg von der DNA zum Merkmal". Die Arbeit mit dieser Map hat bei den Schülern zu einem „äußerst positiven Echo" geführt (LUMER et al. 1998). In angelsächsischen Schulbüchern werden Begriffsnetze heute schon vielfach verwendet. Eine neuere Anleitung zum Erstellen von Concept Maps findet sich bei Graf (2009b).

Sachverhalte werden schon lange in Fließdiagrammen, Netzwerken dargestellt. Die kognitionspsychologischen Theorien Ausubels und anderer gaben dazu neue Anstöße: Wie schon erwähnt (Kap. 10.1), liegt Wissen weithin in Netzen vor; zudem wird „sinnvolles Lernen", aufbauendes Lernen vor allem dadurch erreicht, dass neues Wissen an vorhandenes angeknüpft wird; s. dazu auch LUMER (1996:81 ff.). Neuerdings wird dies unter der Bezeichnung „Kumulatives Lernen" (s. auch Kap. 5.7) wieder nachdrücklich gefordert.

Für dieses „Aneinanderknüpfen" von Begriffen eignen sich Begriffsnetze besonders gut. Ausgangspunkt ist, dass zwei oder mehr Begriffe durch Relationen, z. B. ein Verb, zu einer Aussage (Proposition) verknüpft werden. Etwa wenn die Begriffe Polyploidie und Chromosomensatz zur Aussage verbunden werden: Polyploidie ist eine Vervielfachung eines (einfachen) Chromosomensatzes. Mehrere solcher Aussagen lassen sich zu Netzen miteinander verbinden (ausführliche Darstellung der Theorie von Begriffsnetzen z. B. bei TERGAN 1986, NOVAK 1990). Dabei lassen sich zwar gut begründete Netze zu einem Thema entwickeln, aber es gibt keine definitiven, sozusagen idealen Netze.

Ein Beispiel für ein solches Begriffsnetz stellt Abbildung 18 dar. Es zeigt, dass man bei der Entwicklung eines solchen Netzes darauf achten muss und erkennt, welches übergeordnete, untergeordnete und nebengeordnete Begriffe sind. Zudem kann sich der Lehrer in ein solches Netz eintragen, in welcher Reihenfolge die Begriffe im Unterricht behandelt werden sollen. – Neue Untersuchungen bei Lehramtsstudierenden (n= 34, UHLEIN – GRAF – KLEE 2003) bei denen das Verstehen von Begriffen überprüft wurde, und zwar anhand von Aufgabenlösungen entweder in „Sätzen" oder in „Netzen", zeigen: Der Erfolg war bei beiden Verfahren ähnlich; der Vorteil des Aufgabentyps „Netze" ist der deutlich geringere Zeitaufwand bei der Durchführung und der Auswertung.

NOVAK (1990) kommt auf der Grundlage vorliegender empirischer Befunde u. a. zu folgenden Aussagen zur Anwendung von Begriffsnetzen im Unterricht:

- Lehrer, die vor dem Unterricht zu einem Thema dazu ein Begriffsnetz entwerfen, unterrichten klarer, mit größerem Lehrerfolg.

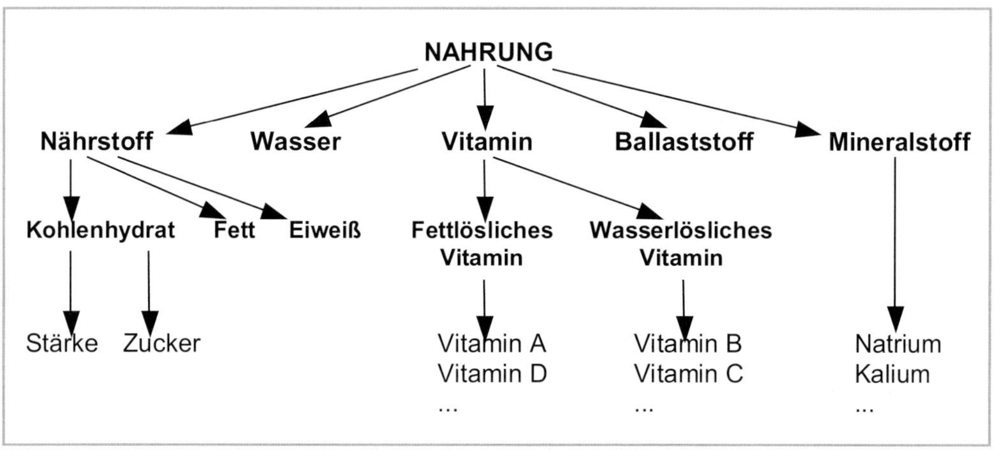

Abb. 18: Begriffsnetz zum Thema „Nahrung" – erweiterbar

- Begriffsnetze sind vom 4. Schuljahr an verwendbar.
- Schüler müssen in der Anwendung von Begriffsnetzen gut trainiert werden.
- Ein besserer Lernerfolg von Schülern, die mit Begriffsnetzen unterrichtet werden, ist vielfach belegt.
- Man erkennt mit Hilfe dieser Methode gut, mit welchen Begriffen die Schüler besondere Schwierigkeiten haben.
- Es ist bemerkenswert, dass Schüler, die längere Zeit mit Begriffsnetzen gearbeitet haben, anderen auch beim Lösen biologischer Probleme überlegen sind.
- Die Entwicklung von Begriffsnetzen kann auch als Gruppenarbeit mehrerer Schüler effektiv genutzt werden (Brown 2003).
- Begriffsnetze können zur Leistungsüberprüfung benutzt werden, indem man das Begriffswissen der Schüler während bzw. nach dem Unterricht in solche Netze eintragen lässt.

10.8.2 Weitere Verfahren zum Begriffslernen

Beim Lernen eines Begriffs sollten mehrere Beispiele verwendet werden, die den Begriffsumfang (also die Gesamtheit der Begriffsvertreter) möglichst gut repräsentieren, deutlich werden lassen. Es ist besser, etwa bei der Entwicklung des Begriffs „Reptil" nicht nur eine Eidechse, sondern auch eine Schlange und eine Schildkröte zu demonstrieren. Die Beispiele dienen dazu, gemeinsame und unterschiedliche Merkmale zu erkennen, um so die kritischen Attribute, also zur Begriffsbildung notwendigen Merkmale zu erkennen.

Šula (1968) hat dazu ein Verfahren entwickelt. Er schlägt u. a. vor: Begriffe sollten niemals nur an einem Beispiel eingeführt werden, sonst bleibt unklar, welches die kritischen (spezifischen) und welches die allgemeinen Attribute (Merkmale) sind. Falls möglich, sollten aus dem gleichen Grund immer auch Beispiele nebengeordneter Begriffe aufgezeigt werden, und zwar jeweils die gleiche Anzahl an Beispielen. Durch Vergleich der verschiedenen Beispiele kann dann von den Schülern auf die kritischen Attribute des zu lernenden Begriffs geschlossen werden. Dies alles ist sicher aufwendig; man erkennt aber schnell, dass auf einem solchen Weg genetisches Lernen möglich ist.

Auch bei der Vermittlung von Fachwissen beim Kompetenz-orientierten Lernen ist eine genaue und begründete Auswahl von Begriffen unabdingbar. Sonst besteht die Gefahr, dass dieses eher „zufällig" und heterogen bleibt; *anschlussfähiges Wissen… als Grundlage entsprechender Problemlösefähigkeit wird nicht herausgebildet* (Freimann 1999). Lehrer sollten bei diesem Unterrichtsverfahren auf diesen Aspekt besonders achten.

Soll z. B. der Begriff „Steinfrucht" eingeführt werden, vergleicht man zunächst mehrere Vertreter dieser Fruchtform miteinander (Mirabelle, Pflaume, Pfirsich) – wobei sicher eine Schwierigkeit darin besteht, alle diese Früchte gleichzeitig zur Hand zu haben. Im zweiten Schritt wird die gleiche Anzahl von Beispielen eines dem Begriff „Steinfrucht" nebengeordneten Begriffs vorgestellt, z. B. „Beeren-Frucht" (Weinbeere, Stachelbeere, Tomate). Im dritten Schritt werden Vertreter der Steinfrüchte mit solchen der Beerenfrüchte miteinander verglichen. So können die Schüler das beiden Begriffen gemeinsame Attribut „äußere Teile der Fruchtwand fleischig" und das kritische Attribut „Anzahl der Samen" erschließen.

Besonders wichtig erscheint die Verwendung vieler Beispiele oder auch von Modellen beim Erlernen sogenannter abstrakter biologischer Begriffe (genauer: ohne konkrete Denotation), wie zum Beispiel Erregungsleitung, Selektion, Homöostase.

Die Frage liegt nahe, ob Genetisches Lernen (u. a. auch fragend-entwickelndes Lernen, ausführlich schon in Kap. 7.3) eines Begriffs besonders effektiv ist. Bei manchen Begriffen erscheint dies einleuchtend. So kann man den Begriff „Samen" anhand von Objekten genetisch gewinnen. Aber schon beim Begriff „Blüte" ist dies problematisch. Zwar können die Schüler die Bestandteile einer Blüte finden, aber das Spezifikum einer Blüte (umgewandelte Blätter, die phylogenetisch veränderte Sporangien als Fortpflanzungsorgane tragen) dürfte kaum selbst gefunden werden können.

Huber* (1970) hat acht Studien verglichen, die sich mit induktiven (genetischen) und deduktiven (darstellenden) Methoden des Begriffslernens beschäftigen. Danach fanden die meisten Autoren einen höheren Lernerfolg der deduktiven Methode beim unmittelbaren, kurzfristigen Behalten. Für das längerfristige Behalten sind beide Methoden gleichwertig. Ausubel et al. (1981) schlagen deduktives Vorgehen vor. Sie empfehlen, zu Beginn einer Unterrichtseinheit „Schlüsselbegriffe" (advance organizers) vorzugeben. Die zugehörigen speziellen Begriffe werden im Verlauf des Unterrichts ergänzt.

Bislang konnte demnach nicht eindeutig geklärt werden, ob ein eher genetisches oder darstellendes Verfahren beim Erlernen von Begriffen vorteilhafter ist. Möglicherweise gibt es Begriffe, bei denen die eine oder die andere Methode überlegen ist. Diese Befunde sind nach der Betonung Problemorientierten Lernens seit PISA (s. Kap. 5.10, 17.3) besonders zu beachten.

Es erscheint selbstverständlich, dass eingeführte Begriffe regelmäßig wiederholt werden. Dies ist vermutlich im Biologieunterricht weithin nicht in dem erforderlichen Ausmaß der Fall. Dass Wiederholen keine Selbstverständlichkeit ist, zeigt z. B. die Untersuchung von Schulbüchern für die Sekundarstufe I: Etwa die Hälfte aller dort aufgeführten Begriffe wird nur einmal verwendet (Graf 1989a). Auch die Übereinstimmung der Begriffsinventare für verschiedene Teilgebiete der Biologie, die Wiederholung ermöglichen könnte, ist gering. Im Mittel stimmen nur etwa 23 Prozent der Begriffe zweier Teilgebiete – etwa: Blut und Blutkreislauf, Ernährung und Verdauung – überein (Graf 1995).

In den meisten Unterrichtsstunden sollten etwa in Form einer „Fünf-Minuten-Begriffsübung" biologische Begriffe wiederholt werden; bei der Einführung neuer Begriffe möglichst früher eingeführte verwendet werden.

10.8.3 Was Schüler lernen

Schulbücher und Lehrpläne könnte man sinnvollerweise erst schreiben, wenn man wüsste, wie viele biologische Begriffe Schüler einer bestimmten Altersgruppe durchschnittlich pro Unterrichtsstunde lernen und behalten. Dieses „Lernvermögen" kann mit mehreren Methoden untersucht werden.

In einem Versuch (21 Klassen von Gesamtschulen, n= 460) wurden zuerst Unterrichtseinheiten zu den Themen „Ernährung und Verdauung" und „Fotosynthese" für 5./6. Klassen nach kritischen Verfahren entwickelt. Diese Unterrichtseinheiten wurden möglichst gleich unterrichtet. Die Schüler fertigten Begriffsnetze an, in denen die richtig eingesetzten Begriffe und Relationen ausgezählt wurden (Nachtest nach ca. sechs Wochen). Es ergab sich, dass diese Schüler im Mittel nur 1,0–1,1 biologische Begriffe auf Dauer pro Stunde behalten hatten (Graf 1989a). Vergleichbare Untersuchungen mit Schülern der Klassen 5 bis 7 zu den Themen „Sinnesorgane" und „Immunologie" ergaben ähnliche Ergebnisse (Uihlein 2001.). In diesem Fall wurden vorwiegend schriftliches Formulieren von Begriffen und Aussagen zur Überprüfung verwendet.

Dies mag enttäuschend wenig und zudem für den Biologieunterricht mit einer Vielzahl von Begriffen kaum realistisch erscheinen. Wenn jedoch von den Schülern im Biologieunterricht von Klasse 5 bis 10 in jeder Stunde etwa 1,5 Begriffe gelernt werden würden, sollten sie am Ende der Sekundarstufe I ungefähr 500 Begriffe beherrschen. Dies dürfte derzeit in aller Regel nicht der Fall sein. – Vergleichsweise wird davon ausgegangen, dass im Fremdsprachenunterricht pro Stunde 2–3 neue Vokabeln – bei denen ja nicht ein neuer Begriff, sondern nur ein Namen behalten werden muss – gelernt werden.

Auf der anderen Seite sind Schüler der Primarstufe durchaus in der Lage, eine Vielzahl biologischer Begriffe exakt zu lernen, wie Untersuchungen ergeben haben. Engel & Kasbohm (1988) testeten unvorbereitete Schüler von 4. Klassen (n=297) schriftlich und fanden einen hohen Lernerfolg (ca. 73 Prozent richtige Aussagen) zu zahlreichen grundlegenden biologischen Begriffen. Eckert (1980) testete Schüler (n=872) am Anfang der 5. Klasse mit Multiple-Choice-Aufgaben, mit denen jeweils nach einem biologischen Begriff gefragt wurde. Da es sich um neu aus verschiedenen Grundschulen zusammengesetzte Klassen handelte, lag das Ergebnis mit ca. 54 Prozent richtiger Antworten erstaunlich hoch. Vorschläge, wonach im Biologieunterricht (bzw. biologischen Anteil des Sachunterrichts) der Primarstufe vorwiegend oder gar ausschließlich „erlebensorientiert“ (s. Kap. 3.6) vorgegangen werden soll, lassen sich schwerlich mit solchen Befunden in Einklang bringen. Zu fragen ist auch, warum die Kenntnis biologischer Begriffe bei älteren Schülern (und Studenten) offenbar viel unbefriedigender ist (s. Kap. 10.7).

10.8.4 Vorerfahrungen mit Begriffen und Alltagsvorstellungen

Schon seit etwa 30 Jahren werden sogenannte „Alltagsvorstellungen“, „Vorerfahrungen“, „Fehlvorstellungen“, „Missbegriffe“ von Schülern (und anderen) zu Begriffen und Aussagen untersucht. Es hat sich u. a. gezeigt, dass solches Vor-Wissen das Erlernen naturwissenschaftlich zutreffender Begriffe und Aussagen erschweren kann.

Bislang gibt es offenbar keinen weithin anerkannten deutschen Terminus für diesen Sachverhalt. Im angelsächsischen Bereich wird von misconceptions, alternative conceptions, alternative framework, gesprochen; preconceptions werden auch Vorstellungen von Kindern genannt, die noch keinen Unterricht hatten. Der Terminus „Fehlvorstellung“ wird wegen seines normativ-wertenden Charakters eher ungern verwendet. Häufiger wird von Alltagsvorstellungen, alternative Vorstellungen, Lernendenvorstellung und ähnlichem gesprochen, da derartige gedankliche Konstrukte für die Alltagssituationen der Lernenden ja in aller Regel passend sind und sich bewährt haben. Solche vorunterrichtlichen Vorstellungen können sehr hartnäckig sein (s. Conceptual Change z. B. bei Krüger 2008). Eine Bibliographie zu diesem Thema von Pfundt & Duit* (1991) weist allein 225 Arbeiten zum Biologieunterricht aus. Einen Überblick über dieses Forschungsgebiet geben auch Helm & Novak (1983), Koballa & Crawley (1990).

In Deutschland hat vor allem Schaefer (z. B. 1976) schon früh Vorstellungen und Assoziationen von Schülern und anderen zu verschiedenen biologischen Begriffen, wie z. B. Wachstum, Gesundheit, „Leben“, untersucht. Er fand, dass diese Vorstellungen meist einen viel größeren Umfang haben, anders strukturiert sind als zugehörige Begriffe der Biologie. Einen Überblick über theoretische, kognitionspsychologische Annahmen über „Vorstellungen“, „mentale Repräsentationen“ usw. gibt z. B. Sumfleth (1991).

.

Echte „Fehlvorstellungen“ beim Verständnis von Begriffen spielen möglicherweise in der Biologie eine geringere Rolle als in Physik und Chemie. Dafür sprechen einige Befunde von Lawson (1988, s. auch Berck & Graf 1992); dazu einige weitere Argumente:

- Einige Untersuchungen (s. z. B. Brinkmann 1997; weitere in Bayrhuber & Brinkmann 1998) legen die Vermutung nahe, dass „Verwirrungen“ in Bezug auf biologisches Wissen eher durch tatsächliches „Nichtwissen“ als durch hinderliches „Alltags-Vorwissen“ zustande kommen; dies zeigen auch von Lawson (1988) veröffentlichte Interviews mit Schülern. – Zugleich wird das Verständnis mancher biologischen Begriffe auch durch weltanschauliche, ethische u. a. Vorstellungen beeinflusst.
- So stellen denn auch Gerhardt & Piepenbrock (1992:260) im Zusammenhang mit Untersuchungen über Schüler-Vorstellungen zum Begriff „Energie“ fest: *Viele dieser Fehlvorstellungen kommen dadurch zustande, dass die Wissensgrundlagen ..., die im Unterricht vermittelt werden müssten, zu gering sind.* Aus umfangreichen Untersuchungen über mangelnde chemische Kenntnisse z. B. zum Thema „vom Gen zum Enzym“ bei Schülern der Sekundarstufe II und Lehramtsstudenten schließt Lumer (1996:160f.): Die Kenntnis chemischer Grundlagen ist überaus niedrig, statt Grundlagen werden spezifische Details vermittelt. Aufbauender Biologieunterricht (s. Kap. 10.8.5) könnte wahrscheinlich dazu beitragen, manche dieser Wissens-Lücken und „Fehlvorstellungen“ zu beheben.
- Wenn 14–15-jährige englische Schüler zwar „wissen, dass es innerhalb einer Art Variationen gibt, sie aber nicht deren genetische Ursache kennen“

(WOOD-ROBINSON, 1995:120, mit vielen ähnlichen Angaben), oder viele Lehramtsstudenten der Biologie nichts über „die biologische Bedeutung von Sexualität" wissen – dann muss man dies vorwiegend als mangelndes Wissen bezeichnen.
- Wie schnell jüngere Schüler „Fehlvorstellungen" – oder fehlendes Wissen – z. B. über die Funktion ihres Skeletts verändern können, ergab eine Untersuchung von GUICHARD (1996, ausführlich in Kap. 14.8.2.4).

Es gibt aber offenbar auch typische bzw. (kulturübergreifende) verbreitete Fehlvorstellungen für bestimmte biologische Begriffe und Aussagen. WOOD-ROBINSON* (1995) hat dazu eine umfangreiche Sammlung zusammengetragen; z. B.: Pflanzen ernähren sich, indem sie Bodenbestandteile aufnehmen; Evolution geschieht nach lamarckistischen Prinzipien; Anthropomorphismen bleiben (lange) bestehen.

Zahlreiche weitere Untersuchungen über verschiedene Themen liegen vor, nur drei sollen genannt werden: Tierbegriff (BELL 1981), Evolution und Vererbung (BRUMBY 1984, DEADMANN & KELLY 1978; GRAF 2009b).

Misconceptions entstehen vielfach auch erst durch Biologieunterricht. Manchmal durch Missverständnisse, durch unklare Darstellungen, fragwürdige Analogien, bildhafte Darstellungen u. a.

Einige Ergebnisse zahlreicher Untersuchungen (z. B. DUIT et al. 1981, KOBALLA & CRAWLEY 1990, GIL-PEREZ & CARRASCOSA 1990) über Misconceptions dürften für den Versuch, diese zu verändern, nützlich sein.

- Man sollte wissen, dass Fehlvorstellungen nur schwer veränderbar sind, auch bei richtiger Darstellung der Begriffe im Unterricht.
- Auch mit zunehmendem Alter gibt es kaum Veränderungen (z. B. Begriff „Diffusion").
- Wichtig ist, dass Lehrer in Erfahrung bringen, welches biologische Wissen ihre Schüler haben – dies ist sowieso bei jedem Unterricht erforderlich. Sie sollten zudem typische Fehlvorstellungen und weitere Vorstellungen, die Schüler aus ihrem Alltag übernehmen, kennen.
- Bei Begriffen mit fehlender Denotation (s. o.) sind Fehlvorstellungen besonders häufig.
- Forderung an die Schüler nach Sachwissen ruft Veränderungen hervor.
- Lehrer haben oft ähnliche Fehlvorstellungen wie Schüler.
- Es gibt bislang offenbar keine sicheren Strategien zur Veränderung von Fehlvorstellungen. Als erfolgreiche Methoden werden angegeben: Darstellung der Wissenschaftsgeschichte eines Begriffs; vorhandenes Wissen rekonstruieren; Erweiterung des Assoziativen Umfeldes eines Begriffs; zahlreiche Beispiele und Gegenbeispiele für einen Begriff nennen; man muss zuerst den neuen richtigen Begriff haben, bevor der alte ausgelöscht wird; Beobachtungen und Erfahrungen machen lassen, aus denen sich ein Widerspruch zu Fehlvorstellungen ergibt.

10.8.5 Auswahl grundlegender biologischer Begriffe

Die dargestellten Befunde zwingen geradezu dazu, das Prinzip der „Begriffs-Ökonomie" anzuwenden (s. auch Kap. 10.2). D. h., eine sachgerechte Auswahl wesentlicher Grundbegriffe der Biologie vorzunehmen. Dabei ist aufgrund der geringen Behaltensleistung auf größtmögliche „Sparsamkeit" in Bezug auf die Gesamtzahl der Begriffe zu achten.

Strebt man einen aufbauenden Biologieunterricht an, so ist auch dazu die Entwicklung eines Grundkanons biologischer Begriffe erforderlich – etwa jeweils für die Primarstufe und Sekundarstufe I (Beispiel für die Hauptschule s. Kap. 18.3). Welche Begriffe in einen solchen Kanon aufgenommen werden, darüber dürfte es sicher unterschiedliche Meinungen geben. Eine Methode, einen solchen Kanon zu entwickeln, besteht z. B. darin, die in Schulbüchern am häufigsten verwendeten Begriffe auszuwählen und eine solche Liste aufgrund sachlogischer Notwendigkeiten zu ergänzen. Denn bei jedem so gewonnenen Begriff muss geprüft werden, ob er wirklich notwendig ist, um ein Thema sachlich zutreffend darzustellen, oder ob er Voraussetzung zum Verständnis weiterer Begriffe ist.

GARDNER (1969), BARRASS (1979) und PEARSON & HUGHES (1986) haben ebenso wie H. BERCK (1986) ähnliche Prinzipien zum Auffinden der wichtigsten biologischen Begriffe verwendet; z. B. kann man dabei folgendermaßen vorgehen: Gebrauch der Begriffe in publiziertem Material; Befragung von Experten zur Korrektheit der Begriffe; die Häufigkeit der so gewonnenen Begriffe wird bestimmt, Wichtigkeit der Begriffe wird von Experten bestimmt, Begriffe werden nach Wichtigkeit geordnet.

Im englischsprachigen Raum sind einige Listen mit Grundbegriffen für den Biologieunterricht im Umfang von 400 bis 900 Begriffen entwickelt worden. EVANS (1976, 1975) legte eine Minimalliste biologischer Begriffe für das O-Level-Examen (entspricht etwa dem Abschluss der Sekundarstufe I) und für den Unterricht in Humanbiologie vor. Das INSTITUTE OF BIOLOGY (2009) hat eine Liste mit 900 biologischen Grundbegriffen und 1000 weiteren Begriffen für den Biologieunterricht in der Oberstufe entwickelt.

Für den deutschsprachigen Raum fehlen bislang für einzelne Schulstufen gut begründete Listen biologischer Grundbegriffe. Graf (1998b) hat jedoch eine Zusammenstellung der häufigsten Begriffe in Schulbüchern für die Sekundarstufe I und ihre Zuordnung zu einzelnen Themenbereichen erarbeitet. Sie kann von Lehrern als Hilfe für ihre Auswahl benutzt werden und als Grundlage für weitere Arbeiten. Die Gesellschaft Deutscher Naturforscher und Ärzte hat eine Schrift mit biologischen (und anderen naturwissenschaftlichen) Grundbegriffen herausgegeben (SCHAEFER 2007). H. BERCK (1986) publizierte eine (wohl noch immer zu umfangreiche) Liste biologischer Begriffe für den Sachunterricht in der Primarstufe.

Dort werden zum Beispiel für das Thema „Blüte" nach umfangreicher Diskussion folgende Begriffe vorgeschlagen (weiteres Beispiel s. Kap. 18.1): Blüte, Kelchblatt, Kronblatt, Staubblatt, Pollenkorn, Fruchtblatt, Narbe, Griffel, Fruchtknoten (männliche und weibliche Geschlechtszelle), Frucht, Same, Embryo, Bestäubung, Befruchtung, Keimung. Dem stehen etwa 160 verschiedene Begriffe entgegen, die in Schulbüchern verwendet werden. Und dies ist ja offensichtlich in neueren Schulbüchern noch immer der Fall (s. o.).

Die für Biologieunterricht notwendigen biologischen Grundbegriffe zusammenzustellen, darf man als wichtige biologiedidaktische Forschungsarbeit bezeichnen – dies zeigen die angegeben Bemühungen in England. Bislang ist es den Lehrenden überlassen, für einzelne Themen diese Begriffe auszusuchen. Eine Arbeit, die von einem einzelnen jedoch kaum zu leisten ist.

Begriffe: Begriffsnetz (Concept Map, Map), Kritisches Attribut, Genetisches Lernen, Schlüsselbegriff (advance organizer), Begriffsökonomie, Alltagsvorstellungen (Vorerfahrungen, Fehlvorstellungen)

10.9 Regeln zur Begriffsvermittlung

Manchem mögen „Regeln für den Unterricht" problematisch erscheinen. Die oben mit empirischen Ergebnissen dokumentierten weithin schlechten Kenntnisse lassen es jedoch dringend geboten erscheinen, bei der Vermittlung von Begriffen eine Reihe von Prinzipien zu beachten.

Es gibt Vorschläge für das Vermitteln von Begriffen. Nach HEINZEL & SCHUBERT (1969) sollte man dabei folgende Stufen beachten:
1. Kennenlernen vieler und vielerlei Einzelgegenstände, die zu einem Begriff gehören; 2. Feststellen der Gemeinsamkeiten und Unterschiede gemeinsam mit den Schülern (prinzipiell gemäß dem induktiven bzw. genetischen Verfahren); 3. Abstraktion der wesentlichen Merkmale und Unterschiede; 4. nennen des Fachterminus; 5. Definition.

Die Lernpsychologen KLAUSMEIER & RIPPLE (1975) empfehlen die Beachtung folgender sieben Prinzipien, mit deren Hilfe Begriffslernen verbessert werden kann:
1. Beachtung von Ähnlichkeiten und Unterschieden bei Dingen und Vorgängen; 2. Aneignung von Begriffsnamen und Merkmalen; 3. Lernen verbaler Definitionen; 4. Erkennen der begriffsdefinierenden Merkmale; 5. induktive (genetische) oder deduktive Herleitung des Begriffs auf der Grundlage verfügbarer Informationen;

6. Erkennen anderer Begriffe als nebengeordnet, übergeordnet und untergeordnet, wenn sich der Begriff in eine Hierarchie (ein Begriffsnetz) einordnen lässt; 7. die Angemessenheit eines (eigenen) Begriffs überprüfen.

Fasst man diese beiden Vorschläge und andere sowie die in diesem Kapitel dargestellten Befunde zusammen, so kann man für den Biologieunterricht vor allem folgende Regeln für das Unterrichten von Begriffen empfehlen:

- Prüfen, welche Begriffe notwendig, essentiell für das Thema, zum Erlernen grundlegender biologischer Kenntnisse sind.
- Vor Beginn einer Unterrichtseinheit ein Begriffsnetz aus diesen Begriffen aufzeichnen und sich damit vertraut machen.
- Damit auch die Abfolge der Begriffe im Unterricht in etwa festlegen.
- Den geeignetsten Begriffsnamen aussuchen.
- Die wesentlichen Merkmale eines Begriffs, vor allem die kritischen Attribute erarbeiten.
- Prüfen, ob ein Begriff besser genetisch (z. B. durch ein Experiment) oder darstellend eingeführt werden kann.
- Wo immer möglich, eine Definition verwenden; diese sollte auf höherer Kenntnisstufe ebenfalls zutreffend sein und erweitert werden können.
- Wo eine Definition nicht oder nur schwer möglich ist, möglichst umfängliches Anschauungsmaterial verwenden.
- Bei Begriffen ohne konkrete Denotation (sogenannten abstrakten Begriffe) viel Zeit und Anschauungsmaterial vorsehen.
- Nebengeordnete, zumindest typische nebengeordnete Begriffe gleichzeitig einführen; überprüfen, ob zuerst ein zugehöriger übergeordneter Begriff eingeführt werden muss.
- Ein Assoziatives Umfeld zu einem Begriff durch Beispiele entwickeln.
- Im Durchschnitt in einer Unterrichtsstunde (in Klasse 5–7) nur ein bis zwei Begriffe neu einführen.
- Mit den Schülern ein Begriffsnetz zum Thema anfertigen; die in einer Stunde neu eingeführten Begriffe in dieses Netz einfügen.
- Begriffe häufig wiederholen!

Es ist weiterhin nützlich, bei der Vermittlung von Begriffen zusätzlich noch folgende Gesichtspunkte zu beachten:

- Es werden in einer Definition möglichst nur Begriffe verwendet, die den Schülern mit hinreichender Wahrscheinlichkeit bereits bekannt sind. Dabei werden, so weit möglich, nur Alltagsbegriffe und bereits eingeführte biologische Fachbegriffe benutzt. Alltagsbegriffe sind solche, die besonders häufig außerhalb der Schulsituation vorkommen.
- Sollte es sich nicht vermeiden lassen, dass in einer Definition ein noch unbekannter Begriff verwendet wird, so muss dieser ebenfalls definiert werden.
- Es wird darauf geachtet, dass nach Möglichkeit immer wieder die gleichen Begriffe verwendet werden, um insgesamt mit einer möglichst geringen Anzahl auszukommen.
- Begriffe, die in einer Unterrichtseinheit neu eingeführt werden, nach Möglichkeit bei der Definition nachfolgender biologischer Begriffe verwenden. So werden die neuen Begriffe wiederholt.
- Die Definitionen sollten sich nicht an einem vorgegebenen Schema orientieren müssen. Vielmehr bestimmen Zweckmäßigkeitsüberlegungen die Art und Weise der Begriffsfestlegung.

Sollten sich falsche Vorstellungen bei Schülern verfestigt gaben, sollte (nach der Conceptual Change Theorie, S. Krüger 2007) wie folgt vorgegangen werden:

- Unzufriedenheit mit den bisherigen Vorstellungen muss erzeugt werden,.
- Die neue muss dem Lernenden verständlich sein.
- Die neue Vorstellung muss dem Lernenden plausibel escheinen.
- Die neue Vorstellung sollte fruchtbar sein, d. h. auf neue Bereiche anwendbar sein.

11 Interesse an Tieren und Pflanzen – nicht nur ein Spezialfall – Lernprozesse im Biologieunterricht 3

Jüngst scheint sich ein besonders desolater Zustand einzustellen, was die Vermittlung von Kenntnissen über Tier- und Pflanzenarten im Biologieunterricht betrifft. Die „Bildungsstandards“ sehen dieses Thema nicht ausdrücklich vor! Lehrer, die dennoch der Meinung sind, dass dies eine wichtige Aufgabe ist, müssen sich Wissen aneignen, wie dies am besten geschehen kann.

Mögliche Situation: Eine Biologielehrerin, ein Biologielehrer, die bzw. der nicht eine gewisse Artenkenntnis hat, kann leicht in Schwierigkeiten kommen. Nicht selten bringen Schüler Pflanzen oder Teile von Tieren mit (vor allem von Reisen) und fragen, wie die Arten heißen. Bei Wanderungen fragen Schüler häufig von sich aus nach dem Namen und der Lebensweise von Arten. Kein Lehrender kann auch nur einen Bruchteil aller Arten kennen, aber wenn er nie oder fast nie eine Art zu benennen weiß…

Und schließlich: Kann man dem folgenden Satz von Wagenschein (1961) zustimmen? „Ich glaube, dass der biologische Unterricht nie bis zur Wesensmitte des Schülers vordringen kann, wenn er nicht einen vertrauten Umgang mit einigen Wesen der ungestörten Natur voraussetzt oder schafft.“

11.1 Grundlagen und Begründungen

11.1.1 Situation

Die Beschäftigung mit Pflanzen und Tieren ist kein spezielles Gebiet des Biologieunterrichts (wie etwa Ethologie). Man kann es vielmehr als eines seiner Grundthemen bezeichnen, das den Unterricht in vielfältiger Weise durchzieht. Auch bei vielen Themen der Allgemeinen Biologie – man denke nur an Ökologie – müssen zugleich Kenntnisse über Arten entstehen oder sind Voraussetzung zum Verständnis solcher Fragen. – Wie viele verschiedene Fragen es zu diesem Thema gibt, deutet Abbildung 19 an.

In der Biologie war über lange Zeit hinweg Taxonomie (Systematik der Tier- und Pflanzenarten) das zentrale Thema oder zumindest eines der zentralen Themen (s. Kap. 5.3). Zudem wurden Artenkenntnisse als Teil der Allgemeinbildung angesehen oder waren für bestimmte Menschengruppen von praktischem Nutzen. Folglich bestand ein großer Teil des Biologieunterrichts in dem Versuch, solches Wissen zu vermitteln. Daran wurde noch immer intensiv, man könnte fast sagen anachronistisch festgehalten, als andere biologische Themen in der Wissenschaft bedeutsam wurden. Als Folge dieses Beharrungsvermögens erfolgte mit der Curriculumreform (s. Kap. 6.1) eine Gegenbewegung: Das Thema „Kennenlernen von Arten“ kam in vielen Lehrplänen nicht mehr vor. Die zunehmende Bedeutung von Naturschutz und dessen Darstellung im Biologieunterricht und „Biologie im Freien“ (s. Kap. 14.10) führten dazu, dass ab Mitte der achtziger Jahre eine Renaissance einsetzte, die eine erneute, aber offenbar eher nur vorübergehende Beachtung von Artenkenntnissen im Biologieunterricht zur Folge hatte.

11.1.2 Verschiedene Bezeichnungen

In der Biologiedidaktik gibt es zwei Bezeichnungen für einen ähnlichen Sachverhalt: „Artenkenntnis“ und „Formenkenntnis“ (entsprechend: Formenkunde). Die letztere Bezeichnung wird manchmal gewählt, weil es gelegentlich sinnvoll oder nicht möglich erscheint, eine bestimmte Art kennen zu lernen. Es scheint auszureichen – und muss dies wohl auch in Einzelfällen bei artenreichen Taxa – wenn Schüler die „Form“ Wasserfloh oder Grünalge kennen und erkennen. Bei Insekten wird man sich z. B. darauf u. U. beschränken müssen, wenn Schüler ein Tier der Gruppe „Heuschrecken“ oder „Laufkäfer“ zuordnen können. Man spricht dann wohl am besten von Gruppenkenntnissen (auch als Sippenkenntnis bezeichnet, ZABEL 1965, ausführlich 1995). Wer jedoch nur eine „Form“ (etwa einen „Farn“) kennt, kann z. B. gefährdete und damit schützenswerte Arten nicht von anderen unterscheiden. Die Biologie auch nahe verwandter Arten ist zudem oft recht unterschiedlich (etwa von Haussperling und Feldsperling). Deshalb erscheint es notwendig, in aller Regel Kenntnisse über eine bestimmte Art zu vermitteln. Zudem: besser wenige Arten gründlich behandeln als viele nur andeutungsweise. Folglich wird hier der Bezeichnung „Artenkenntnis“ der Vorzug gegeben.

Es gibt sogar Schulbuch-Autoren, die offenbar der Ansicht sind, dass es ausreicht, von einem „Specht“ oder einer „Ameise“ zu sprechen. Dies sollte jedoch aus den genannten Gründen vermieden werden. Vergleichsweise wird auch niemand im Geschichtsunterricht von einem „Frankenkönig“ sprechen; wohlwissend, dass jeder dieser Herrscher eine Einmaligkeit darstellt – wie Arten eben auch.

Einigkeit besteht darüber, dass man mehr über eine Art wissen muss als nur den Namen, wenn man sagen will, dass jemand ein Tier oder eine Pflanze kennt. Neben typischen Merkmalen und Angaben zur Lebensweise, dürfte ein interessanter „Aufhänger“, „eine beeindruckende Erfahrung“ (LÖWE 1992a) wichtig dafür sein, dass eine Art behalten wird (s. u.).

11.1.3 Wozu Artenkenntnisse?

Es gibt eine Vielzahl von Begründungen, wozu Artenkenntnisse dienen könnten (MAYER 1993, MAYER & HORN 1993, BERCK & KLEE 1992, BERCK 2009). Mit MAYER & HORN (1993). Man kann die wichtigsten dieser Begründungen zusammenfassen:

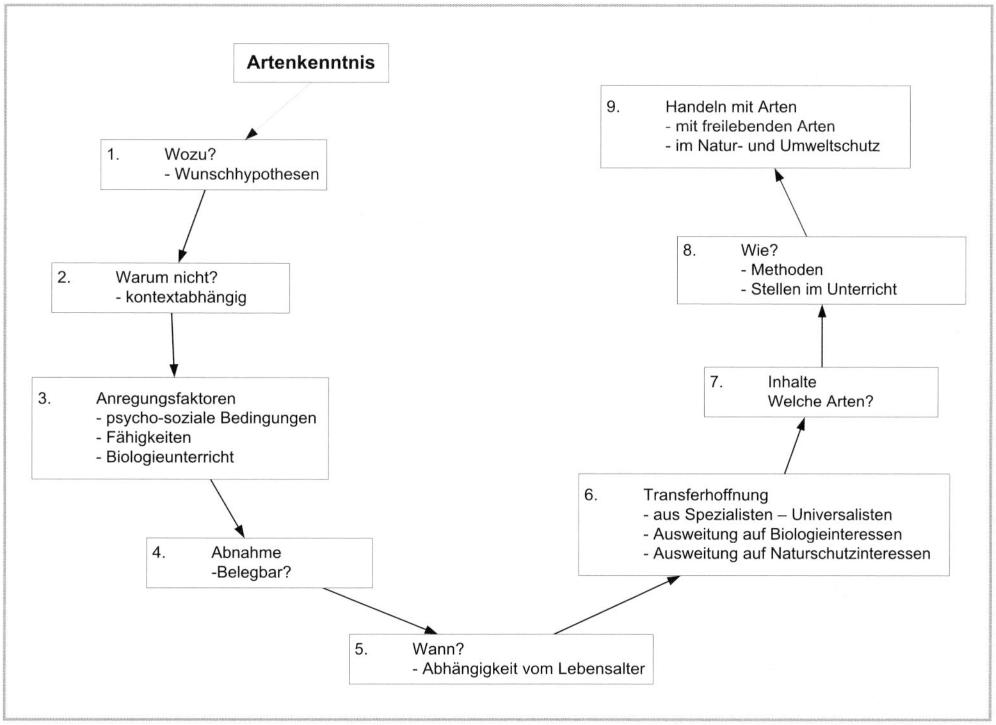

Abb. 19: Fragen zum Thema Artenkenntnisse

- Sie können eine emotionale, intellektuelle und ästhetische Bereicherung für den einzelnen sein und zu sinnvollen Freizeitaktivitäten führen.
- Sie dienen einem rationalen Verständnis der uns umgebenden Natur.
- Sie tragen zum besseren Verständnis biologischer Themen bei.
- Sie sind ein Beitrag zum besseren Verständnis von Naturschutz- und Umweltschutzfragen und dazu, die Bereitschaft zum Handeln in diesem Bereich zu fördern.
- Bei vielen Menschen dienen sie der praktischen Lebensbewältigung; aufgrund der heute großen Reiseaktivitäten sind Kenntnisse über bestimmte Arten (z. B. Parasiten) wieder bedeutsam geworden.

Es muss darauf hingewiesen werden (um dergleichen heute im Biologieunterricht zu vermeiden), dass vor allem in früheren Epochen auch eine Vielzahl an ideologischen Begründungen für Artenkenntnis angegeben wurde. So gibt es theologische, nationalistische und übertrieben psychische Begründungen. Dazu drei Beispiele: *Naturbeschäftigung ruft Freude und Glück hervor; dazu gehört der Hinweis auf den Schöpfer* (PETERSEN 1928:6); *Naturliebe ist die Mutter jener echten Heimatliebe, die dem neuen Deutschland die besten Wurzeln seiner Kraft geben wird* (GUENTHER 1919:V); *wer Tiere liebt, kann kein schlechter Mensch sein* (BROHMER 1932:31). Siehe dazu auch entsprechende Zitate in Kapitel 3.6.1.

11.1.4 Belege für die objektive und subjektive Bedeutung von Artenkenntnissen

Inzwischen liegen Untersuchungen dazu vor, inwiefern den angegebenen Begründungen neben positiven subjektiven Erfahrungen auch allgemein Realität zukommt. Hesse (1999) hat einen bemerkenswerten Beitrag zur Forschungsgeschichte in diesem Bereich vorgelegt. Bei der empirischen Aufklärung muss eine ganze Reihe unterschiedlicher Parameter gemessen werden. Deshalb sind bisher nur bestimmte Tendenzen erkennbar. Vor allem ist zu belegen, ob positive Wirkungen, die sich in relativ kurzen Unterrichtsversuchen erkennen ließen, auch andauern. – Im Folgenden wird mehrfach eine Untersuchung (BERCK & KLEE 1992) zitiert, bei der Mitglieder von Naturschutzverbänden (n=626, Kontrollgruppe n=382) befragt wurden; sie werden als „Freilandbiologen“ bezeichnet.

- SCHERF (1986) konnte nur sehr bedingt belegen, dass sich nach einem etwa zweimonatigen Unterricht über Pflanzenarten in 4. Klassen (n=228) die schützende Einstellung gegenüber Pflanzen erhöhte. Es musste zudem offen bleiben, ob ein Zusammenhang zwischen dem Umfang der Artenkenntnisse und schützender Einstellung besteht (ähnlich STAROSTA 1990).
- Bei Freilandbiologen ist das Interesse an Natur-, aber auch an Umweltschutz und an entsprechenden Maßnahmen sehr hoch. Eine „Pfadanalyse“ (die die Richtung von Korrelationen zu erklären versucht) zeigt, dass dieses Interesse tatsächlich in nicht geringem Umfang vom Interesse an Arten ausgeht.
- Entsprechende Befunde (Befragung von Jugendlichen, n=570) zeigen, dass gute Formenkenntnisse eine positive Auswirkung auf Umwelthandeln haben (ZUBKE & MAYER 2003).
- Intensive Beschäftigung mit Arten ist eine sinnvolle Freizeitaktivität für viele Menschen. Dies belegt die große Zahl von Mitgliedern einschlägiger Verbände. Diesen wird nach der zitierten Befragung auch die größte Kompetenz in Naturschutzfragen unter allen gesellschaftlichen Gruppen zugeschrieben.
- Das Interesse von Freilandbiologen, die sich intensiv mit Arten in irgendeiner Form beschäftigen, ist in hohem Maße auf eine Organismengruppe konzentriert. Sie sind keine Globalisten, sondern eher Spezialisten (Abb. 20). So interessieren sich „Botaniker“ (die einer botanischen Vereinigung angehören) vorwiegend für Blütenpflanzen, aber weniger als eine Kontrollgruppe (die keinem naturbezogenen Vereinigung angehören) z. B. für Vögel und Säuger. Entsprechendes gilt für Vogelbeobachter (Werte bei BERCK & KLEE 1992). Dies entspricht auch den Erfahrungen in Naturschutzverbänden. Biologieunterricht sollte danach versuchen, neben der Vermittlung eines begrenzten „Grundkanons“ wichtiger Arten, Schü-

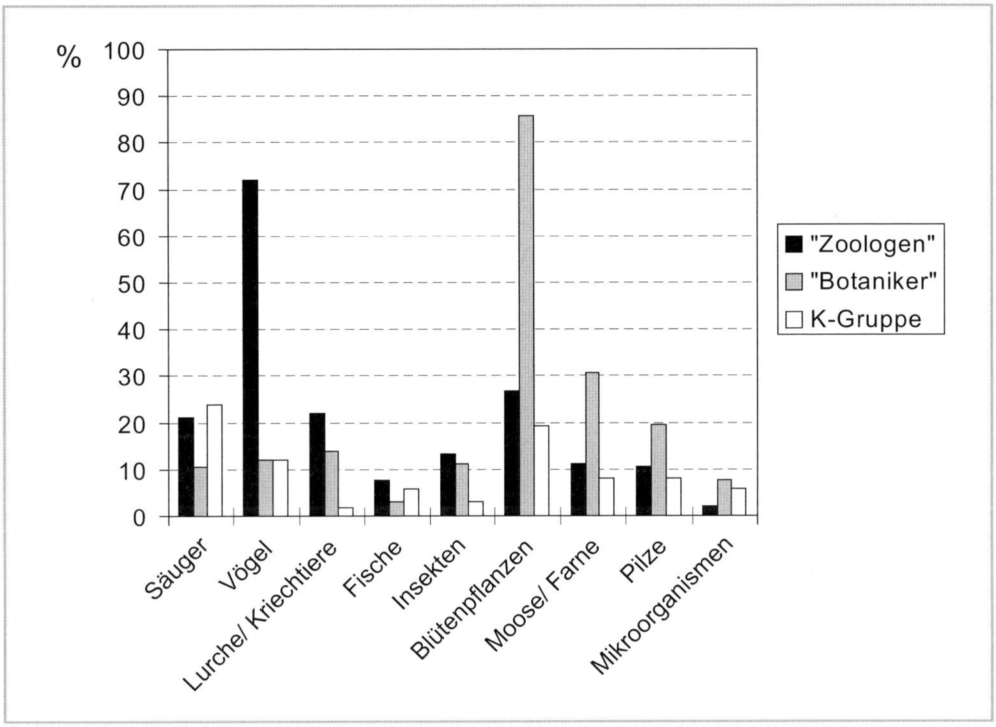

Abb. 20: Beschäftigung mit Pflanzen- und Tiergruppen von „Freilandbiologen"; „Zoologen": gehören einer Vereinigung an, die vorwiegend Aktivitäten mit einer Tiergruppe pflegt (z. B. „Naturschutzbund Deutschland": Vogelarten); „Botaniker" entsprechend; Wahl der Maximalwerte auf einer fünfstufigen Antwortskala in Prozent (aus Berck & Klee 1992)

ler für eine bestimmte Artengruppe zu interessieren. Eine Möglichkeit wäre, dass sich Schüler über einen längeren Zeitraum mit einer Gruppe von Lebewesen ihrer Wahl beschäftigen.

- Zu der Annahme, dass Artenkenntnisse und Beschäftigung mit Arten sich auf das Interesse an allgemeinen biologischen Fragen auswirken, gibt es offenbar bislang keine sicheren Belege. Vielmehr ist erkennbar: Entsprechendes Interesse von Freilandbiologen ist nach der genannten Untersuchung nicht besonders hoch (und nur etwas größer als das einer Kontrollgruppe). Es gibt jedoch offenbar ein Bedürfnis nach solchem Wissen, um Arten besser zu verstehen. Weitere Untersuchungen dazu wären wichtig; z. B. um zu erfahren, in welchem Ausmaß allgemeinbiologische Aspekte bei der Darstellung einzelner Arten betont werden sollten; so schon Stichmann (1970).

Zusammenfassend kann man feststellen: Auswirkungen von Artenkenntnissen, Wissen über Arten verknüpft mit emotionalen Komponenten, sind am besten für die Bereiche Naturschutz und Umweltschutz sowie Freizeit belegt. Deshalb sollten im Biologieunterricht entsprechende Bezüge hergestellt werden. Dagegen muss man einen „rein emotionalen Bezug" eher skeptisch beurteilen (s. Kap. 3.6). Ähnlich äußern sich auch Bolscho & Seybold (1996:86): So überzeugend die Annahme ist, dass durch das emotionale Erlebnis Einstellungen und Werthaltungen von Jugendlichen beeinflusst werden, so wenig ist belegt, dass zwangsläufig daraus auch ein umweltbewusstes Handeln werde.

Begriffe: Artenkenntnis (Formenkenntnis), Taxonomie (als Thema von Biologieunterricht), Artenkenntnis: positive Einstellung zu Naturschutz, Freizeitaktivitäten, Interesse für Allgemeine Biologie

11.1.5 Warum kein Interesse an Arten?

Oft sind Lehrende darüber enttäuscht, wie wenig Interesse an Tieren und/oder Pflanzen sie trotz intensiver Bemühungen bei ihren Schülern hervorrufen können. Für eine Biologielehrerin ist es deshalb wichtig, darüber nachzudenken, was Jugendliche davon abhalten kann, sich mit Arten nachhaltig zu beschäftigen. Vielleicht ist dies eine Voraussetzung, Misserfolge eher zu vermeiden.

Kinder und Jugendliche können zwischen einer Vielzahl von „Erlebnisräumen" wählen. Viele ihrer Bedürfnisse werden durch andere Aktivitäten besser befriedigt als durch die Beschäftigung mit Arten. Dabei erhalten sie in der Regel wenig Anerkennung und soziale Bestätigung in einer Gruppe; sie können kein „Werk" vorzeigen oder handwerklich tätig sein (wie etwa beim Basteln, Musikspielen); das so erworbene Wissen ist im täglichen Leben oder bei Gleichaltrigen kaum zu verwerten; das Sammeln von Naturobjekten bleibt meist unbefriedigend, wenn es niemanden gibt, mit dem man sich austauschen kann; Artenkenntnisse sind bei Gleichaltrigen kein „Prestige-Objekt". Beim ernsthaften Umgang mit Arten (nicht bei dem mit Haustieren, s. u.) lassen sich Emotionen schlechter befriedigen als etwa beim Sport, Spielen von Musik etc. GRUPE (1952:9) – gewiss ein begeisterter Fechter von Artenkenntnissen – hat wohl recht gesehen, wenn er schreibt: *Jedes einzelne in der Natur steht dem Kind stumm gegenüber. Von dort her spricht nichts zu ihm.*

Es muss auch bedacht werden, dass zum Erwerb genauerer Artenkenntnisse oftmals spezielle Fähigkeiten erforderlich sind (wie für andere Tätigkeiten auch). Viele Menschen können sich z. B. Vogelstimmen nur schwer merken. Das gilt auch für das Speichern der Merkmale von Pflanzenarten. „Erfolg" bei einer solchen Tätigkeit ist aber eine der Voraussetzungen dafür, dass sie weiter und intensiv betrieben wird. Auch in dieser Hinsicht sind demnach dem Biologieunterricht in dem Bemühen, Schüler für Arten zu interessieren, Grenzen gesetzt.

Wiederholend kann festgestellt werden, dass Biologielehrerinnen Strategien entwickeln können, mit denen den genannten negativen Voraussetzungen begegnet werden kann; dazu gehören:

- Verbindung mit der Jugendgruppe eines Naturschutzverbandes herstellen (s. auch VERFÜRTH 1984);
- die Leistungen von Schülern in diesem Bereich betont anerkennen;
- gemeinsame Veranstaltungen planen (Ausstellung, Naturschutzaktionen);
- Exkursionen unter Einschluss „emotionaler Bedingungen" durchführen (Wanderung am frühen Morgen, Teilnahme an einer nächtlichen Zählung wandernder Kröten; wenn es Sport- und Musikfreizeiten gibt, warum sollte es eigentlich keine Arten-Freizeiten geben?)
- als Lehrender mit interessanten Beispielen und Freude über Arten berichten;
- zur Lektüre guter Tierbücher anregen.

Es wird in der Literatur häufig davon gesprochen, dass Jugendliche, besonders aber Kinder, ein unmittelbares, sozusagen ursprüngliches Interesse an Lebewesen haben (s. dazu vor allem PLÖTZ 1970, GRUPE 1952, MAYER 1992). Solche Aussagen sind aufgrund entsprechender Untersuchungen zu differenzieren. Im Folgenden werden die empirischen Befunde von STÜCKRATH (1952), ZILLIG (1961), CONDORET (1973) und KLEMM (1974) zusammengefasst. Danach hat das intensive „Interesse" von Kindern und Jugendlichen an Tieren und Pflanzen vor allem folgende Ursachen:

- Langeweile, Spiel-, Pflege- und Streichelbedürfnis;
- jemanden haben, der immer für einem da, der „treu" ist;
- gewisse ästhetische Bedürfnisse: die „goldigen Tiere", das eigene Zimmer mit Pflanzen und Sträußen schmücken;
- Analogiebeobachtungen machen zum besseren eigenen Verständnis (Sexualität, Jungenpflege);
- auf sich aufmerksam machen durch Außergewöhnliches (mit einem Hund ausgehen, ein Pferd reiten);
- Pflanzen werden vor allem unter Nützlichkeitsgesichtspunkten, aber auch unter ästhetischen Aspekten wie Duft und Schönheit (s. SCHERF 1986) betrachtet.

Andere Motive mögen hinzukommen. Die genannten weisen jedenfalls daraufhin, dass sie sich vorwiegend auf die Gefühlswelt der Kinder und Jugendlichen beziehen; MAYER (1992:55) spricht davon, dass bei der Beschäftigung mit Arten vor allem die „subjektive Bedeutung von Lebewesen eine Rolle spielt". Dagegen ist das Interesse an den Arten selbst oder gar an eigentlichen biologischen Fragen bei jüngeren Schülern in der Regel als gering einzustufen.

Untersuchungen an großen Gruppen von Erwachsenen in den USA (KELLERT 1980, n=ca. 3000) und Deutschland (SCHULZ 1985, n=1468) zeigen, dass diese sich nicht prinzipiell von Kindern und Jugendlichen unterscheiden. Der Großteil der Bevölkerung ist positiv gegenüber Tieren, auch Wildtieren eingestellt. Dabei handelt es sich vorwiegend um eine emotionale, gefühlsbetonte Anteilnahme; wobei eine reziproke Beziehung erkennbar ist: je mehr Emotion, umso weniger Wissen. Echtes Interesse an Arten und Artenkenntnis, sieht man von Gruppen wie Tierschützern und Tierzüchtern ab, gibt es dagegen kaum.

Dies alles ist keine Abwertung der eher emotionalen Einstellungen bei Kindern und Jugendlichen. Aber solche Erkenntnisse weisen darauf hin, dass es genauer Überlegungen bedarf, um einen Übergang aus der Gefühlswelt in die Welt des Wissens zu erreichen – Voraussetzung für die Entwicklung eines nachhaltigen Interesses an Arten. Dies dürfte vor allem dadurch möglich sein, dass bemerkenswerte Fakten über einzelne Arten vermittelt und gegen reine Emotionen „ausgetauscht" werden. Dies ist im Biologieunterricht gut möglich (s. z. B. BERCK & ERBER 1993).

Viele Erfahrungen – besonders mit Grundschülern – weisen darauf hin, dass eine Möglichkeit zur persönlichen Verwertung oder ein erstaunliches Phänomen zur Aufmerksamkeit führt. So kennen Grundschüler schon am Anfang der Schulzeit Rosskastanie und „Eiche" (mit den Früchten/Samen kann man basteln), nicht aber die „Linde". Eine Untersuchung des Klapp-Mechanismus der Staubblätter des Wiesensalbeis führt dazu, dass diese Art Interesse erweckt. Vor allem einzelne Arten in einen lebendigen Bezug zu den Interessen der Schüler bringen (z. B. Pilze kennen lernen, die man essen kann; wo kommen Arten in Erzählungen, Büchern vor; Pflanzen die man essen oder als Heilpflanzen nutzen kann; s. STAROSTA & GOLLER (2001).

11.1.6 Artenkenntnisse heute (zu) gering?

Solltest du glauben, dass unter den anderen 145000 Menschen in Berlin kaum 4 zu zählen sind, die diesen Teil der Naturlehre (Botanik) auch nur zu ihrem Nebenstudium, nur zur Erholung kultivierten. Und wie viele sollte nicht ihr Beruf darauf leiten (Brief ALEXANDER VON HUMBOLDS vom 25.2. 1789 an einen Freund).

Schon 1919 beklagte Guenther: Die geradezu grenzenlose Unwissenheit über die gewöhnlichsten Tiere, Pflanzen und Lebenserscheinungen... wäre lächerlich, wenn sie nicht zugleich so ärgerlich wäre.

Es wird allgemein davon ausgegangen, dass Artenkenntnisse heute gering sind. Dazu hat MAYER (1992:44) 23 Untersuchungen über Artenkenntnisse von Schülern und Studenten zusammengestellt, und zwar seit fast hundert Jahren. Diese Arbeiten werden von ihm hinsichtlich der dabei angewandten, sehr unterschiedlichen Methodik ausführlich diskutiert. Er kommt zur Erkenntnis, dass „sich keine exakte Aussage über die Quantität der Formenkenntnis" machen lässt; im Mittel dürfte sie bei 10 bis 60 Arten liegen. Diese Angabe dürfte noch illusorisch hoch liegen: HESSE (2002) konnte mit verschiedenen Methoden zeigen, dass selbst die Benennung einer vorgelegten Pflanzenart nicht bedeutet, dass Schüler damit auch eine wirkliche Kenntnis einer Art verfügen. Dass Schüler die Arten auch kennen, die sie benennen, fanden dagegen JÄKEL & SCHAER (2004) heraus, aber die Anzahl der bekannten ist mit etwa 5 kümmerlich gering. – Man kann es drehen und wenden, wie man will, Kenntnis von Arten, besonders von Pflanzen, ist kein allgemeines „Kulturgut". Bei der Artenkenntnis der meisten Lehrerinnen, kann man auch wenig Hoffnung haben, dass sich daran viel ändert. Dennoch möchte man dazu auffordern: Lehrerinnen machen sie sich ans Werk!

Klagen über schlechte Artenkenntnisse sind alt. Der Umfang solcher Kenntnisse ist offenbar unabhängig vom jeweiligen Lehrplan bzw. Strukturansatz (Löwe 1992c). Wenn man dennoch versuchen will, diesen Mangel im Biologieunterricht zu beheben, muss man neben wohlüberlegter Bemühungen der einzelnen Lehrerinnen bessere Methoden zur der Vermittlung solcher Kenntnisse erforschen.

Andererseits kommt man wohl kaum an der Erkenntnis vorbei, dass immer nur ein geringer Prozentsatz der Schüler (und Erwachsenen) für dieses Gebiet echtes Interesse entwickeln wird.

Begriffe: Artenkenntnis: Hinderungsgründe, spezielle Fähigkeiten, persönliche Erfahrungen

11.2 Entstehung von Arteninteressen

11.2.1 Zeitpunkt

In der schon mehrfach genannten Untersuchung wurden Mitglieder von Naturschutzverbänden nach dem Beginn ihrer gezielten Beschäftigung mit Tieren und Pflanzen befragt. Von diesen gaben 47 Prozent an (s. Abb. 21), dass sie dies bereits vor dem 10. Lebensjahr getan haben; also schon vor dem Ende der Grundschulzeit. Bis zum 15. Lebensjahr sind dies insgesamt 67 Prozent. Auch andere (z. B. Hendee et al. 1968) kommen zu einem ähnlichen Ergebnis. Todt (1990), Löwe (1992c) u. a. konnten zudem zeigen, dass Interes-

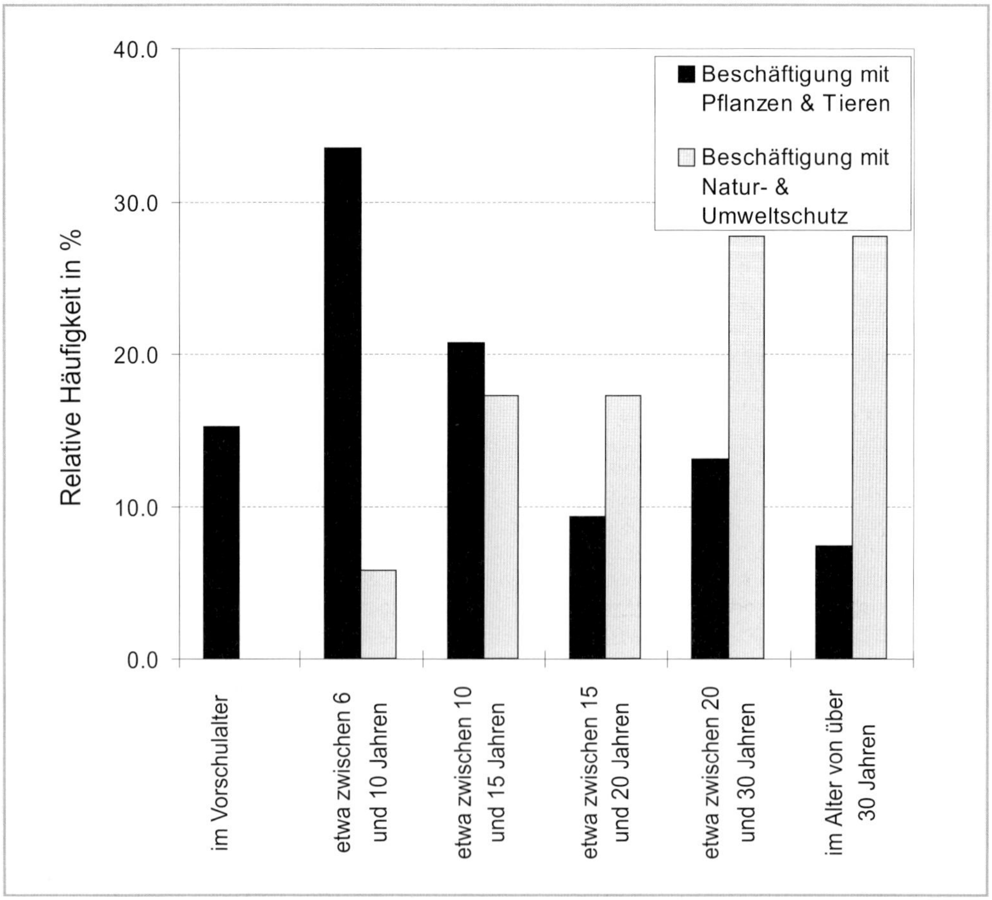

Abb. 21: Beginn der intensiven Beschäftigung mit Tieren/Pflanzen bzw. Natur-/Umweltschutz bei „Freilandbiologen" (Mitgliedern von Naturschutzverbänden); prozentuale Häufigkeit des Beginns (aus Weiss 1984, Retrospektivbefragung)

se an Tieren und Pflanzen nach einem gewissen Höhepunkt in der 5. Klasse im Verlauf der Sekundarstufe I mehr oder minder stark abnimmt.

Dies sollte Konsequenzen für den biologischen Anteil des Sachunterrichts in der Primarstufe und den Biologieunterricht in der 5./6. Klasse haben: Dort ist genug Zeit erforderlich und in Lehrplänen vorzusehen, um Tiere und Pflanzen ausführlich zu behandeln.

11.2.2 Einbindung in heutige Curricula

Unterricht über Arten kann und sollte sich aber nicht nur auf die Primarstufe und die ersten Klassen der Sekundarstufe I beschränken. Deshalb sind Überlegungen angestellt worden (zusammenfassend bei HEDEWIG 1995, weiterhin MAYER 1992, ZABEL 1995, GERHARDT-DIERCKSEN 1995), wie dieses Thema bei Zeitmangel im Biologieunterricht eingefügt werden kann.

Als beste Möglichkeit wird vorgeschlagen, bei (allen) allgemeinen Themen zugleich Arten zu behandeln und an ihnen allgemeinbiologische Sachverhalte darzustellen. Dies setzt Verständnis bei den Lehrenden für die Notwendigkeit von Artenkenntnissen und eine gut begründete Auswahl voraus.

11.2.3 Anregungsfaktoren

Mehrmals (z. B. PETERSEN & HUNGERFORD 1981, PALMER 1993, BERCK & KLEE 1992, Finke 1998, zusammenfassend Klee 1997) wurden Anregungsfaktoren untersucht, die zu Interesse an Arten führen:

Vorab ist übergreifend festzuhalten, dass nachhaltiger Wissenszuwachs vor allem durch betont emotionale Begegnungen stattfindet, die bei Pflanzen auch auf auffälligen bzw. besonderen Merkmalen beruhen können; deshalb spielte schon früh das Fernsehen beim Wissenserwerb über Tiere und Pflanzen eine große Rolle (GAHL 1977).

Dominierend (bis zu 90 Prozent als „wichtig/sehr wichtig“ eingestuft) sind „eigene Naturbegegnungen und Erlebnisse“. HUNGERFORD & VOLK (1990) schließen aus einer Reihe von Untersuchungen (die sich jedoch nicht alle ausschließlich auf das Interesse an Arten beziehen), dass Aufgeschlossenheit für die belebte Umwelt durch länger andauernde Kontakte mit einer relativ ursprünglichen Natur entsteht. In mehreren Untersuchungen (z. B. BRAUN 1983, RAMSEY et al. 1981, BOLSCHO 1990) wird gezeigt, dass Umgang bzw. längere Beschäftigung mit Tieren einen positiven Effekt auf Einstellungen und Interessen, zum Teil auch auf Wissen hat. Andererseits fand BAUHARDT (1990) bei Schülern (n=371) der 6. Klasse, die sich intensiv mit Gliedertieren beschäftigt hatten, zwar einen guten Lernerfolg, aber „nur schwach ausgeprägte Zusammenhänge“ zwischen Wissen und Einstellungen.

Weitere hochrangige Anregungsfaktoren sind „Lesen von Büchern über Tiere/Pflanzen“, Anschauen von „Natur-Filmen“ (wobei jedoch das Interesse für „Tierbücher“ von Klasse 3 bis 8 ganz erheblich abfällt). Auch „naturkundliche Wanderungen“ und „Mitarbeit im Naturschutz“ spielen als Anregungsfaktoren für Arteninteresse eine große Rolle, dagegen kaum Sammeln von Naturobjekten. Dies gilt auch für die Eltern und den Biologieunterricht (in neuen Untersuchungen und in den USA, s. KLEE 1997, werden die beiden letzten Faktoren besser eingestuft).

VOGT et al. (1999) haben ein ganzes Jahr lang sieben 6. Klassen in Bezug auf die Entwicklung von Biologieinteressen durch Unterricht untersucht (durch Messung der Interessiertheit an einzelnen Themen). Dabei ergaben sich auffällige Schwankungen bei einzelnen Stunden mit hohen Werten z. B. beim Thema „Wale“, bei interessanten Filmen. Aber insgesamt wurde im Jahresverlauf „kaum ein durch Biologieunterricht hervorgerufenes Interesse festgestellt“. Leider wurde dabei die „wahrgenommene Güte der Unterweisung“ offenbar nicht erhoben.

In diesem Zusammenhang ist auch eine Untersuchung an einer kleinen Gruppe von Schülern (s. MAYER 2000) erwähnenswert. Sie wurden nach dem Besuch eines Wildparks zum Interessenszuwachs bzw. -rückgang (eigentlich der „Interessiertheit“) befragt. Bei der Auswertung getrennt nach Schulklassen ergab sich, dass die größten Abweichungen (jeweils +/–15 Prozent) sich auf den Parameter „wahrgenommene Güte der Unterweisung“ bezogen. Sollte sich dieser Befund in weiteren Untersuchungen bestätigen, so hängt die Effektivität von „Naturbegegnung“ vor allem (auch) davon ab, wie gut der Unterricht dabei war! Dies wäre auch in diesem Bereich ein wichtiger Aspekt für den Biologieunterricht – der sich schon vielfach als dominierend erwiesen hat.

Daraus ergeben sich Konsequenzen: Immer wieder ist zu betonen, dass es nützlich ist, wenn Biologielehrerinnen mit ihren Schülern Exkursionen durchführen. Eine Biologiesammlung sollte Bücher mit (literarisch und inhaltlich guten) Tiergeschichten und ausreichend Bilder-Bestimmungsbücher enthalten, die Schülern ausgeliehen werden können. Schüler können angeregt werden, ein „Natur-Tagebuch“ zu führen, das die Lehrerin liest.

11.2.4 Typologisierung von Naturbegegnung

In mehreren Studien hat MAYER (z. B. MAYER & BÖGEHOLZ 1999, MAYER 2000a, 2000b) aufbauend auf KELLERT (1980) den bislang nur unbefriedigend geklärten Zusammenhang zwischen dem hohen Effekt von „eigener Naturbegegnung“ und „Interesse an der Natur“, „Handeln mit Natur“ untersucht. Er beschreibt fünf Typen von Naturbegegnung, die zu spezifischen Interessen und Aktivitäten führen. Dabei dürfte es in einem Individuum vielfach Überschneidungen zwischen diesen Typen geben.

Bei Kindern und Jugendlichen dominiert erwartungsgemäß (etwa 80 Prozent) eine „sozial-partnerschaftliche Naturbeziehung“, die sich vor allem in der Haltung von Heimtieren zeigt. Diese Beziehung beinhaltet (wie schon KELLERT 1980 und ZILLIG 1961 betonten) jedoch wenig Wissen und Handlungsbereitschaft. Mit zunehmendem Alter (12–14/16 Jahren) verstärkt sich vor allem bei Jungen eine „ökologische Orientierung“.

Offen ist die Frage, mit Hilfe welcher Unterrichtsmethoden Grundschullehrer vorwiegend emotionale „soziale Naturbeziehungen“ in wirklich dauerhafte „biologische Interessen“ umwandeln können; sonst können bestimmte Formen der „Naturbegegnung“ auch im rein affektiven Bereich verharren. Hilfreich sollte es sein, wenn ein Lehrer versucht herauszufinden, welchen „Typen“ seine Schüler zuzuordnen sind. – Dazu könnte eine konkrete Hilfe die Studie von BOECK & BOYER (1997) sein. Personen (n= 125, Alter 16–48), die direkte Beziehung zu einem Tier hatten (Heimtiere, Vögel beobachten/füttern) zeigen höhere Werte in Bezug auf ökologische, ästhetische („humanistische“) und allgemein positive Einstellungen („naturalistische“) zu Lebewesen; auch ein erhöhtes Interesse an der Beschäftigung mit anderen Arten („wissenschaftlich“); ähnlich haben dies LÖWE (1992a) und GEHLAAR et al. (1999) herausgefunden.

Es wird mehrfach bestätigt, dass „Naturerfahrung, Naturbegegnung“ (gemessen an 1243 Jugendlichen naturbezogener Verbände, BÖGEHOLZ 1999) sich positiv auf Umwelthandeln auswirkt, jedoch deutlich abfallend zwischen „sozialem Typ“ und „ökologischem Typ“. Grundsätzlich gilt

Tab. 11-1: Typen der Naturbegegnung (aus MAYER 1999, 2000; leicht verändert)

Individuelle Orientierung	Kultureller Bezug	Tätigkeit
erkundend, erkennend	Wissenschaftlich	Naturkundliche Studien, Hobbys
ökologisch, schützend	Naturschutz	Naturschutzaktivitäten u. ä.
instrumentell, nutzenorientiert	wirtschaftliche Nutzung	Jagen, Fischen etc.
ästhetisch	ästhetische Naturbetrachtung, Zimmerpflanzen	Wandern, Fotographie, Naturzeichnen
sozial, partnerschaftlich	Haus-, Heim-, Kuscheltiere	Pflegen, Spielen, Heimtiere

aber auch, dass „die Vermittlung von Naturerfahrung" allein noch kein hinreichendes Kriterium ist, um Kinder und Jugendliche für eine Auseinandersetzung mit der Natur zu interessieren" (MAYER 2000:36). So ist es bemerkenswert, dass nach dem Bericht „Umweltbewusstsein 2000" (Studie Umweltbundesamt) 18- bis 20-Jährige im Gegensatz zu früheren Jahren nur noch ganz geringes Umweltinteresse haben – trotz intensiver Unterweisung vor allem im Biologieunterricht gerade zu diesem Thema.

Begriffe: Artenkenntnis: Vermittlungszeitpunkt, Anregungsfaktoren, Naturbegegnungstypen

11.3 Vermittlung von Artenkenntnissen

In zahlreichen Arbeiten wird eine Vielzahl von Methoden vorgeschlagen, mit denen Schüler etwas über Arten lernen sollen. Jedoch: *Wie man Artenkenntnisse am besten vermittelt, harrt noch der empirischen Untersuchung* (STICHMANN 1970:108); und diese Situation hat sich bis heute bedauerlicherweise kaum geändert. Ein Forschungsgebiet der Biologiedidaktik, das offenbar völlig brach liegt. Bei den vorliegenden empirischen Erhebungen sind die Verfahren (Forschungsdesigns) zudem sehr unterschiedlich. Deshalb kann man nur bedingt Anregungen geben, welche Methoden für welche Altersstufe besonders gut geeignet erscheinen. Im Folgenden werden verschiedene Wege zur Vermittlung von Artenkenntnissen kurz dargestellt, ergänzt durch einige Angaben, was man über ihre Effektivität weiß.

- Monographische Darstellung von Arten im Klassenunterricht kombiniert mit darauf folgenden Unterrichtsgängen sind offenbar erfolgreich in Bezug auf Wissen und Einstellungen bei jüngeren Schülern (SCHERF 1986, HOWI 1974).
- Reiner (!) Freilandunterricht ist nach REXER & BIRKEL (1986) „mit Sicherheit nur für jüngere Schüler" effektiver gegenüber Klassenunterricht beim Erlernen von Arten. Zwei Klassen eines 6. Schuljahrs lernten beim Klassenunterricht viel mehr Arten als beim Freilandunterricht (BROCKHAUS nach SCHERF 1986:8); dagegen fand PFLIGERSDORFFER (1984) „bedeutende Effekte hinsichtlich des kognitiven, affektiven und sozialemotionalen Aspekts" bei 92 Schülern der 5. Klasse beim Kennenlernen von Arten durch eine Kombination von 11 Stunden Klassenunterricht gefolgt von einer sechsstündigen Exkursion. Zunahme des Interesses an Arten fanden HENDEE et al. (1968) in den USA bei 15- bis 18-Jährigen durch einen einjährigen (!) Biologiekurs ohne jede Freilandarbeit. Diese Befunde ergeben demnach noch kein sicheres Bild über den Effekt von Unterricht, der ausschließlich im Freiland stattfindet. Und so muss man Aussagen wie die folgende wohl als überholt bezeichnen: Es *ist klar ersichtlich, dass der Hauptteil des Biologieunterrichts in der freien Natur abgehalten werden muss* (LEMKE 1948).
- Die sogenannte „Fünf-Minuten-Biologie", bei der vor allem in der Grundschule und den Klassen 5/6 einzelne Arten zusätzlich zu einem Thema vorgestellt werden, ist offenbar positiv zu bewerten (s. z. B. STICHMANN 1970). Eine Kombination aus Lehrererzählung und Arbeitsblatt hat sich bei über 500 Schülern als erfolgreich in Bezug auf längerfristiges Wissen über die behandelten Arten erwiesen (GUTH 1990, FISCHBACH 1991, BERCK & ERBER 1992, 1996).
- STAROSTA & GOLLER (2001, n=319, 6. Klasse Gymnasium) fanden heraus, dass das Interesse am Kennenlernen von Arten bei der Betonung schülerrelevanter und ökologischer Gesichtspunkte wesentlich höher ist als unter systematisch-morphologischer Gesichtspunkten. Die lange (und gelegentlich noch bis heute) in Schulbüchern verbreitete Darstellung z. B. von Blütendiagrammen und Blütenaufrissen, diverser Fruchtformen sind also im Unterricht eher, man könnte auch sagen tunlichst, zu vermeiden.
- Über verschiedene Möglichkeiten, Bestimmungsübungen durchzuführen, gibt es zahlreiche Arbeiten. Hilfreiche Darstellungen finden sich, um nur einige Beispiele zu nennen, für Pflanzen bei PALM (1964/65), SAUERLAND (1966/67), Insekten bei SCHMIDT (1971),

Kleinsäuger aus Gewöllen bei ROTFUCHS (1982); zusammenfassende Darstellung verschiedener Methoden bei STURM* (1975). Dieser Autor muss jedoch feststellen, dass es keine „quantitativen Ergebnisse“ darüber gibt, welches besonders gut geeignete Bestimmungsschlüssel sind und wie effektiv das gesamte Verfahren ist. Auch an diesem Kenntnisstand hat sich offenbar bis heute nichts geändert. Bei einer Überprüfung von Lernergebnissen (n=171, Arbeit vor allem mit dichotomen Schlüsseln) von Schülern der Klassen 4–7 wurde etwa die Hälfte der Fragen eines anschließenden Tests gelöst (ROTFUCHS 1982). IWON (1992) fand bei einer kleinen Gruppe von Schülern der 9. und 10. Klasse einen etwa zehnprozentigen Wissensvorsprung bei den Schülern, die mit Bestimmungsschlüsseln im Klassenraum gearbeitet hatten; ihnen standen andere gegenüber, denen Artenkenntnisse mit Hilfe eines Dia-Vortrags erfolgreicher vermittelt wurden. Es wird u. a. auch vorgeschlagen, dass Schüler selbst einen Bestimmungsschlüssel entwerfen (KUHN et al. 1986). – An dieser Stelle sei vermerkt, dass LAZAROWITZ (1981, n=365, 12–14 Jahre) die sehr hohe Korrelation von 0.7 zwischen der Fähigkeit zur „Klassifikation von Lebewesen, Arten“ und der allgemeinen Intelligenz von Schülern fand; wichtig waren auch verschiedene Vorkenntnisse.
- RANDLER & METZ (2005) fanden bei einer Untersuchung an Studierenden (n=106), dass das Erlernen von Artnamen eine „schwere Aufgabe“ ist, weil solche Namen meist keinen Bezug zu äußeren Merkmalen haben. Sie schlagen neben einer strikten Begrenzung auf eine geringe Anzahl der zu lernenden Arten vor, jeweils „Geschichten“, Eselsbrücken etc. mit den Artnamen zu verbinden.
- Über weitere typische, häufig vorgeschlagene Methoden der Vermittlung von Artenkenntnissen liegen sehr wenige empirische Befunde vor; dazu gehören zum Beispiel: Ausstellung von Pflanzen im Klassenraum, der sogenannte „Pflanzentisch“; Anlegen eines Herbars oder anderer Sammlungen (z. B. Federn, Funden aus Gewöllen, Rindenstücke u. a.); Spiele, die Arten darstellen, wie Quartett, Memory, Puzzles, Ratespiele; Besuch von Museen, Zoos, Botanischen Gärten usw.

Zusammenfassend lässt sich feststellen: Unser Wissen darüber, welches die besten Wege zur effektiven Vermittlung von Artenkenntnissen sind, ist gering. Die monographieartige Behandlung von Arten im Klassenunterricht verknüpft mit anschließender Freilandarbeit hat nach derzeitiger Erkenntnis besonders positive Auswirkungen auf Wissen und Einstellungen. Dies gilt offenbar auch für Klassenunterricht mit anschließender Unterrichtung im Freiland; weiterhin für die in andere Themen eingeschobene sogenannte „Fünf-Minuten-Biologie“ über Arten. Über die Wirksamkeit aller anderen genannten, seit alters her in der Literatur vorgeschlagenen Methoden, liegen vor allem positive subjektive Aussagen vor. Bislang spricht jedenfalls nichts gegen ihre Anwendung im Biologieunterricht.

Diese zahlreichen Ergebnisse werden hier angeführt, damit sich eine Lehrerin ein möglichst zutreffendes Bild davon machen kann, welches für sie und ihre Klasse die vermutlich beste Methode ist, um Artenkenntnisse zu vermitteln.

Welche Arten so wichtig sind, dass sie im Biologieunterricht besprochen werden sollten, ist eine kaum zu beantwortende Frage. MAYER (1992) erhielt bei einer entsprechenden Befragung einer Vielzahl von Personen (Biologen, Biologiedidaktiker und Lehrerinnen) sehr divergierende Antworten. Selbst auf der Basis einer etwa sechzigprozentigen Übereinstimmung wurden noch immer ca. 280 Arten genannt (Liste bei MAYER 1992). Aber niemand wird davon ausgehen können, dass Schüler am Ende der Schulzeit so viele Arten wirklich kennen. Man kann empfehlen: 1. Arten, die in der Umgebung der Schule vorkommen und also auch gezeigt werden können, 2. Beispiele für Arten, die wirtschaftlich und persönlich wichtig sind (hierzu können z. B. auch Krankheitserreger gehören, denen man bei Reisen in tropische Länder ausgesetzt sein kann), 3. häufige landschaftsbestimmende Arten, 4. Beispiele für einheimische besonders bedrohte Arten, 5. eher Verzicht auf Arten, die Schüler aus dem Alltag kennen („Hase und Igel").

Begriffe: Methoden der Vermittlung von Artenkenntnis: Monographien, Freilandunterricht, Kombination Freiland-Klassenunterricht, Bestimmungsübungen, Fünf-Minuten-Biologie, Herbar, Pflanzentisch, „Arten-Spiele"

11.4 Ein Modell zur Genese von Arteninteressen

Man kann den Versuch machen, aus den besprochenen und weiteren Befunden (vor allem TODT 1990, AJZEN & FISHBEIN 1980, KRATHWOHL et al. 1973) ein Modell zu entwickeln, wie Interesse an und Handeln mit freilebenden Arten zu entstehen vermag. Lehrerinnen können daraus entnehmen, welche Möglichkeiten es neben den genannten gibt, solche Aktivitäten zu fördern. In diesem Modell (Abb. 22) werden nur die wichtigsten Beziehungen dargestellt, und zwar ohne die sicher bestehenden zahlreichen Wechselwirkungen.

Irgendeine Form von „Faszination" ist offenbar die erste Stufe von Arteninteresse: eine ein- oder mehrmalige nachhaltige emotionale Begegnung mit Lebewesen. Dies können z. B. (s. o.) eigene Naturbegegnungen besonders gemeinsam mit persönlich bedeutsamen Menschen, Naturfilme und interessante Bücher über Tiere und Pflanzen sein. Es ist nicht bekannt, ob es eine spezifische Form von Emotionalität

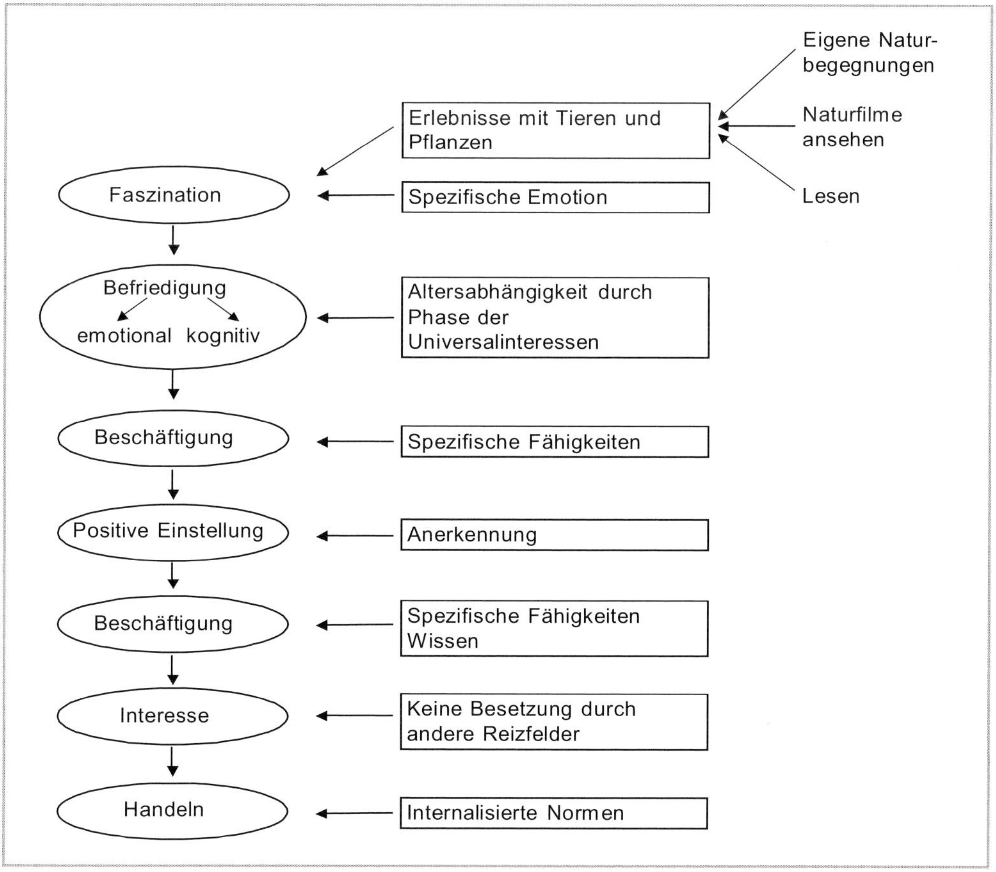

Abb. 22: Modell zur Genese von Arteninteresse; Siebenschrittmodell – von der Faszination zum Handeln; Pfeile: „führt zu" (aus BERCK & KLEE 1992)

gibt, aufgrund derer einzelne Menschen auf solche Erlebnisse besonders nachhaltig ansprechen (s. Anmerkungen über „Evolutionäre Ästhetik" in Kap. 3.6.2).

Eine solche faszinierende Begegnung kann als befriedigend erlebt werden, und zwar emotional und/oder kognitiv (Freude am Wissen). Dann verstärkt sich die Tendenz, sie mit zunehmender „Interessensstufe" wieder aufzusuchen Diese Befriedigung bei der Beschäftigung mit Lebewesen ist in der Phase der „Universalinteressen", zwischen dem 6. und 10. Lebensjahr (Todt 1998) besonders hoch.

Ob diese Befriedigung bei der Beschäftigung mit Lebewesen verstärkt wird, hängt entscheidend auch von spezifischen Fähigkeiten (s. o.) ab, die guten Lernerfolg ermöglichen.

Insgesamt entsteht, sozusagen als erstes Plateau, eine positive Einstellung gegenüber Tier- oder Pflanzenarten; diese werden zu einem subjektiven oder objektiven Wert. Vor allem für Kinder und Jugendliche dürfte es notwendig sein, dass diese Beschäftigung in irgendeiner Form anerkannt wird.

Damit eine andauernde positive Einstellung erreicht wird, erscheint die intensive weitere Beschäftigung mit Lebewesen erforderlich. Hierbei sind spezifische Fähigkeiten verstärkt von Bedeutung, ebenso daraus resultierendes Wissen, das allgemein als eine wesentliche Grundlage für das Zustandekommen von Interessen angesehen wird (s. auch Kap. 9.1).

Der Übergang zwischen positiver Einstellung und Interesse ist ebenso wie der zwischen Interesse und Handeln gleitend. Eine zentrale Voraussetzung ist, dass ein Mensch nicht durch andere Interessen bereits „besetzt" ist. Dies ist bei älteren Jugendlichen oft der Fall. Intensiver Umgang mit Tieren und Pflanzen wird Teil der eigenen Identität; ein großer Teil der Freizeit wird dafür verwendet.

Nun erscheint es durchaus möglich, auch im Biologieunterricht den Versuch zu machen, „Vorankommen auf diesen Stufen" – zumindest bei einzelnen Schülern – anzustreben oder zu fördern.

12 Verschiedene Methoden der Leistungsmessung

Ein ungerechtfertigter subjektiver Glaube an die eigene Fähigkeit, Schulleistungen intuitiv richtig bewerten zu können, und das Fehlen einer ausreichenden Schulung zur Erhöhung der Objektivität und Rationalität von Leistungsbewertungen in der Lehrerbildung gehören zu den spezifischen Mängeln im deutschen Bildungswesen (DEUTSCHER BILDUNGSRAT 1970a:86).

Leistungsmessung ist eine der differenziertesten Aufgaben eines Lehrers; daher gibt es eine dringende Notwendigkeit, diesen Prozess gut zu verstehen (COLLETTE & CHIAPETTA 1994).

12.1 Allgemeines

Mögliche Situation: Eine Biologielehrerin will die Leistung eines Schülers in ihrem Fach mit „mangelhaft" benoten. Der Schüler muss wegen weiterer schlechter Leistungen die Klasse wiederholen – oder sogar die Schule verlassen. Unter Umständen quält sie sich mit der Frage ab: Habe ich den Schüler richtig beurteilt, muss ich nicht doch vielleicht „ausreichend" geben?

Beurteilen von Schülern gehört zu den unabdingbaren Aufgaben einer Lehrerin – neben Unterrichten, Innovation, Beraten (wie der Deutsche Bildungsrat einmal die Aufgaben von Lehrern umschrieben hat). Sie entscheidet damit über Schullaufbahn und weitere Lebenschancen eines Menschen. Dieser „Macht" muss eine möglichst gute Fähigkeit zum begründeten Beurteilen gegenüberstehen. Nur wenn Lehrerinnen eine Menge über Leistungsmessung wissen, können sie auch der häufigen „Einrede" anderer Gruppen, besonders von Eltern richtig begegnen.

Viel Literatur, auch speziell zum Biologieunterricht, ist zu diesem Thema veröffentlicht worden, meist mit Beispielen für verschiedene Typen von Aufgaben (z. B. FALKENHAUSEN 1979, MEYER 1972, 1973, RAPP 1970, ZÖLLER 1971, 1974a, 1977, COLLETTE & CHIAPETTA und allgemeiner Art (z. B. HELLER 1975, RAPP 1975, BÖHMER 1979, Ingenkamp 1985, SACHER 1990, JÜRGENS 1995, BAMBACHER et al. 1996)). Dort kann über spezielle Fragen ausführlich nachgelesen werden. – Eine lange Liste von Aufgabensammlungen (bis hin zu PISA- und TIMSS-Aufgaben) haben Sandmann & Amthor (2002) veröffentlicht.

Die neue „Lehr-Lernkultur", die nach PISA angestrebt wird, erfordert auch neue Instrumente der Evaluation bzw. Leistungsmessung (MAYER 2004). Dazu wird die Bezeichnung „authentische Prüfungskultur" eingeführt:

- Verstehen und Problemlösen,
- Anwendungsorientierung
- Einbindung in einen Kontext statt reine Fachbegriffe
- handlungsbezogen
- Experimentiertests und komplexe schriftliche Aufgaben
- freie Antwortformulierungen

Entsprechende Listen möglicher Prüfungsaufgaben – die sich jedoch kaum von herkömmlichen unterscheiden – werden formuliert. Aber konkrete Anweisungen (vor allem für mögliche neue Aufgabentypen) wie Schülerleistungen bewertet werden müssen, wurden bislang wenig veröffentlicht; s. jedoch Beispiel in Kap.19.4: Bewertungskompetenz – am Beispiel ethischer Urteilskompetenz; ebenso Kap. 5.10.

Lehrer müssen in jedem Fall die bislang vorliegenden Methoden anwenden. Dazu sind die folgenden Ausführungen hoffentlich eine Hilfe.

Die folgenden Vorschläge lassen sich bei zunehmender Arbeitsbelastung der Lehrerinnen in der täglichen Praxis sicher oft nur bedingt realisieren. Sie können aber in schwierigen Situationen – auf die man vorbereitet sein sollte – eine Hilfe sein.

Für Schüler ist eine gute Lehrerin vor allem auch eine gerechte Lehrerin (s. Kap. 8.2). D. h., jemand, der gerechte Noten gibt. Es kommt naturgemäß vor, dass ein Schüler eine durchaus „gerechte“ Note als „ungerecht“ ansieht. Umso mehr muss ein Lehrender sein Urteil dann mit nachvollziehbaren Kriterien begründen können.

Im Biologieunterricht werden vor allem kognitive Leistungen beurteilt. Für vorwiegend psychomotorische (z. B. richtig Mikroskopieren, Experimentieren, Freiland-Untersuchungen machen, Arten bestimmen) gibt es dagegen bislang kaum befriedigende Kriterien. Werden Einstellungen beurteilt, wird es besonders problematisch. Sie gehören weithin in den affektiven Bereich (s. Kap. 4.3.4), der kaum operationalisierbar ist.

In wissenschaftlichen Untersuchungen werden jedoch vielfach auch Einstellungen oder Interessen mit einem Fragebogen untersucht. Die dabei abgefragten Items (Einzelfragen) werden mit zum Teil komplizierten Verfahren ausgewertet. Aber auch eine Lehrerin kann mit einem vereinfachten Fragebogen Interessen, Einstellungen und Selbsteinschätzung ihrer Schüler mit einiger Genauigkeit erkennen.

Unter Leistung versteht man eine tatsächlich feststellbare Verhaltensänderung. Leistung ohne Lernen ist nicht möglich. Man kann aber nicht ausschließen, dass ein Schüler, der eine erwartete Verhaltensänderung nicht zeigt, dennoch gelernt hat. Dass bei einer Leistung eigentlich auch die dafür aufgewandte Zeit berücksichtigt werden muss, steht fast schon auf einem

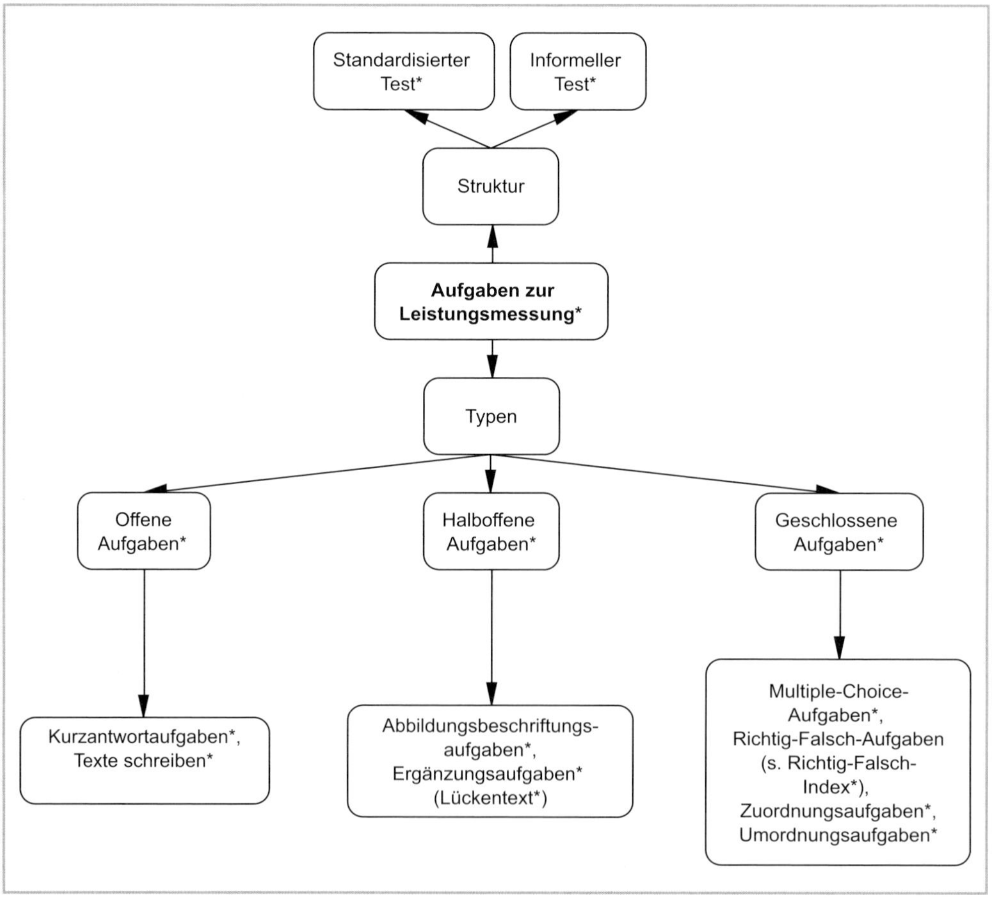

Abb. 23: Begriffsnetz zum Komplex „Typen von Aufgaben zur Leistungsmessung“

anderen Blatt, kann aber im Biologieunterricht durchaus bei einer Klassenarbeit bedeutsam werden.

Jeder, der es schon selbst tun musste, weiß, dass es einfacher ist, schriftliche Leistungen zu beurteilen als mündliche (s. u.). Schriftliche Arbeiten sind eher „objektivierbar", die Ergebnisse nachprüfbar. Jedoch verhindern viele Kultusminister durch entsprechende Erlasse, dass diese Art der Leistungsmessung überhaupt oder in notwendiger Anzahl im Biologieunterricht durchgeführt werden kann.

Bei diesem Thema sind zuerst einige grundsätzliche Fragen zu bedenken, die jede Form der Leistungsüberprüfung betreffen.

Nach PISA will die KMK eine „Evaluationsagentur" einrichten. Dabei geht es eher um die Leistungsmessung von Schulen, weniger um die einzelner Schüler. Damit ein Kollegium dem nicht unkritisch gegenüber steht, sollten sich einzelne Lehrer rechtzeitig für dieses Thema spezialisieren.

12.1.1 Objektivierte Leistungsmessung

Die Leistungen der Schüler sollen möglichst „objektiv" (s. u.) bewertet werden. Es ist aber im Biologieunterricht schwer, Maßstäbe zu finden, die einer solchen Anforderung weitgehend entsprechen; subjektive Bewertungen (z. B. Antwort „gerade noch richtig oder doch nicht mehr genügend"?) sind schwer zu vermeiden.

Deshalb spricht man zu Recht von „objektivierter Leistungsmessung", wenn diese bestimmten, für Jeden (weitgehend) einsichtigen Kriterien folgt. – Hier und im Folgenden wird auf den schwierigeren, aber eigentlich zutreffenderen Begriff „intersubjektiv" verzichtet.

12.1.2 Voraussetzung Lehrzielorientierung

Zutreffende Leistungsmessung setzt voraus, dass die Schüler wissen, was von ihnen verlangt wird. Was sie leisten sollen, und zwar auf der Grundlage dessen, was sie im Biologieunterricht gelernt haben oder hätten lernen können bzw. aufgrund von Hausaufgaben, für die allen die notwendigen Arbeitsmaterialien zur Verfügung standen. Am besten erscheint der Zusammenhang zwischen dem Lehr-Lern-Angebot und der erwarteten Leistung gewährleistet, wenn klare Lehrziele (s. Kap. 4.3) vorgegeben werden. Dies ermöglicht eine Lehrzielorientierte Leistungsmessung. Nicht wenige sind sogar der Meinung, dass dies überhaupt nur mit deren Hilfe möglich ist. In jedem Fall schafft eine Lehrerin, die zu Beginn etwa einer Unterrichtseinheit klare Lehrziele aufstellt, eine erste Voraussetzung für eine objektivierte Leistungsmessung.

Vorab festgelegte Lehrziele haben noch einen Vorteil: Die Lehrerin kann sich dann relativ mühelos ein Raster anfertigen, eine Spezifikationstabelle (s. z. B. FALKENHAUSEN 1979), in die sie einerseits vertikal die Lehrziele, andererseits horizontal die Inhalte ihrer Fragen einträgt. Schnell ist zu erkennen, welche Bereiche eines Themas nicht durch Fragen in einer Arbeit abgedeckt sind.

12.1.3 Bewertung unterschiedlicher Lehrziele

Die Anforderungen an die Schüler sind von Aufgabe zu Aufgabe recht unterschiedlich. Neben Lehrzielen, die sich auf einfaches Wissen beziehen (vorwiegend Reproduktion), gibt es eben auch andere – um nur die für den Biologieunterricht wohl am meisten relevante Stufen zu nennen (s. BLOOM 1974; weitere vielfältige Abstufungen bei KLOPFER 1971):

- Anwenden (gelernte Verfahren, Regeln, gelerntes Wissen auf neue Situationen übertragen),
- Analyse (mit Hilfe von Prinzipien, Wissen Materialien analysieren),
- Synthese (neue Lösungen, die ein Schüler finden muss, Hypothesen aufstellen und soweit möglich prüfen).

Solche „höherstufigen" Leistungen müssen vorher geübt werden, wenn Schüler sie beherrschen sollen. Weiterhin stellt sich die Frage nach deren Bewertung. Reproduzieren ist in der Regel einfacher als Analysieren, erfordert weniger Zusammenschau unterschiedlichen Wissens und sogenannte „Kreativität"; s. dazu auch Tabelle 5-2: „Kompetenzstufen".

Um der unterschiedlichen Leistung gerecht zu werden, erscheint es empfehlenswert, bei höherstufigen Aufgaben eine entsprechend größere Punktzahl (z. B. mit dem Faktor 1,5 oder 2,0) vorzusehen. Dieses sicher eher subjektive Vorgehen ist anderen Verfahren (völlig offene Punktzahl bei solchen Fragen) vorzuziehen.

12.1.4 Allgemeiner Maßstab

Eine allerdings durch die Schulsituation meist vorgegebene Entscheidung ist, ob zum Maßstab der Bewertung einer schriftlichen Aufgabe die Leistung innerhalb einer Klasse oder eine „allgemeine Norm" verwendet wird. Schon innerhalb einer Schule vorgegebene Prinzipien, wonach etwa bei einer Klassenarbeit ein bestimmter „Notenspiegel" eingehalten werden muss, legen das erste Prinzip nahe. Dies ist ein weiterer subjektiver Faktor von Leistungsmessung. Er dürfte zudem die Regel sein oder immer mehr zur Regel werden, falls Schulen eigene Lehrpläne aufstellen sollen. Zumal es „allgemeine Normen" im deutschsprachigen Raum bisher kaum gibt.

Eine Ausnahme sind die übergeordneten Beurteilungskriterien beim Zentralabitur. Diese ergeben sich aus den „Einheitlichen Prüfungsanforderungen in der Abiturprüfung" (Kultusministerkonferenz 1975, 2004,s. auch Kap. 18.4.5).

Viele Lehrerinnen klagen über Vorgaben durch ein Zentralabitur oder wenden sich grundsätzlich gegen eine „Normierung der Anforderungen". Dennoch ist zu bedenken, dass innerhalb der Europäischen Union in zunehmendem Maß ein Vergleich stattfindet (etwa bei der Zulassung zum Studium), so dass eine Vereinheitlichung des Biologieunterrichts doch in Erwägung gezogen werden sollte. Dies würde sicher auch jeder Schüler begrüßen, der die Schule wechseln muss. Die PISA-Studien (s. Kap. 5.10, 17.2, Punkt 11) haben gezeigt, dass die deutschen Schüler in Bezug auf ihre Leistungen allenfalls in ein „Mittelfeld" einzuordnen sind. Für die USA liegt z. B. inzwischen ein Vorschlag vor: „National Science Education Standards" (1996, 2000), wie der Biologieunterricht vereinheitlicht werden kann. In Deutschland gibt es die Bildungsstandards-Biologie für den mittleren Bildungsabschluss (Kultusministerkonferenz 2005).

12.1.5 Spezieller Maßstab

In aller Regel ist auch der Maßstab für die Benotung einer schriftlichen Arbeit uneinheitlich. Nicht selten und bei vorgegebenen Vorschriften wird sie dem „Klassenspiegel" angepasst. Dies ist verständlich. In der „Vereinbarung der Kultusministerkonferenz für den Biologieunterricht vom 6.2.1975" wird eine bestimmte Punktzahl für die Bewertung vorgeschlagen:

0 bis 20 %	=	ungenügend
21 bis 40 %	=	mangelhaft
41 bis 55 %	=	ausreichend
56 bis 70 %	=	befriedigend
71 bis 85 %	=	gut
86 bis 100 %	=	sehr gut

Man kann sich fragen, ob es nicht sinnvoller ist, von 102 % auszugehen und diesen Wert gleichmäßig auf sechs Stufen zu verteilen. Eine solche Einteilung wäre etwas günstiger für die Schüler. Sie macht erneut deutlich, dass es im Biologieunterricht allenfalls um eine objektivierte Beurteilung geht. Diese sollte immerhin in einer Schule einheitlich sein (eine kompliziertere Methode der Bewertung mit Hilfe eines Binominalmodells s. Häfner 1977).

Akzeptiert man eine dieser Einteilungen, ist es schon aus diesem Grund sinnvoll, bei der Konzeption einer Arbeit die mögliche Punktzahl vorher festzulegen. So ist eine geeignete Berechnung durch die Lehrerein überhaupt erst möglich. Auch für die Schüler ist es nützlich, wenn bei jeder Aufgabe die maximal erreichbare Punktzahl angegeben ist.

Meyer (1972, 1973, ähnlich Zöller 1971) schlägt zur Bewertung einen bedenkenswerten Index vor, der das Verhältnis der richtigen zu den falschen, einschließlich der fehlenden Antworten berechnet (*schließlich ist ein Test mit 6 Falsch-Antworten und 2 Richtig-Antworten schlechter als ein Test mit 6 Falsch-Antworten und 8 Richtig-Antworten,* Meyer 1972); und zwar:

$$\text{Index} = \frac{100 \times \text{Zahl falscher Antworten}}{\text{Zahl richtiger Antw.} + \text{Zahl falscher Antworten}}$$

Eine Beziehung zwischen „Richtig-Falsch-Index“ und Note ist dann in folgender Weise möglich:

Index:	0	1–20	21–35	36–55	56–80	81–100
Note:	1	2	3	4	5	6

Beispiel: Die Arbeit umfasst 40 Aufgaben. (a) Bei 40 richtigen und keiner falschen Antwort ergibt sich der Wert: 100 x 0 : 40 = 0, also Note 1; (b) bei 30 richtigen und 10 falschen Antworten ergibt sich der Wert: 100 x 10 : 40 = 25, also Note 3. – Man sieht übrigens beim Vergleich mit den Werten der KMK-Konferenz, dass die „schlechten Schüler“ bei dieser Bewertung etwas bessere Bedingungen haben.

12.1.6 Quantifizierung

Sehr zu empfehlen ist es, alle Aufgaben so zu formulieren, dass die Ergebnisse quantifizierbar sind. Dieser Versuch sollte auch bei längeren Ausführungen („Aufsatzform“, „Offene Antworten“) gemacht werden. Ein Schüler weiß dann, wie viele Teilantworten von ihm auf eine Frage erwartet werden. Die Lehrerin kann die Punktzahl aufgrund der vorgegebenen Anzahl an Teilantworten festlegen. Zudem zwingt sie sich dazu, genau zu bedenken, was sie als Antwort erwartet. Aber dieses Vorgehen erleichtert ihr auch die Korrektur. Schüler neigen dazu, mehr Antworten auf eine Aufgabe als verlangt aufzuschreiben, damit die Lehrerin sich die richtigen auswählen möge. Dem begegnet man, indem festgelegt wird, dass z. B. nur die ersten fünf Angaben zu einer Frage bewertet werden.

Dazu drei Beispiele (von denen zwei vielleicht übertrieben erscheinen mögen):

- Nicht: *Was weißt du über Anpassungserscheinungen bei Pflanzen?; sondern etwa: Definiere den Begriff Anpassung; gib drei Beispiele für Anpassung bei Blütenpflanzen an (z. B. Blattform der Kiefer als Anpassung an geringe Verdunstung); 4 Punkte.*
- Nicht: *Schreibe auf, was du über den Sehvorgang des Menschen weißt; sondern etwa: Gib je drei Funktionen von Linse und Retina für den Sehvorgang des menschlichen Auges an; 6 Punkte.*
- *Menschen, die in den ersten beiden Lebensjahren zu wenig Eiweiß erhalten, leiden später häufig unter einer Störung ihrer Körperbewegungen. Erklären Sie den Zusammenhang zwischen Eiweißmangel in der frühen Kindheit und dieser Störung* (Bils & Dürr 1989:64). Klarer und wohl auch etwas leichter für die Schüler sowie besser quantifizierbar: *Nennen sie fünf Auswirkungen von Eiweißmangel auf das Wachstum des Nervensystems in den ersten beiden Lebensjahren. Nennen sie zwei Argumente, wie dies mit Bewegungsstörungen bei Erwachsenen zusammenhängen könnte; 7 Punkte.*

Gewiss ist eine solche Quantifizierung nicht immer möglich und sinnvoll. Aber sie sollte stets versucht werden; auch z. B. bei folgenden Themen: *Nennen sie drei Modelle, mit denen versucht wird, Naturschutz zu begründen; geben sie jeweils drei Argumente an, die für oder gegen jedes Modell sprechen. Geben sie vier Argumente an, die für oder gegen die in Deutschland bestehende gesetzliche Regelung der Organspende sprechen; entwerfen sie ein alternatives „Gesetz“ und begründen sie es mit drei Argumenten.*

Begriffe: Leistungsmessung, Objektivierte Leistungsmessung, Lehrzielorientierte Leistungsmessung, Maßstab (allgemeine Normen, Klassenmaßstab, Notenspiegel, Richtig-Falsch-Index), Quantifizierung

12.2 Funktionen der Leistungsmessung

Über die Funktion, die Leistungsmessung für Schüler und Lehrerinnen haben soll, gibt es viele Informationen (z. B. JÜRGENS 1990, MEYER 1972, SACHER 1990). Als sicher kann gelten: Dass es eine Bewertung ihrer Leistungen gibt, ist für die (meisten) Schüler wichtiger, als vielfach vermutet wird. Sowohl positive wie negative Rückmeldungen steigern normalerweise die Lernaktivität, dienen zur Selbstkontrolle.

Dazu gibt es so etwas wie einen Großversuch. In England wurden etwa ab 1974 bis zur Klasse 6 keine Noten gegeben (s. Kap. 5.9); das allgemeine Niveau sank so stark, dass diese ab etwa 1994 wieder eingeführt wurden – verbunden mit zentral gestellten Arbeiten.

Anderen (z. B. SACHER 1990) erscheint Leistungsmessung als Anregung zur Leistungssteigerung als pädagogisch fragwürdig; ebenso die Annahme, dass der disziplinierende Effekt von Leistungsbeurteilungen vermehrte Anstrengungen der Schüler bewirke. Vielmehr wäre anzunehmen, dass wiederholte Negativbeurteilungen schnell in Resignation enden und die erhoffte Anreizfunktion damit nur auf ohnehin leistungsstarke Schüler zutrifft. Dieser negative Effekt dürfte sich durch persönliche Gespräche mit den betroffenen Schülern zumindest begrenzen lassen.

Insgesamt lässt sich feststellen, dass bisher offenbar kaum sichere Belege über die Funktionen der Leistungsmessung vorliegen. Selbst in dem umfangreichen Heft „Prüfen und Beurteilen“ (BAMBACH et al. 1996, s. auch ZAHORIK 1995) findet man ausschließlich subjektiv erprobte Vorstellungen.

So wünschenswert es ist, dass diese Funktionen auch tatsächlich von der einzelnen Lehrerin berücksichtigt und konkretisiert werden, so wenig weiß man, über die tatsächliche Umsetzung solcher Hoffnungen.

Neben der Funktion der Selbstkontrolle für den Schüler (Lernhilfe, Lernkorrektur, Entwicklungsfunktion) führt z. B. JÜRGENS (1990, s. auch MEYER 1973, BAMBACH et al. 1996) noch weitere Funktionen an, die hier aus systematischen Gründen angeführt werden sollen. Danach hat Leistungsbeurteilung folgende weitere Aufgaben:
1. Eine Curriculare Funktion (pädagogische Funktion): Leistungsbewertung als Anlass und Hilfe zur Korrektur der Lehr- und Lernplanung für die Lehrerin. 2. Ziel ist die Optimierung der individuellen Förderung von Schülern – auch z. B. das Erkennen von Spezialbegabungen – sowie der inhaltlichen Planung und Organisation von Lernprozessen. 3. Allokations- und Klassifikationsfunktion (Selektionsfunktion, Steuerungsfunktion) als Grundlage für Laufbahnentscheidungen; deshalb muss eine objektivierte Leistungsmessung dringend gefordert werden.

Begriffe: Funktionen Leistungsmessung (Selbstkontrolle, Prognose, Curriculare Funktion, Steuerungsfunktion)

12.3 Methoden

12.3.1 Test-Gütekriterien

Möglichst an alle schriftlichen Aufgaben, besonders aber an bestimmte Tests sollten folgende Anforderungen (Gütekriterien) gestellt werden (s. z. B. MEYER 1973: 84, WEIDENMANN et al. 1993; s. Abb. 24):

- Objektivität: Die Testergebnisse sollten von der untersuchenden Lehrerin unabhängig sein. D. h., jeder, der eine Aufgabe auswertet, sollte zum gleichen oder doch ähnlichen Ergebnis kommen.
  Die Reliabilität (=Zuverlässigkeit) ist ein Maß für Verlässlichkeit wissenschaftlicher Untersuchungen. Eine Untersuchung ist dann verlässlich, wenn bei einer Testwiederholung weitgehend das gleiche Ergebnis wie im ersten Durchlauf erzielt wird.
- Validität: Die Genauigkeit mit der mit Hilfe einer Aufgabe gemessen wird, was gemessen werden soll. D. h., das Ergebnis ist nicht durch einfaches Raten zu erreichen. Wenn bestimmtes Wissen, bestimmte Lehrziele vorgegeben sind, sollte davon auch eine repräsentative Auswahl überprüft werden (s. o.). Ob z. B. ein Test wirklich valide ist, lässt sich am besten ermitteln, wenn

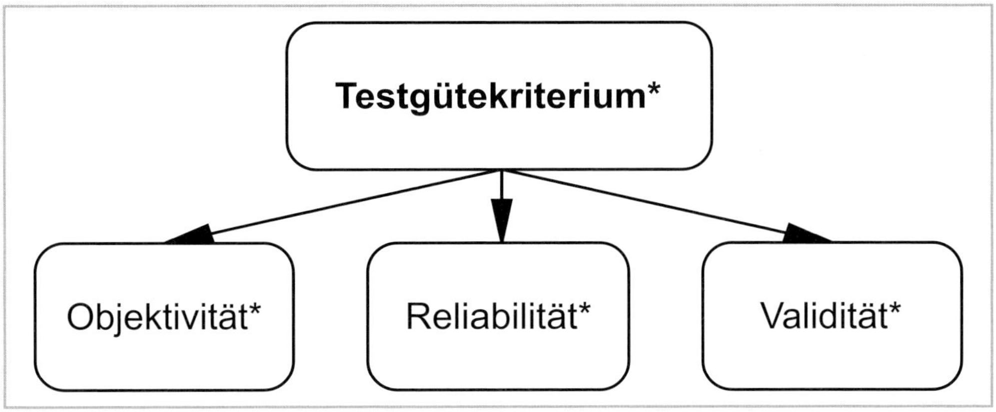

Abb. 24: Testgütekriterien

dadurch etwas prognostiziert werden kann (etwa: misst der Test wirklich gute Leistungen in Biologie – wie sich an den weiteren Ergebnissen eines Schülers zeigt).

Darüber hinaus gibt es noch weitere Kriterien:

- Trennschärfe: Die Aufgaben sollen differenzierungsfähig sein, so dass gute Schüler mehr Punkte, schwächere weniger Punkte bekommen; *Aufgaben sollten so schwer sein, dass um 50 % der Schüler eine Einzelaufgabe richtig lösen, höchstens aber 80 % der Schüler* (MEYER 1973:84).
- Ökonomie: D. h., kurze Durchführungszeit, wenig Material, wenige Zusatzinformationen, einfach und schnell auswertbar.

Nun kann eine Lehrerin normalerweise schwerlich bei allen Aufgaben, die sie stellt, alle diese Forderungen erfüllen. Quantifizierbare Aufgaben (s. o.) sind am besten geeignet, solchen Ansprüchen hinlänglich gerecht zu werden.

12.3.2 Situation im Biologieunterricht

Welche Methoden der Leistungsmessung im Biologieunterricht tatsächlich eine Rolle spielen, dazu gibt es kaum Untersuchungen. Es wird davon ausgegangen, dass Informelle Tests (s. u.) seit einiger Zeit am häufigsten verwendet werden (Rapp 1970). Eine Befragung von nur wenigen Lehrerinnen und Lehrern (Orth 1995, n=31) ergab u. a.: Informelle Tests werden von fast allen Lehrerinnen sowohl in der Grundschule wie in der Sekundarstufe I mit großer Häufigkeit verwendet. Das gilt in gleicher Weise für mündliche Prüfungen.

Bemerkenswert erscheint, dass die Kontrolle von Hausaufgaben zur Überprüfung der Leistung zwar von fast allen Lehrerinnen verwendet wird, aber mit sehr unterschiedlicher und zudem in der Sekundarstufe I abnehmender Häufigkeit. Deshalb muss von einer Lehrerin erwartet werden, dass sie Haushefte in regelmäßigen Abständen kontrolliert.

Von verschiedenen Aufgabentypen dominieren in der Grundschule Ergänzungsaufgaben (Lückentests), Kurzantwortaufgaben und Zuordnungsaufgaben; in der Sekundarstufe I Aufgaben mit längeren Antworten und Kurzantwortaufgaben. Multiple-choice-Aufgaben spielen stets nur eine geringe Rolle.

Mit einem speziellen Punktsystem für verschiedene Leistungen – häusliche Arbeiten, schriftliche Testarbeiten, mündliche Leistungen (n=131 Schüler, Klassen 5–10) – hat HEMMER (1979:174) über ein Jahr hinweg gearbeitet. Er konnte statistisch nachweisen: Zwischen den mit häuslichen Arbeiten und im Unterricht erbrachten Leistungen besteht kein Zusammenhang. Demnach gab es z. B. viele Schüler, die in eigenständiger häuslicher Arbeit höhere Leistungen erbrachten als im Unterricht. *Mit Bewertungssystemen, die nur auf zwei-*

en der drei wichtigsten Leistungsnachweise (z. B. Unterrichtsbeteiligung und Test) aufbauen, wird bei einigen Schülern prinzipiell vorhandene hohe Befähigung in der jeweils dritten Richtung (z. B. eigenes fachliches Tun) übersehen, unterbewertet, keinesfalls gefördert. Bedauerlich ist, dass diese Art der Leistungsmessung offenbar nicht weiter verfolgt oder gar – sollte sie zutreffen – allgemein im Biologieunterricht verwendet wird. Zumal damit auch allseits geforderte eigenständige Schüleraktivitäten (s. Kap. 13.7) besser berücksichtigt werden könnten.

12.3.3 Aufgabentypen und ihre Beurteilung

Es gibt eine Vielzahl möglicher Aufgabentypen, mit deren Hilfe Leistungen überprüft werden können (s. auch Kap.13.10.4). Je nach Alter der Schüler wird man zudem unterschiedliche verwenden. Auch wenn hier nicht alle diese Typen im Einzelnen dargestellt werden können, erscheint es nützlich, sie wenigstens kurz aufzulisten. Grundsätzlich kann man Aufgaben mit gebundenen Antworten und mit freien Antworten unterscheiden.

Tab. 12-1: Vor- und Nachteile einiger Typen von Aufgaben (Böhmer 1979, Heller 1975, Rapp 1975, Orth 1995; verändert), Erklärungen im Text

Aufgabentyp	Vorteile	Nachteile
Richtig-Falsch-Aufgabe	leicht formulierbar, schnell zu beantworten, wenig Schreibarbeit, objektiviert zu korrigieren	hohe Ratewahrscheinlichkeit, versteckte Hinweise („jeder, keiner") auf richtige Lösung, vorwiegend einfaches Abfragen von Wissen
Mehrfachwahl-Aufgabe (Multiple-Choice-Aufgabe)	schnelle Durchführung, objektivierte Auswertung, relativ niedrige Ratewahrscheinlichkeit, auch komplexe Lernvorgänge erfassbar	Schwierigkeit der Konstruktion mehrerer plausibler Distraktoren
Umordnungsaufgaben	einfach konstruierbar, komplexe Inhalte abfragbar, Ordnen von Bild-material möglich	eindeutige Ordnung nicht immer gegeben
Zuordnungsaufgaben	viel in kurzer Zeit abprüfbar; besonders Faktenwissen leicht zu überprüfen	Aufgaben sind voneinander abhängig (aus Fehlern folgen Fehler), Elemente beider Gruppen müssen gleichwertig sein
Kurzantwort- und Ergänzungsaufgaben	kein Raten möglich, über-prüfen neben Fakten komplexere Leistungen	eindeutige Lösungen oft nicht gegeben, erschwert objektivierte Bewertung, Auswertung zeitraubend
Problemorientierte Materialsammlung	Beteiligung „anderer" nicht auszuschließen	Auswertung zeitraubend (s. unter 13.10.5)
Entwicklung von Begriffsnetzen	Vorübung erforderlich	Siehe unter 10.8.1

Hinweise wie Aufgaben formuliert werden könnten entsprechend einer neuen „Aufgabenkultur" siehe Kapitel 13.10.4 und 1.2.

Standardisierter Test

Sie gelten als das objektivste Verfahren zur Leistungsmessung. Ein solcher Test muss an einer großen Population erprobt werden und bestimmten Gütekriterien entsprechen (s.o.). Dieses Verfahren spielt im Biologieunterricht bisher praktisch keine Rolle, da solche Tests (so weit bekannt) kaum vorliegen. Ältere Beispiele aus dem Deutschen Institut für Internationale Pädagogische Forschung, Frankfurt a. M., sind wohl kaum mehr verfügbar.

Informeller Test

Einige typische Beispiele, die im Biologieunterricht verwendet werden:
- Kurzantwortaufgaben: Auf eine kurze Frage, folgt eine kurze Antwort, z. B. auch eine Begriffsdefinition; für alle Altersstufen geeignet.
- Ergänzungsaufgaben: Meist in Form eines sogenannten Lückentextes entweder ohne oder mit in einer Liste vorgegebenen Wörtern/Begriffen; eher für Primar- und Unterstufe geeignet.
- Zuordnungsaufgaben: Aus zwei Listen mit ungeordneten Begriffen/Aussagen oder Abbildungen sollen die zutreffenden einander zugeordnet werden.
- Aufgaben mit vorgegebenen Konstruktionselementen: Abbildungen oder Symbole müssen in einen sachlogischen Zusammenhang gebracht werden, auch Netze zeichnen; z. B. Bilder zur Evolution des Menschen, der Pferde; Gruppierung von Arten zu systematischen Einheiten; Zuordnung von Formen zu erdgeschichtlichen Epochen.
- Multiple-choice-Aufgaben: s. u.
- Richtig-Falsch-Aufgaben: Eine Behauptung, Definition oder andere Aussage ist zu beurteilen, ob sie „richtig" oder „falsch" ist, ob sie eine Tatsache oder nur eine Meinung darstellt.
- Beschriftung von Abbildungen.

Zur Beurteilung der Aufgaben selbsterstellter Informeller Tests gibt es eine ganze Reihe von zum Teil komplizierten Berechnungsverfahren (s. z. B. Heller 1975, Meyer 1972, 1973, Zöller 1977, Häfner 1977). Von diesen sollen hier nur diejenigen dargestellt werden, die konkreten, für jede Lehrerin praktikablen Nutzen versprechen.

$$\text{(a) Schwierigkeitsindex einer Aufgabe} = \frac{\text{Anzahl der Schüler, die die Aufgabe richtig gelöst haben x 100}}{\text{Gesamtzahl der Schüler}}$$

Hat z. B. bei 20 Schülern eine Aufgabe den Index 5 (nur ein Schüler mit richtiger Lösung), ist sie sehr schwer. Bei einem Index von 100 (alle Schüler mit richtiger Lösung) ist sie sehr, zu leicht. Es ist deutlich, dass man auch unmittelbar den Prozentsatz der richtigen Lösungen berechnen kann; dann muss man entscheiden, ob man eine Aufgabe, die nur von etwa 5 oder auch 10 Prozent der Schüler gelöst worden ist, als „zu schwer" bewertet. Durch solche Verfahren erhält die Lehrerin jedenfalls eine Vorstellung für die Formulierung zukünftiger Aufgaben.

Zur Ermittlung des Trennschärfe-Indexes (s. Heller 1975:208) wird zuerst aus den vorliegenden Arbeiten eine Obergruppe gebildet aus 25 Prozent der Arbeiten mit dem höchsten Gesamtwert; entsprechend eine Untergruppe. Anschließend wird für die zu bewertende Aufgabe die Anzahl der richtigen Antworten jeweils der Ober- und Untergruppe ausgezählt und in folgende Formel eingetragen:

$$\text{(b) Trennschärfe-Index} = \frac{\text{Zahl richtiger Antworten Obergruppe} - \text{Zahl richtiger Antworten Untergruppe}}{\text{Gesamtzahl der Schüler : 4}}$$

Aufgaben mit einem hohen Trennschärfeindex werden als sehr gut bezeichnet, solche mit einem niedrigen als wenig geeignet. – Beispiele für eine Gruppe von 100 Schülern. Fall 1: Von der Obergruppe haben alle die Aufgabe richtig gelöst, von der Untergruppe 24, Index 0,04. Fall 2: Aus der Obergruppe haben alle die Aufgabe gelöst, von der Untergruppe keiner, Index 1,0. – Aufgaben mit einem sehr niedrigen Index sollte man weglassen oder anders formulieren. Es sei denn, ein Test soll für schwächere Schüler absichtlich eine Reihe leichterer Aufgaben enthalten.

Multiple-choice-Test

Diese Testform wird möglicherweise im Biologieunterricht vergleichsweise wenig verwendet. Sie ist jedoch ein besonders gutes Verfahren, um objektivierte Leistungsmessung zu ermöglichen. Zudem wird der Lehrerin die Korrektur erheblich erleichtert. Dem steht entgegen, dass gute Tests dieser Art präziser Vorarbeit bedürfen. Solche Tests, sei es aus der Literatur, seien es eigene, sollte jede Lehrerin sammeln. Sie lassen sich jeweils durch geringe Änderungen auch an neue Schülergenerationen anpassen.

Distraktorenanalyse: Bei verschiedenen Formen von Multiple-choice-Tests kann man die einzelnen Distraktoren (falsche Antwortalternativen) jeder Aufgabe auf ihre Güte überprüfen. Wie beim Trennschärfe-Index werrden eine Ober- und eine Untergruppe gebildet und die Verteilung gewählter Antworten auf z. B. 4 Distraktoren ermittelt.

Antwortalternative	A	B	C	D	E
Obergruppe (n=16)	7	5	0	2	2
Untergruppe (n=16)	3	4	0	5	4

A soll die richtige Antwort sein; Distraktor C ist ungeeignet; er wird von keinem Schüler gewählt; D ist insofern gut, als er vorwiegend von leistungsschwächeren Schülern angekreuzt wird. Überprüft man eine Reihe eigener Aufgaben dieser Art, lernt man viel darüber, wie geeignete Distraktoren zu formulieren sind.

Bei der Verwendung von Multiple-choice-Tests empfiehlt es sich weiterhin zu beachten:

- Jede Aufgabe sollte (mindestens) vier Distraktoren aufweisen – dies vermindert die Ratewahrscheinlichkeit.
- Alle Distraktoren sollten in etwa gleiche Wahrscheinlichkeit aufweisen, also keine Aussagen enthalten, die von vornherein herausfallen, unwahrscheinlich sind (s. Distraktorenanalyse).
- Alle Aussagen sollten in etwa gleich lang sein. Die Gefahr ist groß, dass die richtige Antwort, weil er besonders präzise formuliert wird, mehr Worte enthält als die anderen.
- Bei der Bewertung ist (vor allem im Vergleich mit anderen Aufgaben) zu bedenken, dass eine Aufgabe mit 4 Distraktoren fünf Wissens-Entscheidungen erfordert.

- Besondere Schwierigkeiten treten auf, wenn in einer Aufgabe mehrere richtige oder falsche Alternativen angekreuzt werden sollen (z. B. zwei richtige Lösungen unter sechs möglichen) oder eine offene Anzahl richtiger Lösungen. Da ein Schüler alle Alternativen ankreuzen könnte und damit auch die beiden zutreffenden, müssen die falschen Angaben abgezogen werden (negative Werte kommen dann vor).

Manchmal besteht die Vorstellung, mit Multiple-choice-Tests ließe sich kein differenziertes Wissen abfragen. Zum Beleg dafür, welche genauen Kenntnisse ein Schüler über ein bestimmtes Themengebiet haben muss, um einen guten Multiple-Choice-Test zu lösen, sollen Beispiele angeführt werden:

Ein Kind mit Trisomie-21 entsteht, wenn
- bei der Reduktionsteilung einer Ureizelle sich beide Chromosomen Nr. 21 nicht trennen
- eine diploide Eizelle von einem haploiden Spermium befruchtet wird
- eine Eizelle mit drei Chromosomen Nr. 21 von einem haploiden Spermium befruchtet wird
- eine Eizelle mit zwei Chromosomen 21 von einem haploiden Spermium befruchtet wird (aus Daumer 1979; für Sekundarstufe II)

Jedes Chromosom einer embryonalen Körperzelle des Menschen
- besteht stets aus zwei Chromatiden
- ist doppelt vorhanden
- verdoppelt seine Substanz in der Anaphase
- verdoppelt seine Substanz in der Interphase (aus Daumer 1979; für Sekundarstufe II)

Was ist das allgemein gültige Kreuzungsergebnis nach dem 2. Mendelschen Gesetz? Spaltung nach dem Verhältnis
- 1:1 im Phänotyp
  1:3 im Genotyp
- 1:1 im Genotyp
  1:2:1 im Phänotyp
- 1: 3 im Phänotyp
  1:2:1 im Genotyp

(Deutsches Inst. Intern. Päd. Forschung o. J., für Sekundarstufe I)

Weitere Beispiele für Aufgabentypen

Allgemein zur Überprüfung des Wissens (cognitive structure) referieren Chin-Chung Tsai & Chao-Ming Huang (2002) Ergebnisse zu fünf Verfahren: Freie Wort Assoziationen: Es wird ein Begriff vorgegeben, zu dem ein Schüler alle zugehörigen Inhalte aufschreiben soll. Kontrollierte Assoziationen: Zu einem vorgegebenen Begriff soll eine begrenzte Anzahl wichtiger entsprechender Begriffe aufgeschrieben werden. Konstruktion eines Begriffsbaums bei dem zu einem vorgegebenen Begriff eng damit verbundene mit kurzen, ferner liegende mit längeren Strichen verbunden werden. Begriffsnetze (s. dazu Kap. 10.8.1) und Fließdiagramme: Zu einem Begriff werden Aussagen in einer sinnvollen Reihenfolge aufgeschrieben und deren Beziehung untereinander durch Pfeile bzw. Linien angegeben).

Die besten Informationen über das Wissen von Schülern erhält man durch Begriffsnetze und Fließdiagramme. Beides sind also für Lehrerinnen im Unterricht gut geeignete Verfahren, um Begriffswissen im weiteren Sinn zu überprüfen.

Hausaufgaben: Dazu und zu entsprechenden Aufgaben wie „Biologischer Aufsatz“, „Interpretationsthemen“, „Problemorientierte Materialsammlung“ siehe Kapitel 13.10.

12.3.4 Mündliche Überprüfung

Einerseits dürfte das „mündliche Abfragen“ (formative evalution) zu den häufigsten Leistungsmessungen im Biologieunterricht gehören. Zugleich ist es sicher die problematischste. Das beginnt damit, dass die Lehrerin eine solche Prüfung meist aus dem Stegreif vornimmt, also die Fragen und Antwortmöglichkeiten vorher nicht bedenkt (quantifiziert). Es beinhaltet weiterhin die Schwierigkeit, dass es für den Prüfenden nicht leicht ist, positive und negative Antworten zu behalten und zu bewerten (das macht selbst einem Protokollanten Schwierigkeiten). Auch die Reihenfolge der Befragten (erst sehr guter Schüler, an dem der folgende subjektiv gemessen wird) dürfte nicht ohne Einfluss sein.

Patentrezepte für diese Art der Leistungsmessung kann man nicht angeben, zumal sich in der Literatur dazu nur wenige Aussagen finden, aber einige Hinweise sind möglich (s. z. B. auch Siedentop 1968, Zahorik 1995, folgenden Abschnitt):

- Eine richtige bzw. falsche Antwort sollte (ohne persönliche Kritik) deutlich mit einer verbalen Äußerung bestätigt werden.
- Bei teilweise richtigen Antworten kann bzw. sollte der richtige Teil angegeben und die Frage wiederholt werden.
- Schüler sollten ermutigt werden, in jedem Fall eine Antwort zu geben, auch wenn sie nur lautet: „Ich weiß keine Antwort".
- Auch umfänglichere, auf ein höheres Niveau bezogene Fragen können gestellt werden, wenn sich die Lehrerin die möglichen Inhalte der Aussagen vorher selbst klar gemacht hat. Dazu einige Beispiele: Feldhase und Wildkaninchen haben verschiedene Lebensweise; welche unterschiedlichen Anpassungen kann man bei jeder der beiden Arten erwarten? Wie könnte man überprüfen, ob und in welchem Umfang eine Pflanze für die Herstellung von Nährstoffen Stoffe aus dem Boden aufnimmt? Erkläre, warum man durch Trinken von etwa einem Liter Aqua dest. sterben kann. Gib (z. B.) drei persönlich betreffende Probleme an, die sich aus Wissen über Genetik ergeben.
- Auch wenn dies im strengen Sinn keine mündliche Überprüfung ist: Als Wiederholung können alle Schüler eine Skizze eines biologischen Sachverhalts mit Beschriftung anfertigen; dies hat u. a. den Vorteil, dass die Leistungen mehrerer Schüler in kurzer Zeit beurteilt werden können.
- Eine Skizze der Lehrerin an der Tafel oder eine andere Abbildung kann beschriftet, erläutert werden; damit ergeben sich gut quantifizierbare Aussagen; eine solche Vorgabe erleichtert zudem vielen Schülern die Reproduktion von Gedächtnisinhalten.
- Die Note sollte stets angegeben werden, damit der Schüler weiß und auch die Mitschüler wissen, was erwartet wird.

Kurze Referate – mit vorher etwa festgelegter Zeitdauer und Anzahl der Stichworte – zu einem für alle Schüler gleichen Thema können u. a. etwas über die Umfang des allgemeinen biologischen Wissens eines Schülers aussagen, wenn Fakten unter neuen Aspekten zusammengestellt werden müssen (Beispiele s.o.).

Empfohlen werden soll die Methode des „Begriffstrainings". Sie hat Ähnlichkeit mit dem Kopfrechnen in Mathematik. Dabei nennt ein beliebiger Schüler einen biologischen Begriff, der von einem anderen erklärt wird. Daraufhin nennt dieser Schüler einen weiteren Begriff, der von einem anderen erklärt wird. Subjektive Erfahrungen zeigen, dass eine Klasse, mit der ein solches Training durchgeführt wird, im Lauf der Zeit über ein beachtliches Inventar biologischer Begriffe verfügt. Es kommt ein Vorteil hinzu: Die Lehrerin kann in kurzer Zeit eine Reihe von Schülern (punktuell) beurteilen, was sonst bei der mündlichen Prüfung kaum möglich ist. Dies ist nicht nur ein Verfahren für Primar- und Sekundarstufe I. *Eine unerlässliche Voraussetzung [für die mündliche Abiturprüfung]... ist die Beherrschung der fachspezifischen Sprache. Im Lauf der Oberstufe ist demnach darauf zu achten, dass die Schüler wichtige Fachausdrücke und Definitionen einüben* (Birkner 1990).

12.3.5 Schriftliches und mündliches Abitur

Die „Einheitlichen Prüfungsanforderungen in der Abiturprüfung (EPA) – Biologie" (KMK Beschluss vom 5.2.2004) umfassen 20 Seiten, dazu 55 Seiten wichtige und hilfreiche Anwendungsbeispiele. Die einzelnen Bundesländern können zudem dazu eigene Vorstellungen erlassen, was sich besonders auch auf die Anzahl der Stunden bzw. Kurse auswirken kann (s. auch Kap. 18.4.5) – Es dürfte Schülern und Lehrern nicht leicht fallen, diesen Forderungen zu entsprechen.

Nach den Beschlüssen vom 16.6.2000 sind die „Basalfächer" Deutsch, eine Fremdsprache und Mathematik. Für den „Naturwissenschaftlichen Bereich" gibt es dagegen keine obligatorische Prüfung im Abitur. In der Sekundarstufe II kann entweder eine Naturwissenschaft vierstündig gewählt werden oder zwei Fächer zweistündig in zwei Schulhalbjahren. Dies dürfte dazu führen, dass eher wenige Schüler Biologie wählen. Abgesehen davon, wie das umfängliche Wissen der EPA-Anforderungen erworben werden kann. Wie dies mit der immer wieder betonten Bedeutung von Biologie in unserer Zeit zu vereinbaren ist, sei dahin gestellt (s. auch dazu die allgemeine Klage bei CAMPO 2007).

Es werden detaillierte Ausführungen vorgelegt zu den „Kompetenzbereichen" Fachkenntnisse, Methoden (fachspezifische, naturwissenschaftliche, allgemeine), Kommunikation, Reflexion. Diese sind so umfangreich, dass sie hier nicht wiedergegeben werden können. Die Unterscheidung zwischen Leistungs- und Grundkursen wird beibehalten (s. Kap. 18.4.4).

Für die schriftliche Prüfung in Biologie werden drei „Aufgabenarten" vorgeschlagen:

- Materialgestützte Aufgaben: Naturobjekte, mikroskopische Präparate, Texte, Tabellen u. a.;
- Bearbeitung eines Experiments;
- Fachpraktische Aufgaben mit praktischem und schriftlichem Teil.

Das letztgenannte Element dürfte interessant sein, weil langfristige Untersuchungen, Jahresarbeiten, Teilnahme an Wettbewerben, Projekte etc. im Biologieunterricht nicht selten vorkommen – und damit Leistungen von besonders interessierten Schülern honoriert werden können. Solche Arbeiten können als „besondere Lernleistung" als fünfte Prüfungskomponente Teil der Abiturprüfung sein und in die Benotung eingehen. Neben der Vorlage der Arbeit sieht die Prüfung eine Präsentation durch den Schüler vor.

Hiermit ist den Biologielehrern eine (schon lange genutzte und bei „Jugend forscht" vielfach erfolgreiche) Möglichkeit gegeben, interessierte Schüler zu langfristigen Untersuchungen anzuregen, die nun auch im Abitur bewertet werden können. Und dies sollten Lehrer mit Begeisterung tun!

Die mündliche Prüfung im Abitur besteht aus der Vorbereitungszeit für ein vorgegebenes Thema und anschließendem Prüfungsgespräch. Vorbereiten kann der Lehrer auf diese Situation, indem er mit den Schülern solches Vortragen (s. Kap. 14.2) gut einübt.

Immer noch nützlich für das mündliche Abitur ist sicher, was z. B. BIRKNER (1990) an möglichen Bearbeitungsmaterialien, Beurteilungskriterien und Beispielen zusammengestellt hat. Er empfiehlt unter anderem, dazu Naturobjekte (z. B. Nachbildungen von Schädeln zur menschlichen Stammesgeschichte), Experimente, Texte, Tabellen, Diagramme zu verwenden. In jedem Fall erscheint es günstig, Materialien vorzugeben, die bearbeitet werden. Der Prüfende kann daran vorab auch besser festlegen und quantifizieren, welche Leistungen er erwartet.

Zur Bewertung der Schülerleistungen sind – ähnlich wie beim schriftlichen Abitur – zu berücksichtigen:

- Vollständigkeit der Antworten,
- freier Vortrag,
- Exaktheit der Darstellung,
- Fehler und deren Gewichtung,
- Erreichen der geforderten Lehrzielstufen,
- Ausmaß der Selbständigkeit,
- Vertrautheit mit fachspezifischen Arbeits-, Denkweisen,
- Fähigkeit zum Transfer,
- Fähigkeit zur Synthese von Einzelbefunden,
- gegebenenfalls Fähigkeit zur Planung, Durchführung und Auswertung von Experimenten,
- Flexibilität im Prüfungsgespräch.

Begriffe: Test-Gütekriterien, Objektivität, Validität, Trennschärfe, Ökonomie, Aufgabentypen (Beispiele): Aufgaben mit gebundenen Antworten, Aufgaben mit freien Antworten, Standardisierter Test, Informeller Test, Schwierigkeitsindex, Multiple-Choice-Test, Mehrfachwahlaufgabe, Umordnungsaufgabe, Zuordnungsaufgabe, Ergänzungsaufgabe, Kurzantwortaufgabe, Distraktorenanalyse, Mündliche Überprüfung, Richtig-Falsch-Aufgaben, Abituraufgaben

13 Beispiele zur Verwendung und Effektivität von Medien und Fachgemäßer Arbeitsweisen

13.1 Allgemeine Aspekte

Man kann sicher geteilter Meinung sein, ob man „Medien" und „Biologische Arbeitsweisen" in einem Kapitel zusammenfügen sollte. Andererseits wird der Begriff „Fachspezifische oder Biologische Arbeitsweisen" sehr weit gefasst, z. B.: Unter diesem Begriff werden *in einem weiten Sinn alle Denk- und Arbeitsmethoden verstanden, mit deren Hilfe man zu Erkenntnissen in einem Wissensgebiet gelangt* (Killermann et al. 2005:131). Unterricht etwa mit einem Biologiebuch ist nach dieser Definition eine „Arbeitsweise". Es ist wohl für Leserinnen und Leser nützlicher, wenn bestimmte Arbeitsweisen am Anschluss an verschiedene Themen, die einen engen Bezug zu ihnen haben, behandelt werden; s. z. B. Kapitel 11.3, 14.6–14.8.

Ohne Medien kein Biologieunterricht. Es wird in der Tat niemand auf die vielfältigen Möglichkeiten verzichten, die Medien heute bieten. Die Schwierigkeit besteht im Biologieunterricht vielmehr darin, eine Auswahl der jeweils für ein Thema nützlichen oder nützlichsten Medien zu treffen – und diese Auswahl zu begründen. Die folgenden Aussagen deuten an, wie schwierig eine solche Begründung vielfach ist.

Zwar gilt wohl noch immer grundsätzlich die Aussage von Spezialisten (Müller et al. 1982): *Eine Medientheorie für den Biologieunterricht ist abhängig von den... Zielen und Absichten des Biologieunterrichts, nicht aber von einer allgemeinen Medientheorie.* Andererseits lassen sich aus neueren Befunden einige Erkenntnisse gewinnen.

Eine gute Darstellung zum Stand der „Psychologie des Lernens mit Medien" findet sich bei Weidenmann et al. (1993). Eine Zusammenfassung über Medien-Theorien, aber auch über die Verwendung ausgewählter Medien im Biologieunterricht – wie Naturobjekt, Modell, Wandbilder usw. siehe Staeck (1980). Einige dieser in der Literatur dargestellten Befunde mögen von Interesse sein und werden deshalb hier wiedergegeben, auch wenn sie bei der folgenden Besprechung einzelner Medien zum Teil wiederholt werden.

- Medienvergleich: Der früher häufig vorgenommene globale Vergleich verschiedener Medien in Bezug auf deren Effektivität hat zu keinen eindeutigen Ergebnissen geführt. Es gibt nicht „das" besonders wirkungsvolle Medium. Ein Medium fördert nicht an sich bestimmtes Lernen, sondern einzelne seiner Eigenschaften ermöglichen spezifisches Lernen bei bestimmten Schülergruppen (s. z. B. Clark & Salomon 1986:473). Daraus ergibt sich die triviale Erkenntnis: Man kann mit allen Medien lernen.
- Symbolsprache: Bei jedem Medium werden die Informationen in einem spezifischen „Symbolsystem" (Sprache, Ton, Text usw.) übermittelt. Demnach muss jeweils untersucht werden, wie der Schüler das Symbolsystem entschlüsselt, versteht und verarbeitet. Zum Beispiel behalten Schüler einer 5. Klasse am meisten von einem Film (gegenüber anderen filmischen Darstellungen), wenn Nah- und Totaleinstellungen durch Zoom-Aufnahmen verbunden werden. D. h., nicht mit „Hilfe eines Films lernt man am besten", sondern es kommt auf die Bildsprache des Films an. Die Schüler müssen das Symbolsystem verstehen, dieses spezifische Entschlüsseln erst lernen. Einen mikroskopischen Schnitt kann man nur entschlüsseln, wenn die Symbolsprache „unterschiedliche Färbung verschiedener Zelltypen, Aussehen einzelner Elemente (Zellkerne, Blutgefäße usw.)" bekannt ist (s. auch Kap. 13.6). Der in dieser Sehweise geschulte Lehrer vergisst diese Schwierigkeiten leicht.

- Anschaulichkeit: Der postulierte Vorteil von „Anschaulichkeit" („Bildvorteil") besteht demnach nur dann, wenn der *Betrachter die notwendige Fähigkeit besitzt, das bildliche Symbolsystem zu entschlüsseln und sie optimal und intensiv genug einsetzt* (WEIDENMANN 1993:513).
- Bilder: Biologieunterricht ist ohne Bilder aus irgendwelchen Medien kaum mehr vorstellbar. Forschungen gibt es zur Verbesserung des Wissens durch Betrachtung, Verarbeitung von Bildern. Diese Auswirkungen sind am besten, wenn Bilder ästhetisch ansprechbar sind (wie Werbung mit Bildern eindrücklich zeigt), Emotionen hervorrufen, einen deutlichen Bezug zum Thema haben und vor allem wenn der Lehrer eine Interpretation verlangt sowie sie ausführlich bespricht (Zusammenfassung bei CLÉMENT 1996). Also genaue Erörterung statt Bilderflut!
- Bilder und Skizzen zeichnen: Vor allem Grundschüler sollten gesehene Bilder möglichst oft nachzeichnen; man erkennt, was ihnen daran wichtig ist, was sie verstanden haben; Bilderunterschriften werden kaum beachtet; Handlungsverläufe sollten als Bilderfolge (nicht in einem Bild) dargestellt werden; abstrakte Wortskizzen (Maps) werden nicht oder nur schwer verstanden (KOLLORZ & LINDEMANN 2003, Blohm 1999). Viele Schulbücher verstoßen oft gegen solche (und andere) Prinzipien.
- Menschentypen und Wahrnehmung: Die lange vermutete (und immer wiederholte) Existenz verschiedener Menschentypen, die vorwiegend optisch oder akustisch Reize aufnehmen, ist nicht belegt. Man kann deshalb die Medienauswahl im Biologieunterricht damit schwerlich begründen.
- Nachdenken: Medien sollten nicht zu einfach „eingehen", sondern zur Verarbeitung (Stutzen, Nachdenken) anregen. So könnte im Biologieunterricht ein erlebnisorientierter Film unter Umständen von der Sache ablenken; andererseits eine Schemazeichnung, zudem eine anfangs noch unvollständige, die zur intensiven Auseinandersetzung zwingt, Lernen verstärken.
- Fragestellungen: Deshalb sind zu jedem Medium spezifische Fragestellungen erforderlich, die Lernende zwingen, sich ernsthaft mit ihm auseinander zu setzen.

Grundsätzlich hat sich die Verwendung von Medien im Biologieunterricht im Lauf der Zeit (wie dieser selbst) verändert. Idealtypisch wird unterschieden: Verwendung vorwiegend zur Illustration, Ergänzung zum lehrerzentrierten Unterricht, das Enrichment-Modell. Die illustrierende Anschaulichkeit wird heute ergänzt durch die Funktion der Medien als Arbeitsmittel, Ergänzung zum selbständigen Arbeiten und Problemlösen der Schüler, das Kontext-Modell. – Diese Unterscheidung hat jedoch in der Unterrichtspraxis schwerlich jemals eine Rolle gespielt.

Tab. 13-1: Wichtige Arbeitsweisen für Schüler (s. angegebenen Abschnitt dieses Buchs)

Allgemeines:	Begriffslernen (10.8)
Schüleraktivitäten (13.7)	Experimentieren (13.3)
Arbeitsblatt (13.10.3)	Schülerexperimente Typen (13.3.2)
Stationenarbeit (13.12)	Bilder analysieren (13.1)
Computerarbeit (13.13)	Texte schreiben (13.10.2)
Gruppenarbeit (14.7)	Texte analysieren (13.2)
Projekt (14.8)	Graphen interpretieren (13.4)
Rollenspiel (14.9)	Auswertung von Filmen (13.4)
Freilandarbeit (14.10.2)	Modelle (13.8)
Schulgarten (14.10.3)	Quellenarbeit (13.9)
Zoo (14.10.4)	Übungsheft (13.10.1)
Museum (14.10.5)	Hausaufgaben (13.10.5)
Landheim (14.10.6)	
Beobachten und Vergleichen (13.6)	

13.2 Schulbuch

Mögliche bzw. unumgängliche Situation: Die Fachkonferenz einer Schule muss die Entscheidung treffen, welches der von dem jeweiligen Kultusminister eines Landes zugelassenen Unterrichtswerke für Biologie eingeführt werden soll. Ein bedeutsamer Entschluss, da die Effektivität von Biologieunterricht wesentlich auch von dieser Entscheidung abhängt. Demnach sollte jeder Lehrer eine Vorstellung davon haben, welche Funktion das Schulbuch in seinem Unterricht hat und welche Kriterien er bei seiner Beurteilung verwenden will. Deshalb werden diese hier ausführlich dargestellt.

13.2.1 Funktion

Das Schulbuch ist aus dem Unterricht nicht wegzudenken. Es lässt sich eine Vielzahl von Belegen finden (Zusammenfassung bei GRAF 1989a:168ff.), die seine Bedeutung bestätigen; dazu einige Beispiele:

- *Es ist anzunehmen, dass die Wirkung des Biologie-Schulbuchs größer ist als die jedes anderen im Biologieunterricht eingesetzten Mediums. Immerhin ist das Schulbuch das einzige Medium, das den Schülern jederzeit und außerhalb der Schule zur Verfügung steht* (ESCHENHAGEN et. al. 1993:351). Dort wird auch eine Reihe von Funktionen angegeben, die das Schulbuch hat, von denen jedoch die meisten für jeden Lehrer selbstverständlich sind.
- Von Hauptschullehrern benutzen etwa 57 Prozent bei fast jeder Unterrichtseinheit das Schulbuch; 82 Prozent verwenden es zur Unterrichtsvorbereitung und 56 Prozent zur Gliederung ihres Unterrichts (LOIDL 1980).
- Eine Umfrage unter Haupt- und Realschullehrern (n=?) in Baden-Württemberg ergab, neben zahlreichen weiteren Daten, dass 70 Prozent das Schulbuch häufig einsetzen, 15 Prozent fast in jeder Stunde, weitere 15 Prozent dagegen nur selten; als Möglichkeit zum eigenen Lernen der Schüler benutzen es 94 Prozent (WEBER 1992).
- In Polen wurde in fast 82 Prozent aller Unterrichtsstunden das Schulbuch benutzt (STAWINSKI 1984).
- Für die USA meint YAGER (1982): *Biologie in der Schule kann durch ein Wort charakterisiert werden – Schulbücher.* Von 12 000 befragten Lehrern benutzen sie 90–95 Prozent in etwa 90 Prozent der Unterrichtszeit.
- Als „zum Leben erweckte Lehrpläne" sehen MARQUARDT & UNTERBRUNER (1981:10) die Schulbücher für den Biologieunterricht an.

Aus diesen Befunden ergibt sich die Notwendigkeit, sich mit dem Medium „Schulbuch" intensiv auseinander zu setzen – selbst wenn ein Lehrer ihm für seinen eigenen Unterricht weniger Bedeutung zumisst.

Schulbücher spiegeln die Geschichte des Biologieunterrichts wider (s. Kap. 15). Aus einem Vergleich von Schulbüchern verschiedener Epochen kann man viele Erkenntnisse gewinnen. Zugleich gibt es etwa in den letzten 40 Jahren entsprechend der Vielzahl von Strukturansätzen (Kap. 5.1) Bücher, die ganz verschiedene Aspekte von Biologieunterricht in den Mittelpunkt stellen; z. B. solche, die vorwiegend an der Wissenschaft, an Schüler und Gesellschaft betreffenden Fragen oder Methoden der Wissenschaft orientiert sind.

Schulbücher sind auch, in einem Ausmaß wie sonst kaum biologiedidaktische Dokumente, Ausdruck jeweils herrschender Ideologien. Eine beeindruckende Analyse entsprechender Themen (z. B. Rassentheorie, Erblehre, Eugenik, Sexualerziehung, Naturschutz) in Schulbücher seit etwa 1870 bis heute haben Klauss & Brilla vorgenommen (1985, dort auch zahlreiche Bilddokumente; s. dazu auch mehrere Beiträge in BUSCHE, MARQUARDT & MAURER 1978). Einerseits können solche Materialien im Biologieunterricht verwendet werden, um das Ausmaß des Missbrauchs scheinbar biologischer Aussagen mit Schülern zu besprechen. Andererseits kann man mit ihrer Hilfe besser erkennen, ob noch heute Ansätze solcher Ideologien in Schulbüchern vorkommen.

Es werden auch kreationistische, antievolutionäre Vorstellungen in sogenannten „Schulbüchern" ausgebreitet und zu begründen versucht, so in JUNKER & SCHERER (2006).

Dort wird – nicht als subjektive Glaubensaussage, sondern als „objektiver Befund" – dem „Evolutionsmodell" ein als zumindest gleichwertig angesehenes „Schöpfungsmodell" gegenübergestellt. Aufgrund biologischer Erkenntnisse ist dergleichen nicht vertretbar (s. Kap. 19.3.3).

Ende der 1970er Jahre gab es eine verbreitete „Schulbuchschelte"; s. dazu mehrere Aufsätze bei STEIN (1979). Der Auffassung, die solche Kritik für bedenklich hält, kann man sich schwerlich anschließen. Vielmehr kann bzw. sollte sie zur Verbesserung von Schulbüchern anregen.

Die große Rolle, die dem Schulbuch zukommt, hängt auch damit zusammen, dass gerade Biologieunterricht nicht selten von in diesem Fach nicht Ausgebildeten unterrichtet wird (z. B. waren es in einem Regierungsbezirk Hessens um 1995 fast 50 Prozent). Sie entnehmen ihr einschlägiges Wissen vor allem diesem Medium. Man kann dies, zumal bei der schnellen Entwicklung biologischen und biologiedidaktischem Wissens, nur als bedenklich bezeichnen. Bemerkenswert ist weiterhin, dass Lehrer mit zunehmendem Alter (bis zu 25 Prozent nach zehn Dienstjahren; MARQUARDT & UNTERBRUNER 1981) dazu neigen, das Schulbuch anstelle eigener schriftlicher Vorbereitungen zu nutzen.

Auch unter Lehrenden, die keine Ausbildung als Biologielehrer haben und die dennoch Biologie unterrichten müssen, sollte es heute eigentlich niemanden mehr geben, der seinen Unterricht ausschließlich an dem vorhandenen Schulbuch ausrichtet; im Extremfall die Schüler von Stunde zu Stunde einige Seiten bearbeiten lässt und diese dann im Unterricht bespricht. Dies ist schon deshalb nicht möglich, weil im Biologieunterricht ständig neue aktuelle Themen behandelt werden müssen oder traditionelle Themen mit bedeutsamen neuen Aspekten aus der Umwelt der Schüler verknüpft werden sollten (die u. U. zu dem Zeitpunkt, als die Bücher geschrieben wurden, noch unbekannt waren). Weiterhin ist es sinnvoll, dass sich der Unterricht auch an spezifischen Materialien ausrichtet, die in der Umgebung der Schule zu einem bestimmten Zeitpunkt oder in der Sammlung vorhanden sind. Literaturangaben und Erfahrungen zeigen, dass es in der Regel für die Schüler langweilig ist, wenn ein Lehrer ein Schulbuch Kapitel für Kapitel „durch nimmt".

Biologielehrer sollten mit Schülern trainieren, wie ein Schulbuchtext am besten zu bearbeiten ist; zum Beispiel (s. auch MARTIN 1982): Zuerst ganzen Text, dann Abschnitt für Abschnitt lesen, unbekannte Begriffe klären; für jeden Abschnitt eine Überschrift suchen; die zentrale Aussage oder die wichtigsten Begriffe finden und aufschreiben (s. auch Kap. 13.9).

13.2.2 Beurteilungskriterien

Zentraler Aspekt im Zusammenhang mit dem Medium „Schulbuch" ist der Anspruch, den ein Lehrer an ein solches Werk stellt und damit die Kriterien seiner Beurteilung (dazu zahlreiche Arbeiten; z. B. BEIER 1971, KLAUTKE 1974a, KOCH 1977, ARMBRUSTER & ANDERSON 1991, COMMITEE ON HIGH-SCHOOL BIOLOGY EDUCATION 1990; allgemein UHE 1979).

1. Grundansatz

Zuerst ist zu klären, welcher Strukturansatz (s. Kap. 5) einem Schulbuch für die Auswahl der Inhalte zugrunde liegt. Es macht zum Beispiel wenig Sinn, wenn an einer Schule überwiegend so unterrichtet wird, dass Verfahren des Problemlösens im Mittelpunkt stehen, das Buch aber vor allem auf Wissensvermittlung ausgerichtet ist. Ungünstig ist auch, wenn das Schulbuch wenig mit dem Lehrplan übereinstimmt.

Gerade im Zusammenhang mit Biologieunterricht auf der Basis von Bildungsstandards (s. Kap. 5.10) sind Schulbücher dahingehend zu prüfen, nach welchen Grundsätzen sie aufgebaut sind, wie die Inhaltsauswahl erfolgt und vor allem, ob man als Lehrer nach diesen Prinzipien unterrichten kann.

2. Fachliches

Selbstverständlich ist, dass ein Schulbuch fachlich möglichst wenige Fehler aufweist: Vielfach wird in der Literatur über zahlreiche Ungenauigkeiten geklagt (z. B. HEDEWIG & WENNING 2002; Hedewig 2008). Das reicht aber nicht aus. Deshalb werden hier Beispiele dafür zusammengestellt, die helfen, verschiedene fachliche Seiten eines solchen Werkes zu beurteilen:

- Bereich des Wissens: Ist die Anzahl der Begriffe nicht zu groß (s. dazu ausführlich Kap. 10.2), und zwar im gesamten Buch, auf einer Seite; werden zu viele unwichtige Begriffe eingeführt, auf die man auch verzichten könnte; werden bestimmte, vor allem wichtige Begriffe immer wieder verwendet, so dass sie durch Lesen wiederholt werden, oder etwa nur ein- oder zweimal; werden Begriffe klar genug erklärt bzw. definiert (zur Rolle von Begriffen zum Verständnis von Texten s. Oehmig 1990a, 1990b); werden wichtige Begriffe nicht nur im Text, sondern auch durch Abbildungen erklärt; wird ein einmal gewählter Begriffsnamen im gesamten Werk beibehalten (was bei mehreren Autoren keineswegs selbstverständlich ist); wird die Verwendung von umgangssprachlichen und fachlichen Begriffsnamen genau bedacht. Entsprechendes gilt für die Darstellung von Hypothesen und wichtigen Aussagen der Biologie.
- Bereich biologischer Forschung (s. dazu z. B. Klautke 1974a, Chiapetta et al. 1991): Werden (genug) Beispiele dafür angegeben, wie Biologie zu ihren Erkenntnissen kommt; gibt es (genügend) Originaltexte, Tabellen, Graphen etc., die als Grundlage für die Erarbeitung biologischer Aussagen und Erkenntnisse dienen können, die Gedankenexperimente zulassen (s. Kap. 13.7); gibt es Beschreibungen dazu, wie ein Forscher arbeitet, wie sich bestimmte biologische Probleme und Erkenntnisse entwickelt haben.
- Bereich der allgemeinen Bedeutung von Biologie: Gibt es genug Anwendungsbeispiele biologischer Forschungsergebnisse z. B. aus der Industrie, dem Gesundheitswesen, für das tägliche Leben, einschließlich in der Gesellschaft kontrovers diskutierter Fragen (wie z. B. Gentechnik, Umweltschutz, Artenschutz, Schwangerschaftsabbruch, Drogen); weiterhin Beispiele auch für negative Auswirkungen biologischer Forschungsergebnisse; werden biologische Erkenntnisse dargestellt, die zum Selbstverständnis des Menschen beitragen oder dafür heute wichtig sind.
- Wird zum Verständnis biologischer Aussagen notwendiges Wissen aus Chemie und Physik klar und ausführlich genug dargestellt.
- Sind Merksätze vorhanden, mit denen zentrales biologisches Wissen zusammengefasst wird.

3. Ideologien
Biologieschulbücher kommen kaum darum herum, Ideologien darzustellen, also Wertvorstellungen und Normen; z. B. zur Rolle von Frau und Mann, Sexualität, Stellung des Menschen unter den Lebewesen, Wirkung von Erbanlagen und Kulturwelt auf die Persönlichkeit, Rassenfrage. Es ist bedeutsam für die Beurteilung eines Schulbuchs, dergleichen zu erkennen und zu prüfen, in welcher Weise dies geschieht.

4. Abbildungen
Auch in diesem Zusammenhang stellen sich zahlreiche Fragen (s. auch Kap. 13.4); z. B.:
- Erklären und verdeutlichen die Abbildungen Aussagen im Text – oder dienen sie allein der „schönen Illustration“, wie dies oft bei der Verwendung zu vieler Fotos der Fall ist (gute Abbildungen sind für die Verlage teuer);
- wird im Text auf die verwendeten Abbildungen verwiesen;
- hat jede Abbildung eine Legende und ist diese korrekt und aussagekräftig;
- werden in Abbildungen Begriffe benutzt, die im Text nicht auftauchen;
- sind die Abbildungen für Schüler verständlich und lesbar – d. h. auch, ob der Abstraktionsgrad einer Abbildung das notwendige Ausmaß hat;
- werden durchgängig für vergleichbare biologische Strukturen (z. B. arterielles und venöses Blut, Nervensystem) gleiche Farben benutzt;
- sind die dargestellten Objekte nicht zu klein (also größer als ca. 5 cm) oder Seiten mit Bildern überladen.

Es ist schwer verständlich, dass manche Autoren oder Verlage von Schulbüchern und anderen Unterrichtsmaterialien Bilder im Stil von „Comics“ oder schlecht gezeichnete Skizzen aufnehmen. Dies geschieht zwar vorwiegend in Materialien für die Grundschule, aber keineswegs nur dort. Solche Darstellungen beinhalten meist keinerlei biologische Aussagen und beachten nicht die oben dargestellten Grundsätze. Offenbar sind manche Autoren der Meinung, dass Schüler an solche Bilder gewöhnt sind und so zum Lernen oder wenigstens Hinschauen angeregt werden. Selbst wenn dies der Fall sein sollte, ist zu fragen, womit dieses Niveaudefizit zu rechtfertigen wäre (für Verlage sicher als Geldersparnis).

Für die Verwendung „offener Bilder", die zur Kommunikation einladen, Diskussionen hervorrufen, auch Emotionen wecken (etwa eine Landschaft, eine Kuh – und nicht nur deren schematische Darstellung) plädiert OTTO (1992); er stellt ihnen „geschlossene Bilder" (die ausschließlich informieren) gegenüber. Freilich enthalten neuere Schulbücher in der Regel schon zahlreiche „offene Bilder".

Schwer ist es, Kriterien dafür zu finden, ob Abbildungen „ästhetisch" sind. Einige sollen versuchsweise genannt werden: Bilder sollten nicht mit zu vielen Einzelheiten überfrachtet werden, nicht zu bunt sein; die zentrale Aussage des Bildes sollte in der Mitte stehen oder leicht nach einer Seite verschoben sein („Goldener Schnitt").

5. Lesbarkeit

Ein sonst durchaus geeignetes Buch kann wenig brauchbar sein, wenn die Schüler den Text nur schwer verstehen können (s. auch MERZYN 1987). Dies ist naturgemäß vom Alter und dem Vorwissen der Schüler abhängig. Überprüfung der Lesbarkeit ist kein oder zumindest nicht nur ein subjektives Verfahren. Es gibt vielmehr dafür Kriterien, z. B. Länge der Sätze, mittlere Silbenanzahl der Wörter pro Satz, gibt es für jeden Abschnitt einen Leitgedanken, in ihm überflüssige Aussagen.

- Zur Überprüfung der Satzlänge kann man an drei Stellen eines Buches je 10 Sätze auswählen, die Anzahl der Wörter zählen und die mittlere Anzahl der Wörter pro Satz bestimmen. Für Schüler der 4./5. Klasse sollten die Sätze im Mittel zwischen 8 und 10 (12) Wörter lang sein. Für 10. Klassen können es je nach Sprachniveau 15 bis 25 Wörter sein. – Allgemein gilt auch für Erwachsene: Sätze mit bis zu 13 Wörtern sind sehr leicht, mit 14–18 Wörtern immer noch relativ leicht, mit 19–25 mittelmäßig gut verständlich. Ab etwa 30 Wörtern pro Satz wird das Verstehen schwer (sie lassen sich aber manchmal, wie vielfach in diesem Buch, nicht vermeiden).
- Die mittlere Silbenanzahl bestimmt man mit Hilfe der ausgewählten Sätze, indem man die Anzahl der Silben durch die Anzahl der Wörter dividiert (so hat der vorhergehende Satz einen Quotienten Silbenzahl/Wortanzahl von 1,9). Für die genannten unteren Klassen sollte der Wert bei 1,4 bis 1,6, für die höheren bei 1,7 bis 2,0 liegen, damit der Text (gut) verständlich ist.
- Ein Verfahren zur unmittelbaren Überprüfung, ob die Schüler einen Text gut verstehen können, beschreiben COLLETTE & CHIAPETTA (1994) als das Cloze-Verfahren nach WILSON TAYLOR: In einem Text, der etwa 300 Wörter umfasst, wird jedes 5. Wort durch einen Strich ersetzt (). Die Schüler sollen die fehlenden Wörter einsetzen. Werden mehr als 60 Prozent der fehlenden Wörter richtig ergänzt, wird der Text nach Meinung der Autoren gut verstanden, bei 40–60 Prozent mittelmäßig (Hilfen sind erforderlich) und unter 40 Prozent kaum.
- Die „innere Ordnung" eines Textes kann man z. B. anhand folgender Gegensatz-Parameter überprüfen: gegliedert – ungegliedert, folgerichtig – unzusammenhängend, Wesentliches von Unwesentlichem unterschieden – nicht unterschieden, sinnvolle Reihenfolge der Aussage – „alles geht durcheinander".

6. Hausaufgaben

Für den Lernfortschritt wirklich nützliche Aufgaben zu formulieren, ist keineswegs einfach (s. auch Kap. 13.10). Dies bedarf beachtlicher Kreativität. Es kann von einem Schulbuch heute erwartet werden, dass es solche Aufgaben enthält. Lehrer sollten beispielhaft solche Aufgaben selbst lösen und den damit verbundenen Lerneffekt prüfen; z. B.: Regen die Aufgaben zur praktischen Arbeit an; sind sie auch wirklich lös- bzw. durchführbar; beziehen sie sich nur auf Reproduktion des Wissens; gibt es für biologisches Verständnis unerhebliche „Rechenaufgaben".

7. Inhaltsverzeichnis
Ein gutes Stichwortverzeichnis ist vor allem für die Schüler von großem Nutzen, damit sie Begriffe und Aussagen nachschlagen können. Entsprechend ist zu prüfen, ob es alle wesentlichen Aspekte enthält.

8. Lehrerband
Gerade weniger im Biologieunterricht erfahrene Lehrer sollten bei der Anschaffung eines Schulbuchs prüfen, ob dazu auch didaktisch-methodische Hilfen vorliegen oder geplant sind; z. B. Hinweise auf spezielle Literatur, Experimente, Ideen zum Anwendungsbezug zu einem Thema.

Begriffe: Fachspezifische Arbeitsweise, Biologische Arbeitsweise, Schulbuch, Kriterien zur Schulbuchbeurteilung: Fachliches, Lesbarkeit (Wortanzahl pro Satz, Quotient Silbenanzahl/Wortanzahl), Abbildungen

13.3 Experiment

Wenn man Schüler (auch Studenten) fragt, ob zu diesem und jenem biologischen Phänomen in ihrem Biologieunterricht ein Experiment gemacht worden ist, erhält man in den meisten Fällen die bedauerliche Antwort: nein. Andererseits kann man feststellen, dass sie über Inhalte, die sie selbst experimentell bearbeitet haben, in der Regel noch einiges oder gar viel wissen.

Es gibt objektive (Zeitmangel, schlechte Ausstattung, ungeeignete Räume) und subjektive Gründe dafür, wenn im Biologieunterricht nicht oder kaum experimentiert wird. Jeder Lehrende sollte sich jedoch fragen, ob die Mühe, die die Vorbereitung von Experimenten ohne Zweifel macht, nicht durch Interesse an und Lernerfolg in seinem Unterricht mehr als wett gemacht wird; oder wie es eine erfahrene Lehrerin zusammenfasst: „Viel reizvoller würde der Unterricht, wenn mehr experimentiert würde“ (Falkenhausen 1971).

13.3.1 Grundsätzliches

In dem bis heute schwerlich überholten Buch von Boud, Dunn & Hegarty-Hazel (1989)[6] wird das Thema „Experimente im naturwissenschaftlichen Unterricht“ vielseitig und ausführlich behandelt. Die folgenden Ausführungen schließen sich an die dort mitgeteilten Anregungen und zahlreichen empirischen Befunde zum Teil an und verdanken ihm wesentliche Einsichten. Sie entsprechen auch der Liste von Leistungen, die Schüler im „Kompetenzbereich Erkenntnisgewinnung“ (Beschlüsse KMK–Konferenz 2005) erbringen sollen.

Über neuere, auch deutschsprachige Forschungsergebnisse berichten Füller* (1992; ausführliche Darstellung der Literatur) und Klautke (1997); Zusammenfassung auch bei Chiapetta & Koballa (2006).

Hilfreich für Schüler und Lehrer, wie Daten aus Experimenten mit verschiedenen Methoden ausgewertet werden können, sind „Forscherheft 1“ (UB 318, 2006) und „Forscherheft 2“ (UB 327, 2007).

Synonym zu „Experiment“ (laboratory work) wird häufig aus sprachlichen Gründen zu Recht „Versuch“ verwendet. Es gibt allerdings auch Bemühungen (Hedewig 1990, Füller 1992), bestimmte Parameter nur dem Begriff „Versuch“, andere dem „Experiment“ zuzuweisen; so soll „Versuch“ gegenüber dem „Experiment“ gekennzeichnet sein durch fehlende Kontrollversuche und fehlende Variation der Versuchsbedingungen. Im konkreten Unterricht dürften dagegen beide Verfahren ineinander übergehen und die Trennung beider Begriffe kaum praktische Bedeutung haben. Ein Vorteil der Bezeichnung „Experiment“ liegt auch in ihrer allgemeinen, auch internationalen Verwendung.

Von Experimentalunterricht (im Folgenden kurz „Experimente“) im eigentlichen Sinne ist hier dann die Rede, wenn Schüler einzeln oder in Gruppen diese Tätigkeit durchführen. Dies wird allgemein als „Schülerexperiment“ (auch Realexperiment) bezeichnet. Dem steht das „Demonstrationsexperiment“ gegenüber.

In der Biologiedidaktik wird davon ausgegangen, dass Experimente essentielles Element naturwissenschaftlicher Forschung und Erkenntnis sind und sie deshalb auch Teil des Unterrichts sein

6 Das Buch ist in Deutschland nur schwer erhältlich, jedoch in der Niedersächsichen Staatsbibliothek in Göttingen vorhanden.

müssen. Es ist hier nicht der Ort, um auf wissenschaftstheoretische Aussagen zum Experiment einzugehen (s. dazu z. B. HARTMANN 1956, MOHR 1981, WUKETITS 1981).

Der verbreiteten Forderung nach Durchführung von Experimenten im Biologieunterricht stehen Erhebungen gegenüber, wie häufig dergleichen tatsächlich stattfindet. Einige Autoren (DÜPPERS 1975, ETSCHENBERG 1979:167, BEISENHERZ 1982 u. a.) gehen davon aus, dass maximal in 20 Prozent des Biologieunterrichts Schülerexperimente und in weiteren 20 Prozent Demonstrationsexperimente durchgeführt werden. Eine neue Umfrage des Verbandes Deutscher Biologen (s. WEIGELT & GRABINSKI 1996:21) ergab, dass bei etwa 50 Prozent aller Lehrer der Anteil von Experimenten in ihrem Unterricht unter 10 Prozent, bei weiteren 40 Prozent der Befragten bei 10–20 Prozent lag. Zu einem ähnlichen Wert kam bereits LÖWE (1990), und zwar für Experimentieren und Mikroskopieren als Aktivitäten der Schüler zusammen.

Es ist auch noch auf den starken Abfall des Interesses im Verlauf der Sekundarstufe I an „Versuchen" hinzuweisen, den LÖWE (1990, n=~600) belegen konnte. Er stellt zur Erklärung die Hypothese auf, dass Experimentieren für die Schüler vielfach „nicht erfolgreich" ist, nicht zur „Kompetenzerweiterung" führt.

Es ist immerhin zu bedenken, ob es vielleicht eine Wechselwirkung zwischen dem (geringen) Lernerfolg des Biologieunterrichts (s. Kap. 10.7) und dem Umfang des Experimentierens gibt. Dessen Anteil wird sich aber schwerlich ändern, so lange Lehrer dafür nicht intensiv ausgebildet, aber auch entlastet werden.

Vielfach (mögliche Ausnahme s. u.) wird im Biologieunterricht nur „nachvollziehend" experimentiert. Es sollen (dem Lehrer) bereits bekannte Ergebnisse gefunden werden. MEMMERT (1970) greift dafür die Bezeichnung „Didaktische Induktion" auf, ironisch auch „Mausefalleninduktion" („Kochbuchmethode") genannt, der er die „Wissenschaftliche Induktion" gegenüberstellt. Es kann zweierlei Sinn haben, diesen Unterschied zu erwähnen: Der Lehrer ist in Gefahr, das Ergebnis eines nachvollziehenden Experiments bereits vorher bekannt zu geben. Den Schülern sollte auch klar werden, dass zur „Beweiskraft" einer gefundenen Aussage eine große Anzahl entsprechender Versuche und verschiedener Kontrollversuche durchgeführt werden muss.

Es gibt „Qualitative Experimente", das heißt solche, die eine Frage nur bestätigen, bejahen oder auch verneinen (z. B. mit Hilfe eines Tonfrequenzgenerators feststellen, dass Menschen nur bestimmte Schallwellen hören). Dem stehen „Quantitative Experimente" gegenüber, bei denen die genauen Bedingungen untersucht werden, bei denen etwas Bestimmtes geschieht (z. B. die Abhängigkeit des Tonumfangs vom Alter bei mehreren Personen ermitteln).

Während Qualitative Experimente oftmals durch Beobachtung (vor allem in der Ethologie) oder mit einfachen Geräten zu lösen sind, erfordern quantitative meist spezifische Geräte. Der Unterrichtende muss, abgesehen davon, ob er überhaupt über spezifische Geräte verfügt, jeweils entscheiden, welche Art von Experiment er zur Klärung eines Sachverhalts benötigt.

Die Bedeutung, die Experimente im Biologieunterricht haben sollen, kann man etwa sechs Gruppen zuordnen:

- Einsichten in naturwissenschaftliche Arbeitsweisen gewinnen und positive Einstellungen dazu entwickeln,
- Erwerb von Fähigkeiten zum Experimentieren (technische Fertigkeiten),
- deduktive und induktive Beweisführungen erlernen und unterscheiden,
- Fähigkeiten zum Lösen von Problemen entwickeln,
- naturwissenschaftliche Begriffe experimentell überprüfen, dadurch besser lernen,
- Interesse an Biologie fördern.

Es gibt eine fast unübersehbare Anzahl empirischer Untersuchungen (mehr als 4000 nach GRÖNKE schon 1991), die belegen oder zu belegen versuchen, dass diese Fähigkeiten durch Experimentalunterricht auch tatsächlich erreicht werden. Schüler dagegen beklagen oft, dass solche Übungen langweilig sind, sie ohne nachhaltige Anregungen bleiben, und zwar u. a. deshalb, weil sie deren Sinn nicht deutlich erkennen.

Tab. 13-2: Die wichtigsten Ziele beim Experimentieren nach Meinung verschiedener Gruppen (aus Boud, Dunn & Hegayrty-Hazel 1989)

		Schüler	Studenten	Wissenschaftler
1	Training von Schlussfolgerungen aus Messungen, Beobachtungen und Interpretation von Daten	X	X	X
2	Wichtige Geräte und Messtechniken kennen lernen	X	X	X
3	Praktische Fertigkeiten erlernen	X	X	X
4	Beobachtungsfähigkeit trainieren		X	X
5	Kritikfähigkeit fördern		X	X
6	Im Unterricht Gelerntes verdeutlichen	X		
7	Beziehungen zwischen Theorie und Praxis herstellen	X		

Daraus ergibt sich, dass der Lehrer klare Vorstellungen davon haben sollte, was das Ziel eines bestimmten Experiments („Experiment-Ziel") ist, die Schüler bei einem Experiment an allgemeinen Fähigkeiten neben den Sachaussagen wahrscheinlich erwerben sollten bzw. könnten. Bei Boud et al. (1989) findet sich eine Liste solcher Ziele (Tab. 13-2), die von Schülern, Studenten und Lehrern als besonders wichtig eingestuft werden.

So stehen z. B. bei dem häufig durchgeführten Experiment „Nachweis der unterschiedlichen Sauerstoffproduktion bei der Wasserpest durch Zählen von Gasblasen unter verschiedenen Bedingungen" andere Ziele im Mittelpunkt als etwa bei „Lernversuchen mit Goldhamstern im Y-Lauf". Im ersten Fall dürfte weder (s. Tab. 13-2) Ziel 1 bis 3 nicht sehr bedeutsam sein: Die erforderlichen Schlussfolgerungen sind in der Regel durch die vorherige Behandlung der Photosynthese-Gleichung weitgehend festgelegt, die ausgeübten praktischen Tätigkeiten sind recht speziell; dagegen sind die Ziele 6 und 7 wichtig. Beim zweiten Versuch dürften die Ziele 1 und 5 besonders zu beachten sein: Art des Vorgehens, Formulierung von Hypothesen und entsprechende kritische Einstellung ist bedeutsam für die Durchführung weiterer Lernversuche und auch deren Interpretation. Entsprechende Anforderungen sind zu planen und an die Schüler zu stellen.

Und zugleich wird in beiden Fällen der „wissenschaftliche Weg" nachvollzogen: *Ein wichtiges Ziel der Wissenschaft sind Erklärungen…* (und zwar, möchte man hinzufügen: sichere, eindeutige und praktikable). *Wissenschaftler entwerfen neue, bisher unbekannte Hypothesen, mit denen sie dann Neues oder längst Bekanntes, aber bisher Unerklärtes zu erklären vermögen… Solche Erklärungen sind also Rückführungen auf bislang Unbekanntes* (Vollmer 1995:40). Genau so ist nach Maßgabe des Wissens der Schüler bei beiden Experimenten vorzugehen. Dass es sich dabei um den typischen Weg der Wissenschaft handelt, sollte demnach angesprochen werden.

Die Forschungsmethode zur Aufklärung der Bedeutung des Experiments für die Schüler bestand lange Zeit vor allem darin, diese Lehrform mit anderen (etwa dem Lehrervortrag) zu vergleichen. Damit wollte man – wie auch in anderen Zusammenhängen – feststellen, welche der beiden Formen am effektivsten ist. Es ergab sich (Boud et al. 1989:130; entsprechend zahlreiche andere Aussagen): Zur Enttäuschung und Desillusionierung aller Betroffenen waren die Ergebnisse weithin zweideutig. Bei einigen Untersuchungen schnitten Experimente besser ab, bei anderen eine damit verglichene Lehrform; wieder andere fanden keine signifikanten Unterschiede zwischen Experiment und einer anderen Lehrform.

Es ist in jedem Fall schwer, zwei unterschiedliche Lehrformen miteinander zu vergleichen. Weiterhin ist mit unsicheren Forschungsergebnissen wegen ungenauer Forschungsdesigns zu rechnen; vor allem aber auch, weil mit Tests gearbeitet wurde, die sich hauptsächlich auf Wissen bezogen, nicht aber auf Fertigkeiten und Fähigkeiten, die eben mit Experimenten erworben werden könnten. Neuere, speziellere Untersuchungen (s. 13.3.3) kommen jedoch durchaus zu positiven Ergebnissen. D. h., Lehrer, die solche häufig immer noch wiedergegebenen älteren Befunde lesen, dürfen sich dadurch nicht davon abhalten lassen zu experimentieren.

13.3.2 Typen von Schülerexperimenten

Man kann verschiedene Typen von Schülerexperimenten – besonders aber drei – unterscheiden. Für den Unterricht ist es nützlich, sich zu vergegenwärtigen, welchen Typ man in einem bestimmten Zusammenhang anstrebt, sind doch Planung und Durchführung jeweils unterschiedlich.

Kurzzeitexperimente, auch und eigentlich besser Verifikations-Experimente genannt („deductive laboratory", CHIAPETTA & KOBALLA (2006): Sie werden in der Regel in einer oder zwei Stunden durchgeführt und in Bezug auf Ergebnis und Inhalt weitgehend vom Lehrer vorbereitet und vorbestimmt. Vor allem dienen sie dazu, vorher im Unterricht behandelte Begriffe, Sachverhalte usw. zu demonstrieren, zu festigen und zu belegen. Dazu gibt es für den Biologieunterricht sehr viele Beispiele, so dass hier auf Literaturangaben verzichtet werden kann. Ein Beispiel jedoch, das zugleich inhaltlich interessant ist und als Muster für ein „Versuchsprotokoll" dienen kann, sei wiedergegeben (Abb. 25.; dazu auch: BARTSCH et al. 1990).

KILLERMANN et al. (2005) unterscheiden in diesem Zusammenhang noch „Einführendes Experiment", das zu einem Problem hinführt, zur Motivation dient, und „Entdeckendes Experiment", das zur Klärung eines Problems, einer Frage dient. Letztere Bezeichnung erscheint wenig günstig, da ja alle Experimente auch zur „Entdeckung" betragen sollen.

- Langzeitexperimente („inductive laboratory") erstrecken sich über einen längeren Zeitraum und verlangen von den Schülern größere Eigenständigkeit in Bezug auf Methode, Datengewinnung und -auswertung. Das zu untersuchende Problem wird im Wesentlichen vom Lehrenden gestellt. Aber die Schüler können oder sollten durch ihre Experimente selbst Prinzipien, Gesetzmäßigkeiten und Hypothesen finden, die erst anschließend diskutiert – und keinesfalls vorher dargestellt werden.

In biologiedidaktischen Zeitschriften finden sich dazu viele Angaben; dazu einige ausgewählte Beispiele: Mineralische Ernährung bei Nutzpflanzen, Nachweis von Mangelerscheinungen (STASCHEIT & HESSE 1987); Versuche mit Bakterien (s. schon STEINECKE 1963, FREYTAG 1973); Erbversuche mit Drosophila (s. z. B. DAUMER 1988); biologische Nachrichtenverarbeitung (BIRETT 1974); Ethologie (BUNK & TAUSCH 1980) usw.

- Forschungsanaloge Experimente haben ein deutlich umrissenes, von einem einzelnen oder einer Gruppe entwickeltes, unter Umständen neues oder zu einem gelösten analoges Problem zum Inhalt. Dabei werden Detailfragen, Methoden der Durchführung und Auswertungsstrategien in Absprache mit dem Lehrenden von den Schülern weitgehend selbständig gewählt und angewandt; dazu Beispiele:

Die Untersuchung eines Gewässers in Bezug auf darin in einem bestimmten Zeitverlauf vorkommende Stoffe, ebenso auf dort lebende Organismen; Erbversuche mit Drosophila unter „offenen" Gesichtspunkten; Verhalten einer Vogelart während der Brutzeit, wie sie bestimmte Landschaftselemente nutzen usw.

Diesen Forschungsanalogen Experimenten sollte im Biologieunterricht große Beachtung geschenkt werden. Sie können als „besondere Lernleistung" als fünfte Prüfungskomponente Teil des Abiturs (s. Kap. 12.3.5) sein.

1. Frage/Hypothese.
Beeinflusst Musik meine Konzentrationsfähigkeit bei Hausaufgaben?
1. Hypothese: *Mit Musik merke ich mir weniger Wörter*
2. Hypothese: *Mit Musik merke ich mir ebenso viele Wörter*

2. Durchführung
Versuch 1:
(a) Lehrer zeigt ohne Musik 2 Min. lang 20 Wörter an der Tafel
(b) Schüler lernen während dieser Zeit möglichst viele Wörter auswendig
(c) Schüler schreiben aus der Erinnerung die Wörter auf
Folgen die notierten Wörter, z.B. acht

Versuch 2:
(a) Lehrer zeigt mit Musik 2 Min. lang 20 Wörter an der Tafel
(b) Schüler lernen während dieser Zeit möglichst viele Wörter auswendig
(c) Schüler schreiben aus der Erinnerung die Wörter auf
Folgen die notierten Wörter, z.B. fünf, auch falsche

3. Auswertung

	Anzahl meiner richtigen Wörter	Klassendurchschnitt
Versuch 1	8	7,4
Versuch 2	5	5,7

4. Auswertung/Interpretation
Musik lenkt offenbar mich und die meisten Schüler ab. Ich kann mich nicht so gut konzentrieren. Hypothese 1 wird bestätigt, so weit dies bei einer geringen Anzahl von Schülern möglich ist.

Abb. 25: Muster für ein Kurzzeitexperiment und ein Versuchsprotokoll; aus Wagener (1982), leicht verändert; dieser Versuch kann zudem dadurch variiert und das Ergebnis deutlicher werden, dass jeweils 20 Wörter nur vorgelesen werden

13.3.3 Einige empirische Befunde über die Effektivität von Experimenten

Inzwischen liegt eine Vielzahl von Untersuchungen vor, die Fehler zu vermeiden suchen, die durch Vergleich zweier Lehrformen leicht entstehen können (s. 13.3.1). Dies geschieht u.a. dadurch, dass jeweils nur einer oder einige der postulierten „Vorteils-Faktoren" untersucht wurden.

1. Erwerb von Experimentierfähigkeiten
Schüler, die ausführlich über Fähigkeiten, die zum Experimentieren notwendig sind, verbal unterrichtet wurden, lernten diese ebenso gut wie solche, die experimentierten – aber sie konnten sie nicht kompetent anwenden. Es überrascht auch nicht, dass längeres Training im Experimentieren, der Überblick über verschiedene technische Möglichkeiten und Kenntnis spezifischer Apparate entsprechende Fähigkeiten der Schüler tatsächlich erhöhten. Ebenso erwies sich die Verwendung von Video-Filmen statt schriftlicher Anleitungen als vorteilhaft.

Schriftliche Anleitungen, mit deren Hilfe die Schritte der geplanten Experimente vorab in Gedanken durchgegangen werden (s. Abb. 26), führten dazu, dass theoretisch in dieser Weise trainierte Lernende ebenso erfolgreich sind wie solche, die diese durch Praxis erworben haben (Beasley 1978). Bemerkenswert ist, dass Computersimulationen von Experimenten (s. Kap. 13.9) zwar etwas mehr Zeit benötigten, aber zu denselben Lernergebnissen führen wie reale Experimente. Es wird

Osmometer-Versuch

A Benötigte Materialien

- Filmdose mit durchbohrtem Boden und ausgeschnittenem Deckel
- Gummistopfen mit 1ml-Pipette
- Einmachzellophan
- Becherglas (250 ml)
- Filzstift, Putzlappen
- Osmotisch wirkenden Flüssigkeit z. B. Zuckerlösung, Salzlösung, Fruchtsirup

B Vorbereitung der Materialien

1. In den Boden einer Filmdose wird mit Hilfe eines Korkbohrers (oder einer Bohrmaschine) ein Loch von ca. 2 cm Durchmesser gebohrt. Leere Filmdosen können, wenn nicht vorhanden, in Fotogeschäften kostenlos besorgt werden. Sie sollten möglichst aus hellen Material sein, damit der Inhalt sichtbar ist.

2. Aus dem Deckel der Dose wird das Innenteil (ca. 2,5 cm Durchmesser) mit einer Schere herausgeschnitten, so dass der Verschlussring übrig bleibt.

3. Von einem Bogen Einmachzellophan wird ein ca. 10 x 10 cm großes Stück abgeschnitten.

4. Durch einen durchbohrten Gummistopfen, der in das Loch im Boden der Filmdose passt, wird eine 1ml-Pipette geschoben. Die Pipette soll ca. 1–3 cm aus dem unteren Ende des Stopfens herausragen. Zur Vermeidung von Verletzungen (Zerbrechen der Pipette) muss beim Einschieben der Pipette in die Bohrung des Stopfens diese mit einem Tuche umwickelt werden. Die Verwendung von Vaseline als Gleitmittel erleichtert den Vorgang.

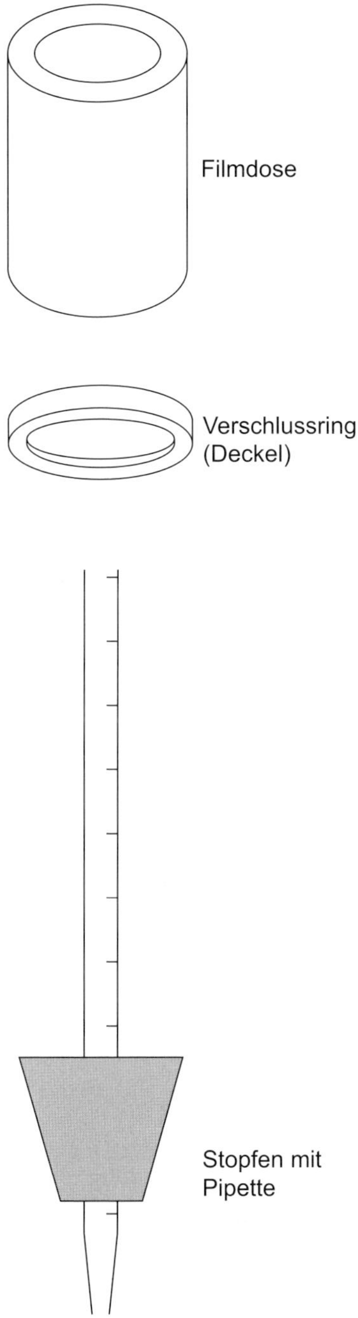

Abb. 26: Beispiel für eine schriftliche Versuchsanleitung zum „Osmometer-Versuch" (Klee pers. Mitteilung)

C Durchführung des Osmose-Versuchs

1. Ein ca. 10 x 10 cm großes Zellophanstück wird ca. 5 Min. lang in Wasser eingeweicht. Danach wird es über den Verschlußring gelegt und dieser auf die Öffnung der Filmdose gedrückt. Die straff gespannte Zellophanhaut verschließt jetzt die Dose auf dieser Seite.
2. In die Filmdose wird durch das Loch im Boden eine osmotisch wirksame Flüssigkeit (z.B. Zuckerlösung) eingefüllt. Die Flüssigkeit sollte bis zum oberen Rand stehen.
3. Der Stopfen (in dessen Bohrung sich die Pipette befindet) wird in das Loch eingesetzt. Das sollte nur mit geringem Druck und unter leichter Drehung des Stopfens erfolgen, damit der Flüssigkeitsanstieg in der Pipette kontrolliert werden kann. Der Stopfen ist soweit hineinzudrücken, dass die Flüssigkeit in der Pipette zwischen 1 bis 5 cm hoch steht.
4. Die Filmdose wird in das etwa zu einem Drittel mit Wasser gefüllte Becherglas gestellt; eventuell unter der Zellophanhaut befindliche Luftblasen werden durch leichtes Schütteln der Dose entfernt.
5. Der Stand der Flüssigkeitssäule in der Pipette wird mit einem Filzstift markiert bzw. notiert. In bestimmten Zeitabständen (z.B. drei Minuten) wird die Veränderung der Flüssigkeitssäule erfasst.

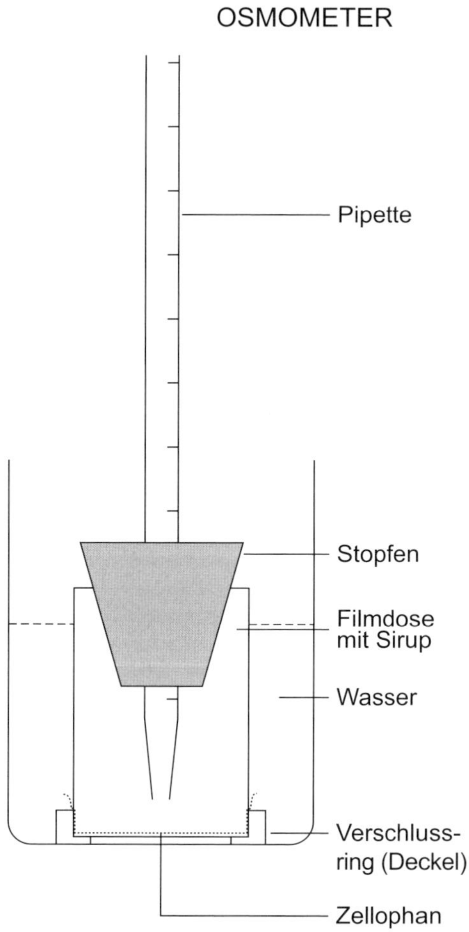

vorgeschlagen, auf diese Weise vor allem die Schritte zu trainieren, die beim Experimentieren vollzogen werden müssen.

Bei jedem Schülerexperiment im Biologieunterricht ist also vorher zu erwägen, 1. (wie bereits angegeben) welche Ziele man mit welchem Experiment erreichen will, 2. welche Form der Anweisung für die Durchführung eines Experiments besonders geeignet ist – kaum eine mündlich-kursorische.

Insgesamt kann festgestellt werden, dass wohl kein Zweifel daran bestehen kann, dass beim Experimentalunterricht auch Experimentalfähigkeiten geschult und erworben werden – wobei es unterschiedliche Methoden gibt, um eine möglichst hohe Effektivität zu erreichen.

2. Verbesserung des Begriffslernens durch Experimentieren
Vergleichende Untersuchungen haben gezeigt, dass Experimentieren nicht an sich eine besonders effektive Methode ist, um Fakten und Begriffe zu erlernen. Füller (1992) fand jedoch bei einer Längsschnittuntersuchung (5. bis 7. Klasse; n=605, Gymnasialschüler) einen größeren Wissenszuwachs bei Unterricht mit Schülerexperimenten gegenüber Unterricht ohne Experimente (so schon früher Löwe 1980) – aber einen noch höheren durch Demonstrationsexperimente. Man kann demnach nicht sicher entscheiden, welcher Form des Experimentierens ein höherer Wissens- und auch Interessenszuwachs eignet. Boud et al. (1989) referieren Befunde, wonach Begriffe ohne konkrete Denotation (sogenannte abstrakte Begriffe, Kap. 10.3) und Langzeitbehalten von Begriffen durch subjektiv erlebte „Episoden" beim Experimentieren erheblich gefördert werden vor allem im Vergleich mit Demonstrationsexperimenten. Dies ist aufgrund der Bedeutung eines „Assoziativen Umfelds" (s. Kap. 10.3) nicht verwunderlich und dürfte kaum ein Spezifikum des Experimentierens sein.

3. Einsichten in und positive Einstellungen zu naturwissenschaftlichen Arbeitsweisen.
Es wird in vielen Untersuchungen davon ausgegangen, dass Experimentieren wichtig dafür ist, dass Schüler verstehen lernen, wie Forschungsprozesse in der Biologie geplant und durchgeführt werden. Weiterhin sollen sie intellektuelle und praktische Fähigkeiten erwerben, solche Versuche dann auch auf einem mehr oder minder hohen Niveau selbst durchzuführen. Dies wäre für den Vorgang der „Erkenntnisgewinnung" bedeutsam.

Drei Voraussetzungen sind dafür besonders wichtig (s. Boud et al. 1989):

- Die Schüler müssen ausreichendes Wissen zu dem Thema haben, das sie experimentell untersuchen.
- Sie müssen vorher theoretisches Wissen vermittelt bekommen, was biologische Forschung bedeutet (z. B. über Aussagemöglichkeiten und Grenzen des Experimentierens) und solches Wissen mit ihrer konkreten Untersuchungen verbinden können.

Hierzu gehören Informationen über die bekannten Schritte, die zu einem Experiment gehören (s. besonders Falkenhausen 1995): Biologisches Problem – dazu Fragen oder falls möglich Hypothesen aufstellen – Prüfen, welche der Fragen/Hypothesen u. U. mit einem Experiment gelöst werden können – Entwicklung von Versuchsanordnungen – Durchführung des Experiments – Protokollieren der Ergebnisse – Interpretation der Ergebnisse und gegebenenfalls Bestätigung (Verifizierung) oder Ablehnung (Falsifizierung) bestimmter Fragen/Hypothesen. Weiterhin ist die Erkenntnis zu vermitteln, dass aus wenigen Experimenten nur ein vorläufiger Schluss gezogen werden kann, dass also zu einem „sicheren" Ergebnis eine Vielzahl von Experimenten gehört.

Jeweils spezifische Möglichkeiten der Vorgehensweise bei einem bestimmten Experiment müssen bedacht werden. Dies kann man vielleicht am Beispiel „Wirkungsweise der Selektion" verdeutlichen (s. Dylla 1965/66, Stebbins & Brockenbrough 1979): Versuch mit offenen Fragestellungen planen; etwa: Wie könnte man Bedeutung und Wirkungsweise von „Selektion" am besten überprüfen? Den Aussagewert verschiedener Experimentalansätze überprüfen; z. B. Freilandversuche zur Selektion versus Eigenversuche mit Hilfe von Selektionsspielen.

4. Förderung des Interesses an Biologie
Da dem Thema „Interesse" Kapitel 9 gewidmet ist, folgt hier nur eine kurze Darstellung. So ermittelten mehrere Autoren (z. B. Hesse 1984. Löwe 1990, Füller 1992) im Zusammenhang mit Untersuchungen zur Interessensförderung, dass durch Schülerexperimente das Interesse am Fach Biologie oder an dem Teilgebiet Botanik, das experimentell bearbeitet wurde, nur in geringem Umfang gesteigert werden konnte. Demonstrationsexperimente hatten in dieser Hinsicht dagegen einen eher negativen Effekt.

13.3.4 Demonstrationsexperiment

Über diese Form des Experimentierens im Biologieunterricht, die häufig auch als „Lehrerexperiment" bezeichnet wird, ist vergleichsweise wenig zu berichten: Die

Anzahl der empirischen Untersuchungen in diesem Bereich ist begrenzt. Nach FÜLLER (1992:195, dort auch weitere Literaturangaben) *begünstigen Demonstrationsexperimente den Lernzuwachs stärker als Schülerexperimente... Schülerexperimente erweisen sich bei Jungen, Demonstrationsexperimente bei Mädchen am lernwirksamsten.* Andere Autoren (z. B. COULTER 1966, STAWINSKI 1984, 1986) fanden dagegen beim Vergleich von Schüler- mit Demonstrationsexperimenten keinen Unterschied im Wissenszuwachs. Da jedoch mit Hilfe von Schülerexperimenten eine ganze Reihe weiterer Fähigkeiten (s. o.) nachweislich gelernt wird, dürften sie stets dann vorzuziehen sein, wo dies möglich ist.

Die Gründe, die notwendigerweise dazu führen, ein Demonstrations- statt eines Schülerexperiments durchzuführen, sind bekannt (meist: Mangel an Geräten in Klassenstärke, Unfallgefahr). Damit den Schülern vom Lehrer nicht ein „Zauber" vorgeführt wird, den sie nicht durchschauen, sollten bei diesem Verfahren dieselben Schritte gegangen werden wie beim Schülerexperiment. Die Schüler erhalten auch dabei eine, möglichst schriftliche „Versuchsanleitung".

Einige weitere Hinweise für die Praxis sind: Alle Schüler müssen bei Demonstrationsexperimenten den Vorgang gut sehen können; alle Geräte und Objekte müssen gut sichtbar sein; klarer, nachvollziehbarer Versuchsaufbau (ohne störende weitere Geräte).

13.3.5 Schlussfolgerungen für die Praxis

Dieses Kapitel ist ein (weiteres) gutes Beispiel für die notwendige Verknüpfung von Theorie und Praxis. Aus ihm ergeben sich konkrete Anwendungsmöglichkeiten für das Experimentieren im Biologieunterricht, unter anderem:

- Es kann festgehalten werden, dass Schülerexperimente den Lernerfolg in verschiedener Hinsicht erhöhen. Solcher Unterricht dient demnach der Verbesserung biologischer Kenntnisse und zugehöriger Fähigkeiten; er macht damit auch den eigenen Unterricht effektiver und befriedigender. Eine beachtliche Begründung, um diese Lehrform zu wählen.
- Ein Lehrender, der nicht von der Effektivität von Experimenten aufgrund der Befunde überzeugt ist – und diese auch vor Schülern und Eltern begründen kann – sollte dennoch diese zeitaufwendige Lehrform nicht wählen, auch wenn sie überall empfohlen wird.
- Schülerexperimente, die trivial sind, ohne spezifisches Ziel und schlecht geplant, wie es bei vielen der Fall ist (HODSON 1985:44, LÖWE 1990:277) machen wenig Sinn, sind oftmals Zeitverschwendung. Zu jedem Experiment ist deshalb u. a. vorher ein Ziel festzulegen; z. B. welche Fähigkeit vorwiegend trainiert werden soll. Geringen Zuwachs an Fähigkeiten sieht LÖWE als Hauptursache des Interessensverlusts am Experimentieren an.
- Zu bedenken ist, welche Form des Schülerexperiments (Qualitatives oder Quantitatives Experiment; Kurzzeit- oder Langzeitexperiment) zur Erkenntnisgewinnung besonders geeignet ist.
- Gut ausgearbeitete Anweisungen zur Durchführung eines Experiments sind essentiell; dazu können auch Computersimulationen dienen.
- Lehrende müssen sich trainieren, Schülerfragen und -interessen zu erkennen, „herauszuhören", um so Anregungen für Forschungsanaloge Experimente (die unter Umständen nur von einem Schüler durchgeführt werden) zu bekommen.
- Die Anmerkung ist fast trivial, dass die Schüler die Phasen eines Experiments vor entsprechendem Unterricht genau kennen sollten.
- Ein Lehrer, der keine guten Fertigkeiten im Experimentieren besitzt, wird seine Schüler schwerlich von deren Nützlichkeit überzeugen können. Deshalb kann empfohlen werden, Angebote zum Training solcher Fertigkeiten wahrzunehmen.
- Dies gilt ebenso für den Erwerb wissenschaftstheoretische Kenntnisse (s. 13.3.3, Punkt 3).

Eine Aussage von KUBLI (1981:144) soll noch hinzugefügt werden: *Wenn im Unterricht im Zusammenhang mit Experimenten*

Fehler gemacht werden, dann sind es meistens die, dass sie zu unvermittelt oder zu rasch vorgeführt werden. Unser Versuch, die Bedingungen eines angemessenen, intersubjektiv geteilten Verständnisses eines Geschehens oder Zusammenhangs freizulegen, sollte ein Gefühl dafür wecken, wie komplex diese Bedingungen sind und wie viel Hilfe einem schwächeren Schüler geleistet werden muss.

Begriffe: Didaktische Induktion, Wissenschaftliche Induktion, Qualitatives Experiment, Quantitatives Experiment, Schülerexperiment (Realexperiment), Demonstrationsexperiment (Lehrerexperiment), Experimentalziel, Kurzzeitexperiment (Verifikationsexperiment), Langzeitexperiment, Forschungsanaloges Experiment

13.4 Film – Optische Darstellungen

Mögliche Situation: Ein biologisches Thema, zum Beispiel „Zelle", kann mit Hilfe eines Films oder am realen Objekt bearbeitet werden. Wann und unter welchen Bedingungen lohnt sich die Mühe, die die Beschaffung von Naturobjekten in diesem wie in vielen anderen Fällen macht?

Filme werden zu Recht als besonders wichtig für den Biologieunterricht angesehen. Fast alle Biologielehrer benutzen sie (s. schon Herrmann 1969). Darüber hinaus kommt Naturfilmen offensichtlich eine große Beliebtheit (auch Wert bei der Vermittlung von Wissen?) zu, wenn man dies an ihrem Stellenwert in Fernsehprogrammen misst. Als Anregungsfaktor für „Interesse an Naturschutz" (s. Berck & Klee 1992) spielen sie eine Rolle. Zugleich kann besonders mit Filmen auch Missbrauch im Biologieunterricht getrieben werden, wenn sie etwa als Ersatz für mangelnde Vorbereitung verwendet werden.

Unter „Filmen" werden hier auch Video- und Fernsehfilme sowie digitale Videoclips verstanden, auch mit Hinweisen auf andere optische Darstellungen (visual representations) wie Bilder und Graphen. Die Lern- und Motivationswirkung dieses Unterrichtsmediums wurde vielfach untersucht. Dazu referieren z. B. Reid (1984) und Schmid (1988) zahlreiche Befunde. Es gibt jedoch keine „Modelle", d. h., überprüfte Standard-Fragestellungen, die von vielen untersucht werden (wie etwa in der Biologie das „Drosophila-" oder „Coli-Modell"). Vielmehr liegen Einzelergebnisse für vielerlei Fragestellungen vor; etwa: Auswirkung von Schwarzweiß-Film gegenüber Farbfilm, Dia gegenüber Film, erzählender gegenüber dichter Sachinformation, Wirkung einzelner Filmszenen mit zwischengeschalteten Arbeitsphasen.

Allgemeine Aussagen über den Vorteil von Filmen für den Biologieunterricht sind wenig aussagekräftig; differenzierte Untersuchungen liegen dagegen nur wenige vor. So enthält z. B. das Heft „Natur- und Umweltfilme" (UB 192, 1994) Befunde. Es soll an der Arbeit von Wisniewski gezeigt werden (1994, n=511 keine Hinweise auf empirische Forschungsarbeiten), wie vielschichtig die Realschüler 7./8. Klasse sind. (10 Unterrichts-Stunden, Fernsehfilm über Aids): Beim filmgestützten Unterricht sind im Vergleich mit konventionellem Unterricht die Gedächtnisleistungen größer; gute Schüler werden mehr gefördert als weniger gute; emotional gestaltete Filme fördern Mädchen mehr als Jungen; (Fernseh-)Filme tragen stärker zur Meinungsänderung und zum Abbau von Vorurteilen bei (mehr bei guten, weniger bei schwachen Schülern) als konventioneller Unterricht.

Inhaltlich sind „Naturfilme" (s. z. B. Teutloff 1994) vor allem zur Demonstration biologischer Prozesse nützlich oder unentbehrlich, die sonst kaum erfahrbar sind; z. B. Darstellung räumlich ferner oder schwer zugänglicher Ereignisse (Vorgänge im Inneren unseres Körpers, Nachtaufnahmen, Unterwasseraufnahmen), heute nicht mehr zugängliche Ereignisse, Zeitraffung, Teleaufnahmen und Mikroaufnahmen.

In geringem Ausmaß liegen Inhaltsanalysen für biologische Lehrfilme vor. Die Untersuchung von drei Filmen zum Thema „Blüte und Samenverbreitung" (Spieldauer 11–15 Minuten; Institut für Film und Bild) in Bezug auf Begriffshäufigkeit und Anzahl der Begriffe pro Spielzeit (Binger & Berck 1993) ergab: Insgesamt kommen 167 verschiedene biologische Begriffe in diesen Filmen vor, davon werden 61 Prozent nur einmal, 25 Prozent zweimal verwendet; minimal alle 4 und maximal alle 16 Sekunden wird ein neuer Begriff angegeben (über Informationsdichte in Filmen s. auch SCHMID 1988); der Bezug zwischen optischer Darstellung und Text ist oft unklar. Obwohl es sich nur um ein Beispiel handelt, fragt man sich, welchen Lernerfolg solche Filme haben. Bei jedem Film ist also aufgrund eines solchen Befundes zu bedenken, ob es nicht sinnvoller ist, ihn im Unterricht ohne bzw. mit eigenem Kommentar abzuspielen.

Bei Einzelbildern, auch Graphen, ist entscheidend, dass der zugehörige Text oder die Erklärung, gut verständlich ist; nur dann verstehen Schüler auch das Bild und behalten seine Aussage (REID 1984). In einem Fall konnte nachgewiesen werden, dass Dias in Bezug auf Lerneffekte einem Film überlegen waren (n=312, 7.–9. Klasse, LEICHT & HOCHMUTH 1979); dies bestätigt die vorhergehende Aussage, denn man kann annehmen, dass der Lehrerkommentar zu den Dias entscheidend zum Behalten beitrug.

Eine Untersuchung in den USA (etwa 9. Klasse, K-8; LEE 2009) ergab, dass Bilder, aber auch Graphen von den Lehrern in 40 Prozent der Fälle nur bis 1 Minute, in weiteren etwa 48 % bis etwa 2 Minuten gezeigt bzw. bearbeitet wurden. Es ist unmittelbar einleuchtend, dass ein entsprechender Lerneffekt gering sein dürfte. Besonders Graphen sollten über längere Zeit, möglichst sogar mehrmals an verschiedenen Tagen bearbeitet werden. Es ist zu vermuten, dass Lehrer in Deutschland ebenfalls in Gefahr sind, so zu verfahren (etwa bei Overhead Projektionen).

Bei der Entscheidung, ob man für die Erarbeitung eines Themas einen Film – auch wenn man einen höheren Lernerfolg als gegeben ansieht – oder ein Naturobjekt einsetzt, sollte stets auch Folgendes bedacht werden: Bei einem Film trifft die Auswahl der Gesichtspunkte eines komplexen Systems, etwa einer Pflanzenart, ein anderer; die „Raffung“ eines langen Vorgangs (z. B. das Verhalten einer Tierart) unter dem Aspekt des „Interessanten“ verschleiert viele Aspekte; das fertig Angebotene lässt nicht mehr erkennen, wie mühsam manche Erkenntnisse entstehen. Der „Griff zum Film“ gegenüber anderen Medien sollte demnach gut bedacht werden – auch wenn er müheloser ist.

Die empirischen Befunde über Effektivität und gezielte Verwendung von Filmen im Biologieunterricht sind noch immer weithin unbefriedigend, ergeben keine gesicherten neuen „Anwendungsregeln“. Deshalb können für den konkreten Unterricht nur allgemeine „Faustregeln“ angegeben werden:

- In jeder Schule sollte nicht nur der Filmkatalog des „Instituts für Bild und Film“ (Lichtbildstellen), sondern auch der des „Instituts für den Wissenschaftlichen Film“ in Göttingen mit zahlreichen bemerkenswerten biologischen Arbeiten vorhanden sein.
- Film vorher mehrmals ansehen.
- Prüfen, ob derselbe Sachverhalt nicht besser mit Hilfe von Naturobjekten oder Modellen erarbeitet werden kann.
- Funktion des Films im Unterrichtsgeschehen (s. Schmid 1988:17) vorher festlegen; dient er als Einstieg (s. Kap. 14.2), zur Problemstellung, Erarbeitung, Zusammenfassung oder Wiederholung.
- Klären, ob die Schüler verschiedene Aufnahmetechniken (etwa Zeitraffer, Vergrößerungen) verstehen.
- Bei jeder Art optischer Präsentation das einzelne Bild lange genug darstellen – sonst geschieht dies eigentlich umsonst.
- Film in geeignete Abschnitte gliedern, die getrennt gezeigt werden können.
- Kommentar in Bezug auf Informationsdichte, Begriffsanzahl etc. prüfen; er muss klar und einfach sein, da Worte u. U. besser behalten werden als Bilder.
- Prüfen, ob es nicht besser ist, einen Film ohne Ton/Kommentar vorzuführen, wobei der Lehrer Erläuterungen gibt.
- Prüfen, ob und welche sachlichen Unklarheiten der Film enthält und wie sie (vorher) mit den Schülern geklärt werden können.
- Klare Beobachtungsaufgaben, Leitfragen für die Schüler formulieren.
- Die Schüler während des Films Fragen mitschreiben lassen.

- Die filmtechnische und ästhetische Beurteilung dieses Mediums dürfte in aller Regel schwer fallen. Neben bereits in Kapitel 13.2 genannten Kriterien können beachtet werden: Bildmontagen sollten den Inhalt unterstützen, nicht stören; der Wechsel verschiedener Einstellungen sollte nicht zu schnell erfolgen; Personen und Bildobjekte sollten möglich nicht angeschnitten sein; gute Ausleuchtung des Hintergrundes, der Kulissen; Musikuntermalung sollte nicht durch Lautstärke oder durch „Aufdringlichkeit" stören.

Begriffe: Film, Filmgestützter Unterricht, Informationsdichte

13.5 Naturobjekt – Lebende Tiere im Unterricht

Von der Verwendung von Naturobjekten im Biologieunterricht verspricht man sich nach verbreiteter Meinung unter anderem:

- „Originäre Begegnung" zwingt – oder sollte zwingen – zum genauen Hinschauen („Anschauungsprinzip").
- Vielfach können die Schüler damit auf Lebewesen aus ihrer unmittelbaren Umgebung aufmerksam gemacht werden.
- Eine Verringerung oder gar ein Abbau von Abneigungen gegenüber bestimmten Tieren lässt sich auf diese Weise anstreben.
- Mit diesem Medium wird die Hoffnung auf eigene Aktivitäten der Schüler und „Schulung der Beobachtungsfähigkeit" am häufigsten verknüpft.

Statt „Naturobjekt" wird auch die Bezeichnung „Realobjekt" verwendet. Jedoch: auch ein Motor, den Lernende studieren sollen, ist ein Realobjekt. Demnach drückt die hier verwendete Bezeichnung Typisches aus. – „Originäre Begegnung" wird heute gerne „multisensorisches Erfahren" genannt. Was damit ausgedrückt werden soll, impliziert auch die hergebrachte Bezeichnung. Man sollte sie deshalb aus Gründen der Priorität beibehalten.

Über weitergehende Tendenzen im Zusammenhang mit der Beobachtung von Tieren (Stichworte: Verstehen, Liebe zum Tier, Entwicklung des Pflegerischen, ästhetische und humanistische Erziehung) s. Kapitel 3.6. Zur „ästhetischen Wechselwirkung", dem „Umgang" mit Pflanzen siehe vor allem auch Stichmann (1970).

Die genannten Aspekte, Hoffnungen sind kaum genauer in Bezug auf ihre tatsächliche Wirksamkeit untersucht; etwa ob Schüler damit wirklich zum „genaueren Hinschauen" angehalten, ob sie dadurch verstärkt auf Lebewesen in ihrer Umgebung aufmerksam werden.

Sieht man von der Beschäftigung mit Arten ab (s. Kap. 11.2), so liegen weitere Untersuchungen in Bezug auf andere „Naturobjekte" offenbar kaum vor – obwohl in der biologiedidaktischen Literatur betont wird, wie bedeutsam diese ist (ausführlich mit verschiedenen Aspekten z. B. Stichmann 1970, Verfürth 1987).

Kaum in Frage zu stellen ist, dass z. B. ein Film leichter eine direkte emotionale Beteiligung und Interessiertheit bewirken kann. Dabei ist jedoch zu fragen, ob eine nachhaltige – und zwar vor allem diese – Beschäftigung mit Naturobjekten nicht eine vielseitigere Wirkung hat.

Dumpert (1976) stellte aufgrund einer Umfrage bei Lehrern (mit dadurch vielleicht zu optimistischen Werten) fest, dass etwa die Hälfte aller Lehrer lebende Organismen im Biologieunterricht verwenden und/oder halten. Auch die Befragung von Realschulen (n= 156, Grümme 2007) ergab, dass etwa 50 Prozent dieser Schulen Tiere halten.

Gerade ältere Publikationen enthalten zahlreiche bis heute nützliche Beobachtungsaufgaben an Naturobjekten – die weithin nicht mehr beachtet werden. Das gilt schon für das Werk von Junge (1885). Einige weitere Literaturangaben sollen beispielhaft genannt werden: Linder (1950), Grupe (1951), Spanner (1960/1964). Unübertroffen bis heute ist vermutlich die Sammlung von Beobachtungsaufgaben von C. Schmitt (o. J. [etwa ab 1925]; s. dazu auch Kapitel 17.3, Punkt 4). Wegen der Vielzahl von Angaben in der Literatur werden hier keine Beispiele genannt.

Die Auswahl der Naturobjekte wird sich stets nach den Lernerfordernissen richten. Deshalb ist der sonst wichtige Aspekt, dass (jüngere) Schüler in der Regel Tiere den Pflanzen vorziehen (s. Kap. 11.1, 11.2) hier weniger zu beachten. Für die Verwendung von Organismen im Biologieunterricht kann man einige Regeln angeben, die sich verständlicherweise mit denen für andere Medien zum Teil decken:

- Wozu dient das Naturobjekt; z. B.: Artenkenntnis; reale Betrachtung eines Sachverhalts, der vorher an einer Zeichnung, einem Modell studiert wurde; ausschließlich zur Schulung der Beobachtungsfähigkeit; sieht man das, was angestrebt wird, auch (hinlänglich gut).
- Sind geeignete Geräte vorhanden (z. B. Lupe, Binokular) mit deren Hilfe das Objekt von allen untersucht werden kann?
- Wird eine genaue Frage zur Beobachtung, Untersuchung des Objekts gestellt?
- Tiere/Pflanzen sollten nicht geschützt sein; wobei auch die Erlasse der einzelnen Bundesländer über die Verwendung lebender Tiere im Unterricht beachtet werden müssen.
- Für Verhaltensbeobachtungen keine „giftigen", bissigen Tiere verwenden (schon z. B. mit Goldhamstern, Mäusen sollte nur mit Handschuhen umgegangen werden), die zur Beobachtungszeit auch aktiv sind und das zu erwartende Verhalten während der Unterrichtszeit zeigen.
- Zudem sollte das Verhalten gut bekannt sein, weil Tiere keine Maschinen sind und immer wieder außergewöhnliche Verhaltensweisen vorkommen, die der Unterrichtende einordnen und erklären muss.
- Der Vorwurf sollte nicht/kaum entstehen, dass solche Tiere durch Umgang mit ihnen leiden.
- Vorwiegend solche Tiere/Pflanzen verwenden, die sich immer wieder leicht beschaffen lassen oder die einfach zu halten sind.
- Anweisungen geben, um das Beobachtete zu fixieren: Zeichnung, Protokoll, Vortrag, Planung von Versuchen, Zuordnung bestimmter Begriffe.
- Pflanzen dürfen nicht giftig, die Bestandteile, die untersucht werden, sollten groß genug sein.
- Häufig bringt erst ein Vergleich (s. Šula 1969) zwischen verschiedenen Formen, Arten richtige oder wichtige Erkenntnisse.
- In einer Biologiesammlung sollten geeignete Objekte aufbewahrt werden, so dass sie jederzeit zur Verfügung stehen.

Seit einigen Jahren werden an Schulen, an Universitäten und an anderen Institutionen Schülerlabors eingerichtet. Wasmann-Frahm (2006) zeigt vielfältige Möglichkeiten des selbständigen Experimentierens von Schülern in einem solchen Labor auf – und fordert deren allgemeine Einführung. Ein Aspekt im Bereich der Biologie ist das Halten lebender Tiere. Schüler und Studierende sollen dabei nach Prinzipien des Forschenden Unterrichts Lebewesen beobachten und Experimente, vor allem zum Verhalten, durchführen (Ziemek 2003). Glowinski (2007) konnte durch Schüleraktivitäten in einem molekularbiologischen Schülerlabor mittelfristig eine moderat interessensteigernde Wirkung feststellen.

Zwei formale Gesichtspunkte werden regelmäßig und am häufigsten im Zusammenhang mit Naturobjekten genannt: Eigenaktivität der Schüler und Schulung der Beobachtungsfähigkeit. Deshalb erscheint hier der geeignete Ort, etwas auf diese beiden Parameter einzugehen.

13.6 Exkurs: Beobachtung und Vergleich

Jede Beobachtung ist eine Beobachtung im Licht einer Theorie (Poser 2001: 126)

Die Grundlage alles naturwissenschaftlichen Arbeitens ist die bewusste und planmäßige Beobachtung (Siedentop 1968:62). *Durch Beobachten werden Daten und Informationen gesammelt und zusammengefasst mit der Absicht, Realitäten zu verstehen* (Chiappetta & Koballa 2006:98).

Jeder Lehrer sollte für sich selbst prüfen, ob er dem Statement von Poser zustimmen kann oder nicht. Benötigt man etwa zur Beobachtung von Wasserflöhen, die auf eine intensive Lichtquelle zuschwimmen eine Theorie? Oder wenn Schüler das

Aufsteigen eines Farbstoffes in den Leitbündeln beobachten?

Beobachten definiert STURM (1974, ausführliche Erörterung des Themas) als *ein bewusstes Erfassen von Objekten und deren zeitlicher Veränderung mit Hilfe der Sinnesorgane und unter jeweils bestimmten Gesichtspunkten.* Es gibt jedoch Vorschläge, wonach diese Definition nur auf Vorgänge angewandt wird, bei denen Veränderungen studiert werden. Demnach ließe sich eine Reihe von Blättern nur betrachten, nicht aber beobachten.

Es gibt auch zum Thema „Beobachten", bis heute kaum Untersuchungen darüber, ob und wie diese Fähigkeit tatsächlich im Biologieunterricht geschult und gefördert werden kann (s. auch NORRIS 1984). KRAMER (1975) referiert – kaum verwunderliche – Befunde, wonach vorherige Unterweisung über die Sachverhalte, die Grundlage des zu Beobachtenden sind, den Effekt wesentlich erhöhen.

Diesem Mangel an Empirie stehen Lehrpläne gegenüber (z.B. Hessische Rahmenrichtlinien für den Sachunterricht Naturwissenschaftlicher Aspekt; gültig von 1972–1996), deren zentrales Anliegen nicht Inhalte sind, sondern „Beobachten im Unterricht" ist.

Auch bei neuen Verfahren zur Entwicklung von Kompetenzen (s. Kap. 5.10) spielt „Beobachtung" als Teil der „Erkenntnisgewinnung" eine wichtige Rolle. Die dafür vorgeschlagenen Schritte entsprechen den folgenden Aussagen. Neue empirische Befunde zur Effektivität dieses Vorgehens wurden offenbar bislang nicht publiziert.

Es ist essentiell, dass die Kenntnis von Kriterien, mit deren Hilfe bestimmte Objekte beobachtet werden, dieses erst sinnvoll und zutreffend ermöglicht. So ist z. B. beim Vergleich verschiedener Arten von Samenpflanzen die vorherige Kenntnis einer ganzen Reihe typischer Merkmale erforderlich. Will man Pilzarten durch Beobachtung bestimmen, sind es ganz andere Merkmale. Zum Beobachten von Verhaltensweisen ist es nicht nur erforderlich, allgemeines, sondern jeweils auch spezifisches Wissen über Verhalten zu besitzen. Diese naheliegende Annahme wird durch Befunde bestätigt: Zeichnen Schüler unterschiedlichen Alters Zellen nach mikroskopischen Schnitten, so sind diese Abbildungen meist ungenau und unvollständig – wenn man nicht gründlich geübt hat, was und wie man in einem Mikroskop sieht (DIAS DE BUSTAMANTE & JIMÉNEZ ALEIXANDRE 1998).

D.h., „naives" Beobachten dürfte nur in den wenigstens Fällen effektiv sein. Vielmehr müssen dazu bei Schülern bestimmte Kenntnisse vorliegen. Dann dürf-

Tab. 13-3: Voraussetzungen für gutes Beobachten (aus Norris 1984, leicht verändert)

Um gut zu beobachten, sollte der Beobachter
1. Emotionen nicht in seine Urteile einfließen lassen
2. vorsichtig gegenüber der augenblicklichen Situation sein und die Beobachtungen genau abwägen
3. keine eigenen Interessen verfolgen
4. spezifische Fähigkeiten und Wissen besitzen in Bezug auf das zu beobachtende Objekt und die von ihm dazu benutzten Geräte gut kennen
5. theoretisches Wissen über den Beobachtungsgegenstand besitzen
6. ohne Vorurteile in Bezug auf zu erwartende Ergebnisse sein
7. Untersuchungstechniken präzise und der Sache angepasst benutzen
8. in Situationen arbeiten, in denen das Untersuchungsobjekt auch tatsächlich gut zu beobachten ist; dies bedeutet:
   - 8a. es gibt genügend Zeit zum Beobachten
   - 8b. man kann das Objekt mehrmals beobachten
   - 8c. die zum Beobachten verwendeten Geräte sind dazu auch geeignet; d.h., sie sind präzise genug, von guter Qualität, man versteht deren Anwendung, sie sind in Ordnung

te es möglich sein, Beobachtungsfähigkeit für einen bestimmten Bereich (und nur für diesen) zu trainieren.

Für die Hoffnung, „Beobachtungsfähigkeit“ (observational competence) ließe sich im Biologieunterricht global und mit hohem Transfer (s. Kap. 3.5) schulen, gibt es dagegen bislang kaum, man könnte auch sagen keine Belege. Es kann deshalb empfohlen werden, im Biologieunterricht nicht allgemein „Beobachtung schulen zu wollen“ (wie man es nicht selten etwa in Lehrprobenentwürfen liest), sondern z. B. „die Phasen der Entwicklung eines Insekts“.

Um es zu wiederholen: Man kann Schüler nicht vor ein „Naturobjekt“ setzen und sie einfach „beobachten lassen“. Zusätzlich zu den in Tabelle 13-3 angegebenen Kriterien für die Schulung der Beobachtungsfähigkeit ist es nützlich, noch folgende zu beachten:

- Es bedarf einer Anleitung zum Erkennen, Registrieren und Darstellen von Merkmalen eines Objekts oder eines Vorgangs – unter Umständen durch Vergleich. Dazu empfiehlt es sich, an einem Vergleichsobjekt vorher die für eine Beobachtung wesentlichen allgemeinen Merkmale gemeinsam zu erarbeiten.
- Anleitung zum Finden von Gesichtspunkten für die Auswahl bestimmter Merkmale. Häufig variieren einzelne Merkmale erheblich oder kommen nur bei einzelnen Individuen vor; es müssen demnach mehr oder minder konstante gefunden werden.
- Anleitung, die bei einer Beobachtung gefundenen Einzelheiten sinnvoll zur Lösung einer Fragestellung zu nutzen; zum Formulieren von Hypothesen. Dazu zur Erläuterung einige Beispiele: Welches sind die typischen Merkmale einer Pflanzen- oder Tierart, an denen man sie erkennen kann? Warum haben Pflanzenarten verschiedene Oberflächenstruktur der Blätter? Welches sind typische Merkmale, die verschiedene Insektenarten gemeinsam haben? Wie reagieren Artgenossen auf ein bestimmtes Verhalten eines artgleichen Individuums? Was spricht dafür, dass eine bestimmte Verhaltensweise (vorwiegend) „angeboren“ oder „erlernt“ ist?
- Der Lehrer prüft, ob die Genauigkeit der Beobachtungen der Sache entspricht – und ob sie gegebenenfalls wiederholt werden müssen.
- Je besser das bereichsspezifische („domänenspezifische“) Wissen der Schüler ist, desto effektiver ist auch Beobachten und Vergleichen.

„Beobachten schulen“ ist ein für den Biologieunterricht typisches Formales Lernziel (Syntaktisches Formales Lehrziel, s. Kap. 3.5). Eine gewisse Wahrscheinlichkeit, eine solche Fähigkeit wirklich zu fördern, erscheint nur gegeben, wenn die dabei notwendigen Schritte immer wieder betont, den Schülern bewusst werden. Mit Hilfe der in Tabelle 13-3 zusammengestellten Kriterien erscheint es auch möglich zu überprüfen, ob Schüler wirklich Fortschritte in ihrer spezifischen auf bestimmte Objekte bezogenen Beobachtungsfähigkeit gemacht haben.

Man muss Abschied nehmen von der (immer wieder vorgetragenen) Hoffnung, eine solche Fähigkeit ließe sich so trainieren, dass sie in beliebigen anderen Feldern anwendbar sei.

Vergleichen steht im unmittelbaren Zusammenhang mit Beobachten. Rüther & Stephan-Brameyer (1984) haben zudem nachgewiesen, dass vergleichendes gegenüber „monographischem“ Beobachten hinsichtlich des Lernzuwachses überlegen ist. Man kann Vergleichen für die Biologie als ebenso grundlegende Methode des Erkenntnisgewinns bezeichnen wie das Experiment. Um Evolution und Formenvielfalt begründet zu verstehen ist Vergleichen sogar die unabdingbare Methode.

Grundlegend ist (wie schon in vielen Fällen beim Beobachten), dass zwei oder mehrere Objekte mit Hilfe bestimmter Kriterien in Bezug auf Ähnlichkeiten und Unterschiede verglichen werden. Dazu gehört weiterhin, welche Erkenntnis angestrebt wird; so kann man Tomate und Kartoffel in Hinsicht auf ihre Verwendung als Nahrungsmittel, deren Anbaumethoden oder Verwandtschaft vergleichen.

Die neuere Bezeichnung „Kriteriengeleitetes Vergleichen“ ist überflüssig, da die sinnvolle Anwendung dieser Methode ohne Kriterien gar nicht möglich ist. – Eine ausführliche Zusammenfassung dazu und zum Folgenden findet sich bei HAMMANN (2002); noch immer ist die Arbeit von ŠULA (1968) für den Unterricht sehr nützlich.

Für richtiges Anwenden des Vergleichens durch Schüler sind wie bei allen Arbeitsmethoden Kenntnisse in dem betreffenden Sachbereich erforderlich. So ist es z. B. sinnlos zwei Insektenarten vergleichen zu lassen, wenn keine Grundkenntnisse über Insekten vorhanden sind. Zum anderen müssen die verwendeten Kriterien auf ihre Zweckmäßigkeit bei einem bestimmten Vergleich besprochen werden. Schüler wenden etwa bei dem Vergleich von Organismen gleichzeitig ökologische, ethologische und morphologische Kriterien an.

Schon Schüler der Unterstufe sollte man dazu anhalten, sich Gedanken über sachgerechte Kriterien beim Vergleichen zu machen. Erste Untersuchungen zeigen (HAMANN & BAYRHUBER 2002), dass man richtige Methoden des Vergleichens trainieren kann. BREZMANN (2004) hat dafür vier nützliche Regeln aufgestellt:

Stelle Vergleichspunkte zusammen; suche zuerst gemeinsame, dann unterschiedliche Merkmale bei den zu vergleichenden Objekten; wähle eine geeignete Darstellungsform aus.

13.7 Exkurs: Schüleraktivität

„Eigenaktivität der Schüler" ist eines der häufig verwendeten Schlagworte – nicht nur in Bezug auf Biologieunterricht; s. dazu auch Kapitel 14.1 „Lernen durch Forschen". Mit Recht sind MILLER & DRESCHER (1995) der Meinung, dass „Handlungsorientierung" in etwa gleichzusetzen ist mit „gutem Unterricht". Man könnte auch sagen, dass eigene Aktivitäten der Schüler auf der Grundlage der „Bildungskompetenzen" (s. u. a. Kap. 5.10) zentrales Paradigma des Biologieunterrichts sein sollen. Gerade deshalb erscheinen die folgenden Prinzipien der Beachtung wert.

Dieser Exkurs könnte unter vielen biologiedidaktischen Stichworten erscheinen (Experimentieren, Entdeckendes Lernen, wie Interesse entstehen könnte, Exemplarisches Prinzip, Situiertes Lernen usw.).

Da aber Naturobjekte neben Experimentieren wichtiges oder zentrales Medium für Handeln sind, wird auf diesen Sachverhalt hier eingegangen. Unter anderen haben schon LEHMANN & SCHILKE (1987) wichtige Gesichtspunkte zur Bedeutung von Schüleraktivitäten in diesem Zusammenhang zusammengestellt:

- Über ein Objekt oder einen Vorgang nicht nur sprechen oder schreiben, sondern „Rückmeldungen" von ihm annehmen, berücksichtigen und darauf weitere Aktivitäten einstellen.
- Das beinhaltet auch, Objekt oder Vorgang zu verändern bzw. zu beeinflussen.
- Handeln ist wichtig, weil Wissen besser erworben werden kann, wenn man seinen Ursprung an einem Objekt oder Vorgang selbst nachvollzieht. Das ist in zahlreichen Untersuchungen belegt (s. z. B. neben vielen anderen BAYRHUBER & MEYER 2000).
- Lernt man ohne Objekte, ist man dabei also (nur) auf theoretisches Wissen angewiesen, dann benötigt man Begriffe, die oftmals ein Objekt oder einen Vorgang nur unvollkommen abbilden.
- Spricht man nur über Objekte und/oder Vorgänge, dann können nur einzelne seiner Aspekte berücksichtigt werden. Anders ausgedrückt: Wenn Naturobjekte vorliegen, dann drängen sich verschiedene Aspekte auf, wollen bearbeitet werden.

Mit vielen biologischen Objekten und Vorgängen ist eine unmittelbare Realbegegnung im Klassenzimmer nicht möglich. Dann sollten andere Möglichkeiten genutzt werden, die reale Vorgänge hinlänglich deutlich repräsentieren und damit immerhin eine gewisse Form eigenständigen „Handelns" ermöglichen. Hierzu gehören z. B. Simulation von Vorgängen (Arbeiten mit dem PC, Selektionsspiele, allgemein Spiele), Quellen und Modelle usw.

Einerseits ist sehr wahrscheinlich, dass jeder „handelnde Umgang" mit Objekten einen besseren Lernerfolg versprechen dürfte als „reines Zuhören". Andererseits ist eine solche Wirkung kaum „global" zu belegen. Vielmehr ergeben sich aus vorliegenden Untersuchungen jeweils für spezifische Leistungen positive Befunde (die in mehreren Kapiteln dargestellt werden), zum Beispiel beim Experimentieren, Bestimmen von Arten, bei Freilandaktivitäten, Projektunterricht, Rollenspielen, beim Aufbereiten irgendwelchen Wissens für andere usw.

Begriffe: Naturobjekt (Realobjekt), Originäre Begegnung, Kriterien z. Verwendung von Naturobjekten, Beobachten, Vergleichen, Beobachtungsfähigkeit, Beobachtungskriterien, Transfer, Schülerlabor

13.8 Modelle

Über Modelle und ihre Anwendung in Biologie und im Biologieunterricht gibt es zahlreiche Darstellungen (s. vor allem Schaefer et al. 1977, Wenk & Trommer 1979, Halbach 1979, Meyer 1990). Weiterhin gibt es viele Vorschläge für die Verwendung von Modellen zu bestimmten Themen im Biologieunterricht (z. B. Liste bei Halbach 1979; Themenheft „Modelle“, UB 160,1990, mit vielen Literaturangaben; Themenheft „Biochemische Modellversuche“, Prax. Biol. 43, H.5, 1994). Neuere Forschungsergebnisse über die Bedeutung von Modellen für effektives Lernen gibt es offenbar nicht. – Andererseits werden heute vielfach „Biologiedidaktische Modelle“ erforscht, wie bestimmte Fähigkeiten und bestimmtes Wissen vermittelt werden können.

Mit Halbach (1977:65) kann man *als weitest mögliche Definition jedes Analogon eines natürlichen Systems, sei es struktureller oder funktionaler Art als Modell bezeichnen. Alle bestehenden Vorstellungen von Modellen stimmen darin überein, dass Modelle reale Systeme abbilden oder repräsentieren.* Mit einer solchen Definition (eine ähnliche bei Meyer 1990) wird allerdings der Unterschied z. B. zu einer Zeichnung, einem Foto unscharf, die ja einerseits auch etwas „abbilden“, andererseits allgemein kaum als Modelle bezeichnet werden.

Für die Einteilung in Modell-Typen werden verschiedene Begriffe und noch unterschiedlicherer Namen verwendet (allein bei Eschenhagen et al., 1993:326, finden sich dazu 11 Angaben). Eine gut begründete Festlegung ist bis heute nicht erfolgt. Zu komplexe Einteilungen sind für den Biologieunterricht kaum relevant, da man für die meisten dieser Typen keine spezifischen Aussagen in Bezug auf ihre Anwendung im Biologieunterricht machen kann. Aus Gründen der Überschaubarkeit und der Priorität kann man der Einteilung von Halbach (1977, 1979) und Reichart (1979) folgen:

- Realmodell (oder Strukturmodell): möglichst dem Original entsprechend;
- Funktionsmodell: stellt Funktionen dar und ermöglicht es zugleich, diese manipulativ nachzuvollziehen;

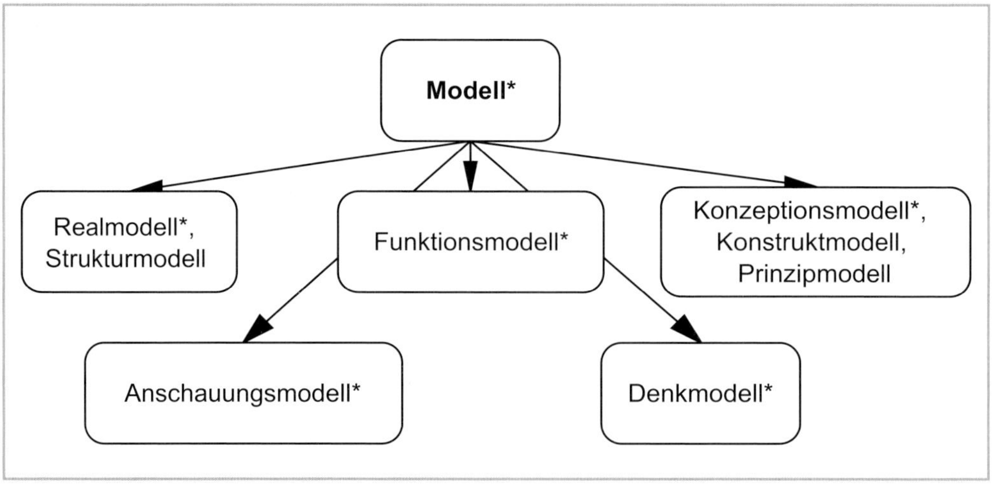

Abb. 27: Modelltypen

- Konzeptionsmodell:(Erkundungsmod ell; oder vermutlich identisch: Prinzipmodell): Darstellung zum Teil noch hypothetischer Annahmen über funktionale Zusammenhänge.

An einem Beispiel (Beobachtung von Erdkröten mit und ohne Modelle, Attrappenversuche) fanden Killermann & Stöhr (1980, Stöhr & Killermann 1982) einen belegbar höheren Wissenszuwachs beim Unterricht mit Modellen. Mit Hilfe von vier neuen Modellen zur Fotosynthese und zu Biologischen Oxidation wurden Schüler aus Leistungskursen (n=335) unterrichtet; Kontrollgruppen mit Tafelskizzen und Overheadfolien. Die Versuchsgruppen erreichten einen um rund 35 Prozent höheren Wissenszuwachs; der Anteil der Problemlöser lag um 40 Prozent höher (Liebold & Klautke 1999). Ein bemerkenswerter Befund zur Wirkung von Modellen.

Wenn Schüler mit Modellen arbeiten oder selbst Modelle anfertigen, ist es nützlich, dass sie wissen, in welchen Eigenschaften sich Modelle von der Wirklichkeit, die sie abbilden sollen, unterscheiden:
- Abstraktion von der Fülle der Elemente eines Naturobjekts;
- unter Umständen der Aufnahme theoretischer (in der Realität bislang nicht gefundener, aber vermuteter) Parameter;
- Zweckgebundenheit (Forschungs-, Lehrmodelle, Veranschaulichungsmodelle);
- Dimension (einer Eigenschaft, die bei Schülern falsche Vorstellungen hervorrufen kann);
- vom Zeittakt (Zeitlupe, Zeitraffung), der in bestimmten Fällen verändert wird;
- dem Material.

Dem Lehrer können für die Anwendung von Modellen vorwiegend die üblichen, für viele Medien geltenden Ratschläge gegeben werden. Vor allem ist genau zu prüfen, ob ein Modell das am besten zur Bewältigung eines Themas geeignete Medium ist und ob die Schüler seine Symbolsprache (s. Kap. 13.1) entschlüsseln können. Auf einige weitere ausgewählte Aspekte sei im Folgenden hingewiesen.

Besonders mit Hilfe von Modellen (die dem Begriff Konzeptionsmodell entsprechen dürften) können Schüler bekannte wissenschaftliche Erkenntnisse selbst finden. Dabei werden die Modelle vorgegeben, aber im Lauf der Untersuchung durch neue Elemente ergänzt; z. B.:
- Das Lorenzsche Modell einer Instinkthandlung (so sehr es auch kritisiert worden ist, s. dazu auch Meyer 1990) impliziert das Vorhandensein der Spezialfälle Intentions- und Übersprunghandlung. Sie können aus dem Modell „erfunden" werden.
- Modelle einer Nackt- und einer Bedecktsamerblüte ermöglichen das „Nacherfinden" des entsprechenden Evolutionsvorganges und der daran beteiligten Strukturen.
- Das (von Holstsche) Modell „Reafferenzprinzip" ohne Darstellung der Efferenzkopie erfordert deren „Erfindung".
- Kaum möglich ist es für Schüler, folgendes Problem selbst zu lösen, aber solche Beispiele rufen intensive Diskussionen hervor und bewirken (vermutlich) besseres Behalten der zugrunde liegenden Sachverhalte: Das bekannte Bild „optische Täuschung zur Demonstration der lateralen Inhibition" (kleine schwarze Quadrate von weißem Gitter durchzogen) wird mit einem Modell der möglichen Nervenschaltung verglichen.

Die bei diesem Verfahren den Schülern abverlangte sachliche Zusammenschau lohnt für Lehrer die Mühe, weitere solche Beispiele zu suchen (anspruchsvolle z. B. zur biologischen Nachrichtenverarbeitung s. Birett 1974, 1979).

Es erscheint weiterhin als eine lohnende Aufgabe, Schüler darin zu trainieren, selbst Realitäten in Modelle umzusetzen, und zwar auf der Grundlage folgender Schritte: Sammlung und Auswertung von Daten, Entwickeln einer Modellvorstellung, konkrete Konstruktion eines Modells (s. auch Meyer 1990), Verteidigung des Modells.

Dies kann bei vielen Themen auf unterschiedlichstem Niveau geschehen, indem man dazu zuerst nur Einzelheiten darstellt oder aufsuchen lässt, und die Schüler dann zusammenfassende Schemata, Skizzen oder sogar räumliche Modelle entwerfen. Beliebige Beispiele sind: Durch Vergleich mehrerer typisch gebauter Blütenpflanzen das Modell einer Sprosspflanze („Urpflanze“) entwerfen; nach einem Experiment und der Vermittlung von Fakten ein Modell der Osmose anfertigen; Darstellung von Nahrungsketten (für bestimmte Arten); Ablauf des Balzverhaltens (z. B. der Kreuzkröte).

Entsprechend kann man (anzunehmenden) Wissenserwerb und Bastelneigung jüngerer Schüler kombinieren. Dazu finden sich viele, oft erneut publizierter Beispiele (Blütenstände, Vogelskelett, Mundwerkzeuge von Insekten usw.) schon bei LINDER (1950:85). Dieser Autor bezeichnet solches Tun sogar als die „eindringlichste Art der Darstellung“.

Im Zusammenhang mit dem Thema wird „Denken in Modellen“ gefordert. Damit ist u. a. die Schulung der Fähigkeit gemeint, komplexe Phänomene in Modelle umzusetzen: „Modell-Anwendungstraining“. Viele Darstellungen oder Symbole sind solche komprimierten Zusammenfassungen von Realitäten. Um so mehr wird das Verständnis (vor allem komplexer) wissenschaftlicher Sachverhalte durch Modelle klarer, weil anschaulicher; durch sie lässt sich zudem Wissen meist besser behalten und auf ähnliche Sachverhalte (Transfer s. Kap.3.5) übertragen.

Schulung der Fähigkeit zur Modellbildung ist keineswegs ein neues, aber zunehmend bedeutsames Thema des Biologieunterrichts. Jeder Lehrer muss sie allerdings bewusst einsetzen. Z. B. indem er entweder zuerst von Fakten oder Originalen ausgeht und den Schülern anschließend zugehörige Modelle abverlangt; oder indem Modelle vorab benutzt werden, um etwas, was Schüler beobachten sollen, überhaupt erst einordnen und verstehen zu können (etwa bei der anatomischen oder morphologischen Betrachtung schwieriger Objekte; s. auch KUBLI 1981:142).

Begriffe: Modell, Forschungs- und Lehrmodell, Realmodell (oder Strukturmodell), Funktionsmodell, Konzeptionsmodell (Prinzipmodell), Modell-Anwendungstraining

13.9 Quellen

Mögliche Situation: Im Biologieunterricht muss ein Thema behandelt werden, das sich weder durch direkte Beobachtung noch durch ein Experiment darstellen lässt. Zugleich soll aber möglichst genetisch (entdeckend, problemorientiert) unterrichtet werden, so dass die Schüler „die Wahrheit vor ihren Augen wachsen sehen“. Dies ist in diesem Fall eigentlich nur möglich mit Hilfe von Originalquellen, die die Entstehung biologischer Erkenntnis darstellen.

Die Verwendung von Originaltexten aus biologischen Arbeiten, von Kurven, Tabellen und Diagrammen, also von Quellenmaterial verschiedener Art, nimmt zwar neuerdings in Schulbüchern für die Sekundarstufe II etwas zu, sie ist aber besonders im Biologieunterricht der Sekundarstufe I offenbar wenig verbreitet. Die Durchsicht mehrerer neuer deutschsprachiger Biologieschulbücher für beide Schulstufen aus den Jahren 1992–2004 (die hier nicht aufgelistet werden sollen) zeigt, dass in ihnen für die Sekundarstufe I keinerlei Quellen zu finden sind, für die Sekundarstufe II nur gelegentlich. Dass es auch anders geht, zeigt z. B. das italienische Unterrichtswerk „Il Libro Delle Scienze“ (o. J., ca. 1985); zu jedem Kapitel werden Quellen aus Zeitungen und/oder Zeitschriften angegeben, wie z. B.: „Wir atmen keine saubere Luft“, „Nutzung der Sonnenenergie“, „Ergebnisse von Wasseruntersuchungen“.

Gerade Biologie hat genug berühmte Wissenschaftler hervorgebracht, die Ergebnisse ihrer Untersuchungen auch vorzüglich und präzise darstellen konnten. Stellvertretend für viele seien hier nur JEAN HENRI FABRE, JAKOB VON UEXKÜLL, KARL VON FRISCH und KONRAD LORENZ genannt.

Auch unter den 15 Aufgabenbeispielen der „Bildungsstandards“ (KMK-Beschlüsse 2004) findet man keine Originaltexte, was sich durchaus angeboten hätte (stattdessen eigens formulierte Texte, manchmal mit einer bemerkenswerten Begriffsflut).

In der biologiedidaktischen Literatur wird vergleichsweise wenig über dieses Medium berichtet oder unter etwas ungewöhnlichen Stichworten (z. B. „Textanalyse“ bei ESCHENHAGEN et al. 1993). Im Folgenden werden die Bezeichnungen „Quelle“ und „Originaltext“ synonym verwendet.

Für die Verwendung von Quellen gibt es eine Reihe guter Gründe:

- Mit ihrer Hilfe ist entwickelnder, genetischer Unterricht möglich (s. Kap. 7.3). Die Schlüsse, die ein Biologe aus seinen veröffentlichen Forschungsergebnissen gezogen hat, können – gegebenenfalls mit Hilfe zusätzlicher Informationen – von den Schülern nachvollzogen werden. Man kann dabei auch, ähnlich wie bei Experimenten, von „didaktischer Induktion (s. Kap. 13.3.1) sprechen. Ein Sammlung von Quellen (einerlei, ob sie veröffentlicht vorliegen oder ob sie sich ein Lehrer im Lauf der Zeit selbst zusammenträgt) ermöglicht es, jederzeit genetischen Unterricht durchzuführen – besonders dann, wenn einmal für die Vorbereitung wenig Zeit zur Verfügung steht.
- Originaltexte lassen sich gut zur Bearbeitung als Hausaufgabe verwenden. Zumal für den Biologieunterricht im Gegensatz zu den meisten anderen Schulfächern (besonders für die Sekundarstufe I) nur wenige Aufgabensammlungen vorliegen. Auch in manchen Unterrichtswerken vermisst man Aufgaben überhaupt oder sie sind wenig befriedigend in Bezug auf kreatives Arbeiten der Schüler (Hausaufgaben, s. Kap. 13.8).
- Auf die Formulierung geeigneter Fragen zu den Quellen muss man große Sorgfalt verwenden. Sie sind es vor allem, die Quellen zu einem geeigneten Medium der Erkenntnisvermittlung machen. Dabei empfiehlt es sich, neben begrenzten, auf eine bestimmte Aussage bezogenen, auch übergeordnete Fragen, Impulsfragen, zu stellen: Diese sollen einen großen Spielraum an Antworten ermöglichen, unter Umständen sogar über den Text hinausführen, damit sachbezogener Einfallsreichtum, die Fähigkeit auch ausgefallene Lösungen zu finden, im Biologieunterricht berücksichtigt und anerkannt wird. Beispiele für entsprechende Fragestellungen und Textauswertung zum Thema „Infektionskrankheiten“ finden sich z. B. bei ROTTLÄNDER (1992). Im Anschluss an eine Quelle mit Ringfunden von Weißstörchen, die (etwa von Schülern der 5. Klasse) auszuwerten sind, wird die übergeordnete Frage gestellt: „Vögel werden auch mit Buntringen gekennzeichnet; sie bieten die Möglichkeit, einen Vogel individuell zu erkennen. Was kann man zusätzlich durch Buntberingung erforschen?“ Entsprechend im Zusammenhang mit einem Text „Nahrungsspezialist Kleidermotte“: „Die Kleidermotte ist in Bezug auf Körperform und äußere Organe, Vorgänge im Körper und Verhalten an einen speziellen Lebensraum angepasst. Stelle für eine andere Insektenart entsprechende Anpassungen zusammen“ (BERCK 1975b).
- Notwendig ist die Schulung der Fähigkeit zur Textinterpretation (s. Kap. 13.3.1) und Zahlenauswertung. Es gibt wohl niemanden mehr, der nicht darauf angewiesen ist, auf den Unterschied zwischen Befund und Interpretation zu achten, will er nicht ständig hinters Licht geführt werden. Besonders bei der Auswertung von Quellen stellt sich immer wieder die Frage: Lässt der Text diese Interpretation wirklich zu? Und zwar die des Autors und die eigene.
- Erfahrungen zeigen, dass oftmals andere Schüler als sonst bei der Bearbeitung von Quellen besonders aktiv werden.

Folgende Phasen bieten sich bei der Bearbeitung von Quellen an (Rottländer 1992): Vorwissen der Schüler klären, das in der Quelle dargestellte „Problem“ herausfinden, Fragen zum Text aufstellen, gegebenenfalls das angegebene Experiment und die dabei verwendete Methode klären, Ergebnis, Folgerung, Interpretation und Deutung. Das sind auch recht genau die Schritte, wie bei der Realisierung z. B. der Kompetenzbereiche „Kommunikation“ und „Bewertung“ vorgegangen werden soll.

Eine interessante Methode zur Bearbeitung von Quellen schlägt ebenfalls ROTTLÄNDER (1992) vor, das sogenannte „Gruppenpuzzle“ (englisch jiggsaw method): Es werden Gruppen von 4–5 Schülern gebildet. Jede Gruppe erhält eine andere das Thema betreffende Quelle. In jeder Gruppe wird der Text ausführlich bearbeitet („Experten"). Anschließend werden neue Gruppen gebildet, an der jeweils ein „Experte" einer anderen Gruppe teilnimmt. Dort trägt der „Experte" den anderen die Ergebnisse seiner Quellenbearbeitung vor. Auf diese Weise kann kein Schüler passiv bleiben. Eine ausführliche Darstellung des Beispiels „Nutzpflanzen" (Kartoffel, Tomate, Karotte u. a.) s. RUPP & SCHATTE (2005).

Schon 1976 haben FALKENHAN & MÜLLER-SCHWARZE einen umfangreichen Band mit zahlreichen Quellen publiziert, von denen die meisten heute noch verwendet werden können. Auch z. B. die Reihen des Deutschen Instituts für Fernstudien (Tübingen) „Evolution – fachübergreifend" (1984 ff.), „Evolution der Pflanzen- und Tierwelt" (1987 ff.) und „Evolution des Menschen" (1990 ff.) weisen vorzügliche Quellensammlungen auf, die vor allem für die Sekundarstufe II geeignet sind. Häufiger werden inzwischen Quellen, vor allem Graphen und Tabellen, für Übungsaufgaben in der Sekundarstufe II verwendet (z. B. BILS & DÜRR 1989; Sammlung von Zeitungs- und Zeitschriftenartikeln zu verschiedenen biologischen Gebieten bei Beyer 1995). Solche gut ausgewählten und bereits im Unterricht erprobten Sammlungen stellen für Lehrer eine beachtliche Arbeitsersparnis dar.

Begriffe: Quelle, Textanalyse, Quellen-Bearbeitung (Phasen), Gruppenpuzzle

13.10 Übungsheft – Hausaufgabe – Arbeitsblätter

13.10.1 Übungsheft

Mögliche Situation: Es wird nicht jedem Lehrenden angenehm sein, wenn Besuch in seinen Unterricht kommt und sich z. B. die Haushefte ansieht. Unter Umständen kann ein Gast sich damit schnell ein Bild machen, was und wie intensiv unterrichtet wird. Auch Eltern bekommen einen Eindruck vom Unterricht durch Studium der Übungshefte.

Das sogenannte „Hausheft" wird nicht nur „zu Hause", sondern auch in der Schule verwendet. Deshalb erscheint es sinnvoll, die Bezeichnung „Übungsheft" zu verwenden (analog zur englischsprachigen Bezeichnung „exercise book"). Synonym werden auch „Arbeitsheft" (ungünstig wegen der Ähnlichkeit mit „Klassenarbeitsheft") und „Biologieheft" verwendet.

Es gibt gewiss verschiedene Meinungen – aber leider eben nur diese – über den Nutzen von Hausarbeiten und damit des Übungsheftes im Biologieunterricht. Es kann jedoch schwerlich Zweifel daran bestehen, dass Wiederholung des Unterrichtsstoffes durch Hausarbeit und Führung eines Übungsheftes in beachtlichem Ausmaß den Lernerfolg der Schüler mitbestimmen.

Demnach erscheint es als eine Aufgabe des Lehrers, dafür Sorge zu tragen, dass das Übungsheft zweckentsprechend geführt wird. Dazu gehört, dass ein Lehrer dieses regelmäßig durchsieht, korrigiert, bespricht und auch benotet; sich weiterhin grundsätzlich „volle" Hefte anschaut, bevor ein Schüler sie „ablegt". Dabei muss er zwar einerseits auch auf die formale Darstellung achten (z. B. Rechtschreibung), andererseits seine Beurteilung (ganz überwiegend) aufgrund der im Übungsheft geleisteten biologischen Aussagen treffen. Es gibt auch Schüler, vor allem unterer Klassen, die ein solches Heft mit Bildern voll kleben, ohne dass deren Aussagewert deutlich wird. Aber es lohnt sich in einem solchen Fall, im Gespräch die Motive für einen solchen „Arbeitseifer" herauszufinden, um ihn in eine geeignete Richtung zu lenken.

Für die Arbeit der Schüler mit dem Übungsheft können einige Hinweise des Lehrers hilfreich sein; z. B.:

- Jeder Text hat eine Überschrift;
- ein Text soll das Wesentliche enthalten – und seine Darstellung nicht in eine u. U. unnütze Beschäftigung ausarten;
- eine gute Gliederung des Textes erleichtert Lernen und Verständnis;
- das reine Abschreiben von Texten oder die Übernahme aus dem Internet bringt wenig eigenständige Erkenntnis (s.u.);
- oft sagt eine gut beschriftete Skizze

oder ein Bild mehr aus als ein langer Text;
- ein Protokoll eines Experimentes, einer Exkursion etc. sollte sich an den zentralen Fakten ausrichten und diese auch enthalten, Nebensächlichkeiten weglassen;
- Schüler sollten von Anfang an und mit zunehmendem Alter immer mehr dazu angehalten werden, andere Literatur neben dem Schulbuch zu befragen (s. u.)
- und diese Literatur richtig zu zitieren, wobei auch schon in unteren Klassen auf die Problematik von Plagiaten hinzuweisen ist (s. auch Kap.13.13).

Vorwiegend drei Methoden gibt es, wenn Texte für das Übungsheft schon im Unterricht entstehen: Tafeltexte abschreiben, Diktieren von Texten oder Abfassen eigener Texte durch die Schüler.

Auch in Deutschland dürfte bei vielen Lehrern die Neigung groß sein, wie in England belegt (Lock 1985), die ersten beiden Methoden zu favorisieren. Dies wird vor allem mit der „Sicherheit der Information" und „Zeitersparnis" begründet. Eine Untersuchung dieses Autors an 13–14-jährigen Schülern ergab jedoch: Die Anzahl der formalen und inhaltlichen Fehler war bei den eigenständigen Texten der Schüler nicht größer als bei abgeschriebenen oder gar diktierten Texten (so auch Purves 1991). Dies ist einleuchtend, da Abschreiben oder Mitschreiben kaum zu eigenem Mitdenken führen. Bei eigenen Texten wird dagegen vorwiegend das aufgeschrieben, was die Schüler verstanden haben und wirklich können. Die Formulierung eigener Texte kann u. U. durch Stichworte an der Tafel erleichtert werden.

Ein zusätzlicher Effekt der Formulierung eigener Texte ist, dass ein Lehrer durch deren Analyse Defizite seines Unterrichts bei einzelnen Schülern oder bei der Vermittlung bestimmter Inhalte erkennen kann. Schließlich trägt diese Tätigkeit der Schüler dazu bei, die Abfassung von Texten überhaupt, besonders aber mit biologischen Inhalten zu trainieren (s. u.) – eine Aufgabe, von der sich Biologielehrer schwerlich suspendieren können. Selbst Hausarbeiten fortgeschrittener Studenten lassen oftmals erkennen, dass sie bei deren Abfassung wenig geeignete Strategien anwenden, diese also auch nicht gelernt haben.

13.10.2 Biologische Texte schreiben

In den USA gibt es eine Reihe von Untersuchungen, die folgender Frage nachgehen: Welche Auswirkungen hat das Schreiben von Texten im Naturwissenschaftlichen Unterricht auf das Lernen der Schüler (zusammenfassend bei McDermott & Hand 2009)? Im deutschen Schrifttum findet sich dazu offensichtlich keine Verlautbarung.

Einigkeit besteht darüber, dass „Texte schreiben im Unterricht" sowohl zur Verbesserung der Kommunikation als auch zur Entwicklung des Verständnisses von Sachwissen (develop conceptual understanding) beiträgt. Drei Vorgängen wird vorhandenes Wissen dabei unterworfen: Planen, Verknüpfen und Organisieren; Wissen muss mit Schreibkenntnissen verbunden werden; es wird durch Verbindung verschiedener Gebiete gleichsam neu konstruiert.

Diskutiert wird, ob diese Methode Lernen mehr verbessert, wenn die Schüler herkömmliche „wissenschaftsanaloge Texte" (traditional, normal) schreiben oder eher freie, „offene Texte" (non-traditional). Letzteren wird inzwischen der Vorzug gegeben (McDermott & Hand 2009): Beim Schreiben wird eine Verbindung zur Alltagssprache, eine eher „hypothetisch-deduktive" Beziehung zur Wissenschaft hergestellt, leichter verschiedene Sachgebiete verknüpft. Die Schüler sagten aus, dass diese Form Texte zu schreiben sie angehalten hat, Sachverhalte mehr umgangssprachlich darzulegen, reines Reproduzieren („regurgitation") zu vermeiden und dass sie Sachverhalte dadurch sehr viel besser verstanden haben.

Also muss sehr empfohlen werden, diese Methode auch im Biologieunterricht anzuwenden. Ob und in welchem Umfang dies bislang geschieht, ist unbekannt.

Über die erörterte spezifische Situation hinaus muss man Schülern Anweisungen an die Hand geben, wie sie geeignete Texte am besten schreiben können. Eine Reihe von Schritten bei der Anfertigung eines Textes durch Schüler schlägt Havel (1995) vor. Die wichtigsten werden verkürzt und zum Teil verändert wiedergegeben.

- Netz: Nachdem das Thema feststeht, wird ein Begriffs- oder Aussagenetz (s. Kap. 10.8) aufgeschrieben mit den Inhalten, die der Schüler zu dem Thema schon kennt.
- Fragen: Anschließend werden einige Grundfragen aufgestellt, z. B.: Genaue Klärung der wichtigsten Begriffe. Wie ist das behandelte Phänomen zu erklären? Gibt es Anwendungsbezüge?
- Informationsbeschaffung: Wo finde ich geeignete Literatur zum Thema, etwa in Lexika? Wie ist ein Inhaltsverzeichnis zu verwenden? Was heißt kritisches Lesen? Wie macht man sich Notizen über die wichtigsten Aussagen eines Textes?
- Skizze: Anschließend wird von jedem Schüler eine vorläufige Skizze des geplanten Textes erstellt. Dabei kommt es vor allem auf die innere Gliederung der Inhalte und Ideen an, die Punkt für Punkt notiert wird. Dies ist offensichtlich besonders wichtig, um einen klaren und logisch aufgebauten Text schreiben zu können. Eine solche Skizze kann beim Schreiben leicht ergänzt und korrigiert werden.
- Anfang: Es ist nachgewiesen, dass viele Schüler (und andere) sich besonders schwer tun mit dem Anfang eines Texts. Deshalb sollen sie z. B. dazu ermuntert werden, mit dem für sie interessantesten Teil zu beginnen. Auch eine der Grundfragen ihres Textes bietet eine gute Möglichkeit für den Anfang; ebenso ein sogenannter „Aufhänger", also ein bemerkenswerter Aspekt von allgemeinem Interesse.
- Endfassung: Mit diesem „Paket" an Unterlagen sollte das Schreiben eines Textes, der mit einer Zusammenfassung endet, einfacher und befriedigender werden.

Es bestehen naturgemäß große Unterschiede bei der Anwendung dieser Liste mit Strategien: Je nachdem, ob es dabei um einen relativ kurzen Text für das Übungsheft oder um eine längere Abhandlung geht. Als effektiv hat sich herausgestellt (z. B. Havel 1995), dass der Lehrer längere Texte im Verlauf ihrer Entstehung immer wieder korrigiert. (Manche zu lange, langweilige, wenig verständliche Redetexte in Universitätsseminaren bestätigen diese Erfahrung.)

Das Thema „biologische Texte schreiben" ist ein typisches Beispiel für die Schulung formaler Fähigkeiten. Wie immer wieder erwähnt (s. Kap. 3.5), hat man die besten oder überhaupt nur Chancen, dergleichen auch zu erreichen, wenn dies bewusst und gezielt geschieht. Ein Weg dorthin kann auch darin bestehen, ohne bestimmtes Interesse am Fortgang des Unterrichts mit Hilfe eines Themas nach Wahl jedes Schülers ausschließlich „biologische Texte schreiben" zu üben. Dies ist wahrlich keine Verschwendung von Unterrichtszeit

Zur Förderung des kritischen Schreibens von Texten wird auch empfohlen (Robinson 2001): Schüler schreiben eine kurze Zusammenfassung eines biologischen Textes etwa aus einer Tageszeitung; dabei soll eine kritische Beurteilung des verwendeten Materials und die Genauigkeit der Widergabe bewertet werden. Ähnlich berichtet Steglich (2000) über jahrelange Erfahrungen damit, dass Schüler in einem Schulhalbjahr zwei biologische Texte im Umfang von etwa 2–3 Seiten schreiben, und zwar über ein selbst gewähltes Thema. Darin sollen sie die enthaltenen biologischen Aussagen erläutern. Sie erhalten dazu eine Arbeitsanweisung. Steglich geht davon aus (aufgrund teilquantitativer Erhebungen), dass Interesse an Biologie und Leistungsbereitschaft dadurch gesteigert werden. Dies ist sicher ein für jede Lehrerin bedenkenswertes Verfahren.

Der gelegentlich geäußerten Meinung (oder gar entsprechende Vorschriften einzelner Kultusminister), dass schriftliche Arbeiten im Biologieunterricht tunlichst vermieden werden sollen, kann man sich schwerlich anschließen. Ja, sie werden nach den oben dargelegten Erkenntnissen ad absurdum geführt. Schon das erwähnte Argument des Erlernens formaler Fähigkeiten spricht dagegen. Im Bereich der Naturwissenschaften ist wohl besonders Biologie geeignet, um das Formulieren abwägender Texte zu üben.

Wenig geklärt, wenn überhaupt, ist die Frage, wie man Schülern, die Deutsch als zweite Sprache erlernen, geeignete Hilfen beim Verständnis und erst recht beim Abfassen von Texten geben kann.

Befunde in der Literatur zum Biologieunterricht sucht man vergeblich; allenfalls ENGIN (2005). Dies wäre eine wichtige Forschungsaufgabe. Vor allem in Städten gibt es kaum eine Schulklasse ohne Schüler deren Muttersprache nicht Deutsch ist.

13.10.3 Arbeitsblatt

Moderne Kopiergeräte haben es möglich gemacht, für den jeweiligen Unterricht individuell gestaltete Texte technisch ohne Mühe und großen Aufwand herzustellen. Sie können recht verschiedenen Inhalt haben (Quellen, zusammenfassende Texte, Zeichnungsvorlagen, Lückentexte und andere Tests, Vorlagen für Hausaufgaben usw.). Sie sollten aber gezielt zu einem bestimmten Thema, wie der Name eben intendiert, Arbeiten der Schüler ermöglichen.

Viel Literatur liegt zum Thema „Arbeitsblatt" vor (z. B. HELL 1980; GEHLHAAR 1980, HAHN 1983, LOESER 1982) und sogar ein umfangreiches Buch von Wellernhofer (1991), das alle erdenklichen Aspekte darstellt. Anforderungen an Arbeitsblätter sind demnach u. a.:

- Sie sollten möglichst nur eine Funktion haben (Information, Anschauung, Übung etc.).
- Sie müssen in Bezug auf Rechtschreibung, Grammatik und – natürlich – Inhalt korrekt sein (sie werden zuhause auch von anderen gelesen!).
- Zu lange Texte sind besonders für jüngere Schüler zu vermeiden. Vor allem, wenn sie kaum in begrenzter Zeit zu bearbeiten sind (gegebenenfalls bietet sich eine Aufteilung für Gruppenarbeit an).
- Kurze Sätze ohne komplizierte Satzkonstruktionen, nur eindeutige Begriffe aufnehmen (s. WELLERNHOFER 1991:64).
- Texte mit wohlüberlegten, anspruchsvollen Fragen versehen (s. Kap. 13,7, 14.4).
- Die Anzahl der verwendeten Begriffe sollte nicht zu groß, vielmehr möglichst klein sein und allgemeine Prinzipien der Begriffsvermittlung (s. Kap. 10.9) beachtet werden.
- Auch Zeichnungen sollten allgemeinen Anforderungen genügen (s. Kap. 13.2).
- Anweisungen geben, in welchem Zusammenhang ein Arbeitsblatt in das Übungsheft eingeordnet wird.

Schüler und Eltern klagen oft über eine Flut von Arbeitsblättern. Deshalb gilt es zu bedenken, ob ein Arbeitsblatt an einer bestimmten Stelle des Unterrichts wirklich notwendig und hilfreich ist – oder etwa die Ausführungen im Schulbuch genügen. Eine Notwendigkeit dürfte sich vor allem dann ergeben, wenn man Materialien und Aufgaben für ein spezielles Unterrichtsthema benötigt, die im Schulbuch nicht dargestellt werden; hierzu gehören vorab Quellentexte, Graphen, Tabellen etc. Vor allem ist zu vermeiden, dass Schüler nur noch „ankreuzen und abhaken" müssen – und so eigenständige schriftliche Darstellungen verhindert werden.

13.10.4 Aufgabenkultur

Unter dem Begriff „Aufgabenkultur" (auch „authentische Prüfungskultur") wird Fragen nachgegangen, welche Typen von Aufgaben wann und wie im Unterricht eingesetzt werden sollen (z. B. LEISEN 2006). – Vor allem wird beklagt, dass in Deutschland Aufgaben zu kurz kommen, die sich auf Bewerten und Begründen, selbstständiges Erschließen von Inhalten sowie Verwertung im Alltag beziehen (ausführlich auch in Kap.12.1; Biologische Texte im Unterricht schreiben s. Kap.13.10.2). Um diese Situation zu verbessern wird die Unterscheidung zwischen

- Aufgaben zum Lernen (Lern-, Übungs-, Strukturierungsaufgaben etc.) und
- Aufgaben „zum Leisten" (Test-, Diagnoseaufgaben etc.) vorgeschlagen.

Für den Lehrer ist daran wichtig, dass er den Unterschied zwischen diesen beiden Typen erkennt – und vermehrt Lernaufgaben einsetzt. Dabei sollte er diese Aufgaben so formulieren, dass mit ihnen u. a. Arbeitsaufträge gegeben werden, die eigenständiges neues Lernen, auch Kompetenzen (s. Kap. 3.1) schulen. Solche Aufgaben sollen regelmäßig in den Unterricht eingebaut, nicht etwa nur am Ende einer Stunde vorgesehen werden. HAMMANN (2006) schlägt zur Förderung von Kompetenzen mit Aufgaben, die Beachtung von

Kontexten vor, die sich auf tägliches Leben, Erde und Umwelt und Technologie beziehen.

Nun gibt es zwar ausführliche theoretische Erörterungen zur Aufgabenkultur (s. z. B. LEISEN 2005), aber, so weit erkennbar, keine Befunde, ob die damit erhofften Effekte auch tatsächlich erreicht werden. HAMMANN, M. (2006, weitere bei GERM 2008) führt mehrere Beispiele an, mit denen er sich „Kompetenzschulung" erhofft. Auf eine, bei der es um die Förderung von „Kreativität und divergentes Denken" gehen soll, darf erwähnt werden. Nach der Information über den Schwalbenschwanz, seine Nahrungspflanzen, Entwicklung und Gefährdung, werden die Schüler gefragt: „Nenne möglichst viele unterschiedliche Maßnahmen, die zum Schutz des Schwalbenschwanzes ergriffen werden können". Fragt sich nur, wenn Schüler sich noch nie mit der Lebensweise von Schmetterlingen oder möglichen Schutzmaßnahmen beschäftigt haben, ob sie hinlänglich begründete Hypothesen aufstellen können oder einfach herumraten. Man darf sich auch an den alten Satz erinnern: „Sensibilität, Intellekt und viel Wissen sind die Grundlagen des Schöpferischen".

13.10.5 Hausaufgaben

Auf die Debatte, ob Hausaufgaben im Biologieunterricht grundsätzlich sinnvoll sind (s. z. B. schon SIEDENTOP 1968:83), wird hier nicht eingegangen. Welches Argument könnte es auch dafür geben, etwa im Mathematik- nicht aber im Biologieunterricht diese Arbeitsweise vorzusehen?

In einem Beitrag allgemein über Hausaufgaben fassen WALBERG & PASCHAL (1995:268) empirische Befunde zusammen und kommen u. a. zu folgendem Ergebnis: Bei Schülern der 4. bis 9. Klasse ist die Dauer der „Arbeitszeit zu Hause" positiv korreliert mit der Leistung. Sehr erfolgreiche Schüler arbeiteten zu Hause im Mittel um 64 Prozent länger als leitungsschwache. Mit zunehmendem Alter der Schüler wird dieser Effekt besonders deutlich. Aufgrund eines solchen Befundes sind Biologielehrer angehalten, von ihren Schülern die gründliche Beschäftigung mit Hausaufgaben zu verlangen – zu deren eigenem Nutzen. Effektiv sind Hausaufgaben für Schüler dann, wenn Eltern helfen und diese Tätigkeit überwachen. Dies kann jedoch ein Lehrer nicht erwarten.

Hausaufgaben müssen sinnvoll sein. Zwar sollte schlichtes Reproduzieren in der Regel vermieden werden, andererseits ist Wiederholen und Üben – das vielfach im Biologieunterricht sowieso zu kurz kommt – auch eine wichtige Funktion von Hausaufgaben. Es darf nicht vergessen werden, dass ein Großteil der Aufgaben, die in anderen Fächern gestellt werden, ebenfalls vorwiegend der Übung dient.

Weitere Kennzeichen von Hausaufgaben mit positivem Lerneffekt sind (WALBERG & PASCHAL 1995:270): Sie sollten anregend sein, inhaltlich an den Unterricht anschließen, vernünftige Fragestellungen aufweisen, den Fähigkeiten der Schüler entsprechen. Diese Untersuchung ergab auch, dass es lerneffektiver ist, regelmäßig kürzere Hausaufgaben zu verlangen als gelegentlich lange.

Es wurde schon darauf hingewiesen, dass für den Biologieunterricht vor allem der Primarstufe und Sekundarstufe I wenig „Aufgabensammlungen" vorliegen (s. jedoch die umfangreichen und effektiven Materialien von BILS 1992, 1994, 1996). Der Lehrer muss solche Aufgaben meist mühsam selbst finden. Allerdings enthalten viele neuere Schulbücher Arbeitsaufträge für die Schüler (und es ist ein wichtiges Kriterium bei der Beurteilung eines Schulbuchs, s. Kap. 13.2, ob dies der Fall ist). Zudem kann man nicht übersehen, dass es in den meisten anderen Fächern leichter ist als im Biologieunterricht, sinnvolle Aufgaben zu stellen.

Einige Aspekte, die der Lehrer im Zusammenhang mit Hausaufgaben demnach beachten sollte, sind zusammenfassend:

- Formulierung geeigneter Aufgaben ist wesentlicher Teil der Unterrichtsvorbereitung. Sie können schwerlich intuitiv am Ende einer Stunde gefunden werden. Folglich gehört auch die Angabe einer Hausaufgabe oder eine Begründung, warum sie fehlt, in jede Unterrichtsvorbereitung.

- Sie sollten nicht zu umfangreich sein, ohne dass hier ein Zeitrahmen festgelegt werden kann. Dieser ist von der jeweiligen Belastung der Schüler zu einem bestimmten Zeitpunkt abhängig – über die sich ein Lehrer informieren muss.
- Zeitlichen Umfang, Schwierigkeit und Sinnhaftigkeit seiner Aufgaben kann ein Lehrer eigentlich nur dadurch richtig überprüfen, dass er diese immer wieder einmal selbst löst, und zwar genau so, wie er es von seinen Schülern erwartet!
- Aufgaben sollten so präzise formuliert sein, dass eindeutig ist, was verlangt wird.
- Auch oder gerade mit Aufgaben sollte grundlegendes biologisches Wissen geübt werden und nicht unerhebliches, peripheres Wissen, das sich zufällig aus dem Schulbuchtext ergibt. (Jede englische Vokabel, die gelernt wird, kann ein Leben lang verwendet werden; verhält es sich mit dem, was mit einer biologischen Aufgabe gelernt werden soll, ebenso?).
- Falls zur Lösung von Aufgaben zusätzliche Informationen erforderlich sind, die nicht im Unterricht vermittelt wurden oder die nicht im Schulbuch stehen, muss der Lehrer Hinweise geben, wie sie zu beschaffen sind (nicht in jedem Elternhaus stehen geeignete Bücher zur Verfügung). Dies gilt entsprechend für notwendige Materialien (z. B. eine Waage, Lupe, Objektträger, Thermometer).
- Bei Freilanduntersuchungen sollte jeder Schüler die Möglichkeit haben, entsprechende Örtlichkeiten in der Nähe seiner Wohnung aufzusuchen.
- Entsprechendes gilt bei der Beobachtung bzw. Untersuchung von Haustieren, Stubenpflanzen.
- Aufgaben sollten quantifizierbar sein (s. Kap. 12.1). Das heißt z. B., wie viele Argumente, Beispiele sollen zusammengetragen werden. Hinweise für die Schüler sind also erforderlich, was von ihnen erwartet wird. Diese sind zugleich eine Hilfe für den Lehrer, wenn er solche Leistungen beurteilt. Dazu kann sich ein Lehrer ein Punktesystem aufstellen, das z. B. folgende Kriterien enthält: Anzahl der erwarteten richtigen Antworten, Einfallsreichtum bzw. Eigenständigkeit eines Beitrags, zutreffende Begriffsverwendung, geeignete Skizzen bzw. Abbildungen, Länge, logischer Aufbau.
- Ein Bild vom Interesse einer Klasse am Biologieunterricht kann man gewinnen, wenn die Anfertigung einer Hausaufgabe freigestellt wird.
- Und was eigentlich nicht erwähnt werden muss: Hausaufgaben, die nicht kontrolliert und entsprechende Leistungen auch anerkannt werden – stellt man besser nicht. Hat der Lehrer wenig Zeit zur Korrektur, ist gegenseitiges Nachsehen der Schüler untereinander eine mögliche Lösung.

Dazu, wie einige dieser Prinzipien im Biologieunterricht realisiert werden, gibt eine Schülerbefragung Auskunft (n=282, 5./6. Klassen, Völp et al. 1984). Sie ergibt kein sehr positives Bild über die Verwendung von Hausaufgaben – wobei man „Zweckpessimismus“ keineswegs ausschließen möchte: Nur 4 Prozent der Befragten fanden Aufgaben „produktiv“, immerhin weitere 29 Prozent im „Ansatz produktiv“. Für Hausaufgaben im Biologieunterricht sprach sich nur ein Drittel der Schüler aus. Jedoch waren etwa 40 Prozent der Meinung, dass sie dazu beitragen, den Stoff des Biologieunterrichts besser zu verstehen. Daraus wird deutlich, dass ein Lehrer gut daran tut, den Schülern den Sinn einer bestimmten Hausaufgabe zu erklären. Nach ihren Wünschen gefragt, wurde angegeben: Eigenständig Experimente 88 Prozent, „produktive Hausaufgaben“ 90 und „Zeichnen“ 74 Prozent.

Es führt an dieser Stelle zu weit, alle erdenklichen Typen von Hausaufgaben für den Biologieunterricht mit möglichen Vor- und Nachteilen zu erörtern; dies geschieht in Kap. 12.3.3. Hausaufgaben kann man auch unter dem Aspekt ihrer Funktion kategorisieren (s. Völp et al. 1984); z. B.: Festigung, Erweiterung, Anwendung des Wissens, Vorbereitung eines neuen Themas. Dergleichen ist nicht nur „graue Theorie“. Der Lehrer sollte bedenken, welche Funktion mit welchem Aufgabentyp am besten zu erfüllen ist.

Man erkennt an diesen Anforderungen, dass eine Lehrerin die Formulierung einer

Hausaufgabe genau bedenken muss und nicht am Ende einer Unterrichtsstunde „aus dem Ärmel schütteln" kann.

Anhand einiger willkürlich ausgewählter Beispiele von Hausaufgaben aus Schulbüchern für die Klassen 5/6 (A–C: verschiedene Werke) sollen solche und einige weitere Kategorien noch einmal betrachtet werden. Es sollte erwähnt werden, dass in jüngst erschienen Schulbüchern die Formulierung von Hausaufgaben zum Teil verbessert worden ist; fast immer fehlt jedoch bei den Aufgaben der quantitative Aspekt.

- A 1[7]. *Sammle Blüten und Blütenstände verschiedener Pflanzen und untersuche sie auf ihre Merkmale.* – Welche Merkmale sind gemeint? Gehört die Kenntnis verschiedener Blütenstände wirklich zum Grundwissen?
- A 2. *Welche Informationen liefert ein Blütendiagramm?* – Gehört es zum Grundwissen, etwas über Blütendiagramme aussagen zu können?
- A 3. *Wie lassen sich Arten voneinander abgrenzen?* – Notwendiges Grundwissen; identisch mit der Aufgabe: Definiere den Begriff Art; Transfer wäre möglich: Gehören alle Menschen zu einer Art?
- B 4. *Schneide eine Tomatenblüte vorsichtig durch. Fertige eine Skizze an und beschrifte sie.* – Sachlich sinnvoll; Abzeichnen liegt nahe (Skizze im Buch vorhanden); woher nimmt jeder Schüler eine solche Blüte, wenn er das wirklich selbst sehen will?
- C 6 *Das Pantoffeltierchen besitzt bestimmte Eigenschaften, über die andere Lebewesen ebenfalls verfügen. Es kann sich beispielsweise bewegen. Schreibe weitere solche Eigenschaften auf. Nimm dabei den Text zu Hilfe.* – Die Frage bezieht sich auf notwendiges Grundwissen. Im Text werden Eigenschaften von Tieren erörtert; entsprechend hätte vielleicht besser (und allgemeiner) nach deren Eigenschaften gefragt werden können; quantitativer Aspekt fehlt: schreibe n Eigenschaften auf.
- A 7. *Mit welcher Berechtigung bezeichnet man Zellen als die kleinsten lebensfähigen Einheiten von Pflanzen, Tieren und Mensch?* – Sinnvolles Grundwissen; wie viele Aussagen werden erwartet?
- A 8 *Wie stark sind die Zellen in Bild 3 [„Hookes Zeichnungen von Kork"] vergrößert? Wie groß müssten sie bei 300facher Vergrößerung erscheinen?* – Dazu Information im Text: „Die Korkzellen. sind in Wirklichkeit 0,1 mm groß." Wird die offenbar intendierte Größenvorstellung erreicht und wie (Zeichnung einer Strecke)? Sonst ist dies eine reine Rechenaufgabe.
- C 9. *Welche Veränderungen erleben Jungen und Mädchen während der Pubertät?* – Einfache, aber notwendige Wiederholungsfrage; Forderung nach einer Skizze wäre sinnvoll; quantitativer Aspekt fehlt: nenne n Veränderungen.
- B 10. *Weshalb ist ein breites Becken bei Frauen zweckmäßig?* – Eine gute Frage, die Zusammenschau erfordert; aber Information im Text zur Geburt kaum ausreichend („Der Geburtskanal ist recht eng. Das knöcherne Becken bildet die Umgrenzung").

Weiterhin hier noch einige Aufgaben aus einem Schulbuch für den Sachunterricht (Beck et al. 1995: 50 ff.). Unter dem Stichwort „Unsere Sinne" (2. Schuljahr) werden u. a. folgende Aufgaben gestellt (die wohl auch im Unterricht bearbeitet werden können):

- *Ein Hörmemory herstellen: – Filmdosen oder Joghurtbecher besorgen, – immer in zwei Dosen das gleiche einfüllen, – und nun herausfinden, was zusammengehört.*
- *Fühlbilder herstellen: – Dinge sammeln, die man gut fühlen kann, – ein Bild ausdenken und aufkleben, – das Bild anderen zeigen.*

Solche Aufgaben erweitern zwar durch Sammeln zugehöriger deutscher Wörter den Sprachschatz, biologische Kenntnisse werden jedoch schwerlich vermittelt. Es ist zu fragen, inwiefern solche Aufgaben in den Sachunterricht gehören.

Diese Durchsicht geschieht keinesfalls aus Bedarf an Kritik. Vielmehr lässt sich daran

7 A – Biologie 2, Cornelsen-Verlag, 1991; B – Umwelt: biologie 5/6, Klett-Verlag, 1995; C – BIO 1, Westermann-Verlag, 1992.

die Schwierigkeit der Formulierung geeigneter Aufgaben für den Biologieunterricht ermessen und die Mühe, die man damit hat. Zum Vergleich werden noch drei Aufgaben von BILS (1996) wiedergegeben:

- *Beschreiben Sie kurz sechs verschiedene Aufgaben des Blutes.*
- *Menschen, die hochgelegene Gebiete der Erde bewohnen,. haben zwar die gleiche Blutmenge wie Tieflandbewohner, aber sehr viel mehr Rote Blutkörperchen. Wie ist das zu erklären?*
- *Einige Arten von krebsartigen Blutkrankheiten lassen sich heute dadurch behandeln, dass Knochenmark eines gesunden Menschen auf den an Blutkrebs erkrankten übertragen wird. Erläutern Sie bitte, warum diese Behandlungsmethode möglich ist.*

Und nun noch Teil einer Aufgabe (gekürzt), die bei der PISA-Untersuchung 2000 (~15-Jährige) gestellt wurde (aus BAUMERT et al. 2003: 213). Dies ist keine Hausaufgabe, sondern eine Aufgabe für den schriftlichen Test. Sie kann aber an dieser Stelle zum Vergleich und als Anregung zur Formulierung ähnlicher Aufgaben dienen.

– Können Pflanzen „schwitzen"?

– Text 2: Um die Wasseraufnahme und -abgabe einer Pflanze zu verstehen, zeigte Ninas Vater ihr die folgende Graphik. Sie stellt die Wasserabgabe einer Pflanze dar, wenn sie regelmäßig ausreichend gegossen wird. Nina hat versucht, sich diese Graphik selbst zu erklären. [Graphik wird hier nicht angegeben.]

– Können Pflanzen „schwitzen"?

In einem Buch über Wüstenpflanzen las Mina vor kurzem, dass es in sehr trockenen Gebieten Pflanzen gibt, die sich durch besondere Baumerkmale vor zu hoher Wasserabgabe schützen. Weißt du. welche der folgenden Baumerkmale dem Schutz vor hohem Wasserverlust dienen? Kreuze alle richtigen Antworten an: – sehr kleine Wurzeln, – kleine Blätter, – ein dünner langer Spross, – eine dicke behaarte Blattoberfläche, – viele Früchte

Können Pflanzen „schwitzen"?

An Tagen an denen eine Pflanze nicht ausreichend gegossen wird, gibt sie um die Mittagszeit genauso wenig Wasser ab wie in den frühen Morgenstunden bzw. in der Nacht. Wie ist die geringe Wasserabgabe der Pflanze bei schlechter Wasserversorgung zu erklären? Kreuze die richtige Antwort an!

Wenn Pflanzen nicht ausreichend mit Wasser versorgt sind

- haben sie meist schon am frühen Vormittag ihre Wasserreserven über die Spaltöffnungen an die Umgebung abgegeben, geben sie mittags über die weit geöffneten Spaltöffnungen kaum noch Wasser ab, weil diese dann der Wasseraufnahme aus der Luft dienen
- schließen sie ihre Spaltöffnungen fast vollständig, um die Wasserabgabe an die Umwelt zu reduzieren
- besitzen sie nicht mehr genügend Energie, um Wasser über die Spaltöffnungen an die Umgebung abgeben zu können
- Können Pflanzen „schwitzen"?
  Zu welcher Tageszeit ist der Unterschied zwischen Wasseraufnahme und Wasserabgabe am größten? Kreuze die richtige Antwort an: – um 10 Uhr vormittags, – um 12 Uhr mittags, – um 14 Uhr mittags, – um 0 Uhr (Mitternacht)), – um 20 Uhr abends.
- Können Pflanzen „schwitzen"?
  Zu welcher Tageszeit nimmt die Pflanze genauso viel Wasser auf, wie sie auch abgibt? Kreuze die richtige Antwort an: – vormittags (zwischen 6 und 10 Uhr), – um die Mittagszeit (zwischen 12 und 14 Uhr), – am Nachmittag (zwischen 16 und 1 8 Uhr), – abends (zwischen 20 und 22 Uhr)
- am frühen Morgen (zwischen 2 und 6 Uhr)

Zu den Hausaufgaben im weiteren Sinn kann man auch die Problemorientierte Materialsammlung rechnen; analog zum englischen Sprachgebrauch wird sie auch als Portfolio-Methode bezeichnet (s. HÄUSSLER et al. 1998). Schüler sammeln über einen längeren Zeitraum Material zu einem Thema, das sie unter einer Fragestellung interpretieren sollen (ähnlich „Facharbeit"). Im Biologieunterricht kann sie sich z. B. auf eine Gruppe von Lebewesen oder auch auf eine Art beziehen. Welche Faktoren ermöglichen es einer bestimmten Fledermausart zu überwintern? Welche Belege gibt es, dass eine bestimmte Pflanze wirklich eine Heilpflanze ist? Geeigneter erscheinen Fragestellungen, die sich unmittelbar auf ein Problem beziehen; etwa: Was spricht für oder gegen die Ausweisung eines (möglichst in der Nähe befindlichen) Gebietes als Naturschutzgebiet?

Soll man Vegetarier sein?

Viele Schüler führen eifrig und intensiv solche Materialsammlungen durch. Oft sind es zudem andere als im Unterricht, deren besondere Fähigkeiten man so erkennt. Positiv ist, dass sie damit vielfach viel mehr Zeit außerhalb des Unterrichts verbringen als normalerweise. Aber der Lehrer benötigt viel Zeit, um diese Materialien zu bearbeiten (wozu er einschlägige Dokumente haben sollte) und vor allem, um zu beurteilen, ob die Schüler auch zutreffende Interpretationen gefunden haben. Problematisch mag sein, dass man nicht erkennen kann, wer sich alles an einer solchen Arbeit beteiligt hat.

Fünfzehn ausführlich dargestellte Aufgabenbeispiele werden in den „Bildungsstandards" (KMK-Beschluss 2004) angegeben. Sie gehen jeweils von einem Basiskonzept aus und vermögen zu zeigen, wie Kompetenzen vermittelt werden können. Sie können Lehrern als Muster dienen, wie solche Aufgaben abzufassen sind.

13.10.6 Facharbeit

Was schon früher im Biologieunterricht vorwiegend der Oberstufe fast die Regel war (s. z. B. Siedentop 1968 mit Beispielen, Killermann 1995), wird heute vielfach auch in „Richtlinien" verschiedener Bundesländer gefordert (Wambach 2002). Ein Schüler soll damit einen Beitrag leisten zu einem fachspezifischen Thema, aber auch seine Fähigkeit zeigen, selbständig zu arbeiten, Verfahren wissenschaftlichen Arbeitens zu lernen. – Eine solche Arbeit wird zu Recht als gute Form der Leistungsüberprüfung empfohlen; sie wird noch bedeutsamer, da sie als „Zusatzprüfung" Teil des Abiturs sein kann (s. Kap. 18.4.5).

Gerade Biologieunterricht bietet gute und vielfältige Möglichkeiten für das selbstständige Untersuchen, besonders auch im Freiland. Wichtig ist, dass Lehrer Schüler dabei unterstützen etwa durch sorgfältige Kontrolle einer Arbeit im Labor oder Freiland, Hilfe bei der Literaturrecherche, durch mehrfache Korrektur eines Entwurfs.

So etwas ist sicher eine zusätzliche Belastung, aber es schafft auch die Möglichkeit, mit einzelnen Schülern eine intensive fachliche Wechselwirkung aufzubauen und diese zu fördern. Lehrer sollten dies nutzen, wo immer möglich!

Begriffe: Übungsheft, Biologische Texte (Schritte bei der Anfertigung), Arbeitsblatt (Anforderungen), Hausaufgabe (Kennzeichen, Funktionen, Aufgabentypen), Problemorientierte Materialsammlung, Facharbeit

13.11 Tafel

Die Tafel ist ein Arbeitsmittel, das der Lehrer stets zur Hand hat. Aber gerade weil dies so „bequem" ist, besteht eine große Versuchung, auf andere Anschauungsmittel zu verzichten und sich an „Kreidebiologie" zu halten! Die Tafel hat gegenüber anderen Objekten jedoch eine Reihe von Vorteilen:

- Ein Tafelbild kann nach und nach entwickelt werden; Schüler können sich daran beteiligen.
- Wichtiges kann hervorgehoben werden; Bilder sind oft zu komplex.
- Zusammenhänge können also vereinfacht, schematisiert dargestellt werden.
- Die Lehrerin kann das Tafelbild gut an den jeweiligen Wissensstand der Schüler anpassen.
- Zeitlich oder funktional getrennte biologische Vorgänge können nebeneinander dargestellt werden.
- Ein Tafelbild kann zusammenfassend zur Ergebnissicherung dienen.
- Es kann dazu von Schülern in das Übungsheft übernommen werden.
- Es ist auch gut zur Entwicklung von Begriffsnetzen geeignet (s. Kap. 10.8.1).

Ein Tafelbild sollte vor dem Unterricht gut vorbereitet werden. Gerade dann, wenn jemand glaubt, nicht gut zeichnen zu können (Hilfen zum Training bei Bauer 1976, Schneid 1965; s. auch Killermann et al. 2005). Auch in diesem Fall kann man durch Übung viel lernen.

13.12 Stationenarbeit

Eine derzeit vor allem in der Primarstufe, aber nicht nur dort häufig verwendete Arbeitsmethode ist das „Stationenlernen“, „Lernzirkel“. Dazu bekennt z. B. HEGELE (1999: 58; s. auch BEUREN & DAHM 2000) jedoch: *Empirische Befunde zu der spezifischen Leistungsfähigkeit von Stationenlernen liegen allerdings bisher nicht vor.* Auch in dem Heft „Lernen an Stationen“ (UB 337/338, 2008) findet man, trotz mehrerer interessanter Beispiele, keinen Hinweise auf eine solche empirische Überprüfung.

Kennzeichnend ist für diese Arbeitsform, dass Schüler das in verschiedenen Teilaspekten differenzierte Thema weitgehend selbständig durcharbeiten. Die Schüler bestimmen dabei Reihenfolge und Verweildauer an jeder Lernstation selbst (ausführliche Anweisungen bei SKIBA & SPIELER 2008, HILLEBRAND 2005). Unterschiedliches Lerntempo kann damit ausgeglichen werden, dass neben „Pflichtstationen“ auch „Wahlstationen“ vorgesehen werden. Mit dieser Lernform soll den „verschiedenen Lerntypen“ (deren Existenz umstritten ist) Gerechtigkeit widerfahren. Auch besteht die Hoffnung, dass damit Selbsttätigkeit und Selbständigkeit gefördert werden. Zum Erwerb von Sachwissen werden dagegen weniger Aussagen gemacht. Klassenarbeiten zum Stationenlernen sind offenbar weniger erwünscht; denn die Schüler erbringen *sehr unterschiedliche Leistungen, die mithilfe eines für alle gleichen Messinstruments überhaupt nicht messbar sind* (HEGELE 1999: 65).

SKIBA & SPIELER (2008) geben auch genaue Anweisungen, wie prozessbezogene Kompetenzen überprüft werden können. Der Bereich „Erkenntnisgewinnung“ (wie etwa genaues Beobachten und Beschreiben von Phänomen) soll durch Dokumentation in Form von Texten, Zeichnungen, Verwendung der Fachsprache belegt werden; so auch der Bereich „Bewertung und Kommunikation“. „Soziale Kompetenzen“ (Qualität der Gruppenarbeit, Zusammenarbeit, Aktivitäten einzelner Teilnehmer etc., ähnlich für das Offene Experimentieren bei MAYER & ZIEMEK 2006) sollen durch „Evaluationsbögen“ erhoben und benotet werden. Leider geben die Autoren keinerlei Hinweise, ob sie die Realisierung oder gar längerfristige Effektivität überprüft haben!

Wichtig ist, dass der Lehrer das erforderliche Material für die einzelnen Stationen, die zugehörigen Fragen und die „Laufzettel“ für die Schüler gut überlegt und präzise vorbereitet. Es müssen so viele „Stationen“ vorbereitet werden, dass alle Schüler die gesamte vorgesehene Lernzeit beschäftigt sind. Über die Arbeitsphasen muss nichts weiter ausgeführt werden, da sie sich zwangsläufig aus der Sache ergeben. Es wird jedoch meist ein gemeinsamer Einstieg und ein gemeinsames Schlussgespräch, Quiz, Ausstellung etc. vorgeschlagen. Ausgearbeitete Beispiele für diese Arbeitsweise (s. Themenheft „Lernen in Stationen, UB 259, 2000; mit benötigter Stundenanzahl so weit angegeben, UB 337/338, 2008) sind z. B. Maulwurf, Rind als Nutztier 4, Kartoffel 11, Weichtiere, Trinkwasser 9, Spinnen 6, Nutztier Ziege, Frösche & Co. Wer solche Beispiele übernimmt, muss prüfen, wie er sie sinnvoll in seinen Unterricht einbaut.

13.13 Computer – Multimedia

13.13.1 Allgemeines zur Computernutzung im Biologieunterricht

Der jahrelange, zeitweise erbittert geführte Streit über die Nützlichkeit des Computereinsatzes im Unterricht hat sich in den letzten Jahren gelegt. Weder die Einschätzungen von Fortschrittsenthusiasten, wonach Erzieher durch „intelligente, softwaregestützte simulierte Lehrer“ ersetzt werden würden (KURZWEIL 2002), noch diejenigen der Fortschrittskritiker, die bezweifeln ob der Computer überhaupt sinnvoll in der Schule einzusetzen sei (v. HENTIG 1993), haben sich bestätigt. Die Wahrheit liegt – wie so oft – zwischen den extremen Standpunkten. Wer die Lehrerrolle auf den reinen Vermittlungsexperten (und Lehrkräfte dadurch möglicherweise durch Computer ersetzbar macht) reduziert, liegt genauso falsch wie der Maschinenstürmer, der alle technischen Hilfsmittel im Unterricht verdammt.
Computer werden wie andere Medien im Unterricht eingesetzt, weil man sich von ihnen ein verbessertes, schnelleres bzw. verändertes, eher selbstorganisiertes Lernen verspricht. Dieses soll durch größere Anschaulichkeit, durch Erhöhung der Motivation, durch veränderte Arbeitswei-

Wandtafel	Kann bedingt vom Computer ersetzt werden, es gibt digitale Tafeln, die mit PCs verbunden sind; Tafelanschriebe können als Dateien bespeichert werden (z. B. Smartboard, s. GRAF & BAUER 2002) oder auch Tablet-PCs auf deren Bildschirm geschrieben und mit Beamer projiziert werden kann
Plakate	Plakate können über Wochen im Klassenraum hängen und so stets von den Schülern gesehen werden. Computerausdrucke sind in der Regel viel kleiner, sofern nur bedingt Ersatz.
Tageslichtprojektoren	Folien können völlig durch Bildschirmprojektionen mit Beamer ersetzt werden. Mit Hilfe des PCs hat man den problemlosen Zugriff auf das komplette eigene Archiv, in der Regel wird jede Folie schnell gefunden.
Unterrichtsfilme	Filme bzw. Videos können völlig durch Bildschirmprojektionen ersetzt werden. Mit Hilfe des PCs können problemlos ungeeignete bzw. nicht benötigte Sequenzen „herausgeschnitten" werden. Man kann schnell auf jede Stelle des Films zugreifen. Lästiges Spulen entfällt. Auch DVDs können mit dem Computer gezeigt werden.
Diapositive	Diapositive können völlig durch Bildschirmprojektionen digitaler Photographien ersetzt werden. Diasammlungen können mir speziellen Scannern digitalisiert werden.
Tonbandaufzeichnungen	Tonbandaufzeichnungen können völlig durch Sprachausgabe ersetzt werden (s. bei Unterrichtsfilmen).
Epidiaskope	Epidiaskopbilder können völlig durch die Projektion gescannter oder phoographierter Buchseiten ersetzt werden.
Arbeitsblatt	Arbeitsblätter können am Bildschirm bearbeitet werden, sofern jeder Schüler und jede Schülerin einen PC am Arbeitsplatz hat.
Reale Objekte, Naturbegegnung	Können durch den Computer in keiner Weise ersetzt werden.
Recherchen	Durch das Internet eröffnen sich Recherchepotentiale, die mit Lexika, Lehrbüchern u. ä. nicht annähernd möglich sind.
Simulationen	Bevor PCs Verbreitung fanden, wurden Simulationsspiele teilweise als Brettspiele durchgeführt; diese können vollständig ersetzt werden.

Abb. 28: Leistungsfähigkeit des Computers im Vergleich mit traditionellen Medien – Zusammenfassung

sen am Computer u. ä. erreicht werden. In vielen Veröffentlichungen zum Thema werden diese Effekte jedoch einfach nur behauptet, ohne dass irgendwelche Untersuchungsergebnisse präsentiert würden. Die empirische Belegsituation ist insgesamt schwach (HASEBROOK 1995). SCHULMEISTER (2007) geht sogar davon aus, dass man das Lernen mit Computern gar nicht sinnvoll untersuchen kann: Viele Studien sind zu sehr aktuellen Bedingungen verpflichtet (z.B. Hardware), die schon kurze Zeit später nicht mehr gelten. Andere Untersuchungen vergleichen nicht vergleichbare Methoden miteinander. Wieder andere Studien basieren auf völlig überzogenen Hypothesen zu Lerneffekten mit dem Computer. Es gibt Arbeiten, die nur Triviales feststellen (z.B. dass durch das Arbeiten mit Lernprogrammen Lerneffekte auftreten). Und schließlich widersprechen sich die Ergebnisse vieler Untersuchungen oder sind in ihren Aussagen unklar. In einer Metaanalyse auf der Grundlage von 36 Studien aus Naturwissenschaften und Mathematik stellte KULIK (2003) fest, dass es nach wie vor unklar ist, wie stark computergestützte Unterweisung zur Verbesserung der Instruktion im Unterricht beitragen kann.

Beim Unterrichtseinsatz des PCs ist man vom Stromnetz abhängig, vom Funktionieren der Technik. Man muss diese bis zu einem gewissen Grad beherrschen. Dies ist eine deutliche Hürde beim Einsatz. Eine Zusammenfassung der Leistungsfähigkeit des Computers im Vergleich mit traditionellen Unterrichtsmedien findet sich in Abbildung 28.

Außer im Unterricht werden Computer vom Lehrer verwendet, weil mit ihrer Hilfe Unterricht effektiv vorbereitet werden kann. Eine Befragung von mehr als 1400 Lehrern zeigt, dass der PC im Durchschnitt häufig zur Unterrichtsvorbereitung genutzt wird (RÖSNER u.a. 2003). Mittlerweile dürfte die Unterrichtsvorbereitung am Computer der absolute Regelfall sein. Bereits 2003 verbrachte jeder Lehrer im Schnitt mehr als eine Stunde am PC (MPFS 2003).

In Abbildung 29 werden verschiedene Möglichkeiten des Einsatzes von Computern als Lehr-Lernmedium nach Nutzern (Lehrer, Schüler) und nach Nutzungsorten (Unterricht, zu Hause) aufgezeigt.

Computer werden im Biologieunterricht in Deutschland bis heute immer noch vergleichsweise selten benutzt. Bei einer bundesweiten Repräsentativbefragung im Jahr 1999 gaben 17% der befragten Studienberechtigten an, während ihrer Schulzeit in den Fächern Biologie, Chemie oder Biologie mit Lernprogrammen gearbeitet zu haben (HEINE & DURRER 2001). Nach Aussagen von Schülern aller Schulformen in NRW kommt der PC im Unterricht von mehr als 80% der Befragten niemals zum Einsatz (RÖSNER et. al. 2003). In einer eigenen unveröffentlichten Untersuchung aus den Jahren 2003–2005 zeigte sich, dass in Biologieleistungskursen als auch in Grundkursen im Durchschnitt weniger als eine Schulstunde pro Schuljahr mit dem PC bearbeitet wurde. Der Computereinsatz im Biologieunterricht ist also immer noch eher die Ausnahme. Als Hindernisse für die Computernutzung werden von Lehrerseite in erster Linie die zusätzlich notwendige Zeit zur Vorbereitung und fehlender Stundenausgleich genannt. Weiterhin dürfte auch die vielfach immer noch fehlende Medienkompetenz vieler Biologielehrer ein Hinderungsgrund sein. Weniger als 20% der Lehrerschaft besitzt nach eigenen Aussagen detaillierte Computerkenntnisse (RÖSNER et. al. 2003). Hinzu kommt eine verbreitete Skepsis, die durch Nutzung von Computern im Biologieunterricht eine Vernachlässigung der Arbeit z.B. mit Naturobjekten befürchtet.

Bestimmte computergestützte Unterrichtsformen, die einen intensiven Rechnereinsatz notwendig machen (z.B. Einzelarbeit), sind in vielen Schulen wegen mangelnder PC-Ausstattung praktisch nicht durchführbar. Im internationalen Vergleich sind deutsche Schulen ausgesprochen schlecht mit Computern ausgestattet. In Skandinavien und in Großbritannien kommen auf einen Schulcomputer weniger als zehn Schüler, in Österreich etwa elf und in Deutschland mehr als 20 (Eurydice 2004). Der OECD-Durchschnitt liegt bei 12 bis 13 Schülern pro Computer (SCHLEICHER 2003). Durch die Initiative „Schulen ans Netz“ besitzen die meisten Schulen einen Zugang zum Internet. Ein solcher Zugang ohne entsprechende Unterrichtskonzepte kann jedoch keine Wirkung entfalten (vgl. GRAF 2001a).

Auf Seiten der Anbieter von Computerprogrammen ist man zurückhaltend bei

	Im Unterricht	Zu Hause
Lehrer, Lehrerinnen	- Zum Aufzeichnen und Auswerfen von Messungen: Messen, Regeln, Steuern - Demonstration von Simulationen - Demonstrationsexperimente im virtuellen labor - Arbeit mit Bildschirmpräsentationen (als elektronische Folien oder Arbeitsblätter) - Vorführen von Animationen, digitalen Videos - Multimediale Datenbank	- Erstellen von Bildschirmpräsentationen - Recherchen (z. B. im Internet) - Pflege einer multimedialen Datenbank - Notenverwaltung der Schüler - Verwenden elektronischer Nachschlagewerke
Schüler, Schülerinnen	- Aufzeichnen und Auswerten von Messungen: Messen, Regeln, Steuern - Durchführen von Simulationen - Experimente im virtuellen Labor - Bearbeitung von Lernprogrammen - Lernen durch Erstellen eigener Lernprogramme - Recherchen (z. B. im Internet) - Blended Learning	- Recherchen (z. B. im Internet) - Bearbeiten von Selbstlernmaterialien oder Edutainmet-Programmen - Verwenden elektronischer Nachschlagewerke - Teleteaching - e-Learning

Abb. 29: Einsatzmöglichkeiten von Computern als Lehr-Lernmedium; Erläuterung einzelner Begriffe im Text

der Veröffentlichung von Lehr-Lernprogrammen mit biologischen Inhalten: Konkrete Daten aus den vergangenen Jahren liegen nicht vor. 1996 hatten von den 1260 in Deutschland veröffentlichten CD-ROMs gerade einmal 3,8% biologische Inhalte im weitesten Sinn (errechnet aus Angaben in: Anonymus 1997). Zum Vergleich: Bei etwa jeder sechsten CD-ROM handelte es sich um einen Sprachkurs. Seit Jahren dürfte die Zahl neu erscheinender Lehr-/Lernprogramme rückläufig sein[8].

Ein kurzer Blick in die Geschichte des Computereinsatzes im Biologieunterricht mag dessen Schwierigkeiten deutlich machen.

Etwa zeitlich parallel zur Entwicklung der Personal-Computer seit Anfang der 80er Jahre wurden erste Programme entwickelt. Verglichen mit den anderen Naturwissenschaften gab es für den Biologieunterricht davon immer recht wenige. Etwa Mitte der 80er Jahre waren in Deutschland für den Biologieunterricht entwickelte Softwareprodukte verfügbar, die durch einige Gemeinsamkeiten gekennzeichnet waren:

- Themen waren in vielen Fällen ökologische Simulationen (z. B. Koschwitz & Wedekind 1985 oder Bossel 1985). Graphisch einfache, aber durchaus anspruchsvolle Simulationsprogramme können selbst auf leistungsschwachen Computern durchgeführt werden (z. B. das von Forrester 1968 entwickelte so genannte „Weltmodell").
- Jedes Programm hatte eine eigenständige Art der Bedienung, so dass der Programmeinsatz jeweils mit hohem Lernaufwand verbunden war.
- Die Programme wurden vielfach nicht von professionellen Programmierern erstellt, sondern oft von fortgeschrittenen Laien in der Freizeit. Entsprechend waren viele Programme wenig ausgereift und fehleranfällig. Darüber hinaus

8 Eine Marktübersicht über Lernprogramme zur Biologie findet man unter : www.biologie.uni-dortmund.de/graf/lernprogramme.pdf [1.8.08]

blieb die Ausstattung der Schulen mit Computern hinter den technischen Möglichkeiten und oftmals auch hinter den Anforderungen der Programme zurück. Dies ist im Grunde bis heute nicht anders geworden. Die Programme der ersten Generation haben sich im Biologieunterricht nicht durchsetzen können. Inzwischen ist u. W. keines dieser frühen Programme mehr verfügbar.

Seit den neunziger Jahren haben sich folgende Tendenzen durchgesetzt:

- Der Anteil der von Lehrern selbst entwickelten Programme hat durch den Vertriebsweg Internet einen erneuten Aufschwung bekommen, ist aber insgesamt eher eine Randerscheinung. Inzwischen beherrschen aufwendige kommerzielle Programme das Feld.
- Die Bedienung ist einheitlicher geworden, so dass man mit relativ wenig Einarbeitungszeit mit neuen Programmen zurechtkommt.
- Das Themenspektrum der Biologieprogramme ist insgesamt vielfältiger geworden.
- Der Schwerpunkt der Programme hat sich verschoben von solchen, die im Unterricht selbst eingesetzt, zu solchen, die von Schülern bzw. Lehrern zu Hause verwendet werden sollen.

13.13.2. Qualität von Programmen für den Unterricht

Es gibt zahlreiche Versuche, die Qualität der Programme für den Biologieunterricht zu untersuchen. Vielfach wird das mit Hilfe so genannter Checklisten versucht (z. B. Seibt & Pfligersdorffer 1997). Der mit 600 Aspekten wahrscheinlich umfangreichste Kriterienkatalog stammt von Rockmann (2004). Prenzel et al. (2002) kritisieren die Verwendung von Checklisten, da diese jeden Bezug zu Lerntheorien vermissen lassen. Weiter wird kritisiert, dass die Übereinstimmungen der Einschätzung verschiedener Beurteiler gering sind und sie oft zu unhandlich im Gebrauch sind. Prenzel u. a. favorisieren und erstellen einen Leitfaden zur Beurteilung der Software, mit dem z. B. der durch die Gestaltung der Lernsoftware induzierte Lernprozess oder auch motivationale Anregungen sowie Ziele des Softwareeinsatzes ermittelt werden können. Ein theoriegeleiteter Evaluationsansatz von Schott et al. (2000) stellt folgende Aspekte in den Vordergrund: Analyse der Lernziele; Analyse der Lernprozesse (Wie wird Aufmerksamkeit erzielt? Wie wird Vorwissen aktiviert? u. ä.); Analyse der Vermittlungsform (gibt es besser geeignete Methoden?); Bedarfsanalyse (deckt das Programm einen Lernbedarf?).

Mayer (2009) formuliert sieben empirisch abgesicherte Prinzipien für Multimedia-Lernprogramme:

- Multimedia-Prinzip: Schüler lernen besser mit Wörtern (Texte und Sprachausgabe) und Bildern als nur mit Wörtern.
- Prinzip der räumlichen Nähe: Schüler lernen besser, wenn zusammengehörende Wörter und Texte zusammen präsentiert werden und nicht auf anderen Seiten.
- Prinzip der zeitlichen Nähe: Schüler lernen besser, wenn zusammengehörende Wörter und Texte gleichzeitig präsentiert werden und nicht nacheinander.
- Kohärenzprinzip: Schüler lernen besser, wenn auf überflüssige Wörter und Bilder verzichtet wird.
- Modalitätsprinzip: Schüler lernen besser mit Animationen und gesprochenem Text als mit Animationen und geschriebenem Text.
- Redundanzprinzip: Schüler lernen besser mit Animationen und gesprochenem Text als mit Animationen sowie geschriebenem und gesprochenem Text.
- Prinzip der individuellen Unterschiede: Effekte des Instruktionsdesign sind bei Novizen stärker als bei Experten und bei Schülern mit gutem räumlichen Vorstellungsvermögen besser als bei solchen mit eher schlechtem.

13.13.3 Nutzung von Computern im Biologieunterricht

Im Folgenden werden verschiedene Nutzungsmöglichkeiten von Computern im Biologieunterricht beschrieben. Die Beschreibungen orientieren sich an den Stichworten, die in Abbildung 29 verwendet werden. Empirische Befunde liegen zu einzelnen Teilbereichen vor. Diese sind jeweils kurz beschrieben.

Aufzeichnen (und Auswerten) von Messungen: Messen, Regeln, Steuern

Computer können dazu verwendet werden, verschiedenartige Messwerte zu erfassen und zu speichern; etwa ökologische Daten (z. B. Sauerstoffgehalt eines Gewässers) oder physiologische Gegebenheiten (z. B. Pulsschlag, Reaktionszeit, Lungenvolumen). Vorteile gegenüber konventionellen Verfahren sind die große Speicherkapazität, die die kontinuierliche Erfassung von Messreihen erlauben bzw. die weitgehende Automatisierung des Messvorgangs (z. B. Tagesverlauf des Sauerstoffgehalts eines Gewässers).

Alle großen Lehrmittelhersteller bieten computergestützte Messsysteme an, die relativ einfach einzurichten und zu bedienen sind, z. B. Cassy von Leybold Didactic oder Cobra3 von Phywe (vgl. LINDNER-EFFLAND 2003). Diese Geräte sind jedoch nicht billig und auf die Aufgaben beschränkt, die der Hersteller vorgesehen hat. Viel preiswerter und flexibler sind selbstgebaute Geräte. Allerdings ist dazu ein gewisses Maß an technischem Wissen notwendig (s. dazu RÖPKE 1990; ein Beispiel für den Computereinsatz zur Ableitung elektrischer Potentiale beim medizinischen Blutegel findet sich bei GROSS et al. 2009).

Animationen, Simulationen

Animationen sind Abfolgen bewegter Bilder, und interaktive Animationen besitzen zusätzlich die Möglichkeit, die Abläufe als Nutzer zu beeinflussen. Interaktive Animationen stellen somit einen Spezialtyp der Simulation dar. In Simulationen werden Realvorgänge modelliert. Animationen und Simulationen werden zur Veranschaulichung dynamischer Vorgänge in der Biologie herangezogen.

Dazu gibt es spezielle Programme, die die Darstellung bzw. Nachbildung von Prozessen mit Hilfe von Modellen (s. Kap. 13.6) ermöglichen. – Solche Programme werden für mehrere grundsätzlich verschiedene Zwecke eingesetzt (s. Abb. 30): Z. B. solchen, deren Ziel die Vermittlung von Wissen über einen biologischen Prozess ist; oder solchen, bei denen es in erster Linie um die Vermittlung von Entscheidungskompetenz in komplexen, unbestimmten und langsam ablaufenden Prozessen geht (daher auch als „KUL-Prozesse" bezeich-

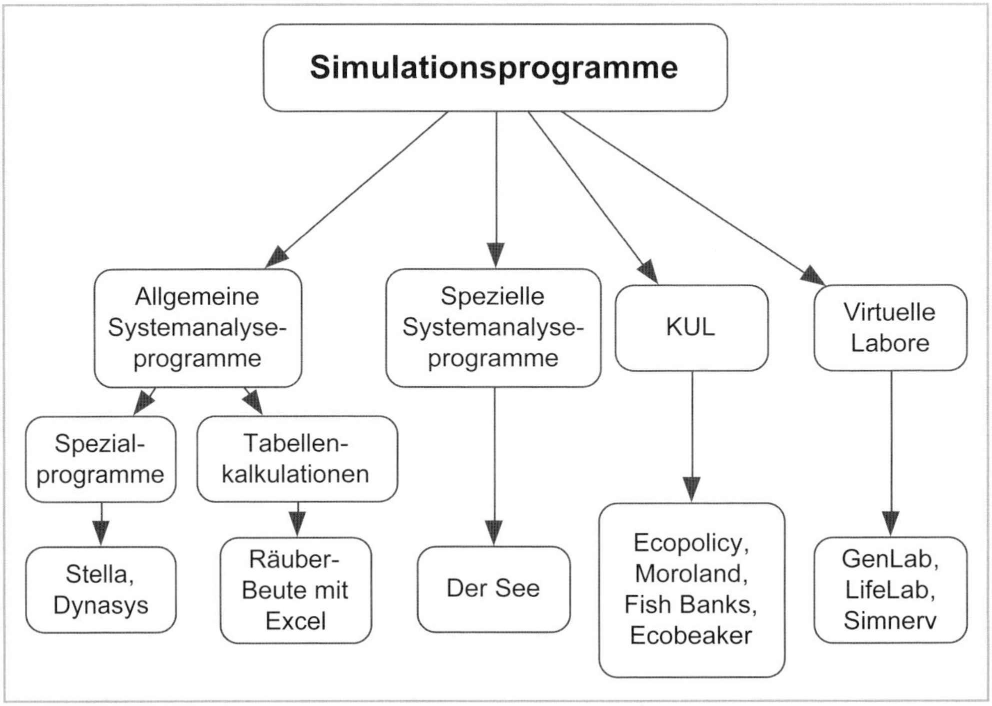

Abb. 30: Verschiedene Typen von Simulationsprogrammen mit Beispielen

net, Dörner 1996). Viele dynamische biologische Prozesse können zu diesem Typus gerechnet werden. Offensichtlich haben Menschen beim Umgang mit solchen Prozessen Schwierigkeiten, korrekte Vorhersagen zu machen bzw. sachgerechte Entscheidungen zu treffen. Dörner (1992) hat dazu zahlreiche Studien durchgeführt und dies wiederholt bestätigt. Es stellte sich weiter heraus, dass sich die Fähigkeiten im Umgang mit KUL-Prozessen mit Hilfe geeigneter Simulationsprogramme verbessern lassen.

Mit Hilfe von Simulationen können auch Real-Experimente ersetzt werden. Dies kann sinnvoll sein, wenn:
- die Durchführung eines Experiments zu teuer ist,
- ein Experiment aus ethischen Gründen bedenklich ist,
- die Zeit für ein Experiment nicht ausreicht,
- es unsicher ist, ob ein Experiment gelingt,
- Gesundheitsgefährdung besteht,
- Wirkungen erst nach langen Zeiträumen sichtbar werden,
- Prozesse zu schnell oder zu langsam ablaufen,
- ein Experiment zu komplex ist,
- zur Durchführung eines Experiments notwendige Geräte nicht vorhanden sind,
- Gedankenexperimente ohne konkreten Realitätsbezug durchgeführt werden (vgl. Hiering 1990),
- die Zahl der Versuchsobjekte zu gering ist, um statistisch signifikante Ergebnisse zu erhalten.

Dem stehen Nachteile der Simulationen im Vergleich mit dem Experiment gegenüber:
- Schüler können das Experiment nur bedingt mitplanen,
- die Eigenaktivität der Schüler beim Durchführen des Versuchs geht verloren,
- die Erfahrung des durchaus erkenntnisfördernden Scheiterns von Realexperimenten fehlt.

Man kann zwischen allgemeinen so genannten Systemanalyse-Programmen und solchen unterscheiden, die zu einem ganz bestimmten Zweck entwickelt wurden (s. Abb. 30). Systemanalyse-Programme ermöglichen es dem Nutzer, flexibel Simulationen verschiedener dynamischer Systeme zu planen und durchzuführen (Beispiele für solche Programme sind „Stella" oder „Dynasys"[9]). Dynamische Systeme sind solche, deren Verhalten von der unabhängigen Variablen „Zeit" abhängen. Beispiele sind Räuber-Beute-Beziehungen oder das Wachstum von Bakterienkulturen. Solche dynamischen Vorgänge können auch mit Standard-Programmen (d. h., solchen, die in den meisten PCs vorhanden sind, z. B. Tabellenkalkulationsprogrammen) simuliert werden.

Darüber hinaus gibt es Programme, die speziell zur Simulation eines oder mehrerer biologischer Phänomene entwickelt wurden Typische Themen sind: Gendrift, Regelungsvorgänge, Enzymkinetik, natürliche Selektion oder ökologische Konkurrenz.

Für die Schule geeignete deutschsprachige Internetangebote mit Simulationen findet man bis heute nur vereinzelt. Wer sich über Möglichkeiten informieren will, findet auf englischsprachigen Seiten interessante Angebote, z. B. zur Systemanalyse oder zur Simulation evolutiver Prozesse.

Eine interessante computergestützte Simulation stellt das auf Meadows et al. (1993) zurückgehende „Fish Banks" dar. Die Schüler werden mit sozial-ökologischen Dilemmata-Situationen konfrontiert. Eine Untersuchung von Pfligersdorffer (2002) belegt den hohen Motivationsgrad, mit dem Schüler die Simulation durchführen. Maierhofer (2001) konnte zeigen, dass mit Hilfe der Simulation „Der See" die Fähigkeit zum vernetzten Denken verbessert werden kann.

Nerdel (2003) hat die Lern-Wirksamkeit von mit erläuternden Texten versehenen Standbildern mit Animationen und interaktiven Animationen bei komplexen biologischen Lerngegenständen (Atmungskette, Fotosynthese) verglichen. Sie konnte dabei keine Überlegenheit von Animation und interaktiver Animation feststellen.

Virtuelles Labor

Eine Spezialform der Simulation ist das „Virtuelle Labor": Auf dem Bildschirm wird ein Laboratorium oder ein Teil davon dar-

9 Eine Marktübersicht über Lernprogramme zur Biologie findet man unter : www.biologie.uni-dortmund.de/graf/lernprogramme.pdf [1.8.08]

gestellt. Geräte können bedient, Stoffe gemischt, Schalter umgelegt werden etc. In solchen „Labors" kann man mit der Maus den Aufgaben virtuell nachgehen, die man in einem wirklichen Labor real durchführt. Solche Simulationen werden z. B. dazu eingesetzt, um Tierversuche zu ersetzen oder um gesundheitlich bedenkliche, teure oder zeitaufwändige Untersuchungen durchführen zu können.

Bei Befragungen von Studierenden stellte sich heraus, dass sie im virtuellen Labor im Vergleich zu herkömmlichen Tierversuchen „experimentierfreudiger" waren. Versuche wurden öfter wiederholt und Rahmenbedingungen variiert. Dies wird auf ein Wegfallen der Hemmungen, die durch das Arbeiten mit einem getöteten Tier entstehen, zurückgeführt (Grote 1998). Es stellte sich weiter heraus, dass 75 % der befragten Biologiestudenten die Simulation dem Tierversuch vorziehen. Die Leistungen nach Beendigung der Arbeit im virtuellen Labor entsprachen denen, die mit der Arbeit am Realobjekt erzielt werden konnten (Grote 1998). Insgesamt sind die empirischen Befunde in diesem Bereich allerdings widersprüchlich; es gibt Untersuchungen mit amerikanischen Schülern, die eine Überlegenheit der Arbeit mit virtuellen Objekten (Sezieren von Fröschen) aufzeigen (Velle & Hal 1999), bei anderen ist die Arbeit mit Realobjekten überlegen (Cross & Cross 2004)
So gibt es z. B. ein Programm „SimNerv", mit dessen Hilfe Aktionspotentiale bei einem Frosch abgeleitet werden können. Wie beim wirklichen Versuch muss der Nerv mit Ringer-Lösung „befeuchtet" und zur Ableitung in eine Reizkammer „ein-

	Drill-and-Practice-Programme	Courseware-Programme	Edutainment-Programme
Programmstruktur	Die Programmstruktur gibt die Art der Benutzung und die Reihenfolge der Bearbeitungsschritte vor.	Der Nutzer kann die Bearbeitungsreihenfolge weitgehend selbst bestimmen.	Heterogen, in vielen Programmen werden Unterhaltungselemente auf Kosten der sachlichen Korrektheit eingesetzt.
Texte	Texte werden im Programm als lineare Texte (wie in Printmedien) dargeboten	Aktiver Umgang mit dem Inhalt, Struktur muss beim Bearbeiten generiert werden; Programmtexte als Hypertexte	Programmtexte in der Regel als Hypertexte
Verwendung bei:	Sprachen lernen, Bestimmen lernen, Wissenserwerb bei inhaltlich eng umgrenzten linear organisierbaren Bereichen, Faktenlernen	Vielfältige Anwendungsmöglichkeiten	Das Lernen steht nicht im Vordergrund, sondern die Unterhaltung. Gelernt wird „nebenbei".
Multimedia	Multimediale Elemente werden selten verwendet	Multimediale Elemente werden oft verwendet	Multimediale Elemente stehen im Vordergrund
Zugehörige Lerntheorie	Behaviorismus	Kognitivismus, Konstruktivismus	keine expliziten Bezüge

Abb. 31: Verschiedene Lehr-Lernprogramm-Typen, in Ermangelung geeigneter deutscher Termini werden die englischen verwendet.

gebracht“ werden. Das Programm enthält auch eine Praktikumsanleitung, in der acht verschiedene Aufgaben gestellt werden, die im virtuellen Labor durchgeführt werden können. SimNerv ist Teil einer Programmserie „Virtuelles Physiologielabor“, das u. a. Module zu Muskeln, Herz und Verdauungssystem enthält.
GenLab ist ein aufwändig gestaltetes virtuelles Labor zur Simulation grundlegender gentechnischer Experimente. In einem virtuellen Seminarraum wird die zugehörige Theorie veranschaulicht und der richtige Umgang mit den wichtigsten Laborgeräten und Reagenzien gezeigt.
Ähnlich aufwändig ist das Projekt LifeLab (www.Lifelab.de), mit dessen Hilfe Lehrer mit Oberstufenschülern an den Lehrplänen orientierte virtuelle molekularbiologische Experimente durchzuführen können. Auch in der Begleit-CD-ROM zum Biologie-Lehrbuch von Campbell (6. Auflage; Campbell aktiv) finden sich neun, für die Oberstufe geeignete virtuelle Labor-Aktivitäten.

Lernprogramme

Mit Lernprogrammen soll das Lernen bestimmter Sachverhalte erleichtert werden. Darüber hinaus findet man Aussagen über verkürzte Lernzeiten (s. u.). Auch die freie Einteilung der Lernzeit und Lerngeschwindigkeit wird als vorteilhaft angesehen. Einen Überblick über verschiedene Typen von Lernprogrammen bietet Abbildung 31.

Bei den frühesten am Behaviorismus orientierten Lernprogrammen wurde der Lernstoff in kleine Einheiten zerlegt. Nach dem Durcharbeiten wird dem Lernenden eine Frage dazu gestellt, die er beantworten muss. Bei korrekten Antworten erfolgt eine Verstärkung. Da negative Rückmeldungen aus Motivationsgründen vermieden werden sollen, sind die Lerneinheiten oft sehr kleinschrittig. Die Programme sind linear (wie ein gedruckter Text), werden in eine Richtung durchlaufen, bei Fehlern müssen bestimmte Kapitel erneut durchgearbeitet werden. Wichtig bei der Entwicklung der Lernschritte ist, dass sie immer aufeinander aufbauen, dass sich im Programm keine gedanklichen Sprünge befinden. Die Fragen müssen jeweils zu der Lektion passen und dürfen nicht zu trivial sein. Solche Produkte werden heute als „drill-and-practice-Programme“ bezeichnet (Schulmeister 2007). Sie geben die Wege vor, die ein Benutzer einschlagen muss. Er hat keine Entscheidungsmöglichkeiten beim Durcharbeiten des Stoffs. Derartige Software unterscheidet sich nicht sehr von ausgedruckten Texten.
Im Wesentlichen hat sich herausgestellt, dass der Lernerfolg mit solchen Programmen nicht den Erwartungen entsprach (Kulik et al. 1980). Oft ist es so, dass das Konzept beim ersten Einsatz bei Schülern erfolgreich ist, die Lernkurve aber bei wiederholtem Einsatz abflacht (so genannter „Neuigkeitseffekt“: Hiervon spricht man, wenn eine Lernleistung nicht auf ein bestimmtes Unterrichtsverfahren zurückzuführen ist, sondern auf die Neuigkeit des Verfahrens für die Schüler). Es besteht keine Möglichkeit, solche Programme dem Denken des Nutzers anzupassen.
Im Zuge der kognitivistischen bzw. konstruktivistischen Wende der Lernpsychologie wurden aus diesem Grund zunehmend Lernprogramme entwickelt, die die Steuerung des Ablaufs in die Hände der Nutzer legen. Diese Programme sind offener und der Lernende gewinnt mehr Möglichkeiten, den Ablauf selbst zu steuern. Es gibt weniger lineare Strukturen, die durchlaufen werden müssen, sondern vernetzte Anordnungen, durch die sich der Nutzer den Weg selbst sucht. In der Regel werden solche Programme in Form so genannter Hypertexte realisiert. Hypertext ist *„die Technik der nichtsequentiellen Repräsentation von Informationen in einem Netzwerk von Informationsknoten und elektronischen Verknüpfungen“* (Issing & Klimsa 1995: 483). Bekannteste Beispiele für Hypertexte sind Links im World Wide Web. Ausgangspunkt für die Konzeption von Hypertexten sind folgende lernrelevante Annahmen:
- Die nichtlineare Struktur von Hypertexten entspricht der Struktur von Wissen in unserem Gehirn.
- Die eigene mentale Wissensstruktur kann direkt in Hypertexte transformiert werden.
- Beim Bearbeiten von Hypertexten kann die vernetzte Struktur direkt in den mentalen Apparat aufgenommen werden (Gerdes 1997).

Für solche Lernprodukte hat sich nach SCHULMEISTER (2007) der Begriff „Courseware“ eingebürgert. Gleichzeitig wurde im Zuge der Verfügbarkeit leistungsfähigerer Computer das Spektrum der medialen Möglichkeiten erweitert. So setzten sich Komponenten, wie Graphiken, Bilder, Animationen, Video oder Ton immer mehr durch (Multimedia).

Solche offenen Programme bergen die Gefahr in sich, dass die Nutzer sich sozusagen im Programm verirren, dass sie sich in der Vielfalt der Verzweigungsmöglichkeiten verlieren, keinen roten Faden mehr erkennen können. Dem wird mittlerweile mit verschiedenen in die Programme integrierten Orientierungshilfen entgegengewirkt; beispielsweise mit:

- „Landkarten“, die in einer graphischen Übersicht den aktuellen Standort im Programm zeigen;
- Inhaltsverzeichnissen und Glossaren;
- Unterweisungen, die durch das Programm führen, aber gleichzeitig zurückführen zu linearen Strukturen;
- Speichermöglichkeiten einmal begangener Pfade;
- vernetzten Strukturen, die sich an linearen Hauptwegen orientieren;
- Reduktion der Komplexität durch Filtermechanismen, d. h., dass nur ein Teil des Programms zu einem gegebenen Zeitpunkt verfügbar ist; erst wenn ein Teil bearbeitet wurde, kann der nächste Programmteil bearbeitet werden;
- Möglichkeiten zum Rückwärtssprung, damit man den begangenen Weg zurückverfolgen kann;
- Auflistungen der bereits besuchten Programmteile;
- Möglichkeiten, Lesezeichen zu setzen.

Es gibt bis heute nur wenige zuverlässige Studien, die die Wirksamkeit von Lernprogrammen untersucht haben. In vielen Fällen wurde keine sinnvolle Wissensdiagnose durchgeführt, oder es wurde auf Kontrollgruppen verzichtet (HASEBROOK 1995). Dennoch haben KULIK & KULIK (1991) eine Metaanalyse von 248 Studien vorgelegt. Sie stellten fest, dass bei 100 Studien statistisch signifikante Ergebnisse erzielt wurden. Davon zeigten 94 positiv Effekte der Nutzung von Courseware-Programmen: Das individuelle Lernen bei freier Zeiteinteilung führt zu einer beträchtlichen Reduzierung der Lernzeit; Zeitersparnisse von 20–70 Prozent wurden festgestellt.

Einiges spricht heute dafür, dass ein gedruckter Text bei Anfängern Lernen besser fördert als ein Courseware-Programm, das aus Hypertexten besteht. Bei Lernenden mit umfangreichem Vorwissen können dagegen Hypertexte sinnvoll eingesetzt werden (GERDES 1997). Außerdem weist vieles darauf hin, dass das erzielte Lernergebnis und damit die Lernwirksamkeit der Programme entscheidend vom zu vermittelnden Stoff abhängen (HASEBROOK 1995).

KRÜGER (2002a) hat Schülergruppen nach einer Testphase zum Lernen gentechnischer Inhalte zwischen zwei Lern-Programmen wählen lassen. Die Schüler präferierten eindeutig ein Programm, das eine im Kern lineare Grundstruktur hat und den Schülern Lernwege vorschlägt (Lernprogramm Gentechnik) gegenüber einem, das verzweigt strukturiert ist und den Lernenden keine Rückmeldung gibt. Der Lernerfolg der Schüler war jedoch unabhängig vom eingesetzten Programm (Krüger 2002b).

KRAMER (2005) stellte fest, dass die Verwendung instruktioneller Hilfen (Mikroaufgaben) keinen Effekt auf das Lernen bei einer multimedialen Lernsoftware zum Thema „Riechen“ hatte.

Interessant für den Biologieunterricht sind auch computerbasierte Bestimmungshilfen (z. B. SCHMEIL-FITSCHEN interaktiv). Es gibt auch Bestimmungsschlüssel, die im Internet verfügbar sind. Besonders ambitioniert ist das Projekt „Bestimmen lernen online“, das den Lernenden kontextbezogene Hilfestellungen bei Entscheidungen gibt. Das Programm kontrolliert den Lernprozess, indem es den Lernenden das Ergebnis übermittelt und bei der Fehleranalyse unterstützt (HÖLZENBEIN 2002). Gegenüber Bestimmungen mit Buch verkürzen sich die Bearbeitungszeiten erheblich.

Bei einigen neueren Programmen handelt es sich um so genannte Edutainment-Programme (Zusammenziehung von education und entertainment). Hierbei soll für den Nutzer die Unterhaltung im Vordergrund stehen; nebenbei soll Wissen vermittelt werden. Beispiele sind Biolab von Heureka-Klett und vom Cornelsen Verlag „Genius Unternehmen Biologie“. Über die Effektivität solcher Programme ist offenbar (ähnlich wie für Fernsehsendungen mit biologischem Inhalt) bislang wenig bekannt. UNTERBRUNER & UNTERBRUNER (2002) haben in einem Lernspiel „Abenteuer Wald“ im Kapitel „Eichhörnchen“ die Lernwirksamkeit von Programmteilen bestehend aus interaktiven, mit Aktivitäten der Lernenden verbundenen Elementen verglichen mit solchen, die nur Texte und Videosequenzen enthielten. Die Autoren stellten *„deutlich größere Wissenszuwächse“* (S. 194) bei den interaktiven Kapiteln fest.

Datenaustausch und Kommunikation

Das Internet eignet sich hervorragend zum schnellen und unkomplizierten Austausch von Daten und der Kommunikationen mit Schülern aus anderen Schulen, Städten, Ländern. Neben der asynchronen ist auch synchrone Kommunikation möglich. In diesem Fall wird von synchroner Kommunikation gesprochen, wenn die Teilnehmer gleichzeitig online sein müssen (Chats, Netmeetings), von asynchroner, wenn dies zur Informationsübermittlung nicht notwendig ist (E-Mail, Foren). Für den Unterricht kann die synchrone Kommunikation (z. B. Klassen, die an einem Projekt arbeiten, deren Schulen aber an unterschiedlichen Standorten sind) durchaus von Interesse sein, in den meisten Fällen aber wird wohl asynchron miteinander kommuniziert.
Hier gibt es aus dem Inhaltsbereich der Biologie einige interessante Projekte. Einige Beispiele:

- Projekt „Naturdetektive“: Schüler sollen verschiedene Tier- (z. B. Weißstorch, Kuckuck) und Pflanzenarten (z. B. Löwenzahn) aufspüren und jedes Frühjahr ihr erstes Auftauchen dokumentieren. Die Ergebnisse werden in eine Datenbank eingetragen und über Landkarten visualisiert. Die Teilnehmer sollen auf spielerische Weise Artenkenntnisse erwerben (www.naturdetektive.de).
- Evolution Megalab: Schülergruppen sammeln Bänderschnecken und analysieren computerunterstützt, ob sich Gehäusefarbe und -bänderung durch die Klimaveränderung der letzten Jahrzehnte modifiziert haben (http://www.evolutionmegalab.org/de).
- GLOBE: Schulen auf der ganzen Welt erheben Messgrößen aus den Bereichen Klima, Gewässer, Boden und Biologie. Eingabe und Visualisierung der Daten erfolgt über das Internet (www.globe-germany.de/).

Lernen durch Entwicklung eigener (Multimedia-)Programme bzw. Präsentationen

Seit den 1990er Jahren wurde es immer einfacher, anspruchsvolle Programme und Präsentationen selbst zu erstellen. Entsprechend wurde es interessant und möglich, sie für den eigenen Unterricht zu entwickeln. Zudem können Schüler zu einem vorgegebenen Inhaltsbereich eigene Produkte erstellen. Dabei sollen sie sich selbständig Informationen beschaffen bzw. diese so organisieren und aufarbeiten, dass sie in das Programm bzw. die Präsentation aufgenommen werden können. Beispiele sind die Programme Mediator oder Powerpoint. Dies erfordert vom Lehrer einen Rollenwechsel: weg vom Wissensvermittler, hin zum Berater. Folgende Fähigkeiten sind erforderlich:

- Unterstützung beim Organisationsprozess,
- technische Hilfestellungen,
- Zurückhaltung beim Einbringen der eigenen Inhaltskompetenz.

Aus den USA liegen zahlreiche Ergebnisse derartiger Projekte vor: Beschreibung einer Zelle, Naturwissenschaftsquiz, Enzyklopädie der Vögel – sind Beispiele mit biologischem Inhalt (z. B. Agnew et al. 1996). Leider gibt es anscheinend bis jetzt keine Überprüfung der Effektivität dieser Unterrichtsform.

Das WWW als Lehr- und Lernhilfe, e-Learning

Lernangebote, die über das WWW verbreitet werden, werden oft in Ermangelung eines deutschen Terminus unter den Oberbegriffen Web-Based Teaching (WBT) oder Web-Based Instruction (WBI) zusammengefasst. Seit einiger Zeit setzt sich hierfür mehr und mehr der vom Wortsinn her unpräzisere Terminus e-Learning durch. Lernarrangements, bei denen sich Onlinephasen mit Präsenzphasen abwechseln, werden „Blended Learning“ genannt.

Entscheidend bei solchen Angeboten ist, dass das Internet nicht nur als Medium zur Bereitstellung von Instruktionsmaterial genutzt wird. Das Material sollte darüber hinaus durch Kommunikations- und Interaktionsstrukturen und Hilfsmittel zur Zusammenarbeit flankiert werden, die das Lernen unterstützen sollen (s. Graf 2001b).
Bei e-Learning-Veranstaltungen ändert sich die Rolle der Lehrenden im Vergleich zu konventionellen Unterrichtssituationen stark. Sie stehen nicht vor einer Klasse, sondern müssen vor Kursbeginn Inhalte erstellen und während des Kurses den Teilnehmern zur Kommunikation als Berater zur Verfügung stehen. Aber auch die Rolle der Lernenden wird eine andere, da sie eine aktivere, mitgestaltende Rolle einnehmen können (s. Graf, Klee 1999, vgl. auch den vorhergehenden Abschnitt)).
Als besonderer Vorteil von e-Learning gegenüber Klassenraumunterricht wird die zeitliche und räumliche Unabhängigkeit angesehen. Die Teilnehmer sind nicht gezwungen, zu einem bestimmten Zeitpunkt an einem bestimmten Ort zu sein. Sie können sich die Zeit frei einteilen und mit dem Programm bei Vorhandensein eines Internet-Anschlusses von zuhause aus arbeiten. Damit eng verbunden ist die freie Einteilung der Lerngeschwindigkeit. Jeder arbeitet so schnell er mag bzw. kann. Im Unterricht im Klassenraum ist eine derartige Individualisierung der Arbeitsgeschwindigkeit in der Regel nicht möglich.
Erste Erfahrungsberichte zeigen, dass die Abbruchrate in e-Learning-Kursen höher ist als in konventionellen Kursen (Carr 2000a). Eine andere Untersuchung kommt zu dem Ergebnis, dass Studierende, die einen e-Learning-Kurs absolviert haben, in Tests besser abschneiden, aber mit dem Kurs unzufriedener sind als Kommilitonen, die einen Kurs gleichen Inhalts auf konventionelle Weise absolviert haben (Carr 2000b). Die Beurteilung der Kursqualität hängt stark vom Betreuungsverhalten der Kursleiter ab. Das Arbeiten mit den Kursen wird durch technische Schwierigkeiten (z. B. bei den Browser-Einstellungen) behindert (s. Graf & Klee 1999). Insgesamt ergeben die empirischen Erhebungen kein klares Bild.
In den USA sind e-Learning-Kurse seit Jahren weit verbreitet. Dies gilt in erster Linie für die Universitäten, aber auch an Schulen finden sich bereits entsprechende Angebote, hierbei insbesondere im Nachhilfebereich (summer schools). Inwieweit derartige Angebote auch für deutsche Schulen Relevanz bekommen werden, bleibt abzuwarten. U. U. werden sie konventionellen Unterricht ergänzen. Für den Biologieunterricht ist aus dem deutschen Sprachraum bis jetzt kein einziges voll ausgebautes e-Learning-Programm bekannt. Ansätze mit gewissen Interaktionsmöglichkeiten wurden z. B. von Beck (2001) oder Mallig (2001) entwickelt. Für den Bereich der Biologie-Lehrerausbildung wurde an der Universität Gießen ein Prototyp eines e-Learning-Programms zum Thema „Wasser“ erstellt und eingesetzt (Graf, Klee 1999). An der TU Dortmund werden seit einigen Semestern in der Biologie-Lehrerausbildung „Blended Learning Seminare“ zu Themen der Gesundheitserziehung und Humanbiologie (vgl. Graf, Bauer 2002) sowie zur Biologiedidaktik durchgeführt. Als Plattform für solche Aktivitäten beginnt sich in jüngster Zeit die nicht kommerzielle Anwendung Moodle (http://www.moodle.de/) durchzusetzen. Für Schulen zu empfehlen ist auch die einfach zu administrierende und ebenfalls nicht kommerzielle Plattform Claroline (www.claroline.net).

13.13.4 Vorbereitung von Unterricht

Hilfsmittel für den Lehrer bei der Vorbereitung des Biologieunterrichts
Die in den letzten Jahren erschienenen Lehrbücher, Fachlexika etc. auf elektronischen Datenträgern werden zunehmend durch online-Angebote verdrängt werden (z. B. Wikipedia oder Fachlexika auf www.wissenschaft-online.de; Informationen über prinzipbedingte Unterschiede zwischen herkömmlichen Informationsquellen und dem Internet finden sich bei Graf 1997). Der große Vorteil der online-Materialien besteht in der Möglichkeit der schnellen Aktualisierung. Sie haben aber auch Nachteile, da sie nur am Arbeitsplatz und bei Internetverbindung gelesen werden können. Die Inhalte der Zeitschrift „Der Mathematische und Naturwissenschaftliche Unterricht“ (MNU) gibt es seit 2001 als Volltextversion auf CD-ROM. Bei-

träge aus anderen Zeitschriften können gegen Gebühr online abgerufen werden (z. B. Unterricht Biologie oder Spektrum der Wissenschaft).
Spezial-Datenbanken enthalten für Biologielehrer interessante Angebote, z. B. elektronenmikroskopische Aufnahmen oder interaktive Darstellungen von Strukturen organischer Moleküle (Rausch 2000, Beck 2001, Schickor 2001). Die leider 2009 eingestellte Datenbank Schulpraxis (Online-Version: http://db.learnline.de/angebote/schulpraxis/suche.jsp) enthält Quellenangaben und Abstracts der wesentlichen schulrelevanten deutschsprachigen Zeitschriftenveröffentlichungen seit 1980. Aber auch die großen Suchmaschinen (Google, Bing) unterhalten seit geraumer Zeit leistungsstarke Dienste zum Auffinden von Bildern oder Videos.
Ein großes Problem ist die nicht vorhandene Qualitätskontrolle von Beiträgen im World Wide Web. Obskurantistisches findet sich oftmals einen Mausklick neben hochkompetenter wissenschaftlicher Information. Lehrer und Lehrerinnen können Informationen aus den Fächern, die sie studiert haben, wohl im Wesentlichen beurteilen. Was aber ist mit den Schülern? Wie sollen sie feststellen, ob die gefundene Information qualitativ hochwertig ist? In diesem Zusammenhang ist es sicher angebracht, genau auf den Ursprung der Quelle (Universität, Verein, private Homepage etc.) zu achten.
Es gibt Autoren, die in der Tatsache, dass man die Qualitätsbeurteilung der Informationen aus dem Web selbst vornehmen muss, einen Vorteil gegenüber herkömmlichen Medien ausmachen, weil dadurch insgesamt der aktive und kritische Umgang mit Informationen und Expertenaussagen geübt wird (Döring 1995).

Erstellung von Unterrichtsmaterial (z. B. Arbeitsblättern)

Zu den meisten Schulbuchreihen gibt es mittlerweile – als Ersatz für die Lehrerbände Begleitmaterialien auf CD-ROM. Diese beinhalten meist Sammlungen von Graphiken, Arbeitsblättern u. ä., die der Lehrer bei der Unterrichtsvorbereitung einsetzen kann. Oft handelt es sich bei diesen Hilfsmitteln um bereits in anderer Form (etwa als Buch) veröffentlichte Materialien) oder Zusammenstellung von Beiträgen (z. B. zum Thema "Evolution" der Zeitschrift MNU, Ralle, Graf 2009). Der Klett-Verlag hat mit seiner Mediothek mehrere interaktive, multimediale Datenbanken zu verschiedenen biologischen Themen (besonders Humanbiologie) vorgelegt. Die Sammlung bietet Arbeitsblätter, Folien, Modellversuche, Fotografien usw. zur Vorbereitung und Durchführung von Biologieunterricht. Solche Sammlungen sind besonders dann sinnvoll, wenn die Materialien leicht individuellen Unterrichts-Bedürfnissen angepasst werden können. Hierin besteht ein echter Vorteil im Vergleich zu ausgedruckten Versionen. In der Praxis gibt es in dieser Hinsicht allerdings oft Probleme.

13.13.5 Schüler lernen zu Hause

Edutainment-Programme

In diesem Bereich ist eine eigene Gattung von Programmen entstanden, die so genannten Edutainment-Programme (s. o.). Bei ihnen steht die Unterhaltung im Vordergrund. Gleichzeitig sollen aber auch Wissen bzw. Fähigkeiten vermittelt werden. Diese Programme enthalten in der Regel keinerlei Begleitmaterialien, wie Arbeitsblätter o. ä.

Selbstlermaterialen

Zur Vorbereitung auf Klausuren bzw. das Abitur existieren Selbstlernmaterialien auf CD-ROM, mit deren Hilfe die Nutzer zentrale biologische Inhalte gezielt durchdenken und wiederholen können. Ein an den aktuellen Abituranforderungen orientiertes Beispiel ist der Linder Biologie Abitur- und Klausurtrainer. (Schroedel-Verlag).
Tele-Lehren (Teleteaching)
Langsam verbreiten sich Ansätze, Vorträge mit Begleitmaterial über das Internet oder auf CD-ROM Interessenten zur Verfügung zu stellen. So werden heute bereits Vorlesungen zwischen Universitäten ausgetauscht, wobei zum einen bewegte Bilder des Vortragenden, zum anderen sämtliche projizierten Materialien übertra-

gen werden. Die Vorträge können bei Bedarf jederzeit von zu Hause aus abgerufen werden. Darüber hinaus werden auch Übungsmaterialien zur Verfügung gestellt, die am heimischen PC bearbeitet werden können. Die Lösungen können dann an Tutoren zum Korrigieren geschickt werden.
Diese Teleteaching genannte Form der Nutzung des Internets dürfte sich in erster Linie an Universitäten verbreiten, an der Schule dürfte sie die Ausnahme bleiben.
Kritik an dieser Form der Computernutzung für Unterrichtszwecke bezieht sich vorwiegend auf die fehlende persönliche Kommunikation zwischen Lehrenden und Lernenden.
Viele Schüler erledigen Hausaufgaben u. ä. mit Hilfe des Internet, bzw. laden sich komplette Referate oder Ausarbeitungen aus dem Netz herunter. Durch die Möglichkeit, mit wenigen Mausklicks einen fremden Text aus dem Internet in die eigene Textverarbeitung zu überführen, sind Plagiate besonders in der Schule zu einem großen Problem geworden (vgl. Graf 2004a). Lehrer müssen zukünftig auch Kompetenzen im Aufspüren solcher Verfehlungen erwerben.

Zusammenfassung

Der Einsatz von Informations- und Kommunikationstechnologien ist fester Bestandteil auch des Biologieunterrichts sowie insbesondere der Unterrichtsvorbereitung geworden. Die Befürchtung, dass der Computer Lehrer ersetzen könnte, ist dagegen nicht realistisch. Kein Computer kann didaktische Fähigkeiten von Menschen ersetzen.
Auch nach über 20 Jahren Forschung ergibt sich noch kein schlüssiges Bild über die Effekte des Einsatzes von Computer-Lernprogrammen zu biologischen Themen auf den Lernprozess.

Begriffe: Computerprogramm, PC (Verwendung statt Experiment – Virtuelles Labor, Wandtafel, Plakat, Projektor, Film etc.), PC-Programm, Animation, Simulation, Lernprogramm, Hypertext, Multimedia, Edutainment-Programm, e-Learning, Blended Learning

14 Beispiele für Lehrformen und Schüleraktivitäten

14.1 Allgemeines

Vorab muss herausgestellt werden, dass schon seit einigen Jahren „Lernen durch Forschen“, „Forschendes Lernen“ oder „Inquiry teaching of science“ als d i e (auch) im Biologieunterricht anzustrebende Unterrichtsmethode propagiert, ja gefordert wird. Dies gilt verbreitet von den „National Science Education Standards“ in den USA (1996, 2000) bis zu den „Bildungsstandards“. Der Erwerb von Kompetenzen wird vorwiegend mit diesem Lehrverfahren angestrebt.

Geradezu enthusiastisch stellen LANGE et al. (2009) "PHSC – philosophical, historical, social, cultural" als Methode für den Unterricht in den Naturwissenschaften (science instructional methodologies) dar; dem wird das Unterrichten von Inhalten (science content) als eher zu überwindende Methode gegenübergestellt.

Mit der Vermittlung von Aspekten zu „diesem PHSC“ mag es in den USA bislang schlecht bestellt gewesen sein (wie dort angegebene Befragungen zeigen). Es muss an dieser Stelle aber festgehalten werden, dass es damit in Deutschland keineswegs so schlecht war, wobei nur etwa auf WAGENSCHEIN (s. Kap. 7) und die Curriculumreform (s. Kap. 6) verwiesen sei; deutschsprachige Literatur dazu ist den Autoren jedoch offenbar unbekannt.

Dem steht neben der Vermittlung von Inhalten – als eine alte Kontroverse – auch Direktes Unterrichten (Direct Instruction) gegenüber (s. Kap. 14.6). „Inquiry is omni present“ meinen COBERN et al. (2009); sie haben in einer umfangreichen Analyse Forschungsergebnisse zum Vergleich mit Direktem Unterrichten erhoben und kommen dabei zu folgender Schlussfolgerung: *The gain differences between instructional modes were not statistically significant, as far as science conceptual understanding was concerned. Note that our criterion for concept understanding is the ability to apply the concept to explain, predict or solve conceptual problems, not simply factual knowledge.* COBERN et al. nehmen zudem an, dass Lernerfolg der Schüler vor allem davon abhängt, wie gut ein Lehrer unterrichtet.

Unter dieser Prämisse können die im Folgenden dargestellten Lehrformen betrachtet werden. Im folgenden Kapitel sollen vor allem solche Fragen behandelt werden, die von unmittelbarem Nutzen für den sind, der Biologie unterrichtet. Was dargestellt wird, ergibt sich auch daraus, dass zu den hier behandelten Themen in unterschiedlichen Ausmaß empirische Befunde vorliegen und deshalb nicht selten Aussagen gemacht werden müssen, die auf intersubjektiven und subjektiven Erfahrungen beruhen.

Schon die verwendete Bezeichnung „Lehrformen“ erscheint fragwürdig. Schwirrt doch eine Vielzahl ähnlicher oder verwandter Bezeichnungen durch die Literatur; etwa: Lehrverfahren, Unterrichtsformen, Unterrichtsverfahren, Lehrweisen, Sozialformen, Arbeitsmethoden, Interaktionsformen, Methodische Grundformen (teaching methods, teaching strategies, learning opportunities, Inquiry teaching of science) u. a.. Gelegentlich werden auch Aktions- und Sozialformen (Vorlesen, Vortragen etc. einerseits, Frontalunterricht, Partnerarbeit etc. andererseits) unterschieden.

Zudem gibt es sehr weite Definitionen des „Begriffs“ Lehrformen, wie „alle Möglichkeiten und Mittel mit deren Hilfe Schüler lernen“ (TYLER 1991), „alle Weisen Unterricht durchzuführen“ (GROOTHOFF & STALLMANN 1971). Solche Beschreibungen erlauben keine Abgrenzung etwa zum Unterricht mit Medien (dem vorwiegend aus Gründen der Übersichtlichkeit ein eigenes Kapitel gewidmet wird).

Deshalb sollen als Lehrformen nur die Verfahren bezeichnet werden, bei denen die verbale Interaktion zwischen Lehrer und Schülern oder unter Schülern dominiert.

Die Verwendung des Begriffsnamens „Lehrform" ist also etwas willkürlich; es ist eher eine Frage der (notwendigen) allgemeinen Festlegung und Übereinkunft, ob man nicht „Unterrichtsform" bevorzugen sollte. Globale Bezeichnungen wie z. B. „Offener Unterricht", „Privatunterricht" (die ja verschiedene Lehrformen beinhalten) sprechen jedoch dafür, die Bezeichnung „Unterrichtsform" nicht zu wählen.

Es gibt eine Vielzahl von Versuchen, „Lehrformen" zu typisieren; eine befriedigende und überzeugende Systematisierung konnte nicht gefunden werden. Möglicherweise ist eine solche Systematik erst möglich, wenn umfangreiche empirische Studien vorliegen.

Noch ein Beispiel, das vor allem den verwirren kann, der anfängt, Biologiedidaktik zu lernen. Die im Zusammenhang mit „Lehrformen" auch benutzten Bezeichnungen „Freie Arbeit", „Projektunterricht", „Handelnder Unterricht", „Praktisches Lernen" u. a. werden mit nur geringen Nuancen nebeneinander benutzt. Selbst Kennern dieser Materie gelingt es kaum, sie definitorisch gegeneinander abzugrenzen (s. den Versuch von VAN DICK 1991). Daran zeigt sich, wie notwendig eine einheitliche Verwendung von Begriffen bzw. Begriffsnamen ist.

Die hier getroffene Auswahl der „Lehrformen" mag man für einseitig halten. Sie geht allein von der Überlegung aus, welche für den Biologieunterricht besonders wichtig sind. Man könnte solche Lehrformen auch als „Fachgemäße Arbeitsweisen" (FRANK 1990) und entsprechend als „Biologische Arbeitsweisen" bezeichnen. Mit den hier dargestellten Verfahren wird in aller Regel der größte Teil von Biologieunterricht bestritten. Eine vollständige Systematik oder auch nur ein Überblick über die Vielzahl der vor allem in der pädagogischen Literatur angegebenen Lehrformen und „Kleinformen" wird dagegen nicht angestrebt.

Folgende Zusammenstellung, von HAGE et al. (1985, im Anschluss an andere Autoren), als „Methodische Grundformen" bezeichnet, erscheint einleuchtend und nützlich, um sich einen Überblick zu verschaffen:

- Vormachen (Demonstration z. B. bestimmter Objekte),
- Vorführen (z. B. Demonstrationsexperimente),
- Katechesieren (reine Frage-Antwortketten zur Wissensabfrage, Pseudofragend-entwickelnder Unterricht), Diskussion,
- Schülerstillarbeit (selbstständiges Tun, jedoch weitgehend mechanisch wie Abschreiben),

Tab. 14–1: Verwendung von Lehrformen („Methodischer Grundformen") in 7. und 8. Klassen verschiedener Schulformen (181 Beobachtungsstunden) in Prozent; Unterricht in Biologie, Physik, Chemie im Vergleich mit allen Schulfächern; aus HAGE et al. (1985)

Lehrform	Naturw. Fächer	insgesamt
Betreute Schüler-Aktivität	13,33	10,68
Selbständige Schüler-Aktivität	3,54	4,35
Lehrervortrag	9,58	8,33
Demonstration	7,29	3,78
Katechisieren	7,29	6,98
Unterrichtsgespräch	48,75	48,93
Diskussion	1,46	1,99
Stillarbeit	6,25	9,40
Schülervortrag	2,50	5,55

- Betreute Schülerarbeit (Lehrer tritt zurück, als Lernberater),
- Selbständige Schülerarbeit (z. B. Gruppenarbeit, Arbeit in Projekten, selbständiges Experimentieren).
- Lernen durch Forschen

In 7. und 8. Klassen von 10 Schulen (181 Stunden, Nordrhein-Westfalen, HAGE et al. 1985: 46ff.) wurden die dort im Biologieunterricht angewandten Methoden registriert. Die Ergebnisse gehen aus Tabelle 14–1 hervor. Es zeigt sich, dass offenbar alle Appelle und Forderungen an variable, vielfältige Lehrformen wenig bewirkt haben. Vielmehr ist eine „methodische Monostruktur" erkennbar, die „zwischen der Hälfte und zwei Drittel" aller Feststellungen ausmacht. „Selbständige Schüleraktivitäten", wobei vor allem an Schülerexperimente und Bearbeitung von Beobachtungs-Aufgaben zu denken ist, machen auch im Biologieunterricht nur einen geringen Anteil aus und sind kaum höher als in anderen Fächern. Nur „Demonstrationen", also Lehrerexperimente, Vorführen von Objekten und dergleichen, liegen im Vergleich mit anderen Fächern wesentlich höher.

Als Konsequenz aus dieser Untersuchung ergibt sich: Zukünftige Biologielehrerinnen sollten sich mehr als bisher in der Durchführung von Schülerexperimenten trainieren. Das „Unterrichtsgespräch" dominiert als Lehrform sehr stark. Deshalb ist es günstig für jede angehende Lehrerin, sich darin früh zu üben.

Begriffe: Lehrform (Unterrichtsform, Lehrverfahren, Unterrichtsverfahren, Lehrweisen, Sozialformen, Arbeitsmethoden, Interaktionsformen)

14.2 Einstieg und Kognitiver Konflikt

Es ist deutlich erkennbar, dass die meisten der im Folgenden erörterten Lehrformen bei der Vermittlung von Kompetenzen durch Forschendes Lernen (inquiry science teaching) verwendet werden. Sie werden hier jedoch auf eine bestimmte Unterrichtssituation bezogen.

Jeder Lehrende steht täglich mehrmals vor der Situation: Die Schüler kommen von der Pause oder von zuhause in den Unterricht; sie sind mit ganz anderen Problemen beschäftigt als dem Thema der bevorstehenden Unterrichtsstunde. Der Lehrer muss die schwierige Leistung vollbringen, eine möglichst große Aufmerksamkeit für seine Stunde zu erreichen. Es kann jedem Lehrenden empfohlen werden, auch wenn er nur wenig Zeit zur Vorbereitung einer Stunde haben sollte, in jedem Fall einen guten Einstieg zu bedenken.

Einerseits kann der „Einstieg" sehr unterschiedliche Lehrformen umfassen, andererseits ist es eine typische Form des Unterrichts, die in jeder Stunde vorkommt und deshalb große Beachtung verdient.

Auch für „Einstieg" gibt es eine ganz Reihe verschiedener, völlig oder fast synonymer Bezeichnungen (s. BERCK 1992): Eröffnungsphase, Hinwendung, Motivation, Problemgewinnung, Hinführung usw. Der Bezeichnung „Einstieg" wird der Vorzug gegeben, da sie (zumindest für den naturwissenschaftlichen Unterricht) bisher schon am meisten benutzt wird, sie in der Literatur ausschließlich in dem hier erörterten Zusammenhang verwendet wird, andere Bezeichnungen dagegen eine weitere Bedeutung haben.

Man kann für Planung und Ablauf des Einstiegs keine Merkmale angeben, die ausschließlich für diese Phase des Unterrichts spezifisch sind. Typisch ist vielmehr eine bestimmte Kombination von Lehrformen.

Der in diesem Zusammenhang wesentliche Gesichtspunkt der Motivationsforschung ist die Aktivierung der Momentanen Lernmotivation (Kap. 9.2, weiterhin besonders TODT 1978, 1977). Diese sollte nicht mit einem andauernden Interesse am Fach verwechselt werden, kann dafür aber eine der Voraussetzungen sein. In diesem Zusammenhang kann der lernpsychologische Befund genutzt werden, dass jedes Individuum ein Bedürfnis nach optimaler Stimulation hat. *Als wichtigstes Mittel steht dem Lehrer nach BERLYNE dabei die Manipulation der sogenannten kollativen Eigenschaften der Reizsituation zur Verfügung. Kollative oder vergleichende Eigenschaften beinhalten immer den Vergleich von Informationen aus verschiedenen*

Quellen, z. B. Vergleich der vorliegenden Reizsituation mit den Erfahrungen oder Erwartungen des Individuums ... Kollative Eigenschaften sind z. B. Neuheit, Komplexität, Mehrdeutigkeit, Inkongruenz (TODT 1978:212).

Aus dieser recht abstrakt klingenden Erkenntnis ergibt sich vielfach die konkrete Möglichkeit, biologische Themen als Kognitiven Konflikt zu formulieren (gelegentlich auch als „Kognitive Dissonanz" bezeichnet; s. BERCK 1992). Geeignete „Typen" des Kognitiven Konflikts, die jedoch nicht immer eindeutig zugeordnet werden können, sind (alle folgenden Beispiele wurden mehrfach im Unterricht erprobt):

- Zweifel entsteht durch Informationen, bei denen man nicht weiß, ob man sie glauben soll oder nicht, z. B.: Es hat jemand berichtet, er habe im Winter Frösche im Schnee herum hüpfen sehen; Behauptung: Dohlen können zählen.
- Verwirrung entsteht durch Konfrontation mit Problemen, zu denen man mehrere Lösungsmöglichkeiten angeben kann, ohne unmittelbar erkennen zu können, welche die richtige ist: Warum baut der Kuckuck kein Nest? Vergleich des Skeletts einer Affenart und des Menschen; wie sind die Übereinstimmungen (z. B. 7 Halswirbel) zu erklären?
- Unklarheit entsteht durch unklare und unvollständige Information; z. B.: Zeichnung eines Baums mit einem hohen Stamm; oben am Stamm befindet sich ein verwachsenes, früher einmal eingeritztes Herz; neben dem Stamm steht ein alter Mann und schaut auf das Erinnerungsstück; hat er früher einmal eine Leiter benutzt oder ist das Herzchen hochgewachsen? Warum haben Eidechsen keine Haare?
- Ungereimtheit entsteht durch Phänomene, die der Erwartung widersprechen; z. B.: Man behauptet, dass man Pflanzen wachsen sehen kann; reibt man eine Ranke der Zaunrübe (*Bryonia dioica*) während der Wachstumsphase mit dem Finger, wickelt sich diese in 1 bis 3 Minuten um den Finger. Der Mensch hat während der Fötalentwicklung am ganzen Körper ein Fell; braucht er das, um sich zu wärmen? Warum kann man beim Verzehr ungewaschener Pflaumen (Stachelbeeren) Leibschmerzen bekommen, wenn man danach viel Wasser trinkt?
- Widerspruch entsteht durch Informationen, die in das bisherige Wissen nicht oder nur schwer eingeordnet werden können; Behauptung: ohne Ohren und Gehirne gibt es in der Welt keine Töne. Warum bekommen Buntspechte beim Trommeln keine Kopfschmerzen?

Jede Biologielehrerin wird schnell erkennen, dass sich jeder dieser Kognitiven Konflikte auf ein bedeutsames biologisches Thema bezieht. – Das Verfahren des Kognitiven Konflikts empfiehlt LANGLET (2003) spezifisch auf „Widersprüche zwischen Alltags- und wissenschaftlichen Vorstellungen" anzuwenden. Dies steht dann also vorwiegend im Dienst der Überwindung von Alltagsvorstellungen durch gut begründbare Sachbezüge.

Eine zweite Möglichkeit, momentane Motivation hervorzurufen, ist nach HECKHAUSEN (1968) der „sachbezogene Anreiz". Ohne Zweifel ein altbekannter und schon erwähnter Faktor (s. Kap. 9.2). Gerade beim Einstieg sollte auf diesen Aspekt geachtet werden. Todt (1977, 1978) nennt in diesem Zusammenhang vor allem folgende Anregungsbedingungen:

- Anschaulichkeit, Beispiele
- Ich-Nähe, Anwendungsbezug
- manuelle und kognitive Eigenaktivität
- Nervenkitzel
- Experimente

Da die meisten dieser Faktoren an anderer Stelle ausführlicher dargestellt werden, soll hier nur noch etwas auf die „Ich-Nähe" hingewiesen werden; neuerdings auch als Situiertes Lernen bezeichnet (s. Kap. 5.7). Gerade wenn eine betont fachliche Stunde ansteht, sollte der Einstieg möglichst von einem „Lebensproblem" ausgehen. Eine empirische Studie von TODT (1978:196, s. auch Kap. 9.3) zeigt, dass die Verdeutlichung von Kompetenzen (s. Kap. 15.3), die mit bestimmten Themen gewonnen werden, *bei Schülerinnen und Schülern in kurzer Zeit deutlich höhere Interessen ... bewirken können.*

Es erfordert Einfallsreichtum und oft auch „Kenntnisse über den Zeitgeist" (s. Kap. 8.2), aber bei den meisten biologischen Problemen lässt sich ein Bezug zur „Ich-Nähe" herstellen; z. B.:

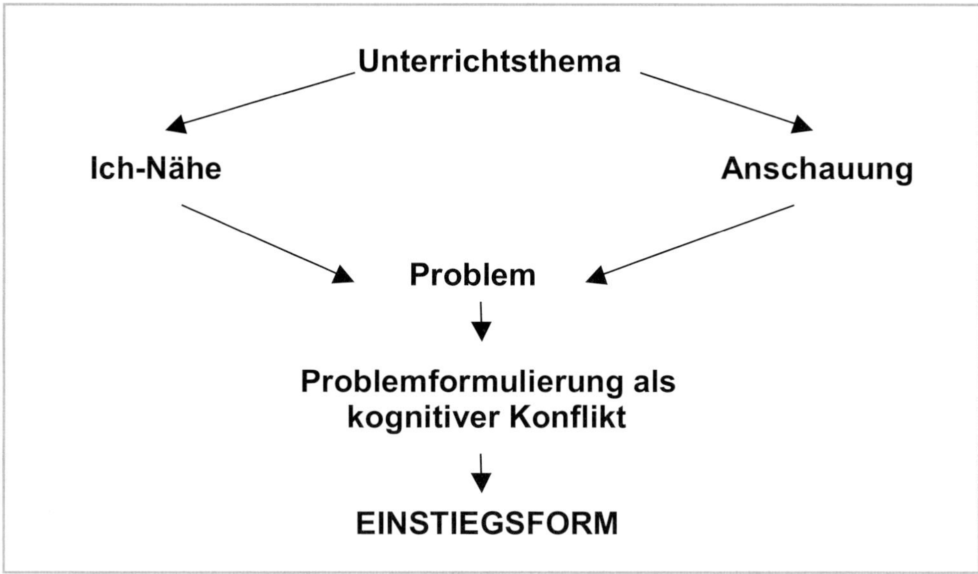

Abb. 32: Modell eines „optimalen" Einstiegs in eine Biologiestunde

- Genetik in Klasse 10, Thema Rekombination des Erbgutes: Wie groß ist die Wahrscheinlichkeit, dass zwei Geschwister gleiches Erbgut haben (dass ein Schüler gleiches Erbgut wie seine Geschwister hat)?
- Einführung zum Thema Naturschutz; Einstieg mit Hilfe zweier Dias: Freizeitsee im Sommer und naturnaher See.

Aufgrund der bisherigen Erörterungen erscheint es möglich, ein idealtypisches Modell des Einstiegs für eine Unterrichtsstunde zu entwerfen. Dieses Modell umfasst folgende Abschnitte (Abb. 32):
1. Gegebenes Unterrichtsthema,
2. Überprüfung des Themas auf einen Aspekt der Ich-Nähe
3. und zugleich auf eine Möglichkeit der Veranschaulichung,
4. Formulierung des Problems in enger Beziehung zum Unterrichtsthema
5. und möglichst Formulierung des Problems als Kognitiver Konflikt,
6. aus diesen Faktoren ergibt sich die Einstiegsform.

Anhand von zwei Beispielen soll der gesamte Vorgang noch einmal erläutert werden:

Primarstufe, Thema: Zahnbau und Zahnfäule; Ich-Nähe: Zahnschmerzen, Angst vor dem Zahnarzt; Anschauung: Dias eines kariösen Gebisses, kariöse Zähne; Problem: Ursachen für gesunde und kranke Zähne; Problemformulierung als Kognitiver Konflikt: X hat jeden Tag Süßigkeiten gegessen und doch faule Zähne bekommen.
Sekundarstufe II, Thema: Wirkung von Umweltschadstoffen auf Organismen, Flechten als Bioindikatoren; Ich-Nähe: Umweltschadstoffe schädigen den Menschen und seinen Lebensraum; Anschauung: Karte der Zonierung des Flechtenbewuchses in und um eine Großstadt („Flechtenwüste"), Foto von Flechten im Hochgebirge; Problem: Wie kommt es, dass gerade Flechten empfindlich auf Luftverschmutzung reagieren? Problemformulierung als Kognitiver Konflikt: In der Großstadt gibt es keine Flechten mehr, wohl aber viele andere Pflanzen; im Hochgebirge gibt es noch Flechten, aber keine anderen Pflanzen mehr (nach KLEE & KIRSCHBAUM 1978).

Begriffe: Einstieg, Momentane Lernmotivation, optimale Stimulation, Kollative Eigenschaften, Kognitiver Konflikt (Zweifel, Ungereimtheit, Verwirrung, Widerspruch), sachbezogener Anreiz)

14.3 Vortrag und Erklären

Der „Lehrervortrag" wird in jüngster Zeit vielfach eher negativ beurteilt. Diese Kritik geht davon aus, dass er die Schüler zur Rezeption zwinge, Selbsttätigkeit nicht oder zu wenig fordere und fördere (so z. B. schon SIEDENTOP 1968). Es gibt zur Effektivität dieser Form des Unterrichtens, so weit bekannt, nur wenige Befunde (s. jedoch unten) – weder im positiven noch im negativen Sinn.

Es erscheint bemerkenswert, dass nach einer Phase mehr oder minder starker Ablehnung das „Erzählen" im Geschichtsunterricht eine Rehabilitation erfährt und sein Stellenwert intensiv diskutiert wird; weil „wir als Menschen notwendigerweise erzählen" (s. QUANDT & SÜSSMUTH 1982). KUBLI (2001) hat dies auf den naturwissenschaftlichen Unterricht zu übertragen versucht. Er weist besonders darauf hin, dass Zuhörer bei einer „Erzählung", Darstellung eines Sachverhaltes, in ihrem Inneren angesprochen, nicht äußerlich berieselt werden dürfen. Der Lehrer setzt die Darstellung eines Sachverhaltes in die innere Sprache und die Erwartungen der Lernenden um („Was geht mich dieser DARWIN an?"). Es ist also eine Sensibilität für Motivationen, Interessen von Schülern bei jeder Form einer Darstellung notwendig, wenn Lehrerinnen nicht an ihnen vorbei reden wollen – und dies ist keine kleine Kunst. Jedenfalls sollte gutes Erzählen z. B. über eine Tier- oder Pflanzenart als Alternative zu einem Film sehr wohl bedacht werden.

Ein Lehrervortrag erscheint notwendig, wo schwierige biologische Sachverhalte vermittelt werden müssen; die Schüler Informationen nur uneffektiver oder unter Umständen gar nicht aus Büchern entnehmen können (z. B. für die Sekundarstufe II: Hardy-Weinberg-Regel, Erregungsleitung in einem Neuron, Hörvorgang im Inneren Ohr). Es ist ja gerade eine der spezifischen Leistungen einer Lehrerin, Komplexes klar erklären zu können! Ein „pseudo-fragend-entwickelnder Unterricht" statt eines Vortrags in diesem Zusammenhang häufig verwendet, macht eine Sache dagegen schwerlich klarer.

Schüler im Grundschulalter können jedenfalls geeigneten „Erzählungen" lange und gut zuhören. Diese Bereitschaft sollte demnach auch im Biologie- bzw. Sachunterricht genutzt werden. Eine empirische Erhebung zeigt zumindest, dass eine Lehrererzählung über eine Tier- oder Pflanzenart zu einem hohen und anhaltenden Lernerfolg führt (s. Kap. 11.3). Dieses Verfahren erscheint für andere Themen ebenso geeignet.

Bei einer Befragung von Schülern 11. und 13. Klassen (n = 406, Bremen, fünfstufige Antwortskala, H. U. GRAF 1994:110) gaben diese an: In der 11. Klasse betrug der Anteil der Lehrform „Vortrag" („regelmäßig" – „fast immer") etwa 65, in der 13. Klasse etwa 70 Prozent; dagegen lag der Wert von „nie" und „selten" bei etwa 15 bzw. 10 Prozent. Zugleich gab es jedoch eine hohe Korrelation (0,5) zu der Aussage, dass diese Schüler ihre „Kenntnisse in Biologie im Biologieunterricht erworben haben". Vielleicht kann man dies so interpretieren, dass sie trotz eines hohen Anteils an Lehrervorträgen dort etwas gelernt haben. Bei der Befragung von Schülern 1500 Deutscher Schulen im Rahmen von PISA 2006 stellte sich heraus: Von Lehrern „an der Tafel" (also eher traditionell) unterrichtete Schüler waren erfolgreicher als solche, die vorwiegend eigenständig experimentierten oder Wissen auf ihre Umwelt bezogen. – Der Lehrervortrag ist eine Form des traditionellen Unterrichtens (direct teaching). COBERN et al. (2009) fanden bei einem Vergleich zwischen dieser Lehrform und Forschendem Lernen keine signifikanten Unterschiede im Lernfortschritt der Schüler. HANSEN & STEINS (2009) haben offenen und kooperativ gestalteten und mit Experimenten angereicherten mit frontalem Biologieunterricht verglichen. Dabei zeigte sich weder in Bezug auf Lernleistung noch auf die Motivation ein Vorteil des Experimentalunterrichts gegenüber dem Frontalunterricht.

Zwar ist Vorsicht geboten, aus solchen Untersuchungen allgemeine Schlussfolgerungen zu ziehen. Erfahrung bestätigt jedoch den angegebenen Befund, dass zumindest in der Sekundarstufe II Lehrervorträge einen nicht geringen Teil des Biologieunterrichts ausmachen – während es gerade für diese Schulstufe eine Vielzahl von Möglichkeiten zur Eigenaktivität der Schüler gibt.

Andererseits ist die Unterrichtszeit vielfach so knapp bemessen, vor allem in „Grundkursen", dass Lehrende verständlicherweise diese Methode bevorzugen oder sogar bevorzugen müssen, um „schneller voranzukommen" (zumal nach Angaben von Lehrern nur etwa 60 Prozent des in Lehrplänen vorgesehenen Lehrstoffs bearbeitet werden kann; s. Wöllert 1990).

Die Gefahr erscheint jedenfalls nicht gering, dass Lehrerinnen die Methode „Lehrervortrag" oft bzw. zu oft wählen, da sie den geringsten Aufwand bei der Vorbereitung zu machen scheint. Dem widerspricht jedoch die nicht geringe Anzahl folgender Anforderungen – die sich aber durchaus gut realisieren lassen (s. dazu z. B. Aschersleben 1986 und Collette & Chiapetta 1994):

- Vortragsdauer zehn bis höchstens fünfzehn Minuten;
- Möglichst kurze Sätze, Beginn des Vortrags mit einem interessanten Aufhänger;
- deutliches Ansprechen der Zuhörer; Variieren der Stimme;
- besonders Wichtiges sprachlich hervorheben; Pausen einlegen;
- stets Augenkontakt mit den Zuhörern herstellen;
- das eigene Interesse betonen – auch durch subjektive Anmerkungen, witzige Bemerkungen und dergleichen;
- Füll- bzw. Verlegenheitswörter vermeiden (wie „so, ahh, also, okay" etc.);
- vorher bedenken, ob Fragen zugelassen werden sollen oder nicht;
- Vermeidung unnötiger Fachbegriffe, diese anschreiben, sprachlich hervorheben;
- Aussagen mit interessanten Beispielen illustrieren;
- mit einem bemerkenswerten Phänomen beginnen;
- Medien – in begrenztem Umfang – zum besseren Verständnis und zur Motivation benutzen;
- Verwendung einer Gliederung (Tafel, Overheadprojektor) erleichtert es, dem Vortrag zu folgen.

Auch Schüler der Sekundarstufe II dürften primär wenig Interesse an einem „wissenschaftlichen Vortrag" haben. Deshalb sollte der Lehrervortrag auch bei ihnen den genannten Kriterien folgen; vor allem Aspekte enthalten, die zeigen, dass das Thema sie etwas angeht. Die Schüler müssen angehalten werden, sich Notizen zu machen und nach dem Vortrag die wesentlichen Inhalte wiederzugeben sowie Fragen zu stellen.

Eine weitere Möglichkeit für Vorträge im Biologieunterricht sind Schülervorträge – die freilich eine etwas andere Funktion haben (s. Kap. 14.4). In Hauptschulen können Vorträge von Schülern über ein selbstgewähltes Thema die beliebteste Form des Unterrichts sein, und zwar vor allem dann, wenn diese über ein Gebiet ihres speziellen Interesses berichten. Dies stellt auch eine Form der Anerkennung dar.

Dabei sind die genannten Voraussetzungen für einen guten Lehrervortrag (s. o.) auch von einem Schüler zu fordern, sonst haben alle anderen Schüler außer dem Vortragenden wenig von einer solchen Darbietung. Um Vorträge von Schülern (dies gilt ebenso für Studierende) zu vermeiden, die unklar sind, nicht die wesentlichen Aspekte einer Sache enthalten, die anderen langweilen, sollte, ja muss die Lehrerin diese rechtzeitig vorher korrigieren und zur Überarbeitung zurückgeben. Weiterhin ist für Schülervorträge zu beachten:

- Thema und Vortragsdauer (maximal 20 Minuten) genau festlegen,
- Literatur zur Verfügung stellen,
- Zusammenfassung begrenzten Umfangs fordern,
- Fragen der Zuhörer (außer Verständnisfragen) möglichst erst nach dem
- Vortrag zulassen.

Erklären: Es ist deutlich, dass Erklären von Sachverhalten ein wichtiges Element eines Vortrags ist – aber dies genau so für andere Unterrichtsformen gilt. Ja, es gehört zu den Grundfähigkeiten eines Lehrers, komplexe Sachverhalte klar erklären und strukturieren zu können. Diese Fähigkeit muss von einem Lehrenden notwendigerweise erlernt und beherrscht werden (s. z. B. Leisen (2007).

Neben den bereits oben genannten Kriterien sind für das Erklären folgende besonders wichtig:

- Genauste Kenntnis des Sachverhalts
- und der logischen Abfolge von Schritten aufgrund eines „inneren Bildes,
- Rasters";
- notwendige Wiederholungen, besonders am Ende,
- schwierige abstrakte Sachverhalte und Begriffe möglichst mit Vergleichen, bildhaften Darstellungen etc. anschaulich machen,
- Anknüpfen an Vorwissen und Verständnishorizont der Schüler.

Nicht weniger wichtig ist das vorausschauende und spontane Erkennen von Unterrichtssituation, die Erklären notwenig machen (s. ebenfalls Leisen 2007); z. B.:

- Vorkenntnisse der Schüler sind zu gering, um einen Sachverhalt zu erarbeiten.
- Ein komplizierter Sachverhalt ist trotz vorhergehender Behandlung immer noch nicht verstanden.
- Bezüge zu bereits behandelten Themen, die aber die Schüler nicht herstellen können.
- Zusätzlicher Exkurs zu anderen Bereichen erforderlich.
- Schüler stellt eine Frage, die zusätzliche Informationen verlangt.
- Ein Schüler verwendet einen unpassenden oder unverstandenen Begriff.

Zum Schluss neben den oben bereits genannten noch drei Beispiele, die auf die Notwendigkeit von Erklären hinweisen, schwerlich von Schülern erarbeitet werden können: Artbegriff, Osmose (wozu man zwar Experimente machen kann, aber den Wirkmechanismus darstellen muss), Bedeutung der Homologie zur Begründung von Evolution.

Begriffe: Lehrervortrag (Kriterien), Schülervortrag, „Erzählen", Erklären

14.4 Lernen durch Lehren

Obwohl ähnlich wie die im vorigen Abschnitt dargestellte Lehrform „Schülervortrag" soll eigenständiges Unterrichten durch Schüler noch einmal hervorgehoben werden. Es dürfte besonders für den Biologieunterricht interessant sein (s. Laumeyer 2000, Graef 1994, Fehnker 2008).

Zwei Schüler bekommen etwa zwei Wochen bevor sie für die anderen Schüler Unterricht halten, eine Arbeitsanleitung, Vorschlag für Tafelanschrift, Stundenablauf, Informationsmaterialien (besonders aus Schulbüchern) und Übungsaufgaben. Zwei Besprechungen mit der Lehrerin vor dem Schüler-Unterricht werden vorgesehen; eine zur inhaltlichen Klärung und zur Unterrichtsgestaltung, eine weitere zum Unterrichtsverlauf. Während des eigentlichen Schüler-Unterrichts greift die Lehrerin nur im Notfall ein.

Es ist einleuchtend, dass dabei neben einem Thema wohl auch andere Fähigkeiten der Schüler intensiv geschult werden. Fehnker (2008) gibt neben anderen Leistungen auch Verbesserung der Lernatmosphäre, Reduzierung des Frontalunterrichts und stärkere Beachtung der Schülerperspektive an. Vielleicht bekommen Schüler höherer Klassen bei einer solchen Gelegenheit sogar Hinweise darauf, ob sie als Lehrende geeignet sind. Jeder, der es selbst tut, ist sicher, dass „Lernen durch Lehren" effektiv ist. Es wird denn auch über recht positive Ergebnisse berichtet, die diese Lehrform bei Schülern hat (wobei empirische Untersuchungen offenbar ausstehen). Solche Erfolge sind aber nur durch harte Arbeit eines Lehrers möglich. Aber kaum eine Lehrform dürfte der Forderung nach Handlungs- und Produktorientierung näher kommen.

14.5 Unterrichtsgespräch – Impulsfrage

Mögliche Situation: Jeder Lehrende sollte, wenn er es nicht aus bestimmten Gründen sowieso tun muss, immer wieder einmal einen ganzen Schulmorgen lang Unterricht anhören. Sollte dieser Unterricht, was vielfach auch in Biologie der Fall ist, überwiegend aus einem „Lehrer-Schüler-Frage-Antwort-Spiel" bestehen, bekommt er einen Eindruck davon, was die Schüler oftmals fünf Stunden hintereinander erleben – man könnte auch sagen: erdulden müssen.

Das fragend-entwickelnde Unterrichtsgespräch ist wohl noch immer die Regelform des Biologieunterrichts (s. Tab. 14–1). Dafür lässt sich ein einfacher Grund angeben: Es erfordert anscheinend keinerlei oder kaum Vorbereitung. Die meisten Lehrer sind aufgrund ihres biologischen Wissens in der Lage, ein Thema in ein Frage-Antwortsystem umzusetzen.

Es besteht dabei eine starke Neigung, in einer Unterrichtsstunde vorwiegend Fragen zu stellen, die kurze Antworten provozieren (solche Fragen sind allerdings vielfach auch nicht zu vermeiden). Eine solche Tendenz entsteht leicht, wenn die grundlegenden Fragen für eine Stunde nicht vorher geplant wurden.

Dem steht Unterricht mit Impulsfragen (offene Fragen, higher level questions) gegenüber, die eine umfängliche Antwort verlangen, in weit höherem Maße Nachdenken, Bereitschaft zur Hypothesenbildung, Koordination bereits vorhandenen Wissens und die Aktivität vieler Schüler erfordern. Neuerdings wird dieses Verfahren als Erlernen von Problemlösestrategien (s. Kap. 7.4) bzw. Forschendes Lernen (s. Kap. 5.10) verstärkt betont und gefordert.

Unter Umständen kann die Beantwortung einer solchen Frage einen längeren Abschnitt einer Unterrichtsstunde in Anspruch nehmen – oder diese sogar zu einem anderen Thema führen (wovor Anfänger verständlicherweise oftmals Angst haben). Ein besonders wichtiger Teil der Unterrichtsvorbereitung ist es demnach, wenigstens eine solche Impulsfrage und die möglichen Antworten der Schüler zu bedenken.

Schon die „Taxonomie Kognitiver Lehrziele" (s. Kap. 4.3.4; Bloom et al. 1974:201ff., s. auch Chiappetta & Koballa 2006) lässt sich dazu verwenden, die „Qualitätsstufe" oder den Anspruch einer Frage zu ermitteln (analog Stufen beim Forschenden Lernen); dazu zu jeder Stufe ein Beispiel:

- Wissen: Definiere den Begriff Gen!
- Verständnis: Welche Funktion hat der Zellkern im sogenannten „Ruhezustand"?
- Anwendung: Was kann man aus dem Basenverhältnis über den Bau der DNA schließen?
- Analyse: Welche Belege gibt es für die Wirkung energiereicher Strahlen?
- Synthese: Mit welchem Experiment könnte man überprüfen, ob in einer Bakterienkultur eine Mutation aufgetreten ist?
- Bewerten: Sollen gentechnisch veränderte Nahrungsmittel zum Verkauf zugelassen werden? Welche Argumente sprechen dafür bzw. dagegen?

Die Kontrolle der für eine Unterrichtsstunde vorgesehenen Fragen mit Hilfe dieses Schemas ermöglicht es, Anspruchsniveau, denkbare Antworten mögliche Zeitdauer für deren Beantwortung u. a. einzuschätzen.

Bei dem fragend-entwickelnden Unterricht gilt es, einerlei ob „Ein-Antwort-Fragen" oder Impulsfragen gestellt werden, einige Prinzipien zu beachten:

- Anzahl: Häufig werden zu viele Fragen innerhalb eines kurzen Zeitraums gestellt; so zählte Melnik (1968) bis maximal 150 Fragen (!) pro Unterrichtsstunde.
- Struktur: Vielfach läuft ein solcher Unterrichts nach folgendem Schema ab: L – Sch – L – Sch – L usw. Das heißt, auf eine Lehrerfrage folgt jeweils eine Schülerantwort. Dagegen bietet folgendes Vorgehen die Chance zu wesentlich höherer Aktivität der Schüler: L – Sch – Sch – Sch – L – usw.
- Pausen und Warten: Es ist wichtig, dass sich Lehrerinnen trainieren, nach Fragen Pausen einzulegen, warten zu können. Empirische Untersuchungen (Rowe 1974a, 1974b, Tobin 1984) zeigen eine Reihe positiver Effekte, wenn die Wartezeit zwischen Frage und Antwort mindestens drei bis fünf Sekunden dauert; z. B.: Durch längeres Nachdenken liegen die Antworten auf einem höheren kognitiven Niveau und sie sind länger; die Anzahl der Fehler ist kleiner; langsame Schüler antworten öfter; die Anzahl von Fragen, die Schüler stellen, nimmt zu.
- Vorwissen: Bei der Formulierung von Impulsfragen sollte wie stets bedacht werden, welches Wissen voraussichtlich bei den Schülern vorhanden ist (s. Kap. 10.8.4), das sie zu deren sinnvoller Beantwortung verwenden können, sonst führt die Bearbeitung einer solchen Frage leicht zur „Raterei".

Für jede Schulstufe werden beliebig gewählte Beispiele für solche Impulsfragen angegeben, deren Beantwortung jeweils spezifisches Vorwissen voraussetzt.

- Primarstufe: Kann man von einer „diebischen Elster" (einem „frechen Sperling") sprechen? Kann man eine Pflanze in einen Eisschrank stellen, damit sie dort wächst? Was fällt euch bei den Wörtern „Mann" und „Frau" ein?
- Sekundarstufe I: Neben der einfachen Zellteilung (Mitose) muss es als Folge der sexuellen Fortpflanzung einen anderen Typ geben; welches könnten seine Kennzeichen sein? Bei tierischen Einzellern, die im Süßwasser leben, finden sich häufig pulsierende Vakuolen; wozu?
- Sekundarstufe II (s. dazu zahlreiche Beispiele z. B. Bils & Dürr 1989): Warum soll man überhaupt Arten schützen, die Ausrottung von Arten verhindern? Was muss man alles wissen, wenn aus einem Baggersee ein Naturschutzgebiet entstehen soll und sich dort bestimmte Arten ansiedeln sollen?

Begriffe: Fragend-entwickelndes Unterrichtsgespräch, Impulsfrage, Taxonomie Kognitiver Lehrziele

14.6 Direktes Unterrichten

Dem Direkten Unterrichten wird gegenwärtig Forschendes Lernen als erstrebenswerte Unterrichtsform gegenübergestellt (s. Kap. 14.1; dort dazu auch schon Abwägungen und Befunde). Es gibt jedoch auch Autoren, die sich gegen eine Abwertung dieses Verfahrens äußern. Ihnen soll an dieser Stelle das Wort erteilt werden – auch wenn man nicht alle ihre Ansichten teilen mag.

Dem Unterrichtsmodell des Direkten Lernens wird vorgeworfen, es ermutige Lehrer, (1) dass sie ihren Schülern etwas beibringen wollen, (2) dass die Lehrer den Unterricht zu diesem Zweck steuern und (3) dass sie überprüfen, ob die Schüler, was sie lernen sollen, auch wirklich gelernt haben (Grell 1999:37; s. auch Grell & Grell 1987).

Dieser und weiterer Kritik stellt Grell (1999) positive empirische Befunde über die Effektivität des Direkten Lernens gegenüber. Theobald (1980) fand, dass fast 50 Prozent (n=146) von Oberstufenschülern besser mit lehrerzentriertem Unterricht lernen; er warnt zugleich vor der Verabsolutierung einer Unterrichtsmethode. Grundzüge dieser Lehrform fasst Grell mit Stichworten zusammen, wie z. B.: Klar strukturierte Lernerfahrungen; kleine Schritte, flottes Tempo; detaillierte und redundante Erklärungen; viele Fragen und Aufgaben, alle Schüler üben aktiv; kurze Stillarbeitsphasen; alle Schüler müssen drankommen, diese u. U. aufrufen. Dies sind alles eigentlich „triviale" Elemente von Unterricht, aber Lehrer sollen ermutigt werden, sie wieder mehr und bedacht zu verwenden – gewiss neben „indirekteren Lehrformen", Forschendem Lernen. Sie sollen sich nicht von Äußerungen, wie z. B. der folgenden, davon abhalten lassen (Meyer 1994, zitiert nach Grell 1999:37):*Wir müssen lernen, darauf zu verzichten, den Kindern dauernd etwas beibringen zu wollen*. Würde man dieser (freilich extremen) Botschaft folgen, dann hätte man eine zentrale Aufgabe als Lehrer verfehlt.

Ähnlich äußern sich zum Frontalunterricht Kroner & Schauer (1997:65): *Es steht fest, dass Frontalunterricht die mit Abstand wichtigste Sozialform der Schule bleiben wird. Sie ist die flexibelste, effizienteste, billigste und bei entsprechendem Lehrgeschick wohl befriedigendste Unterrichtsform.*

Gräsel (2000) macht dagegen für „Träges Wissen" – also Wissen, dass zwar in Prüfungen, aber nicht in komplexen und realitätsnahen Situationen angewandt wird – „Instruktion" verantwortlich, die eine weithin rezeptive Haltung bewirke und ein eigenständiges Durchdringen der Lerninhalte verhindere. Es ist zu fragen, ob diese Gegenüberstellung wirklich zutrifft.

In diesem Zusammenhang kann zusammenfassend auch auf „acht Regeln für Lehrerfragen" (Bamert & Rutz 1998) hingewiesen werden. 1. Nicht nach unbekannten Begriffen fragen. 2. Keine Ja-Nein-Fragen stellen. 3. Keine Ratefragen stellen. 4. Keine unfertigen Fragen stellen. 5. Keine rhetorischen bzw. Meinungs-Fragen stellen („ihr seid doch auch der Meinung, man müsse im Fall der Gentechnologie von einer fehlgeleiteten Forschung sprechen"; s. dazu auch Kap. 4.3.4). 6. Nach der Frage drei Sekunden warten 7. Alle Schüler gleichmäßig aufrufen.

14.7 Gruppenarbeit – Kooperatives Lernen

Fast 100 Literaturangaben finden sich zu „Gruppenarbeit" in der „Datenbank Schulpraxis 2009" zur den verschiedensten Themen und für alle Klassenstufen. Jedoch offenbar keine neueren Angaben zur überprüften Effektivität dieser Unterrichtsform – deren man jedoch sicher sein kann.

Gruppenarbeit (group learning, cooperative learning, group work) wird neuerdings (s. z.B. ELKS 2003) in Anlehnung an die englischsprachige Bezeichnung (ohne einsichtigen Grund) auch als Kooperatives Lernen bezeichnet; bei Elks auch eine Reihe differenzierender englischsprachiger Bezeichnungen.

Diese Lehrform kann man definieren als die weitgehend selbständige gemeinsame Bearbeitung eines Unterrichtsthemas durch mehrere Schüler. Die Lehrerin kann dabei zwar das Thema stellen, Materialien bereitstellen, Ratschläge geben, aber sie sollte bei der Arbeit der Schüler so weit wie möglich in den Hintergrund treten. Es wird zwischen zwei Formen unterschieden: Arbeitsgleicher Gruppenarbeit, alle Schüler bearbeiten das gleiche Thema, und Arbeitsteiliger Gruppenarbeit, einzelne Schüler bearbeiten innerhalb einer Gruppe ein Teilthema einer übergeordneten Fragestellung.

Mehrere Autoren haben die Effektivität von Gruppenarbeit erörtert. Diese Befunde sollen wegen der Bedeutung dieser Lehrform ausführlich und zum Teil wiederholend dargestellt werden. Schon SEYMOUR & PADBERG (1975) haben Ergebnisse zusammengetragen, die dafür sprechen, dass durch Gruppenarbeit folgende Fähigkeiten von Schülern gefördert werden: Kommunikationsfähigkeit, Einsicht in wissenschaftliche Befunde, Problemlösefähigkeit, Verbesserung des biologischen Wissens. Andererseits fanden BROPHY & GOOD (1986, USA, 8. Klassen), dass in Mathematik keine der beiden Lehrformen – Frontalunterricht oder Gruppenarbeit – der anderen deutlich überlegen war. WATSON* (1992) stellt aufgrund eigener Erfahrungen und von Untersuchungsergebnissen fest: Gruppenarbeit hat den Unterricht nicht grundlegend verändert, aber sie ist eine zusätzliche nützliche Unterrichtsmethode. Danach kann es „kaum Zweifel daran geben", dass diese Lehrform in Bezug auf die Schulung wissenschaftlicher Untersuchungsmethoden, dem Erlernen wissenschaftlicher Methoden effektiv ist. Über 300 Veröffentlichungen hat LORD* (2001) ausgewertet und „101 Gründe" angeführt für den Vorteil von Gruppenarbeit. Mehrfach durch empirische Erhebungen sind folgende Effekte für den Biologieunterricht belegt:
1. Verbesserung des Lernens und des Interesses an Biologie; 2. Zusammenarbeit und andere soziale Interaktionen unter den Schülern werden verbessert; 3. Lehrer können ihre Schüler besser beurteilen; 4.

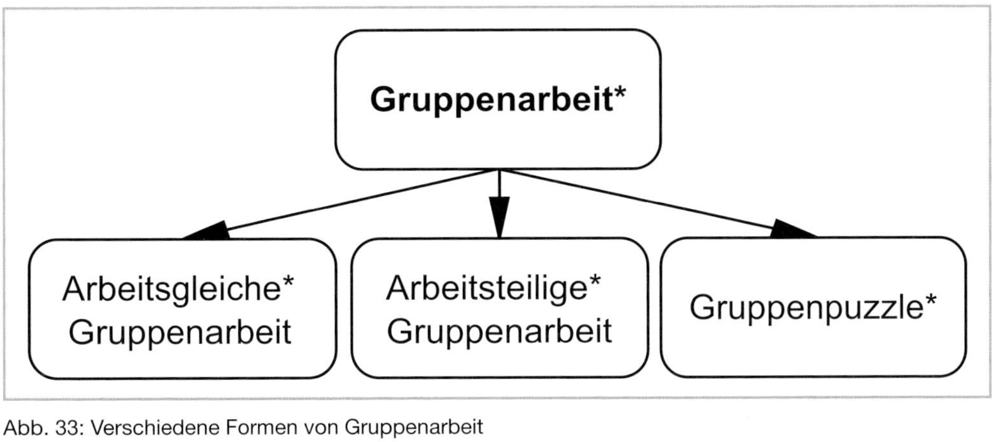

Abb. 33: Verschiedene Formen von Gruppenarbeit

Schüler beschäftigen sich mehr/intensiver mit allgemeinen Ideen, biologischen Prozessen, arbeiten auch zu Hause, um ihre Ideen und Behauptungen belegen zu können; 5. Schreiben und Lesen biologischer Texte wird gefördert; 6. sogar die Beziehungen zwischen Jungen und Mädchen verbessern sich, und Frauen lernen allgemeine Fähigkeiten („leadership skills") besser.

Ausgehend von der allgemeinen Verbesserung des Lernens stellen REISS & TUNNICLIFFE (1999) positive Wirkungen von Gruppenarbeit in Zusammenhang mit zwei anderen Aspekten fest: Der persönlichen Bedeutung biologischer Inhalte und der Möglichkeit, dass Schüler sich selbst Themen (zu einem Globalthema) auswählen können. – Die positiven Effekte von Gruppenarbeit sind also gut belegt. Es gibt Gründe genug, diese Lernform verstärkt im Biologieunterricht zu nutzen (s. auch MEHRMANN 1994).

Aspekte erfolgreicher Gruppenarbeit stellt WATSON (1992, zum Teil aus weiterer Literatur) zusammenfassend vor; z. B:

- Mehrere Schüler erhalten eine Aufgabe, mit der sie sich allein beschäftigen, dann wird in Zusammenarbeit aller die Aufgabe gelöst.
- Positiv bewertet wird ein Ergebnis nur, wenn alle Mitglieder einer Gruppe bei der Lösung erfolgreich sind.
- Jedes Gruppenmitglied muss einen Bericht abgeben; dies ist eine wesentliche Voraussetzung dafür, dass Gruppenarbeit erfolgreicher ist als normaler Unterricht.
- Die Teilnehmer einer Gruppe erhalten ein Thema; dieses müssen sie als Experten beherrschen, tragen es der eigenen und anderen Gruppen vor (über „Gruppenpuzzle" s. ausführlich in Kap. 13.9).
- Wettbewerb zwischen den Gruppen, die dasselbe Thema bearbeitet, fördert den Erfolg.
- Eine Gruppe wählt sich aus einem Gesamtthema einen Teil aus; einzelne Mitglieder bearbeiten Unterthemen, die zur Lösung beitragen.

Folgende Schritte werden allgemein bei der Durchführung von Gruppenarbeit empfohlen:

- Thema, Problem festlegen;
- Ziel festlegen;
- geeignete Gruppen bilden;
- die Gruppe sammelt gemeinsam Ideen, Hypothesen für die Untersuchung;
- jede Gruppe entwickelt Untersuchungsstrategien;
- jeder Gruppenteilnehmer muss genau wissen, was er tun soll (besonders
- dann, wenn zu Hause weitergearbeitet wird);
- Lehrerin hilft bei der oder kontrolliert die Abfassung der Ergebnisse;
- möglichst alle Schüler sind bei der Darstellung der Ergebnisse beteiligt.

Gruppenarbeit ist für Lehrende keineswegs eine einfache oder gar „gemütliche" (wie manche Außenstehende vielleicht meinen) Lehrform. Sie erfordert vielmehr, dass langfristig vielfältige geeignete Materialien gesammelt und bereitgestellt werden. Deshalb erscheint es auch kaum sinnvoll möglich, dass diese Lehrform spontan verwendet wird.

Für den Biologieunterricht gibt es vielfältige Themen (s. oben Datenbank Schulpraxis 2009) für diese Unterrichtsform; einige (erprobte) Beispiele sollen angeführt werden:

- Primarstufe/Unterstufe: Was kann man tun, um Fledermäuse zu schützen und für sie bessere Lebensbedingungen zu schaffen? Warum leben Reh und Hirsch nicht im selben Wald? Was kann sich am Verhalten während der Pubertät ändern und wie könnte man sich darauf vorbereiten?
- Mittelstufe: Welche verschiedenen Prozesse laufen in einem Muskel ab, nachdem jemand 5, 10, 20 usw. Sekunden möglichst schnell gelaufen ist? Warum ist die Anwendung von DDT heute bei uns verboten?
- Sekundarstufe II: Gibt es einen grundsätzlichen (!) Unterschied im Verhalten des Menschen und dem von Menschenaffen? Kann man aufgrund nervenphysiologischer (neurologischer) Befunde davon ausgehen, dass wir Menschen „Willensfreiheit" haben? Sprechen embryologische (ontogenetische) Befunde für oder gegen eine Abstammung des Menschen von anderen Lebewesen?

Begriffe: Gruppenarbeit, Kooperatives Lernen, Arbeitsgleiche Gruppenarbeit, Arbeitsteilige Gruppenarbeit

14.8 Projekt

Die Durchführung von „Projekten" und „Projektwochen" im Unterricht ist keineswegs neu. Schon bei Reformbemühungen in den USA um 1930 wurden entsprechende Versuche unternommen. Projektunterricht war ursprünglich keine Lehrform, sondern wurde mit der Absicht eingeführt, den gesamten Unterricht, Schule grundlegend zu verändern - etwa durch Abschaffung von Fächern und Klassenstufen. Dies ergab sich aus den Zielsetzungen einer „demokratischen Schule und eines demokratischen Rollenverständnisses" - so die vielfach vorgetragene Meinung. - Eine Bibliographie zum Projektunterricht für die Jahre 1895–1982 hat Schäfer (1988) zusammengetragen; s. auch Frey (1982), Jüdes & Frey (1993).

In Deutschland bekommt dieses Verfahren erst um 1970 (wieder) größere Bedeutung; u. a. angeregt von den dänischen „Twind-Schulen"; deren Prinzip: Jeder Lernprozess endet in einem Produkt, das eine Gruppe für das „Leben" für nützlich erachtet. Wobei es nicht einfach sein dürfte, diese „Nützlichkeit" zu überprüfen, weil Schulrealität nun einmal stets anders ist als etwa die Berufswelt.

In der englischsprachigen Literatur findet man Aussagen zum Thema heute vor allem unter den Bezeichnungen „integrated science program - ISP, interdisciplinary, transdisciplinary" (dazu z. B. Blum 1991). In etwa synonym mit Projektunterricht wird auch die Bezeichnung „interdisziplinäres Lernen" verwendet (zur Terminologie s. Zabel 1994, zum Begriff „Fächerübergreifend" s. Kap. 18.5.1). Die hier verwendete Bezeichnung ist jedoch allgemein verbreitet, so dass sie im Zusammenhang mit Biologieunterricht verwendet wird.

Der „didaktische Ort" von Projekten wird von Hansel (1981) und Schoof (1977) etwa in folgender Weise beschrieben: Die Organisationsstruktur von Unterricht individualisieren, weg von starren Plänen, sich an den Bedürfnissen der Schüler orientieren; den Verlust des Erzieherischen mit Projekten ausgleichen; Demokratisierung des Lernens; fächerverbindende Themen auswählen. Aus einigen dieser Parameter lässt sich eine mögliche Definition ableiten:
Das Unterrichtsprojekt ist ein gemeinsam geplantes, vom Gruppeninteresse getragenes und verantwortetes Vorhaben, das zudem berufs- und gesellschaftsbezogen gestaltet werden soll (Röhrs nach Hansel 1981).

Genauere Begründungen, die für die Vorteile von Projektunterricht ins Feld geführt werden, sind zum Beispiel (Schoof 1977, Stubenrauch 1978, Heller & Semmerling 1983, Eschenhagen 1990, Zabel 1994):
- Mehr Spaß an der Schule,
- Lernen nach eigenen Vorstellungen,
- Zusammenarbeit unter den Schülern,
- Lernleistungen unterliegen nicht wie im herkömmlichen Unterricht der
- Konkurrenz,
- Ziele des Lernens sind nicht fremdbestimmt, Situationsbezug,
- Theorie und Praxis fallen nicht auseinander,
- die Schüler können mit Phantasie und eigenen Erfahrungen lernen,
- wirkt erziehend,
- der Lehrer wird aus seiner Rolle entlassen,
- Interdisziplinarität,
- Einbeziehung vieler Sinne.

Gegenüber solchen weitgesteckten, ja euphorischen Erwartungen - und der derzeitigen weiten Verbreitung dieser Lehrform - gibt es offenbar bis heute kaum empirische Untersuchungen, die diese bestätigen. So kommen Heller & Semmeling (1983) sowie Hansel (1981:612) zu dem Ergebnis, dass sich kaum Hinweise auf Leistungsmessungen im Zusammenhang mit Projektunterricht finden. Und zwar weder in Hinsicht auf sozial-integrative oder interessensbildende Effekte, aber auch nicht in Bezug auf den Erwerb von Wissen (dazu auch Niedderer et al. 2000). Ebenso finden sich in einem Themenheft „Projekte" (UB 188, s. auch Hedewig 1993, 1994) keine Angaben über abgesicherte Befunde. Eine Ausnahme bildet eine Interventionsstudie von Wasmann-Frahm (2008) über die Lernwirksamkeit von Projektunterricht zum Thema „Boden" beim Erwerb von Kompetenzen. Die Autorin konnte einen stabilen Zuwachs an Faktenwissen sowie eine Verbesserung experimenteller Fähigkeiten und im Problemlösen diagnostizieren. Allerdings fehlt in der Studie leider eine Kontrollgruppe, was die Befunde natürlich relativiert.

Eine Reihe ausgearbeiteter Vorschläge für Projekte findet sich bereits bei Schoof (1977).

Eine Kurzdarstellung über die Durchführung eines sechs Wochen andauernden Projekts zum Thema „Getreide" in einer 3. Grundschulklasse liegt vor (Starosta & Kirchhöfer 1994). Die Ergebnisse haben wegen der kleinen Schülerzahl (n = 21) wenig Aussagekraft, sind jedoch kaum ermutigend in Bezug auf das erworbene biologische Wissen. Weitere kritische Anmerkungen zu dieser Lehrform finden sich z. B. bei Hansel (1981) und Hedewig (1994).

Befragungen von Schülern und Lehrern (die naturgemäß relativ wenig über wirkliche Effekte von Projekten aussagen können) werden von Hedewig (1994) referiert. Beide Gruppen, vor allem engagierte Lehrer, geben erwartungsgemäß positive Urteile ab. Eine dieser Erhebungen ergab aber auch gleich viele positive und negative Aussagen. Viele Schüler nehmen Projekte oft nicht ernst und sehen sie eher als Freizeit an (entsprechend Eschenhagen 1990).

In Projektwochen, bei denen gleichzeitig von allen Klassen Projekte durchgeführt werden, sind offenbar biologische Themen unterrepräsentiert. So findet sich z. B. unter etwa 70 Themen (Heller & Semmeling 1983) nur ein biologisches (Tierschutz – Naturschutz), jedoch neun aus Sport und Technik. Eine Reihe ausgearbeiteter Vorschläge für Projekte findet sich bei Schoof (1977).

Lehrerinnen sind in dem Konflikt, dass von Schülern ausgewählte Themen, der Forderung nach „Schüler- und/oder Gesellschaftsrelevanz" sowie der Vermittlung grundlegenden biologischen Wissens unter Umständen nicht entsprechen. Zu einem bestimmten Zeitpunkt für ganze Schulen angeordnete „Projektwochen" bergen gar die Gefahr in sich (wie immer wieder festgestellt werden kann), dass auch weniger bedeutsame Themen ausgewählt werden. Eschenhagen (1990) greift in diesem Zusammenhang sogar die Bezeichnung „Etikettenschwindel" auf.

Konkreter als die genannten „Begründungen" und unmittelbar auf Realisierung bezogen, fassen Eschenhagen (1990) und Hedewig (1994, im Anschluss an Dewey) Voraussetzungen für sinnvolle Projekte im Rahmen des Biologieunterrichts zusammen:

- Es muss ein für den Erwerb von Erfahrung und biologisches Wissen
- geeignetes Thema vorliegen,
- daraus muss sich ein echtes Problem ergeben,
- die Schüler müssen über das notwendige Wissen verfügen
- und mögliche Lösungen für das Problem selbst entwickeln können,
- vorgeschlagene Lösungswege müssen durch praktische Anwendung erprobt
- werden können,
- und die Schüler müssen deren persönliche und soziale Bedeutung
- herausfinden.

Daraus folgen wichtige, idealtypische Schritte, die bei der Durchführung von Projekten eine Rolle spielen. In der Literatur finden sich dazu zahlreiche Angaben und Variationen.

- Vorstellen einer Idee für ein Projekt durch Lehrerin oder Schüler;
- theoretische Auseinandersetzung über Ziele, mögliche Zeitdauer;
- Zusammenfassung in einem Verlaufsdiagramm;
- gründliche Vorbereitung der Lehrerin zu allen möglichen Aspekten des
- Projekts;
- gemeinsame Überlegungen über notwendige Aktivitäten, u. U. deren
- Aufteilung auf einzelne Schüler bzw. Schülergruppen;
- Durchführung der Arbeiten;
- Darstellung des Projekts möglichst für die „Öffentlichkeit" in Form einer
- Ausstellung, eines zusammenfassenden Berichts, einer
- (Vortrags-) Veranstaltung, einer Aktion etwa in einer Gemeinde.

Es bleibt festzuhalten: Projekte sind auch für den Biologieunterricht ein geeignetes Verfahren dann, wenn sie aus einem konkreten Anlass oder aus einem echten biologischen Problem des Unterrichts entstehen – und zudem die genannten Kriterien erfüllt sind. Es ergibt sich weiterhin, dass auch diese Unterrichtsform Elemente aufweist, die auch beim Forschenden Lernen bedeutsam sind.

Begriffe. Projekt, Projektunterricht, Projektwoche

14.9 Rollenspiel

Auch bei dieser Lehrform kann man nicht umhin (wie so oft) festzustellen: Zur Bedeutung des Rollenspiels (Role Playing) für das Lernen im Biologieunterricht gibt es offenbar keine Untersuchungen. Man kann sich aber wohl folgender „sehr hohen" Meinung von Cherif & Somervill (1995) anschließen: *Wir glauben, dass das Rollenspiel ein unverzichtbarer Teil der menschlichen Entwicklung ist; es ist zudem eine einzigartige Gelegenheit, um zwischenmenschliche Beziehungen zu entwickeln.* Sicher erscheint, dass der „Kompetenzbereich Kommunikation" mit Rollenspielen gut geschult werden kann, ebenso Soziale Kompetenzen (s. z. B. Hößle 2002). Andererseits muss man sich korrekterweise fragen, ob der geringe zeitliche Umfang von Rollenspielen im Vergleich mit den ständigen sozialen Interaktionen der Schüler während des ganzen Schulvormittags für die „Entwicklung zwischenmenschlicher Beziehungen" wirklich eine zentrale Bedeutung hat.

Rollenspiele werden unabhängig von einem Schulfach verwendet, um Fähigkeiten im Umgang mit anderen zu trainieren, und zwar in Bezug auf Denken, Emotionen und Handeln (Zusammenfassung bei Brandhorst 1991: 800ff.). Untersuchungen kommen zu dem Schluss, dass der Erfolg von Rollenspielen u. a. darauf beruht, dass reale Situationen eben als Spiel ablaufen: Angst vor sozialen Situationen wird „überspielt" und dadurch wird „selbstsicheres Reagieren" gefördert.

Schüler müssen sich beim Rollenspiel, entsprechende Themen vorausgesetzt, in bestimmte Rollen versetzen. Diese sind mit guten Argumenten (Wissen), Toleranz gegenüber anderen Meinungen und selbstsicher zu vertreten. Wer demnach im Biologieunterricht formale Fähigkeiten schulen will (s. Kap. 3.5) – und dies sollte eigentlich jeder – sei besonders auf diese Lehrform hingewiesen. Obwohl es sich beim Rollenspiel um eine bemerkenswerte Lehrform handelt, wird sie offenbar vergleichsweise wenig im Biologieunterricht verwendet.

Es dürfte mindesten zwei Typen von Rollenspielen geben.

- Konflikt-Rollenspiel: Bearbeitung von Themen, die auch in der Gesellschaft ungelöst sind und zu Konflikten führen, für die es demnach keine eindeutigen Lösungen gibt.

Dazu gibt es viele Beispiele mit unterschiedlichem Schwierigkeitsgrad, die im Biologieunterricht bearbeitet werden können; einige davon sind: Darf man Tiere schlachten, um ihr Fleisch zu essen? Verhalten sich Frauen anders als Männer? Es muss (z. B. in einem Gemeindeparlament) entschieden werden, ob ein neu entstandener Baggersee zu einem Freizeitsee oder einem Naturschutzgebiet umgewandelt werden soll (s. schon Bleckmann et al. 1979). Soll Abtreibung vom Staat zugelassen werden, unter welchen Bedingungen; welche Argumente zur Entscheidung gibt es für den Einzelnen, wenn er vor einer entsprechenden Situation steht? Sollen biotechnologisch entstandene Lebensmittel (gekennzeichnet oder ungekennzeichnet) in den Geschäften verkauft werden?
Bei diesem Rollenspiel-Typ sollte es drei „Parteien" geben: Zwei, die die beiden Seiten des Problems vertreten („Sachverständige"), und eine weitere, die gleichsam als neutrale Instanz („Politisches Gremium") aufgrund der vorgebrachten Argumente entscheidet. Da die Vorbereitung auf die Diskussion im Wesentlichen im Unterricht geschehen wird, müssen die Schüler der „Entscheidungspartei" ebenfalls beschäftigt werden. Es hat sich bewährt, dass sie in dieser Zeit etwas über die grundlegenden Begriffe, Aussagen des Problems lernen.

- Bewertungs-Rollenspiel: Beim zweiten Typ geht es nicht oder weniger um Konfliktsituationen, sondern um die

Gegenüberstellung und die Verteidigung des „Wertes“ zweier biologischer Situationen; also letztlich um die Beurteilung unterschiedlicher Anpassungsstrategien aufgrund genauer Kenntnisse. Dies könnte als „unbiologisch“ bezeichnet werden, spornt aber die Schüler (vor allem jüngere) zu beachtlichen Leistungen an.

Beispiele: Wer ist besser organisiert, der „Staat“ der Honigbiene oder der Roten Waldameise? Wer kommt besser über den Winter, der Igel oder eine (beliebig auszuwählende) Fledermausart? Was ist besser, eine Erkältung ohne Medikamente auszukurieren oder die Einnahme von Antibiotika?

Auch beim Rollenspiel im Biologieunterricht gibt es bestimmte Phasen, die gut geplant werden müssen:

- Festlegung eines Problems;
- Inhaltliche Festlegung der Rollen;
- gründliche Beschäftigung mit den Inhalten durch die Schülergruppen (wer
- antwortet auf ein bestimmtes Argument der Gegenpartei, wer wird Spezialist
- für einen bestimmten Teilbereich des Themas?);
- schriftliche Ausarbeitung von Eingangsstatements und Schlusswort;
- u. U. Besprechung bestimmter Diskussionsstrategien;
- Durchführung des Streitgesprächs (vorher Zeitrahmen bestimmen);
- nach Beendigung des Rollenspiels Abstimmung über die einleuchtendere Argumentation, ausführliche Erörterung darüber, was „gut oder schlecht, richtig oder falsch“ an der Debatte war. Dabei sollte sich die (in dieser Lehrform weniger erfahrene) Lehrerin die wichtigsten Fragen vorher überlegt haben, z. B: Wurden die Argumente von einer bestimmten Partei klar und schlüssig vorgetragen? Wurden wichtige Fragen an die Gegenpartei gestellt? Wurde versucht, die Argumente der Gegenpartei tolerant, aber eindeutig und kreativ zu widerlegen? Wurde versucht, Antworten auf mögliche Argumente der Gegenpartei vorher zu formulieren?

Diese Lehrform erfordert viel Zeit und kann deshalb nicht gerade oft angewandt werden. Die Lehrerin muss rechtzeitig viele und vielseitige Materialien zur Vorbereitung des Rollenspiels sammeln, die sie verständlicherweise mehrmals verwenden wird. Deshalb sollte gut bedacht werden, ob ein Rollenspiel mit einem zufällig gefundenen Thema, spontan in die Tat umgesetzt werden kann.

Eine allgemeine Anmerkung sei noch hinzugefügt. In einer mehrjährigen Untersuchung zum Thema „Intelligenzförderung durch Spiele“ wurde bei Vorschulkindern geprüft, ob Spiele ein „Überlernen“ ausgewählter Strategien der Informationsverarbeitung ermöglichen. Die Evaluation ergab, dass dieses „Überlernen“ nur in wenigen Fällen erreicht wurde und entsprechend keine Transfereffekte auf die zugrunde liegenden kognitiven Fähigkeiten nachgewiesen werden konnten (Hoffstätter & Wendt 1983: 194).

Begriffe: Rollenspiel, Konflikt-Rollenspiel, Bewertungs-Rollenspiel

14.10 Außerschulische Lernorte

14.10.1 Allgemeines

Das Thema „Außerschulische Lernorte“ (out-of-school science) ist fast unerschöpflich. Es gibt immer wieder neue Möglichkeiten, außerhalb der Schule Unterricht zu halten und zu lernen. Zwar gibt es schon lange für den Biologieunterricht typische Formen des Unterrichts außerhalb der Schule. Aber im Zusammenhang mit dem Stichwort „Öffnung der Schule“ haben sich offensichtlich solche Veranstaltungen vermehrt. Kritisch ist zu fragen, ob bei abnehmender Unterrichtszeit und gerade im Biologieunterricht ständig zunehmender wichtiger Inhalte Effektivität von Klassenunterricht und Unterricht außerhalb der Schule (s. Kap. 11.1.4) immer genügend gegeneinander abgewogen werden. G. R. Meyer (1985) spricht in einem weitausholenden internationalen Vergleich davon, dass Befunde zur Effektivität „are all too rare“.

Zumindest zwei unterschiedliche Absichten liegen der Verwendung Außerschulischer Lernorte kombiniert mit dem Prinzip

„Öffnung der Schule“ zugrunde: Bei der einen dominiert die Vermittlung biologischen Wissens. Die andere verfolgt vorwiegend den Zweck, *veränderte Lebensbedingungen der Schüler zu kompensieren, weil die nur auf enge Unterrichtsarbeit ausgerichtete Schule nicht in der Lage ist, jene Vielfalt von Erfahrungen zu vermitteln, die mehr denn je heute Aufgabe von Pädagogik ist* (Herzog, zit. nach Stichmann & Dalhoff 1996,). Aktivitäten außerhalb der Schule im Rahmen des Biologieunterrichts sind so unterschiedlich, dass kaum Gemeinsames über sie ausgesagt werden kann.

Wie bedeutsam diese Art des Unterrichts geworden ist, erkennt man schon daran, dass sich spezielle Richtungen der Biologiedidaktik etabliert haben (die auch von der Gesellschaft personell und finanziell unterstützt werden) wie z. B. Zoo-, Museums-, Schulgarten-, Freilandpädagogik, „Grüne Schulen“ (outdoor biology). Folglich gibt es auch eine nur schwer überschaubare Literatur und viele Arbeitsmaterialien (die in der Regel bei den betreffenden Institutionen zu erhalten sind).

Von vielen Autoren wird besonders in jüngster Zeit als Aufgabe solcher Aktivitäten neben dem Erwerb von Wissen die Schulung von „Naturbegegnung“, „Naturerleben“ betont. Damit zusammenhängende Fragen wurden bereits in Kapitel 3.6 besprochen.

Eine der wichtigsten Voraussetzungen für die Arbeit mit Schülern in den meisten der genannten Institutionen ist Artenkenntnis der Lehrerin (s. auch Kap. 11.1). Hinlänglich umfangreiche Kenntnisse dieser Art musste jede Lehrerin sich wohl schon immer selbst erwerben. Dies ist kein Unterfangen, das von heute auf morgen zu bewältigen ist. Keine Lehrerin kann alle Arten kennen, auf die sie „draußen“ trifft. Andererseits ist es misslich, wenn sie nie oder fast nie Arten benennen kann. Mehr zu dieser Frage findet sich in Kapitel 18.1, Punkt 4.

Bei allen Unternehmungen vor der Schultür sollte die Lehrerin folgende, vielleicht selbstverständliche, aber nützliche Punkte beachten:

- Empirische Untersuchungen (Literatur s. Kap. 11.3) haben gezeigt, dass Unterricht außerhalb des Klassenraums am effektivsten ist, wenn er vorher gründlich im normalen Biologieunterricht vorbereitet ist (damit wird auch verhindert, dass die Exkursion nur zu einem unterhaltsamen Ausflug wird).
- Die Lehrerin sollte den Ort, die Exkursionswege vorher genau kennen lernen, da sich daraus u. a. von den Schülern zu bearbeitende Fragen ergeben und mögliche Gefahren oder andere Schwierigkeiten vorhergesehen werden können.
- Dies sollte auch zu einer strikten Beschränkung auf wenige Unterrichtsthemen führen; bei einem Freilandgang, in einem Museum oder Zoo gibt es eine solche Fülle, die leicht zu einer Verwirrung der Schüler und/oder Oberflächlichkeit verführen kann.
- Besonders wichtig sind vorher gut geplante Arbeitsanweisungen an die Schüler (Dylla 1965 bezeichnet dies als „Anweisenden Unterricht“).
- Man sollte den „Fachmann“, dessen Vortrag man an einem Außerschulischen Lernort einplanen möchte, bereits kennen. Nicht selten sind solche Vorträge zu lang, für die Schüler wenig motivierend – oft ist der Vortrag der Lehrerin, die ihre Klasse kennt, günstiger.
- In vielen Publikationen wird darauf hingewiesen, dass solcher Unterricht in besonderem Maße Möglichkeiten zur Selbsttätigkeit und Selbständigkeit der Schüler eröffnet. Dergleichen sollte eingeplant werden.
- Den Schülern eine Liste mit genauen Anweisungen vortragen, was unterwegs erlaubt bzw. nicht erlaubt ist. Je genauer dergleichen festgelegt ist, umso weniger Disziplinprobleme gibt es in der Regel (dies dient auch dem Schutz der Lehrerin z. B. bei Unfällen).
- Entsprechendes gilt auch für Gegenstände, die von den Schülern mitgebracht werden dürfen.
- Vorher festlegen, in welcher Form (z. B. Protokoll) die Schüler ihr unterwegs erworbenes Wissen dokumentieren müssen.

Obwohl vieles für eine positive Bewertung des Unterrichts an Außerschulischen Lernorten spricht, gibt es jedoch offenbar für die meisten kaum Untersuchungen über deren Effektivität, und zwar weder in Bezug auf Wissenserwerb, Einstellungsänderungen oder „Erleben" (s. aber folgenden Text).

Die Funktion dieses Kapitels kann vorwiegend nur darin bestehen, eine Auswahl Außerschulischer Lernorte vorzustellen, die für die Vermittlung biologischen Wissens am wichtigsten erscheinen. Weiterhin auf die umfängliche Literatur hinzuweisen, in der eine Vielzahl von Anregungen allgemeiner Art und konkreter Vorschläge für den Unterricht in Bezug auf die einzelnen Außerschulischen Lernorte enthalten ist (z. B. Siedentop 1968, Stichmann 1970, Grupe 1977, Falkenhan 1978, Bd. 1/II, Hedewig & Rodi 1982, Hedewig & Knoll 1986, Killermann & Staeck 1990).

14.10.2 Biologische Exkursionen und anderer Freilandunterricht

Vorab darf die Hoffnung zum Ausdruck gebracht werden, dass aufgrund der neuen Lehrpläne und Unterrichtsprinzipien solche Veranstaltungen nicht weitgehend wegfallen. Sie sind auch eine Möglichkeit, dass Lehrerinnen einen besseren Kontakt zu ihren Schülern bekommen als dies bei normalen Unterrichtsstunden der Fall ist.

Für „Exkursion" gibt es in der biologiedidaktischen Literatur eine ganze Reihe von Bezeichnungen, z. B. Lehrwanderung, biologische Wanderung, Unterrichtsgang (field trip), so dass man dieses Stichwort oft nur mühsam im Index von Büchern findet. Da Eschenhagen et al. (1993:186) eine – allerdings sehr breite – Definition des Begriffs vorgegeben haben, soll dieser aus Gründen der Priorität gefolgt werden: Eine Exkursion ist danach jeder Unterricht außerhalb des Schulgebäudes. Dies erfordert jedoch eigentlich eine neue Benennung der typischen biologischen „Lehrwanderung", die hier hilfsweise als „Biologische Exkursion" bezeichnet werden soll.

Eine typische Biologische Exkursion (biologische Lehrwanderung) geschieht mit der Absicht, den Schülern Kenntnisse über Pflanzen- und/oder Tierarten, Betrachtung von Lebensgemeinschaften oder bestimmter ökologischer Bedingungen zu vermitteln. Dies kann kombiniert sein mit der Behandlung von Naturschutzfragen. Während traditionell eher die Vermittlung von Artenkenntnissen im Vordergrund stand, dominieren heute vielfältige Themen. Das Buch von Kuhn, Probst & Schilke „Biologie im Freien" (1986) ist dafür ein gutes Beispiel und zugleich eine Hilfe für jeden Lehrer. Zimmerli (1970) hat schon früher ähnliche Anregungen gegeben und dabei auch Fragen der Umweltbelastung durch den einzelnen aufgenommen. Vor allem sogenannte Freilandlabore, Naturschutzzentren, Naturschutzinformationsstände etc. halten in aller Regel erprobtes, gut ausgearbeitetes Material für Freilandarbeit bereit, das sich zudem auf lokale Lehrpfade und andere Einrichtungen bezieht. Dies sollte sich eine Lehrerin beschaffen.

Die Vermittlung von Artenkenntnissen durch Freilandarbeit, wurde bereits ausführlich in Kapitel 11, besonders 11.2 und 11.3 erörtert. Dort wurde auch über empirische Befunde zum Einfluss solcher Aktivitäten auf positive Einstellungen zu Natur- und Umweltschutz berichtet, ebenso über Methoden zur Vermittlung von Artenkenntnissen. Effektive biologische Exkursionen kann man schon mit Schülern der 2. Klasse durchführen.

Den oben angegebenen allgemeinen Aspekten für Freilandaktivitäten mögen noch einige Empfehlungen hinzugefügt werden:

- Die überall vorgeschriebenen „Wandertage" sollten von einer Biologielehrerin nicht primär als biologische Lehrwanderung eingeplant werden. Jüngere, gar in der Stadt wohnende Schüler wollen sich zuerst austoben und spielen. Die Erfahrung lehrt, dass jedoch alsbald einige Schüler von sich aus nach biologischen Objekten fragen; dieses Interesse gilt es dann zu nutzen.
- Es ist belegt (s. Kap. 11.3), dass es effektiver ist, eine Exkursion mehrmals an derselben Stelle durchzuführen statt in wechselnden Lebensräumen.
- Bei einer Exkursion sollten immer nur wenige Arten besprochen werden, aber diese ausführlich und mit besonderen Eigenheiten (man könnte auch sagen „Geschichten", s. zum Begriff „Assozi-

ratives Umfeld" Kap. 10.3).
- Viele Schüler lernen Vogelstimmen nur schwer. Vorheriges Abspielen, Charakterisieren der Lautäußerungen von 4 – 5 Arten im Klassenraum (z. B. indem man versucht, die Stimme in irgendeiner Form zu notieren) ist für einen gewissen Erfolg fast unerlässlich. Eindrucksvoll ist es, im Frühjahr mit einem Tonträger (den man z. B. auf einem Baumstumpf abstellt und tarnt) draußen Gesänge abzuspielen, so dass eine bestimmte Art angelockt wird (s. auch Liesenfeld 1979). Vögel umgeben uns (fast) überall; sie sind für Exkursionen eine attraktive Organismengruppe.
- Insekten kann man mit einem Streifnetz fangen und kurzzeitig in einem kleinen Glas aufbewahren. Es ist gar nicht schwer, mit Hilfe eines einfachen „Bild-Bestimmungsschlüssels" dann sofort die Insekten-Gruppe zu ermitteln.
- An einem sogenannten „Krötenzaun" im Frühjahr wandernde Amphibien einzusammeln ist wegen der besonderen Situation wohl für alle Schüler (der Ausdruck darf hier einmal benutzt werden) ein Erlebnis.
- Bei Exkursionen mit älteren Schülern ist es günstig, eine geologische Karte des Gebietes zur Hand zu haben und sich vorher geomorphologische Kenntnisse anzueignen.

Der Besuch eines Naturschutzgebietes mit Schülern ist problematisch. Vor allem deshalb, weil diese vielfach enttäuscht sind; nichts „Besonderes" zu sehen ist. Der Wert solcher Gebiete besteht ja in der Regel darin, dass sie seltene, aber vielfach unscheinbare Arten beherbergen. In diesem Fall ist es wichtig, vorab im Unterricht solche Arten vorzustellen und Ausmaß und Gründe ihrer Bedrohung deutlich zu machen. Die wohl umfangreichste Zusammenstellung von Vorschlägen wie man Schüler an konkreten Naturschutz-Maßnahmen beteiligt, zum Teil mit längerfristigen Arbeiten, hat Arnold (1976) vorgelegt.

14.10.3 Schulgarten und Botanischer Garten

Schulgärten haben eine lange Tradition; sogar ihre Geschichte ist – was bislang sonst kaum einem biologiedidaktischen Spezialgebiet widerfahren ist – mehrfach ausführlich dargestellt worden (z. B. Graeber 1907, Kilger 1981, Winkel 1985). Auf und ab ging ihre Bedeutung (ab etwa 1980 so etwas wie eine dritte „Bewegung"), unterschiedlich war und ist ihre Funktion.
Zu Recht weist Stichmann (1988) auf die Problematik des Begriffs „Biotop" hin. Zudem schlägt er als „fachlich angemessener" vor, für vom Menschen neu geschaffene Lebensräume die Bezeichnung „Sekundärbiotop" zu wählen. Dem ist zuzustimmen.
In Folge von Freilandunterricht und Umwelterziehung haben Schulgärten (Sekundärbiotope, Botanische Gärten) wieder an Bedeutung gewonnen, und zwar mit allen Funktionen zugleich, die sie je für die Schüler haben sollten oder hatten: In sachlicher Hinsicht Erlernen von Gartenarbeit und Gartenpflege, der Biologie von Zimmer-, Nutz-, Heil- und Giftpflanzen, der Systematik und Morphologie von Pflanzen, Kennenlernen von Anpassungen, Durchführen ökologischer Experimente, Bearbeitung von Evolutions- und Naturschutzfragen, Üben des Sachzeichnens u. a.

In formaler Hinsicht sollen die Schüler Erlebnisfähigkeit, Wertbewusstsein, eigenständiges Handeln und vieles andere mehr durch Schulgartenarbeit lernen. So sahen Lehrer in Münster die Hauptaufgabe der Schulgartenarbeit im „Umgang mit und Erfahrung von Natur" (85 Prozent), „Beitrag zur Umwelterziehung" (71 Prozent). *Der Schulgarten wird dadurch zu einem für jede Schule unentbehrlichen Hilfsmittel des naturwissenschaftlichen Unterrichts* – meinte Graeber schon 1907 (S. 1).

Giest (2005) sieht den Schulgarten gerade für die Grundschule als Möglichkeit, *kumulatives, systematisches fachliches Lernen mit der Bearbeitung lebensweltlicher Fragen und Probleme in einem verschiedene fachliche Perspektiven vernetzenden Unterricht zu verbinden.* An einem Beispiel wird gezeigt, wie der Schulgarten als Lerninhalt und Lernort in einem auf ökologische Grundbildung zielenden Unterricht in den Klassen 3–6 genutzt werden kann. – So sehr man dem Autor zustimmen mag, ist jedoch Frage, wie die mit hoher Stundenzahl und weiteren Tätigkeiten belasteten Grundschullehrerinnen (in der Regel) ohne weitere Hilfe einen Schulgarten aufbauen und erhalten sollen.

Nach einer Umfrage von HELLBERG-RODE (1992) verfügte 1990 in Deutschland jede dritte bis vierte allgemeinbildende Schule über eine solche Einrichtung. Dazu wurden auch sogenannte „Biotope" bzw. „Sekundärbiotope" gerechnet. Jede Lehrerin hat demnach die Chance, an eine solche Schule zu kommen. Auf Arbeit in einem Schulgarten, dazu gehören durchaus ja auch praktische Arbeiten, sollte sie sich vorbereiten. Man kann dergleichen nicht von heute auf morgen lernen.

Und dabei besonders die Schwierigkeiten bedenken, die damit verbunden sind, z. B. Mitarbeit des Kollegiums und der Schulleitung ist erforderlich; ein Schulgarten oder Sekundärbiotop kostet Geld, woher bekommt man es; wer betreut die Anlage in den Ferien; ist man bereit, viel Zeit in ein solches Objekt zu investieren.

Vorab ist besonders bei der Anlage eines Sekundärbiotops zu bedenken, wie und von welcher Biologielehrerin er nach der oft „euphorischen Phase des Aufbaus" genutzt wird.

Bedauerlicherweise gibt es jedoch trotz der zahlreichen oben angegebenen Funktionen für das Lernen der Schüler, die dieser Einrichtung zugemessen werden, offenbar noch immer keine genaueren Untersuchungen dazu, welche der erhofften Effekte in welchem Umfang eintreten. Dagegen gibt es in der Literatur (z. B. KAUFMANN 1984, WINKEL 1985, KLAHM 1987, EHRITT et al. 1997, PROBST 1997, WITTKOWSKE 1997) viele Anregungen, wie man Schulgärten anlegt und dort mit Schülern arbeitet; dies gilt ebenso für sogenannte „Biotope aus zweiter Hand" (z. B. UB 135, 1988). – Wichtig erscheinen Appelle (durchaus jedes Kollegiums!) an die Schulbehörden, die Anlage eines Schulgartens finanziell und durch Hilfskräfte zu unterstützen!

Es gibt gleitende Übergänge zwischen der Funktion von Schulgärten, Sekundärbiotopen, Freilandlaboren, Botanischen Gärten („Grünen Schulen"), Lehrpfaden (z. B. WESSEL 1980). Überall dort, wo es (hauptamtliche) Lehrkräfte gibt, stehen der Lehrerin gezielt ausgewählte Objekte, fertig ausgearbeitete Unterrichtsmaterialien zur Verfügung. Wo immer möglich, sollte Biologieunterricht davon profitieren.

14.10.4 Zoo

Ausführliche Darstellungen zur Zoopädagogik finden sich z. B. bei KIRCHSHOFER (1978, 1984), Themenheft „Unterricht im Zoo" (Prax. Biol. 41, H. 3, 1992). Dort finden sich viele Vorschläge, wie solcher Unterricht abgehalten werden kann. Auch zahlreiche positive Erfahrungen einzelner werden dargestellt, aber bislang keine Erhebungen über die Effektivität (wie schon WEISSER, Zoo Frankfurt a. M., 1998 bestätigte).

Dominierend sind Vorschläge wie die Beschränkung auf bestimmte Tiergruppen (z. B. Primaten) oder Durchführung ethologischer Studien (s. z. B. DYLLA 1964/65, 1965; SEGER 1992). Für ältere Schüler erscheinen als mögliche Zusatzaufgabe auch „humanethologische Studien" von Besuchern von Interesse. KIRSCHSHOFER* (1984) plädiert dafür, Zoos zudem für Naturschutzerziehung zu nutzen. Sie schlägt vor allem das Studium bedrohter Tierarten (wie Großkatzen und Kriechtierarten) vor, wobei man auch über „Rote Listen" informieren kann. Über fünfzehnjährige Erfahrungen in der „Zooschule Halle" berichten HERTKAMPF & LASSKE (1986, vorwiegend an der Systematik ausgerichtete Themen); zwar wird über ein großes Interesse der Schüler berichtet, aber es wurde kein Versuch unternommen, den tatsächlichen Effekt solchen Unterrichts zu dokumentieren.

Zur Abfolge methodischer Schritte bei einem Zoobesuch:

- Zuerst sollte ein kurzer Rundgang eingeplant werden (um eine entsprechende, verständliche Neugier der Schüler zu befriedigen);
- Vortrag der Lehrerin oder eines Zoopädagogen zu dem Objekt des Themas, falls es nicht bereits im Unterricht genügend besprochen wurde;
- selbständiges Arbeiten der Schüler aufgrund eines vorgegebenen Themas;

– gemeinsame Besprechung.

Als Dauer des Aufenthaltes in einem Zoo schlägt KIRCHSHOFER (1978) für Grundschüler eine Schulstunde (was nach anderen positiven Erfahrungen bei guter Vorbereitung u. U. erheblich zu kurz ist), für andere Stufen zwei bis drei Stunden vor.

14.10.5 Naturkundliches Museum

Den Stand der Museumspädagogik bis 1980 haben ERBER & GÖTTERT (1981) durch Befragung von 145 Institutionen zusammengefasst. Sowohl sie wie schon vorher FEUSTEL (1978) und WINKEL (1978b) geben eine lange Liste, die derzeit noch länger ist, mit solchen Einrichtungen an, die sich auch auf Biologieunterricht eingestellt haben. Ebenso Themen der dort vorhandenen Arbeitsmaterialien. Bei eigenem Interesse der Museen an solcher Arbeit (machen doch Schüler einen nicht unerheblichen Teil ihrer Besucher aus), hat sich diese Situation weiter verbessert. Eine umfassende allgemeine Darstellung zur Museumspädagogik stammt von WESCHENFELDER & ZACHARIAS (1981). Wieder einmal muss man feststellen: BAADE beklagt jedoch noch 2006, dass kaum empirische Befunde zur Effektivität der Museumspädagogik publiziert worden sind.

Wie aus der angegebenen Literatur hervorgeht, gibt es eine Vielzahl biologischer Themen, die heute in Museen mit Schülern bearbeitet werden können. Dies schließt vielfach auch Experimentieren und andere Aktivitäten ein. Museen haben dazu heute vielfach mehr Möglichkeiten als eine Schule. Sie können auch komplizierte Experimente entwickeln und auf Dauer anbieten. Besonders effektiv verspricht dies dann zu werden, wenn Schüler nach ihren Interessen befragt und diese als Grundlage für die Entwicklung neuer Exponate benutzt werden (GUICHARD 1996). Es lohnt sich deshalb für Biologielehrer, ein in der Nähe gelegenes Naturkundemuseum zu nutzen. Dies ist schon von der 3. Klasse an mit Gewinn möglich.

In Naturkunde-Museen testeten WILDE et al. (2003) an Gymnasialschülern 5. Klassen (n=89 verschiedene „Lernumgebungen“ – also Unterrichtsmethoden), und zwar vorwiegend Instruktion, Eigenaktivität („Konstruktion“) und eine Mischform aus beiden. Es gab einen Wissenszuwachs, aber kein deutlicher Vorteil einer der Unterrichtsmethoden. Eine Lehrerin wird in der Regel bei einem Museumsbesuch der Sachlage entsprechend eine Mischform aus Instruktion und Eigenaktivität der Schüler wählen. Dies wird man als Bestätigung dieses althergebrachte Verfahren werten dürfen.

Über positive Äußerungen von Schülern (n = 404, unterschiedliches Alter, offene Antworten) im Zusammenhang mit Museumsbesuchen berichtet Dürr (1986). Bemerkenswert an seinen Ergebnissen ist, dass Stopfpräparate mehr Anklang fanden als Tonbildschau und Aktionsecke. Der Vermittlung von Naturschutz-Themen und -einstellungen in Museen hat sich besonders JANSSEN (1984) gewidmet. Er schlägt dafür „Erlebnisräume“ (z. B. mit Fühlobjekten, Objekte modellieren, Zuordnen von Teilen zu einem Ganzen, Gegenstände mit Lupen betrachten, biologische Spiele) und spezielle für Jugendliche abgehaltene Matinee-Veranstaltungen vor.

Von der Vermittlung diverser Kompetenzen (wie Sach-, Methoden- und Personalkompetenzen) bei Projekten in einem Museum geht FEHNKER (2009) aus – ohne dass dies jedoch empirisch überprüft wurde; ähnlich Baade (2006).

In einem Museum wurde verschiedenen Kindergruppen (7 bis 11 Jahre alt, n = ~100, Frankreich, Guichard 1996) einerseits eine Videoschau über Ameisen, andererseits ein realer Ameisenhaufen angeboten. Die mittlere Anzahl der dazu gestellten Fragen verhielt sich wie 1,3 : 5,8; d. h., der „reale Ameisenhaufen“ provozierte eine wesentlich intensivere Fragehaltung. Wie unter anderen Aspekten wird auch hierbei deutlich, wie sehr Schüler reale Objekte bevorzugen. – Kinder im Alter von 6–8 Jahren konnten keine hinlänglich zutreffende Skizze des menschlichen Skeletts zeichnen. In einer Ausstellung „fuhren“ sie ein Fahrrad, zugleich sahen sie in einem Spiegelbild die Bewegungen ihrer Knochen; am folgenden Tag (erneut nach 8 Monaten) zeichneten sie Skizzen, „die erkennen ließen, dass die Schüler ein perfektes Verständnis der Hauptfunktionen des Skeletts hatten“ (GUICHARD 1996).

Diese Beispiele zeigen nicht nur, wie Museen mit erprobten Objekten Lernen und Fragehaltung fördern können, sondern allgemein wie schnell Schüler anhand geeigneter Objekte/Methoden Wissen erwerben.

Beim Besuch eines Museums sind folgende Vorbereitungen wichtig, ja unabdingbar:

- Sich vorher über dort vorhandene Arbeitsmöglichkeiten informieren;
- Eine empirische Studie (Wilde & Bätz 2006, 5. Klasse, n = 97) zeigte: Besonders lernwirksam war der Museumsgang für die Schülergruppe mit vorbereitendem Unterricht; insbesondere bei der Bearbeitung offener Items zeigten sich die Vorteile des vorbereitenden Unterrichts. Dieser sollte also immer vorgenommen werden!
- Prüfen welche der vorhandenen Materialien für eine bestimmte Klasse geeignet sind;
- spezifische Arbeitsaufträge für die Schüler planen (man ist in einem Museum mit seinen Schülern auf oft engem Raum nicht allein!);
- sich um einen Raum kümmern, in dem die Ergebnisse besprochen werden können, um sie u. U. vor Ort noch einmal zu prüfen.
- Und doch vorab bedenken, ob nicht die Begegnung mit lebenden Tieren (s Kap.13.5) für die Schüler interessanter und effektiver (s. oben Guichard 1996) ist.

14.10.6 Landheimunterricht

Eine Biologielehrerin, die sich einen kürzeren oder längeren Aufenthalt mit einer Schulklasse an irgendeinem Ort vornimmt, sollte sich der Verantwortung, die sie damit hat, bewusst sein. Sie tut gut daran, die in Kapitel 14.1 genannten „Regeln“ zu beachten. Sie trägt aber auch Verantwortung dafür, die Chance zu nutzen, biologisches Wissen zu vermehren (s. dazu Boley 1998) und zu Freilandaktivitäten anzuregen. Auch die Bearbeitung von Naturschutzthemen dürfte bei einem mehrtägigen Landheimaufenthalt wesentlich besser möglich sein als etwa in einem Museum.

Berichte über dergleichen Unternehmungen sind leider nicht selten wenig befriedigend. Trotz der Eignung ist die Anzahl biologischer Projekte, die in Schullandheimen wirklich durchgeführt werden, verhältnismäßig klein (Winkel 1986: 5). Dort auch eine Befragung von 1058 Lehrern über Tätigkeiten während eines Landheimaufenthaltes; „Vermittlung biologischen Wissens“ wird, soweit erkennbar, nicht (!) genannt. Das muss man als außerordentlich enttäuschend bezeichnen – gab es doch sicher auch Biologielehrer unter den Befragten.

Es darf noch einmal betont werden: „Eigene Naturbegegnung“ ist der dominierende Anregungsfaktor für Aktivitäten mit Tieren und Pflanzen im weitesten Sinn (s. Kap. 11.2, Palmer & Neal 1994); je länger Freilandunterricht dauert, umso höher ist jede Art von Lerneffekt in diesem Bereich (z. B. Schwaab 1982). Dazu:

- Schon die Wahl des Aufenthaltsortes (wenn man nicht durch ein schuleigenes Landheim festgelegt ist) entscheidet naturgemäß darüber, ob man biologisch arbeiten kann.
- Es sollte in einem Landheim ein eigener Raum zur Verfügung stehen, in dem man Untersuchungen vornehmen, gesammelte Objekte ausstellen kann.
- Je nach Alter der Schüler ist zu bedenken, welche Untersuchungsgeräte mitgenommen werden können bzw. müssen.
- Dies gilt auch für notwendige Literatur.
- Welche biologischen Erkenntnisse ein solcher Aufenthalt bringen sollte, muss man vorher festlegen. Für ältere Schüler hat sich z. B. ein Exkursionsbericht bewährt, als gemeinsames, überdauerndes Werk aller.
- Besonders ist festzulegen, ob von einzelnen Schülergruppen bestimmte Themen intensiv bearbeitet werden oder ob alle gemeinsam etwas tun.
- Richtig wäre es, wenn eine Lehrerin vorher einige Tage vom Unterricht befreit werden würde, um sich vor Ort vorzubereiten; dies ist bislang wohl kaum der Fall.
- Die Wahl biologischer Themen und deren verpflichtende Bearbeitung verhindert Langeweile, „Herumlungern“ und wenig sinnvolle Aktivitäten.

Es gibt zahlreiche Literatur über spezifische Themen, die bei einem Landheimaufenthalt bearbeitet werden können; dazu nur einige fast beliebige Beispiele, und zwar jeweils Themenhefte von Zeitschriften: Wattenmeer und Inseln (BU 9, H. 1, 1973; UB H. 136, 1988) – Hochgebirge, Alpen (BU 20, H. 1, 1984; UB H. 69, 1982) – Moor (UB H. 109, 1986) – Hecken und Feldgehölze (UB H. 116, 1986; Prax. Biol. 45, H. 6, 1996; Prax. Biol. 46, H. 1, 1997) – Bach, Stadtbach (Prax. Biol. 34, H. 2, 1994).

Einige Themen sollen als erste Anregung angegeben werden (s. dazu auch WINKEL 1986, wobei man nicht allen dort angeführten Hinweisen zustimmen möchte); sie hängen naturgemäß vom Ort des Landheimaufenthaltes ab:

- Primarstufe ab 3. Klasse: Mit Hilfe von „Steckbriefen" in der näheren Umgebung bestimmte Arten suchen (Pflanzen: leichter, Tiere: schwerer); Tiere unter den Steinen eines Bachs sammeln und mit Hilfe vom Lehrer selbst zusammengestellter Angaben etwas über ihre Lebensweise lesen; alle Pflanzen (außer Moosen) auf der abgesteckten Fläche eines Nadelwald- und eines Laubwaldbodens zählen.
- Sekundarstufe I: Mit Hilfe vorgegebener Tabellen Untersuchungen zum Waldsterben machen (s. Themenheft „Gefährdete Wälder", BU 20, H. 3, 1984); Anpassungen einzelner Arten an ihren Standort untersuchen (Lichtverhältnisse, Feuchtigkeit, pH-Wert des Bodens, gegebenenfalls Fortpflanzungsstrategien usw.); Nutzung zweier unterschiedlicher abgegrenzter Flächen durch Vogelarten (Anzahl der Individuen in einem Zeitraum, Art der Nutzung, u. U. Artenspektrum).
- Sekundarstufe II: Eine pflanzensoziologische Untersuchung auf zwei kleinen Vergleichsflächen durchführen (wobei nicht alle Arten identifiziert werden müssen); das Verhalten einer Vogelart beobachten, genau dokumentieren und nach Möglichkeit mit ethologischen Begriffen interpretieren; Beobachtungen und Experimente zur Orientierung von Waldameisen durchführen; nach vorheriger Beschäftigung mit dem möglichen Nutzen für bestimmte Arten und Genehmigung durch Zuständige ein Naturschutzprojekt durchführen (Tümpel für Amphibien, Steilwand für den Eisvogel, Trockenmauer bauen; s. z. B. ARNOLD 1976); solche Aktivitäten eignen sich auch für eine biologisch weniger interessierte Gruppe.

Begriffe: Außerschulischer Lernort („Öffnung der Schule"), Freilandunterricht, Exkursion, Biologische Exkursion, Biologieunterricht im Schulgarten, Freilandlabor, Sekundärbiotop, Zoo, Naturkundliches Museum, Landheimaufenthalt.

15 Unterrichtsprinzipien

15.1 Allgemeines

Es ist ein besonders heikles Unternehmen, in der didaktischen Diskussion etwas Konkretes über Unterrichtsprinzipien zu sagen, weil die theoretischen Positionen zu verschieden und deshalb die Auffassungen über Unterrichtsprinzipien – falls man solche überhaupt als relevant ansieht – zu unterschiedlich sind (WOLF 1981).

In der Literatur werden reichlich Angaben dazu gemacht, wonach bestimmte Prinzipien (Leitideen, Leitgedanken, Leitprinzipien, Leitlinien u. a. Bezeichnungen) im Biologieunterricht berücksichtigt werden sollen. Sie werden vielfach und wohl am besten als „Unterrichtsprinzipien" bezeichnet. Neuerdings wird dieser Begriff eher seltener verwendet und stattdessen von „Kompetenzen" gesprochen (s. Kap. 5.10), deren Erwerb die allgemeine und grundlegende Aufgabe von Biologieunterricht sein soll. Da aber der Begriff „Unterrichtsprinzip" in der Biologiedidaktik vorhanden ist und die Vermittlung von Kompetenzen dem entspricht, soll auch darauf eingegangen werden.

Man kann Unterrichtsprinzip definieren als Inhalt oder Lehrform, die falls möglich, bei jedem Thema, jeder Unterrichtseinheit berücksichtigt werden soll. Inhalte, die als „Unterrichtsprinzip" vorgeschlagen werden, fallen dann allerdings vielfach als eigenständige Unterrichtseinheiten fort.

Man kann dem oben zitierten Autor zustimmen: Es gibt in der biologiedidaktischen und pädagogischen Literatur nur wenige Aussagen, die so schillernd sind, mit unterschiedlichen Akzenten verwendet und mit verschiedenen Namen belegt werden. Daran hat sich auch durch die neue Bezeichnung Kompetenz wenig geändert. Bemerkenswert ist, dass man andererseits die Bezeichnung Unterrichtsprinzip (oder eine verwandte) selbst in umfangreichen Übersichtswerken nicht findet.

Auch die Bereiche, die als Unterrichtsprinzip oder „Prinzip des Unterrichts" vorgeschlagen werden, sind vielfältig und variieren im Lauf der Zeit vor dem Hintergrund allgemeiner Vorstellungen von Unterricht. Dies kann man an Beispielen zeigen:

- Prinzip des Arbeitsunterrichts, des Exemplarischen (SIEDENTOP 1968:43 ff.),
- Unterrichtsgrundsätze (Prinzipien) für den Biologieunterricht: Lebensnähe, Zeitnähe, Anschaulichkeit, Selbsttätigkeit u. a. (GRUPE 1977:217 ff.);
- das Pflegerische als Leitidee des Biologieunterrichts (WINKEL 1978a);
- Umgang mit Medien als Unterrichtsprinzip; ähnlich für Verkehrserziehung WINKELER (1980);
- Unterrichtsprinzipien als fächerübergreifende Leitlinien: Gesundheit, Sexualität, Umwelt, Frieden (ESCHENHAGEN et al. 1993:91); ähnlich Evolution (s.u.).
- durchgängige Integration der Formenkunde (HEDEWIG 1995);
- Prinzipien des Biologieunterrichts: Situationsbezug, Problemorientierung, Handlungsorientierung (ELLENBERGER et al. 1993: 141ff.);
- weiterhin: Ganzheitlichkeit, Erfahrungsgeleitetes Lernen, Anweisender Unterricht, Genetischer Unterricht, Entdeckendes Lernen (Problemlösendes Lernen), Erlebnisorientierung, Situiertes Lernen, Wissenschaftspropädeutik (Biophilosophie), Wissenschaftsorientierung, Schülerzentrierter Unterricht, Sachgemäßheit, Entwicklungsgemäßheit usw. (ausführlich zu einigen dieser Prinzipien s. WOLF 1981).

Diese (immer noch unvollständige) Aufzählung macht deutlich, dass so etwa alles, was als übergeordnete Grundsätze im Biologieunterricht möglich ist, auch schon als Unterrichtsprinzip bezeichnet wurde. In der Literatur angegebene Unterrichtsprinzipien lassen sich in zwei Gruppen einteilen. Man kann sie bezeichnen als

- Kognitive Unterrichtsprinzipien, die auf bestimmte Themen des Biologieunterrichts bezogen sind, und
- Formale Unterrichtsprinzipien, die sich auf allgemeine Fertigkeiten und Fähigkeiten beziehen.

Wie allgemein bei biologiedidaktischen Begriffen (s. Kap. 10.3) ist dabei jedoch nicht in allen Fällen eine eindeutige Zuordnung zu einer der beiden Gruppen möglich (z. B. Exemplarisches Prinzip, Wissenschaftspropädeutik).

Unterrichtsprinzipien entsprechen keineswegs einem Strukturansatz (s. Kap. 5). Das könnten einzelne Unterrichtsprinzipien auch schwerlich leisten. Vielmehr besteht die Absicht, sie unabhängig vom jeweils verwendeten Strukturansatz bei jedem biologischen Unterrichtsinhalt zu berücksichtigen und zu beachten. Es ergeben sich jedoch insofern Überschneidungen als bestimmte Unterrichtsprinzipien bereits essentielle Bestandteile bestimmter Strukturansätze sind (s. u.). Für die Entscheidung jeder einzelnen Lehrerin, welche Unterrichtsprinzipien sie in ihrem Biologieunterricht verwenden will – oder auch muss, sind noch weitere Gesichtspunkte zu bedenken:

1. Selbstverständliche Unterrichtsprinzipien: Es ist schwer zu entscheiden, will man sich nicht an bestimmte Moden oder an Ideen einzelner Autoren halten, welche Unterrichtsprinzipien wirklich notwendig sind – und vor allem, was die Forderung nach Beachtung so vieler und unterschiedlicher Prinzipien für den konkreten Biologieunterricht bedeutet.

   Einerseits ist es wichtig, bei jeder Art von Biologieunterricht nicht nur die gerade zu behandelnden biologischen Inhalte und den Lehrplan zu berücksichtigen, sondern immer auch übergeordnete Prinzipien. Wollte ein Lehrer andererseits alle diese Vorschläge wirklich ernst nehmen und auch nur einen Teil möglichst oft im Biologieunterricht realisieren, so könnte dies auch dazu führen, dass die Vermittlung bestimmten biologischen Wissens nicht mehr mit der notwendigen Konsequenz und Klarheit erfolgt.

   Bei vielen der angegebenen Unterrichtsprinzipien handelt es sich um grundlegende, eigentlich selbstverständliche Lehrformen, also Elemente oder Teilaspekte jeglichen guten Unterrichts, wie z. B. Anschaulichkeit, Arbeitsunterricht bzw. Handlungsorientierung, Problemorientierung. Sie wurden schon seit der Frühzeit des Biologieunterrichts eingefordert (s. Kap. 17), sind keineswegs neu. Freilich ist damit nicht ausgesagt, dass sie auch tatsächlich im notwendigen Umfang gegenüber reinen Fachdarstellungen berücksichtigt werden. Insofern erscheint es gerechtfertigt, immer wieder auf sie aufmerksam zu machen. Sie sollten demnach bei jeder Unterrichtsvorbereitung bedacht werden (s. Kap. 16.2).

2. Effektivität Formaler Unterrichtsprinzipien: Für die Formalen Unterrichtsprinzipien gelten alle die Schwierigkeiten der Realisierung, des Nachweises ihrer Wirksamkeit, die in Kapitel 3.5 ausführlich diskutiert wurden. Trotz der unbestreitbaren Notwendigkeit, sie im Biologieunterricht zu berücksichtigen, muss man sich stets bewusst sein, dass in den meisten Fällen über ihre Effektivität wenig bekannt ist. Auch bei vielfach in der Literatur vorgetragenen und verfochtenen Meinungen in Bezug auf die Verwendung bestimmter Unterrichtsprinzipien wird über deren Bedeutung für biologisches Verständnis der Schüler kaum etwas ausgesagt (s. dazu auch Kap.5.10).

3. Unterrichtsprinzipien und Situationsanalytischer Strukturansatz: Das heute weithin anerkannte und oben dargestellte Oberste Leitziel des Biologieunterrichts (s. Kap. 3.2) führt notwendigerweise dazu, dass z. B. Situationsbezug, Lebensnähe und Zeitnähe bei der gesamten Planung berücksichtigt werden. Die Beachtung dieser, und darüber hinaus auch Kognitiver Unterrichtsprinzipien wie Gesundheit, Sexualität, Umwelt ist konstitutives Element des Situationsanalytischen Strukturansatzes (s. Kap. 5.6). Er dürfte sich deshalb für die Beachtung der genannten Unterrichtsprinzipien besonders gut eignen.

4. Kognitive Unterrichtsprinzipien sind kein Ersatz für Unterrichtseinheiten: Kognitive Unterrichtsprinzipien der zuletzt genannten Art sind zwar einerseits zu begrüßen; jeder nachdenkliche Lehrer wird entsprechende Fragen der Schüler wo immer möglich und nötig berücksichtigen oder auch provozieren. Andererseits besteht die Gefahr, dass wichtige Inhalte des Biologieunterrichts nicht mehr als Unterrichtseinheiten behandelt werden, da sie ja „überall als Prinzip" berücksichtigt werden. Im Zweifelsfall wird ja schon irgendein anderer Lehrer im „fächerübergreifenden Unterricht" darauf eingehen. Wenn Kognitive Unterrichtsprinzipien also so verstanden werden, dass dadurch eine eigenständige Behandlung als Unterrichtseinheit entfällt, sozusagen gespart wird (Sexualerziehung, Umwelterziehung als Prinzip), werden solche Aussagen außerordentlich problematisch.

    So setzt sich offenbar in manchen neuen Lehrplänen durch, das Thema Evolution nicht mehr zu den für alle verbindlichen Inhaltsbereichen vorzusehen, sondern es „soll sich als roter Faden durch den gesamten Biologieunterricht der Gymnasialen Oberstufe ziehen". Offenbar gaben zeitliche Gründe, damit aber die Bevorzugung anderer Themen, den Ausschlag für diese sachlich nicht nachvollziehbare Zurückstufung der zentralen biologischen Theorie. Man kann sich schwerlich vorstellen, wie gründliches Wissen über Evolution entsteht, wenn nicht z. B. der Homologie-Begriff, Beispiele für die Evolution einzelner Organismengruppen, Evolutionsfaktoren ausführlich in einer Unterrichtseinheit studiert werden. – Für neue, aufgrund der „Bildungsstandards" zu entwickelnde Lehrpläne ist es dringend zu wünschen, dass für das Thema Evolution eigene geschlossene Unterrichtsabschnitte vorgesehen werden. Jedenfalls sollten sich Lehrer nicht davon abhalten lassen, in ihrem Unterricht solche Einheiten vorzusehen.

Aus den bisherigen Darstellungen kann man einige zusammenfassende Schlussfolgerung ziehen:

- Jeder Biologieunterricht erfordert neben der sachlichen Darstellung die Beachtung bestimmter Unterrichtsprinzipien.
- In der Literatur angegebene Unterrichtsprinzipien müssen von jedem Lehrer daraufhin geprüft werden, ob sie im Biologieunterricht auch zu sinnvollen Ergebnissen führen, in sich schlüssig sind.
- Entsprechend muss Biologiedidaktik solche Unterrichtsprinzipien kritisch sichten.
- Es erscheint kaum möglich, alle vorgeschlagenen Unterrichtsprinzipien etwa in einer Biologiestunde zu beachten. Deshalb gibt es nur die Möglichkeit zu entscheiden, welche davon jeweils bedeutsam sind.

15.2 Bemerkungen zu einigen Unterrichtsprinzipien

Bestimmte Themen, die von verschiedenen Autoren als Unterrichtsprinzipien bezeichnet werden, sind zugleich wesentlicher Bestandteil anderer komplexer biologiedidaktischer Fragestellungen. Sie werden deshalb dort behandelt; z. B.:

- Erlebnisorientierung: Kapitel 3.6
- Schülerzentrierter (Schülerorientierter) Biologieunterricht: Kapitel 5.9
- Situiertes Lernen: Kapitel 6.3
- Exemplarisches Prinzip: Kapitel 7
- Genetisches Lernen, Entdeckendes Lernen: Kapitel 7.3
- Vermittlung von Artenkenntnissen als Unterrichtsprinzip: Kapitel 11.3
- Handlungsorientierung: Kapitel 13.7
- Wissenschaftspropädeutik (Biophilosophie): Kapitel 20

Demnach müssen noch zwei der in der Literatur häufig erwähnten Formalen Unterrichtsprinzipien erörtert und kritisch diskutiert werden.

„Kognitive Unterrichtsprinzipien" wie z. B. Sexual-, Gesundheits-, Umwelterziehung sind inzwischen umfangreiche Teilgebiete der Speziellen Biologiedidaktik. Sie werden in diesem Buch über Allgemeine Biologiedidaktik deshalb nicht weiter behandelt.

15.2.1 Wissenschaftsorientierung – Wissenschaftsorientierter Unterricht

Unter „Wissenschaftsorientierung des Biologieunterrichts“ kann man mindestens zweierlei verstehen:

1. Grundsätzlich könnte oder sollte damit eine allgemeine Wissenschaftsorientierung des Biologieunterrichts gemeint sein. D. h., dass das gesamte Lehren an biologiedidaktischen Prinzipien ausgerichtet ist. Dies schließt Genauigkeit in Bezug auf die Beachtung vermittlungswissenschaftlicher und biologischer Erkenntnisse ein. Eben eine eigentlich selbstverständliche Orientierung an den Wissenschaften, die Biologieunterricht betreffen. – Es darf an dieser Stelle erneut erwähnt werden, dass dies ohne gründliche Kenntnisse und ständige Fortbildung nicht möglich erscheint.

2. Der Begriff Wissenschaftsorientierung wird aber auch in dem Sinn benutzt, dass eine Ausrichtung entweder vorwiegend an den Inhalten oder den Methoden der Biologie erfolgen soll. Dies ist ein Strukturansatz, der als überholt gelten kann. Dazu wurden bereits an mehreren Stellen (Kap. 1.2, 3.5, 5.8) Aussagen gemacht.

In diesem Sinn wurde die Bezeichnung Wissenschaftsorientierung verwendet, nachdem der Deutsche Bildungsrat (1970a:33 u. a.) gefordert hatte: *Die Bedingungen des Lebens in der modernen Gesellschaft erfordern, dass die Lehr- und Lernprozesse wissenschaftlich orientiert sind... Die Wissenschaftsorientierung von Lerngegenständen und Lernmethoden gilt für den Unterricht auf jeder Altersstufe.* Vor allem in Kapitel 5.5 (auch 3.4) wurde unter dem Gesichtspunkt „Allgemeinbiologie als Strukturansatz“ schon auf dieses Thema eingegangen. Für die Grundschule stellt Soostmeyer (1998: 244ff.) diesen Aspekt unter dem Stichwort „Sachorientierung“ dar.

In heftigen Debatten (z. B. mehrere Aufsätze bei Wicke 1985; Übersicht bei Schmitz 1977) trugen vor allem Pädagogen, besonders Grundschulpädagogen, Bedenken vor. Sie fürchteten einen Verlust an „Bildung“ vor allem bei einer zu starken Betonung (natur)wissenschaftlich ausgerichteten Unterrichts; für die Grundschule gar einen Verlust des „reformpädagogischen Gedankengutes“ (Schmidt 1980; s. dazu auch Ausführungen zum Sachunterricht, Kap. 18.1). Solcher Polemik kann man nur immer wieder entgegenhalten: Es spricht inzwischen viel mehr für den Bildungswert von Wissen als für die umgekehrte Annahme, wie z. B. die Untersuchungen von Weinert (1986,1997) und anderen gezeigt haben. Man muss abwarten, wie die Anwendung des Prinzips Kompetenzorientierung auch in der Grundschule erfolgen soll.

Vorübergehend wurde Biologieunterricht vor allem von angloamerikanischen Curricula in Hinsicht auf eine stärkere Wissenschaftsorientierung im engeren Sinn beeinflusst (s. Kap. 17.4). Auch die ersten IPN-Unterrichtseinheiten lassen eine entsprechende Tendenz erkennen. Im Anschluss an die Curriculum-Reform (s. Kap. 6) gab es jedoch, so weit bekannt, keine deutschsprachigen Lehrpläne für den Biologieunterricht für die Sekundarstufe I, die im Sinn überwiegender Fachorientierung ausgerichtet waren, wohl aber für die Sekundarstufe II.

Wissenschaftsorientierung in dem Sinn, dass ein ausgewogener Kanon grundlegender biologischer Kenntnisse vermittelt wird, ist ein selbstverständliches Element von Biologie- und Sachunterricht – und bedarf daher kaum einer Erwähnung als eigenes Unterrichtsprinzip.

15.2.2 Ganzheitlichkeit

Das Ganze ist das Unwahre (Theodor Adorno, Minima Moralia).

Schwer zu fassen ist die Bezeichnung „Ganzheitlichkeit“, „Ganzheitlicher Biologieunterricht“. Dies könnte mit ihrem wahrscheinlichen Ursprung aus verschiedenen Wurzeln zusammenhängen – von denen man etwas wissen sollte, um die heutige Verwendung dieser Bezeichnung besser zu verstehen. Dies ist jedoch kein ganz leicht zu verstehender Überblick über verschiedene Denkrichtungen des zwanzigsten Jahrhunderts. Es ist jedoch wegen der verwirrenden Verwendung dieser Bezeichnung und der verbreiteten Forderung nach „Ganzheitlichkeit" notwendig, sich mit ihr auseinander zu setzen, wenn man sich dazu eine eigene Meinung bilden will.

Im Zusammenhang mit der Reformpädagogik wird schon zu Beginn der 30er Jahre das „Eindringen des Ganzheitsgedankens in die Gesamtunterrichtsbewegung" festgestellt (Kochan & Neuhaus-Siemon 1979). *Das Prinzip des Gesamtunterrichts ist in reiner Form selten verwirklicht worden, da bald deutlich wurde, dass der Anspruch der Sache zu kurz kommt, wo die Ideologie der Ganzheit allein den Unterricht bestimmt* (Schmidt 1980).

„Ganzheitlichkeit" war offensichtlich keine primär pädagogische, gar empirisch abgesicherte Idee, sondern sie ist von gestaltpsychologischen, ganzheitsphilosophischen Vorstellungen abgeleitet. Danach ist das „Ganze" anders und mehr als die Summe der Teile, Wahrnehmung und Verstehen sollen vom Ganzen ausgehen und nicht von den Teilen. „Ganzheit" kann mit empirischen Methoden nicht erfasst werden. – Inzwischen ist allerdings eine Reihe früher unerklärbarer „Gestaltwahrnehmungen" durch neurologische Modelle aufgeklärt, sozusagen des Unerklärlichen entkleidet worden (s. z. B. schon Hassenstein 1967b).

Entsprechend spielen auch im Vitalismus (der Vorstellung, dass in Organismen eine nichträumliche, also auch nicht messbare Kraft wirkt, genaue Erklärung in Kapitel 19.2) Bezeichnungen wie „Ganzheit" und „Zweckmäßigkeit" eine zentrale Rolle. Besonders wird dieser Begriff von dem Biologen und Anthroposophen Portmann (z. B. 1961:37) benutzt: *Statt dass da Bausteine ein Ganzes aufbauen, schafft sich das bereits bestehende, im Unsichtbaren kompliziert geformte Ganze vorerst einmal seine Bausteine.* Die Bezeichnung „Ganzheit" wird also (in diesem kompliziert formulierten Satz) verwendet, um den Organismen ein „zwecksetzendes Prinzip" unterzuschieben. Dergleichen hat seinen Ursprung wohl im Bedürfnis nach der „Rettung von Transzendenz", deutlicher gesagt: eines Schöpfers. – Dessen Wirken könnte man als Biologe jedoch nicht erforschen. Demnach sind aus solchen Annahmen abgeleitete Aussagen inhaltslos, man kann auch sagen sinnlos (Brüggemann 1958:207).

Auch in den Biologieunterricht sind solche vitalistischen Vorstellungen eingedrungen, besonders nach dem Zweiten Weltkrieg (Beispiele in Kap. 17.3, Punkt 6). So meinte Esser 1972 (S.17), dass der Streit zwischen Mechanismus und Vitalismus noch nicht entschieden und es folglich Aufgabe der Biologie sei „die Ganzheitsnatur des Organismus zu erforschen".

Schließlich wurde auch in der NS-Biologie (s. Kap. 17.2) der Begriff missbraucht: Dem übergeordneten „Volksganzen" hatte sich das Individuum bedingungslos unterzuordnen.

Eine große Rolle spielt „Ganzheitlichkeit" in allen esoterischen Betrachtungen (z. B. Ganzheitsmedizin); zur Problematik esoterischer Aussagen s. Kapitel 19.3.4.

Meint man jedoch mit „Ganzheitlichkeit" eine Verknüpfung biologischer Themen mit anderen Bereichen, wie z. B. Literatur, Musik, so war dies schon um die Jahrhundertwende gang und gäbe – manchmal in übertriebenem Umfang, wie Lehrerhandbücher ausweisen (z. B. Zimmermann 1891/1921, Busemann 1905).

Um die Vielzahl der Verwendungen dieses Begriffs noch zu erhöhen, wird mit ihm auch die „Autonomie" der Biologie gegenüber rein physikalisch-chemischen Erklärungen bezeichnet (s. Reduktionismusproblem, Kap. 19.2, Punkt 2). Durch die Komplexität der Organismen entstehen neue Prinzipien, die Moleküle und chemische Verbindungen nicht aufweisen – etwa „Informationen". In diesem Sinn hat der Begriff „Ganzheitlichkeit" in der Biologie zu einer nützlichen Betrachtungsweise geführt. Es fragt sich jedoch, ob „Autonomie" dafür nicht die bessere Bezeichnung ist.

Wohl in Kenntnis dieser inhaltlichen Vorbelastungen benutzen viele Biologiedidaktiker „Ganzheit" (Ganzheitlichkeit) entweder überhaupt nicht (z. B. Steinecke 1933, Grupe 1977, Mostler et al. 1975) oder vorsichtig: „Den Menschen in seiner Ganzheit erfassen", „Betrachtung einer organischen Ganzheit" (Siedentop 1968:44, 35), ganzheitliche Erfassung von Tieren und

Pflanzen, *ganzheitliche... Betrachtungen sind wichtige Hilfen für das Verständnis biologischer Erscheinungen...* (KILLERMANN 1995:64, 21).

Damit ist nicht mehr und nicht weniger gemeint als die Darstellung eines Lebewesens in seinem Kontext, seine Anpassung an ein bestimmtes Habitat, eine bestimmte Lebensweise. Also nicht die isolierte Behandlung der Mägen der Kuh ohne ihre Lebensweise, des Skeletts eines Vogels ohne dessen Anpassung an das Fliegen. Ein Vorgehen, das eigentlich schon seit Schmeils Forderung nach einer „biologischen Betrachtung" (s. Kap. 17.2) selbstverständlich, essentiell für einen guten Unterricht ist – so dass man eigentlich darüber keine Worte verlieren muss.

In jüngster Zeit wird „Ganzheit" auch in der Biologiedidaktik häufig benutzt; diese Bezeichnung ist geradezu zu einem Modewort geworden. Z. B. verstehen ELLENBERGER et al. (1993:24) darunter u. a.: Herstellung von Querverbindungen, Aufzeigen von Wirkungsgefügen, Verknüpfen bekannter Tatsachen mit aktuellen Sachverhalten, Reflexion der Erkenntnisinteressen (in ähnlicher Weise hat Drutjons 1982 seinen Begriff „Existenzbiologie" beschrieben). Dies ist einerseits nichts anderes als die Aufforderung zu einem Biologieunterricht, wie er mit dem Situationsanalytischen Strukturansatz (s. Kap. 5.6) gefordert wurde.

In einer Überbetonung einer solchen „Ganzheitlichkeit" liegen andererseits mindestens drei Gefahren: 1. Eine gründliche Behandlung biologischer Einzelaussagen, biologischen Wissens kann zu kurz kommen. Denn gründliches Wissen ermöglicht es überhaupt erst, alle die genannten Querverbindungen und Reflexionen herzustellen. 2. Auswirkungen und Effektivität der überwiegend angestrebten formalen Fähigkeiten sind (s. Kap. 3.5, 9.3.1) noch weithin unbekannt. 3. Darüber hinaus soll eine kritische Urteilsfindung im Rahmen von „Ganzheitlichkeit" dazu führen, dass *... dieselben Erkenntnisse und Begriffe in unterschiedlichen Zusammenhängen auch unterschiedliche Bedeutung erhalten* (ELLENBERGER et al. 1993:65). Es ist zu fragen, ob Begriffe wie Enzym, Gen, Mutation bei einem bestimmten Forschungsstand unterschiedliche Bedeutung haben können. Solche Aussagen liegen gefährlich nahe bei Anschauungen des radikalen Konstruktivismus. Dieser geht davon aus, dass Naturwissenschaft keine gültigen Aussagen über die Welt machen kann.

Viele Gründe gibt es also, dem vielfach vorbelasteten Begriff „Ganzheitlichkeit" skeptisch gegenüberzustehen. Ihn, wenn überhaupt, nur vorsichtig zu verwenden und genau zu sagen, was man darunter versteht. Auch die folgenden polemischen Sätze von MILLER & DRESCHER (1995; s. auch KLAUTKE 1980) sollen zu einem kritischen Umgang mit „Ganzheitlichkeit" anregen: Was *„Ganzheitlichkeit" ausmachen soll, bleibt im Dunkeln, dem Zufall überlassen... In ihrer Kritik an der „verkopften Schule" tun [Ganzheitlichkeits-Vertreter] so, als ob berufliche Fähigkeiten ohne Wissen möglich seien... Verkannt wird, dass das „Ganze" niemals im „ganzheitlichen Akt" gefasst werden kann. Wir können jeweils nur Segmente oder einzelne Perspektiven fassen... Wer jedoch andauernd „ganzheitlich" und „vernetzt denkend" im Unterricht vorgehen will, verfährt, vielleicht mit einem Schuss Selbstironie, ganz nach dem Motto: Wir vernetzen ganzheitlich alles, wissen aber fast nichts, macht nix.*

Begriffe: Unterrichtsprinzip (Leitidee, Leitgedanken), Kognitives Unterrichtsprinzip, Formales Unterrichtsprinzip, Wissenschaftsorientierung, Ganzheitlichkeit, Erlebnisorientierung, Schülerzentrierter (Schülerorientierter) Biologieunterricht, Situiertes Lernen, Exemplarisches Prinzip, Genetisches Lernen, Entdeckendes Lernen, Vermittlung von Artenkenntnissen als Unterrichtsprinzip, Handlungsorientierung, Wissenschaftspropädeutik (Biophilosophie)

16 Vorschläge für die Vorbereitung auf und Beurteilung von Biologieunterricht

16.1 Allgemeines

Jede Referendarin, jede Studentin im Schulpraktikum muss ausführliche schriftliche Unterrichtsvorbereitungen vorlegen. Ähnliches gilt für schon länger tätige Lehrerinnen in besonderen Situationen. Manche sprechen in diesem Zusammenhang von einer für den normalen Unterricht unrealistischen „Schau". Kritiker sollten jedoch bedenken, dass solche Entwürfe und Unterrichtsstunden erkennen lassen, welche Überlegungen ein Lehrer unter besonderen Bedingungen anstellen kann – und wie er sie umsetzt.

Die Literatur zu diesem Thema ist kaum übersehbar (z. B. KLAFKI 1962, HEIMAN et al. 1970, ADL-AMINI & KÜNZLI 1980, MEYER 2007, GLÖCKEL 1992; etwa 110 Literaturangaben bei BILLER 1981). Zwar gibt es für jede Fächergruppe spezielle Aspekte, die bei der Unterrichtsvorbereitung zu beachten sind. Spezifika für den Biologieunterricht sind aber kaum auszumachen.

Aber die Vorschläge werden immer komplizierter, immer neue Modelle werden in der Literatur vorgeschlagen, so dass sie vielfach über die Möglichkeiten eines konkreten Unterrichtsentwurfs und entsprechend einer Stunde weit hinausgehen (Beispiel „Planungsmatrix" von GIBAS 1981). Man spricht geradezu von „Feiertagsdidaktik" im Gegensatz zu „Alltagsdidaktik". Dies könnte es geraten erscheinen lassen, diese Sachverhalte möglichst einfach darzustellen.

Problematisch kann es werden, wenn jemand, der Unterricht zu beurteilen hat, einem bestimmten Modell den Vorzug gibt und erwartet, dass gerade dieses in einer Unterrichtsvorbereitung verwendet wird. Da es nun einmal verschiedene Vorschläge gibt, sollte jeder begründete Weg akzeptiert werden, wenn er die Fähigkeit zu einer guten Planung erkennen lässt. Schwierig für Referendare ist besonders, dass offenbar noch immer keine einheitlichen Kriterien für die Beurteilung von Unterricht angewandt werden (s. dazu Vorschlag Tab. 16-2).

Die erste Aufgabe bei der Vorbereitung einer Unterrichtseinheit oder einer Unterrichtsstunde besteht darin, Literatur zu suchen – und zwar nicht nur biologische, sondern vor allem auch biologiedidaktische. Es gibt wohl kein Thema für den Biologieunterricht, über das nicht schon in der Literatur berichtet worden wäre. Ebenso wenig wie ein Biologe sich einer Frage widmen kann, ohne sich vorher über den Stand der Kenntnisse zu informieren, ist dies für einen Biologielehrer, der eine Stunde hält, möglich.

Literaturrecherchen und Literaturauswertung sind auf dem Gebiet der Biologiedidaktik jedoch in aller Regel schwieriger als etwa in der Biologie. Patentrezepte können dafür nicht angegeben werden. Vorteilhaft ist es, wenn man die Inhalts- oder Stichwortverzeichnisse (der letzten Jahrgänge) wichtiger biologiedidaktischer Zeitschriften zur Hand hat. Auch „Handbücher" (z. B. FALKENHAN 1970–1979, ESCHENHAGEN et al. 1989–1999) enthalten viele Literaturhinweise zu einzelnen Themen. Bereits gefundene Literaturstellen können als Basis für die weitere Suche verwendet werden.

Erst in jüngster Zeit gibt es gut erreichbare bibliographische Zusammenstellungen auch für den Biologieunterricht; z. B. CD-Rom „Datenbank Schulpraxis" (2009, Erscheinen inzwischen eingestellt; Landesinstitut für Schule und Weiterbildung, Soest), die die Suche nach geeigneter Literatur erleichtern.

Zur Information darüber, wie es andere bereits gemacht oder sich vorgestellt haben, ist auch die Lektüre oder besser kritische Analyse des Themas in mehreren Schulbüchern nützlich.

Auf das genaue Zitieren von Literatur ist stets zu achten (ebenso naturgemäß darauf, dass bei übernommenen Texten oder Abbildungen die Quelle angegeben wird). Auf die Unterschiede zwischen einzelnen Fächern und vielfältige Nuancen (Zitation bei mehreren Autoren, englischsprachiger Titel usw.) soll hier nicht eingegangen werden. Darüber kann man sich am besten informieren, indem man das Literaturverzeichnis einer biologiedidaktischen Publikation studiert. Festzuhalten ist aber, dass stets folgende Angaben nachvollziehbar sein müssen, damit man eine zitierte Arbeit auch finden kann: Autor oder Autoren, Initiale des Vornamens bzw. der Vornamen, Titel der Publikation; bei Zeitschriftenaufsätzen: Titel der Zeitschrift, Jahrgang/Band, erste und letzte Seite des zitierten Aufsatzes; bei Büchern zudem: Erscheinungsort, u. U. Auflage, u. U. Verlag. Im Text stehen nur der Autorenname und das Jahr seiner Arbeit, bei wörtlichen Zitaten auch eine Seitenangabe (die bei kurzen Zeitschriftenbeiträgen entfallen kann).

16.2 Vorbereitung einer Unterrichtseinheit

Übersichtlich hat bereits Siedentop (1968:58) Grundfragen zusammengestellt, die bei der Planung einer Unterrichtseinheit bedacht werden sollten; diesem Vorschlag wird hier zum Teil gefolgt. Um die Klärung solcher Fragen kommt jeder Lehrer auch dann nicht herum, wenn bestimmte Themen durch einen Lehrplan vorgegeben oder vorgeschrieben sind: Er ist letztlich für die Qualität seines Unterrichts verantwortlich. Diese Grundfragen können auch eine Hilfe bei der Abfassung einer Examensarbeit sein, die eine Unterrichtseinheit zum Inhalt hat.

Auf der Grundlage der Lerntheoretischen Didaktik hat Schaefer (1971) alle unterrichtsrelevanten Fragen zu neun Parametern zusammengefasst und auf ihre gegenseitige Vernetzung hingewiesen; diesen kann man einen zehnten Parameter hinzufügen (Tab. 16-1).

Grundsätzlich sollten alle diese Fragen bei jeder Planung von Biologieunterricht berücksichtigt werden – und zwar in ihrer gegenseitigen Bedingtheit und Vernetzung. Dies erscheint jedoch im konkreten Einzelfall kaum realisierbar: Dieses System ist dafür zu komplex. Anders verhält es sich bei langfristigen wissenschaftlichen Planungen von Unterrichtseinheiten und besonders bei der Entwicklung von Lehrplänen – was man jedoch in vielen Fällen nicht erkennen kann.

Nachdenken über folgende Fragen erscheint jedoch bei jeder Planung von Unterricht nützlich.

1. Worin besteht die Bedeutung des Themas für die Schüler?

Es geht dabei um die Didaktische Begründung in Hinblick auf die Kriterien Wissenschafts-, Schüler- und Gesellschaftsrelevanz; diese wurden in Kap. 3.2 und 5.6 ausführlich erörtert. Es ist gewiss kein überflüssiges „Spiel“, wenn man sich zu jeder der drei Kriterien ein Punktsystem entwirft, um sich einen Überblick zu ver-

Tab.16-1: Zehn Parameter des Unterrichts (aus Schaefer 1971, eine Ergänzung)

- Adressatenfrage: wer wird unterrichtet?
- Zielfrage: wozu wird unterrichtet?
- Stofffrage: was wird unterrichtet?
- Sequenzfrage: in welcher Reihenfolge werden die Inhalte unterrichtet?
- Methodenfrage: wie wird unterrichtet?
- Medienfrage: womit wird unterrichtet?
- Zeitfrage: wann und wie lange wird unterrichtet?
- Milieufrage: wo wird unterrichtet?
- Personalfrage: wer unterrichtet?
- Evaluationsfrage: wie effektiv wird unterrichtet?

schaffen, was mit einer Unterrichtseinheit erreicht werden kann. Kommt ein Lehrer zu der Erkenntnis, dass ein (vorgeschlagenes) Thema – vor allem im Vergleich mit anderen Themen – den genannten Kriterien nur wenig entspricht, sollte, ja muss er darauf verzichten. Im Zusammenhang mit solchen Überlegungen können bereits die „Grobziele“ (s. Kap. 4.3.1) für die Unterrichtseinheit festgelegt werden. Auch bei neueren Formen des Unterrichtens wie Forschendem Lernen kann man schwerlich auf die Formulierung solcher Ziele verzichten. Sonst besteht die Gefahr, dass der Unterricht mehr oder minder zufällig abläuft.

Die verbreitete Bezeichnung „Didaktische Analyse“ wird zwar heute meist in einer eher offenen Bedeutung verwendet. Sie geht aber auf ein bestimmtes Modell von Didaktik, die Bildungstheoretische Didaktik, zurück (vor allem Klafki seit 1958). In ihr wurde – grob gesprochen – allein dem (vermuteten) Bildungswert von Inhalten Bedeutung zugemessen. Das hat seine Richtigkeit, ist aber einengend. Jedenfalls erscheint es günstiger, sich nicht an ein zu festgelegtes Modell zu binden.
Einige Fragen (nicht alle denkbaren) sollen genannt werden, die als Hilfe bei einer Didaktische Begründung dienen können:
- Ist das Thema jetzt oder später bedeutsam für die Schüler (Schülerrelevanz)?
- Ist es bedeutsam für das Verständnis der Gesellschaft und eine bessere Entscheidungsfähigkeit für entsprechende Probleme (Gesellschaftsrelevanz)?
- Führt das Thema in biologische Grundsachverhalte und/oder biologische Arbeits- und Denkweisen ein (Wissenschaftsrelevanz)?
- Bietet der Stoff genug Möglichkeiten für eigene Tätigkeiten, auch manuelle, der Schüler (Eigentätigkeit; Forschendes Unterrichten)?
- Inwieweit lassen sich die Inhalte problematisieren, statt vorwiegend darstellen, so dass die Schüler sich an ihrer Entwicklung und Klärung beteiligen können (Entdeckendes Lernen)?
- Welche Kompetenzen lassen sich vermutlich mit bestimmten Aspekten eines Themas schulen?

2. Welche Inhalte sind möglich oder erforderlich?
Sammlung aller möglichen biologischen und für die Schüler wichtigen, im weitesten Sinne angewandten Themen. Dies ist eine besonders kreative Leistung eines Lehrers, zu der auch die Kenntnis des „Zeitgeistes“ (s. Kap. 8.2) gehört. Meist wird man dabei mehr Inhalte finden als man unterrichten kann, so dass eine Auswahl erforderlich wird – vor allem unter dem Aspekt der Frage 4.

3. Welche biologischen Inhalte sind notwendig?
Bei der Analyse der Inhalte ist zu prüfen, welche biologischen Aussagen, Begriffe, Beispiele sind unabdingbar oder auch überflüssig (s. Kap. 10.2). Durch welche werden die Schüler auf ein neues Niveau des Wissens gehoben und wie kann an einem aufbauenden Unterricht weitergearbeitet werden.

4. Wie viel Zeit darf auf die Unterrichtseinheit verwendet werden?
Eines der schlimmsten Probleme des Biologieunterrichts ist die zu geringe Unterrichtszeit. Deshalb muss jede Themensammlung verglichen werden mit der für ein Schuljahr, eine Schulstufe zur Verfügung stehende Zeit und der, die für andere notwendige Unterrichtseinheiten benötigt wird. Jedes geplante Thema muss auf das unbedingt Notwendige beschränkt werden. Vor allem sollte man der Neigung widerstehen, Lieblingsthemen, „Hobby-Themen“ des Lehrers überhaupt oder zu lange zu behandeln.

5. Welches Vorwissen kann bei den Schülern vorausgesetzt werden?
Eine Unterrichtseinheit kann „zerrissen“ oder auch langweilig werden, wenn der Lehrer zu wenig über die Vorkenntnisse der Schüler weiß. Dies kann man vermeiden, indem man die Schüler vorab nach ihrem Wissen und ihren Interessen an einem Thema befragt. Übernimmt man eine Klasse neu, erscheint es auch notwendig, sich bei dem Lehrer zu informieren, der die Klasse vorher unterrichtet hat. Nützlich ist es weiterhin, die bislang von den Schülern erarbeiteten Übungshefte einzusehen.

6. Welche weiteren Voraussetzungen sind in einer Klasse zu beachten?
Neben dem Wissen sind möglichst auch

weitere Aspekte zu beachten, die auf Themenauswahl und Methodik Einfluss haben; etwa: Leistungsfähigkeit und Leistungsbereitschaft, psychische Entwicklungsstufe, Umfeld (Großstadt, Land), Beherrschung bestimmter Lehrformen (Gruppenarbeit, Schülervortrag, Experimentieren). Schwierig wird Unterrichtsplanung, wenn ein großer Unterschied zwischen den Fähigkeiten der einzelnen Schüler einer Klasse besteht oder in sogenannten „Integrationsklassen". Die Gefahr ist groß, dass sich wenig geforderte Schüler langweilen – und entsprechend reagieren.

Noch erscheint nicht recht geklärt, wie dem Vorwurf begegnet werden kann, der sich erneut aus PISA 2006 ergibt: Dass Kinder von Immigranten und eher „unterprivilegierten Familien" in Deutschland im Unterricht zu wenig gefördert werden können; die soziale Herkunft ein bedeutsamer Faktor des Schulerfolgs ist. Zwar gibt es dazu eine Fülle von Vorschlägen (Vermittlung sozialer Kompetenzen, Ganztagsschule, Ausbildung der Lehrer in Bezug auf Diagnosefähigkeit und Lernkompetenzen) – die jedoch wohl alle nur langfristig Auswirkungen haben dürften. Hier liegt aber ein wichtiges Forschungsgebiet auch für die Biologiedidaktik!

7. Wie sollen die Themen aufeinander folgen?
Liegt die Auswahl der Inhalte vor, ist es erforderlich, deren Abfolge festzulegen, und zwar nach einem möglichst gut begründbaren sachlogischen Aufbau (s. Kap. 6.3, vor allem Punkt 4). Dazu liegt bislang nur der begriffsorientierte Aufbau hinlänglich begründet vor. D. h., Biologische Begriffe zusammenstellen und (nach Möglichkeit) in eine sachlogische Reihenfolge bringen bzw. ein Begriffsnetz entwickeln (s. Kap. 10.8.1).

8. Welche übergeordneten Fragen sollen verwendet werden?
Es ist nützlich, schon bei der Planung einer Unterrichtseinheit Impulsfragen (s. Kap. 14.5), übergeordnete Fragestellungen zu bedenken, die eine Stunde mitbestimmen und strukturieren sollen. Sie können auch die Auswahl der Inhalte beeinflussen. Und sie helfen zu vermeiden, dass etwa ein Großteil der Unterrichtszeit (s. dazu empirische Befunde in Wragg 1984) für einfache Fragen – Antworten verwendet wird.

9. Welche Anschauungsmittel sind vorhanden und einzusetzen?
Man wird vorab bedenken, mit Hilfe welcher Medien bestimmte Sachverhalte veranschaulicht werden können. Obwohl heute für die meisten Themen des Biologieunterrichts verschiedenartige Medien vorliegen – die beste Planung kann vergeblich sein, wenn man sich dabei auf Anschauungsmittel verlässt, die man zu einem bestimmten Zeitpunkt nicht zur Hand hat („Film ausgeliehen"; Pflanzen, die man nicht bekommen kann). Planung und Verfügbarkeit notwendiger Medien sind demnach aufeinander abzustimmen.
Empfehlenswert ist es, langfristig zu bestimmten Themen (Fortschritte der Gentechnologie, AIDS, Allergien und andere Krankheiten, lokale Wasserverunreinigungen, örtliche Naturschutzprobleme usw.) Zeitungsausschnitte, Medienangebote etc. zu sammeln.

10. Welche Lehrformen sind besonders geeignet?
Es ist zu bedenken, wie die Schüler am Unterricht durch Gruppenarbeit, Vorträge, außerschulische Untersuchungen, geeignete Lektüre beteiligt werden können. Solche Lehrformen müssen langfristig geplant werden.

11. Wie soll nach Beendigung der Unterrichtseinheit der Wissenszuwachs überprüft werden? Es gibt wohl keinen Lehrenden, der bei der Überprüfung von Wissen, nachdem er ein bestimmtes Thema behandelt hat, nicht schon einmal enttäuscht war. Er kommt dabei an der Frage nicht vorbei, ob er das, was er hinterher von den Schülern verlangt, gut genug gelehrt hat. Wohl die beste Chance, umdiesem Dilemma zu entgehen, hat man, wenn man bereits bei der Stoffauswahl und Stundenplanung präzise Lehrziele formuliert und diese während des Unterrichts beachtet (s. Kap. 12).

12. Planung ist notwendig – Offenheit notwendiger!
Dies ist eigentlich keine Grundfrage der Planung, sondern ein allgemeiner Grundsatz von Unterricht: So notwendig eine

gründliche Vorbereitung (gerade für den Anfänger) auch ist, entscheidend ist, dass sie während des Unterrichts jederzeit aufgegeben werden kann, wenn z. B. Schülerfragen, auftauchende Schwierigkeiten, Erklärungsbedarf dies erfordern. „Ein Kriterium der pädagogischen Meisterschaft" (Klafki 1962:5) ist, wenn eine Lehrerin erkennt, welchen im Unterricht auftretenden „Seitenwegen" sie folgen muss und welchen nicht. Auch in sogenannten Lehrproben sollte jedem das Recht zustehen, von seiner Planung unter solchen Bedingungen, die eigentlich die Regel darstellen, abzuweichen.

Zum Teil heute noch lesenswerte Planungen zum Biologieunterricht gibt es schon lange; früher vorwiegend für einzelne Stunden und für Artmonographien (s. z. B. Zimmermann 1891/1921, Busemann 1905, Spanner 1960/64).
Seit etwa 1970 liegt eine Vielzahl publizierter Unterrichtseinheiten für den Biologieunterricht vor. Die jüngst leider eingestellte „Datenbank Schulpraxis 2009" enthält über 1000 Literaturangaben zum Stichwort „Unterrichtseinheiten" zu den unterschiedlichsten Themen! Zur ersten Information sollen einige erwähnt werden. Vorab ist die „IPN-Einheitenbank Biologie" des Instituts für die Pädagogik der Naturwissenschaften (ab 1974) zu nennen. Sie umfasst zahlreiche Titel (z. B. Der Mensch und die Tiere, Bewegung unseres Körpers, Nahrungsmittel und Verdauung, Biologisches Gleichgewicht). Zwölf Themen für die Klassen 5–9 (z. B. Wahrnehmungsarten und Verhaltensweisen, Wärme als Umweltfaktor, Wasserhaushalt) sind in Killermann (1979) zusammengestellt. Ausführliche inhaltliche Darstellungen von Themen kombiniert mit der Angabe von Unterrichtsschritten und Medien im Lehrerheft für die Sekundarstufe II bietet das „CVK Biologie-Kolleg" (ab 1974; z. B.: Energiestoffwechsel, Bodensee, Genetik). Unterrichtseinheiten zur Umwelterziehung s. z. B. Eulefeld & Trommer (1981, Nutzung des Waldes durch den Menschen, Schutz des Waldes), Bleckmann et al. (1979, Naturschutz), Schilke (1992, Agrarökologie). Kurzfassungen von Unterrichtseinheiten auf der Basis des „Strukturansatzes Situationsanalyse" (s. Kap. 5.6) finden sich bei Ellenberger et al. (1988). Für den Sachunterricht in der Grundschule hat Schwartz (1973) Beispiele veröffentlicht (z. B.: Am Weiher; Keimen von Bohnensamen, der Vogel). Viele Vorschläge, zum Teil allerdings nur in Ansätzen, enthält die Zeitschrift „Unterricht Biologie". Die Zeitschrift MNU bietet seit 2001 alle Hefte elektronisch im Volltext an. Dort kann man zahlreiche Unterrichtsideen finden. Einige Verlage haben – meist sehr teure – Loseblattsammlungen mit Unterrichtsvorschlägen zur Biologie herausgegeben. Es lohnt sich also meist, in der Literatur zu suchen, bevor man selbst eine Unterrichtseinheit entwirft.

16.3 Vorbereitung einer Unterrichtsstunde

Auch dazu, wie man einen Entwurf für eine Unterrichtsstunde machen kann, gibt es vielerlei Vorschläge (Literatur s. am Anfang von Kapitel 16) mit zum Teil komplizierten Systemen (z. B. Hagmüller 1985, Heimann et al. 1970). Man kann der Meinung von Lohmann (1987:13) zustimmen: *Die didaktische Literatur ist in dieser Hinsicht sehr kontrovers.* Da es viele verschiedene Vorschläge gibt, stellt auch der Folgende nur eine Möglichkeit dar.

Die in Abschnitt 16.2 dargestellten Fragen werden entsprechend auf eine Stunde angewandt. Bei einem solchen Entwurf ist zu warnen vor der Angabe von Zielen, die sich in einer Stunde kaum verwirklichen lassen, deren Realisierung in kurzer Zeit schwerlich zu überprüfen ist; z. B.: „Die Schüler sollen experimentieren lernen, zur Förderung ihrer Gesundheit angehalten werden".

Wichtig, ja notwendig ist es, nicht nur zu beschreiben, was in der geplanten Stunde geschehen soll, sondern an möglichst vielen Stellen, warum (!) etwas Bestimmtes geschehen soll: Eine bestimmte Lehrform gewählt, gerade dieses spezielle Medium ausgewählt wurde usw. Dies ist meist nur möglich durch Vergleich mit den nicht ausgewählten Aspekten.

Zu den in Abbildung 34 angegebenen Elementen, sind in einem Unterrichtsentwurf noch folgende in jedem Fall vorzusehen: Kopfdaten, Thema der Stunde, Situation

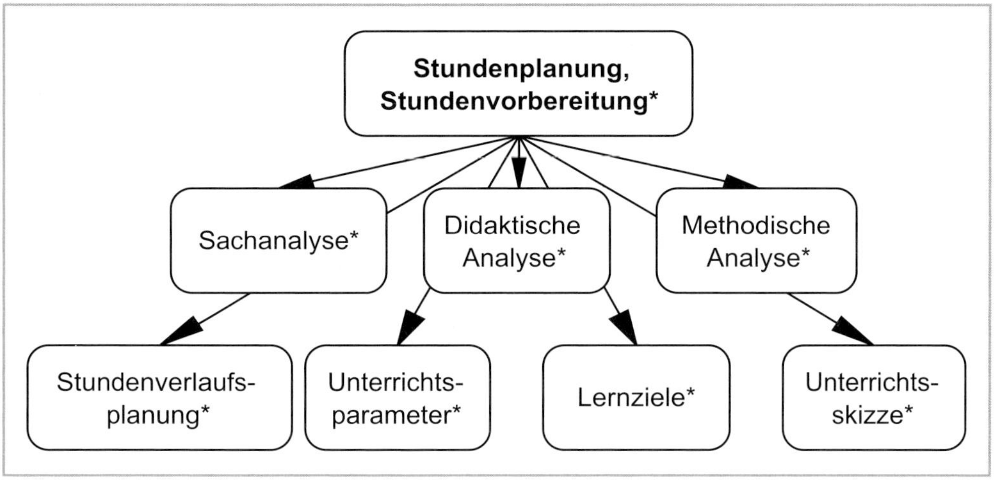

Abb. 34: Elemente der Stundenvorbereitung

der Klasse, Literaturangaben.

Realistisch ist, dass man sich bei jedem denkbaren Thema für eine Biologiestunde zuerst damit beschäftigt, was sie für die Schüler für einen Sinn haben soll; oder provokant ausgedrückt: Woher nimmt man als Lehrerin die Berechtigung, Menschen mit diesem Stoff ein Stück Lebenszeit wegzunehmen?

Sachanalyse

Da offenbar kontroverse Vorstellungen über die Funktion der Sachanalyse bestehen (s. z. B. Killermann et al. 2005:220f., Leicht 1981:149), wird dieser Begriff ausführlicher erörtert. Von manchen Supervisoren wird erwartet, dass ein Entwurf schlicht den sachlichen Inhalt der Stunde referiert. Man muss jedoch fragen, ob es Sinn macht und dem Anspruch der Bezeichnung „Analyse" entspricht, dergleichen aus irgendeinem Lehrbuch abzuschreiben. Dass jemand gründlich mit der Sache vertraut ist, die er zu lehren gedenkt, sollte vorausgesetzt werden. Als Alternative ist denkbar, dass am Anfang dieser „Analyse" auf wesentliche Literatur verwiesen wird, aus der man sich zu dem Thema informieren kann.
Vielmehr sollte in der Sachanalyse auf Punkte eingegangen werden, die weder Teil der didaktischen noch der methodischen Überlegungen sind. Dabei werden sicher nicht in jedem Fall alle folgenden Aspekte gleichermaßen bedeutsam sein:

- Begründete Entwicklung eines Netzes der möglichen und wirklich notwendigen biologischen Begriffe (s. Kap. 10.8).
- Gegebenenfalls Begründung, warum bestimmte Inhalte und Begriffe aufgenommen oder weggelassen werden; ebenso wie bestimmte Begriffe in der Stunde definiert, mit welchen Beispielen sie illustriert werden sollen. Für den Unterricht geeignete Definitionen müssen vorab bedacht werden, ebenfalls am besten geeignete Begriffsnamen (s. Kap. 10.5).
- Wie können für eine Altersgruppe schwierige, aber notwendige Aussagen oder Begriffe so vereinfacht werden, dass deren Darstellung noch sachlich zutreffend, aber dennoch verständlich ist (Didaktische Reduktion). Was damit gemeint ist, soll an zwei Beispielen gezeigt werden.
- Wie soll der Begriff „Energie" in der Primarstufe vermittelt werden, da ohne ihn eine in den meisten Lehrplänen geforderte Darstellung von „Ernährung und Verdauung" kaum möglich ist? Bahl (Bd. 1, 1975: 57) erklärt diesen Begriff auf folgende Weise: *Energie ist die Fähigkeit, Arbeit zu leisten... Sie lässt sich nicht erschaffen noch vernichten, sondern nur umwandeln.* Ähnlich ist zu be-

denken, wie die Begriffe Vitamin und Enzym dargestellt werden.

- Wie soll in einer 8./9. Hauptschulklasse mit keinen oder geringen chemischen Kenntnissen, so dass eine „maximale strukturelle Reduktion“ (Weber 1976) erforderlich ist, die Photosynthesegleichung dargestellt werden? Lässt sich die Wortgleichung Kohlenstoffdioxid + Wasser + Lichtenergie + [Chlorophyll] Kohlenhydrate + Sauerstoff begründen, langt sie aus, um den Schülern notwendige Kenntnisse zu vermitteln?
- Welche besonderen sachlichen Schwierigkeiten sind bei der Durchführung eines Experiments, einer Beobachtung zu erwarten? Welche Kenntnisse müssen dazu in welcher Form in der Stunde vermittelt werden?

Etwa in dem beschriebenen Sinn wird die Sachanalyse in einem von Killermann (1979) herausgegebenen Band vorgenommen, aus dem man weitere Beispiele entnehmen kann.

Neuerdings wird statt Didaktische Reduktion als Teil der Sachanalyse auch die Bezeichnung „Didaktische Rekonstruktion“ verwendet (z. B. Kattmann et al. 1997). Allerdings hat Kutzer schon früher (1976, 1983) die Bezeichnung „Sachstrukturanalyse“ entsprechend verwendet (s. Kap. 18.2.6); ebenso Böhnke (1978) den Begriff „Rekonstruktion“. Nach Kattmann et al. *werden mit dem Modell der Didaktischen Rekonstruktion fachliche Vorstellungen, wie sie in Lehrbüchern und anderen wissenschaftlichen Quellen Ausdruck finden, mit Schülerperspektiven so in Beziehung gesetzt, dass daraus ein Unterrichtsgegenstand entwickelt werden kann.* Dies ist ohne Zweifel ein nützliches Verfahren, das allerdings nicht jede Lehrerin uneingeschränkt ad hoc leisten kann.

16.4 Beispiel: Entwurf für eine Unterrichtsstunde

Es erscheint nützlich, als Orientierungshilfe den Entwurf einer Unterrichtsstunde wiederzugeben (s. folgende Seiten). Er wurde geplant und unter Kontrolle erprobt von S. Meuser (1997, Wiedergabe mit freundlicher Genehmigung; zum Teil stark gekürzt und ohne die meisten Literaturangaben). Dieser Entwurf entspricht dem Schema eines bestimmten Studienseminars.

Thema der Unterrichtseinheit: Alte und neue Seuchen

Thema der Stunde: Cholera - eine unbesiegbare Krankheit?
Jahrgangsstufe 10

1. Situation der Klasse

1.1 Institutionelle Voraussetzungen
[Stichworte: Angaben zur Schule – Unterrichtserfahrungen in der Klasse – Ausstattungen
Klassenraum]
1.2 Soziokulturelle, anthropogene und entwicklungspsychologische Voraussetzungen
[Stichworte: Zusammensetzung der Klasse – Abschlusswünsche der Schüler – Interessen der Schülerinnen/Schüler – Psychischer Entwicklungsstand der Schüler und dessen Beachtung im Biologieunterricht – Hinweise auf bestimmte Schülerinnen und ihre Leistungen]

Die geistige Reife der Schüler, verbunden mit guter Ausdrucksfähigkeit, lassen z. B. Gruppenarbeit mit anschließender Präsentation und Diskussionen zu. Die verwendeten Sozialformen sind in der Klasse eingeübt. Basis dafür ist u. a. ein angenehmes Klassenklima: Akzeptanz-, Toleranz- und Kritikfähigkeit untereinander und gegenüber dem Lehrer sind vorhanden.

2. Stellung der Stunde in der Unterrichtseinheit

1. Stunde: Pest
3. Stunde: Tuberkulose - ein noch immer drängendes Problem
4. Stunde: Ebola - eine neue Seuche
5. Stunde: BSE und Creuzfeldt-Jakob-Krankheit
6. Stunde: Cholera

3. Sachanalyse

Cholera ist eine meldepflichtige Infektionskrankheit, die durch das Bakterium Vibrio cholerae hervorgerufen wird. Cholera-Bakterien lassen sich in über 70 Gruppen einteilen; von Bedeutung für die Cholera-Epidemien sind nur drei. Diese Gruppen (Mutanten) unterscheiden sich u. a. im Zeitpunkt ihres erstmaligen Auftretens, der Überlebensfähigkeit außerhalb des Körpers und der Mortalitätsrate. - Der Name „Cholera" bedeutet nach Hippokrates gelbe Galle oder Gallensucht. - Die Bakterien gelangen durch kontaminiertes Trinkwasser oder Nahrung in den Verdauungstrakt des Menschen. Sie dringen durch den Schleimbelag des Dünndarms und setzen sich an den Oberflächen der Darmwandzellen fest. Dort beginnen sie mit der Produktion von Eiweißen, sog. Endotoxinen. Die Eiweißmoleküle dringen in die Darmwandzellen ein und greifen in deren Stoffwechsel ein: Sie scheiden nun mehr Elektrolyt-Salze und als Folge davon (osmotische Vorgänge) mehr Wasser aus dem Darm aus. Es kommt zu den ersten typischen Krankheitsanzeichen: Durchfall und Erbrechen. Alle anderen Symptome, verminderte Harnausscheidung, Harnvergiftung, Schockzustand, Kollaps, Herzrhythmus-Störungen und Koma sind Folge des großen und plötzlichen Flüssigkeits- und Elektrolytverlustes. Der Tod tritt meist durch Kreislauf- oder Nierenversagen ein. Die Cholera ist unbehandelt häufig tödlich (Sterblichkeitsrate bis 70%). Die Inkubationszeit beträgt wenige Stunden bis 5 Tage.
Mit einem schnellen Ersatz der ausgeschiedenen Flüssigkeitsmenge durch eine Kochsalz- und glukosehaltige Infusion und Antibiotikagabe gegen die Erreger kann der tödliche Ausgang einer Cholera-Erkrankung in mehr als 90 % der Fälle abgewendet werden.
Der Cholera kann durch die Einhaltung strikter hygienischer Regeln vorgebeugt werden: Abkochen von Trinkwasser, Vermeidung von unabgekochten Meeresfrüchten, Obst, Salaten, Eis und aufgewärmten Speisen in Choleragebieten.
Schutzimpfungen sind möglich, jedoch wird aus folgenden Gründen meist abgeraten: Impfstoffe mit abgetöteten Bakterien bieten nur einen unzureichenden Schutz für drei bis sechs Monate; neue Impfstoffe mit lebenden Bakterien, die gentechnisch verändert wurden, sind umstritten und für die jüngst aufgetretenen mutierten Formen des Bakteriums gibt es ohnehin noch keinen wirksamen Impfstoff.
[Ausbreitung der Krankheit und deren Ursachen] Die Cholera ist heute in nahezu allen tropischen und subtropischen Gebieten verbreitet; besonders betroffen sind der indische Subkontinent, Süd- und Mittelamerika sowie Afrika. 1883 entdeckte der deutsche Arzt und Forscher Robert Koch das Cholera-Bakterium.

Wichtige Begriffe
Bakterium (bewegliches Bakterium), Cholera, Cholera-Erreger, Kontaminierung, Salzabgabe

4. Didaktische Überlegungen

Am Beispiel der Cholera können die im Hessischen Rahmenplan Biologie vorgeschriebenen verbindlichen Inhalte: Infektionskrankheiten und Infektionswege einer bakteriellen Infektion, gesellschaftliche und persönliche Reaktionen verdeutlicht werden [vgl. Hess. Kultusministerium 1996, 34]. Die Cholera steht damit stellvertretend für weitere bakterielle Infektionskrankheiten wie z. B. Lepra und Fleckfieber. Die Relevanz des Themas „Cholera“ ergibt sich auch aus dem Aspekt der Gesundheitserziehung. Durch Erläuterung von Schutz- und Hygienemaßnahmen in dieser Unterrichtsstunde wird dieser Forderung besonders Rechnung getragen. Auch der sozial-ökologische Aspekt dieser Seuche ist von entscheidender Bedeutung: Die Cholera hatte entscheidenden Einfluss auf das Denken und Handeln der Bevölkerung und der Obrigkeiten. Ohne die nachhaltige Erfahrung mit Epidemien wäre die kostspielige und aufwendige Sanierung, also die durchgreifende Verbesserung der hygienischen Verhältnisse, vor allem Wasserversorgung und Kanalisation, in den meisten europäischen Großstädten nicht so rasch verwirklicht worden (Jütte 1997:10f.).

Gegenwarts- und Zukunftsbedeutung
Cholera ist ein Beispiel für ein Thema, das sich aktuell aus dem Fernsehen, bei der Lektüre der Tageszeitung ergibt: So ist in den vergangenen Jahrzehnten immer wieder von einzelnen Cholerafällen in Europa und den USA berichtet worden. Meldungen aus Südamerika und Afrika zeigen jedoch, dass dort nicht von Einzelfällen die Rede sein kann (z. B. Cholera-Epidemien in Ostafrika und Brasilien). Dort sind im besonderen Maße auch die Touristengebiete betroffen; die WHO fordert zu allgemeiner Vorsicht auf.
Im Hinblick auf die genannten Tatsachen sollten die Schüler in der Lage sein, *„die Angst vor Ausbreitung der Cholera und die eigene Gefährdung hier und als Tourist in fernen Ländern sachgemäß einzuschätzen. Die Erkenntnisse sollten – vor allem in bezug auf Hygienemaßnahmen – Konsequenzen für das eigene Handeln haben“* (Gropengiesser 1992: 43).
Da das andauernde Wachstum der Bevölkerung, katastrophale hygienische Bedingungen, fehlendes Wissen, aber auch Naturkatastrophen und Kriege die Ausbreitung der Cholera begünstigen, werden auch in Zukunft Schlagzeilen der Medien verdeutlichen, dass diese Krankheit keinesfalls „besiegt“ ist. Biologieunterricht kann zumindest durch die Vermittlung von notwendigem Wissen der möglichen Entwicklung teilweise entgegenwirken: Den Schülern verdeutlichen, dass die Cholera auch heute ihr Risikopotential nicht verloren hat und den persönlichen Verhaltensweisen entscheidende Bedeutung bei ihrer Prävention zukommt.

Inhaltliche Schwerpunkte
- Cholera wird von dem Bakterium *Vibrio cholerae* übertragen.
- Die Aufnahme des Erregers erfolgt über kontaminiertes Trinkwasser und mit verseuchtem Wasser in Berührung gekommene Nahrungsmittel.
- Es kommt zu hohem Wasser- und Elektrolytverlust durch starken Durchfall und Erbrechen.
- Cholera ist heute in nahezu allen tropischen und subtropischen Gebieten verbreitet.
- Dort kann man einer Infektion durch strikte Einhaltung hygienischer Regeln vorbeugen.

Zugang zur Thematik
Fachliche Schwierigkeiten, die den Zugang zur Thematik erschweren könnten, wer-

den aufgrund des Wissens der Schüler über Bakterien und Übertragungsmöglichkeiten von Infektionskrankheiten nicht erwartet.
Eine besondere Schwierigkeit besteht darin, die Cholera in den Erfahrungshorizont der Schüler zu bringen, d. h., zu veranschaulichen, dass diese Krankheit heute noch eine ernst zu nehmende Rolle spielt. Dies kann vor allem durch den Einsatz aktueller Zeitungsartikel gelingen (vgl. methodische Überlegungen).

Didaktische Reduktion [auch als Teil der Sachanalyse möglich]
Didaktisch reduziert werden muss in dieser Unterrichtsstunde einerseits im Sinn einer gezielten Ausschnittsbildung und andererseits durch eine Umformung wissenschaftlicher Aussagen in eine schülergemäße Form, jedoch ohne Verfälschung der sachlichen Inhalte (vgl. KILLERMANN 1995:255). Eine rein chronologische Auflistung der verschiedenen Seuchenzüge der Cholera, soweit sie in Quellen überliefert sind, würde ein ganzes Buch füllen. Die Schüler lernen daher nur den Ausgangsort und die heutigen Verbreitungsgebiete der Cholera kennen. Die heutigen Verbreitungsgebiete der Cholera zeigen, dass diese Krankheit keinesfalls „besiegt" ist, außerdem werden wichtige Orientierungshilfen für Vorbeugungsmaßnahmen in eventuellen Urlaubsgebieten gegeben.
Jüngste Cholera-Epidemien wurden besonders von neu auftretenden Mutanten des Cholera-Bakteriums verursacht, die für bestimmte Antibiotika unangreifbar sind und für die noch keine Impfstoffe zur Verfügung stehen. Dies geht auf die Fähigkeit der Bakterien zurück, sich genetisch verändern und dadurch bisherige Verbreitungsgebiete verlassen zu können. Da die Schüler keine grundlegenden Kenntnisse über mikrobielle Evolution haben, wird dieser Aspekt aus der Unterrichtsstunde ausgeklammert. Die Überflüssigkeit einer Impfung gegen Cholera wird lediglich damit begründet, dass sie keinen dauerhaften Schutz bieten kann. Sollten jedoch Schüleräußerungen bzw. Fragen auftreten, werden sie in den Unterricht einbezogen.
Der zellbiologische Infektionsmechanismus wird auf folgende Aussagen reduziert: Bewegliches Bakterium - Durchdringen der Schleimhautschicht - Anheften an Dünndarmzellen - Produktion eines Giftstoffes, der in die Darmzellen eindringt - Veränderung des Zellstoffwechsels durch das Gift - dadurch starke Wasser- und Salzabgabe der Zellen. Das Problem der Veränderung des osmotischen Wertes der Zellen, die zur Stoffabgabe führt, dürfte zu schwierig sein. Um Osmose wirklich zu verstehen, bedarf es einer Fülle von Kenntnissen und auch Experimenten; dazu ist zudem längere Unterrichtszeit erforderlich.

5. Methodische Überlegungen

Einstieg
Der Unterrichtseinstieg hat die Aufgabe, die Lernbereitschaft der Schüler zu aktivieren und das Interesse auf ein bestimmtes Thema zu lenken. Er soll besonders in Form eines „kognitiven Konfliktes" u. a. Zweifel, Verwirrung, Unklarheit oder Widerspruch entstehen lassen. Die gewählte Abbildung („Die Apotheke des Todes für Arme") eines Wasserbrunnens, an dem der „Tod" das Wasser verteilt, spricht besonders den Aspekt der Verwirrung und Unklarheit an: Die einzelnen Bildbestandteile (Brunnen, Kinder, Erwachsene, der Tod in Form eines Skelettes) dürften den Schülern bekannt sein, ihre zusammenhängende Bedeutung jedoch zu einigen Vermutungen und Spekulationen Anlass geben. Es ist nicht zu erwarten, dass die Schüler aufgrund der Abbildung den Namen der Seuche benennen. Im Lehrer/Schüler-Gespräch werden vom Lehrer solche Schüleraussagen herausgestellt, die das gewählte Stundenthema andeuten.
Durch die Präsentation des Zeitungsartikels, „Cholera-Fälle auch an Kenias Tou-

ristenküste", wird zum einen das Stundenthema deutlich und zum anderen die Schülerrelevanz offenkundig: Die Cholera stellt in einigen von Touristen besuchten Erdteilen auch heute noch eine akute Gefahr dar. Da die bisherigen Unterrichtserfahrungen ein großes Interesse der Schüler an humanbiologischen Fragen widergespiegelt haben, werden in der Einstiegsphase keine Probleme erwartet.

Problematisierung
Das Wissen über Cholera wird mit Hilfe von vier Fragen, die Schüler in dieser Phase nennen sollten, erarbeitet:
1. In welchen Gebieten ist Cholera heute noch verbreitet?
2. Wie wird Cholera übertragen und welche Vorbeugungsmaßnahmen gibt es?
3. Wie äußert sich Cholera und wie wird sie geheilt?
4. Wer entdeckte wann den Cholera-Erreger?

Darüber hinausgehende Fragen würden keine grundsätzlichen neuen Kenntnisse ergeben und scheinen deshalb wenig sinnvoll.
Erarbeitung
Die Erarbeitung der aufgestellten Fragen erfolgt in vier arbeitsteiligen Gruppen. Solche Gruppenarbeit wird als bedeutendste und zugleich anspruchsvollste Interaktionsform angesehen, da sie als eine Art des sozialen Lernens den modernen Kommunikationsformen unserer Umwelt entspricht. Zudem werden durch ihren Einsatz Zielsetzungen, wie z. B. Förderung von Selbständigkeit, Fähigkeit zur Kooperation und Verantwortungsbewusstsein geschult (Staeck 1995: 238).
Der Sachverhalt erlaubt eine Aufteilung in verschiedene Teilaufgaben. Dabei beschäftigt sich jede Gruppe mit einer der zu erörternden Fragen und jeweils zwei Schüler tragen anschließend die Ergebnisse der gesamten Klasse vor.
Bei der Auswahl und Umformulierung der Texte, aus denen die Informationen erarbeitet werden sollen, spielten besonders zwei Gesichtspunkte eine Rolle: Die Texte sind verständlich formuliert und auf die Verwendung zu vieler Fachausdrücke wurde verzichtet, so dass sachliche Schwierigkeiten bei der Erarbeitung nicht zu erwarten sind. Dagegen dürfte es bei der Textanalyse eine entscheidende Leistung der Schüler sein, aus den umfangreichen Materialien die wichtigen Grundgedanken herauszuschreiben. Die unterschiedlichen Gruppenarbeitsaufträge wurden auf die individuellen Fähig- und Fertigkeiten der Gruppenmitglieder bzw. deren Leistungsfähigkeit abgestimmt.
Eine genaue Anweisung für das Vorgehen innerhalb der Gruppen und Textmaterial wird vom Lehrer zur Verfügung gestellt. Sollten trotzdem Hilfestellungen bei der Erarbeitung nötig sein, wird der Lehrer unterstützend eingreifen.

Präsentation
Bei der Präsentation werden die Ergebnisse der Gruppen vorgestellt und auf dem Overhead-Projektor notiert. Neben der Gruppenarbeit wurde auch die Präsentation durch Schüler in dieser Klasse vielfältig geübt. Zugleich bietet sich an dieser Stelle die Gelegenheit, folgende formale Ziele anzustreben:
Die Ergebnisse aus den Gruppenarbeiten der Klasse klar und deutlich vorstellen, dabei auch in der Lage sein, Rückfragen von Mitschülern richtig zu beantworten.
Eine Alternative zu der hier gewählten Präsentationsform stellt die Auswertung der Ergebnisse anhand der Methode des „Gruppenpuzzles" dar (Rottländer 1992: 167f.): Nach der Erarbeitung werden neue Gruppen gebildet, die sich aus je einem „Experten" zusammensetzen; in diesen Gruppen trägt der „Experte" den anderen die Ergebnisse der Textarbeit vor. Diese Möglichkeit wurde jedoch wegen des großen Zeitaufwandes, den diese Methode benötigt, verworfen. Sollte bereits am Ende der Präsentationsphase deutlich werden, dass die zur Verfügung stehende Zeit nur noch den Transfer oder die Ergebnissicherung möglich macht, wird die Ergebnissicherung in eine Hausaufgabe umgewandelt...

Transfer/Vertiefung
Schließlich bietet sich ein Thema an, das als eine noch „höhere Stufe“ von Wissen angesehen werden kann, das „Beurteilen“ (BLOOM et al. 1972). Bei der heute gerade auch unter Jugendlichen verbreiteten Wissenschaftskritik (Kritik an der Medizin), bietet es sich an, die außerordentliche Bedeutung der Befunde Kochs für die Menschheit herauszustellen und zugleich auch auf deren möglichen Missbrauch hinzuweisen. Dabei sollte sich die Erkenntnis ergeben: Wissenschaftliche Befunde dienen den Menschen, aber sie können auch missbraucht werden. Anhand eines Tonbandmitschnitts einer Radioreportage über den Einsatz biologischer Waffen wird der „Missbrauch“ wissenschaftlicher Erkenntnisse offenkundig...

Ergebnissicherung und Hausaufgabe
Die Schüler erhalten ein Arbeitsblatt und übernehmen die Ergebnisse vom OH-Projektor. Die Hausaufgabe (*„Informiere dich über das Lebenswerk Robert KOCHS!“*) vermeidet schlichtes reproduzieren von Gelerntem und dient vor allem der Erweiterung von Wissen und Vorbereitung auf das Thema der folgenden Stunde.

6. Lehrziele

Groblehrziel:
Die Schüler sollen notwendiges Wissen über Cholera erwerben, um zu erkennen, dass sie auch heute in einigen Gebieten eine Bedrohung darstellt und den persönlichen Verhaltensweisen des Einzelnen entscheidende Bedeutung bei ihrer Prävention zukommt.
Feinlehrziele:
Kognitive Lernziele; die Schüler sollen
(1) Gebiete, in denen Cholera heute verbreitet ist, aufzählen,
(2) Krankheitsbild und Therapiemöglichkeiten schildern,
(3) Übertragungsmöglichkeiten und mind. drei Vorbeugungsmaßnahmen gegen Cholera verbalisieren,
(4) Robert Koch als den Entdecker des Cholera-Erregers nennen,
(5) ausgehend von der Entdeckung des Cholera-Erregers und dessen mögliche Anwendung in biologischen Waffen die Zwiespältigkeit von Wissenschaft verdeutlichen.
Formale Lehrziele; die Schüler sollen
(6) aus einem Text wichtige Informationen entnehmen,
(7) in Gruppen kooperativ zusammenarbeiten,
(8) Arbeitsergebnisse der Klasse mündlich vorstellen können.

7. Unterrichtsverlauf (s. folgende Seite)

8. Literaturverzeichnis

Anhang
[Abbildung: „Apotheke des Todes für Arme“ – Text Radiosendung: biologische Kampfstoffe - Arbeitsanleitungen und Texte für vier Gruppen]
Arbeitsblatt (Gesamtergebnis)

Cholera – eine unbesiegbare Krankheit
- Wo hat die Cholera ihren Ursprung?
- In welchen Gebieten ist die Cholera heute noch verbreitet?

- Wie wird Cholera übertragen?
- Welche Vorbeugungsmaßnahmen musst du treffen, wenn du in betroffene Gebiete reist?
- Wie äußert sich Cholera
- Wie wird sie geheilt?
- Wer entdeckte wann den Cholera-Erreger?

Unterrichtsverlauf (s.u.)

Phase	LZ	Geplanter Unterrichtsstoff und Unterrichtsverlauf	Medien	Arbeits- und Sozialform
Einstieg		L zeigt Abbildung: „Die Apotheke des Todes für Arme" von George J. Pinwell, um 1866, England. – SS-Äußerungen: Es ist nicht zu erwarten, dass die Schüler aufgrund des Bildes den Namen der Seuche benennen. Sie werden wahrscheinlich aufgrund der vorhergehenden Stunde eine Krankheit vermuten, die in der heutigen Zeit keine Rolle mehr spielt. – L zeigt Zeitungsartikel: „Cholera-Fälle auch an Kenias Touristenküste" vom 26. Januar 1998. – SS-Äußerungen: Zum einen wird mit diesem Zeitungsausschnitt die Krankheit benannt, zum anderen wird deutlich, dass die Cholera auch heute noch in einigen Erdteilen eine akute Gefahr darstellt. Die SS können an dieser Stelle ihr Vorwissen einbringen.	OHP-Folie OH-Projektor OHP-Folie OH-Projektor	L-Aktivität L/Ss-Gespräch L-Aktivität L/Ss-Gespräch
Problematisierung	(6) (7)	Ausgehend von der Einstiegsphase und der vorhergehenden Unterrichtsstunde werden im L/SS-Gespräch folgende Fragen erarbeitet und an der Tafel notiert: 1. In welchen Gebieten ist die Cholera heute noch verbreitet? 2. Wie wird die Cholera übertragen und welche Vorbeugungsmaßnahmen gibt es? 3. Wie äußert sich die Cholera und wie wird sie geheilt? 4. Wer entdeckte wann den Cholera Erreger?	Tafel	L/Ss-Gespräch
Erarbeitung	(8) (1) (2) (3) (4) (5)	Die Erarbeitung der aufgestellten Fragen erfolgt in vier arbeitsteiligen Gruppen. Eine genaue Anweisung für das Vorgehen innerhalb der Gruppen und Textmaterial werden vom L zur Verfügung gestellt. Die unterschiedlichen Gruppenarbeitsaufträge wurden auf die individuellen Fähig- und Fertigkeiten der Gruppenmitglieder bzw. deren Leistungsfähigkeit abgestimmt.	Materialien für die Gruppenarbeit	Gruppenarbeit Ss-Aktivität
Präsentation Transfer/Vertiefung		L spielt Tonbandmitschnitt einer Radiosendung („Amerikaner experimentieren mit biologischen Kampfstoffen") vom 20. Februar 1998 vor. - SS-Äußerungen: Ausgehend von den Ergebnissen der letzten Kleingruppe, die die Bedeutung der Erkenntnisse Robert Kochs für die Menschen hervorhebt, sollen die Schüler positive „Wissenschaftskritik" üben und den möglichen Missbrauch wissenschaftlicher Erkenntnisse herausstellen.	OHP-Folie OH-Projektor Tonband Recorder	Ss-Aktivität L/Ss-Gespräch L-Aktivität L/Ss-Gespräch
Ergebnissicherung		SS erhalten ein Arbeitsblatt, das die Ergebnisse der Stunde zusammenfasst. SS übernehmen die Ergebnisse vom OH-Projektor auf das Arbeitsblatt. Gegebenenfalls Hausaufgabe; sonst: Hausaufgabe: Informiere dich über das Lebenswerk Robert Kochs!	Arbeitsblatt	Einzelarbeit Stillarbeit

16.5 Beurteilung von Biologieunterricht

Die verbreiteten Klagen hören nicht auf: Diejenigen, die Unterricht beurteilen sollen, haben in aller Regel dafür keine einheitlichen Kriterien – teilen sie den zu Beurteilenden (vorher) nicht mit. – Dabei wäre es vergleichsweise leicht, wenn sich (wenigstens in einem Bundesland) alle, die solche Prüfungen abnehmen, auf gemeinsame Kriterien einigen würden. – Diese Situation verschärft sich noch, da alle Schulen im Zuge der Bildungsreform auf ihre „Effektivität" überprüft werden sollen.

Unterrichten ist wohl für alle Lehrer ein wesentlicher Teil ihres Lebens. Ihre Persönlichkeit ist durch Kritik an dieser Tätigkeit unmittelbar betroffen. Viele Lehrer trauen sich nicht, Schwierigkeiten, die sie mit Schülern haben, offen auszusprechen, mit anderen zu besprechen. Auf diese Weise kann sich ihre Situation jedoch schwerlich verbessern. Es ist vielmehr nützlich für die Verbesserung ihres Unterrichts, sich Kritik auszusetzen.

Leider nutzen offenbar viel zu wenige – auch erfahrene – Lehrer die Möglichkeit, durch gegenseitige Unterrichtsbesuche etwas über die positiven und unter Umständen auch weniger positiven Seiten ihres Tuns zu erfahren. Gerade neuerdings (Bund-Länder-Kommission für Bildungsplanung 1997:64) wird dieser Weg wieder empfohlen: *[Es] existieren Beispiele gelingender Kooperation: Unterrichtsmaterialien und Prüfungsaufgaben werden ausgetauscht, es wird wechselseitig hospitiert...* Die folgenden Kriterien zur Beurteilung von Biologieunterricht könnten bei solchen gegenseitigen Hospitationen benutzt werden.

Anfänger, Referendare sind zwangsläufig der Beurteilung durch andere ausgesetzt. Nach einem gelungenen Studium ist es für sie besonders problematisch, wieder als „Lehrlinge" eingestuft und entsprechend behandelt zu werden. Am besten bewahren sie sich vor dem bekannten „Praxisschock" und Kritik an ihrem Unterricht, wenn sie aufgrund eines guten biologiedidaktischen, fachlichen und praxiserprobten Wissens, das was sie tun, möglichst gut begründen können.

Es gibt grundsätzlich drei Methoden, etwas über den eigenen Unterricht zu erfahren:

- Durch einen Supervisor (Universitätsdozent, Fachleiter, Mentor, Schulleiter, Schulrat usw.);
- durch eigene Überprüfung; gegenseitige Hospitationen;
- durch Schülerbeurteilung.

Eine differenzierte, gut begründete Beurteilung von Unterricht erfordert umfangreiche Kenntnisse, u. a. die Bewertung entsprechender Kriterien (s. u.), zudem Erfahrung. Globale Urteile („es war gut", „der Unterricht hat mir gefallen") sind wenig hilfreich.

16.5.1 Beurteilung durch einen Supervisor

Es ist, um es zu wiederholen, wohl als bedauerlich zu bezeichnen, dass ofmals keine standardisierten Beurteilungskriterien für eine Biologiestunde verwendet werden. Es mag dazu eingewandt werden, dass Unterricht zu individuell sei. Dies ist wohl zum Teil zutreffend. Aber es wird wohl niemand bezweifeln, dass es bestimmte Kriterien gibt, die einerseits immer wieder in solchen Besprechungen vorkommen und die sich andererseits aus (fast) jedem Biologieunterricht ergeben. Deshalb wäre es für Beurteilte oder Beurteiler überaus nützlich, wenn es eine Vereinbarung über grundlegende Kriterien der Bewertung einer Unterrichtsstunde gäbe – und analog der gesamten Unterrichtstätigkeit zum Beispiel einer Referendarin, einer Referendaren. Dies könnte auch zu einer besser nachvollziehbaren, objektiveren Einschätzung beitragen.

Im Folgenden werden mögliche Kriterien zusammengestellt. Und zwar nicht alle denkbaren, sondern eine überschaubare, in der zur Verfügung stehenden Zeit auch handhabbare Anzahl notwendig erscheinender (und immer noch zahlreicher, vielleicht zu zahlreicher) Kriterien. Die Reihenfolge der Hauptkriterien ist fast willkürlich;

ebenso ist die Zuordnung einzelner Kriterien zu Hauptkriterien nicht immer befriedigend. Auf die Verknüpfung von Planung und tatsächlichem Unterricht wird nicht eingegangen.

Tab. 16-2: Kriterien zur Beurteilung einer Unterrichtsstunde; das Symbol steht für eine Skala wie etwa „von ...bis", „viel ... keine" oder „wenig ...oft" (L für Lehrer/Lehrerin, Ss für Schüler).

1. Lehrer – Sprache	
Sprachniveau	korrekt – mundartlich; subjektive Füllwörter ...
Sprechweise	ausdrucksvoll („Höhen – Tiefen") – nuancenreich (humorvoll) - eintönig
Lehrerecho	wenig ⇔ oft
Fachdarstellung	klar – angepasst – unklar
2. Lehrer – Einstellung zu den Schülern	
Grundhaltung/Zuwendung vor der Klasse	verständnisvoll ⇔ eher abweisend; „Wärme ⇔ Kälte" ruhig ⇔ unruhig; kontaktfreudig ⇔ kontaktscheu
Ss-Fragen/Äußerungen/Einwände-	Antworten einfallsreich/flexibel ⇔ eher starr;
Selbstkritik/Selbsteinschätzung-	Bereitschaft vorhanden/erkennbar ⇔ kaum
3. Sache	
Fehler	keine ⇔ viele (Anzahl...): grundlegende Unklarheiten keine ⇔ viele: mangelndes Wissen oder Ausdrucksprobleme ...
Gliederung	klar ⇔ unklar; sachlogischer Aufbau – für Ss nachvollziehbar ...
Begriffe/Aussagen	Anzahl zutreffend ⇔ zu viele; Anzahl ...
Begriffe /Aussagen erklärt	zutreffend ⇔ vielfach ohne
Reduktion	sachlich zutreffend ⇔ fehlerhaft
Niveau der Ss	wird angehoben – gleichbleibend – eher unter
Beispiele	zu wenige ⇔ zutreffend; hilfreich ...
Vermittlung aufbauenden Wissens	Versuche dazu ⇔ keine; effektiv ⇔ weniger
4. Übergeordnete Themen	
Sache – allgemeine Bezüge hergestellt	genügend ⇔ keine; wie oft ...
Kreative Auswahl	gut ⇔ kaum; biolog. Probleme der Gesellschaft beachtet ...
andere Naturwissenschaften berücksichtigt (falls erforderlich)	gut ⇔ kaum; Klärung zutreffend
Ss-Interesse/ Motivation erreicht	gut ⇔ kaum; Ss-Äußerungen dazu ...

5. Verlauf	
Einstieg	Fragestellung gut ⇔ weniger; motivierend … – geeignetes Medium …
Phasen – Anzahl	n =…; aus Thema begründet …
Phasen – Länge	zutreffend ⇔ zu lang/zu kurz
Lehrziele	vorgesehen – angestrebt – an passender Stelle erreicht
Wiederholung	begründet keine… – Dauer angemessen – effektiv
Lernsicherung	Tafel … – schriftlich … – Arbeitsblatt …
Transfer	angestrebt – erreicht …
Hausaufgabe	geplant … – kreativ … – themengemäß …; eigene Material-, Literaturbeschaffung gefordert
6. Lehrer – Fragestellungen	
Impulsfragen	Anzahl … – einfallsreich … – führen zur Lösung von Problemen …
Kurzfragen	notwendig ⇔ überflüssig; Anteil an Einwort-Antworten etwa …
Eingehen auf weiterführende Fragen Ss -	genügend ⇔ kaum; zutreffend – Ablehnungen begründet … – Beispiele …
7. Interaktionen I: Sprechen – Fragen	
Anteil Sprechen / andere Aktivitäten	etwa … – Umfang begründet …
Anteil Sprechen L	etwa … – Umfang begründet …
Fragen L -Ss -L- Ss	wenig ⇔ oft
Fragen L -Ss - Ss -Ss	oft ⇔ wenig
8. Interaktionen II	
Anteil beteiligter Ss	alle ⇔ wenige; bevorzugte Gruppe …
Ss-Beteiliung	gut – schleppend – kaum
Leistungsanforderung	zu hoch ⇔ zutreffend ⇔ zu niedrig
L Verhalten bei Störungen	geeignete Strategien ⇔ kaum; „überhören“
9. Lehrformen	
Auswahl	entspricht den Themen …
Ss-Aktivitäten ermöglicht	gut ⇔ kaum; begründet …
Ss-Kreativität ermöglicht	gut ⇔ kaum
Anwendung spez. Lehrformen (L-Vortrag- Gruppenarbeit usw.)	gut ⇔ weniger;
10. Medien	
Auswahl	zutreffend ⇔ unzutreffend; fehlende begründet …
Anzahl	zutreffend ⇔ zu viele /zu wenige; begründet. …
Verwendung	zutreffend ⇔ inadäquat
Fragestellung zur Bearbeitung	gut ⇔ weniger; genug/zu viel Zeit …

11. Experiment vorgenommen/nicht vorgenommen L- oder Ss-Experiment spezielle Funktion Planung des Verlaufs Anweisungen an Ss Ss-Hypothesen Ergebnis Unfallgefährdung	 Begründung zutreffend ... begründet ... für Ss erkennbar ⇔ weniger gut ⇔ weniger; für Ss durchschaubar ... vollständig ⇔ unvollständig; Form geeignet ... vorgesehen ⇔ nicht eindeutig ⇔ unsicher; Fehler begründbar ... (falls erforderlich) Hinweise ⇔ keine
12. Besonderheiten – positive – negative	

16.5.2 Selbstbeurteilung

Es ist heute gut möglich, dass eine Lehrerin ihre Stunde auf Video oder auf einen anderen Datenträger aufnimmt oder aufnehmen lässt. Anhand der angegebenen Kriterien kann jeder seinen Unterricht selbst analysieren. Dies hat jedoch den bekannten Nachteil, dass man seine eigenen Fehler selbst oft nicht recht erkennt. Deshalb wird hier erneut dazu angeregt, dies wechselseitig gemeinsam mit anderen zu tun. Nebenbei: Es ist sehr empfehlenswert, Aufnahmen dieser Art zum Training von Unterrichtsbeurteilung (etwa während des Studiums) zu verwenden.

16.5.3 Beurteilung durch Schüler

Lehrerinnen sollten öfters den Versuch machen, ihre Schüler anonym über ihren Unterricht zu befragen. Wer in einer Klasse tätig ist, wird gut beurteilen können, ob dies zu Missbrauch führen kann. Eine solche Befragung wird sie zum einen sicherer machen, zum anderen aber auch auf Mängel hinweisen, die sie nicht wahrgenommen hat und die unter Umständen leicht zu beheben sind. Allerdings erwarten die Schüler, dass sie etwas über die Ergebnisse eines solchen Tests erfahren. Und es kann zum besseren gegenseitigen Verständnis durchaus sinnvoll sein, mit ihnen und auch mit anderen Lehrern bestimmte Befunde zu besprechen.

Bereits in Tabelle 8-1, Kapitel 8.2, wurden die Ergebnisse einer Befragung wiedergegeben, was Schüler von einer Biologielehrerin erwarten. Eine Liste mit 34 Fragen an Schüler zum Unterricht haben Collette & Chiapetta (1994:498 ff.) publiziert, die (zum Teil) auf Programmen der National Science Teacher Association in den USA beruhen. Ihre Verwendung erscheint empfehlenswert, und zwar in Auswahl und mit Modifikationen je nach Klassenstufe. Deshalb werden diese Fragen hier (übersetzt) wiedergegeben.

Zu jeder der folgenden Fragen gehört eine fünfstufige Beantwortungsskala; dabei entsprechen die anzugebenden Ziffern folgender Beurteilung: 1 – fast immer, 2 – häufig, 3 – manchmal, 4 – gelegentlich, 5 – niemals.

Der Lehrer...
1. ist interessiert an seinen Schülern
2. hat gute Sachkenntnisse
3. ist begeistert von der Sache, der er unterrichtet
4. sieht verschiedene Arten von Aktivitäten während einer Stunde vor
5. benutzt Filme/zum Verständnis hilfreiche Medien in seinen Stunden
6. verwendet Beispiele aus dem täglichen Leben, wo immer dies möglich ist
7. unterrichtet anhand bekannter Beispiele
8. bereitet seine Stunden gut vor
9. stellt die Inhalte klar dar
10. gestaltet seine Stunden interessant

11. bringt seine Schüler zum Nachdenken
12. kann Begriffe und Aussagen so erklären, dass sie gut verstanden werden
13. stellt gute Fragen
14. reagiert positiv, wenn die Klasse interessiert ist
15. benutzt häufig die Tafel, schreibt alle Begriffe dort an
16. gibt den Schülern die Möglichkeit, Projekte außerhalb des Klassenraums durchzuführen
17. stellt gute und interessante Hausaufgaben
18. lässt gut verständliche Tests schreiben
19. führt faire Tests durch
20. benutzt Tests, um die Schüler zu besserem Lernen anzuregen
21. ist bereit, einem Schüler zusätzlich zu helfen
22. plant Experimente gut
23. plant Experimente, die motivieren und interessant sind
24. lässt Experimente durchführen, die Schüler zum Nachdenken anregen
25. lässt Experimente durchführen, die zum Fragen anregen
26. regt die Schüler in seinen Stunden normalerweise zu voller Aufmerksamkeit an
27. hält in der Regel spannenden Unterricht
28. interessiert die Schüler im Allgemeinen für die Unterrichtsthemen
29. wählt ein Schulbuch aus, das gut verständlich ist
30. wählt interessante Themen aus
31. hat eine gute Stimme und spricht nicht monoton
32. kommt gut mit seinen Schülern aus und sie mit ihm
33. ist von den Schülern wohlgelitten
34. sorgt für gute Disziplin
35. kümmert sich um den einzelnen Schüler besonders, wenn dieser Probleme hat
36. plant mit einem leistungsschwachen Schüler Möglichkeiten der Förderung

Bolte (2004) hat einen Fragebogen zum „motivationalen Lernklima“ entwickelt und an 535 Schülern der Sekundarstufe I erprobt. Dieser enthält 14 Fragen (z. B.: Biologieunterricht macht mir sehr viel ... gar keinen Spaß; ich verstehe den Unterrichtsstoff nie ... immer) mit einer siebenstufigen Antwortskala. Gewiss dürften die Antworten nach Schule und Alter unterschiedlich ausfallen, aber erwähnt sei doch: Die Schüler wünschen sich, dass sie ausreichend am Unterricht beteiligt werden, dieser „Spaß“ macht und gut verständlich ist. Dieser Fragebogen ist an der angegebenen Stelle abgedruckt, und man kann sehr empfehlen, ihn im eigenen Unterricht einzusetzen! Eine gute Möglichkeit, um viel über den eigenen Unterricht zu erfahren.

17 Geschichte des Biologieunterrichts – was man daraus lernen kann

Man kann dasjenige, was man besitzt, nicht rein erkennen, bis man das, was andere vor uns besessen, zu erkennen weiß (GOETHE aus seiner „Farbenlehre“).

Die Lektüre des folgenden Kapitels könnte aber auch einfach eine hilfreich-erhellende Wirkung über einen Aspekt unserer Geistesgeschichte haben.

17.1 Grundsätzliches

Mögliche Situation: Auch heute könnte sich ein Biologielehrer noch in folgender Weise äußern: Ich halte meinen Biologieunterricht, wie ich es immer gemacht habe. Die Schüler sollen Arten kennen lernen, das ist doch das Wichtigste. Durch die Curriculumreform wurde die Vermittlung von Artenkenntnissen verhindert, dann wurde dergleichen wieder gefordert – und jetzt wird dies erneut wieder vernachlässigt. Auch Schulgartenarbeit gab es schon mehrmals und ist stets untergegangen. Jetzt ist sie wieder groß in Mode.

Wozu soll man sich überhaupt mit der Geschichte des Biologieunterrichts beschäftigen, was soll dies für einen Sinn haben? Mancher mag dem bekannten Satz, „die Gegenwart versteht man nur, wenn man die Vergangenheit kennt“, skeptisch gegenüberstehen. Der Besuch eines anderen Landes, eines historischen Gebäudes belehrt schnell, wie wenig man versteht, wenn man nicht etwas über die jeweilige Vergangenheit weiß. Ein Blick in die Geschichte von Unterricht und speziell in die des Biologieunterrichts zeigt:

- Unterricht war stets vom Zeitgeist abhängig, besonders von Strömungen der Pädagogik. Biologiedidaktische Erkenntnisse traten oft dahinter zurück – und so ist es teilweise bis heute geblieben. Also muss man sich mit den jüngeren geistesgeschichtlichen Entwicklungen befassen, um zu erkennen, in welcher Weise Biologieunterricht, den man halten soll, davon bestimmt wird. Inwiefern man von solchen Strömungen abhängig ist – oder sich ihnen entgegenstellen will.
- Bestimmte Strukturansätze und Methoden, die heute als völlig neu angeboten werden, gab es in der Vergangenheit schon einmal, aber sie sind wieder untergegangen. Warum war dies so? Unter welchen Bedingungen soll man sie heute erneut aufgreifen?
- Und umgekehrt: Gab es in der Vergangenheit Ansichten zum Biologieunterricht, die vergessen wurden, die aber heute nützlich sein könnten?
- Und vor allem: Gab es effektive erprobte Methoden, die lange vernachlässigt wurden, aber unter veränderten Unterrichtsbedingungen wieder angewandt werden können (und neu nicht erfunden werden müssen)?
- Wie haben einzelne Persönlichkeiten Biologieunterricht beeinflusst, und zwar so sehr, dass aufgrund von Traditionen eine Weiterentwicklung zum Teil verhindert wurde?
- Wie ist das historische und heutige Verhältnis zwischen Biologie und Biologieunterricht? Wann wurde Biologie Teil pädagogischer Bemühungen, Element eines allgemeinen Erziehungszieles? Wie lange dauerte es, bis biologische Erkenntnisse in den Biologieunterricht aufgenommen wurden?

Über die Jahrhunderte hinweg gab es gleichsam ein Leitthema in Bezug auf die Entwicklung des naturwissenschaftlichen und damit biologischen Unterrichts: Den Kampf um die Anerkennung als Schulfach gegenüber der sogenannten „humanistischen Bildung“. Sie wurde als einzig wahre für den „gebildeten Menschen“ angesehen. Und solche Auseinandersetzungen sind keineswegs abgeschlossen; sie haben sich verlagert.

Einerseits ist die Stundenzahl des Biologieunterrichts (in dem so oft beschworenen „biologischen Jahrhundert“) noch immer gering bzw. sie wird teilweise sogar immer geringer. Andererseits steht der Anteil von Physik, Chemie und Biologie, bei geringer Stundenzahl für alle drei Fächer, ständig neu auf dem Prüfstand. Dies betrifft auch oder vielmehr in besonderem Maß die Rolle des biologischen Aspekts im Sachunterricht der Grundschule (s. Kap. 18.1).

Ausgelöst durch den sogenannten „Sputnikschock“ (die frühere UdSSR startete als erste ein Raumschiff) wurde in den USA eine Verstärkung des naturwissenschaftlichen Unterrichts gefordert. Die Kultusministerkonferenz verlangte entsprechend in Deutschland eine Aufnahme von Physik und Chemie in den Unterricht der Klassen 5/6 – nicht etwa durch Vermehrung der Stundenzahl, sondern zu Lasten des Biologieunterrichts (s. Riquarts 1990). Dies betrifft besonders die immer größere Verbreitung des „Integrierten Naturwissenschaftlichen Unterrichts“, s. Kap 18.5. Bemerkenswert ist: Nicht etwa Erkenntnisse der Fachdidaktiken der Naturwissenschaften, sondern politische Entscheidungen haben zu diesen Veränderungen geführt.

Es erscheint nützlich, die folgende Betrachtung in zwei Aspekte aufzuteilen:

Die äußere Geschichte des Biologieunterrichts, seine Abhängigkeit und Beziehung zur jeweiligen Zeitsituation – in eher stichwortartigen Darstellungen.

Seine innere Geschichte in Bezug auf die im Lauf der Zeit verwendeten Strukturansätze und Methoden bis zur Curriculumreform (dazu s. Kap. 6) und neuere Entwicklungen nach TIMSS und PISA.

Dabei können viele Aspekte eher nur grob, holzschnittartig dargestellt werden. Es kommt hinzu, dass es in Deutschland aufgrund der Kulturhoheit der Länder (die früher in besonders großer Anzahl existierten) fast nie einheitliche Entwicklungen gab. So können nur dominierende Tendenzen, meist die Verhältnisse in Preußen, wiedergegeben werden zu denen fast immer Ausnahmen bestanden. – Zum besseren Einprägen wird bei einzelnen Personen hinter dem Namen nur eine Jahreszahl angegeben, die man als charakteristisch bezeichnen könnte. Einzelheiten ergeben sich aus Lexika, die man befragen muss, wenn man mehr über die angegebenen Personen erfahren will.

Überblicke zur Geschichte des Biologieunterrichts oder, wie es bis etwa 1890 hieß, des „Naturgeschichtlichen Unterrichts“ (Naturbeschreibung, Naturkunde), finden sich z. B. bei Steinecke (1951), Klausing (1968, mit eigenständigen Ideen), Grupe (1977), Siedentop (1968), Mostler et al. (1975), Reichart et al. (1984, ausführlich), Eschenhagen et al. (1998), Trommer (1986, 19. Jahrhundert), Killermann et. al. (2005), Scholer (1970, 17.–19. Jahrhundert); eine genaue Darstellung der Zeit von 1830 bis 1933 bei Scheele (1981), auf die im folgenden Text mehrfach zurückgegriffen wird; Klein (1991) zum naturwissenschaftlichen Unterricht von 1945 bis 1990; eine zuweilen heftige, aber mit zahlreichen Dokumenten belegte ideologiekritische Beurteilung (1870–1980) durch Kremer (1985); Posner (1995, USA, Naturwissenschaften seit 1910). – Vielfältige Informationen zur Geschichte der Biologie, zumindest zum Nachschlagen, kann man z. B. Jahn et al. (1985) entnehmen.

Es sollte darauf hingewiesen werden, dass der Begriff „Naturgeschichte“ einen Bedeutungswandel erfahren hat (s. Eschenhagen 1998). Er bezieht sich jetzt auf geschichtliche biologische (z. B. Evolution) oder andere Naturvorgänge.

Wer den Versuch macht, sich auf die Lektüre des einen oder anderen der genannten Bücher einzulassen, wird schnell erfahren, wie viele Probleme des heutigen Biologieunterrichts schon lange ungelöst, uneingelöst, uneingesehen sind – nicht eben zum Vorteil für unsere Gesellschaft.

17.2 Äußere Bedingungen

1. Wurzeln

Wo es keine oder kaum Naturwissenschaften gibt, gibt es keinen entsprechenden Unterricht. Vier Personen haben vor allem eine Wende eingeläutet:

- GALILEI 1620: dessen im Zusammenhang mit Biologieunterricht bedeutsames Prinzip war: *Es ist Aufgabe der Naturwissenschaft, alles Messbare zu Messen und das Nichtmessbare messbar zu machen.* Dergleichen sollte bis heute im Biologieunterricht bedacht werden.
- DESCARTES 1640 teilte die erkennbare Welt in „res extensa und res cogitans" ein, die ausgedehnten Dinge und die Denkdinge. Damit ergibt sich ein Dualismus, ein grundsätzlicher Unterschied zwischen Leib und Seele. Grundlage des alten, bis heute anhaltenden Streites zwischen Vitalismus und Mechanismus sowie des „Leib-Seele-Problems" (s. Kap. 20). Nach seinen „Abhandlungen zur Methode" gilt nur, was vor der Vernunft bestehen kann. Deren Lektüre könnte gerade heute, da viele Schüler zur Esoterik neigen, im Biologieunterricht der Sekundarstufe II nützlich sein.
- BACON 1600 betonte die Induktive Methode (über deren Aussagewert wieder gestritten wird) und das Experiment. Er wurde damit zum Begründer des Empirismus, wonach die Erfahrung Grundlage aller Erkenntnis ist.
- Alsbald wollte COMENIUS 1630 mit seiner „Didactica magna" solche Ideen auch in der Schule, die für alle und öffentlich sein sollte, verwirklicht sehen: Er forderte dort z. B. Naturbeobachtung; *Worte ohne Sachkunde sind leere Worte.* Wie man aus solchen Anforderungen erkennt, ist seinen Vorstellungen lange wenig Erfolg beschieden gewesen.

Dies war der Anfang einer Wechselwirkung zwischen biologischem Wissen und Bildungsvorstellungen. Also eines Prozesses, der sich mühsam durch die Jahrhunderte hingezogen hat und seiner Natur nach wohl schwerlich ein Ende finden wird. Zugleich muss sich ihm jede Generation von Biologielehrern und -didaktikern auf der Grundlage historischer Kenntnisse neu widmen.

2. Erste Versuche

Mit zeitlicher Verzögerung bemühten sich einige darum, solche Ansätze voranzutreiben. Ihnen war jedoch nur vorübergehender Erfolg beschieden. Es ist bemerkenswert, dass sie sich zwei offenbar gegensätzliche Tendenzen der damaligen Zeit verpflichtet fühlten: der Aufklärung und dem Pietismus.

ROUSSEAU 1750 huldigte einem Menschenbild, das auch bis in die Gegenwart (z. B. bei MONTESSORI) bedeutsam geblieben ist: Der Mensch ist von Natur aus gut; falsche Umstände machen ihn unglücklich; es muss eine (auch von kirchlicher Aufsicht) freie, kindgemäße, wenig eingreifende Erziehung geben. Der Streit zwischen mehr „Führen oder Wachsenlassen" (COPEI 1963) beeinflusst bis heute den Unterricht. Daraus ergibt sich u. a., dass jeder Biologielehrer, man könnte auch sagen: gerade ein Lehrer in diesem Fach, sich um ein begründetes Menschenbild bemühen muss (s. Kap. 19.2, ab Punkt 5), damit er solche Gegensätze und ihre Auswirkungen auf den Unterricht für sich zu klären vermag.

Konkret auf Unterricht bezogen bemühten sich: FRANKE 1700, der die erste „mathematisch-mechanische Realschule" gründete, und BASEDOW 1750, der ebenfalls für solche Schulen eintrat und mit dem „Prinzip der Anschauung" ernst machte. Etwas später SALZMANN 1800, der davon ausgeht, dass durch gründliches Kennenlernen der Natur (Wie ernähren sich Pflanzen? *Wie vermehren sich Pflanzen?*) und der Heimat Gemüt und religiöser Sinn veredelt werden. Sein „Ameisenbüchlein" (1964, das nichts mit den Namensgebern zu tun hat) ist bis heute vor allem für Anfänger im Lehramt lesenswert. Zweimal in der Woche gab es bei SALZMANN „Freilandbiologie", die also keineswegs eine Erfindung unserer Tage ist.

Die Widerstände waren zu groß. Die von diesen Männern errichteten Schulen existierten nicht lange. Und dies, obwohl durch Veränderung der wirtschaftlich-technischen Situation im naturwissenschaftlichen Bereich ausgebildete Bürger dringend benötigt wurden. Der Vergleich mag etwas gewagt sein, aber dies erinnert an die Situation zwischen 1950 und 1970 als durch einen Mangel an ökologisch Ausgebildeten Schäden in unserer Landschaft angerichtet wurden, deren „Reparatur" unbezahlbar geworden ist.

3. Erste Erfolge

Die Zeitumstände waren um 1810 günstig für neue Entwicklungen: Die deutschen Staaten lagen durch Napoleons Siege danieder; Könige und Fürsten versprachen ihrem Volk viel; auch eine freiere, gründliche Schulbildung. WILHELM VON HUMBOLDT, kurzzeitig so etwas wie Kultusminister in Preußen, setzte zusammen mit SÜVERN (SÜVERNsche Lehrpläne 1816) einige Reformen in der Schule durch. Ab 1812 wurde das Abitur einheitlich geregelt, nachdem es seit 1788 dafür Ansätze in Preußen gab. Zwar mussten dabei auch Kenntnisse in Naturwissenschaften nachgewiesen werden, aber es waren nur wenige, aufzählend-systematische. Noch immer ist Geringschätzung spürbar, denn „deren mangelnde Kenntnis bei befriedigenden in den alten Sprachen" schlossen ein Abitur nicht aus (s. SCHEELE 1981:17). Bayern jedoch verteidigte gleichzeitig sein rein humanistisches Gymnasium.

Zwar sollte in den Gymnasien in allen 10. Klassen wöchentlich zwei Stunden „Naturwissenschaften" unterrichtet werden, aber dies war eher eine Absichtserklärung. Ihre Realisierung wurde den einzelnen Schulen freigestellt. Zudem gab es erst ab 1810 eine Prüfungsordnung für Lehramtskandidaten, mit der alle auch gewisse Kenntnisse in den Naturwissenschaften nachweisen mussten. Demnach lag ein Argument für die erneute Diskriminierung der Naturwissenschaften auf der Hand: Es gab zu wenig Lehrer, die ein solches Fach unterrichten konnten.

Eine Stellungnahme aus dieser Zeit (1823, s. SCHEELE 1985:27) drückt die Situation wohl zutreffend aus: *Viele verachten die Naturgegenstände als geistlose Realien, und leugnen es, dass die Erkenntnis derselben auch zu höherer Bildung führe. Allein wenn man in diesem Gebiet ein solches Resultat noch nicht gefunden hat, so liegt vielleicht der Fehler nicht in den Lehrgegenständen, sondern in der bisherigen Behandlung, in dem Mangel einer gehörigen wissenschaftlichen Bearbeitung.* Eine solche Meinung muss auch mit der tatsächlichen Befindlichkeit (s. Kap. 17.3) des Naturgeschichtsunterrichts in dieser Zeit verglichen werden. Bis heute und erst recht heute kann deutlich gezeigt werden, dass Biologieunterricht „zur höheren Bildung" beiträgt. Wenn Politiker dies immer wieder übersehen, mag das auch daran liegen, dass Biologieunterricht ihnen dies nicht deutlich vermittelt hat.

4. Kurze Phase der Etablierung

Zwischen 1830 und 1848 gab es so etwas wie eine gewisse Konsolidierung der „Naturwissenschaften" in den Schulen. Sie konnten aufgrund der Lehramtsprüfung von 1841 von Lehrern erstmals als Hauptfach gewählt werden. Die meisten, die dieses Fach unterrichteten, waren jedoch Theologen oder Altphilologen, die in der Regel weder entsprechend gute Kenntnisse noch Interesse an wichtigen neuen naturwissenschaftlichen Inhalten gehabt haben dürften. So ausgefallen ist diese Situation nicht, wenn man bedenkt, dass bis zum heutigen Tag wohl kaum ein Fach so oft „fachfremd" unterrichtet wird wie Biologie. Das kann man (angeblich) ja mit „einigem gesunden Menschenverstand".

Der Staat unterstützte jetzt die „Realschulen", Realgymnasien, aus der Einsicht, dass bei zunehmender Industrialisierung auch in Naturwissenschaften ausgebildete Menschen benötigt wurden. Vor allem solche Schulen waren es auch, die aufgrund einer 1834 veränderten Prüfung für das Abitur („Kenntnis der allgemeinen Klassifikation der Naturprodukte") und einem neuen Lehrplan (1837) verstärkt dem „Unterricht in Naturgeschichte" nachkamen. Vorgeschrieben waren jedoch für alle Gymnasien von Klasse 5–9(10) je zwei Stunden „Naturbeschreibung" (Zoologie, Botanik, Mineralogie, Naturgeschichte).

5. Stagnation und Rückschlag

Lehrer waren die Bevormundung leid, der sie von vielen Seiten ausgesetzt waren. Viele von ihnen protestierten gegen bestehende Verhältnisse. So verlor z. B. der Lehrer ROSSMÄSSLER[10] (s. Kap. 17.3, Punkt

10 In der Originalausgabe „Der naturgeschichtliche Unterricht" steht: „Am Neujahrstage 1860 E.A. Roßmäßler"; diese Schreibweise sollte gegenüber der oft zu lesenden unzutreffenden „Rossmässler" verwendet werden.

2) als Mitglied der Paulskirchenversammlung seinen Beruf. Der früher rein religiös bestimmte „Lebensbegriff“ z. B. wurde von der Biologie relativiert; das wurde von manchen schon als Revolution eingestuft. Gegen solche Vorstellungen und gegen soziale Unruhen sollte ein „frommer Lebenswandel“ helfen. Naturwissenschaften waren eher unerwünscht.

Ist es so abwegig zu vermuten, dass die Schrift des Arztes LORINSER, die 1837 erschien (s. SIEDENTOP 1968:15), „bestellt“ war, in der von der „Überlastung der Schüler“ gesprochen wurde? Und daraufhin konservative Lehrer zur „Sicherstellung der klassischen, humanistischen, sittlichen und religiösen Bildung“ die Abschaffung der Naturwissenschaften verlangten.

Später kam noch der berühmte „Lippstädter Fall“ von 1878 hinzu. H. MÜLLER besprach mit Primanern Probleme der Abstammungslehre. Davon soll ein Schüler seinem Religionslehrer berichtet haben. Dies führte (immerhin) zu einer längeren Debatte im Preußischen Abgeordnetenhaus. MÜLLER – und damit nicht nur er – wurde dahingehend gemaßregelt, *dass Theorien und Hypothesen, wie sie in den Schriften von DARWIN und HAECKEL vielfach zum Ausdruck kommen, nicht vor Schülerkreise preußischer Lehranstalten gebracht werden sollten* (s. SCHEELE 1981: 100).

Anscheinend zu kränkend sind für manche Menschen bis heute evolutionäre Vorstellungen. Bestimmte religiöse Gruppierungen möchten bis heute in USA, Israel oder in Deutschland sowie in vielen anderen Ländern (s. Kap. 19.3.3) Evolutionsunterricht aus dem Biologieunterricht verbannen. Jeder Lehrer muss sich demnach mit anti-evolutionären Vorstellungen vertraut machen. Immer wieder dürfte er Schüler mit einer solchen Einstellung haben.

Bereits 1856 folgte daraus der Rückschlag. Es war wieder einmal erreicht worden: Biologie wurde ausschließlich in der 5. und 6. Klasse der Gymnasien unterrichtet; zwei Stunden in der 8. Klasse nur dann, wenn es geeignete Lehrer gab. Ab 1879 (Lehrpläne 1882) wurde Biologie aus der Oberstufe aller Schulen in Preußen gestrichen (erst 1908 wurde er als Wahlfach wieder zugelassen; KECKSTEIN 1980).

Physikunterricht jedoch wurde zweistündig (auch) an Gymnasien von Klasse 10–13 abgehalten. Er war pragmatischer und griff weniger in das Selbstverständnis ein. Ein Wettbewerb zwischen den verschiedenen naturwissenschaftlichen Fächern deutete sich schon damals an.

6. Phase der Etablierung

Inhaltlich und organisatorisch hatte sich eine große Kluft zwischen biologischer Erkenntnis und Unterricht in der Schule aufgetan. Inzwischen meldeten sich jedoch bestimmte Gruppierungen zu Wort; z. B.:

- 1891 wurde der „Deutsche Verein zur Förderung des mathematischen und naturwissenschaftlichen Unterrichts“ gegründet. Sein Name, abgekürzt MNU, steht für seine Hauptaufgabe, der er sich bis heute widmet.
- Die „Versammlung Deutscher Naturforscher und Ärzte“ verabschiedete 1901 neun „Thesen über den biologischen Unterricht an höheren Schulen“ (Anonymus 1901). Von diesen werden wenigstens einige Kernstücke wiedergegeben: *2. Im Besonderen lehrt Biologie die sonst so vernachlässigte Kunst des Beobachtens. 4. in ethischer Hinsicht weckt biologischer Unterricht Achtung vor den Gebilden der organischen Welt. 5. [Kenntnis der organischen Welt] ist für diejenigen Abiturienten. von Wichtigkeit, denen der spätere Beruf keinen direkten Anlass zum Studium bietet. 7. [Es ist] dringend notwendig, dass der biologische Unterricht an den höheren Lehranstalten – mit etwa zwei Stunden wöchentlich – durch alle Klassen geführt werde.*

  Diese Thesen werden hier wiedergegeben, weil sie inhaltliche und organisatorische Probleme des Biologieunterrichts ansprechen, die auch hundert Jahre später noch weitgehend ungelöst sind.

In der Volksschule gab es schon 1872 einen Wandel – den Beginn des Biologieunterrichts: Jeweils sechs Stunden „Realien“ in Mittel- und Oberstufe (Kl. 5–8).

Die Lehrpläne von 1882 sahen (in je nach Schulform etwas verschiedener Anzahl) zwei bis sieben Stunden Naturwissenschaften vor. Biologieunterricht blieb jedoch grundsätzlich auf die Klassen 5 bis 10 beschränkt. Unterricht in den Klassen 10 bis 13 war im wesentlichen Physik und Chemie vorbehalten.

7. Biologieunterricht – bescheiden in der Oberstufe

Nach der Intervention bekannter Forscher, wie des Mediziners Virchow und des Zoologen Hertwig, wurde endlich um 1910 Biologieunterricht auch wieder in der Oberstufe „wahlfrei" zugelassen, und zwar mit neuen Inhalten: Mikroskopie, Vererbungslehre (aber ohne Evolution!), Physiologie etc. Dies war der verspätete Beginn der Verwendung allgemeinbiologischer Themen im Unterricht: An ihnen kam man nun offensichtlich nicht mehr vorbei. Erstmals wurde auch eine Lehramtsprüfung für das Fach Biologie eingeführt.

Zugleich breitete sich die „Arbeitsschulbewegung" aus, die sich auch auf den Biologieunterricht auswirkte. Eine besondere Bedeutung kam dabei KERSCHENSTEINER (1963) zu. Sein 1913 erstmals erschienenes Buch ist bis heute eine der gründlichsten Auseinandersetzungen mit der Rolle der „Formalen Bildung" (s. Kap. 3.5, 5.8) im naturwissenschaftlichen Unterricht geblieben. Kritisch beurteilt jedoch BRÜGGEMANN (1967) die Rolle KERSCHENSTEINERS. Für den Biologieunterricht hat vor allem HEINRICH GRUPE (1921) theoretische und praktische Grundlagen eines Arbeitsunterrichts publiziert. Sie enthalten bereits vieles von dem, was ab etwa 1980 und nach PISA ab 2002 bis heute (s. unten Punkt 11) wieder – oft als neu vermutet – eine große Rolle im Biologieunterricht spielt.

Erst mit der Richertschen Schulreform von 1925 wurde (nachdem biologische Forschung schon weit fortgeschritten war) Biologieunterricht wieder verbindlich in die Oberstufe aufgenommen. Und zwar mit einer denkbar geringen Stundenzahl: In den verschiedenen Schulformen 1–2 Halbjahre mit 2–3 Stunden. Gründliche Kenntnisse, die ein Fundament gegen eine Ideologisierung der Biologie im aufbrechenden Rassenwahn hätten sein können – damit wurden sie nicht erreicht!

8. Politische Ideologisierung

Von Anfang an wurde Biologieunterricht in der NS-Zeit missbraucht (ausführlicher in Kap. 17.3, Punkt 5). Ab 1938 wurden in allen Klassen je zwei Wochenstunden in diesem Fach verordnet. Biologie war verpflichtender Teil des Abiturs.

Es ist verständlich, muss aber als falsch erachtet werden, dass nach dem Zusammenbruch 1945 Biologieunterricht erhebliche Einbußen erlitt. Man hatte ja gesehen, „wie leicht sich Biologie ideologisieren ließ". Um so mehr muss jeder, der dieses Fach unterrichtet, auf der Hut sein, dass ihm dergleichen nicht passiert. Eine Gefahr, die keineswegs gebannt scheint, wenn man manche neueren Tendenzen betrachtet (s. Kap. 17.3, Punkt 2).

9. Biologieunterricht nach 1945

Trotz aller Rückschläge gab es nach 1945 Schulformen und Länder, in denen Biologie mit zwei Stunden an allen Klassen unterrichtet wurde. Einen Eindruck von dem jeweils in sich nicht begründeten „Flickwerk" erhält man durch einen Blick auf die Stundentafeln um 1960 (s. SIEDENTOP 1968:23). In manchen Bundesländern gab es im Mathematisch-Naturwissenschaftlichen Gymnasium 18, im Humanistischen Gymnasium 9 Jahresstunden Biologie. Eine Situation, die sich seitdem in Bezug auf die Stundenzahl z. T. erheblich verschlechtert hat. – Eine ausführliche Dokumentation der Entwicklung des naturwissenschaftlichen Unterrichts zwischen 1945 und 1990 hat KLEIN (1991) vorgelegt.

Inhaltlich gab es nach 1945 kaum etwas Neues (s. u.). Einen ersten Versuch für den naturwissenschaftlichen Unterricht, diese, wie man wohl sagen muss, antiquierte Situation zu ändern, machte Ende der fünfziger Jahre WAGENSCHEIN, wie ausführlich in Kapitel 7 dargestellt – allerdings vergeblich.

Einen erheblichen Rückschlag erlitt Biologieunterricht erneut durch die „Saarbrücker Rahmenvereinbarungen" der Kultusminister von 1960. Die Ideen von FLITNER (1959, Kommissionsvorsitzender!) und LITT (z. B. 1954) setzten sich durch: Naturwissenschaftliches Wissen ist gar nicht so wichtig, entscheidend ist die Kenntnis der „exakten Methoden“: *Nur [!] ein auf Methodenvermittlung und auf ein Verstehen der großen Zusammenhänge ausgerichteter Naturwissenschaftsunterricht kann im gesamten Lehrplan eine bedeutende Stellung einnehmen* (DEUTSCHER BILDUNGSRAT 1970b:73). Folglich reichte es völlig aus, wenn sich die Schüler in der Sekundarstufe II mit einer Naturwissenschaft beschäftigten.

Wieder einmal hatten die Verfechter des Vorrangs der syntaktischen Struktur, der Formalen Bildung (s. Kap. 1.2, 3.5, 5.8) obsiegt; zum Schaden des notwendigen im Biologieunterricht zu vermittelnden Wissens. – Wie es (s. Brüggemann 1967) zu diesen für den Naturwissenschaftlichen Unterricht verheerenden Beschlüssen kam, ist wahrhaft ein Lehrstück! Auch viele Lehrer, Ausbilder und Biologiedidaktiker verschrieben sich dieser Tendenz. Sie hat seitdem großen Einfluss auf den Biologieunterricht. Und man darf sich fragen, ob bei den jüngsten Umbrüchen (auch) des Biologieunterrichts nicht erneut den formal-syntaktischen Aspekten eine zu dominierende Rolle eingeräumt wird.

10. Biologieunterricht nach der Curriculumreform

Die ab etwa 1970 einsetzende Curriculumreform bewirkte nach 1945 den ersten beachtlichen Einschnitt in alle Unterrichtsfächer. Äußere und innere Bedingungen dieser Reform für den Biologieunterricht wurden ausführlich in Kapitel 6 erörtert.

Die damit angestrebten Veränderungen (Lehrpläne nach neuen Prinzipien, vor allem Betonung auf Schüler bezogene Themen; Intensivierung von Schüleraktivitäten etc.; Kursunterricht in der S II) wurden jedoch nur bedingt umgesetzt. Dies lag zum Teil daran, dass viele Lehrer nicht in der Lage oder auch willens waren, die veränderten Bedingungen umzusetzen. Die Kultusministerien kümmerten sich zudem vielfach zu wenig um die Durchsetzung der neuen Prinzipien. Schließlich gab es unter den Fachdidaktikern vielfältige Kontroversen über diese Reform.

Die Deutsche Kultusministerkonferenz hat im Juni 1998 beschlossen, „das Abitur zu stärken“. Die Fächer Deutsch, Mathematik und eine Fremdsprache sollen in größerem Umfang unterrichtet und alle Schüler im Abitur in diesen Fächern geprüft werden. Für die naturwissenschaftlichen Fächer gilt dies nur sehr eingeschränkt. Dies dürfte sich als ein erneuter Rückschlag in Bezug auf die Bedeutung dieser Fächer in der Schule erweisen (s. dazu Kapitel 18.4.5).

11. Biologiedidaktik in der DDR

Dieser Abschnitt folgt weithin einer persönlichen Mitteilung von Erwin Zabel.

Das Fachgebiet hieß zunächst Biologie-Didaktik. Ein erstes Lehrbuch trug zwar noch den Titel „Didaktik des Biologieunterrichts“ (UHLIG & AUTORENKOLLEKTIV 1962), ein zweites hieß dann „Methodik – Biologieunterricht“ (DIETRICH & AUTORENKOLLEKTIV 1976). Entsprechend einer Vereinbarung zwischen den sozialistischen Ländern erfolgte die Umbenennung in „Biologiemethodik“. Umfang und Inhalt dieses Begriffs waren jedoch mit „Biologiedidaktik“ identisch.

Biologiemethodik war an allen Universitäten und Pädagogischen Hochschulen als eigenständiger Bereich vertreten, und zwar mit elf Lehrstühlen und Mitarbeitern. Es gelang offensichtlich viel leichter als in der Bundesrepublik, sie mit allen Rechten in die Hochschulen zu integrieren. Alle Hochschuldidaktiker widmeten sich intensiv einem Forschungsschwerpunkt. Erwähnt seien beispielhaft:
BAER & HORN in Rostock mit fächerübergreifender Koordinierung, ästhetischer Bildung; Dietrich in Leipzig mit Grundfragen und Schüleraktivitäten; GRÖNKE in Potsdam mit Geschichte des Biologieunterrichts und Experimentieren (s. z. B. „Übersichten zur Biologie-Methodik“ 1979, Materialien zur Ausbildung von Diplomlehrern Biologie, Potsdam); GÜNTHER & HEINZEL in Jena mit Leistungsermittlung und –bewertung; HUNDT in Halle mit Ökologie und Unterrichtsmitteln; KURZE in Berlin mit Problemlösestrategien; MÜLLER in Greifswald mit Begriffsforschung (ausführliche Auswertung seiner Arbeiten bei LEPEL 1996 und GRAF 1989a); ZABEL in Güstrow u. a. mit bio-

logischem Grundwissen, Formenkenntnis, Umweltbildung, forschendem Lernen und fakultativem Unterricht (Abdruck von Publikationen in Zabel 1998). Dies war eine sinnvolle Aufteilung in Forschungsschwerpunkte, die wohl auch in der Bundesrepublik nützlich wäre.

Von der Effektivität dieser Arbeitsgruppen geben zahlreiche Habilitationen und Dissertationen zur Biologiedidaktik Zeugnis. In einer Bibliographie von 1991 (Hrsg. Zabel) werden schon etwa 240 dieser Arbeiten aufgelistet. Deren für bestimmte Gebiete wichtigen Ergebnisse harren noch immer der Auswertung.

Viele bemerkenswerte Aufsätze (neben obligatorischen politischen Sentenzen) enthält die Zeitschrift „Biologie in der Schule". Sie vermittelt zusammen mit den Protokollbänden der Schulbiologietage und Symposien einen guten Überblick über schulrelevante Aktivitäten und Forschungsarbeiten in der DDR. Andererseits wurden auch zahlreiche Arbeiten (von allem zu Ergebnissen von Promotionen und Habilitationen) in oft schwer zugänglichen wissenschaftlichen Zeitschriften der Hochschulen publiziert.

Biologiemethodik gehörte als „Sektion Schulbiologie" der (nichtstaatlichen) Biologischen Gesellschaft der DDR an. In ihr konnten alle, die mit Biologieunterricht zu tun hatten, Mitglied werden. Jährlich wurden Schulbiologietage zur Fortbildung abgehalten. Zudem gab es „Symposien zur Methodik des Biologieunterrichts"; dort trugen vorwiegend Wissenschaftler ihre Ergebnisse vor. Zur Förderung begabter Schüler diente der von der Sektion Schulbiologie vergebene „Ernst-Haeckel-Preis".

Die Allgemeinbildende Schule der DDR umfasste zehn Schuljahre. Daran schlossen sich zwei Jahre Erweiterte Oberschule an, die zum Abitur führte. Biologieunterricht gab es mit je zwei Wochenstunden von Klasse 5 bis 12! Zudem wurden ab Klasse 7 Wahlpflichtkurse in Biologie angeboten.

Der Lehrplan für den Biologieunterricht wurde zentral unter Mitwirkung von Biologiedidaktikern und Lehrern erarbeitet und schließlich vom Ministerium für Volksbildung bestätigt. Danach war er verbindlich; er konnte zwar interpretiert und hinsichtlich seiner Wirksamkeit untersucht, aber nicht in Frage gestellt werden.

Der Lehrplan beruhte für die Klassen 5 bis 7 auf dem eher traditionellen „Strukturansatz Taxonomie" (s. Kap. 5.2), in dessen Inhalte jedoch allgemeinbiologische Themen integriert waren, gefolgt von Menschenkunde in Klasse 8 (Pfeifer & Nuss 1971, Dietrich 1976). In den Klassen 9 und 10 sowie in den Klassen 11 und 12 waren Themen der Allgemeinen Biologie bestimmend (Stoff- und Energiewechsel, Ökologie, Genetik und Evolution).

Ergebnisse der Curriculumreform oder andere neue Lehrpläne wurden zwar erörtert (s. Grönke 1982), blieben aber unberücksichtigt (s. Lehrplan Biologie bei Horn 1989). Erst um etwa 1987 wurden Überlegungen für veränderte Lehrpläne diskutiert.

12. Biologieunterricht nach PISA

Ausführliche Darstellung dieser Entwicklung in Kap.5.10. Hier dazu einen kurzen Abriss. – Bei den internationalen Vergleichsstudien TIMSS (Third International Mathematics and Science Study) und erst recht bei PISA (Programme for International Student Assessment, 2000, 2003, 2006) haben deutsche Schüler relativ schlecht abgeschnitten (s. z. B. Baumert et al. 2003, Prenzel et al. 2003, Mayer 2004). Auch PISA 2003 und 2006 haben in Bezug auf die Leistungen deutscher Schüler nur geringe Verbesserungen gebracht („Aufsteigen ins Mittelfeld"). Wobei sich die Differenz zwischen einer leistungsstarken und einer leistungsschwachen Gruppe weiter erhöht hat. D. h., dass „schwache Schüler" in deutschen Schulen noch immer zu wenig gefördert werden („50 Prozent der Hauptschüler sind nicht berufsfähig"). Dies hat zu geradezu hektischen Reaktionen der Kultusminister, der Öffentlichkeit, aber auch der Biologiedidaktiker geführt; dafür wurde auch schon die Bezeichnung „Bildungsreform" bemüht.

Mit Hilfe von PISA soll z. B. untersucht werden: Schülerleistungen in Bezug zum Unterricht und zu „Schulfaktoren" (wie Ausstattung mit Lehrern und Unterrichtsmaterial, Kontrolle); unterschiedliche Leistungen von Schülern in einem Land, in verschiedenen Ländern; Fähigkeit von Schülern ihre naturwissenschaftlichen Kenntnisse und Fähigkeiten in lebensnahen Situationen zu aktivieren (s. Kap. 5.10) sowie der Einfluss ökonomischer, sozialer, kultureller Faktoren der Eltern (PISA Project Consortium 2000).

Dies soll zu einer Veränderung von Unterricht an „Haupt und Gliedern" führen; z. B. durch mehr praxisbezogene Ausbildung der Lehrer und damit Verbesserung des Unterrichts, Hebung des Stellenwertes der mathematisch-naturwissenschaftlichen Disziplinen (wovon ja in Hinsicht auf Biologieunterricht keineswegs die Rede sein kann). In Bezug auf die Schüler soll untersucht werden, welches notwendige Grundkompetenzen als Teil einer Allgemeinbildung (Schlüsselqualifikationen) sind, wie sie besser lernen, auf Beweise gestützte Schlüsse zu ziehen (s. Kap. 5.10). Zur Überprüfung solcher Leistungen sollen bundeseinheitlich Agenturen eingerichtet werden (s. 12.1.8).

Nebenbei sei angemerkt, dass eine Forderung auch ist, Ganztagsschulen einzurichten. Bei Radisch & Klieme (2004) findet sich dazu eine Zusammenstellung (einer erstaunlich geringen Anzahl) empirischer Befund zu deren Effektivität.

Die meisten dieser Forderungen wurden bereits bei der Curriculumreform (s. Kap. 6) erhoben. Man kann hoffen, dass sie diesmal besser umgesetzt werden!

17.3 Zur Geschichte der Strukturansätze und Methoden

Auch in diesem Abschnitt kann nur relativ vereinfacht darauf eingegangen werden, wie maßgebliche Vertreter des Biologieunterrichts die äußeren Umstände umsetzten oder sie beeinflussten. Besonders drei Erkenntnisse drängen sich dabei auf:

- Biologieunterricht tritt in vielfältigen Erscheinungsformen auf, die sich zudem gelegentlich wiederholen.
- Vielfach waren die in Kapitel 17.2 dargelegten äußeren Einflüsse auch Reaktionen auf seinen unbefriedigenden inneren Zustand.
- Man sollte sich davor hüten, eine bestimmte Form des Biologieunterrichts zu verabsolutieren.

Extreme Systematik	„Biologischer Unterricht"	Ästhetisierender Biologieunterricht
Linné 1735 „Systema naturae"	Cuvier 1810 (Vergl. Anatomie, Kausalanalyse; Katastrophentheo.) „Le règne animal distribué d´après san organisation"	Kiessling & Pfalz 1888 (Rossmässler 1860 „Der naturgeschichtliche Unterricht")
Lüben 1832 „Leitfaden zu einem method. Unterricht in der Naturkunde" Leunis 1844 „Synopsis der drei Naturreiche"	Junge 1885 „Dorfteich" Schmeil 1896 „Über die Reformbestrebungen auf dem Gebiet des naturgeschichtlichen Unterrichts"	A. Brehm „Tierleben"
Bis etwa 1890	Bis etwa 1965	Bis etwa 1914

Abb. 35: Hauptrichtungen des Biologieunterrichts (idealtypisch) von etwa 1800 bis 1900 (z. T. darüber hinaus wirkend)

1. Extrem systematischer Strukturansatz

Mit seinem Buch „Systema naturae“, erstmals 1735, schuf LINNÉ eine begründete Ordnung der Lebewesen: Er beschrieb alle ihm bekannten Arten und ordnete sie in ein System ein. Es lohnt für einen Biologielehrer, sich mit seinen Leistungen und seinem Leben vertraut zu machen (s. z. B. GOERKE 1989). Lange Zeit war es die wesentliche Forschungstätigkeit von Biologen (bzw. von Medizinern, die dieses Gebiet an der Universität vertraten), Arten ausfindig zu machen, sie zu beschreiben, das System zu vervollständigen. Eine grandiose Leistung, die z. B. für Landwirtschaft, Naturschutz, Industrie unentbehrlich ist.

Es ist verständlich, dass sich auch Biologieunterricht daran ausrichtete. Dazu stellte Lüben, den man vielleicht als den ersten „Biologiedidaktiker“ bezeichnen könnte, sehr modern wirkende Forderungen auf: etwa: mit leicht verständlichen Objekten beginnen, Naturkörper möglichst oft vorführen, im Freiland aufsuchen, betrachten, untersuchen lassen (s. SCHMEIL 1900:12, SIEDENTOP 1968). Aber das damals wohl dominierende „Schulbuch“ von LEUNIS (erstmals 1844), ähnlich wie SCHILLINGS „Das Thierreich“ von 1852, zeigt deutlich: Es ging ausschließlich um eine formalistische Einführung in die Systematik, das Erklären z. B. von Pflanzenteilen, Bestimmen, Auswendiglernen von Merkmalen. Eine Seite aus diesem Buch (Abb. 36) gibt davon einen Eindruck.

Vorbehalte gegenüber einem solchen Unterricht, an dem zu lange festgehalten wurde, kann man nachvollziehen. Er erwies sich als Sackgasse. Auch der Schmeilsche Biologieunterricht (s. u.), zuerst anders konzipiert, geriet immer wieder in sie.

2. Ästhetisierender Biologieunterricht

Es ist kaum verwunderlich, dass man vor allem für die Volksschule aus diesem Dilemma einen Ausweg suchte. Als Gegenposition gegen eine zu einseitig, „trocken beschreibende“ Betrachtung von Lebewesen bot sich eine „gemüthafte“, ästhetisierende, anthropomorphe an (s. dazu auch SCHMEIL 1900: 40ff.). Sie stand im Zusammenhang mit der ausklingenden Bewegung der Romantik: Ihr Naturbild *erhielt eine aus dichterischer Phantasie gespeiste, gemütvolle Anthropozentrik, die darunter litt, wenn der sinnlich wahrnehmbare Zauber der Erscheinungen in rationale Details zergliedert wurde* (TROMMER 1986:26).

Beispiele geben eine Vorstellung von dieser Betrachtungsweise:

- *Der Hase: Der Hase besitzt neben recht ergötzlichen doch auch unrühmliche Eigenschaften. Wir erfreuen uns an seinen drolligen Bewegungen. Wen erheitert es nicht, wenn sich plötzlich mitten im Felde Hasen erheben und „Männchen“ machen* (KIESSLING & PFALZ 1888:74).
- *Wohlriechendes oder Gartenveilchen: Für heute ist uns die Aufgabe geworden, dem herzigen Veilchen einmal so recht tief in sein dunkelblaues Auge zu schauen... In der Tat gibt es kaum eine Pflanze, welche vom Menschen bei dem Verschenken seiner Gunst auf gleiche Weise bevorzugt wird, wie Rose und Veilchen, Florens anmutigste Kinder...* (AUERSWALD 1863: 7).
- *Die Vögel in der Luft sind meine Brüder./ Alle Blumen sind meine Schwestern. / Die Bäume sind meine Freunde./..../ Denn diese grüne Erde ist unsere Mutter./ In den Lüften über uns ist der Geist verborgen.* Dieser Text stammt allerdings nicht aus dem vorletzten Jahrhundert, sondern aus dem Jahr 1991 (Cornell)! Zur Kritik am romantisierenden Naturerfahrungsansatz von CORNELL s. EDER 2001).

In welchem Ausmaß diese Tendenz zwischen etwa 1850 und 1890 den Biologieunterricht tatsächlich bestimmte, ist (offenbar) nicht mehr nachzuvollziehen. KIESSLING & PFALZ (1888) betonen in ihrer Schrift immer wieder, dass es Aufgabe des Unterrichts ist, „eine auf klarem Verständnis der Natur beruhende Liebe zu derselben zu erwecken“ – was das immer sein sollte. BRÜLLOW (1877) gibt eine umfangreiche Liste entsprechender Schriften wieder.

ROSSMÄSSLER (der u. a. die ersten biologischen Wandtafeln gezeichnet hat) wird vielfach in diese Richtung eingeordnet. Bei der Lektüre seiner bemerkenswerten Schrift von 1860 „Der naturgeschichtliche

112 Erster Kreis. Wirbeltiere. I. Klasse. Säugetiere. — § 89.

†* **10. Cricētus** *frumentarĭus* Pall. **Gemeiner Hamster.** K. plump; Ohren u. Schw. kurz, letzterer dünn behaart; große Backentaschen; oben licht braungelb ins Graue spielend; Oberseite der Schnauze, Augengegend u. ein Halsband rotbraun, an den Wangen 1 gelber Fleck; Unterseite des K. schwarz; Füße weiß; L. 27 cm, Schw. 6,5 cm. In Mitteleuropa; in Dtl. in Sachsen am häufigsten; gräbt sich in Getreidefeldern eine tiefe Höhle mit mehreren Öffnungen u. hält einen Winterschlaf; ist durch sein massenhaftes Verzehren u. Wegschleppen von Getreide u. Hülsenfrüchten der Landwirtschaft sehr schädlich.

11. Mus L. **Maus.** K. schlank; Backentaschen fehlen; Schw. l., schuppig geringelt, nackt oder spärlich u. kurz behaart; Pelz weich.

Gaumenfalten in der Mitte nicht geteilt; Füße dick u. plump: = **Ratten**;		Ohr reicht nicht bis zum Auge; Schw. kürzer als der K.; Pelz zweifarbig ..	**M.* decumānus*.
		Ohr reicht bis zum Auge; Schw. länger als der K.; Pelz einfarbig	**M. rattus*.
Gaumenfalten in der Mitte geteilt; Füße schlank: = **Mäuse**;	Ohr reicht bis zum Auge;	Pelz einfarbig; Schw. von Körperlänge.	**M. muscŭlus*.
		Pelz zweifarbig; Schw. etwas kürzer als der K.	**M. silvatĭcus*.
	Ohr reicht nicht bis zum Auge;	Pelz dreifarbig; Schw. kürzer als der K.	**M. agrarĭus*.
		Pelz zweifarbig; Schw. von Körperlänge.	**M. minūtus*.

†* *M. decumānus* Pall. **Wanderratte.** Zweifarbig, oben bräunlichgrau, unten grauweiß, beide Färbungen scharf von einander abgesetzt, die Mittellinie des Rückens gewöhnlich dunkler als die Seiten; Ohr $1/3$ so l. wie der Kopf, erreicht angedrückt das Auge nicht; Gaumenfalten gekörnelt; 12 Zitzen; L. 24 cm, Schw. 19 cm; am Schw. etwa 210 Schuppenringe. Ist erst im Anfange des vorigen Jahrhunderts aus Asien nach Europa eingewandert; durch den Schiffsverkehr ist sie nach u. nach über die ganze Erde verschleppt worden; wo sie auftritt, vertreibt u. vernichtet sie die Hausratte; ist stärker u. gefräßiger als letztere; frißt auch junges Geflügel, sowie alles, was sie an Eßwaaren u. Küchenabfällen in Kellern, Speisekammern, Kanälen u. Kloaken finden kann; im Hunger fressen sie sich gegenseitig auf.

†* *M. rattus* L. **Hausratte.** Einfarbig, oben dunkelbraunschwarz, unten ein wenig heller, grauschwarz, Füße graubraun; Ohr $1/2$ so l. wie der Kopf, reicht angedrückt bis zum Auge; Gaumenfalten glatt; 12 Zitzen; L. 16 cm, Schw. 19 cm; am Schw. 250—260 Schuppenringe. Auch die Hausratte ist wahrscheinlich erst in historischer Zeit, vielleicht aus Asien, eingewandert; erst im 12. Jahrhundert ist sie in Europa bekannt geworden; jetzt wird sie durch die Wanderratte zurückgedrängt u. ausgerottet, so daß sie sich in Dtl. nur noch selten findet. Wiederholt ist es vorgekommen, daß eine Anzahl Ratten gefunden wurde, die mit den Schwänzen mit einander verwachsen waren u. so einen sog. Rattenkönig bildeten.

†* *M. muscŭlus* L. **Hausmaus.** Einfarbig gelblich grauschwarz, unten etwas heller, Füße u. Zehen gelblichgrau; Ohr von halber Kopflänge, reicht an die Kopfseiten angedrückt bis zum Auge; 10 Zitzen; L. 9,5 cm, Schw. ebensoviel; am Schw. etwa 180 Schuppenringe. Über die ganze bewohnte Erde verbreitet; hält sich am liebsten in Wohngebäuden auf u. nascht in Küche, Keller u. Speisekammer; ihr Hauptfeind ist die Hauskatze; die weißen Mäuse, die oft gezähmt gehalten werden, sind Albinos der Hausmaus.

†* *M. silvatĭcus* L. **Waldmaus.** Zweifarbig, oben braungelblichgrau, unten scharf abgesetzt weiß, Füße u. Zehen gleichfalls weiß; Ohr von halber Kopflänge wie bei der Hausmaus; 6 Zitzen; L. 12 cm, Schw. 11,5 cm; Schw. mit ungefähr 150 Schuppenringen. In ganz Europa verbreitet, sowie auch im westlichen Asien; in Wäldern, Gärten u. Feldern; frißt außer Früchten u. Pflanzenwurzeln auch Insekten, Würmer u. kleine Vögel.

†* *M. agrarĭus* Pall. **Brandmaus.** Dreifarbig, oben braunrot, über den Rücken ein schwarzer Längsstreifen, unten scharf abgesetzt weiß, Füße weiß;

Abb. 36: Probeseite aus „Dr. Johannes Leunis: Schul-Naturgeschichte“ (11. Auflage, 1891, S.112)

Unterricht" kommen Zweifel, ob man ihm damit nicht Unrecht tut (auch AUERSWALD gibt 1863 an, dass von ROSSMÄSSLER zwar die Idee für sein Buch stamme, s. o., dieser sich dann aber offenbar davon distanziert hat).

Man könnte diese „Phase" des Biologieunterrichts übergehen, wenn es nicht das erstaunliche Phänomen gäbe, dass seit einigen Jahren auch im Biologieunterricht, durch den Zeitgeist bestimmt, „Erlebnis" bis hin zur Mystifizierung der Natur wieder eine bedeutsame Rolle spielt (ausführlich dazu Kapitel 3.6; MAURER, 1978:90 ff., hat eine ganze Reihe von Beispielen dieser Art auch aus neueren Schulbüchern zusammengestellt). Die weite Verbreitung der Texte und Ideen CORNELLS (s. dazu weitere Beispiele in Kap. 3.6; Kritik bei EDER 2001) sind dafür ein Indiz. Ursachen, Bedürfnishintergrund und schnelles Verschwinden solcher Strömungen im vorletzten Jahrhundert erscheinen deshalb wissenswert.

3. Biologische Betrachtungsweise

Eines der bekanntesten Bücher zum Biologieunterricht ist JUNGES „Der Dorfteich als Lebensgemeinschaft" von 1885. Es ist geradezu zum „Kultbuch" einer neuen ökologischen Betrachtungsweise im Biologieunterricht geworden. Er stellte das klassifizierende Verfahren gleichsam auf den Kopf: Lebensgemeinschaften mit ihren Wechselbeziehungen einschließlich aller abiotischen Faktoren sollten von den Schülern selbst untersucht und im Mittelpunkt des Unterrichts stehen. Jedes Lebewesen sollte damit „biologisch" betrachtet werden. Acht „Gesetze des organischen Lebens", die sich seiner Meinung nach auf alle Lebewesen beziehen, sollten das Spezielle ins Allgemeine überführen; z. B.: 1. Erhaltungsmäßigkeit: Lebensweise und Einrichtung eines Lebewesens entsprechen einander, 2. Organische Harmonie: jedes Lebewesen ist ein Glied des Ganzen, 3. Arbeitsteilung: je mehr Organe, desto vollkommener ihre Arbeit.

Dieser großartige neue Entwurf, der Biologieunterricht von Grund auf modernisiert hätte, musste damals scheitern; dazu einige Gründe: Seine Bezugswissenschaft, die Ökologie, war noch zu unvollkommen; seine „Gesetze" wurden (mit einigen guten Gründen, so schon SCHMEIL 1900:54 ff.) angegriffen; die Lehrer waren für solche Vorstellungen nicht ausgebildet; JUNGES (verdeckter) Widersacher SCHMEIL konnte sich – schon durch seine Schulbücher – besser durchsetzen.

SCHMEILS bis heute lesenswerte Schrift „Über die Reformbestrebungen auf dem Gebiet des naturgeschichtlichen Unterrichts" von 1896 läutete eine neue oder wenigstens doch eine andere Ära des Biologieunterrichts ein. Einige der dort vorgetragenen Hauptgedanken sind:

- Der Lehrer ist der „Handlanger der Wissenschaft", er muss sich an ihrem Fortschritt ausrichten. Die inhaltliche Kluft zwischen Biologie und Biologieunterricht muss abgebaut werden.
- Naturforschung (selbständiges elementares Forschen der Schüler) im Gegensatz zu Naturbeschreibung.
- Die Schüler müssen angehalten werden, den kausalen Zusammenhang zwischen Bau und Leben der Arten zu ergründen; d. h., Übergang zu einem morphologisch-physiologischen, einem „biologischen" Unterricht, wie SCHMEIL dies nannte.
- Dies ruft bei den Schülern Nachdenken, nicht nur Nacherzählen, hervor.
- Daraus resultiert ein wirkliches Verständnis der Natur, und Biologieunterricht wird zu einer Disziplin, die an Bildungswert keiner anderen nachsteht.
- Durch Beobachten, Selbstuntersuchen den schlimmsten Feind alles geistbildenden Unterrichts verbannen – den Verbalismus.
- Verständnis führt zur Freude – und ein ästhetisches Urteil wird sich dann von selbst bilden (s. auch Kap. 3.7).
- Der Ausschluss heterogener Stoffe (auch z. B. physikalischer und chemischer, die nicht Vorgänge bei Lebewesen verständlich machen) ist pädagogische Forderung – also ein selbstständiges Fach „Biologie".

Gute Ideen, zum Teil seit LÜBEN (s. o.) vertraut. Sie sind jedoch bis heute nur bedingt realisiert. Obwohl immer wieder Versuche gemacht wurden, sie im Biologieunterricht umzusetzen. Auch derzeit geplante Reformen haben im Kern manche der genannten Prinzipien Schmeils zum Inhalt.

Durchgesetzt hat sich Schmeil mit seinen Unterrichtswerken: 1889 „Lehrbuch der Zoologie", 1901 „Lehrbuch der Botanik" u. a. Davon gab es über 200 Auflagen bis etwa 1965. Ihr Inhalt kam der Ausbildung der Lehrer entgegen. Gut 70 Jahre lang haben Schmeils Vorstellungen den Biologieunterricht beherrscht (in modifizierter Form selbst in der NS-Zeit) – und eine Weiterentwicklung verhindert. Sein Strukturansatz, auch wenn er ursprünglich verändernd wirkte, barg die Gefahr des Traditionellen in sich (s. auch Kap. 5.2):

- Die Gliederung nach systematischen Gruppen führte zu einem Rückfall in die schier endlose Aneinanderreihung von Arten, oft auch in Form zahlreicher Monographien.
- Für eigenständige andere biologische Gebiete war (sieht man von der Oberstufe der Gymnasien ab) kein oder kaum Raum.
- Menschenkunde war stets nur ein untergeordneter Aspekt, und zwar überwiegend als „Abbild" medizinischer Lehrbücher.
- Für die traditionelle Lehrerausbildung, die sich ausschließlich an biologischen Fachstrukturen orientierte, gab es kaum Veranlassung, sich angesichts dieses „Handlanger-Unterrichts" zu verändern; es gab vielmehr einen Rückkoppelungseffekt.

Zeitgleich oder kurz nach der Veröffentlichung von Schmeils Ideen gab es durchaus Schriften, Handreichungen für Lehrer mit ähnlicher Absicht (Busemann 1905, Niemann & Wurthe 1907), aber auch Degenerationsformen im Rahmen der „Heimatkunde". Dazu folgendes Beispiel (Zimmermann 1921:121; 11 Auflagen zwischen 1891 und 1921): *Der Sperling: Wie wird der Sperling auch genannt? Sprecht: Der Sperling wird auch noch Spatz genannt. Was ist der Sperling? Vogel. Gib mir an, was jeder Vogel haben muss! Federn, zwei Beine, zwei Flügel usw. … Der Sperling ist nicht so groß wie ein Huhn, nicht einmal so groß wie eine Taube, – was ist der Sperling nur für ein Vogel? Sprecht: Der Sperling ist nur ein kleiner Vogel – usw. über drei Seiten hinweg.*

Gegen solche Degenerationsformen von Unterricht wandte sich dann die Arbeitsschulbewegung.

4. Arbeitsschulbewegung

An die Stelle stofflicher Überfütterung soll ein frisch-fröhliches Erarbeiten von wertvollen Erkenntnissen und Fähigkeiten treten; die leider allzu häufig nur rezeptiv tätige Kinderschar soll zu möglichst spontaner Betätigung angeregt, durch Selbsttätigkeit zur Selbstständigkeit angeleitet werden, … wenn möglich und notwendig, auch die Handbetätigung planmäßig und in genügendem Umfang heranziehen (Vorwort zu Heinrich Grupe 1921).

Solche Forderungen wurden auch in Lehrplänen aufgestellt. Danach sollte „Unterricht grundsätzlich Arbeitsunterricht" sein. Stichworte wie Selbsterarbeiten, Selbsterschließen, Betätigung von Hand und Sinnen, Lehrausflüge, Schulgartenarbeit werden überall verwendet. „Anstaltslehrpläne" sollten aufgestellt werden. Man hat dafür auch die Bezeichnung „Synthetische Unterrichtsmethode" gewählt. Es wird sich erst zeigen müssen, ob der in neuerer Zeit z. B. postulierte „Situierte Unterricht", „Handlungsorientierte Unterricht" (s. Kap. 5.7; 17.3, Punkt 7), Unterricht auf der Grundlage von „Bildungsstandards" über diese überaus „modernen" Forderungen der Arbeitsschulbewegung hinausgeht. Leider haben sie sich nicht in erforderlichem Umfang durchgesetzt.

Mit seinen Vorschlägen durchbricht z. B. Heinrich Grupe (1921) den starren Gang durch die Systematik der Lebewesen. Sein Plan (s. Beihefter zu Grupe 1921) ist eine Kombination von „Erleben der heimischen Natur" in ausgewählten Beispielen, Behandlung von Arten unter verschiedenen, auch experimentellen Gesichtspunkten, Besuch „außerschulischer Lernorte", Schulgartenarbeit, angewandte Biologie je nach Bezugsgruppe („Bauern-Naturgeschichte", „Großstadt-Naturgeschichte") und menschenkundlichen Themen. Man könnte dies fast schon als einen Situationsanalytischen Strukturansatz (s. Kap. 5.6) bezeichnen.

In anderer Weise hat SCHMITT mit seinen zehn Bänden „Wege zur Naturliebe“ (stets o. J., wohl ab 1925) den Biologieunterricht in Bezug auf die geforderte „Selbsttätigkeit und Selbständigkeit“ beeinflusst. Jeder Band enthält eine Fülle von zum Teil bis heute kaum übertroffenen Beobachtungs- und Experimentieraufgaben; z. B. 311 Anregungen im Teilband 6 „Lebenskampf und Anpassung der Pflanze“. Allein 25 Fragen und Aufgaben zum Thema Süßwassermuscheln finden sich in „Anleitung zur Haltung und Beobachtung wirbelloser Tiere“ (Bd. 7). Mehrere Auflagen einzelner Bände belegen das Bedürfnis nach solchen Hilfen und ihren Erfolg.

Wie viel davon freilich trotz einer Vielzahl veröffentlichter Experimentier- und Arbeitsbüchern im konkreten Biologieunterricht realisiert wurde – offenbar ist darüber wenig bekannt (auch der Sohn von HEINRICH GRUPE, s. HANS GRUPE 1977:59, berichtet dazu fast nichts). In der Volksschule wurden solche Ideen beachtet. Die vorwiegend an der Systematik der Lebewesen orientierten Werke Schmeils beherrschten jedoch vor allem im Gymnasium weiterhin den Markt.

Viel Zeit blieb nicht bis zur NS-Epoche, die ihren Schatten schon 1932 mit entsprechenden „Leitsätzen über den Biologieunterricht an höheren Schulen“ (ausführlich bei Klausing 1968) des Deutschen Biologen-Verbandes voraus warf: Mädchen sind für den Mutterberuf zu erziehen, Behandlung der rassenbiologisch gefährdeten Zukunft des deutschen Volkes usw.

5. Ideologische Verbiegung des Biologieunterrichts

Auch wenn der verbrecherische Missbrauch des Biologieunterrichts durch den Nationalsozialismus bekannt sein dürfte (s. auch BUSCHE et al. 1978), er sollte immer wieder aufgezeigt werden.

Neben den Lehrbüchern von SCHMEIL waren z. B. „Das Leben– Biologisches Unterrichtswerk für höhere Schulen“, „Lehrbuch der Biologie für Oberschulen und Gymnasien“ verbreitet. Daraus einige Zitate:

- *Wir sorgen für unser Blut: Jeder Volksgenosse hat die Pflicht, seine körperliche und seelische Gesundheit zu erhalten. Wir halten unsere Rasse rein. Unsere höchste [!] Pflicht ist es, unser Erbgut rein und gesund zu bewahren... Wichtiger als der einzelne ist unser Volk... Du bist nichts, dein Volk ist alles* (Das Leben, 1940, Bd. 3:142).
- *Hieraus ergibt sich, dass Mischehen mit Juden den rassischen Bestand des davon betroffenen Wirtsvolkes in höchste Gefahr bringen müssen... Es kann daher für das deutsche Volk nur eine kompromisslose Lösung der Judenfrage geben... Wie konnte es zu einer so weitgehenden Entartung des Erbgutes kommen? ... Die Antwort lautet: Unfruchtbarmachung der Träger von Anlagen schwerer Erbkrankheiten und damit Wiedereinschaltung der Ausmerze ...* (Das Leben, 1941, Bd. 4A: 287, 289, 290).
- *Der nordische Mensch mit seinem freien, offenen Blick, mit dem Lichten und Hellen in Haut, Haar und Augen, mit dem schlanken, hohen Wuchs und der beherrschten würdigen Haltung vermag in seiner Erscheinung wie kaum eine andere Rasse das Urbild männlicher Schönheit zu verkörpern* (VENZMER 1938:169).

Ähnliche Aussagen (man kann nur feststellen in übelster Weise) finden sich auch im Lehrbuch „Biologie für Oberschulen und Gymnasien“ (vier Bände ab 1941).

Solche Aussagen, die sich beliebig vermehren ließen, haben mit biologischen Erkenntnissen nichts zu tun. Sie dienten vorwiegend dazu, Jugendliche auf die Ausrottung bestimmter Gruppen von Menschen einzustimmen. Weiterhin spielten u. a. folgende Themen eine zentrale Rolle: „Blut und Boden“, Rassenlehre, Eugenik, Frauenrolle, „Erzeugungsschlacht“ in Landwirtschaft und Industrie.

Ein „Handbuch für den Biologieunterricht“ (ROSSNER [1940]: Vorwort) wurde unter dem Prinzip der „Erziehung zum lebensgesetzlichen Denken und Handeln“ konzipiert. Dies ist, wie auch einzelne Beiträge zeigen, nichts anderes als ein radikaler Sozialdarwinismus: die rücksichtslose Durchsetzung des „Rechtes des Stärkeren“.

Erstaunlich ist, um das Mindeste zu sagen, dass sich Biologielehrer (die zum Teil nach 1945 wieder in Erscheinung traten, s. auch Beispiele in Kap. 3.6) dazu hergaben, solche Texte zu schreiben. Niemand hat sie dazu gezwungen.

Man muss sich vor Augen halten, dass dies nicht nur Vergangenheit ist, sondern dass Biologieunterricht stets in Gefahr ist, von ungeprüften oder allenfalls subjektiv geprüften Ideologien beeinflusst zu werden. So macht sich z. B. in der Mitte der neunziger Jahre in der Öffentlichkeit erneut „völkisches“ Gedankengut (s. Berck 1997) von verschiedenen Seiten breit.

6. Nach 1945

Inhaltlich knüpfte man an die Zeit vor 1933 und damit vor allem an den Schmeilschen Biologieunterricht an – trotz der beachtlichen Entwicklung der Bezugswissenschaft Biologie (zum Versuch einer kritischen Darstellung der Entwicklung von 1946–1977 s. Ewers 1978a). Woher sollte man auch neue Erkenntnisse nehmen? Biologiedidaktische Forschung im strengen Sinn hatte es bislang nicht gegeben.

Ein Muster für die damalige Situation ist die Wiederholung von Steineckes (1951) im Jahr 1933 konzipiertem „Ideallehrplan“ (s. Kap. 5.1). Selbst in der Sekundarstufe II war z. B. ein halbes Jahr den „Bauplänen der Tiere und Pflanzen“ gewidmet.

In der Volksschule wurde mit der Behandlung von „Lebensgemeinschaften“ (s. Kap. 5.4) oder einer Orientierung an Jahreszeiten anscheinend neue Wege eingeschlagen. Sie knüpften zum Teil an die Arbeitsschulbewegung (s.o.) an.

Bestimmt durch den Zeitgeist nach 1945 wurden dem Biologieunterricht (erneut) verstärkt sinnstiftende und sogar religiöse Aufgaben zugeschrieben: *Wir lernen [im Biologieunterricht] unser eigenes Sein begreifen und die Schöpfungsordnung verstehen* (Esser 1972:21). *Uns Biologen als Lehrern ist aber aufgegeben, dem Jugendlichen die Augen zu öffnen, dass er sich selbst als das größte Wunderwerk des lebendig Geschaffenen begreift* (Koch 1960:25). *Die Schüler zu einer liebevollen, fürsorglichen Haltung allen Geschöpfen gegenüber – zu ihnen gehört auch der Mitmensch! – zu bringen* (Siedentop 1968:11). Wie solche Aussagen zu verbinden sind mit Aussagen der Biologie als Naturwissenschaft und dem Verbot zur Indoktrination (s. Kap. 4.3.4) im Unterricht, bleibt ungeklärt. Die Ideologisierung des Biologieunterrichts in der NS-Zeit war offenbar nicht ausreichend und nicht in rechter Weise als Warnsignal wahrgenommen worden. Man hat den Eindruck, die genannten Vorstellungen waren so etwas wie der Versuch einer Wiedergutmachung der Fehler des NS-Biologieunterrichts mit falschen Mitteln.

So vollzog sich Biologieunterricht nach 1945 vorwiegend in traditionellen Bahnen. Dies änderte sich erst mit der Curriculumreform (s. ausführlich in Kap. 6). Und er soll sich entscheidend ändern durch die Vermittlung von Kompetenzen auf der Grundlage von Bildungsstandards (Beschlüsse der Kultusministerkonferenz 2005; s. Kap. 5.10).

Zum Teil bestimmt durch gesellschaftliche Entwicklungen oder auch der Biologie gab es im Biologieunterricht Schwerpunkte oder Wellen (man könnte auch sagen „Moden“). Bestimmte Themen wurden zeitweise verstärkt behandelt. In zeitlicher Reihenfolge sind dies etwa: Verhaltenslehre, Sexualerziehung, Biokybernetik, Umwelterziehung und Freilandbiologie. Biologieunterricht profitierte in der Weise von diesen Wellen, dass nach einem Höhepunkt der Behandlung der jeweiligen Themen ein realistischer Anteil in das Grundrepertoire aufgenommen wurde. Wichtig in diesem Zusammenhang ist die Erkenntnis, dass man solche Wellen kritisch bedenkt und ihre Relativität erkennt. Ein zu rückhaltloses Eingehen auf sie kann leicht zu einem modernistischen Biologieunterricht führen.

17.4 Blicke über die Grenzen

Die Situation des Naturwissenschaftlichen Unterrichts auf dem Stand etwa des Jahres 2000 in wichtigen europäischen Ländern (s. vor allem Caamaño 2002) lässt einige typische Tendenzen erkennen: Allenthalben gibt es Reformen mit sehr unterschiedlichen Effekten. Verbreitet ist „integrierte Naturwissenschaft“ vor allem in unteren Klassen. „Biologie“ wird vielfach mit „Geologie" zusammengefasst. Gerade für dieses Fach oder gar „Biologie" sind in der Regel nur wenige Stunden oder gar in manchen Schulformen überhaupt kein verpflichtender Unterricht vorgesehen. So muss es nicht wundern, dass im „Jahrhundert der Biologie" aufgrund des geringen Wissens vielfach Fehlentscheidungen gerade von Politikern getroffen werden. Die Lehrerausbildung ist zudem außerordentlich heterogen.

Biologieunterricht und Biologiedidaktik in Frankreich

Über Biologieunterricht und Biologiedidaktik in Frankreich, unserem wichtigen Nachbarn, wird allgemein wenig berichtet – obwohl deutsche Lehrer dort inzwischen unterrichten können.

In zwei längeren Publikationen berichten Coquidé & Borght (1998) sowie Clément (1998) über biologiedidaktische Forschungen der letzten zehn Jahre (leider nicht über positive Ergebnisse und gültige Lehrpläne). Es gibt Auseinandersetzungen über verschiedene Ansätze („Finalités"): Lehrziele für den Biologieunterricht sollten mehr auf den Nutzen für die Schüler (z. B. Fragen der Hygiene, Gesundheit) und zum Verständnis der Anwendung biologischer Erkenntnisse (z. B. Biotechnologie) ausgerichtet sein. Auch die Behandlung von Normen, ethischen Prinzipien soll eine zentrale Rolle spielen, ebenso wie formale Fähigkeiten („kritische Rationalität"). Offensichtlich beschäftigt auch in Frankreich Biologiedidaktik die Spannung zwischen Schüler-, Gesellschafts- und Wissenschaftsrelevanz. Wie auch sonst, wird die Diskrepanz zwischen den Lehrplänen und deren tatsächlichen Umsetzung beklagt; ebenso, dass Lehrer und Schüler in Bezug auf bestimmte Themen der Biologie ähnliche „Fehlvorstellungen" (s. Kap. 10.8.4) haben.

Untersucht werden in zahlreichen Arbeiten Aspekte wie z. B. Schülervorstellungen; Anwendung von Modellen; Effektivität von Medien, vor allem von Schulbüchern; Lerneffekte bei der Vermittlung von „Werten"; Schüler-Lehrer-Interaktionen; Nutzen von Experimenten; Prinzipien der Auswahl von Inhalten (Basiswissen und „aufbauender Biologieunterricht"). – Rumelhard (1998) beschäftigt sich mit der Verunsicherung von Lehrern durch neue pädagogische und biophilosophische Theorien. Besonders interessiert ihn das Problem, wie man die Spezifika der Biologie gegenüber Ansätzen aus Physik und Chemie erhalten und einen Mittelweg zwischen Reduktionismus und Vitalismus (s. Kap. 19.2, Punkt 2 f.) finden kann.

Wie man erkennt, werden in Frankreich ähnliche Themen wie in Deutschland und anderen Ländern (USA) bearbeitet. Dies dürfte auf die erfreulich zunehmende Internationalisierung von Biologiedidaktik hinweisen. Vielleicht kann man aus diesem kurzen Überblick eine Schlussfolgerung ziehen: Eine Lehrerin, die sich in Deutschland intensiv mit ihrer Vermittlungswissenschaft beschäftigt hat, dürfte auch für Biologieunterricht in Frankreich nicht schlecht vorbereitet sein.

Im „collège" (11–15 Jahre) und im „lycée" (16–18 Jahre) gibt es zwei naturwissenschaftliche Bereiche Physik/Chemie und Biologie/Geologie, die beide besucht werden müssen. Biologie/Geologie wird in allen Stufen des „collège" mit 1,5 Wochenstufen unterrichtet. Im „lycée" ist Biologie allenfalls wahlweise im naturwissenschaftlichen Zweig vertreten!

Impulse aus England und USA

Biologischer Unterricht in der Bundesrepublik wurde und wird seit 1945 wesentlich durch Entwicklungen im englischsprachigen Raum beeinflusst. Dort verwendet man meist den allgemeineren Begriff „Science Education". Über die Tendenzen in Bezug auf diesen Unterricht in den USA kann man sich ausführlich bei Chiapetta & Koballa (2006) informieren. Neuerdings aufgrund der zahlreichen Veröffentlichungen, die aus den Konferenzen von NARST (National Association of Research in Science Teaching), etwa 2008 und 2009, hervorgehen.

Nach 1945 wurden in den USA und England vor allem Lehrpläne entwickelt, deren Schwerpunkt auf der Vermittlung von Wissen lag. Beklagt wurde die geringe Berücksichtigung von wissenschaftlichen Methoden. Im Zusammenhang mit dem „Sputnik-Schock" kam es zu einer „Revolution" des naturwissenschaftlichen

Unterrichts. Ihm wurde nun große Aufmerksamkeit gewidmet. Zahlreiche neue, anspruchsvolle Curricula wurden entwickelt. Vermittlung von Wissen, dessen Entstehung und Forschungsmethoden wurden betont, während „Alltagsbezüge“, Themen zur Anthropologie und Ökologie weithin fehlten. Kirchliche Gruppen, die Evolution ablehnten, hatten Einfluss.

Nach 1980 kam es zu Kritik an diesem Vorgehen. „Die Welt der Schüler“ und die Probleme, die sie in Zukunft bewältigen müssen, traten in das Blickfeld. „STS – science-technology-society“, also Berücksichtigung von Wissenschaft – Technik – Gesellschaft, war eine der zentralen Forderungen, an denen sich Lehrpläne zukünftig ausrichten sollten. Bis heute wird kontrovers diskutiert, in welchem Ausmaß naturwissenschaftlicher Unterricht vor allem die Wechselwirkungen zwischen „Wissenschaft und Gesellschaft“ behandeln muss (s. Kap. 3.2, scientific literacy).

Entscheidende Veränderungen ergeben sich aus Beschlüssen der National Science Teacher Association – NSTA und dem National Research Council (1996, 2000) sowie der American Association for the Advancement of Science. Sie wurden wie in Deutschland von TIMSS- und PISA-Ergebnissen ausgelöst. Man will weggehen von der vorwiegenden Wissensvermittlung (knowledge-focused model) hin zu „Forschendem Unterricht“ (inquiry teaching, scientific practices and reasoning; s. dazu auch Kapitel 5.10). Dies ist verbunden mit der Hoffnung, Schüler besser auf eine intelligente Teilhabe an naturwissenschaftlichen Erkenntnissen vorzubereiten. Dieser Prozess ist noch voll im Gange.

Inzwischen werden neue Curricula auf der Basis solcher Vorstellungen entwickelt und erprobt; vor allem: „Project 2061: Science for all Americans“ und „Scope, Sequence and Coordination Project“. Es wird mit einer Dauer von mindestens zehn Jahren bis zur Fertigstellung dieser Materialien gerechnet (National Science Teacher Association – NSTA 1990), während in der Bundesrepublik neue Lehrpläne in kürzester Zeit aus dem Boden der Kultusverwaltungen schießen. Diese Entwicklung in den USA sollte intensiv beobachtet werden, ob sich daraus neue Impulse auch für den Unterricht in der Bundesrepublik ergeben.

Biologieunterricht und Biologiedidaktik in der Türkei
Von Melek Yaman

In Deutschland studieren viele türkischstämmige Deutsche und Türken ein Lehramt für Schulen, besonders auch für Biologie. Es gibt zudem zahlreiche türkische Schüler. Von den hier tätigen Lehrern bzw. zukünftigen Lehrern kehren aus verschiedenen Gründen manche in die Türkei zurück. Schüler könnten Interesse daran haben, etwas über Schule und naturwissenschaftlichen Unterricht in ihrem Heimatland zu erfahren. Deshalb erscheint es geraten, gerade über dieses Land entsprechende Informationen aufzunehmen.

1. Schulsystem in der Türkei:
Trotz der Schulpflicht liegt die Quote der Einschulungen besonders bei Mädchen aus der Ost- und Südosttürkei noch immer weit unter hundert Prozent. Um dieses Problem zu beseitigen gab es in der letzten Zeit vielfältige Bemühungen. Hierzu tragen neben dem Kultusministerium auch zivilgesellschaftliche Organisationen bei. Ein Beispiel dafür bildet der Verein zur Förderung zeitgemäßen Lebens (CYDD), der sich seit 20 Jahren besonders für Bildung der Mädchen intensiv einsetzt.

Es gibt für alle Stufen des Schulsystems sowohl staatliche als auch private Schulen. Für den Besuch privater Schulen müssen die Kosten bezahlt werden. Das Schulsystem kann man dreiteilen: Vorschulerziehung, Grundstufenausbildung und Sekundarstufenausbildung.
Vorschulerziehung: Für Kinder von dem 3. bis zum 6. Lebensjahr wird eine Vorschulerziehung angeboten. Kinder werden je nach ihrem Alter und ihrer persönlichen Situation dort erzogen. Ziel dieser Schulen ist es, die Erziehung in der Familie zu ergänzen, geistige, emotionale und körperliche Entwicklung der Kinder zu fördern und sie auf die Grundschule vorzubereiten. Der Besuch dieses Schultyps ist freiwillig.

- Grundschulausbildung: Sie dauert acht Jahre und ist für alle obligatorisch.
- Sekundarstufenausbildung: Nach erfolgreicher Beendigung der Grundschulausbildung können weiterführende Schulen besucht werden. Die wichtigsten Ziele und Funktionen der Sekundarstufe sind: Den Schülern eine

Allgemeinbildung zu vermitteln, ihre Interessen und Fähigkeiten zur Vorbereitung auf diverse Berufe zu entwickeln und sie auf ein Studium und das Arbeitsleben vorzubereiten.

Es gibt verschiedene Arten von Sekundarschulen. Man kann sie in Allgemeine Gymnasien, berufliche oder technische Schulen einteilen.

- Allgemeinbildende Gymnasien: Das Ziel dieses Schultyps ist Allgemeinbildung und Vorbereitung für ein Hochschulstudium. Das Allgemeine Gymnasium unterteilt sich in verschiedene Schulformen, z. B.: Regelgymnasien, Anadolu Gymnasien (intensives Lernen einer Fremdsprache, auch Unterricht in einer Fremdsprache), Naturwissenschaftliche Gymnasien, sozialwissenschaftliche Gymnasien.
- Regelgymnasien dauern 4 Jahre. Die Schüler wählen ab der zehnten Klasse einen der Schwerpunkte Mathematik, Naturwissenschaften, Gesellschaftswissenschaften oder Sprachen, der für das spätere Studium entscheidend ist.
- Berufliche oder technische Schulen: Das Ziel ist, für das Arbeits- und Berufsleben qualifizierte Fachkräfte heran zu bilden. Der Besuch dieser Schulen dauert 4 Jahre. Es gibt auch hier verschiedene Schultypen; dies sind z. B.: Schulen für Handel und Tourismus, technische Schulen für Mädchen, technische Schulen für Jungen, Lehrergymnasien, islamische Predigergymnasien u. a.
- Außerdem gibt es Sonderschulen (für geistig bzw. körperlich behinderte Schüler) sowie für extrem intelligente Schüler. Diese Schularten sind aber meist auf Großstädte beschränkt. Sie haben besondere Curricula.

Die Nachfrage für das Studium ist sehr groß. Deswegen müssen die Schüler nach der Absolvierung des allgemeinbildenden Gymnasiums oder technischer sowie beruflicher Schulen eine Universitätsaufnahmeprüfung bestehen, bevor sie studieren dürfen. Zum gleichen Zeitpunkt werden alle Schüler mit gleichen Fragen in der ganzen Türkei schriftlich (Multiple-Choice-Fragen) getestet. Ab dem Jahr 2010 werden für diese Prüfung Neuordnungen in Kraft treten. Um für das Studium eine Zulassung zu bekommen, müssen die Schüler zwei Prüfungen bestehen. Bei der ersten Prüfung werden im Bereich Türkisch, Sozialwissenschaften, Mathematik und Naturwissenschaften 180 allgemeine Fragen (je 45) gestellt. Voraussetzung für die Teilnahme an der zweiten Prüfung ist es, eine bestimmte Punktzahl in der ersten Prüfung erreicht zu haben. Die zweite Prüfung besteht aus fünf Teilen, und zwar: I. Mathematik und Geometrie; II. Physik, Chemie und Biologie; III. Literatur und Textverständnis, Geographie I; IV. Geschichte, Geographie II, Philosophie; V. Sprachen (Englisch, Deutsch und Französisch). Die Teilnehmer müssen die Schwerpunkte wählen, die sie beantworten möchten. – Außer Schulen gibt es auch private Vorbereitungskurse für diese Prüfungen, die von vielen besucht werden.

2. Biologieunterricht in der Schule

Bis 1950 lagen die Bemühungen um die Entwicklung des biologischen und allgemein des naturwissenschaftlichen Unterrichts vor allem darin, Bücher aus Westeuropa zu übersetzen. Die nach dem Zweiten Weltkrieg in Europa beginnenden Veränderungen wirkten sich erst Mitte der fünfziger Jahre in der Türkei aus. Damals wurden vom Kultusministerium für die Schulausbildung hohe Ziele gesetzt; die Schüler sollen u. a. zu mündigen Bürgern der Gesellschaft erzogen werden. Dafür sollen bestimmte Grundfertigkeiten und Grundhaltungen gefördert werden. Die Schüler sollen Probleme lösen, sich Informationen beschaffen, Entscheidungen fällen; ständiges Lernen und Umlernen wurde erwartet.

Man erkannte: Naturwissenschaftlicher Unterricht hat eine zentrale Bedeutung für die Leistungsfähigkeit und Wohlfahrt der modernen Gesellschaft. Die im Fach vermittelten Kenntnisse, Einstellungen und Fertigkeiten sollten die Schüler in die Lage versetzen, ihr Leben zu meistern und ihre Verpflichtungen als Mensch und Bürger zu erfüllen.

Entscheidenden Einfluss auf die Entwicklung neuer Curricula hatte damals besonders das fachzentrierte BSCS (Biological Science Curriculum Study s. 4.3.3). Die Bereiche soziale und personale Relevanz wurden nicht betont. Es sollten vielmehr Begriffe, Zusammenhänge, Gesetzmäßigkeiten und Erkenntnisweisen, die für die Struktur der modernen Biologie grundlegend sind, möglichst experimentell bearbeitet werden. Mit dieser Entwicklung wurde vor allem das Thema „Systematik der Tiere und Pflanzen“, das in den herkömmlichen Lehrplänen einen sehr großen Raum einnahm, abgeschafft. Vielfalt und Evolution der Lebewesen, Wechselbeziehungen in der Natur, die Beziehungen der Biologie zu anderen naturwissenschaftlichen Fächern wurden in den Vordergrund gestellt. Diese neuen Pläne wurden in Zusammenarbeit von Kultusministerium und Tübitak (The Scientific and Technical Research Council of Turkey) bis Ende der sechziger Jahre in 100 Allgemeinen Gymnasien und 89 Lehrer-Ausbildungs-Institutionen eingeführt. Das Programm wurde allerdings ab 1980 nicht weiterentwickelt.

Biologische Inhalte werden heutzutage in der 1. bis 3. Klasse im Sachunterricht und in der 4. bis 8. Klasse im Rahmen eines Integrierten Unterrichts, der „Naturwissenschaft und Technik“ heißt, behandelt. In jedem Semester findet dieser Unterricht vier Stunden pro Woche statt. Die biologischen Inhalte betragen ca. 30 Prozent der Gesamtinhalte. Erst in der Sekundarstufe werden die Naturwissenschaften in die Fächer Biologie, Chemie und Physik getrennt.

Für alle Schultypen in der Sekundarstufe ist Biologieunterricht in der 9. Klasse mit zwei Stunden pro Woche verpflichtend. Zusätzlich wird Gesundheitslehre, je nach Schultyp in der 9. oder 10. Klasse, als zweistündiges Pflichtfach durchgeführt. Ab der 10. Klasse variiert die Stundenzahl des Biologieunterrichts je nach gewähltem Schwerpunkt. Wenn „Naturwissenschaft“ gewählt wird, beträgt die Stundenzahl des Biologieunterrichts in der 10. Klasse 2, in der 11. und 12. Klasse 3 Stunden pro Woche. Bei anderen Schwerpunkten ist der Biologieunterricht ab der 10. Klasse Wahlfach.

Die Lehrpläne werden von einer staatlichen Kommission entwickelt. Sie gelten für das ganze Land. Geeignete Lehrbücher werden vom Kultusministerium bestimmt. Die Lehrer sollen ihre Wahl für ihren Unterricht unter diesen Schulbüchern treffen.

Ab 2002 gibt es einen neuen Erlass für alle Schulfächer. Im Gegensatz zu einem auf Wiedergabe ausgerichteten Unterricht wird der Erwerb von Kompetenzen durch Entwickeln des Denkvermögens gefordert. Dazu wurden große Anstrengungen unternommen und für unterschiedliche Fächer neue Curricula entwickelt. Auch Schulbücher wurden neu geschrieben. Dies hat auch den Biologieunterricht betroffen.

Der Lehrplan für die 9. Klasse ist 2007 in Kraft getreten, der für 10 und 11. Klasse wird ab 2010 in Kraft treten. Der Lehrplan für die 12. Klasse wird zurzeit entwickelt. Die neuen Lehrpläne wurden von einer Kommission aus Biologen, Fachdidaktikern und Lehrern erarbeitet. Nach Angaben dieser Kommission wurden dabei sowohl die Entwicklungen in der Biologie als auch die Ergebnisse der internationalen biologiedidaktischen und naturwissenschaftsdidaktischen Forschungen berücksichtigt, und zwar vorwiegend auf der Grundlage des Konstruktivismus. Das allgemeine Ziel der Lehrpläne ist es, die biologische Grundbildung des Schülers zu fördern. Neben Fähigkeiten und Fertigkeiten werden auch Einstellungen, Interessen und Werte berücksichtigt. Die Eigenaktivität der Schüler und prozessorientierte Leistungsmessung wird in den Vordergrund gestellt. Hauptthemen des Biologieunterrichts sind: Zelle, Organismus, Metabolismus, Systematik der Lebewesen, biologische Vielfalt, Stoffwechsel, Entwicklung und Fortpflanzung, Ökologie, Genetik, Biotechnologie. Das Thema Evolution wird nicht als Hauptthema, sondern unter den anderen Themen behandelt. Inwieweit diese Lehrpläne die Erwartungen von einem zeitgemäßen Biologieunterricht erfüllen werden, bleibt abzuwarten.

3. Lehrerausbildung

Erst seit 1982 werden Lehrer an den pädagogischen Fakultäten der Universitäten ausgebildet. Vor 1998 konnte, wer ausschließlich das Fach Biologie studiert hatte, nach einer pädagogischen Zusatzprüfung als Lehrer arbeiten. Seit 1998 darf nur, wer ein Lehramt studiert hat, auch als Lehrer tätig sein. Mit dieser Reform wurde auch die Studienzeit verlängert: Das Studium dauert für Grundschullehrer 8 und für Gymnasiallehrer 10 Semester. Bei einigen Universitäten wird ein Teil oder es werden alle Veranstaltungen in Englisch abgehalten. An diesen Universitäten wird das Studium um zwei Semester verlängert.

Die Ausbildung der Grundschullehrer umfasst ein breites Spektrum von Inhalten, weil diese Lehrer in der Grundschule mehrere Fächer unterrichten müssen. Die naturwissenschaftlichen Veranstaltungen betragen etwa zehn Prozent des gesamten Studiums. – Es werden auch Lehrer für ein Fach „Naturwissenschaften" ausgebildet. Wobei sich die Studieninhalte in etwa gleichem Umfang auf Biologie, Physik, Chemie und pädagogische Inhalte beziehen.

Biologielehrer studieren an biologiedidaktischen Abteilungen pädagogischer Fakultäten der Universitäten. Das Studium beinhaltet neben rein fachlichen auch Veranstaltungen mit pädagogischen und biologiedidaktischen Inhalten. In den letzten drei Semestern müssen Schulpraktika nachgewiesen werden.

4. Entwicklungen in der Biologiedidaktik
Biologiedidaktik befindet sich an den türkischen Universitäten noch in Entwicklung. Die ersten Initiativen zur Förderung der Biologiedidaktik wurden in der Mitte 1980er Jahren begonnen. Zuerst engagierten sich einige Fachwissenschaftler der großen Universitäten in diesem Bereich. Nach großen Bemühungen konnten in einigen Universitäten zunächst Magisterarbeiten in Fachdidaktik angefertigt werden. Um Biologiedidaktik zu fördern werden inzwischen Doktoranten und Dozenten vom Kultusministerium und vom Türkischen Hochschulrat in Länder geschickt, wo es Institute für Biologiedidaktik gibt. – Eine Doktorarbeit kann auch an wenigen Universitäten in der Türkei angefertigt werden. Seit ein paar Jahren wurde ein nationales Förderprogramm für Nachwuchswissenschaftler in Fachdidaktiken eingeführt. Mit diesem Programm haben wissenschaftliche Assistenten die Möglichkeit, ihre Promotion an solchen Universitäten anzufertigen, an denen für ihr Fach eine Promotionsordnung vorhanden ist. Dieses Programm unterstützt in den letzten Jahren auch die Entwicklung der Biologiedidaktik in der Türkei maßgeblich.

17.5 Ein Fazit – **den** Biologieunterricht gibt es nicht

Die Geschichte zeigt demnach, dass Biologieunterricht von sehr unterschiedlichen Schwerpunkten ausgehen kann, die man nach wie vor am besten als Strukturansatz

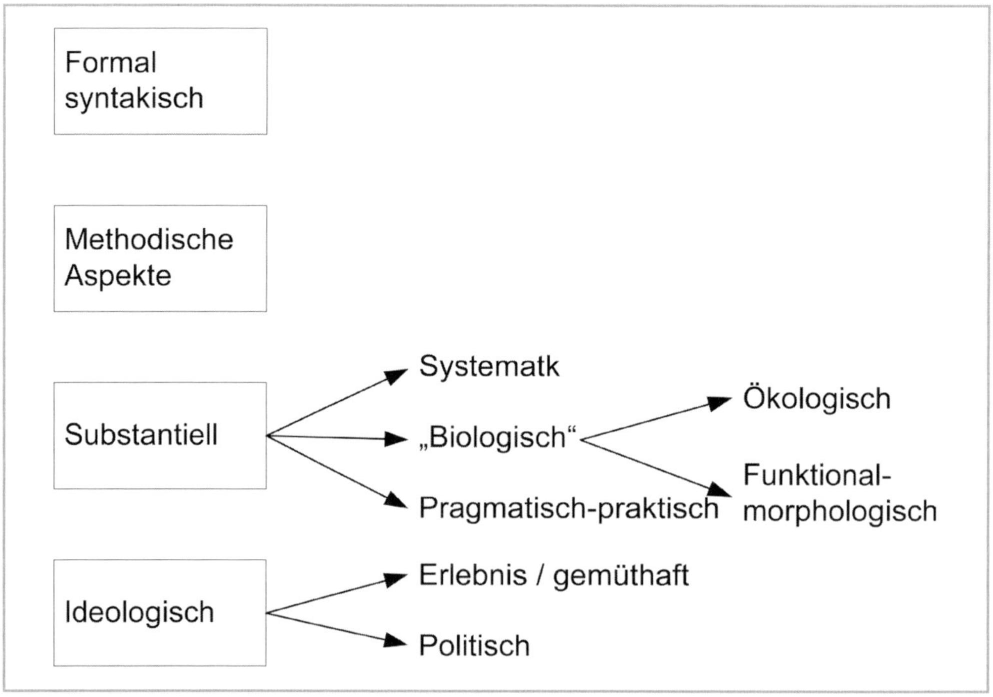

Abb. 37: Grundansichten über Biologieunterricht im Lauf seiner Geschichte (ideal-typisch dargestellt)

(s. Kap. 5.1) bezeichnet. Betont werden muss die Bezeichnung „Schwerpunkt“, nach dem sich ein Strukturansatz primär ausrichtet, während zugleich noch andere Aspekte bedeutsam sein können. Diese Schwerpunkte tauchen in der Geschichte von Biologieunterricht auf, verschwinden wieder und werden erneut aufgegriffen. Abbildung 37 stellt einen Versuch dar, sie zusammenzustellen. Eine historische Betrachtung lehrt also, dass es „den“ Biologieunterricht nicht gibt.

Am besten macht man sich das an einem fiktiven Beispiel klar. Der Schwarze Holunder könnte demnach z. B. unter folgenden Aspekten behandelt werden:

- Methodisch: Das Mark von Holunderstängeln dient dazu, einfache mikroskopische Schnitte anzufertigen.
- Systematisch: Holunder ist ein Geißblattgewächs, mit drei Griffeln und Narben, gefiederten Blättern...
- Biologisch-funktionell: Blüten und Früchte des Holunders sind weithin auffallend...
- Biologisch-ökologisch: Holunder findet man vorwiegend in der Nähe menschlicher Siedlungen.
- Pragmatisch – angewandt: Wir sammeln Holunderbeeren für die Winterfütterung von Vögeln, Holunder ist eine Heilpflanze.
- Erlebnis-gemüthaft: Unterm Hollerbusch...
- Politisch – völkisch: Der Holunderstrauch – ein Sinnbild germanischen Glaubens, er war der Göttin Freya oder Holla geweiht...
- Erkenntnismäßig – kommunikativ: Darstellung dessen, was man über den Holunder weiß, von Schülern für andere Schüler.

Begriffe: Naturgeschichte – Biologieunterricht, Äußere Bedingungen (mögliche Stichworte: Wurzeln, Franke – Basedow, Süvernsche Reform, Anerkennung Realgymnasien, Lippstädter Fall, MNU, Arbeitsschulbewegung, Kerschensteiner, Richertsche Reform, NS-Ideologisierung, Stagnation nach 1945) – Phasen: Extreme Systematik, Ästhetisierender Biologieunterricht, Biologische Betrachtungsweise (Junge, Schmeil), Arbeitsschulbewegung (Grupe), Synthetische Unterrichtsmethode, Biologieunterricht in der NS-Zeit –nach 1945: Systematik – Lebensgemeinschaften, Curriculum-Reform; Scientific Literacy; Idealtypische Aspekte: Methodik, Systematik, biologisch-ökologisch, biologisch-funktional-morphologisch, pragmatisch-praktisch, erlebnis-gemüthaft, politisch, kompetenzorientiert

18 Anmerkungen über den Biologieunterricht in verschiedenen Schulformen

Die „Kulturhoheit" der Bundesländer in Bezug auf den Unterricht an öffentlichen Schulen und allenthalben geplante erhebliche Veränderungen bringen es mit sich, dass es derzeit besonders schwierig ist, allgemeine und immer zutreffende Aussagen über Biologieunterricht der verschiedenen Schulformen zu machen.

18.1 Biologie im Sachunterricht der Grundschule

Wir alle müssen sehr gut vorbereitet sein, um in Zukunft einen Beitrag für Veränderungen leisten zu können – und nicht Opfer zufälliger Strömungen zu werden (The Association for Science Education: Primary Science Teachers Handbook, 1995:1).

Einige Fragen von Grundschülern allein aus dem Bereich Sexualerziehung (zum Teil aus Millhoffer & Maier 1975; eigene Sammlung): Wie kriegt ein Mädchen seine Tage? Warum gehen die Jungen so schnell ran? Wie sieht ein Samen aus? Wofür sind Anti-Baby Pillen gut? Woraus entsteht die Fruchtblase? Warum muss das Baby mit dem Kopf zuerst aus dem Bauch? Wodurch entstehen Zwillinge? Wie kommen die Wehen zustande? Warum wollen Kinder Geschlechtsverkehr machen?

18.1.1 Allgemeines

Über kaum ein anderes fachdidaktisches Gebiet ist in den letzten Jahrzehnten so viel geschrieben worden wie über den Sachunterricht. Für die Zeit bis 1975 hat Gärtner (1976) dazu eine Bibliographie vorgelegt. Schulbücher werden von Rauch & Tomaschewski (1986) analysiert.

Einige zusammenfassende Bücher sind: Bäuml-Rossnagel (1979, 1989), Ziechmann (1980), Lauterbach & Marquardt (1982), Einsiedler & Rabenstein (1984), Duncker & Popp (1994, Aufsätze zu einzelnen Themen), Spreckelsen (1985), Kaiser (1997). Gümpel et al. (1976) dokumentieren ausführlich verschiedene Ansätze zum Sachunterricht sowie deren Vor- und Nachteile.

Das wohl umfassendste und klarste Werk stammt von Soostmeyer (1998). Aber als den besten Überblick über Aufgaben, Ziele und Methoden des naturwissenschaftlichen Unterrichts in der Primarstufe muss man wohl den Beitrag von Black bezeichnen (in: The Association for Science Education 1995).

Forschungsergebnisse zum Sachunterricht stellt Einsiedler (1997; s. auch Garlichs et al. 1983) dar. Nach 25 Jahren Sachunterricht muss man die Ausbeute als gering bezeichnen. *Selbst in den Hauptgebieten Evaluation von Unterrichtsansätzen, Schülervorstellungen und Unterrichtsmethodik gibt es keine umfangreichen und kontinuierlichen Forschungsstränge* (Einsiedler 1997:27). – Es sind offenbar bis heute auch keine empirischen Untersuchungen bekannt, ob die Hoffnungen z. B. auf Erhöhung von Selbstvertrauen, Selbstständigkeit, Lernbereitschaft erreicht werden. Dies gilt auch für Erhebungen, welche der im Sachunterricht behandelten heterogenen naturwissenschaftlichen Inhalte von den Schülern auf Dauer behalten werden.

Mehrere Beiträge zur „Kindheit" und zu „Forschungen zum Sachunterricht" haben Fölling-Albers et al. (2001) herausgegeben. Leider erfährt man nichts über „Kinder und Natur", so dass man in Bezug auf eine unterrichtliche Auswertung solcher Erkenntnisse weitgehend im Stich gelassen wird (s. jedoch Fölling-Albers 1995). Interessant sind Ergebnisse, wonach die Behandlung physikalisch/chemischer Themen (z. B. Gewicht, optische Phänomene, Elektrizität) bei Grundschülern kaum zu echten Einsichten führt. Ein weiterer Beleg dafür, im Sachunterricht biologische Themen zu bevorzugen.

Für Lehrerinnen dürften folgende empirische Befunde zum Sachunterricht vorwiegend aus England (Klassen 1–6) interessant sein (Zusammenfassung durch Harlen 2001). Fragen von Schülern sind ein wichtiger Hinweis darauf, was sie denken. Schon deshalb sollten diese ausdrücklich zum Fragen ermuntert werden. Primarstufenschüler können bei geeignetem Wissen ebenso argumentieren, denken wie Erwachsene. Dies steht im Gegensatz zu Piagéts Annahme und wurde u. a. durch Carey (1986) belegt (s. auch Schrenk in Meier et al. 1997).

Vielfach untersucht ist, dass viele Grundschullehrer über unvollkommenes bis ungeeignetes naturwissenschaftliches Wissen verfügen und folglich über wenig Selbstvertrauen. Dadurch können sie auch oft die Bedeutung von Schülerfragen nicht erkennen. Sie halten sich an die Vermittlung formaler Kenntnisse – unter Vernachlässigung des sachlichen Wissens, ebenso an „Schritt-für-Schritt-Unterricht“ aus Büchern; Schülerfragen und Diskussionen spielen dagegen eine eher geringe Rolle. Man kann nur hoffen, dass die Verhältnisse in Deutschland besser sind; die derzeitige Ausbildungssituation spricht eher nicht dafür.

Bemerkenswert ist in diesem Zusammenhang eine Untersuchung aus Schweden (Löfgren 2009): 23 Schüler wurden in einer Langzeituntersuchung im Alter von 7 bis 16 Jahren zum Thema „Abbau biologischer Substanzen“ befragt. Wichtige Befunde sind, dass in den ersten Schuljahren erworbenes Wissen gut behalten wird und stets bedeutsam bleibt; weiterhin, dass gründliches Wissen der Lehrer unabdingbar für solche Ergebnisse ist. Wie soll dies aber möglich sein, wenn in der Bundesrepublik Lehrer für den Sachunterricht immer weniger biologisches Wissen (und analog für andere Gebiete) erwerben müssen!

Sachunterricht ist ein wichtiges Fach. Ihm steht relativ viel Zeit zur Verfügung verglichen mit der für Biologieunterricht in der Sekundarstufe I: Im Mittel je zwei Stunden in den Klassen 1 und 2, je vier Stunden in den Klassen 3 und 4. Er trifft auf eine besondere Aufgeschlossenheit und Lernbereitschaft „Sachen gegenüber“. Sachunterricht muss genutzt werden, um Schülern auch spezifisches Wissen zu vermitteln.

Grundsätzlich gilt: Über das fernere Bildungsschicksal eines Menschen wird fast durchweg schon in der Grundschule entschieden (Eschenhagen 1974); dies ist für dort tätige Lehrerinnen eine hohe Verpflichtung.

Es gibt also zahlreiche Darstellungen zum Sachunterricht. Hier sind neben einigen allgemeinen vor allem Anmerkungen zum biologischen Anteil zu machen (dazu spezielle Buchpublikationen: Schwartz et al. 1971, Knoll 1979; s. auch Killermann 1995:147 ff.; 142).

18.1.2 Ausbildung

Auf mindestens zwei Wegen werden zukünftige Lehrer für dieses Fach vorbereitet (ausführliche Darstellung für die einzelnen Bundesländer s. Schmitt 1994). Entweder sie studieren einen bis zwei „beteiligte“ Bereiche als Nebenfächer. Oder wie es immer mehr die Regel wird, sie sollen sich Wissen in bis zu sechs Teilfächern erwerben (Physik, Chemie, Biologie, Geographie, Sozialkunde, Werken). Beide Verfahren sind unbefriedigend. Im ersten Fall sind keine oder kaum Kenntnisse in anderen Bereichen vorhanden. Im zweiten Fall kann – man muss wohl sagen: unmöglich – genügend fachdidaktisches und fachliches Wissen auf so verschiedenen Gebieten erworben werden (kritische Anmerkungen zur Ausbildung von Lehrern für den Sachunterricht s. z. B. Winnenburg 1987). Eine solche Lösung kann eigentlich nur anordnen, wer die Vielzahl von Fragen nicht kennt, die Grundschüler zu einem Thema stellen können – aus diesem Grund wurden oben Beispiele angegeben.

Welche neuen Formen sich ergeben, wenn auch die Ausbildung der Grundschullehrer flächendeckend auf Bachelor- und Masterstudiengänge umgestellt wird, ist derzeit nicht endgültig absehbar. Die schon vielfach vorgenommene Umstellung auf konsekutive „Module“, die in bestimmten Zeiträumen studiert werden müssen, führt zu einem hehreren Verschulungsgrad. Insgesamt wird auch die Zahl der Prüfungen zunehmen.

Die Alternative, den „naturwissenschaftlichen“ und den „geisteswissenschaftlichen Aspekt" des Sachunterrichts zu Studien-Hauptfächern zu machen, wurde dagegen bislang nicht erwogen.

Studierenden mit diesem Fach kann man nachdrücklich empfehlen, sich nach Möglichkeit etwa zwei Schwerpunkte auszusuchen. Und zwar solche, die im Sachunterricht von besonderer Wichtigkeit sind – damit sie sich immerhin dort kompetent fühlen.

Gelegentlich wird die Vorstellung geäußert (s. z. B. Duncker & Popp 1994:13 u. a.), eine Ausbildung für das Fach Sachunterricht sei überwiegend oder ausschließlich Aufgabe einer „Allgemeinen Grundschulpädagogik". Dem muss man die bereits angegebene Meinung von Heintel (1978, s. Kap. 1.2) gegenüberstellen: Didaktische Forschung und Ausbildung, die sich nicht auf bestimmte Inhalte beziehen, reduzieren sich auf allgemeine, weitgehend unverbindliche Aussagen. Diese bleiben meist unbefriedigend. Sie müssen fast immer an spezifische Bedingungen und spezifisches Wissen eines Faches angepasst werden (weitere entsprechende Zitate in Kapitel 8.2).

Immer wieder muss darauf hingewiesen werden, wie problematisch die zum Teil hohe Stundenzahl ist, die Referendare heute in eigenverantwortlichem Unterricht halten müssen; in der Regel 6–10, in Bayern bis zu 16 Stunden (s. Schmitt 1994). Diese Überlastung verhindert es geradezu, dass die „zweite Phase" der Ausbildung zur intensiven Fortbildung genutzt werden kann. Umso wichtiger ist u. a. ein gründliches fachdidaktisches Studium.

18.1.3 Entwicklung seit 1945 – Strukturansätze und Inhalte

Sachunterricht hat seit 1945 eine vielfältige, stürmische Entwicklung hinter sich – die sicher noch nicht zu Ende ist. Diese Phasen hat z. B. Soostmeyer (1998) ausführlich dargestellt. Er analysiert, vergleicht und kritisiert nicht weniger als zehn verschiedene Strukturansätze, die seitdem für diesen Bereich vorgeschlagen wurden; z. B. Wissenschaftsorientierung als Prozessorientierung (s. auch Kap.5.8), Exemplarisch-genetisch-sokratischer Strukturansatz, „Kinder in ihrer natürlichen Umgebung" (Kombination aus genetischen, fachlichen, sozialen Komponenten, auch motorischen Elementen). Hinzugekommen ist in den letzten Jahren in Vorschlägen und Lehrplänen eine Dominanz der „Erlebnisorientierung" (s. Kap. 3.6). Es muss abgewartet werden, inwiefern neue Formen des Unterrichts auf der Grundlage der Kompetenzorientierung auch den Sachunterricht verändern.

Den von Soostmeyer vorgeschlagenen und von ihm gut begründeten Strukturansatz bezeichnet er als „situations-handlungs-sachorientierten Unterricht". Dabei ist die Berücksichtigung von Lernformen der Kinder, besonders auch vielfältiger sinnlicher Erfahrung, von besonderer Bedeutung. Diesen Vorschlag darf man weitgehend gleichsetzen mit dem Situationsanalytischen Strukturansatz (Kap. 5.6), wobei grundschulspezifische Lern- und Handlungsweisen sowie Integration verschiedener Bereiche betont werden.

Wie dialektisch, gleichsam schwebend der damit angesprochene Prozess ist, beschreibt zutreffend Black (The Association for Science Education 1995:10): *Weder Begriffe und andere Inhalte noch Fähigkeiten und Fertigkeiten können isoliert voneinander verstanden oder angewandt werden. So ist es zum Beispiel nicht möglich, Hypothesen aufzustellen, es sei denn, man hat eine Vorstellung von der Sache, um die es geht. Umgekehrt kann ein Verständnis dafür, wie Wissen entstanden ist, nur vermittelt werden, indem bestimmte Fertigkeiten angewandt werden.*

Sieht man von der in manchen Lehrplänen inzwischen vorgesehenen und auch in mancher Schulpraxis vorkommenden Überbetonung (!) von „Erlebnis" ab (dazu Kap. 3.6) – bei oft zu starker Vernachlässigung der Sachorientierung – dürfte der von Soostmeyer beschriebene Strukturansatz derzeit den tatsächlichen Sachunterricht am besten widerspiegeln.

Es gab eine längere Phase (etwa ab 1970) der Auseinandersetzung zwischen den Verfechtern eines eher sachlich-inhaltlich ausgerichteten Sachunterrichts und den Vertretern „offener", verfahrensorientierter Lehrpläne (Überblick bei Möller 2002). Dabei dominierten lange vorwiegend die Ansichten der letzteren. So bei MEIER (1997, 2003a, 2003b), der (entsprechend der langen Tendenz des „Arbeitskreises Grundschule") noch immer für weitgehend offenen, an formalen Aspekten ausgerichteten Sachunterricht plädiert. Dagegen deutet sich schon seit Jahren ein Wandel an: Viele Autoren betonen, dass auch im Sachunterricht auf die systematische Vermittlung von Wissen nicht verzichtet werden kann. Besonders nach den Ergebnissen von TIMSS und PISA wird verstärkt einem anspruchsvollen, fordernden Grundschulunterricht das Wort geredet, bei dem kognitive, fachbezogene, lebensweltliche, inhalts- und verfahrensbezogene Ziele berücksichtigt werden sollen (MÖLLER 2002).

Aussagen zum Sachunterricht von etwa 20 Autoren zu „Handlungsorientiertem Unterricht", „Praktischem Lernen", „Lernen mit allen Sinnen" etc. werden von MÖLLER & TENBERGE (1997) als zu einseitig kritisiert. Dem wird das neue Modell eines „Handlungsintensiven Lernens" gegenübergestellt. Es soll durch Beachtung der Zusammenhänge zwischen Lernen, Denken, Entwicklung und Handlung charakterisiert sein.

An dieser Stelle ist erneut an die Problematik des „Offenen Unterrichts" im strengen Sinn, d.h., ohne festgelegten Lehrplan, zu erinnern. Er wird nicht selten gerade für den Sachunterricht gefordert. Dieses Thema wurde ausführlich in Kapitel 5.8 besprochen. Zudem sollte „Offener Unterricht" nicht mit „Offenheit im Unterricht" verwechselt werden.

Eine Übersicht über Lehrpläne der Bundesländer zum Sachunterricht um 1995 (MÜLLER 1998) vermittelt einerseits eine beachtliche Heterogenität der Inhalte, andererseits besteht Konsens bei einer Reihe von Themen: Gesundheitserziehung, Ernährung, Körperhygiene, Sexualerziehung, Haltung und Pflege von Tieren und Pflanzen, Lebewesen und Jahreszeiten, Natur-/Umweltschutz, Formenkenntnis „Wildpflanzen". „Ordnen und Bestimmen von Tieren und Pflanzen" wird dagegen nur in wenigen Lehrplänen vorgeschrieben – obwohl dies den Interessen der Schüler entgegen käme. Der Autor stellt fest, dass die nach seiner Meinung positiv zu beurteilenden Lehrpläne kaum umgesetzt werden und es *somit mehr oder weniger dem Zufall überlassen bleibt, ob Schüler einen guten Sachunterricht erhalten oder nicht.*

Noch immer gibt es demnach keinen allgemeinen Konsens über die biologischen Themen, die im Sachunterricht vermittelt werden sollen. Dies bürdet jeder Lehrerin die persönliche Verantwortung auf, für ein aufbauendes biologisches Wissen wirklich wesentliche Inhalte auszusuchen und sachgemäß zu vermitteln. Diese Situation könnte sich noch verschlechtern, wenn keine allgemeinen Lehrpläne mehr erlassen werden, sondern jede Schule eigene Lehrpläne entwickeln soll.

18.1.4 Kriterien für die Praxis

Zur Realisierung seines Ansatzes hat SOOSTMEYER (1998: 278 ff.) nicht weniger als 66 „Kriterien für die Praxis des Sachunterrichts" zusammengetragen und erläutert. Sie alle zu beachten, dürfte jedoch für normalen Unterricht schwerlich möglich sein. Was den biologischen Anteil betrifft, erscheinen vor allem die folgenden Kriterien beachtenswert, von denen den meisten jedoch schon einmal genannt wurden (s. besonders Kap. 9.3.2, Tab. 9-1; 9.4):

Welche Möglichkeiten der Veranschaulichung und des eigenen Handeln gibt es?

- Welche Möglichkeiten gibt es, in kurzen Abständen (etwa alle 10–15 Minuten) die Lehrform zu wechseln?
- Worin besteht ein für die Schüler erkennbarer Anwendungszweck?
- Welches sind die entscheidenden Grundbegriffe, sachlichen Aussagen?
- Wie kann man diese Begriffe und Aussagen am besten vermitteln, so dass sie auch auf Dauer behalten werden?
- Bin ich als Lehrerin bereit, neben der Unterrichtsverpflichtung (viel) Zeit aufzubringen, um Anschauungsmaterial zusammenzutragen, um den Versuch zu machen, durch zusätzliche biologische Exkursionen u.a. die Schüler für ein Interesse an Tieren und Pflanzen zu gewinnen?
- Und auch dies soll hinzugefügt werden: Finde ich als Grundschullehrerin den richtigen „Ton" beim Umgang mit den Schülern – zwischen notwendiger

Strenge und freundlicher Zuwendung, witzig-schlagfertiger Reaktion ohne Schärfe, Eingehen auf deren Bedürfnisse ohne sich ablenken zu lassen und vor allem ständigen Einfallsreichtum?

Zur Realisierung von „Handeln" und zu Handlungsmöglichkeiten finden sich ausführliche Erörterung in den Kapiteln über Schüleraktivitäten (13.7), Beobachten (13.6), Experimentieren (13.3), Entdeckendes Lernen 7.4) u. a., ebenso bei SOOSTMEYER (1998: 265 ff.). Anwendungsbeispiele für verschiedene Arbeitstechniken wie Sammeln, Ordnen, Vergleichen, Beobachten, Experimentieren erläutert z. B. SCHURIUS (1985).

Nach den negativen Befunden von PISA häufen sich auch für den Sachunterricht Vorschläge, wie dort mit den Schülern „Methoden" geübt werden sollten (z. B. KLIPPERT & MÜLLER 2003, VON REEKEN 2003).

18.1.5 Unterricht – Inhalte

Im Sachunterricht dürften Schüler derzeit in vielen Fällen unterfordert werden. Erhebungen zum biologischen Anteil zeigen, dass ihr Wissen und ihr Interesse zum Teil beachtlich sind (s. z. B. ECKERT 1980, ENGEL & KASBOHM 1988). Dies entspricht Angaben bei EINSIEDLER (1997), wonach Schüler dieses Alters formal-logisch schlussfolgern und auch schwierigere Begriffe bilden können. Auch die Meinung, dass „ihre Wahrnehmung lediglich ganzheitlich sei" (entsprechende Zitate in Kap. 3.6.1; s. besonders auch K. MÖLLER 2002), wird von diesem Autor bezweifelt. Weiterhin konnte z. B. überprüft werden (KASBOHM 1973), dass „stets die Gruppen die besten Ergebnisse aufwiesen, die Schülerexperimente zum Stoff durchgeführt haben". Lehrer ohne entsprechende Fachausbildung meiden (verständlicherweise) eher solche Experimente. Was also kann man für den biologischen Anteil des Sachunterrichts mindestens empfehlen?

Interesse:
Man muss einfach feststellen: Es besteht bei Grundschülern hohes Interesse gerade an biologischen Themen (s. Kap. 9.3.1; s. auch SCHAAL 1959, ZILLIG 1961, PLÖTZ 1970). GENSCHEL (1975:32) berichtet über drei Untersuchungen, in denen zusammen 15525 Fragen von Volks-, also auch Grundschülern gesammelt und ausgewertet wurden; rund 22 Prozent waren Fragen zur Biologie, 78 Prozent betrafen alle (!) anderen Fächer. Hannig (zit. nach WERNER 1973) hat schon 1971 durch Untersuchungen gezeigt, dass z. B. das Interesse an Tieren im 3. Schuljahr am größten ist, aber auch noch im 6. relativ hoch liegt; dies wurde seitdem mehrfach bestätigt (s. Kap. 11). Von Grundschülern (n=800, schriftliche und/oder mündliche Befragung) nannten 60 Prozent der Mädchen und 33 Prozent der Jungen „Tierthemen" als Wissensschwerpunkt; das Lesen von Tierbüchern war bei ersteren doppelt so beliebt wie bei letzteren (FÖLLING-ALBERS 1995).

Trotz der (nirgendwo begründeten) zunehmenden Beschneidung biologischer Themen in Lehrplänen erscheint es demnach legitim, diese zu einem Schwerpunkt des Unterrichts zu machen. Als „Fachegoismus" dürfte dies schwerlich zu bewerten sein.

Themen:
Es gibt biologische Themen, auf die im Sachunterricht nicht verzichtet werden kann, wenn man die Schüler nicht „allein lassen", ihnen bedeutsames Wissen nicht vorenthalten will. Dazu gehören Fragen der Sexualität, Ernährung, Gesundheit und des „richtigen" Umgangs mit dem Körper (Zahnpflege, Überernährung, auch Gefahr durch Drogen, Schutz der Sinnesorgane, Verhalten bei Verletzungen und bestimmten Krankheiten, notwendige Impfungen usw.), Umgang mit Tieren und Pflanzen (besonders Haustieren, dazu auch einige ethologische Aussagen), Kennenlernen wichtiger Pflanzen und Tiere, Verhalten gegenüber der Umwelt, Schutz von Pflanzen- und Tierarten.

Es ist jeweils zu fragen, ob dies für Themen aus anderen Bereichen (Aggregatzustände von Wasser, Grundlagen des elektrischen Stroms, Grundbegriffe des Magnetismus usw.) mit gleicher Dringlichkeit gilt. KAISER (1997) z. B. gibt unter 22 Themenvorschlägen für Unterrichtseinheiten nur noch vier mit biologischem Inhalt an (Körper, Sinne, Pflanzen, Tiere). Übersehen oder für unwichtig gehalten wird in solchen Plänen besonders das Thema „Vermittlung von Artenkenntnissen".

Bedauerlich ist, dass in den einzelnen Bundesländern bislang kein einheitlicher Bestand an Grundwissen für den Sachunterricht festgelegt oder bekannt ist, auf dem in den folgenden Klassen aufgebaut werden könnte. In Bezug auf Deutsch- und Mathematikunterricht wäre ein solches Vorgehen undenkbar. In England schreibt seit 1988 das „National Curriculum" auch für die Primarstufe verbindliche Inhalte vor.

Begriffsvermittlung:
Die grundsätzliche Bedeutung von Wissen und damit des Erlernens von Begriffen wurde bereits mehrfach belegt (z. B. Kap. 10.1, 10.8). Ausführlich beschäftigt sich auch SOOSTMEYER (1998: 313f) mit diesem Thema. Bemerkenswert ist: EINSIEDLER (1997) fand aufgrund von Untersuchungen, dass „hierarchische Begriffsstrukturen", also einfache Begriffsnetze, dem Lernen mit Lückentexten überlegen waren. Dazu dienten auch präzise bildliche Darstellungen.

Eine Analyse von 68 älteren biologiedidaktischen Dokumenten überwiegend für den Sachunterricht in Bezug auf die Begriffsverwendung (H. BERCK 1986; Werte dazu in Kap. 10.6) ergab eine außerordentliche Überladung mit Begriffen vor allem von Schulbüchern. Die meisten erscheinen überflüssig, oft auch nicht klar genug dargestellt.

Die Hoffnung, dass Grundschullehrer gegenüber diese „Flut" in Schulbüchern im Unterricht anders vorgehen und nur wenige Begriffe verwenden, dürfte kaum zutreffen. Lehrer einer kleinen Stichprobe (s. Kap. 10.6) verwendeten in Klasse 4 im Mittel 23 verschiedene biologische Begriffe – in einer Unterrichtsstunde.

Genaue Untersuchungen zum Umfang des Begriffslernens in der Grundschule fehlen (liegen jedoch für die Klassen 5/6 vor; s. Kap. 10.8). Man kann davon ausgehen, dass auf Dauer nur je ein Begriff pro Unterrichtsstunde behalten wird. Aufgrund der Stundenzahl könnte man dann aber erwarten, dass am Ende der Grundschule etwa 80–100 biologische Begriffe bekannt sind. Dies dürfte jedoch in aller Regel schwerlich der Fall sein.

Konsequenzen aus solchen Erkenntnissen wurden zwar in Kapitel 10 schon dargestellt. Die vier wichtigsten sollen wiederholt werden:

- Es sind nur die zum Verständnis einer Sache unbedingt erforderlichen Begriffe zu verwenden.
- Dazu ist vor einer Unterrichtseinheit eine strenge Auswahl der Begriffe erforderlich; Schulbücher sind dazu in der Regel keine Hilfe.
- Alle Begriffe sind – wenn irgend möglich – mit Hilfe von Anschauungsmaterial zu erarbeiten.
- Die Beachtung von Regeln zur Vermittlung von Begriffen (s. Kap. 10.9) erscheint dem Lernerfolg förderlich.

Das Thema „Ernährung und Verdauung" ist derzeit in fast allen Lehrplänen für den Sachunterricht enthalten. Deshalb werden als ein Beispiel, wie weit man mit dem Reduzieren gehen kann, Sachbegriffe – und nur diese – zu diesem komplexen Inhalt angegeben. Die bereits erwähnten Dokumente enthalten dazu über 70 verschiedene Begriffe. Nach ausführlicher Diskussion der dort angegebenen Begriffe (H. Berck 1986: 134–170) kann man etwa folgende als notwendig erachten (in Klammern solche, die nur bedingt wichtig erscheinen):
Nahrung – Ernährung: (Hunger), (Durst), Nährstoff, Energie, (Ballaststoff), Mineralstoff, Vitamin, Wasser;
Verdauung: Enzym bzw. Verdauungssaft, Mundspeichel, (Galle);
Organe: Mund, Zunge Gebiss, Zahn, Zahnschmelz, (Zahnzement), Zahnbein, Zahnhöhle, Zahnnerv, (Zahnwurzel), Drüse, Mundspeicheldrüse, Speiseröhre, Magen, Darm, Oberflächenvergrößerung, (Leber), (Bauspeicheldrüse), After.

Weitere Beispiele für andere Gebiete der Grundschulbiologie am angegebenen Ort und ein Beispiel in Kapitel 10.8.5. Es dürfte allerdings für die einzelne Lehrerin nicht einfach sein, eine begründete Auswahl von Begriffen für ein biologisches Thema vorzunehmen. Dies sollte eine Aufgabe biologiedidaktischer Untersuchungen sein.

Das Problem der Verwendung von Begriffsnamen (Umgangssprache – Wissenschaftssprache) stellt sich in besonderer Deutlichkeit in der Grundschule (s. Kap. 10.5). Einerseits wird die Meinung vertreten, dort vor allem Alltagsbezeichnungen zu verwenden, also „Verdauungssaft" statt Enzym, „Blattgrünkörnchen" statt Chloroplast, „Samen" statt Spermium. Begründet wird dies mit der besseren sprachlichen Verständlichkeit solcher Bezeichnungen. Andererseits erfordert die Verwendung solcher Namen später Umlernen, wenn man auch nur Texte einer Tageszeitung verstehen will. Also muss man sich schon fragen, ob man mit der Verwendung von Alltagsbezeichnungen den Schülern wirklich einen Gefallen tut. Bei einer Entscheidung ist zu bedenken, dass Grundschüler durchaus komplizierte Bezeichnungen lernen (wie sie etwa ein „Auto-Quartett" verwendet). Mathematikunterricht benutzt konsequent fachliche Bezeichnungen, so dass viele Schüler überhaupt nicht mehr wissen, was etwa „Teilen" bedeutet. Aber eine Entscheidung in dieser Sache kann wohl erst aufgrund empirischer Untersuchungen erfolgen.

Monographien:
Die Verwendung von Artmonographien zur Darstellung einzelner Tier- oder Pflanzenarten wurde in Kapitel 5.3 erörtert.

Vermittlung von Kenntnissen über Tier- und Pflanzenarten:
Auch dieses Thema wurde in Kapitel 11 ausführlich behandelt, und zwar mit Begründungen, Interessen von Grundschülern (Kap. 11.1.5) und möglichen Auswirkungen der Beschäftigung mit Arten.

Ein wesentlicher Hinderungsgrund für ein Eingehen oder besser Einlassen auf dieses Thema dürfte vielfach mangelnde Artenkenntnis der Lehrer sein. Auch wenn während des Studiums dergleichen in etwa vermittelt wurde, hinreichende Kenntnisse kann man sich in der Regel nur erwerben, wenn man sich selbst immer wieder mit Arten beschäftigt. Dies muss keine mühsame „Bestimmungsarbeit" sein. Heute sind viele bebilderte Darstellungen von Pflanzen und Tieren erhältlich. Damit ist ein gewisses Kennen lernen von Arten leicht, ja fast mühelos möglich. Besonders hilfreich zum schnellen Zurechtfinden, auch draußen im Gelände, sind z. B. die Bücher von Kelle & Sturm (1979, 1984) und besonders Grupe (1963, 2002 neu aufgelegt).

Gerade Grundschüler bringen regelmäßig irgendwo gefundene Tiere oder deren Teile, oft von einem entfernten Urlaub, mit in den Unterricht. Auch auf Wanderungen wollen sie die Namen von Arten wissen. Voraussetzung dafür, dass eine Lehrerin solche Anregungen ihrer Schüler, die Ausgangspunkt vieler Unterrichtsgespräche sein können, aufgreifen kann, sind Artenkenntnisse.

Es wurden bereits Befunde vorgestellt (s. Kap. 11.2), wonach das Interesse an Tier- und Pflanzenarten ganz überwiegend im Alter zwischen etwa 9 und 11 Jahren entsteht. Daraus ergibt sich für den Sachunterricht, Tiere und Pflanzen vor allem in der 3./4. sowie in der 5. Klasse zu behandeln. Bei der Darstellung von Pflanzen ist zudem die Bedeutung solcher Kenntnisse „für das tägliche Leben" herauszustellen. Heute ist solchem Wissen in Bezug auf Umwelt- und Naturschutz sowie Freizeitverhalten große Bedeutung beizumessen. Aber es dient auch einem grundlegenden Verständnis und der Freude an unserer Umwelt. Deshalb kommt gerade der Grundschule bei der Vermittlung von Artenkenntnissen eine große Verantwortung zu.

Dem steht eine Befragung von Schülern 5. Klassen (n=230, nach Soostmeyer 1998) in Bezug auf ihre Erfahrungen im Sachunterricht gegenüber. Auf die folgenden Fragen antwortete der angegebene Prozentsatz von Schülern mit „häufig" (Alternativen: „selten", „nie"): „Dem Lehrer Tiere/Pflanzen mitgebracht" 11 Prozent, „lebende Tiere im Klassenzimmer beobachtet" 11, „Pflanzen angeschaut und darüber gesprochen" 27, „Ausflüge unternommen, um Tiere/Pflanzen zu beobachten" 24, „hältst Du zu Hause ein Tier/Tiere" 58 Prozent. Dieser Befund muss nachdenklich stimmen.

Methoden zur Vermittlung von Artenkenntnissen, auch zu deren (soweit bekannt) Effektivität wurden in Kapitel 11 aufgelistet. Hinzufügen kann man einige Beispiele, die für die Grundschule besonders geeignet sind:

- Pflanzen, auch Tiere oder ihre „Spuren" sammeln und im Klassenraum ausstellen, dazu Texte verfassen;
- Blätter, Früchte, Federn usw. sammeln und ausstellen (manche Schüler legen mit Ausdauer auf Papier aufgeklebte Federsammlungen an);
- Arbeitsauftrag vergeben, wer die meisten Frühblüher, Nadelhölzer, Früchte von Bäumen usw. findet;
- Pflanzen mit einfachen (auch selbst an-

gefertigten) Bestimmungsschlüsseln bestimmen;

- Spiele (Quartette, Memory) mit Bildern von Tieren und/oder Pflanzen selbst herstellen oder gekaufte verwenden;
- Tiergeschichten vorlesen; Bücher mit guten Tiergeschichten ausleihen, aber auch besprechen (Lesen solcher Schriften ist ein wichtiger Anregungsfaktor für Interesse an Arten);
- jedes Kind erhält eine „Geburtstagspflanze, ein Geburtstagstier“ (und sei es als Bild).

Man ersieht aus diesen Beispielen, dass die Forderung nach Eigentätigkeit der Schüler dabei besonders gut zu realisieren ist.

Wer diesen Abschnitt über die Vermittlung von Artenkenntnissen an Schüler liest, mag wegen der damit ausgesprochenen Anforderungen den Kopf schütteln, ihre Verwirklichung gar für irreal halten. Aber wer sich um dieses Ziel bemüht, wird nicht nur die Dankbarkeit seiner Schüler erfahren, sondern auch eigenen Gewinn!

Menschenkunde:
Schon mit den oben angegebenen Themen zur Menschenkunde sollte gezeigt werden: Sie ist ein zentraler Bestandteil des biologischen Sachkundeunterrichts. Eine Auswahl der im folgenden Kapitel angeführten humanbiologischen Begriffe für die Hauptschule kann vielleicht als Hilfe dienen, welche auch für den Sachunterricht in Frage kommen. Beispiele für den Unterricht zu einer Vielzahl humanbiologischer Themen enthalten viele Themenhefte der Zeitschrift „Unterricht Biologie“.

18.2 Biologieunterricht in der Schule für Lernhilfe – Förderschule Lernen

Von Anke Fischer – ergänzt, zum Teil verändert

Am Arbeitsplatz Sonderschule sind Lehrerinnen und Lehrer notwendig, die eine Kultur für ein Miteinander pflegen, die Freiräume aufspüren, Initiativen ergreifen oder selbst anregen (Schraag & Schentz 2000). *Es gab 2005 in Deutschland rund 480000 Schüler mit „sonderpädagogischem Förderbedarf“ (knapp 6 % aller Schüler); an Förderschulen stieg deren Anteil von 4,4 % im Jahr 1998 auf 4,8 % 2006 (Sekretariat der KMK 2008). Es gibt also einen beträchtlichen Bedarf an spezifisch ausgebildeten Lehrern! – Und es ist bedenklich, dass offenbar kaum empirische Untersuchungen dazu vorliegen, wie diese Schüler möglichst effektiv unterrichtet werden können.*

18.2.1 Einführung

In Deutschland existiert ein ausdifferenziertes Sonderschulwesen. Es umfasst einen separaten Primar- sowie einen Sekundar-I- und je nach angestrebtem Schulabschluss Sekundar-II-Bereich. Die Sonderschulen wurden nach dem Hamburger Abkommen (1964) der KMK zur Erfüllung der Schulpflicht für *Kinder und Jugendliche mit körperlicher, seelischer oder geistiger Behinderung* (zitiert nach Schultze & Führ 1966: 140) eingerichtet. Nach einer 1992 von der KMK verabschiedeten Empfehlung zur Strukturierung des Sonderschulwesens gliedert sich dieses heute in Schulen für Blinde, Gehörlose, Körperbehinderte, Geistigbehinderte, Kranke, Schwerhörige, Sehbehinderte, Sprachbehinderte, Verhaltensgestörte und Lernbehinderte, wobei hier die Terminologie sowie die Organisation je nach Bundesland differieren. Strukturell repräsentiert das Sonderschulwesen die vertikale und die horizontale Gliederung des Schulsystems. Es sind grundsätzlich alle Abschlüsse zu ermöglichen. Eine Ausnahme bilden hier die Schulen mit den Förderschwerpunkten Lernen und Geistige Entwicklung (bzw. Schulen für Lern- und Geistigbehinderte), die hierarchisch gesehen unterhalb des dreigliedrigen Schulsystems stehen (vgl. Kiper et al. 2006, 51).

Es gibt keine Schulform, die derzeit eine so unsichere Zukunft hat wie die Schule für Lernhilfe, Sonderschule, Förderschule, Förderschule Lernen. In vielen Bundesländern soll sie in Umsetzung der Salamanca-Erklärung der UNESCO (1994) aufgelöst werden, ganz oder vorab die Grundstufe (Klassen 1–4). In dieser Erklärung wird eine

Schule für Alle gefordert, in die auch Menschen mit Behinderung integriert werden sollen.

Welches freilich der beste Weg ist, um den in irgendeiner Weise behinderten Schülern zu helfen, erscheint unsicher, da es offenbar noch immer nicht genug sichere Forschungsergebnisse gibt – die politische Streitigkeiten eigentlich überflüssig machen müssten.

Die nachfolgenden Ausführungen beziehen sich auf den Förderschwerpunkt Lernen bzw. Schule für Lernhilfe. Knapp die Hälfte (d. h. insgesamt 2,7 % der schulpflichtigen Schüler) der Schüler mit sonderpädagogischem Förderbedarf wird nach den Richtlinien des Förderschwerpunkts Lernen gefördert. Dieser Schulform (bzw. Schulen die nach dem Förderschwerpunkt Lernen unterrichten) kommt die Aufgabe zu, Schüler mit erheblichen Lernschwierigkeiten bzw. Lernversagen pädagogisch zu fördern. Schon seit längerer Zeit gibt es für diese Schulform offenbar (in allen Bundesländern?) keine neuen Lehrpläne. Stattdessen wurden bzw. werden auf der Grundlage entsprechender Pläne für die Hauptschule in den Bundesländern „Handreichungen" entwickelt. Daraus sollen die einzelnen Schulen schuleigene Lehrpläne entwickeln. Da dieser Prozess noch im Gang ist, muss im Folgenden auf ältere Lehrpläne zurückgegriffen werden.

Zur Didaktik des Biologieunterrichts an der Schule für Lernhilfe findet sich nur wenige, zum großen Teil veraltete Literatur. Beispielsweise wird diese Schulform in keinem der vier Verbreitesten aktuellen Lehrbücher zur Fachdidaktik Biologie erwähnt. Auch ein lange angekündigter bundesweit gültiger Lehrplan ist offenbar noch nicht erschienen. Unter anderem deshalb wird dieses Thema hier ausführlich dargestellt.

Veröffentlichungen beschränken sich in vielen Fällen auf Praxisberichte und Unterrichtsvorschläge[11]. Die vor allem in den Zeitschriften „Förderschulmagazin" und „Sonderschulmagazin" (bis 2002) verhandelten Themen (z. B. „Der Hund und seine Verhaltensweisen", „das Eichhörnchen", „Rinder liefern uns Milch und Fleisch", „Laubbäume im Herbst", „Rezept für ein Winterobstsalat", „Warum ist Rauchen gefährlich", „Haben Tiere bessere Sinne?", „Alkohol, eine Hilfe für Felix?") haben in vielen Fällen einen erstaunlich konservativen Inhalt.

Offenbar besteht in der Forschung sowohl zur Biologiedidaktik als auch Lernbehindertenpädagogik kaum Interesse an diesem Themenbereich. Vielleicht hängt dies damit zusammen, dass – wie oben erwähnt – allgemein über die Auflösung dieser Schulform diskutiert wurde und wird. Auch in der Lehrerausbildung zeigt sich dieses Defizit deutlich im Mangel an Veranstaltungsangeboten und dafür ausgebildeten Dozenten.

Dieses Defizit hat sicherlich verschiedene Ursachen. In vielen Fällen wird Biologie gerade an Sonderschulen als untergeordnetes Nebenfach angesehen, da die Lösung anderer, sich unmittelbar aufdrängender Probleme der Lebensbewältigung (z. B. Erwerb der Kulturtechniken, angemessenes Verhalten usw.) Priorität besitzt. Andererseits wird u. U. von Lehrern und Didaktikern angenommen, Zielsetzung und Vorgehensweise des Biologieunterrichts an der Schule für Lernhilfe entsprechen denen anderer Schulformen. Dies wirft die Frage auf, ob es sonderschuleigene Grundsätze gibt oder zwischen dem Unterricht in Biologie in der Schule für Lernhilfe und dem anderer Schulformen nur graduelle, nicht prinzipielle Unterschiede (MEMMERT 1983, S. 342) bestehen.

18.2.2 Didaktische Grundsätze

Als lernbehindert gelten Kinder und Jugendliche, *„die umfänglich und langandauernd in ihrem Lernen beeinträchtigt sind, dadurch deutlich von der Altersnorm abweichende Leistungs- und Verhaltensformen aufweisen und trotz des Angebotes besonderer Lernhilfen in der Grund- und Hauptschule nicht oder nicht hinreichend gefördert werden können"* (KULTUSMINISTERKONFERENZ 1977, in MYSCHKER 1983). Nach KANTER (in HENSLE 1979) gibt es drei Gruppen von als lernbehindert bezeichneten Kindern und Jugendlichen:

---

11 Dieses Kapitel bezieht sich auch auf sogenannte „lernbehinderte Schüler" an anderen Schulformen.

- Schüler mit deutlichen Intelligenzausfällen, d.h., einem IQ zwischen 55 und 75.
- Schüler mit Lernstörungen, -schwächen oder -irregularitäten. Diese Schüler zeigen zwar Teilleistungsschwächen, aber nur knapp unterdurchschnittlichen IQ.
- Schüler mit Verhaltensauffälligkeiten aufgrund sozio-kultureller Benachteiligung und normalem IQ.

Die in einem Überprüfungsverfahren als „lernbehindert" diagnostizierten Schüler können eine Schule für Lernhilfe (Sonderschule) oder, wenn möglich, im Rahmen des „gemeinsamen Unterrichts" eine Regelschule besuchen.

Noch bis in die 1970er Jahre wurde eine Lernbehinderung als unheilbares Intelligenzdefizit, als unabänderliches Fixum angesehen und entsprechende Unterrichtsprinzipien daraus abgeleitet. So wurden den Schülern beispielsweise kein Transfer und keine Abstraktion der erlernten Inhalte abverlangt. Der Unterrichtsstoff sollte in möglichst kleine Schritte zerlegt werden. Da die Schüler nach dem Abgang aus der Sonderschule kaum Neues dazu lernen würden, sollte alles Essentielle während der Schulzeit vermittelt werden (KLEIN 1975).

Zahlreiche Pädagogen wenden sich heute entschieden gegen diese Einstellung und betonen den dynamischen Charakter der Lernbehinderung (z.B. KLEIN 1975, FRANK 1977, KUTZER 1983, WILLAND 1994). Sie weisen darauf hin, dass Lernverhalten und Lernerfolg durch den Aufbau notwendigen Vorwissens im weitesten Sinne und systematisches didaktisches Vorgehen maßgeblich beeinflusst werden können. Lernbehinderte Schüler besitzen im Vergleich zu Regelschülern oft weniger außerschulisch gewonnene Vorerfahrungen. Dieser Mangel ist in vielen Fällen eine der Ursachen für geringe Leistungen (s. dazu Untersuchungen von GEHRECKE & MOHR 1973, KUTZER 1983). Daraus folgt, dass die in der Regelschule als selbstverständlich vorausgesetzten Vorerfahrungen zunächst erkannt und dann nachgeholt werden müssen, um diesen Schülern Lernerfolg zu ermöglichen.

Beschränkung auf die genannten, über 200 Jahre tradierten Unterrichtsprinzipien (s. MYSCHKER 1983) nimmt den Schülern dagegen wie in einer „sich selbst erfüllenden Prophezeiung" die Möglichkeit, die ihnen abgesprochenen Fähigkeiten – z.B. abstraktes Denken – zu erlernen. Ohne eine Lernbehinderung zu verharmlosen und Schüler durch zu hochgesteckte Erwartungen zu überfordern und entmutigen, sollte das angestrebte Unterrichtsziel daher nicht voreilig auf einen zu engen Rahmen beschränkt werden. Dies betrifft sowohl kognitive, affektive als auch formale Lehrziele.

Im Folgenden werden einige in Rahmenlehrplänen und von Didaktikern für den Biologieunterricht an der Schule für Lernhilfe geforderte Prinzipien aufgeführt (HESS. KULTUSMINISTERIUM 1978, FRANK 1977, LANGENOHL 1976, MEMMERT 1983, GEHRECKE & MOHR 1973, BAYR. STAATSMINISTERIUM etc. 1991). Diese Grundsätze sind nicht nur für diesen Bereich, sondern auch für den Unterricht an anderen Schulformen und in anderen Fachgebieten von großer Bedeutung. Sie sind jedoch im Biologieunterricht mit lernbeeinträchtigten Schülern unabdingbar.

- Orientierung an Leitgedanken, wie z.B.: Entwicklungsförderung für die Unterstufe (Klassen 1–3); freies Arbeiten in der Mittelstufe (Kl. 4–6); Vorbereitung für Beruf und Leben (Kl. 7–9) (SCHRAAG & SCHENTZ 2000).
- Handlungsorientierung (s. Kap. 13.7), die sowohl praxisorientiertes Lernen als auch Eigentätigkeit der Schüler beinhaltet;
- Elementarisierung der Inhalte;
- Differenzierung und Individualisierung des Unterrichts, da gerade an Schulen für Lernhilfe sehr heterogene Lerngruppen zu finden sind und auch die durchschnittlichen Leistungen von Gruppe zu Gruppe sehr stark differieren;
- konkret anschauliche Lernzugänge bei geringen Transfer- und Abstraktionsleistungen der Schüler;
- Naturobjekte als Medien, Naturbegegnung;
- Wiederholung biologischer Themen in verschiedenen Klassenstufen mit aufbauendem Schwierigkeitsgrad (Spiralcurriculum);
- Bekanntgabe der jeweiligen Lernziele, um zu motivieren und selbstgesteuertes Lernen zu ermöglichen.

- Weiterhin soll auch der Biologie- bzw. Sachkundeunterricht dazu beitragen, grundlegende Fähigkeiten der Schüler – z. B. im sprachlichen Bereich – zu fördern.

Einige dieser Grundsätze könnten im Sinne des oben beschriebenen statischen Verständnisses von Lernbehinderung (miss) interpretiert werden. Andererseits sind sie unbestreitbar sinnvoll und notwendig. Wichtig ist es daher auch, Unterricht nicht ausschließlich an diesen Grundsätzen auszurichten, sondern weiterführende Perspektiven (z. B. Abstraktion und Verallgemeinerung des Gelernten) zu ermöglichen.

Besonders von Bedeutung ist die Vermittlung von Interesse und Lernbereitschaft, so dass Schüler dazu angeregt werden, sich auch außerhalb der Schule mit biologischen Themen zu beschäftigen und sich somit möglichst neue Bereiche der Freizeitgestaltung zu erschließen. Wenn möglich, sollten Schüler dazu befähigt werden, sich relevante Informationen selbst zu erarbeiten, um nach Beendigung der Schulzeit neue Erkenntnisse – z. B. der Medizin – nutzen zu können. Vor allem ist es auch erforderlich, dass solche Schüler, von denen viele in weitgehender sozialer Isolation leben, Kontakte z. B. zu Natur- und Umweltschutzgruppen erhalten oder Hobbys entwickeln.

18.2.3 Zentrale Aussagen von Rahmenlehrplänen

Rahmenlehrpläne spiegeln die zu ihrer Entstehungszeit allgemein akzeptierten didaktischen Konzepte wider. Daher sollen in diesem Abschnitt beispielhaft zwei Rahmenlehrpläne in Hinblick auf ihre Charakteristika – insofern sie über die o. g. Grundsätze hinausgehen – und Kritikpunkte vorgestellt werden. Auch damit eine Vorstellung entstehen kann, welche Themen ein Sonderschullehrer z. B. unterrichten muss.

- Hessischer „Rahmenlehrplan Sachunterricht für die Schule für Lernhilfe“ (Hess. Kultusminister 1996):
  Er betont die Grundsätze des fächerübergreifenden, ganzheitlich fördernden Unterrichts und der Orientierung an der kindlichen Lebenswelt. Aus diesem Grund werden die Lerninhalte nicht nach Fachgebieten getrennt, sondern zu Aufgabenbereichen wie „Ich und meine Person” und „Kind und Natur” zusammengefasst. Ziel des Sachunterrichts in den ersten vier Lernstufen ist es, durch die „Erschließung der Lebenswirklichkeit” die „Erkenntnis- und Handlungsfähigkeit der Schülerinnen und Schüler zur Bewältigung gegenwärtiger und zukünftiger Lebenssituationen” zu erweitern. Als Kriterien zur Auswahl der Unterrichtsinhalte werden „Bedeutsamkeit” für die Schüler, „Zugänglichkeit” und „Gesellschaftsrelevanz” aufgeführt. Die Aufgabenbereiche „Ich und meine Person” und „Menschen leben zusammen”, in denen in erster Linie grundlegende Fähigkeiten (wie z. B. über sich Auskunft geben können, sich angemessen kleiden können) sollen fächerübergreifend und -integrierend vermittelt werden: Sie sind offensichtlich an den kindlichen Bedürfnissen und Vorerfahrungen orientiert.

  Im Aufgabenbereich „Kind und Natur”, sollen Grundkenntnisse, -fähigkeiten und Einstellungen aus den Bereichen Tier- und Pflanzenkunde, Natur- und Umweltschutz gelehrt werden. Dabei werden nur sehr allgemeine Anregungen gegeben. Einzelne davon lassen den geforderten Bezug zur kindlichen Lebenswelt vermissen bzw. dürften die meisten Grundstufenschüler überfordern („Gefahr durch Hormoneinsatz in der Tiermast”). Die Begegnung mit Natur, z. B. auf Unterrichtsgängen – ein offensichtlich (s. Kap. 11) bedeutsames Unterrichtselement für die oft „naturfern” aufwachsenden Schüler – wird nicht explizit gefordert.

  Der hessische Rahmenlehrplan Biologie für die dritte bis neunte Lernstufe der Schule für Lernhilfe (Hess. Kultusminister 1978) gibt detailliertere Informationen zu Lernzielen und Methoden als der Entwurf für den Sachunterricht. Wichtigstes Kriterium für die Auswahl der Themen ist auch hier der lebenspraktische Bezug. Dieser scheint bei einigen Themen jedoch fraglich, z. B.: „Eine Kirschblüte untersuchen und ihre Teile benennen.“ Ausdrücklich sollen auch affektive Lernziele im Unterricht berücksichtigt werden. Die Anordnung der Themen im Lehrplan der unteren Lernstufen ist weithin jahresphänologisch geprägt. Unterrichtsvorschläge wie „Unsere Haut als Schutz- und Sinnesorgan” in den oberen Lernstufen gehen stets von der anatomisch-physiologischen Beschreibung des Organs aus und stellen – anders als es bei einem schülerorientierten Ansatz sinnvoll wäre – erst danach den lebenspraktischen Bezug her. Wünschenswert wären weiterhin didaktische Hinweise zur übergreifenden Zielsetzung von Themen wie „Laubwald, Nadelwald und Mischwald”: Tragen diese Lerninhalte nur zur Allgemeinbildung bei oder sollen die Schüler durch das Beschreiben und Beurteilen von Wald weiterführende Fähigkeiten (wie z. B. die Bewertung von Biotopen unter bestimmten Gesichtspunkten) erlernen?

– Bayrischer „Lehrplan zur individuellen Lernförderung” Biologie (Bayr. Staatsministerium für Unterricht etc. 1991): Mit diesem Plan wird eine Konkretisierung des geforderten fachübergreifenden Unterrichts angestrebt. Die im Lehrplan aufgeführten biologischen Lerninhalte und methodischen Hinweise werden mit Anregungen zur individuellen Förderung und zur Unterrichtsgestaltung in anderen Fächern verknüpft. So ergibt sich ein sehr detailliertes Netz an Vorschlägen und Hinweisen. Das System, nach dem Lerninhalte zu Themenbereichen gruppiert wurden, ist nicht immer nachvollziehbar.

  Grundsätzlich unterscheidet dieser Lehrplan zwei Bereiche der Biologie: „Belebte Natur” und „Gesundheits-, Familien- und Sexualerziehung”, wobei letzterer größeren Raum einnimmt (ähnlich im entsprechenden Lehrplan Niedersachsens). Im Bereich „Belebte Natur” wird von einer Art „ökologischen Strukturansatz“ ausgegangen. In diesem Kontext steht auch die Forderung nach einer „Zusammenschau der Lebensvorgänge” und Einblick in das „Beziehungsgefüge der Lebewesen”, dessen Teil der Mensch ist. Dies ist eins der übergreifenden Unterrichtsziele. Explizit gefordert werden sowohl Erlebnisse als auch Erkenntnisse; d. h., affektive und kognitive Zugänge zum Unterrichtsinhalt, durch die Werthaltungen und fachliches Grundwissen aufgebaut werden sollen.

18.2.4 Didaktische Ansätze und Schwerpunkte

In diesem Absatz sollen Hauptaussagen dreier Didaktiker zu verschiedenen Aspekten des Biologieunterrichts in der Schule für Lernhilfe dargestellt werden.

1. Lebensbezug und Verwendbarkeit als Hauptkriterien der Stoffauswahl:
Frank konzentriert sich in seinen Schriften zur Biologiedidaktik an Schulen für Lernhilfe in erster Linie auf das „Was?” des Biologieunterrichts. D. h., auf die Stoffauswahl. Wichtigstes Kriterium, um aus der Fülle biologischen Wissens Unterrichtsinhalte auszuwählen, ist nach Franks Meinung die Lebensnotwendigkeit der Information für den Schüler in seiner Eigenschaft als Mitglied einer einkommensschwachen Bevölkerungsschicht. *Die Schule für Lernbehinderte sollte daher Abstand nehmen von praxisentrückten Bildungsträumereien und jede Ausrichtung am humanistischen Ideal zweckfreier Allgemeinbildung aufgeben* (1990: 53).

Unterrichtsinhalte sollten situationsanalytisch, nicht systematisch oder nach anderen für Lernbehinderte jedoch unbrauchbaren Gesichtspunkten angeordnet werden. Der Hauptakzent des Biologieunterrichts sollte daher auf der Gesundheitserziehung liegen, um den Schülern Basiswissen über Krankheits- und Verletzungsprophylaxe und gesunde Ernährung zu vermitteln. Analog fordert Quenstedt (1988) die Einführung eines eigenständigen Unterrichtsfaches „Gesundheitslehre” an der Schule für Lernhilfe.

Der zweite wichtige Themenbereich ist nach Frank die Erziehung zum Umwelt- und Naturschutz in für lernbehinderte Schüler sinnvollen Grenzen. Menschen-, Tier- und Pflanzenkunde dienten in erster Linie der inhaltlichen Vorbereitung dieser beiden Themenbereiche. Insbesondere

Tierkunde gewinne darüber hinaus besondere Bedeutung aus *erziehlichen, emotionalen, sozialen und praktischen Nutzeffekten* (Frank 1990:54).

Biologieunterricht ist für Frank Erziehung (*Weniger Kunde, mehr Verhaltensbeeinflussung*, 1990:57), die darauf basiert, bei den Schülern emotionale, nicht rationale Reaktionen auf den Unterrichtsgegenstand zu provozieren. So will Frank beispielsweise durch *possierliche Tiere wie Hase, Goldhamster, Igel. positive Gefühlserlebnisse und Gefühlsbindungen zur Natur* und *damit eine generelle Wertschätzung der lebenden Natur* und *Naturliebe* (1977:71) hervorrufen. Hier stellt sich jedoch die Frage, ob der ausschließliche Kontakt zu ohnehin attraktiven, positiv besetzten Naturelementen nicht eben eine „wahre Naturliebe" verhindert. Liebe zur Natur scheint doch wohl dauerhafter und verlässlicher zu sein, wenn sie auf Wissen und Interesse basiert (s. Kap. 3.7). Die Fähigkeit dazu sollte lernbehinderten Schülern nicht abgesprochen werden.

Neben den rein lebensnotwendigen Informationen sollte der Biologieunterricht auch zur sinnvollen Freizeitgestaltung in der Natur anregen. Im Gegensatz zu Langenohl (1976) sieht Frank (1977) die Vermittlung von Freude und Interesse an der Natur und an Naturphänomenen nicht zweckfrei und als lebensbereicherndes Grundprinzip, sondern als Instrument des persönlichen und gesellschaftlichen Wohles. Für Langenohl (1976) ist dagegen die allgemeinbildende, nicht unmittelbar anwendungsbezogene Funktion des Biologieunterrichts z. B. im Bereich der Artenkenntnis nicht zu vernachlässigen. Ein Aspekt, den Frank ausdrücklich ablehnt.

2. Der Mensch im Zentrum:
Memmert (1983) stimmt in Bezug auf Inhaltsauswahl und situationsanalytische Strukturierung des Unterrichts mit Frank überein. Darüber hinaus skizziert er Anwendungsmöglichkeiten für Methoden und Medien im Unterricht der Schule für Lernhilfe. Der von ihm geforderte „Primat einer anthropologischen Betrachtungsweise" zeigt sich nicht nur in der Inhaltsauswahl, sondern beispielsweise auch in der Bezeichnung anderer Lebewesen als „Ungeziefer" oder „Schädling" (1983:340).

Memmerts (1990) umfassendes Unterrichtswerk entspricht in mehreren Aspekten nicht den von ihm postulierten Grundsätzen (1983). So macht er sowohl im Lehrer- als auch im Schülerband keinerlei Lehr- bzw. Lernziele kenntlich (s. o.). Nur vereinzelt werden Inhalte situationsanalytisch aufgearbeitet. Meist dient eine Situationsbeschreibung nur als Aufhänger für die darauffolgenden konventionell angeordneten humanbiologischen, botanischen oder zoologischen Inhalte. In vielen Fällen werden erarbeitete Begriffe – wie z. B. zum Stockwerkaufbau des Waldes (1988) – nicht, wie gefordert, zum Verständnis ökologischer Zusammenhänge genutzt, sondern bleiben ohne Anwendung und damit isoliert.

3. Wissenschaftlichkeit als Unterrichtsprinzip:
Andere Didaktiker betonen dagegen, dass sich auch der Biologieunterricht an der Schule für Lernhilfe an grundlegenden wissenschaftlichen Arbeits- und Denkweisen orientieren kann und muss, obwohl und gerade weil wissenschaftliches Denken vielen lernbehinderten Schülern schwer fällt. Wissenschaftsorientierung ist für Langenohl (1976:16) wichtigster Grundsatz dieses Unterrichts: *Alle in einem Industriestaat lebenden Menschen müssen zur. Situationsbewältigung. die Resultate von Wissenschaften nutzen, deren Erkenntnisstrukturen nach Möglichkeit verstehen und zweckrational beherrschen können.* Er betont weiterhin die Bedeutung von Schlüsselbegriffen und Theorien für das rationale, intersubjektive Verständnis biologischer Phänomene: *Auf dem ihm zugänglichen Niveau. sollte es der Schüler verstehen, begriffsgeleitet zu beobachten und theoriegeleitet zu fragen* (S. 21). Problemlösen und eigenständiger Erkenntnisgewinn werden hier sowohl als Methode der effektiven Wissensvermittlung betrachtet, als auch in ihrer Bedeutung als Fähigkeit an sich gesehen.

Problemlösender, nachforschend-entdeckender Biologieunterricht kann z. B. folgendermaßen verlaufen: Ausgehend von einer praxisorientierten Problemstellung experimentieren die Schüler mit anschaulichem Material und äußern Vermutungen (Hypothesen). Diese werden gemeinsam überprüft, eventuell modifiziert und schließlich als eine induktiv gewonnene, allgemeingültige Erkenntnis formuliert. Dass Schüler der Schule für Lernhilfe ebenso wie Hauptschüler zum induktiven Erkenntnisgewinn in der Lage sind, zeigt eine Untersuchung von Gehrecke & Mohr (1973). Es fällt diesen Schülern jedoch offenbar schwer, wissenschaftliche Begriffsnamen zu lernen, auch wenn der Begriffsinhalt verstanden wurde. Gerade an der Schule für Lernhilfe fehlen vielen Schülern zunächst die Voraussetzungen zur aktiven, konstruktiven Auseinandersetzung mit Material und Fragestellung. Daher weisen Werning & Bannach (1992) darauf hin, dass „entdeckendes Lernen" als Unterrichtsverfahren durch das spielerische Erkunden des Unterrichtsgegenstandes und die Anbahnung von fachgemäßen Arbeitstechniken vorbereitet werden sollte.

18.2.5 Empirische Untersuchungen

Zur Effektivität verschiedener Unterrichtsmethoden im Biologieunterricht der Schule für Lernhilfe gibt es bislang kaum empirische Untersuchungen. An Hauptschulen gewonnene Ergebnisse lassen sich jedoch in ihrer Tendenz auf lernbehinderte Schüler übertragen (s. dazu schon Angaben in Kap. 11.2, 11.3).

Rexer & Birkel (1986) verglichen den Lernerfolg von 152 Hauptschülern nach eintägigem Unterricht im Freiland bzw. im Klassenraum. Vom Freilandunterricht profitierten vor allem die jüngeren, die intelligenzschwächeren Schüler und die Jungen. Die Autoren weisen darauf hin, *dass der Lernerfolg im Klassenunterricht wesentlich von der Intelligenz der Schüler abhängt, während im Freilandunterricht eher alle Schüler profitieren*. Pfligersdorffer (1984) kommt in seiner Studie mit einer Stichprobe von 157 Schülern eines Realgymnasiums zu einem ähnlichen Ergebnis. Eine Untersuchung von Starosta (1990) mit 97 Schülern einer Hauptschule zeigt jedoch eine gegensätzliche Tendenz. Grundsätzlich scheint Unterricht im Freiland jedoch in Bezug auf kognitive Lernziele gerade bei weniger intelligenten und schulleistungsschwächeren Schülern erfolgreicher als Klassenunterricht zu sein und ist damit besonders für die Schule für Lernhilfe geeignet.

Masendorf (1995) untersuchte den Effekt längerer Lernzeit auf die kognitiven Lernleistungen am Beispiel von zwei Unterrichtseinheiten zum Thema „Luftfahrt" mit 18 bzw. 36 Stunden Dauer. Beiden Einheiten gemeinsam war der 18-stündige frontal informierende Unterricht. Die zusätzlichen Stunden der zweiten Einheit wurden für handelnden, praxisorientierten Unterricht genutzt. An der Untersuchung nahmen 30 Schüler einer Schule für Lernhilfe teil. Wie zu erwarten, erzielten Schüler, die mit der längeren Unterrichtseinheit unterrichtet worden waren, bessere Werte im anschließenden Wissenstest als Schüler, die nach der kürzeren Einheit gelernt hatten. Besonders intelligenzschwächere Schüler profitierten von der längeren Lernzeit bzw. vom handelnden Unterricht.

Die Untersuchung von Fischer (1996) mit 20 Schülern der sechsten und siebten Klassen einer Schule für Lernhilfe zeichnet ein differenzierteres (wenn auch nicht repräsentatives) Bild. Die Auswirkungen einer etwa 15 Schulstunden dauernden Unterrichtseinheit wurden sowohl in Bezug auf kognitive Lernziele als auch auf Interessiertheit und Motivation erfasst. Verglichen wurde eine Zusammenstellung von Lerneinheiten aus einem Schulbuch (Memmert 1988; 1990) mit einer inhaltsgleichen Unterrichtseinheit, in der eine Synthese aus Naturerleben, Handlungs- und Wissenschaftsorientierung angestrebt wurde. Im Bereich der kognitiven Lernziele zeigte sich der alternative Unterricht fast durchgehend erfolgreicher als der Unterricht nach dem Schulbuch. Bei den Schülern der sechsten Klasse rief der alternative, bei den Schülern der siebten Klasse der Unterricht nach dem Schulbuch größere Interessiertheit und Motivation hervor. Besonders einige Jungen bevorzugten die Lernabschnitte im Freiland, andere Schüler lehnten den Unterricht in der Natur nach einiger Zeit jedoch deutlich ab. Insgesamt zeigten die Schüler beim Alternativunterricht signifikant mehr Reaktionen der emotionalen Nähe zum Unterrichtsgegenstand als beim Unterricht nach dem Schulbuch. Dies mag auch an dem „Neuigkeitseffekt" dieses Unterrichts liegen. Die Ergebnisse weisen jedenfalls darauf hin, dass ein auf Naturerfahrung basierender Unterricht durchaus dazu geeignet sein kann, bei lernbehinderten Schülern Motivation, Interesse und ein tieferes Verständnis der Lerninhalte zu erzielen. Diese Unterrichtsform erscheint jedoch vor allem für jüngere Schüler geeignet – nicht aufgrund der Effektivität im kognitiven Bereich (s. Rexer & Birkel 1986 und Starosta 1990), sondern wegen der abnehmenden Motivation älterer Schüler für Freilandunterricht.

18.2.6 Ausblick

Dieser kurze Literaturüberblick weist auf die Notwendigkeit eines neuen, an aktuellen didaktischen Erkenntnissen orientierten Konzepts für den Biologieunterricht an der Schule für Lernhilfe hin. Im Folgenden seien nur einige besonders relevante Anforderungen an die Schule für Lernhilfe genannt:

Unterricht muss sich den Lernvoraussetzungen der einzelnen Schüler anpassen und mit individuell differenzierten Lernschritten und methodischen Zugängen jedem Schüler das Erreichen seiner Lernziele ermöglichen. Dies erfordert

- eine Analyse der Sachstruktur des Lerninhalts (Kutzer 1976), um
- zunächst zu ermitteln, welche Vorerfahrungen zum Verständnis des Lerninhalts notwendig sind und diese gegebenenfalls mit den Schülern nachzuholen (s. Gehrecke & Mohr 1973).
- Weiterhin gilt es, eine sachlogische Folge der Unterrichtsschritte zu entwickeln. Dies bedeutet nicht starres Festhalten am einmal geplanten Unterrichtsverlauf, sondern im Gegenteil die Möglichkeit, den Unterricht dem aktuellen Lernverhalten der Schüler individualisiert anzupassen. Anhand der Sachstrukturanalyse und des tatsächlichen Lernprozesses kann der Lernstand jedes Schülers jederzeit festgestellt werden (s. Kutzer 1976).
- Biologieunterricht sollte Schülern wissenschaftliche, rationale Denk- und Arbeitsweisen nahe bringen, um so zu ihrer Emanzipation beizutragen (s. Langenohl 1976).

Eine Adaption der von Kutzer und Mitarbeitern für den mathematischen Bereich entwickelten Theorie „Struktur-niveauorientierten Lernens“ würde diese Ansprüche wohl am besten erfüllen. Dies erfordert jedoch von der Forschung die empirische Strukturanalyse aller relevanten Themenbereiche, die eine einzelne Lehrerin schwerlich leisten kann. Mit ihrer Hilfe kann der Unterricht an die jeweilige Lerngruppe angepasst werden. Neben der Sachstrukturanalyse ist die Beschreibung des Lernprozesses in den Dimensionen Komplexität, Niveau und Lernart (z. B. Versuch und Irrtum-Lernen, Einsichtiges Lernen) zentrales Element der Theorie Kutzers.

Biologieunterricht zum Thema „Nahrungskreislauf” könnte auf den verschiedenen Niveaustufen beispielsweise folgendermaßen realisiert werden:

- Auf der „Ebene der konkreten Handlung” erfahren die Schüler mit Hilfe von Spielen, in denen sie selbst ein Element einer Nahrungskette darstellen, die Auswirkungen der Zunahme oder Abnahme eines Elements der Kette.
- Die im Spiel erlebten Beziehungen zwischen einzelnen Elementen werden zeichnerisch in einfachen Diagrammen dargestellt. Dies kann man als „teilweise vorstellende Ebene” bezeichnen.
- Auf der „vollständig vorstellenden Ebene” können sich die Schüler ohne weitere Anschauungshilfen die Beziehungen zwischen einzelnen Elementen eines Nahrungskreislaufs vorstellen und Konsequenzen von Veränderungen antizipieren.
- Der Unterricht wird auf jeder Ebene begleitet und unterstützt durch die Versprachlichung der erlebten/dargestellten/gedachten Beziehungen. Auf einer weiteren Ebene erfolgt die Verkürzung und Zusammenfassung der erlernten Zusammenhänge zum Begriff „Nahrungskreislauf”. Dieser Begriff kann nun von den Schülern als Werkzeug benutzt werden, um die Welt besser sehen und verstehen zu können (Aebli 1983). Gleichzeitig sollten die Schüler in der Lage sein, den Begriff „Nahrungskreislauf” wieder zu entfalten und auf konkrete Beispiele anzuwenden.

Mit Sicherheit ist dieses Konzept nicht für alle Unterrichtsinhalte geeignet, da es sich in erster Linie auf kognitive Lernziele bezieht. Die Integration formaler und affektiver Lerninhalte in den Unterrichtsverlauf auf den verschiedenen Niveaustufen sollte keinesfalls vernachlässigt werden.

Dieser didaktische Ansatz basiert also auf einer empirischen Analyse der Sachstrukturen und der Lernprozesse. So ist es grundsätzlich möglich, ihn nicht nur auf den Unterricht an der Schule für Lernhilfe, sondern auf den aller Schulformen anzuwenden, da Schüler sich wohl in ihrem Lerntempo und in der Größe der Lernschritte voneinander unterscheiden, die Abfolge der Strukturelemente und Lernschritte jedoch gleich bleibt.

Begriffe: Förderschule, Lernbehinderter Schüler (Charakterisierung), Unterrichtsprinzipien (Schule für Lernhilfe), Struktur-niveauorientiertes-Lernen, Sachstrukturanalyse

18.3 Hauptschule – Realschule – Gesamtschule

Es gibt im Zeitraum etwa von 2002 bis 2007 neue Lehrpläne von mehreren Bundesländern. Darin werden bekannte vielfältige Prinzipien vorgetragen und den Themenkatalogen vorangestellt. An diesen hat sich jedoch in aller Regel wenig geändert.

Eine Sonderstellung nimmt der Plan für die Gesamtschule vom Nordrhein-Westfalen vom März 2007 ein. In konsequenter Anlehnung an die „Bildungsstandards" (Beschlüsse der Kultusministerkonferenz 2005) werden „Konzeptbezogene Kompetenzen" formuliert, die sich an den drei Bereichen System, Struktur und Funktion, Entwicklung ausrichten. Was die Schülerinnen und Schüler wissen (dort: beschreiben, nennen) sollen, schließt sich dann aber in geradezu verblüffender Weise an die bekannten traditionellen Themen an. Neue Ideen kommen nur ganz spärlich vor. Besonders für die Klassen 9 und 10 vermisst man, dass (endlich) Themen wie „Evolution und Selbstverständnis", „Evolution und Ethik" etc. vorkommen!

Auch Lehrer, die diesen Plan umsetzen sollen, werden im folgenden Text dazu Hinweise bekommen.

Aussagen über den Biologieunterricht in der Hauptschule (seit 1964, vorher Volksschule) werden meist verbunden mit solchen über die Sekundarstufe I; dies gilt auch für entsprechende Lehrpläne vieler Bundesländer. Sekundarstufe I wird aber bekanntlich auch die entsprechende Stufe an Gesamtschulen und Gymnasien genannt. Andererseits gibt es nun einmal die Hauptschule; und sie hat ihre spezifischen Probleme, sollte ihre speziellen Aufgaben haben. – Biologieunterricht der Sekundarstufe I ist der Unterricht in diesem Fach schlechthin – deshalb wird ihm auch kein eigener Abschnitt gewidmet.

Sucht man jedoch nach solchen Spezifika des Biologieunterrichts an der Hauptschule: es ist meist vergebens. Und zwar einerlei, ob man die ältere Literatur von Brockhaus (1958), Beiler (1960, 1965), beide vor allem für den Biologielehrer der Volksschule gedacht, oder jüngere Darstellungen (Entrich & Staeck 1992) zu Rate zieht (s. z. B. auch Werner 1971, Stieren 1974, Klautke 1980, mehrere Aufsätze zur Sekundarstufe I in Hedewig & Rodi 1982). Viele Übersichtswerke über Biologiedidaktik enthalten das Stichwort „Hauptschule" überhaupt nicht. Der Deutsche Bildungsrat (1970b:148) gibt zwar Ziele für die Sekundarstufe I an, aber keine eigenen für diese Schulform. Allgemein stellt Nicklis (1981:37) fest: „Geschlossene Darstellungsformen unter dem Titel ‚Didaktik der Hauptschule' gibt es so wenig wie etwa Didaktik der Realschule". Und so ist es bis heute geblieben.

Mit anderen Worten: Für die Hauptschule werden weithin dieselben Ziele genannt wie allgemein für den Biologieunterricht. Immer wieder erhobene allgemeine Forderungen, wonach besonders diese Schulform Bezüge zur Arbeitswelt, zur Berufspraxis herstellen soll, werden in der Praxis wohl vor allem in dem Fach „Arbeitslehre" realisiert.

Es gibt die heute verbreitete Klage über die „Hauptschule als Restschule", da alle Schüler, die (hinlänglich) dazu in der Lage sind, andere weiterführende Schulen besuchen. Deshalb haben schon manche Bundesländer Haupt- und Realschule in einer Schulform zusammengefasst; es soll die „Sekundarschule“ entstehen.

Viele Hauptschüler haben in der Regel wenige Aufstiegschancen. Sie sind aus vielerlei Gründen sozial gefährdet, schließen sich oft an „auffällige Jugendgruppen“ an, wollen mit Politik nichts zu tun haben. Der Anteil ausländischer Schüler ist hoch. Vielfach arbeiten beide Eltern.

Es steht nicht in der Macht einer Biologielehrerin, daran etwas zu ändern, wohl aber, sich nach Möglichkeit auf diese Schüler einzustellen. Dazu sollte sie über gewisse Fähigkeiten von Sozialpädagogen verfügen und sich darauf möglichst schon während des Studiums vorbereiten.

Vielfach wird der negative Einfluss betont, der durch den hohen Anteil des Biologieunterrichts entsteht, der gerade an dieser Schulform „fachfremd“ unterrichtet wird. Lehrer (Schulleiter, Personalräte!) sollten sich mit allen zur Verfügung stehenden Mitteln gegen solches Vorgehen wehren. Es muss eigentlich nicht erneut betont werden, dass niemand ohne umfangreiche biologiedidaktische Kenntnisse solchen Unterricht zufriedenstellend halten kann (man könnte mit demselben Effekt einen Biologie- als Englischlehrer einsetzen).

Auch eine Schwächung des Biologieunterrichts – vor allem in den Klassen 5 und 6 – durch die Aufnahme physikalischer und chemischer Themen oder direkt durch Integrierten Naturwissenschaftlichen Unterricht (s. Kap. 18.5) ist festzustellen. Dies steht nicht im Einklang mit wesentlichen Interessen der Schüler in diesem Bereich, die sich vor allem auf biologische Themen beziehen (s. Kap. 9.3). Gewiss sind Schüler-Interessen nicht das einzige Kriterium für die Auswahl von Inhalten. Aber es hatte ja durchaus Sinn, wegen der Komplexität physikalischer und chemischer Aussagen diese erst später zu behandeln. Umgekehrt ist die Lernbereitschaft und Lernfähigkeit für bestimmte biologische Themen in diesen Klassen vergleichsweise hoch (s. Kap. 11.2).

Es soll der Versuch gemacht werden, einige Prinzipien für den Biologieunterricht in der Hauptschule anzugeben, die der erfahrenen Lehrerin jedoch bekannt sind.

Manche Lehrerin, die Hauptschüler in einer Großstadt unterrichtet, wird solche Vorschläge vielleicht für illusionär halten. Andererseits sind genug Beispiele bekannt, dass es auch dort gelingen kann, Schüler für das eine oder andere biologische Thema ernsthaft zu interessieren.

1. Alltagsbezug

Mehr noch als in anderen Schulformen muss versucht werden, die biologischen Themen stets mit Fragen aus dem Alltag der Schüler zu verbinden. Hat man die Wahl, ist Problemen, die Mädchen interessieren, der Vorzug zu geben (s. Kap. 9.3, 9.4), wie schon Wagenschein feststellte. Falls es nicht möglich ist, solche Bezüge herzustellen, muss überlegt werden, ob ein biologisches Thema nicht entfallen kann.

Dass dabei alle Möglichkeiten für Eigenaktivitäten jeglicher Art genutzt, angestrebt werden, ist inzwischen – nicht nur für den Biologieunterricht der Hauptschule – allgemein bekannt und anerkannt (s. Kap. 13.7).

2. Biologische Freizeitaktivitäten

Besonders wichtig und der Mühe wert erscheint der Versuch, bei Hauptschülern Interesse oder Interessiertheit an biologischen Freizeitaktivitäten hervorzurufen. In Naturschutzverbänden z. B. sind überdurchschnittlich viele Menschen mit Hauptschulabschluss aktiv, kenntnisreich und intensiv engagiert. Sie weisen hohe Werte in Bezug auf positive Einstellung zur „Natur“ und Naturschutzaktivitäten auf (Berck & Klee 1992); Einschränkungen bei Langeheine & Lehmann 1986:136). Menschen, die vielfach nicht so leicht einen Zugang zu (anderen) Kulturaktivitäten finden, können also für Freilandbiologie und Naturschutzarbeit gewonnen werden – vor allem auch zu ihrem eigenen Nutzen.

Freilich sind für eine solche Interessensbildung genaue Kenntnisse möglicher Bedingungen erforderlich; s. dazu Kapitel 11.1.4 und 11.3. Dort wurde auch bereits der Vorschlag gemacht, dass sich Schüler über einen längeren Zeitraum mit einer von ihnen selbst ausgewählten Gruppe von Arten oder eben auch Pflanzenpflege, Gartenbau u. a. beschäftigen. Auch außergewöhnliche Exkursionen dürften einen positiven Effekt haben und nebenbei zu einer positiven Beziehung zwischen Lehrerin und Schülern beitragen.

3. Wahlpflichtunterricht
In den meisten Stundentafeln für die Hauptschule sind Wahlpflichtfächer oder andere zusätzliche Kurse vorgesehen. Biologielehrer sollten, wann immer möglich, dieses Angebot nutzen. Es gibt meist eine – sicher oft kleine – Gruppe von Schülern, die für biologische Fragen zu interessieren sind. Zudem ermöglichen solche Kurse den Schülern Erfolgserlebnisse. Je nach Standort der Schule bieten sich dafür sehr unterschiedliche Themen an; auf einige Vorschläge soll nicht verzichtet werden.
Fast in jedem Heft der Zeitschriften für den Biologieunterrichtunterricht gibt es ausgearbeitete Unterrichtsvorschläge, und es lohnt die Mühe, sich entsprechende Literatur zu beschaffen. Dazu nur einige willkürlich ausgewählte Beispiele für verschiedene Themen.

- Vernünftige Ernährung und Gesundheit: Reichlich Literatur, z. B. UB H. 341, 2009; Prax. Biol. 58, H. 4, 2009; Prax. Biol. 56, H. 1, 2007; Nährstoffe, Prax. Biol. 57, H. 5, 2008; UB H. 161, 1991; Feinstaub, UB H. 336, 2008.
- Ethologische Grundlagen der Ausländerfeindlichkeit: Prax. Biol. 42, H. 6, 1993: Soziobiologie; entsprechend biologische Grundlagen der Aggression, UB 337/338, 2008; BU 17, H. 1, H. 3, 1981; UB H. 7, 1977, H. 212, 1996.
- Sexualität in der Großstadt: UB H. 191, 1994; AIDS UB H. 152; 1990, ebenfalls Prax. Biol. 36, H. 7, 1987.
- Positive und negative Belastung eines Landschaftsausschnittes und ihrer Tier- und Pflanzenwelt, auch unter dem Aspekt der Naherholung:Landschaft im Wandel, Prax. Biol 56, H. 2, 2007; Partnerschaft zum Schutz der Natur, Prax. Biol. 57, H.8, 2008; Wald, Erlebnis, Waldsterben, UB H. 334, 2008.
- Bearbeitung ausgewählter Beispiele der Tier- und/oder Pflanzenwelt eines solchen Raums (s. schon oben Punkt 2); Park, Stadtteich als Lebensraum für Tiere und Pflanzen sowie als Erholungsort, UB H. 193,1994; Hecke, Prax. Biol. 45, H. 1 und 5 1996; Stadtteich, Prax. Biol. 40, H. 6, 1991; Stadtökologie, Prax. Biol. 39, H. 7, 1990 (weitere Beispiele in Kap. 14.9.2.5).
- Zur Evolution: Gendrift und Selektion spielerisch, Prax. Biol. 56, H. 7, 2007; Sexuelle Selektion, Prax. Biol. 56, H. 5, 2007; Eugenik, Prax. Biol. 57, H. 8, 2008.
- Besonders soll an dieser Stelle auf die Schulung des eigenen Lernens der Schüler hingewiesen werden. Wer sonst, wenn nicht Biologieunterricht, hilft den Schülern, ihr Lernen zu verbessern? Dazu haben z. B. Kugemann (1967), Leitner (1972), Kumericus (1984), Keller (1984), Otto (1984) und Heubgen (1987) gut geeignete Vorschläge gemacht; s. auch Prax. Biol. 36, H. 1, 1987.

4. Biologische Begriffe
So sehr nach den Ergebnissen von TIMSS und PISA Wert auf die Vermittlung von Fähigkeiten und Fertigkeiten gelegt wird (s. Kap. 5.10) – ohne grundlegendes Wissen hängt deren Training „in der Luft“ und Probleme können schwerlich begründet gelöst werden.

Deshalb sollte im Biologieunterricht gerade der Hauptschule ein eng begrenzter Katalog biologischer Begriffe ausgewählt, jeweils mit mehreren Beispielen belegt und immer wieder gründlich geübt werden. Empirische Untersuchungen (s. Kap. 10.8) legen nahe, dass ein solcher Katalog kaum mehr als etwa 300 Begriffe umfassen sollte. Dem gegenüber enthalten auch neuere Schulbücher (s. Kap. 10.6) noch immer zu viele und auch als überflüssig erscheinende Begriffe.

Damit dies nicht theoretisch bleibt, wird als Vorschlag und Hilfe eine Liste solcher Begriffe für die Klassen 5 bis 10 wiedergegeben. Sie wurde von Graf erstellt (1989a, 1998b; verändert und ergänzt; ohne häufig genannte Bezeichnungen für Krankheiten); und zwar aufgrund von Häufigkeitsanalysen von Begriffen (25 Themenbereiche in 15 Schulbüchern). Diese Liste stellt also keineswegs eine subjektive Auswahl dar, sondern spiegelt wider, welche Begriffe Schulbuchautoren am häufigsten benutzen und damit offenbar als besonders wichtig erachten. Demnach können einer Lehrerin bedeutsam erscheinende Begriffe in dieser Liste fehlen – und andere als überflüssig angesehen werden. Häufig verwendete Synonyme stehen in Klammern.

Je nach Leistungsvermögen einer Klasse werden in der Hauptschule einige

der im Folgenden aufgeführten Begriffe entfallen.

Abschlussgewebe (Epidermis),, Adaptation (Anpassung), Adenosindiphosphat, Adenosintriphosphat,, Aggression, Ähnlichkeit, Alge, Alkohol, Aminosäure, Amphibium (Lurch), Ansteckung (Infektion), Antibiotikum, Antikörper, Aorta (Schlagader), Art, Arterhaltung, Arterie, Artgenosse, Atmung, Auflösungsvermögen (Auge), Auge, Auslese (Selektion), Außenskelett

Backenzahn, Bakterium, Bandscheibe, Base, Bauchspeicheldrüse, Baum, Baustoff, Befruchtung, Bewegung, Biotop (Lebensraum), Biozönose (Lebensgemeinschaft, Blatt, Blattader (Blattrippe), Blattgrün (Chlorophyll), Blattgrünkorn (Chloroplast), Blut, Blutflüssigkeit, Blutdruck, Blüte, Blutgruppe, Blutkörperchen (Blutzelle), Blutkreislauf, Blutplasma, Blutplättchen (Thrombocyt), Blutzuckerkonzentration, Bronchie

Chitin, Chromosom, Chromosomenpaar, Chromosomensatz

Darm, Darmwand, Dickdarm, Diffusion, Desoxyribonukleinsäure (DNS), Droge (Rauschgift), Dünndarm

Ei (Eizelle), Eibläschen (Follikel), Eisprung (Ovulation), Eidechse, Eierstock, Eigenschaft (Merkmal), Einfachzucker (Monosacharid), Eileiter, Einzeller, Eiweiß (Protein), Embryo, Energie, Energiebedarf, Entzündung, Enzym (Biokatalysator), Erbanlage, Erbgang, Erbkrankheit, Ernährung, Erreger, Erregung, Evolution (Stammesgeschichte)

Feder, Feind, Fett, Fettsäure, Fetus, Filialgeneration (F1-Gen.), Fisch, Fortbewegung, Fortpflanzung, Fossil (Versteinerung), Frosch, Frucht, Fruchtblatt, Fruchtknoten

Galle, Gasaustausch, Gattung, Gebärmutter (Uterus), Gebärmutterschleimhaut, Gebiss, Geburt, Gehirn, Gehörgang, Gehörknöchelchen, Gelenk, Gen, Generation, Genotyp (Erbbild), Geruchssinn, Geschlecht, Geschlechtlichkeit (Sexualität), Geschlechtshormon (Sexualhormon), Geschlechtsorgan, Geschlechtsverkehr (Koitus), Gewebe, Gift (Toxin), Glomerulus (Nierenkörperchen), Gras, Großhirn

Haar, Handlung, Harn (Urin), Harnstoff, Haut, Herz, Herzkammer (Hauptkammer), Herzschlag, Herzvorhof (Vorkammer), Hirnanhangsdrüse (Hypophyse), Hoden, Holz, Homologie, Homologiekriterien, Hormon, Hormondrüse, Hornhaut, Hörsinn

Immunität, Impfung (Schutzimpfung), Impuls, Infektionskrankheit, Information, Innenskelett, Insekt (Kerbtier), Instinkthandlung

Kapillare (Haargefäß), Keimblatt, Keimling (Keimpflanze), Keimung (Samenkeimung), Keimzelle, Kelchblatt, Kieme, Klasse, Knochen, Knochengewebe, Knochenmark, Kohlenstoffdioxyd, Kohlenhydrat, Kohlenstoffmonoxyd, Körperkreislauf, Körpertemperatur, Körperzelle, Krankheitserreger, Kreislauf, Kronblatt

Larve, Laubblatt, Laubwald, Leber, Lebewesen (Organismus), Lederhaut, Leitbündel, Leitungsbahn, Lernen (Lernprozess), Lichtsinneszelle, Linse, Luftröhre, Lunge, Lungenbläschen (Alveole), Lungenflügel, Lymphgefäß (Lymphbahn), Lymphknoten

Magen, Magensaft, Membran, Mensch, Menschenaffe, Menstruation (Monatsblutung), Milch, Milchzahn, Mineralstoff (Mineralsalz), Mischwald, Mitochondrium, Molekül, Moos, Mundschleimhaut, Muskel, Muskelfaser, Muskelzelle, Mutation

Nadel (Nadelblatt), Nährstoff, Nährstoffgruppe, Nahrung, Nahrungskette, Nerv, Nervensystem, Nervenzelle, Netzhaut (Retina), Niere, Nikotin

Ohr, Ökosystem, Ordnung, Organ

Pflanze, Phänotyp (Erscheinungsbild), Photosynthese, Pilz, Plasma (Zellplasma), Plasmalemma, Plazenta (Mutterkuchen), Pollen (Pollenkorn), Population, Primärharn, Pubertät, Pupille

Rangordnung, Rasse, Reaktion, Regelung, Reiz, Reizbarkeit, Reptil (Kriechtier), Revier (Territorium), Röhrenknochen, Rückenmark

Same (Samenpflanze), Spermium (Samenzelle), Sauerstoff, Säugetier (Säuger), Saurier, Schädel, Scheide (Vagina), Schilddrüse, Schlange, Schlüsselreiz, Schmerz (Schmerzempfindung), Schnecke, Schwangerschaft,

Schweiß, Schwingung, Sehne, Sehzelle, Siebteil, Sinn, Sinnesorgan, Sinneszelle, Skelett, Spaltöffnung, Speiche, Sprache, Spross, Stäbchen, Stamm, Stammbaum, Stärke, Staubblatt (Staubgefäß), Stängel, Stoffwechsel, Strauch, Synapse, System

Taschenklappe, Tastsinn, Tier, Tochterchromosom, Tochterzelle, Transpiration, Traubenzucker (Glucose), Trommelfell

Umwelt, Vakuole (Zellsaftraum), Vene, Verdauung, Verdauungssaft, Vererbung, Verhalten, Verhaltensweise, Vermehrung, Verwandtschaft, Vielzeller, Virus, Vitamin, Vogel

Wachstum, Wald, Wasser, Wiese, Winterschlaf, Wirbel, Wirbelsäule, Wirbeltier, Wuchsstoff, Wurzel, Wurzelhaar

X-Chromosom, Y-Chromosom

Zahn, Zahnbein (Dentin), Zahnschmelz, Zapfen (Auge), Zelle, Zellkern (Nucleus), Zellsaft, Zellteilung, Zelltyp, Zellwand, Zentralnervensystem, Zotte (Darmzotte), Züchtung, Zucker (Saccharid), Zwerchfell, Zwilling, Zwischenhirn, Zyklus (Monatszyklus)

Eine sogenannte „volkstümliche Bildung“ wurde lange als ein Kennzeichen der Hauptschule angesehen. Es wird in diesem Zusammenhang auch von „alltagsweltlichem Denken“ gesprochen (s. Nicklis 1981:41), das in der Hauptschule eine besondere Rolle spielen soll. Was man immer von solchen Vorstellungen halten mag – Unterricht in der Hauptschule, ja gerade er kann schwerlich von einem wohlüberlegten und eng begrenzten Kanon biologischen Wissens absehen. Und zwar als eine Voraussetzung zur begründeten Bewertung von Anwendungen biologischer und medizinischer Erkenntnisse – von denen heute alle Menschen betroffen sind.

Ein Blick auf Darstellungen zur Realschule (Übersicht bei Piepenbrock 1994) lässt zuerst einmal erkennen, dass es zu ihr kaum spezielle Publikationen gibt. Vielleicht deshalb, weil diese Schulform weithin mit der Sekundarstufe I identifiziert wird. Immerhin besuchten 1992 etwa 40 Prozent aller Schüler diese Schulform darunter ein hoher Anteil ausländischer Schüler.

Neuere Lehrpläne beinhalten die allgemein für Biologieunterricht verbreiteten Tendenzen nach Handlungs- und Problemorientierung. Ältere Lehrpläne haben Schwerpunkte eher noch in zoologischen und botanischen Inhalten. Allgemein wird jedoch Gesundheits- und Umwelterziehung betont.

Ob und wie es der Realschule gelingt, verstärkt einen Bezug zur Lebens- und Arbeitswelt herstellen und für Berufe mit „einem erhöhten Maß an Selbstständigkeit und Verantwortungsbewusstsein“ auszubilden, sei dahin gestellt. Nur wenige Publikationen geben dazu Hinweise. Jedenfalls gibt es in dieser Hinsicht offenbar ein erhebliches Defizit an biologiedidaktischer Forschung.

18.4 Gymnasium – Sekundarstufe II

Mit einem Beschluss der Kultusministerkonferenz (KMK) von 1972 wurde die strukturelle Einheit des Gymnasiums zumindest formal beendet. Manche Bundesländer haben Lehrpläne für die Sekundarstufe I gemeinsam für alle, andere getrennt für die einzelnen Schulformen erlassen – und eigene Lehrpläne (auch „Kursstrukturpläne“ genannt) für den Biologieunterricht in der Sekundarstufe II (hier kurz: SII BU).

Aufgrund dieses KMK-Beschlusses wurde Biologie in den Rang eines Hauptfaches erhoben, das im schriftlichen Abitur gewählt werden kann. Wenn jedoch die Entscheidungen dieses Gremiums vom Sommer 1998 realisiert werden sollten, dürfte dies ein „Zwischenspiel“ gewesen sein. Die bedeutsame Rolle, die Biologie im Abitur seit 1972 hat – und die ihr in diesem „biologischen Jahrhundert“ zukommt – könnte erneut eingeschränkt werden. Zukünftige Untersuchungen mögen vielleicht zeigen, ob solche Entscheidungen damit begründet werden können, wie in den 1990er Jahren Biologie in der Sekundarstufe II unterrichtet wird – oder allein politisch.

18.4.1 Lehrer

Vor allem die Kultusbehörden sind letztlich für die Ausbildungspläne der Gymnasiallehrer zuständig. Und diese sehen oder sahen in vielen Bundesländern bis vor kurzem fast keine Pflichtveranstaltungen in Vermittlungswissenschaften (Fachdidaktiken) vor. Also beschäftigen sich viele Gymnasiallehrer mit bestimmten in Lehrplänen für den SII BU immer wieder genannten Themen (Umwelt, Bioproduktion, Sexual-, Gesundheitserziehung, Gentechnologie, Wissenschaftspropädeutik – Biophilosophie usw.) während ihres Studiums nur unzulänglich. Dies ist schon lange bekannt: Bereits 1974 beklagte Lentke diesen Zustand – vergeblich. Denn es gibt noch immer Universitäten, an denen Lehrer ausgebildet werden, in denen die Fachbereiche eine effektive fachdidaktische Ausbildung be- oder sogar verhindern.

Verständlich ist, dass viele Gymnasiallehrer aufgrund ihrer Ausbildung ihre wissenschaftliche Heimat in der Fachbiologie und nicht in der Biologiedidaktik haben. Dies kann auch die vergleichsweise kurze Referendarzeit (s. Kap. 8.3) in aller Regel nicht mehr ändern. Jede Lehrerin, die in der Sekundarstufe II Biologie unterrichtet, wird dies schwerlich den Forderungen entsprechend tun können, wenn sie sich nicht intensiv weiterbildet.

18.4.2 Forderungen nach Studierfähigkeit

In den genannten KMK-Beschlüssen wurde bereits 1972 eine Reihe von Forderungen an den SII BU gestellt, die nach PISA verstärkt wieder betont werden (s. u.). Schüler sollen dort lernen: Verständnis für den Vorgang der Abstraktion, logisches Schließen, naturwissenschaftliche Methoden, Modellvorstellungen und ihre Anwendungen zu beherrschen – und anderes mehr. Wissenschaftspropädeutik bzw. Biophilosophie soll eine Grundlage dieses Unterrichts sein usw.

Es ist allerdings fraglich, ob solche Forderungen ohne eine gezielte Ausbildung, ein spezifisches Training der Lehrenden erfüllt werden können. Denn es mangelt bis heute *an einer wirkungsvollen fachdidaktischen Ausbildung speziell für die Anforderungen des Kursunterrichts in der Sekundarstufe II* (Daumer 1982:140); und ebenso an einer entsprechenden Weiterbildung. Befragungen von Biologielehrern in Bremen führen zu entsprechenden Aussagen (Entrich 1982: 131). Der Vergleich hinkt keineswegs: Man kann auch von niemanden erwarten, der gelernt hat, Geige zu spielen, dass er ohne weitere Übung auch Cello spielen kann.

Es wird zudem immer wieder folgende Annahme ausgesprochen (Stuckmann 1981:95): *Die Kritiker der Oberstufenreform fordern verstärkten Unterricht in Deutsch, Mathematik und in den Fremdsprachen,... weil der Unterricht in diesen Fächern die Beherrschung der formalen Fähigkeiten, Grundlage für jede selbstständige und wissenschaftliche Arbeit, nach aller bisherigen Erfahrung am besten sichert und vertieft.* Um so mehr muss und kann Biologieunterricht zeigen, dass er solche Leistungen in gleicher Weise schult. Dies gilt auch für die Vermittlung von „Kompetenzen".

Am Beispiel der „Entdeckungsgeschichte der DNS-Verdoppelung" hat Böhnke schon 1978 ausführlich dargestellt, wie man wissenschaftliche Erkenntnisverfahren mit den Schülern erarbeiten kann; ähnlich Rottländer 1992 (s. auch Kap. 13.3, 13.9).

18.4.3 Plan eines Kerncurriculums

Aufgrund der schlechten Ergebnisse bei TIMSS und PISA hat die KMK eine Kommission beauftragt, ein neues „Kerncurriculum" für den SII BU zu erarbeiten (s. Harms et al. 2004, Mayer et al. 2004, Högermann 2008); synonym auch als „Schlüsselqualifikation" bezeichnet. Dieses soll die Verbindlichkeit von Lernthemen, Lernprozessen und Lernergebnissen festlegen. Es weist gegenüber früheren vorwiegend fachlich orientierten Plänen u. a. folgende Richtziele auf (s. auch Kap. 5.10):

- Verständnis der lebenden Natur,
- Selbstverständnis des Menschen,
- Wissenschaftliche Denk- und Arbeitsweisen verstehen,
- Rolle von Wissenschaft in der Gesellschaft.

Die üblichen biologischen Themen (s. u.) bleiben erhalten. Dabei soll auf deren

Vernetzung besonders geachtet werden. Evolutions- und Systemtheorie werden als durchgehende Prinzipien angegeben. Themen zur Wissenschaftstheorie – Biophilosophie (s. Kap. 19) erscheinen noch immer nicht genügend berücksichtigt.

Eine Vielzahl weiterer Ziele (besonders für SII BU) wird angegeben, die auch zur Verbesserung der Studierfähigkeit führen sollen. Besonderer Wert soll gelegt werden auf Erkenntnismethoden und deren Grenzen, Forschungsmethoden, Spezifika der Naturwissenschaften, Anwendung biologischer Erkenntnisse u. a.

Hoher Wert wird weiterhin auf die Vermittlung von „Problemlösekompetenzen", d. h., die „Fähigkeit Probleme zu lösen" zugewiesen (s. Kap. 4.3.3 über die Problematik Formaler Lernziele): Finden mehrerer Antworten für Probleme, Verständnis für Systemeigenschaften entwickeln, Fächerüberschreitendes Denken, Verbalisieren und Bewerten von Sachverhalten, Umgang mit quantitativen Größen u. a.

Diese und andere Forderungen (s. Z: B Harms 2004) sind ohne Zweifel hochgespannte Ziele. Empirische Befunde über deren Realisierbarkeit und Effektivität sind bislang eher spärlich. Man darf gespannt sein, wie solche Forderungen in Lehrplänen umgesetzt werden – und erst recht, ob sie zu einer wünschenswerten Veränderung von SII BU führen.

18.4.4 Grundkurse – Leistungskurse

Schüler wählen in der Sekundarstufe II zwischen Grund- und Leistungskursen. Diese sollen sich in einer Reihe von Merkmalen unterscheiden (Kultusministerkonferenz 1975, s. auch Krumwiede 1982b). Einige dieser Merkmale sind in Tabelle 18-1 zusammen gestellt.

In dieser Liste fehlen entsprechende Angaben zum Erwerb biologischen Wissens; etwa: Vermittlung eines begrenzten Grundwissens – Vermittlung von Grundwissen und speziellem Wissen in einigen wichtigen biologischen Bereichen. Dies sollen wiederum die Lehrenden leisten.

Für die einzelne Lehrerin dürfte es nicht einfach sein, die unterschiedlichen Anforderungen an die beiden Typen von Kursen zu realisieren. Wobei zusätzlich verwirren muss, wenn es heißt: *Grund- und Leistungskurse unterscheiden sich nicht grundsätzlich in Inhalten und Zielen* (z. B. Hessische „Kursstrukturpläne für Biologie" 1994).

Tab. 18-1: Unterschiede in den Anforderungen in Grund- und Leistungskursen (Kultusministerkonferenz 1975)

Grundkurs	Leistungskurs
Kenntnis einiger Methoden	Kenntnis verschiedenartiger Methoden
Fähigkeit, einfache Verfahren anzuwenden	Sicherheit in der Anwendung einfacher Verfahren
Einsicht in Grenzen naturwissenschaftlicher Arbeitsweisen	Verständnis für Grenzen naturwissenschaftlicher Arbeitsweisen
Kenntnis einiger Ergebnisse und Probleme biologischer Forschung	Vertiefte Kenntnis von Ergebnissen und Problemen – auch solcher neuerer Forschung - auf einzelnen kleinen Gebieten
Einsicht in die Bedeutung von Erkenntnissen für das Selbstverständnis des Menschen	Einsicht in die Bedeutung von Erkenntnissen für das Selbstverständnis des Menschen auf verschiedenen Gebieten
Einsicht in die Wechselbeziehungen zwischen Biologie und den anderen Natur-/Geisteswissenschaften	Einsicht in die Wechselbeziehungen zwischen Biologie und den anderen Natur-/Geisteswissenschaften

Bislang gaben 76 Prozent der befragten Schüler von Leistungskursen an (Wöllert 1990), dass „hauptsächlich" Frontalunterricht stattfand. Entsprechend fand Alt-Stutterheim (1980) allgemein: Der Anteil schülerbezogener im Verhältnis zu lehrerzentrierten Unterrichtsformen ist in der Biologie gering; vielleicht wird sich dies nach PISA ändern. Leistungskurse könnten sich in jedem Fall darin unterscheiden, dass dort Themen auch häufiger experimentell behandelt werden. Der Kursplan für Baden-Württemberg (von 1977) sieht ein Praktikum als Teil des Leistungskurses vor. Eine solche Vorschrift in allen Plänen könnte u. U. zu einem verstärkten Experimentalunterricht führen. Effektiver wäre es jedoch, wenn Lehrerinnen von sich aus diese Unterrichtsform verstärkt wählen würden.

18.4.5 Abituranforderungen (s. auch Kap. 12.3.5)

Aufgrund der Kulturhoheit der Bundesländer stellen sich die Anforderungen für das Abitur derzeit recht uneinheitlich dar (s. Kultusministerkonferenz 2004). Zwei Tendenzen sind jedoch allgemein erkennbar: Einführung des Zentralabiturs, so dass die Prüfungsthemen übergeordnet gestellt werden (s. auch Kap. 12.3.5). In der Sekundarstufe II wählen die Schüler nur ein Naturwissenschaftliches Fach. Dieses können sie als „Zusatz-Leistungsfach" in der Abiturprüfung wählen oder ganz abwählen zugunsten der zweiten Fremdsprache (wie offenbar in Bayern der Fall).

Für die Lehrer der Sekundarstufe I ergibt sich daraus eine hohe Anforderung und Verpflichtung: Die Schüler sollten in diesem Unterricht erkennen, wie bedeutsam biologische Kenntnisse heute für das Verständnis der Gesellschaft, der Umwelt und vor allem für das Selbstverständnis sind! So dass sie dann (so möglich) Biologie als Oberstufenfach wählen. – In der Sekundarstufe I müssen zudem alle Schüler, die keinen weiteren Unterricht in Biologie mehr haben, einen Einblick in alle wirklich wesentlichen Themen bekommen.

Dass aufgrund der „Bildungsstandards" Schulen eigene Lehrpläne entwickeln sollen und die Anforderungen eines Zentralabiturs damit in Einklang gebracht werden können, erscheint völlig ungeklärt.

Högermann (2008) hat 24 für das Zentralabitur bundeseinheitlich relevante Themen aufgeführt und in einer Tabelle dargestellt, welche Kompetenzen jeweils mit den einzelnen Themen wahrscheinlich trainiert werden können. Die Themen halten sich durchaus an den hergebrachten Rahmen aus den Bereichen Cytologie, Enzymatik und Genetik. Bemerkenswert ist, dass nach diesen Vorschlägen Wissen zum Selbstverständnis (z. B. Biophilosophie) und zu gesellschaftsrelevanten Fragen im Abitur offenbar keine Rolle spielen sollen.

Immer noch dürfte gültig sein, dass in Abiturprüfungen in Biologie 27 „Fähigkeiten" erwartet werden, die wegen des Umfangs hier nicht wiedergegeben werden können, aber Lehrern bekannt sein sollten (Kulturministerkonferenz 1975). Dort findet sich auch *Biologische Sachverhalte beurteilen im Hinblick auf Konsequenzen für die eigene Lebensführung, auf Konsequenzen für die Gestaltung der gesellschaftlichen Lebensbedingungen.*

Zur Vorbereitung der Schüler auf die zentrale Abiturprüfung dürften trotz aller Veränderungen immer noch nützlich sein: Meinhard & Moisl (1995) haben in zwei Bänden Inhalte, Aufgaben mit Lösungen zum „Abiturtraining" zusammengestellt. Entsprechende Hilfen bieten aufgrund „erprobter Klausur- und Abituraufgaben" Jaenicke & Jungbauer (1987); ebenso Falkenhausen et al. (1992). Vier biologische Themenbereiche werden allgemein als verbindlich festgelegt, von denen jede Aufgabe im Abitur zwei der ersten drei berücksichtigen muss: 1. Funktionszusammenhänge (aus Physiologie, Zellbiologie, Genetik etc.); 2. vernetzte Systeme (Ökologie, Nachhaltigkeit, Organisationsebenen, Populationen etc.); 3. Entwicklungsprozesse, Evolution, Zukunftsfragen; 4. Dabei werden Fähigkeiten im Bereich Fachkenntnisse, Fachmethoden, Kommunikation und Reflexion erwartet.

18.4.6 Effektivität

Es gibt mehrere Untersuchungen über die Effektivität des SII –Biologieunterrichts. Sie kamen vorwiegend durch Wissens-

Befragungen von Studenten – in der Regel der Biologie – am Anfang ihres Studiums zustande. Die Ergebnisse sind vor dem Hintergrund der sehr unterschiedlich langen Unterrichtszeit in Biologie zu interpretieren (Extrem: Abwahl nach der 11. oder gar 10. Klasse). Zudem muss nachdrücklich betont werden, dass diese enttäuschenden Ergebnisse nicht etwa eine Spezifikum des Biologieunterrichts sind. Dies wird beim Vergleich mit den Kenntnissen in anderen Bereichen deutlich, denen wesentlich mehr Unterrichtszeit zur Verfügung steht.

Diese Befunde, mit Literaturangaben und genauen Werten bereits in Kapitel 10.7. dargestellt, zeigen unter anderem:

- Es fällt schwer, eine durchschnittliche Verbesserung des biologischen Wissens zwischen etwa 1972 und 1990 in Folge der veränderten Sekundarstufe II zu erkennen.
- Vor allem grundlegende biologische Aussagen und Begriffe werden vielfach in einem so geringen Ausmaß beherrscht, den man wohl als erschreckend bezeichnen darf („katastrophale biologische Fehlvorstellungen", WERNER schon 1971).
- Auch zum Selbst- und Weltverständnis wichtiges biologisches Wissen (etwa Bedeutung DARWINS, Verständnis der Evolution, Anwendung ethologischer Erkenntnisse) ist nur in geringem Umfang vorhanden.
- Noch immer wird zu wenig experimentiert.

18.4.7 Wahlverhalten und Interesse der Schüler

Obwohl das Interesse am Biologieunterricht im Lauf der Sekundarstufe I an den meisten biologischen Themen in der Regel abnimmt (s. Kap. 9.3), wählten bislang 70–90 Prozent eines Gesamtjahrgangs Biologie als Grund- oder Leistungskurs (WELTNER 1979, WÖLLERT 1990). Daraus ergibt sich nicht nur eine große Verantwortung in Bezug auf die naturwissenschaftliche Ausbildung dieser Schüler, sondern ohne Zweifel auch eine erhebliche und bedenkenswerte Konkurrenz zu den Fächern Chemie und Physik.

Konkrete Schlussfolgerungen für den SII BU lassen sich aus dem Wahlverhalten der Schüler ziehen. Dieses hat WÖLLERT (1990, n=747, 11. Klassen, dort weitere Literatur, s. auch BERCK & WÖLLERT 1994) ausführlich untersucht. Wichtige Ergebnisse sind:

- Der „Gebrauchswert" von Biologie wird von den Schülern als wesentliches Motiv angegeben, um einen Leistungskurs zu wählen. Dies kann durchaus positiv gesehen, und dieser „Gebrauchswert" sollte im Unterricht verstärkt beachtet werden.
- Entsprechend beantworten 59 Prozent der Schüler das Item „Der Unterrichtsstoff im Biologie-Leistungskurs ist (im Vergleich mit Physik und Chemie) nicht so abstrakt" mit „trifft weitgehend zu / völlig zu".
- Im Schuljahr 1987/88 waren 63 Prozent der Teilnehmer von Biologie-Leistungskursen Mädchen (entsprechende Werte von anderen Autoren bei Wöllert 1990); vergleichsweise nahmen nur 12 Prozent der Schülerinnen an Physikkursen teil. Dies spiegelt das belegte höhere Interesse von Mädchen an Alltagsbezügen (s. z. B. Kap. 9.3) wieder. Diese sollten denn auch als legitimer Bestandteil solcher Kurse angesehen und betont werden.
- Schüler wählen einen Kurs in Biologie, weil ihre bisherige Note in diesem Fach gut war, in Hauptfächern der Sekundarstufe I eher weniger gut. Zudem werden in Biologie eher bessere Noten gegeben als in anderen (naturwissenschaftlichen) Fächern (jeweils Mittel: Sport 1,8, Biologie 2,3, Physik 2,6, Latein 2,8). Dies ist sicher unterschiedlich zu interpretieren, aber keineswegs voreilig als ausschließlich pragmatisches Verhalten der Schüler. Es ist auch denkbar, dass man aufgrund der Struktur und Inhalte von Biologiekursen dort tatsächlich bessere Ergebnisse erzielen kann.
- Leistungskurse in Biologie werden von 48 Prozent der Schüler mit einem Kurs im „sprachlich-literarisch-künstlerischen Bereich" kombiniert (anders als bei der Wahl von Chemie oder Physik). Das bedeutet einerseits, dass genau bedacht werden sollte, welches chemische Grundwissen in Biologie ver-

mittelt werden muss, da viele Schüler auf andere Weise davon nichts hören. Andererseits bietet es sich an, sprachliche Verbindungen herzustellen; etwa Lektüre wichtiger Stellen aus DARWINS Grundwerk, HAECKELS „Welträtsel" oder MENDELS „Versuche über Pflanzenhybriden".

- Zu erwähnen ist schließlich noch der wenig erfreuliche Befund, dass 48 Prozent der Schüler 11. Klassen angeben, Leistungskurse aus „allgemeinem Interesse an Biologie" gewählt zu haben. In der 13. Klasse dagegen nur noch 26 Prozent (Befragung durch H. U. Graf 1994:486 ff.). Offensichtlich sind demnach Veränderungen im SII BU erforderlich.

18.4.8 Konsequenzen für den Unterricht

Bei aller Vielfalt aufgrund unterschiedlicher Pläne und Situationen lassen sich doch einige Grundzüge des Biologieunterrichts in der Sekundarstufe II erkennen, die bei seiner Realisierung beachtenswert bzw. notwendig sind:

- Biologieunterricht folgt bislang auch nach der Curriculumreform und den Beschlüssen der Kultusministerkonferenz weithin dem Strukturansatz „Allgemeine Biologie" (s. KRUMWIEDE 1982b, auch SCHAEFER 1976a). Ein grundlegendes anderes Verfahren erscheint auch kaum möglich, wenn ein europäischer Standard und so etwas wie ein einheitliches biologisches Wissen im Abitur erreicht werden soll. Dennoch sollte dieser Strukturansatz viel deutlicher oder besser realisiert werden als „Allgemeine Biologie auf der Grundlage schüler- und gesellschaftsrelevanter Fragestellungen". – Ein solcher Strukturansatz ist auch erforderlich, um eine hinlängliche Übereinstimmung mit anderen Ausbildungsgängen in Europa zu gewährleisten, die der Sekundarstufe II entsprechen. Dies zeigt eine im Auftrag des Europarates durchgeführte umfangreiche Analyse der in vielen Ländern vorgesehenen Themen für etwa diesen Ausbildungsabschnitt (SAUNDERS 1972; dort als „upper academic secondary level" bezeichnet). Ebenso die englischen „National Science Content Standards" (1995[12]) für die Klassen 9–12 mit folgenden Hauptthemen: Zelle, molekulare Grundlagen der Vererbung, Evolution, Wechselwirkungen in Ökosystemen, Organisation von Lebewesen, Nervensystem und Verhalten.
- Auch in neueren Plänen für den SII BU sind fast stets, bei unterschiedlicher Reihenfolge, die Themen Zellbiologie – Stoff- und Energiewechsel – Ökologie – Neurobiologie und Verhalten – Genetik – Evolution vorgesehen. In manchen Fällen werden zudem bei den Themen die „Organisationsebenen der Lebewesen" berücksichtigt, also „molekulare – organismische Ebene – Populationsebene", um so eine zu einengende Betrachtung zu vermeiden.
- Die neueren Beschlüsse nach PISA beziehen sich auf formale Leistungen, die im SII BU erreicht werden sollen (s. Kap. 18.4.3). Es sind dringend Untersuchungen erforderlich (an denen sich auch Lehrer beteiligen sollten, s. HOPKINS 2002), in welchem Umfang tatsächlich formale Fähigkeiten bei den Schülern entwickelt werden bzw. werden können. Dies gilt auch für den Umfang der von den Schülern erworbenen Kenntnisse über „Alltags- und/oder Existenzbezüge".
- Um Anwendungsbezüge zu erkennen, und zwar immer wieder neue und aktuelle, ist – was schon mehrmals betont wurde – „biological awareness" der Lehrenden erforderlich. Die Vermutung, dass es hauptsächlich von der einzelnen Lehrerin abhängt, ob vielfältige allgemeine Bezüge im SII BU berücksichtigt werden, konnte durch Untersuchungen bestätigt werden (H. U. GRAF 1994:464).
- Der Umfang des tatsächlich bei Schülern vorhandenen biologischen Basiswissens dürfte sich gegenüber der Situation vor 1972 kaum geändert haben. Dem ist jedoch größte Aufmerksamkeit zu widmen und der Schulung, ja geradezu dem Training biologischen Grundwissens (wieder) zentrale Bedeutung zuzuweisen. – Sehr hilfreich

12 Internet 14.7.98: http://www.teamlabs.com/nscs.html

können dabei Fragen sein, die ab Heft 2/53 „Praxis Biologie“ in mehreren Folgen abgedruckt sind (Wendel 2004)

- Um die Wissenschaftlichkeit von Biologie (etwa gegenüber Physik und Chemie) zu betonen, werden vielfach spezielle Themen der neueren Biologie ausführlich, oft zu ausführlich behandelt. – Dazu Zitat eines Hochschullehrers für Biologie (Winkler 1989): *Studenten der Biologie, die gerade von der Schule kommen, können zwar mit Operon, Repressor... herumwerfen, haben aber keine blasse Ahnung von chemischen Bindungen, dem Aufbau von Polypeptiden... sowie vielen anderen Grundlagen.* Und noch weniger, so kann man hinzufügen von dem Wert biologischer Erkenntnisse für das Selbstverständnis. Ein „Musterbeispiel“ für die „exzessive“ Behandlung eines Teilgebietes der Biologie, der Genetik, war der Unterrichts-Vorschlag von Daumer (1979) im Umfang von ca. 315 Seiten. Inzwischen ist in den Lehrplänen (so weit bekannt) das Thema auf ein vernünftiges Maß zurückgeführt worden. Aber immer noch ist die dafür verwendete Stundenzahl hoch; z. B. im „Lehrplan Biologie für das Gymnasium, Hessen 2003“ für die Themen „DNA und Genom“ zusammen 41 Stunden.
- Eine Abgleichung oder Verknüpfung mit dem in der Sekundarstufe I erworbenen Wissen, auf dem im SII BU aufgebaut werden könnte, gibt es offenbar kaum. Deshalb muss in der Sekundarstufe II meist viel Zeit verwendet werden, um ein hinlänglich gleiches Wissensniveau der Schüler zu erreichen. Durch Schullehrpläne kann versucht werden, diesen Mangel zu korrigieren.
- Die biologiedidaktische Ausbildung für Studierende des Lehramtes an Gymnasien, zudem noch speziell für den SII BU, ist noch immer unzulänglich genug. Es ist demnach viel Eigeninitiative der Studierenden erforderlich, wenn sie sich adäquat auf diesen Unterricht vorbereiten wollen.
- Zu einzelnen Themen sehr unterschiedlicher Art, die in der Sekundarstufe II behandelt werden können, enthält die CD-ROM „Datenbank Schulpraxis – Literaturnachweise für Schule und Unterricht“ (Landesinstitut Schule und Weiterbildung, Soest, leider ist ihr Erscheinen im Jahr 2009 eingestellt worden) für die Jahre 1980 bis 2008 über 400 Nachweise.

18.5 Integrierter Naturwissenschaftlicher Unterricht – Fachübergreifender Unterricht

18.5.1 Begriff und Situation

Integrierter naturwissenschaftlicher Unterricht (INU) ist ein Lehrgefüge, das Informationen aus oder zu naturwissenschaftlichen Disziplinen behandelt, die aufgrund eines didaktischen Konzepts mit verschiedenen Elementen umstrukturiert und in Hinsicht auf gemeinsame Bildungsabsichten funktionalisiert wird (Buck 1992:159, schon Frey 1974). Dies ist absichtlich eine so offene Definition, dass sie verschiedene Spielarten von Unterricht umfasst, der sich nicht nur unmittelbar auf Aussagen eines Fachs beschränkt.

Es gibt eine Flut von Bezeichnungen, die zum Teil mit ähnlicher Bedeutung, meist aber auch synonym verwendet werden. Sie werden hier aufgelistet als Beispiel dafür, wie es nicht sein sollte: fächerübergreifender, fachübergreifender, fachüberschreitender, fächerkoordinierender, fächerverbindender, fächerergänzender, integrierend-fächerübergreifender, interdisziplinärer, multidisziplinärer, supradisziplinärer Unterricht (crossdisciplinary, unified science); auch „Lernbereich Natur“, „Lernbereich Naturwissenschaften“ (s. schon Frey 1974). Kremer & Stäudel (1997) definieren einige dieser Bezeichnungen – jedoch unter Aussparung des Begriffs „Integrierter Naturwissenschaftlicher Unterricht“. – Weil eine solche Verwirrung besteht, soll zuerst eine Festlegung der hier verwendeten Bezeichnungen erfolgen.

Buck (1992) sieht sich veranlasst, zwischen einem „harten Integrierten Naturwissenschaftlichen Unterricht – INU“ („echten“ bei Frey 1974) und einem „weichen INU“ zu unterscheiden. Das macht deutlich, dass es dabei eigentlich um zwei unterschiedliche Formen von Unterricht geht. Sie sollte man dann auch mit verschiedenen Namen belegen. Zumal in der Biologiedidaktik durchaus zwischen INU und „fächerübergreifendem Biologieunterricht" (z. B. STAECK 2009, ESCHENHAGEN et al. 1985:127) unterschieden wird. Deshalb wird hier folgende Festlegung gewählt:

- Integrierter Naturwissenschaftlicher Unterricht (INU): Ein auf einem einheitlichen Lehrplan beruhender Unterricht ohne Aufteilung in die Fächer Biologie, Chemie und Physik; dabei werden deren Inhalte und Methoden neu strukturiert, zusammengestellt. Dafür können unterschiedliche Strukturansätze ausgewählt werden. Von diesem Unterricht ist im Folgenden vor allem die Rede.
- Fachübergreifender Unterricht: Behandlung von Inhalten aus anderen Wissenschaften und Bereichen, die zum Verständnis eines Themas in einem bestimmten Fach entweder notwendig oder allgemein sinnstiftend sind. Häufig wird dieses Vorgehen auch als Unterrichtsprinzip (s. Kap. 15.1) bezeichnet. Es ergibt sich aus dem heute weithin akzeptierten Leitziel für den Biologieunterricht – und es zeichnet eine erfolgreiche Lehrerin aus! – Zur Unterscheidung vom INU wird dafür also die Bezeichnung „Fachübergreifender Unterricht" gewählt (so auch BAUMANN 1975, SCHAEFER 1976b, ZABEL 1994, dagegen HARMS 2008). Dafür ist die Interpretation möglich: Aufnahme von Inhalten, Themen, die ein bestimmtes Fach überschreiten.

Neben diesem meist situativen, aber auch in Lehrplänen vorgesehenen Fachübergreifenden Unterricht (mehrere Aufsätze z. B. in einem Sammelband von Bayrhuber et al. 1994, UB-Heft 336) gibt es im Biologieunterricht Themen mit spezieller Struktur. Von einem „biologischen Kern" ausgehend müssen zwangsläufig andere Aspekte aufgenommen werden, wenn die Behandlung des biologischen Anteils sinnvoll sein soll. Dazu gehören die bekannten Themen Gesundheitserziehung, Naturschutzerziehung, Biologie und Industrie usw. Es sind eigenständige Teilgebiete der Speziellen Biologiedidaktik (s. auch Kap. 15.2), die von ESCHENHAGEN et al. (1993:92) auch als „Aufgabendidaktik" oder „Bereichsdidaktik" bezeichnet werden. Diese Gebiete sind inzwischen so umfangreich geworden, dass sie sinnvollerweise in eigenen Lehrbüchern dargestellt werden müssen.

Schließlich kann man unter Fächerübergreifendem Unterricht verstehen, dass mehrere Fächer nach Absprache gleichzeitig ein bestimmtes Thema bearbeiten. Ein typisches Beispiel dafür ist Drogen-Erziehung.

Zurück also zum INU. Eine ausführliche Darstellung für die Bundesrepublik unter dem Aspekt der angegebenen offenen Definition ist bei BUCK (1992) nachzulesen. Die neuere Situation stellen KREMER & STÄUDEL (1997) dar. Unter anderem ergibt sich daraus, dass in den USA und in England schon länger Versuche mit INU vorlagen (mehrere Beispiele erörtert bei BLOCH et al. 1976, TÜTKEN & SPRECKELSEN 1970). Etwa ab 1970 wurde diese Form von Unterricht dann intensiv in der Bundesrepublik diskutiert; Beispiel: FREY & BLÄNSDORF (1974).

Es gibt eine ganze Reihe von Modellen, auf verschiedenen Zugangswegen solche Lehrpläne zu entwickeln. Sie decken sich weithin mit den Strukturansätzen (s. Kap. 5), die auch sonst mit Beginn der Curriculumreform herausgearbeitet wurden. Daneben werden Themen des INU als Projekte (s. Kap. 14.6) behandelt. Wie INU aufgrund der „Bildungsstandards" umstrukturiert werden muss, erscheint bislang offen.

Es liegen nur wenige Untersuchungen aus der Bundesrepublik über die Effektivität des INU vor. BLUM (1991:165) stellt allgemein fest: *Es wurden bisher nur wenige Aufsätze veröffentlicht, die sich mit der Überprüfung befassen; es gibt keinen empirischen Beweis, dass Integrierter Naturwissenschaftlicher Unterricht bessere Ergebnisse erzielt als Unterricht in verschiedenen Fächern.* Auch in zusammenfassenden Beiträgen etwa von WHITE & TISHER (1985) sowie CHIAPPETTA & KOBALLA (2004) kann man keine Aussagen zur Effektivität finden. In einer Darstellung von KREMER & STÄUDEL (1997) wird (nach mehr als zwanzigjährigen Bemühungen) nur festgestellt, dass Erkenntnisse zur Effektivität „vielversprechend" seien, aber weiterer Absicherung bedürften (s. auch BERCK 2005). Eine Diskussion über die Notwendigkeit und Konzeption eines integrierten naturwissenschaftlichen Unterrichts hat im Berichtszeitraum in der Bundesrepublik Deutschland nicht stattgefunden (BUCK 1992:164). Auch noch 2008 muss HARMS (so auch schon TILLE 2005) feststellen, dass es keine eindeutig Antwort gibt, ob INU oder Fachunterricht effektiver ist. Jedenfalls ergaben Schülerbefragungen (JÜRGENSEN & SCHIEBER 2001) in Bezug auf Qualität, Effektivität und Bevorzugung eine deutliche Prävalenz des Fachunterrichts.

Inzwischen haben verschiedene Bundesländer eigene Pläne für den „Lernbereich Naturwissenschaft" für die Klassen 5–7 (oder auch 5–9) erlassen. Diese Entscheidung von Kultusministern ist insofern erstaunlich, als es, wie gerade erwähnt, kaum genügend Belege für die Effektivität oder auch nur Notwendigkeit solchen Unterrichts gibt. Zumal die meisten Lehrer schwerlich über das notwendige Wissen verfügen: Z. B. in Hessen hatten von 50 Lehrern, die Integrierten Naturwissenschaftlichen Unterricht in Klasse 5–7(8) hielten, drei kein, 33 ein, 10 zwei und nur einer drei der Fächer Biologie/Chemie/Physik studiert (DÖRGES 2001). Diese Zahlen sprechen für sich.

Die Situation hat sich erneut verändert. Nach einem Beschluss der Kultusminister von 1998 sollen/müssen in den Klassen 9 und 10 die naturwissenschaftlichen Fächer getrennt unterrichtet werden. Ja manche Bundesländer haben INU jüngst wieder aufgegeben. Dennoch sollten sich Biologielehrer nicht davon abhalten lassen, wenn immer es ein Thema erfordert, zusammen mit anderen Lehrern integrierenden Unterricht anzustreben, um eine gemeinsame naturwissenschaftliche Grundbildung zu erreichen.

18.5.2 Beispiele

Besonders bekannt geworden ist das vom IPN ab 1973 für die Klassen 7–10 entwickelte „PING-Projekt" (Projekt Integrierte Naturwissenschaftliche Grundbildung). Ein Modellversuch an Schulen wurde 1998 beendet. In diesem Projekt werden allgemeine, grundlegende Naturgesetzlichkeiten als Grundlage der Integration verwendet und zugleich betont gesellschaftliche Bezüge dieser Themen hergestellt. Dabei wurden aber getrennte Unterrichtseinheiten für die einzelnen naturwissenschaftlichen Fächer entwickelt. Jedoch: *Die PING-Materialien haben keinen Einzug in die Schulpraxis gehalten* (BUCK 1992:175) – ohne dass dafür Gründe angegeben werden. Nach dem „Abschlussbericht" über PING (BÜNDER & WIMBER 1997:13) ergab sich u. a. für Schüler 5./6. Klassen, die mit PING unterrichtet wurden, dass *die Lernenden die Vielfalt und Differenziertheit möglicher Erkenntniswege mit Hilfe der Erkenntnismethoden nicht nachvollziehen konnten. Ein Verständnis und eine Differenzierung in bestimmten Erkenntnismethoden ... konnte nicht festgestellt werden.* Auch der Bericht von HANSEN & KLINGER (1998, Evaluation von Unterricht mit PING in Rheinland-Pfalz) überzeugt nur bedingt, zumal offenbar kein Parallelunterricht in Biologie abgehalten wurde. Dazu weitere Beispiele:

- Schüler 11. Klassen, die Chemieunterricht hatten, verfügten über größeres Wissen als solche mit PING-Unterricht (S.18); optimistischer stellt BÜNDER (1998) die Situation dar.
- In Klasse 11–13 wurden Schüler (nur n=24) in fünf Kursen jeweils zu 50 Prozent in Biologie oder Physik und zu 50 Prozent in kursübergreifenden Projekten (z. B. Radioaktivität und ihre Wirkungen, Evolution) unterrichtet. Ergebnisse wurden durch Schülerbefragung (offenbar nicht durch Wissensüberprüfung) ermittelt. Dabei nahmen die Fähigkeiten „in Projekten zu arbeiten" leicht zu. Mehr „Freude" an diesem Unterricht gegenüber „normalem" empfanden die Schüler nicht. Die integrierte Bearbeitung biologischer/physikalischer Themen hielten sie für „eher überflüssig"; ihre Aussagen über einen größeren Lerneffekt bei dieser Art von Unterricht gegenüber normalem tendierten gegen Null. *Nur wenige Schülergruppen näherten sich wissenschaftlichen Problemen/Fragen, die meisten Ergebnisse blieben auf Alltagsniveau* (NIEDDERER et al. 2000:131). Man wird nicht ermutigt, in ähnlicher Weise Integrierten Naturwissenschaftlichen Unterricht abzuhalten.

Um die inhaltliche Situation zu verdeutlichen, sollen Themen aus Plänen für den INU wiedergegeben werden:

- Der „Hessische Rahmenplan Naturwissenschaften Sekundarstufe I“ enthält: Klasse 5/6: Pubertät, Mikroskopieren, Körper und Leistung, Sinne, Stoffe im Alltag, Umgang mit Pflanzen/Tieren, Wetter; Klasse 7/8: Energie- und Stoffwechsel, Fortbewegung, Kommunikation mit Schall und Licht, Lebensgrundlage Wasser, Rohstoffe, Stoffe verändern sich, Strom im Haus, Vielfalt der Lebewesen und Evolution; Klasse 9/10: Sexualität, bedrohte Lebensräume, Werkzeuge und Maschinen, Energie und Umwelt, Rohstoffe, Gene, Gesundheit/Krankheit, Grundchemikalien für Industrie und Haushalt, Landwirtschaft/Nahrungsmittel, Modelle/Symbole, Naturwissenschaft und Gesellschaft. Es ist Aufgabe der einzelnen Schule, die erstaunliche Sequenz dieser Themen festzulegen. Aber es dürfte schwer fallen (s. Kap. 6.3), diese sachlich zu begründen.
- Der Bremer Plan „Naturwissenschaften“ für die 7. Klasse der Hauptschule (Senator für Bildung etc. Bremen 1990) sieht acht Themen vor: Mit Tieren leben, Grüne Pflanzen – Grundlage des Lebens, Atmung und Luftqualität, Synthese von Schwefelverbindungen, Chemische Verbindungen zerlegen, Wasser als Lösungsmittel, Optik, Mechanik. Diese Auswahl wird ebenso wenig wie die vorhergehende begründet. Eine Ähnlichkeit der Themen mit dem vorhergehenden Plan ist nicht zu erkennen.
- Häussler (1976) gibt einen Plan für einen INU wieder, den er „als guten

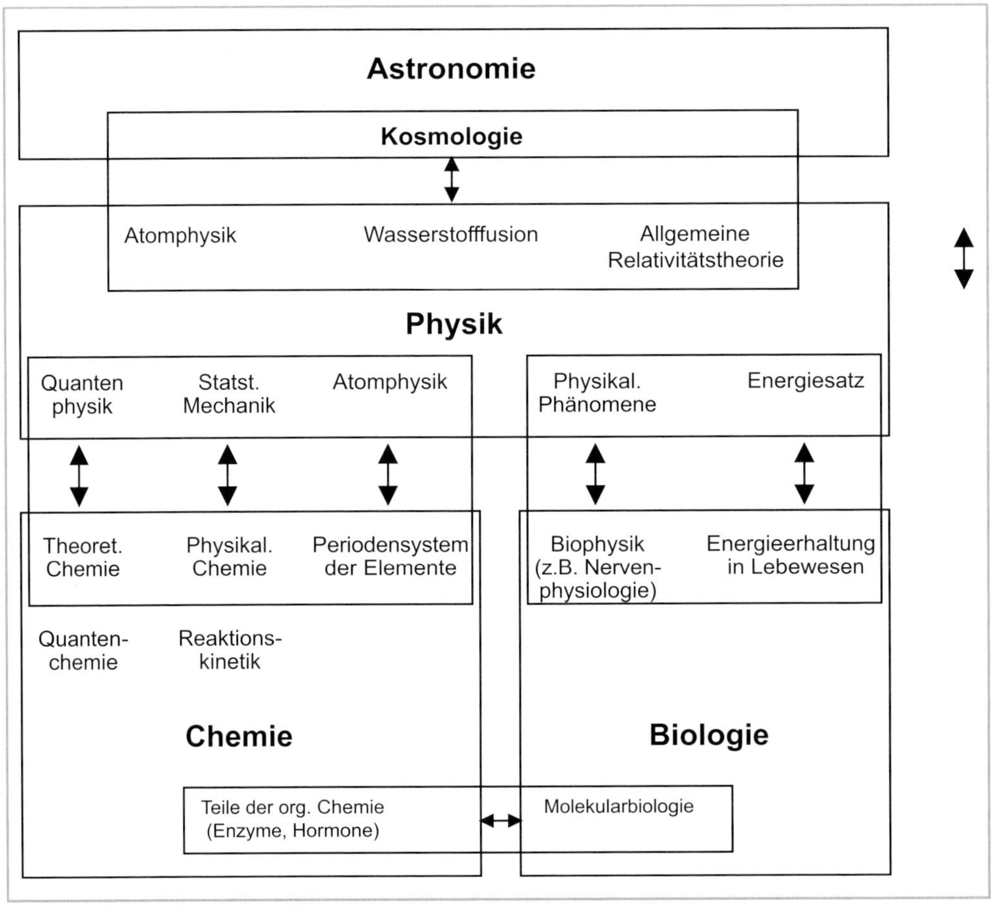

Abb. 38: Vorschlag für „interdisziplinäre Themen“ (aus Häussler 1976)

Ausgangspunkt" bezeichnet. Dieser Vorschlag (Abb. 38) zeigt, dass wesentliche biologische Inhalte (Evolution, Grundlagen der Ökologie usw.) bei einem solchen Verfahren wegfallen.

Ob man aufgrund der Themenauswahl in den angeführten Beispielen überzeugt davon sein kann, dass damit eine naturwissenschaftliche vor allem aber biologische Grundbildung erreicht wird – sei dahingestellt.

18.5.3 Gründe für – gegen Integrierten Naturwissenschaftlichen Unterricht (INU)

Folgende Gründe sollen für INU sprechen (Buck 1992:171 und andere, ausführlich auch bei Blum 1991):

1. Ganzheitlichkeit (s. Kap. 15.2.2): Schüler erfahren ihre Umwelt als komplexe Phänomene; herkömmlicher Unterricht gewährleistet nicht deren Einordnung in einen Gesamtzusammenhang.
2. Umfassende Theorienbildung: Die Bewältigung konkreter naturwissenschaftlicher Probleme ist bei der Beschränkung auf fachspezifische Methoden nicht möglich. Fachspezifische Probleme sollen nicht additiv, sondern an der „Komplexität von Problemen" angewandt werden.
3. Motivation durch Situationsbezug: *Es ist anzunehmen, dass integrierte Curricula den Aufbau intrinsischer Motivation erhöhen, da für den Schüler Zusammenhang und außerschulischer Lebensbezug gewährt bleiben.*
4. Begriffe: Naturwissenschaften haben grundlegende Begriffe gemeinsam, die in einem Fach gelehrt werden können.
5. Stundenkürzungen: Sie nehmen für die Fächer Biologie, Chemie und Physik (in der Sekundarstufe I) dramatisch zu. Durch Zusammenfassung dieser Fächer zu einem vierstündigen Hauptfach „INU" erhalten die Naturwissenschaften einen neuen Stellenwert.

Schon früh hat Schaefer (1976; s. auch Lepel 1997) alle wesentlichen Argumente aus der Sicht eines Biologiedidaktikers zusammengestellt, die gegen INU sprechen. Folgende Gründe lassen sich anführen:

1. Ein wohl nur als „schlimm" zu bezeichnender Grund wäre es, wenn INU vor allem dazu dienen sollte, die geringe Stundenzahl für die naturwissenschaftlichen Fächer in der Sekundarstufe I zu kompensieren. Zu diesem Vertuschungsmanöver vermag wohl niemand die Hand reichen.
   Es müssen in den Klassen 5/6 je 2 bis 3, den Klassen 7/8 je 4 bis 5 und den Klassen 9/10 je 6 Stunden mindestens zur Verfügung stehen. Anderenfalls wird naturwissenschaftliche Bildung in der Bundesrepublik dilettantisch, unzureichend – mit entsprechenden Folgen für die Gesellschaft. Die jüngsten Kürzungen der Unterrichtsstunden, vor allem die Abwählbarkeit etwa von Biologie als Prüfungsfach im Abitur (s. Kap. 18.4.5) haben diese Situation noch verschärft. – Die Einführung von Lehrplänen für INU in manchen Bundesländern hat (trotz aller Versuche einer „rationalen Begründung") wohl vorwiegend nur einen Grund: Unterrichtszeit einzusparen.
2. Aus finanziellen Gründen dürften nur ausnahmsweise mehrere Lehrer gemeinsam in einer Klasse solchen Unterricht abhalten. Wie viele Lehrer aber gibt es, die eine Facultas für alle drei Fächer haben? So auch Demuth (1995): Es ist also daran zu zweifeln, dass für ein Sammelfach „Naturwissenschaften" kompetente Lehrer zur Verfügung stehen. Geradezu zwangsläufig führt ein solcher Unterricht demnach zur fachlichen und fachdidaktischen Laienhaftigkeit. Dies ist – zumindest derzeit – ein zwingendes Argument gegen INU.
3. Dass „Gesamtzusammenhänge" in der Regel erst erkannt, verstanden werden können, wenn man genügend Wissen auf einem Gebiet hat (s. auch Kap. 3.5, 15.2), dürfte inzwischen durch kognitionspsychologische Befunde deutlich geworden sein. Selbst ein Verfechter des INU (Häussler 1976:39) meint: *Die Gefahr bei dieser Art der Integration besteht vor allem darin, dass man relativ komplexe Inhalte zu vermitteln sucht, ohne die entsprechende Fundierung durch Basiswissenschaften bereitzustellen.* Selbst für Grundschüler wird die Vorstellung, dass deren „Wahrneh-

mung lediglich ganzheitlich" sei, inzwischen bezweifelt (s. Kap. 18.1).

4. Wie grundlegendes und aufbauendes Wissen durch INU in den drei Fächern erreicht werden soll, lassen die bisher vorliegenden Lehrpläne und Entwürfe nicht erkennen. Für das Verständnis biologischer Themen notwendige Begriffe aus Physik und Chemie werden dort sowieso behandelt. Es sei denn, der sehr eingeengte Zeitrahmen zwingt zu Oberflächlichkeit. Ein Problem, dass sich im INU verstärkt stellt.
5 Es wurde schon oft betont: schüler- und gesellschaftsrelevante Bezüge sind inzwischen in Lehrplänen und im Unterricht, vor allem aber im Biologieunterricht vorgesehen. Man darf davon ausgehen, dass sie am besten von Lehrern und Schülern gefunden und hergestellt werden, die sich gründlich mit einem speziellen Thema auseinandergesetzt haben.
   SCHAEFER (1976a; Werte s. dort) hat in Schulbüchern für den Physik-, Chemie- und Biologieunterricht vorhandene fachübergreifende Bezüge ausgezählt. Er kommt zu dem Schluss: *Es zeigt sich erneut..., dass Biologieunterricht stärker von fachübergreifenden Fragestellungen und Begriffen durchsetzt und auf sie angewiesen ist als Chemie und Physik.*
6. Es kann ebenfalls wiederholt werden (s. Kap. 9.3): Untersuchungen zeigen zur Genüge, dass vor allem Schüler der unteren Klassen, aber nicht nur diese (s. Kap. 18.4.7), überwiegend an biologischen Themen interessiert sind. Die (verfrühte) Aufnahme oder gar Betonung physikalischer und chemischer Aspekte könnte nicht nur das Interesse an diesen, sondern auch an biologischen Themen abschwächen, und zwar im Gegensatz zu der oben zitierten Vermutung.
7. Dass Biologieunterricht zudem wohl am besten in der Lage sein dürfte, unterschiedliche Methoden – etwa Analytisches- und Systemdenken – sowohl der Naturwissenschaften als auch allgemeiner Art zu bearbeiten, hat SCHAEFER (1976a) ausführlich begründet. Man darf wahrlich behaupten: Gerade im Biologieunterricht können verschiedene Kompetenzen gut trainiert werden.
8. Sollte vielleicht doch das Interesse von Physikern und Chemikern mehr ihrer Themen als bisher und in niedrigeren Klassen in den Unterricht einzubringen, ein wesentliches Motiv sein? Es sind fast ausschließlich Didaktiker aus diesen Bereichen, die sich um die Einführung des INU bemüht haben. Auch wenn man solchen Fach-Lobbyismus verstehen mag, ist zu fragen, ob er begründbar ist.
9. Es ist zwar kein Argument gegen den INU, aber bemerkenswert: In den USA wurden getrennte Lehrpläne für die Klassen 6–12 für vier Fächer entwickelt: Biologie, „Erd- und Weltraumwissenschaften", Chemie und Physik (NATIONAL SCIENCE TEACHER ASSOCIATION 1990).

Insgesamt kann man sagen: Stichhaltige Gründe für einen INU sind wohl kaum belegt. Für den Biologieunterricht sind keine Vorteile, aber viele Nachteile erkennbar – vor allem für die Schüler. Selbst Wahlpflichtkurse in der Sekundarstufe I sollten sich eher an spezifischen Themen eines naturwissenschaftlichen Fachs ausrichten. Etwas anderes ist es, wenn in einzelnen Projekten von mehreren Lehren gemeinsam integrierte Themen behandelt werden.

Begriffe: Integrierter Naturwissenschaftlicher Unterricht, Fachübergreifender Unterricht, Fächerübergreifender Unterricht

19 Ohne philosophischen Hintergrund kann man Biologie nicht unterrichten

Auskunft eines Biologielehrers: „Ich bin doch Biologe und kein Philosoph".
Ohne philosophischen Hintergrund kann man kein Wort Physik lehren (PASCAL JORDAN) – und Biologie erst recht nicht.

Nun ist es aber so, dass im gesamten Lehrstoff der Biologie kein einziger Satz formuliert werden kann, bei dem nicht eine oder mehrere philosophische Grundfragen implizite beantwortet werden muss (BRÜGGEMANN 1958:168).

Fehlt im Biologieunterricht die Behandlung biophilosophischer, wissenschaftspropädeutischer Themen – hat eine zentrale Bildungsaufgabe verfehlt!

19.1 Allgemeines

Anhand von Beispielen kann man sich einen Eindruck davon verschaffen, welche der beiden angegebenen Positionen wohl eher zutrifft – die des Lehrers oder die von Jordan und Brüggemann. Bei der Lektüre der folgenden Texte kommt es auch darauf an zu erkennen, welche biophilosophischen Probleme darin enthalten sind.

- *Die Katze hat Krallen, um Mäuse zu fangen.* – Eine Aussage, die man so oder ähnlich nicht selten im Biologieunterricht hört.
- *Es handelt sich beim Erwerb der aufrechten Körperhaltung nicht um eine Summation von Einzelmerkmalen, sondern um eine echte Integration. Die physiologische Harmonie, die Planmäßigkeit und innere Zusammenstellung des Organismus... kann nicht allein als Ergebnis eines Spiels des Zufalls oder der Auslese... betrachtet werden, sondern zugleich als Ergebnis einer zielgerichteten Entwicklung* (KUHN 1967a:35 f.). – Erschienen in einer biologiedidaktischen Zeitschrift; s. dazu auch Zitate von PORTMANN in Kapitel 7.6; Angaben in Lehrplänen in Kapitel 17.3, Punkt 6.
- *Die Experimental-Physik ist es in den letzten Dezennien des 19. Jahrhunderts gelungen, alle gasförmigen Körper in den tropfbar flüssigen und die meisten auch in den festen Aggregatzustand überzuführen... Wenn nun die Seelensubstanz wirklich... gasförmig wäre, so müsste man auch imstande sein, sie durch Anwendung von hohem Druck und sehr niederer Temperatur in den flüssigen Zustand überzuführen. Man könnte dann die Seele, die im Moment des Todes ausgehaucht wird, auffangen... und in einer Glasflasche als „unsterbliche Flüssigkeit" aufbewahren* (HAECKEL 1902:95). – Solche Aussagen haben um 1900 großen Einfluss auf das Denken vieler Menschen gehabt.
- *Eine Vernunft, die sich vollständig aus der Geschichte der Natur erklärt, sollte sich wenigstens über die vorangehenden Fragen wundern, die sie immer noch an diese Geschichte hat – z. B. über die Frage: Wozu eigentlich Evolution?* (INGENSIEP 1994:229). – Eine subtile, aber besonders aufklärenswerte Aussage.
- *Ein Nagetier lebt ungern und nur in Angstzuständen. Was der Mensch als krankhaften Seelenzustand in Form von Lebensunlust, Platzangst, Todesfurcht, Zwangsvorstellungen und tiefgreifendem Pessimismus kennt, zeigt die Natur als normale seelische Konstitution in den Nagetieren. Das Nagetier ist zu oberflächlich, das Huftier zu tief inkarniert* (STEINER nach PROKOP 1995:137).

Man kann allgemeine Zustimmung dazu voraussetzen, dass auch Biologieunterricht einen Beitrag zum Selbstverständnis, zum Menschenbild der Schüler leisten muss. Folglich ist es eine wichtige Aufgabe eines Lehrers, die Bedeutung der Aussagen in den zitierten Texten und der früher angeführten Fragen von Schülern (s. Anfang Kapitel 7) zu erkennen und auf sie einzugehen – oder auch sie an Schüler zu stellen. Dies ist jedoch schwerlich möglich, wenn kaum „biophilosophische Kenntnisse" vorhanden sind. Schülerfragen müssen zudem einem biophilosophischen Problem zugeordnet werden. Dazu sollten vom Lehrer mögliche Antworten vorgedacht sein.

Bei den oben angeführten Textbeispielen geht es nicht um fachbiologische Fragen. Vielmehr um solche, die sich beschäftigen mit

- Methoden der Biologie und den damit gegebenen Aussage- und Erkenntnismöglichkeiten und Grenzen;
- Grundfragen des Selbstverständnisses, die sich aus biologischen Sachverhalten ergeben;
- Grundfragen der Steuerung unseres Verhaltens, die sich aus der Anwendung biologischer und anderer naturwissenschaftlicher Erkenntnisse ergeben;
- Grundfragen des Weltverständnisses, die sich aus biologischen Erkenntnissen ergeben.

Mit solchen Problemen und Werthaltungen beschäftigt sich Biophilosophie (Philosophie der Biologie, Philosophie der Biowissenschaften, Wissenschaftstheorie, philosophy of science). Sie versucht mit Hilfe allgemeiner Kriterien Möglichkeiten zur Lösung dieser Probleme zu erörtern oder vorzuschlagen. Dabei geht es letztlich stets um die „Frage aller Fragen": was ist der Mensch? Sie kann heute nicht mehr ohne biologische Erkenntnisse angegangen werden. Damit wird sie – man möchte sagen zwangsläufig – auch zu einem zentralen Thema des Biologieunterrichts. Eine ausführliche Begründung für die Bedeutung von „Wissenschaftsphilosophie" für den Biologieunterricht hat auch DITTMAR (2006) vorgelegt.

Als „Biologismus", der Verwendung „unerlaubter Analogieschlüsse" z. B. von bestimmten Tierarten auf den Menschen, wird von manchen schon angesehen, wenn etwa von einer weitgehenden genetischen Disposition unserer Eigenschaften oder der phylogenetisch bedingten Abhängigkeit unseres Verhaltens die Rede ist.

Gewiss: Gerade Ergebnisse der Biologie sind immer wieder in erheblichem Ausmaß ideologisch missbraucht worden (s. z. B. Kap. 17.2; eingangs angeführte Beispiele). Sie müssen also mit großer Vorsicht interpretiert werden. Doch gerade deshalb ist es wichtig sich mit solchen Grenzfragen zu beschäftigen. Denn Abhängigkeiten des Menschen von biologischen Gegebenheiten kann man nicht aus Furcht leugnen, ihre Anerkennung würde z. B. bestehende unerfreuliche Verhältnisse unverändert lassen oder gar unsere Willensfreiheit in Zweifel ziehen. Nur ihre Kenntnis eröffnet die Chance, Abhängigkeiten zu überwinden.

In Bezug auf Biophilosophie variiert die verwendete Terminologie. VOLLMER verwendet einerseits die „weite" Bezeichnung „Naturphilosophie" (1986: XVII); deren Aufgabe vor *allem eine synthetische* [ist]. *Sie versucht (oder sollte versuchen), die aspekthaft gewonnenen faktischen Erkenntnisse der einzelnen Disziplinen zu einem konsistenten und möglichst umfassenden Gesamtbild des Universums, vom Menschen und von seiner Stellung in eben diesem Kosmos zusammenzufügen.* Von der Naturphilosophie früherer Jahrhunderte grenzt sich VOLLMER mit der Bemerkung ab, dass es *sowohl in der Natur als auch in unserer Vernunft ausschließlich mit natürlichen Dingen zugeht* (1986:XVIII). Andererseits verwendet er (1995, als Buchtitel) auch die Bezeichnung „Biophilosophie".

Der von WAGENSCHEIN verwendete Begriff des „Fundamentalen" (s. Kap. 7.6) bezieht sich in der Hauptsache ebenfalls auf biophilosophische Fragestellungen und deren Verwendung im Unterricht. Er wurde in Kapitel 7.5 dargestellt (Inhalte überschneiden sich zum Teil)).

An dieser Stelle ist auch der Begriff „Wissenschaftstheorie" zu erwähnen: *Sie untersucht nicht die reale Welt, sondern unser Wissen über diese Welt...; insbesondere untersucht sie die Methoden, mit denen wir solches Wissen erlangen* (VOLLMER 1995:99). Insofern spielt Wissenschaftstheorie auch in der Biophilosophie eine Rolle.

In Lehrplänen und in der biologiedidaktischen Literatur wird meist der Terminus „Wissenschaftspropädeutik" verwendet.

Propädeutik bedeutet „Einführung in die Kenntnisse, die zu einem Studium gehören"; „Wissenschaftspropädeutik" hat einerseits ihren Schwerpunkt in der Bearbeitung von Methoden der Wissenschaft, andererseits soll sie aber auch „philosophische Fragestellungen" umfassen. Damit ergibt sich eine Überschneidung–mit dem Terminus „Biophilosophie", der jedoch auf Themen begrenzt ist, die in irgendeiner Weise etwas mit Lebewesen zu tun haben. Da letzterer umfassender und zugleich offener ist, wird ihm der Vorzug gegeben.
Unterricht, der sich an diesem Prinzip ausrichtet, *lässt die Struktur der Naturwissenschaften und des Faches Biologie erkennen, [reflektiert sie] und zielt damit auf besseres Weltverständnis* (FALKENHAUSEN 1988:11). Die KULTUSMINISTERKONFERENZ (1978) hat Wissenschaftspropädeutik zu einem Prinzip des Unterrichts in der Sekundarstufe II erklärt. Danach soll Unterricht dort u. a. folgendes beachten: *Kenntnis wesentlicher Strukturen und Methoden von Wissenschaft; Erkennen von Grenzen wissenschaftlicher Aussagen und Einsicht in Zusammenhang und Zusammenwirken von Wissenschaften, Verstehen wissenschaftlicher und philosophischer Fragestellungen.* In den „Bildungsstandards" von 2004 (Beschlüsse der KULTUSMINISTERKONFERENZ 2005) steht unter dem Kompetenzbereich „Erkenntnisgewinnung" nichts darüber, dass Schüler etwas über Wissenschaftspropädeutik bzw. Biophilosophie lernen sollen. Nach welchen Strukturansätzen zukünftige Lehrpläne – auch für die Sekundarstufe I – auch immer formuliert werden, so sollten Lehrende keinesfalls auf solche Themen verzichten.

Vor diesem Hintergrund stellt es wohl ein Problem dar, dass die meisten Biologielehrer geringe oder keine biophilosophischen Kenntnisse haben. Eine Umfrage zum Teilgebiet „Ethik im Biologieunterricht" (KRUSE 1997; verschiedene Schulformen, n=72 Schulen) ergab zwar eine hohe Zustimmung (70 Prozent) zur Aufnahme entsprechender Themen in den Unterricht. Zugleich fühlten sich aber 90 Prozent der befragten Lehrer dem Thema aufgrund von Aus- und Fortbildungsdefiziten nicht gewachsen. Der Erwerb solchen Wissens liegt während des Studiums noch vorwiegend in der Verantwortung jedes einzelnen. Deshalb sollten zukünftig gerade in der biologiedidaktischen Ausbildung spezielle Veranstaltungen mit biophilosophischen Themen vorgesehen oder diese zumindest an möglichst vielen Stellen ausführlich behandelt werden.

Zwar sind Vorschläge für Literatur, die zum Selbststudium geeignet erscheint, wohl immer subjektiv. Dennoch wird auf solche Angaben nicht verzichtet (wobei in diesem Fall die Reihenfolge eine Hilfe sein könnte): VOLLMER (1995), WUKETITS (1982), VOLLMER (1980), VOLAND (2002), WUKETITS (1983), BRÜGGEMANN (1958; als Grundlage noch immer lesenswerte Darstellung); ARBER (1960, leider heute weithin unbeachtet); umfassend, aber umfangreich VOLLMER (1985/86); MAYR (1998, eher breit erzählend). Besonders nützlich sind entsprechende Stichworte im „Lexikon der Biologie" (Spektrum-Verlag). Weiter sind zu nennen: Mahner, Bunge (2000): ausführlich und anspruchsvoll; Köchy (2008): mit deutlichen Bezügen zur Wissenschaftsgeschichte und –soziologie; Mohr (2008): Schwerpunkt auf wissenschaftlichem Denken. Eine Liste von Zielen des „wissenschaftspropädeutischen Biologieunterrichts" hat FALKENHAUSEN (1988) aufgestellt und mit zahlreichen erprobten Beispielen illustriert.

Es ist sicher ein zeitaufwendiges Unterfangen, sich im Selbststudium in solche Fragen einzuarbeiten; Lehrer sind ohnehin schon über Gebühr belastet. Dennoch wird jeder erfahren, der einmal biophilosophische Fragen in seinem Unterricht berücksichtigt hat, wie sehr diese ihn bereichern können.

Begriffe: Biophilosophie, Naturphilosophie, das Fundamentale, Wissenschaftstheorie, Wissenschaftspropädeutik, Propädeutik

19.2 Einige Grundprobleme – Überblick

Biophilosophie ist nicht zuletzt durch zunehmende Einflussnahme des Menschen auf die Natur sowie neurobiologische und medizinische Erkenntnisse zu einem umfangreichen Gebiet geworden. Es ist nicht möglich und auch nicht Zweck des Buches, alle ihre Themen (und die damit verbundene verwirrende Vielzahl von Begriffen) zu behandeln. Deshalb wird versucht, ausgewählte „Grundfragen" mit einigen schlagwortartigen Erklärungen zusammenzustellen. Ein wegen der Differenziertheit der Probleme schwieriges, kaum zufriedenstellend zu lösendes Unterfangen. Zumal es bei diesen Fragen einerseits erhebliche Überschneidungen gibt, sie aber andererseits seit alters her unter speziellen Stichworten betrachtet werden. Beispiele, die für den Biologieunterricht besonders wichtig erscheinen, werden nachfolgend ausführlich dargestellt.

Themen wie Kreationismus, Umwelt-Naturschutz-Ethik, „esoterische Heilverfahren" und auch die „Frage nach dem Menschen" stoßen bei Schülern auf Interesse. Zu den meisten anderen dürfte dagegen weniger Zugang bestehen. Sie werden dennoch kurz dargestellt, damit Lehrer gegebenenfalls entsprechende Fragen einordnen können.

1. Methoden-Grenz-Problem: Welche Aussagen erlauben biologische Methoden und welche nicht?

Biologie ist eine Naturwissenschaft mit entsprechenden Methoden. Auch wenn sich die Grenzen immer wieder verschieben: Man wird schwerlich behaupten, dass Biologie alle Phänomene, die uns betreffen, erforschen, messen und abbilden kann.
Grundsätzlich ist die Biologie, wie alle Naturwissenschaften, dem Naturalismus verpflichtet. Das bedeutet, dass keine übernatürlichen Erklärungen für auftretende Phänomäne in Betracht gezogen werden und dass keine übernatürlichen Methoden zur Erkenntnisgewinnung akzeptiert werden. Man geht davon aus, dass in der Welt alles „mit rechten Dingen" zugeht (ausführlich und differenziert bei Bunge & Mahner 2004.

Die oben (19.1) angegebene Äußerung Haeckels ist eine unerlaubte Grenzüberschreitung, weil die„Seele", die als gasförmige Substanz bezeichnet wird, kein definierbares – naturalistisches – Forschungsobjekt darstellt. Dies trifft ebenfalls auf die Aussage von Kuhn zu: Wenn es eine zielgerichtete Entwicklung gäbe, müsste es ein Ziel und damit einen „Zielgeber" geben. Ein übernatürliches „Wesen", das ein solches Ziel setzen könnte, wäre aber grundsätzlich ebenfalls kein Forschungsobjekt der Biologie.

Aussagen von „Esoterikern" (s.u.) werden vielfach so dargestellt, als seien sie bewiesen. Hierbei werden Grenzen insofern überschritten, dass man vorgibt, mit naturwissenschaftlichen Methoden zu arbeiten. Dies ist jedoch nicht der Fall.

Auf einen Aspekte sei noch hingewiesen. Eine Klärung des Begriffs „Theorie" im Biologieunterricht erscheint sehr wichtig. Denn nicht selten hört man die Aussage: „Die Evolutionstheorie ist ja nur eine Theorie."
Ziel empirischer Wissenschaften sind geprüfte Erklärungen. Diese Erklärungen werden Theorien genannt und müssen sich immer wieder neuen Überprüfungen stellen. Theorien (wie z. B die Evolutionstheorie) erklären also Fakten (wie z. B. die Evolution). Aus einer Theorie kann niemals gesichertes Wissen werden, da sie, per Definition, immer vorläufig bleibt. Diese grundsätzliche Nichtendgültigkeit ist die besondere Stärke von Wissenschaft und nicht etwa ihre Schwäche, da sie dadurch stets offen für neue Erkenntnisse bleibt. Notwendige Merkmale einer guten Theorie sind Zirkelfreiheit, Widerspruchsfreiheit, Erklärungswert, Prüfbarkeit (Falsifizierbarkeit) und Testerfolg (s. Vollmer 1995:38). Dies trifft auf die Evolutionstheorie ebenso zu wie auf die Atomtheorie oder Quantentheorie.

In diesem Zusammenhang ergibt sich auch die Aussage, dass wir die Welt nicht „an sich" erkennen, sondern sie immer nur abbilden, „nur" Theorien über sie aufstellen können. Dies liegt gleichsam in der „Natur" der naturwissenschaftlichen Methoden, aus der sich keine „letzten Wahrheiten" oder „absolute Aussagen" ergeben. Zugleich verlassen wir uns im Alltag (zum Beispiel beim Autofahren) ständig darauf, dass naturwissenschaftliche Theorien „stimmen", dass wir in der Welt mit ihnen vernünftig und praktisch leben können.

2. Reduktionismusproblem: Sind Lebewesen ausschließlich mit Hilfe physikalischer und chemischer Prinzipien erklärbar?

„Reduktionismus" meint im strengen Sinn die Erklärung aller Phänomene aus physikalischen und chemischen Prinzipien; oder: Biologie ist nichts anderes als ein Spezialfall von Physik und Chemie. Organismen können in der Tat nicht gegen physikalische oder chemische Prinzipien „verstoßen". Andererseits gibt es durch die Komplexität ihrer Organisation neue Prinzipien und Eigenschaften, die keiner der Bestandteile des Systems besitzt. Diese werden als Systemeigenschaften oder emergenten Eigenschaften " bezeichnet. Hierzu gehören z. B. Systemeigenschaften, Information (Information eines Gens, eines Hormons, die durch ihre Wirkung im System festgelegt ist), die „Bedeutung" einer Verhaltensweise (s. dazu Vollmer 1995:22, 1980:61) oder die Eigenschaften einer Zelle, die nicht mit den Eigenschaften der sie bildenden Moleküle erklärbar ist.

Im Biologieunterricht ist darauf hinzuweisen, dass solchen Systemeigenschaften keine „geheimnisvolle übernatürliche Kraft" zugrunde liegt. Allen Versuchen, eine solche Kraft ausfindig zu machen, war kein Erfolg beschieden.

3. Vitalismusproblem: Besitzen Lebewesen eine besondere Fähigkeit, die sich nicht biologisch erklären lässt?

Fast identisch mit dem vorhergehenden Problem ist die Suche nach einer „Entelechie", einem „Élan vitale", „Nichträumlichen Werdebestimmer". Diese u. a. sind Bezeichnungen, mit der eine „Kraft" in Lebewesen bezeichnet wurde oder wird, die nicht mit physikalisch-chemischen Prinzipien erklärbar sein sollte. Dieser alte Erklärungsversuch wird als Vitalismus bezeichnet. Im vorigen Jahrhundert hat besonders Driesch (1928) ihn wieder verfochten. Vitalistische Vorstellungen wurden und werden gelegentlich noch vor allem vertreten, wo theologische Vorstellungen eine Rolle spielen (s. dazu bei Wuketits 1983:37 ff.). Selbst wenn es eine solche Kraft gäbe, könnte Biologie dazu keine Aussagen machen, da sie mit ihren Methoden nicht zu belegen oder zu widerlegen wäre.

Von seriösen Wissenschaftlern werden vitalistische Ideen heute nicht mehr vertreten und sind als Erklärung auch keineswegs notwendig. Man muss jedoch davon ausgehen, dass eine „naive", vitalistische Betrachtung von Lebewesen vielen Menschen nahe liegt. Der große Erfolg von „Naturheil-Mythen" belegt dies deutlich.

4. System-Problem: Gibt es Möglichkeiten, Spezifika von Lebewesen naturwissenschaftlich-biologisch zu erklären?

Auch dieses Thema wurde bereits unter Punkt 2 angesprochen. Biologie beschäftigt sich vor allem mit komplexen Systemen. Ein „System" ist ein Gefüge von Elementen, die sich wechselseitig beeinflussen und Gesetzlichkeiten entwickeln, die den einzelnen Elementen fehlen (s. oben: Systemeigenschaften). Lebewesen sind hierarchisch organisiert, zwischen allen Elementen bestehen wechselseitige Beziehungen (s. Wuketits 1983:246, 126 ff., 1979, 1982). Die höchste Integrationsstufe wird auch als „Organismische Biologie" bezeichnet.

Anhand der beispielhaften Behandlung des einen oder anderen Regelkreises können solche „Systemeigenschaften" im Biologieunterricht dargestellt werden. Besonders geeignet erscheint dafür z. B. das Reafferenzprinzip (s. z. B. Software Programm „Regelkreise", Graf et al. 1992; Hassenstein 1967, viele weitere Beispiele mit Versuchen) oder das Fließgleichgewicht in einem Organismus (s. Kattmann 1980b).

5. Schichten-Problem: Besteht unsere Welt aus mehreren „Schichten", die sich nicht auseinander ableiten lassen?

Lange wurde davon ausgegangen, dass die Materie in „Schichten" angeordnet sei, die sich nicht auseinander ableiten lassen. Besonders nach 1945 waren solche „ontologischen Vorstellungen", „Schichten-Lehren", weit verbreitet (s. Löw 1980). Dabei wurde zwischen anorganischer, organischer, beseelter und geistiger Schicht unterschieden. Aufgrund von Forschungsergebnissen (plausible Modelle des Übergangs zwischen Anorganischem und Organischem, Physiologischem und Geistigen) wird wohl niemand mehr solche Vorstellungen aus biologischer Sicht vertreten.

Dennoch gab es auch Biologiedidaktiker, die sich in dieser Weise geäußert haben. Esser (1972: 49) gibt als „Fundamentalerkenntnis" an: Der Mensch ist ein Glied der Natur und ragt zugleich über die Natur hinaus, indem sein Leib eine Einheit mit der Geist-Seele bildet… Das Fundamentale im aufgezeigten Fall erhellt die Sonderstellung des Menschen in der Schöpfungsordnung, verweist auf wesenhafte Unterschiede zwischen Tier und Mensch… Entsprechend Kuhn (1970: 15): So muss also das exemplarische Lehren im Biologieunterricht hinführen an jene Grenze, die zum Nachdenken und zur Ehrfurcht vor dem naturwissenschaftlich nicht mehr Fassbaren zwingt: der unbegreiflichen ‚Ordnung' alles Lebendigen, seiner Harmonie, seiner Planmäßigkeit und seinem Sinn.

Schüler (nicht wenige haben ja ein Haustier) stellen z. B. die Frage, auf die ein Lehrer vorbereitet sein sollte: Haben Tiere eine Seele? In diesem Fall ist zuerst zu klären, was „Seele" bedeuten könnte (metaphysische Vorstellungen sollten Schülern nicht vorschnell ausgeredet werden). Sieht man sie als eine Verknüpfung von Wahrnehmungen, Empfindungen und Denkvorgängen an, dann ist dazu keine metaphysische Erklärung erforderlich – bzw. im Sinne ontologischer Vorstellungen eine eigene unableitbare „Schicht". Ebenso wenig wie zu dem Begriff „Geist".

Es gibt zudem viele, sogar zwingende Hinweise, dass es dergleichen bei vielen Tierarten ebenso wie bei Menschen gibt. „Seele" oder „Geist" sind nach dieser Definition also schwerlich nur den Menschen auszeichnende „Eigenschaften". Jedoch sind es immer nur Analogieschlüsse von uns auf Tiere, die wir ziehen können: Was sie genau fühlen, empfinden usw. wissen wir nicht – übrigens ebenso wenig wie bei einem Mitmenschen. Es wäre eine unerlaubte Grenzüberschreitung, darüber im strengen Sinn etwas auszusagen.

Wenig hilfreich ist es, von „Leben", dem „Lebendigen" etc. zu sprechen. Was Biologie beschreiben kann, sind nur Kennzeichen von Lebewesen (s. ausführlich bei Schaefer 1968). Entsprechend zitieren z. B. Greber & Greber (1996) Nachtigall: *Biologie ist die Lehre von den Eigenschaften lebender Systeme. Sie ist nicht die Lehre vom Leben. Der Begriff ‚Leben' ist ein metaphysischer Begriff.* Dennoch benutzen auch manche Biologiedidaktiker immer noch die Bezeichnung „Leben".

6. Leib-Seele-Problem: Wie soll man sich die Wechselwirkung zwischen Geist-Seele, Empfindungen und Körper vorstellen?

Dazu gibt es eine Reihe von Erklärungsmodellen (s. Vollmer 1980:55). Zum Beispiele solche, die eine nicht weiter erklärbare „geistige Substanz" voraussetzen (dualistische Deutung). Aus biologischer Sicht hat sich das menschliche Denk- und Erkenntnisvermögen jedoch zugleich mit dem Gehirn entwickelt; Veränderungen der Gehirnstruktur haben zu veränderten psychischen Leistungen geführt, Denken ist eine Leistung des Gehirns. Geistige Prozesse sind neuronale Prozesse und mit diesen identisch (Identitätstheorie). „Geist" haben wir immer nur nach Maßgabe der Möglichkeiten unseres Gehirns. Dies macht die Vorstellung von einer irgendwie „geheimnisvollen" Wechselwirkung zwischen Seele und Körper aus biologischer Sicht überflüssig.

Dabei ist aber die Erkenntnis wichtig, dass beim Menschen neben das Denken und Handeln beeinflussenden bzw. bestimmenden angeborenen Strukturen, erworbene Gedächtnisinhalte unser Denken – und damit unser Handeln – mitbestimmen. Es hängt damit auch von jedem selbst ab, was er gelernt hat, wie sein „Geist" beschaffen ist und was er zu leisten vermag.

7. Teleologieproblem: Haben sich Lebewesen (in der Evolution) zielgerichtet entwickelt?

Auch davon wurde schon unter Punkt 3 gesprochen. Viele Eigenschaften, Organe (immer wieder genanntes Musterbeispiel: Auge der Wirbeltiere) usw. von Lebewesen sind in ihrer Perfektion scheinbar nur verständlich, wenn sie sich „zielgerichtet" entwickelt haben. Unter der Voraussetzung, dass Mutationen zufällig sind, kann es aber eine solche zielgerichtete Entwicklung im strengen Sinn nicht geben.

Etwas anderes ist es, dass bestimmte Mutationen selektiv besonders vorteilhaft sind, wenn sich bereits vorhandene Strukturen dadurch in eine „optimale" dem Überleben der Gene günstige Richtung weiterentwickeln. Diese Art von „Zweckmäßigkeit" wird inzwischen als Teleonomie bezeichnet: Programmgesteuerte Zweckmäßigkeit als Ergebnis evolutiver Prozesse. Ein „allgemeines, transzendent entworfenes Ziel" kann dagegen, da nicht erforschbar, im Rahmen der Biologie keinen Erklärungswert besitzen.

Die Katze hat Krallen, um Mäuse zu fangen... kann eine teleonomische Aussage sein: Ergebnis der Optimierung eines genetischen Programms. Aber es liegt die Gefahr einer teleologischen Erklärung nahe: „Jemand gab der Katze Krallen, um damit Mäuse zu fangen". Besser ist sicher eine nicht final (teleologisch) klingende Ausdrucksweise: *Die Katze hat Krallen; sie fängt damit Mäuse.*

8. Erkenntnisproblem: Ist das Erkennen der „Welt" von der Evolution unseres Erkenntnisapparates abhängig oder in unser Belieben gestellt?

Etwa seit Mitte der 60er Jahre wurde die „Evolutionäre Erkenntnistheorie" besonders von Vollmer (1980, 1995) weiterentwickelt und theoretisch untermauert. Sie geht von dem Befund aus, dass unser Apparat zum Erkennen der Welt in hervorragender Weise auf unsere Umwelt passt – sonst wären wir längst ausgestorben. Jakob von Uexküll (1956) wies bereits früh darauf hin, dass jede Tierart in ihrer jeweils eigenen „Umwelt" lebt als Anpassung an ein bestimmtes Habitat. Auch wir haben eine spezifische Umwelt und erkennen primär nur Ausschnitte der Welt.

Unser Erkenntnisapparat ist demnach Ergebnis der biologischen Evolution. Strukturen der Erkenntnis dürften angeboren sein – und daher bei allen Menschen (weithin) gleich. Leistungen und Fehlleistungen unseres Gehirns können von der Evolutionären Erkenntnistheorie (grundsätzlich, wenn auch derzeit nicht in allen Einzelheiten) erklärt werden.

Und die Bedeutung solcher Einsichten für den Biologieunterricht? Gibt es z. B. einen „Bruch" zwischen unserer „naiven" Erkenntnis der Welt und einer wissenschaftlichen, von den unmittelbaren Sinneseindrücken abgehobenen? (s. dazu auch Kap. 10.1, Beispiele in Kapitel 7.5.). Naive Erkenntnis der Welt geht primär von unserem angeborenen Erkenntnisapparat aus; in den Naturwissenschafen wird versucht, diesen zu erweitern und über ihn hinauszukommen. Einige von Vollmers (1995:129) Fragen zum Verständnis von „Fehlleistungen" eignen sich in diesem Zusammenhang für Diskussionen im Biologieunterricht; z. B.: *Warum haben wir kein Gefühl für das exponentielle Wachstum der Erdbevölkerung? Warum bestehen zwischen objektiven und subjektiven Entscheidungskriterien oft so große Unterschiede? Warum haben wir so wenig Einsicht in Systeme mit positiver Rückkoppelung?*

9. Neurobiologie: Erkenntnisse über genetische Abhängigkeiten

In den letzten Jahren wurden zahlreiche neurophysiologische Untersuchungen angestellt, die u. a. zeigen: Von bestimmte Teilen unseres Gehirns gehen Befehle aus, die erst im Nachhinein bewusst werden. Immer mehr wird deutlich, dass im Gehirn für fast alle Bereiche unseres Handelns angeborene Programme vorliegen, die evolutionär entstanden und damit von Vorteil für die Verbreitung der Gene sind.

Soll man sich der von Bayerts (1993: 328) kritisch angeführten Zusammenfassung anschließen: *Der Mensch ist ein Produkt der Evolution, er ist daher kein freischwebender Geist, sondern ein biologisches Wesen, das in allen seinen Lebensäußerungen an biologische Gesetzmäßigkeiten gebunden bleibt; auch für die menschliche Moral muss daher gelten, dass sie biologisch bedingt ist.*

Oder besser doch der anderen Perspektive, die Bayerts (S. 350) als Ergebnis seiner Vorstellungen vorträgt: *Es muss aber gefragt werden, warum... die Innenperspektive der handelnden Subjekte ausgeblendet oder als illusionär beiseite geschoben werden soll.* Vergleichbar eine Darstellung bei Hösle (1999116): *Hält man jedoch die Innenseite [z. B. Bewusstsein] für etwas, dass sich grundsätzlich (zumindest vollständiger) kausaler Bestimmung durch natürliche Vorgänge entzieht,* wird man die extremen Folgerungen der Evolutionären Erkenntnistheorie nicht akzeptieren.

Sicher ist, dass eine konsequente Evolutionäre Erkenntnistheorie z. B. erhebliche Zweifel daran haben muss, ob es so etwas wie „Willensfreiheit" im strengen Sinn überhaupt gibt. Oder dass es allenfalls subjektive Erfahrungen sind, die auf der Grundlage vorhandener Programme gemacht werden und die Einfluss auf Willensentscheidungen haben.

Diese Fragen werden in den letzten Jahren kontrovers und bislang ohne Lösung diskutiert, was nicht zuletzt an unterschiedlichen Definitionen für den „freien Willens" liegt Es kann also niemandem die subjektive Entscheidung für eine der beiden angegebenen Lösungen abgenommen werden Dass man jedoch nach den in Punkt 1 bis 8 angeführten Argumenten eine „Innenperspektive" oder „Innenseite, die sich *grundsätzlich* kausaler Bestimmung entzieht" akzeptieren kann, erscheint schwerlich möglich.
Lehrerinnen und Lehrer sollten zu dieser Frage zumindest dann keine Diskussionen anregen, wenn sie nicht gute Kenntnisse zu diesem Problem und auch vielerlei Materialien dazu gesammelt habe; ausführlich dazu Voland (2002).

10. Evolutionäres-Ästhetik-Problem: Betrachten wir „Naturschönheit" vorurteilsfrei, aufgrund historischer Gewohnheiten oder gibt es dafür phylogenetisch entstandene „Vor-Urteile"?

Warum empfinden wir manche Landschaften, Lebewesen als schön? Wie Kiemstedt (1967), Ruppert (1972) u. a. durch Befragungen herausgefunden haben, gibt es in der Vorstellung vieler Menschen z. B. „idealtypische Wälder", die sie am liebsten aufsuchen möchten. Warum empfinden Frauen und Männer manche Tiere als besonders schön? Warum finden die meisten Frauen Babys „süß"? Neben persönlichen Erfahrungen dürften solchen Einstellungen vererbte „ästhetische Urteile" zugrunde liegen: Schön ist, was beim Überleben hilfreich ist.

„Naturerlebnis" wurde zeitweise im Biologieunterricht ein hoher Stellenwert eingeräumt (s. dazu einige Zitate in Kap. 3.6, Kap. 3.7). Deshalb wären Antworten auf solche Fragen nützlich oder sogar notwendig: Warum hat Naturbetrachtung einen nachhaltigen Effekt auf unser Bewusstsein, könnte es sogar einen „Heileffekt" haben? Führt das Erlebnis von „Naturschönheit" zur Bereitschaft, dieses Schöne auch zu erhalten und zu schützen (s. dazu Kap.19.3.2)? So interessant es sein dürfte, solche Themen im Biologieunterricht anzusprechen, derzeit sind befriedigende Antworten auf die meisten dieser Fragen nur bedingt möglich.

11. Bioethik-Problem: Ergeben sich aus biologischen Erkenntnissen und deren Anwendung ethische Verpflichtungen, welche die Gesellschaft regeln muss?

Ergebnisse der Biologie und Medizin haben zu zahlreichen Anwendungen geführt (z. B. in der Gentechnologie, bei Organtransplantationen, Möglichkeiten des Schwangerschaftsabbruchs). Die Anwendung solcher Erkenntnisse verlangen nach Regelungen in der Gesellschaft.

Bioethik (Bioethics) wird heute oft weit definiert: *Ethische Reflexion jener Sachverhalte, die den verantwortlichen Umgang des Menschen mit Leben betreffen* (Mikat et al. 1998:5). Diese Definition umfasst demnach nicht nur den Umgang mit menschlichem Leben, sondern auch den mit anderen Lebewesen und der Umwelt. Verbreitet ist allerdings auch eine engere Auffassung, wonach Bioethik sich mit der ethischen Einordnung von Erkenntnissen und Anwendungen der Biowissenschaften auf den Menschen beschäftigt (s. z. B. Krebs 1997).

Natur ist wertelos, sie vermag keine Werte zu setzen. Schlüsse vom „Sein aufs Sollen" sind nicht zulässig (z. B. Voland 2000). Deshalb kann man aus biologischen Befunden keine ethischen Normen ableiten. Tut man es dennoch, wird allgemein davon ausgegangen, dass man dem sogenannten „Naturalistischen Fehlschluss“ unterliegt. Andererseits verlangen solche Kenntnisse auf der Grundlage allgemeiner, von der Gesellschaft gesetzter Normen, „Ergänzungsnormen“: Ohne Gentechnik benötigt man keine Normen zu ihrer Anwendung. In einigen Bereichen mussten sogar neue Grundnormen gefunden werden, wie das Beispiel „Naturschutz“ zeigt (s. 19.3.2). Man könnte auch sagen: Der Mensch muss seine Fähigkeit, positiv und negativ in die Evolution eingreifen zu können mit Normen absichern.

Alle Normen zur Bioethik sind von Menschen gemacht, erdacht. Sie können weder auf die „Natur“ noch auf irgendwelche „übergeordnete Instanzen“ zurückgeführt werden. Dies gilt aber letztlich für alle Ethiknormen, die zu einer bestimmten Zeit im Konsens bestimmter Gruppen entstanden sind – auch wenn Philosophen über Jahrhunderte hinweg versucht haben, sie mit übergeordneten Prinzipien zu begründen (VOLAND 2007). Bioethik ist damit also keine Ausnahme.

Die Aufnahme bioethischer Themen in den Biologieunterricht erscheint heute, zumal unter dem dargestellten Leitziel (Kap. 3.2), unverzichtbar. Andernfalls würde man auf wesentliche Aspekte verzichten, die sich aus zahlreichen biologischen Themen (wie z. B. Gentechnik) ergeben. Absichtlich wird in Kapitel 16.3 die Planung einer Unterrichtsstunde wiedergegeben, die ein bioethisches Thema zum Inhalt hat.

Inzwischen liegen biologiedidaktische Publikationen vor, die solchen Unterricht erleichtern; vor allem: BREHMER (1993) mit ausführlicher Darstellung verschiedener ethischer Grundpositionen, die im Biologieunterricht anhand von Beispielen geprüft werden können; DULITZ & KATTMANN (1990) mit zahlreichen Texten über einzelne Fallbeispiele; HEDEWIG & STICHMANN (1988) mit theoretischen Überlegungen und praktischen Beispielen; umfassende Sachinformationen in dem „Lexikon der Bioethik“ (Mikat et al. 1998); biophilosophische Begründungen bei VOLLMER (1995:162 ff.) und IRRGANG (1997).

Mit G. R. MEYER (1984) kann man die Ziele von Bioethik im Biologieunterricht zusammenfassen: 1. Schüler sollen erkennen, dass Ergebnisse der Biologie ethische Fragen implizieren. 2. Über gründliches Wissen in Bereichen verfügen, die zu bioethischen Fragen führen. 3. Erkennen, dass bioethische Probleme kulturell gelöst werden müssen. 4. Fähigkeiten haben, bei bioethischen Konflikten verschiedene und möglichst von vielen akzeptierte Lösungen zu finden (s. dazu Einzelheiten in Kap. 19.4). 5. Verstehen, wie Wissenschaftspolitik in einer Demokratie vor sich geht.

12. Verhaltens-Problem: Inwiefern ist unser Verhalten, unser Lernvermögen „frei“ oder wird es von angeborenen Strukturen beeinflusst?

Eine Vielzahl ethologischer und soziobiologischer Untersuchungen zeigt, dass der Mensch Verhaltensweisen hat, die offensichtlich, zumindest in ihrer Grundstruktur, weitgehend angeboren sind (grundlegende Darstellungen durch Soziobiologen, VOLAND 2002, Biologen und Psychologen s. IMMELMANN 1988; s. dazu auch Kap. 19.3.5). Es ist also notwendig davon auszugehen, dass wohl bei allen oder fast allen unseren Verhaltensweisen angeborene und erlernte Komponenten zusammen wirken.

Zwar kann man beim Menschen keine „Kaspar-Hauser-Versuche“ durchführen, mit deren Hilfe man auf angeborenes Verhalten schließen könnte. Bestimmte Verhaltensweisen, die z. B. taubblind geborene Kinder zeigen (u. a. Lachen, Zornreaktionen usw.), belegen jedoch dessen Existenz. Zugleich zeigen neurobiologische Untersuchungen deutlich die Existenz solcher angeborenen Komponenten (die neuerdings auch als Module bezeichnet werden).

Auch das Ausmaß, in dem unsere allgemeinen Fähigkeiten wie z. B. Intelligenz, Reaktionsgeschwindigkeit, spezielle Fähigkeiten wie etwa Musikalität durch genetische Faktoren grundgelegt werden, sollte im Biologieunterricht besprochen werden. Dergleichen mag auch dazu dienen, dass jeder sich bemüht, seine besonders ausgeprägten Fähigkeiten zu erkennen – und sie zu nutzen, sich aber gleichzeitig nicht durch einen genetischen Fatalismus entmutigen lässt.

Erst zögerlich werden Stimmen laut (VOLAND & VOLAND 2002), die sich mit einer „evolutionären Pädagogik“ befassen. Also der Abhängigkeit des Lernens und Belehrens von der *in der biologischen Anpassungsgeschichte der Menschheit genetischen Einrichtung.* Dies wird hier erwähnt, da sich Lehrerinnen sicher noch intensiv mit solchen Überlegungen werden beschäftigen müssen.

13. Sozialdarwinismus-Problem: Darf das Selektionsprinzip „Recht des Stärkeren" auf den Menschen angewandt werden?

Man kann Darwins Evolutionsfaktor der Selektion zum „Recht des Stärkerem" („Kampf ums Dasein") verkürzen und zur gesellschaftlichen Norm erheben – wie es zumindest faktisch weithin in der Zeit der NS-Diktatur der Fall war.

Gerade dieses Beispiel macht erneut (s. o.) deutlich: Grundnormen menschlichen Zusammenlebens lassen sich nicht unmittelbar aus biologischen Befunden ableiten, sondern ergeben sich aus der vernünftigen Zusammenschau der Grundbedürfnisse möglichst vieler Menschen. Zugleich erfordert aber der Befund, dass Menschen dazu neigen, sich nicht selten „sozialdarwinistisch" zu verhalten, die Aufstellung bestimmter sie begrenzender Normen. Je deutlicher wir Formen solchen Verhaltens beschreiben, auch etwa als genetische Disposition erkennen können, um so „gerechtere" Normen können oder könnten eingeführt werden.

Im Biologieunterricht ist es nun wahrhaftig nicht schwer (wie in anderem Unterricht auch) sozialdarwinistische Äußerungen oder entsprechendes Verhalten der Schüler zu erkennen – je jünger die Schüler, desto deutlicher. Biologielehrer sind in der Lage, die meisten Erscheinungen dieser Art auf „vormenschliches Verhalten" zurückzuführen – und damit die Schüler zum Nachdenken anzuregen.

Begriffe: Theorie, Welterkenntnis, Reduktionismus, Vitalismus (Entelechie), Organismische Biologie, System, Systemeigenschaften, Schichten-Lehre (Ontologie), „Leben", Leib-Seele-Problem, Dualismus, Identitätstheorie (Identismus), Zweckmäßigkeit, Teleonomie, Evolutionäre Erkenntnistheorie, Umwelt, Evolutionäre Ästhetik, Naturschönheit, Bioethik, Naturalistischer Fehlschluss, Sozialdarwinismus

19.3 Für Biologieunterricht besonders wichtige Beispiele

19.3.1 Stellung des Menschen unter den Lebewesen – oder das Menschenbild-Problem

Die Frage nach der Stellung des Menschen unter den Mit-Lebewesen ist keineswegs nur theoretisch. Sie hat vielmehr mehrere Bedeutungen; u. a.: Jeder benötigt ein Menschenbild, um sich selbst zu verstehen (s. Landmann 1964). Er muss sich damit erst selbst „feststellen", um in persönlichen und gesellschaftlichen Fragen urteilen zu können. Man kann auch sagen: Wer kein Menschenbild hat, der wird – unreflektiert – von einem beeinflusst. Unser Verhältnis zu den anderen Lebewesen wird wesentlich davon mitbestimmt, ob wir „zu ihnen gehören" oder etwas „ganz anderes" sind.

Schließlich kommt ein Lehrer schon gar nicht ohne Menschenbild aus: Sein Handeln gegenüber, sein Verständnis von Schülern wird z. B. auch davon abhängen, ob er sie „wachsen lassen" will. Oder ob er davon ausgeht, dass sie als Wesen, die auch biologische Eigenschaften besitzen (mit Neigung zu Rangordnungs-, Imponier- und Aggressionsverhalten, mit individuellem Lernvermögen usw.) erzogen werden müssen.

Aus biophilosophischer Sicht kann man sich auf die Suche nach „Anthropina" machen: Gibt es Eigenschaften, Spezifika, die nur dem Menschen zukommen? Durch deren Vorhandensein eine unüberbrückbare Kluft zwischen ihm und den Tieren besteht (etwa: *Der Mensch lässt sich vom Tier her in seinem eigentlichen Wesen nicht begreifen,* Ballauff 1962:7, Beispiel von Kuhn s.o.; etwas salopp könnte man das die „humanistische Hybris" nennen). Nun füllt der Streit darüber ganze Bibliotheken. Mancher wird mit der hier vorgeschlagenen Lösung nicht einverstanden sein – aber er wird vielleicht dadurch angeregt, eine eigene Lösung zu suchen.

An der Abstammung des Menschen von anderen Lebewesen ist mit rationalen

Gründen nicht zu zweifeln. Es gibt jedoch eine Vielzahl von Bezeichnungen, die jeweils eine psychische Eigenheit des Menschen betonen: Homo loquens (der Sprechende), ludens (der Spielende), faber (der Techniker), ironicus (der Ironiefähige) usw.. Wer nun etwa „Geist" oder „Seele" als solche besonderen Eigenschaften ansieht, muss sie erklären, ohne zusätzliche übernatürliche Annahmen zu machen.

Anthropologie und Ethologie haben alle diese Anthropina entzaubert (was hier nicht im Einzelnen belegt werden kann; ausführliche Zusammenstellung bei Paul 1998). Jedes einzelne Anthropinon kommt im Prinzip auch bei Tieren vor. Das gilt für Spielen, Sprache, Denken, Tradition, Werkzeugherstellung und -gebrauch, Bewusstsein, ja Selbstbewusstsein. Auch „Geist" lässt sich rational schwerlich anders beschreiben als besonders ausgeprägte und raffinierte Denkfähigkeit. Die Suche nach Anthropina muss man wohl als gescheitert erklären. Es sei denn, man will den quantitativen Unterschied bestimmter dieser Eigenschaften zwischen Tieren und dem Menschen als Anthropinon bezeichnen.

Offenbar gibt es zahlreiche Menschen, denen der Abschied von der Sonderstellung des Menschen „unsympathisch" ist und den sie deshalb ablehnen. Man muss sich jedoch klar machen, dass sich Wahrheit nicht nach Wunschvorstellungen richtet und dass es wichtig ist, Schülern ein angemessenes und wissenschaftlich fundiertes Menschenbild zu vermitteln. Eigentlich gibt es auch keinen Grund, sich unserer Verwandtschaft mit Tieren zu schämen.

Man kann das Thema „Sonderstellung des Menschen" im Biologieunterricht an verschiedenen Stellen behandeln. Gut bietet es sich am Ende eines Kurses über Ethologie an, indem man etwa Schimpanse und Mensch miteinander vergleicht. Geeignet ist auch die Anknüpfung an die Darstellung der menschlichen Evolution oder der Genetik; stets auch situativ, falls z. B. ein Schüler eine entsprechende Frage stellt.

Dabei können u. a. folgende Aspekte – ohne vorgegebene Lösungen – als Diskussionsgrundlage dienen:

- Darf man Fähigkeiten des Menschen mit denen von Tieren vergleichen (gemeinsamer Genbesitz, homologe Verhaltensweisen usw.)?
- Kann man bestimmte Verhaltensweisen des Menschen aus Notwendigkeiten einer langen vorkulturellen Evolution erklären?
- Führt die Erkenntnis biologischer Abhängigkeit des Menschen zu Fatalismus („daran ist ja doch nichts zu ändern")? Oder kann man daraus gerade Einsichten über notwendige Prinzipien unseres Verhaltens gewinnen (Überwindung des Rollenverhaltens Frau-Mann, Wahl eines Partners vorwiegend aufgrund sexueller Reize, Gefahren der Aggression usw.)?
- Toleranz gegenüber bestimmten psychischen Eigenheiten einzelner Menschen (Homosexualität als überwiegend biologisch bedingt, ist kein schuldhaftes Verhalten; Überwindung von „Ausstoßreaktionen" gegenüber geistig Behinderten; die Aussage „der Mensch ist nicht begabt, er wird begabt" ist zu prüfen; Akzeptanz von Menschen mit anderer Begabung usw.).
- Wie lassen sich religiöse -Vorstellungen verschiedenster Art und Evolution miteinander verbinden?
- Muss sich unser Verhalten gegenüber anderen Arten verändern, wenn sie unsere „Brüder und Schwestern" sind?

Eine ausführliche Sachdarstellung des Problems findet sich z. B. bei Hofer & Altner (1972); ebenso bei Rensch (1959), Wuketits (1983:223 ff.), Vollmer (1980:77 ff.). Für den Biologieunterricht finden sich viele, zum Teil auch kritisch zu lesende Informationen für unterschiedliche der genannten Gesichtspunkte z. B. in Themenheften der Zeitschrift Unterricht Biologie: Verhalten des Menschen (H. 110, 1985), Primaten (H. 121,1987), Evolution des Menschen (H. 200, 1994), Instinkt und Intelligenz (H. 208, 1995). In Kattmanns (1974) Unterrichtseinheit „Der Mensch und die Tiere" für die Klassen 5/6 wird nicht versucht, die Frage, ob denn der Mensch unter allen Tieren etwas „Besonderes" sei, mit Schülern dieses Alters zu besprechen – was durchaus möglich erscheint. Entsprechend meint Soostmayer (1988:424): *In ersten Ansätzen fragen Grundschulkinder auch nach dem Sinn der eigenen Existenz.*

Besonders bedeutsam erscheinen in diesem Zusammenhang Befunde der Soziobiologie. Ja, man kann PAUL (2001) zustimmen, dass sie geradezu zum Pflichtpensum des Biologieunterrichts gehören sollte. Denn sie geht den Fragen nach, „wer oder was eigentlich unser Verhalten determiniert" oder der „biologischen Angepasstheit des tierlichen und menschlichen Sozialverhaltens" (VOLAND 2002). Und dass ohne solches Wissen ein falsches und also höchst problematisches Menschenbild entstehen kann. Jeder, der in Abschlussklassen unterrichtet, muss sich wirklich fragen (lassen), ob er seine Schüler ohne solches Wissen „in die Welt" entlassen kann. Literatur zum Thema s. z. B. besonders; VOLAND (2007a, b), VOLAND (2002), VOLAND & SÖLING (2004), BLECH & BREDOW (2007), Themenheft „Humanethologie im Unterricht, Praxis Biologie 1/2005 (2005).

Unterdessen machen Schulbücher vielfach keine biologisch begründeten Aussagen zur Frage nach der Stellung des Menschen unter den Lebewesen (s. Paul 1998). Umso wichtiger ist es, dass ein Lehrer eigene Vorstellungen zu diesen Fragen hat und solche Themen mit den Schülern bespricht.

19.3.2 Begründungen für Naturschutz – oder das Naturschutzethik-Problem

Eine Reihe von Begründungen für Naturschutz, besonders für den Erhalt von Arten, wird immer wieder genannt: ökologische, wissenschaftliche, ökonomische, psychische (wohl zuerst WILMANNS 1971). Auch das Bundesnaturschutzgesetz argumentiert in §1 ähnlich; ebenso HARTKOPF & BOHNE (1983:63): *Die Pflicht zur Erhaltung der natürlichen Lebensgrundlagen ergibt sich aus unserer Verantwortung für das Wohl der lebenden und zukünftigen Menschen.* Sie alle haben eine anthropozentrische Begründung: Naturschutz zum Wohl des Menschen. Dahinter steht die Anthropozentrismus genannte Auffassung, dass der Mensch nur Pflichten gegenüber anderen – heute und in der Zukunft lebenden – Menschen hat, nicht aber gegenüber anderen Arten oder der Natur an sich. Neben dieser Generationengerechtigkeit wird auch argumentiert, dass Natur allein schon deswegen zu schützen sei, weil Organismen möglicherweise in der Zukunft für Menschen nützlich sein könnten, auch wenn wir heute noch nichts von der potentiellen Nutzenstiftung wissen. Generell sollte in der anthropozentrischen Naturethik einem reversiblen (Arten erhalten) gegenüber einem irreversiblen Vorgehen (Arten ausrotten) Vorrang eingeräumt werden.

Die Gegenposition, die der Natur einen eigenständigen Wert zugesteht, wird als Physiozentrismus bezeichnet (KREBS 1997). Dabei kann zwischen verschiedenen Ansatzpunkten unterschieden werden:

- Pathozentrismus: Diese ist die schwächste der physiozentrischen Positionen. Hierbei wird der Umfang des Begriffs „Ethik" über den Menschen hinaus auf alle leidensfähigen Tierarten ausgedehnt. Bis heute ist allerdings völlig unklar, wo die Grenze der Leidensfähigkeit im Tierreich anzusiedeln ist.
- Beim Biozentrismus (Vertreter z. B. SCHWEITZER: „Ich bin Leben, das leben will inmitten von Leben, das leben will") wird argumentiert, dass allen Lebewesen eine Rücksichtnahme um ihrer selbst willen zukommt. Es gibt kein wertvolleres oder weniger wertvolles Leben. Diese Position ist niemals konsequent durchzuhalten. Beispielsweise würde sie Ärzte, die einen menschlichen Krankheitserreger bekämpften, zu unmoralisch Handelnden abstempeln.
- Holismus: Der Mensch wird als integraler Bestandteil der Natur aufgefasst. Es ist nach dieser Auffassung nicht möglich, dass der Mensch ein gutes Leben auf Kosten der Gesamtnatur führt. Dieser Ansatz wird wegen der Vieldeutigkeit der Aussage „Mensch ist Teil der Natur" kritisiert: Ist der Mensch mit der Natur identisch, ist er nur von ihr abhängig (s. KREBS 1997)?
- Phylogenetisches Modell: Evolution belegt die gemeinsame Abstammung aller Lebewesen. Diese Verwandtschaft begründet zugleich Verantwortung. Prinzipiell kann jede Art oder ihr Vorkommen an einem bestimmten Ort zum Verständnis der Genese dieser Entwicklung beitragen. Der Mensch hat

kein Recht, Arten (nicht einzelne Individuen) als historisch gewordene Einmaligkeiten ohne unabwendbare Not zu vernichten. Aus biologischer Sicht erscheint dieses Modell durchaus plausibel, auch wenn ihm die Nähe zum naturalistischen Fehlschluss vorgeworfen werden kann.

Die Entwicklung einer schlüssigen Naturschutz-Ethik ist noch keineswegs abgeschlossen. Birnbacher (1980, s. auch Hartkopf & Bohne 1983, Krebs 1997; Irrgang 1997) stellt eine ganze Reihe weiterer Modell-Entwürfe vor. Voland (2000) versucht jedoch, das „Werte-Problem“ zu lösen. Er findet in der vom Menschen erdachten Naturschutzethik gerade die Prinzipien, die letztlich unseren „evolvierten Eigeninteressen“ entsprechen: die Erhaltung unserer Lebensgrundlagen. Dies entspricht im Grund oben genannten anthropozentrischen Grundsätzen. Freilich kann damit der Schutz einer ökologisch anscheinend wenig bedeutsamen Art nur sehr indirekt begründet werden.

Man wird im Biologieunterricht wohl in jeder Altersstufe breite Zustimmung für die physiozentrische Position bekommen. Nüchtern betrachtet sind dies wohl vorwiegend verbale Bekenntnisse – ohne tiefere Einsichten und Konsequenzen. Mit geeigneten Beispielen (s. z. B. Bleckmann et al. 1979) kann man vor allem die genannten anthropozentrischen Begründungen für Naturschutz bearbeiten und ihnen physiozentrische gegenüberstellen; Arbeitsblätter mit Texten zum Thema verwendet Krönig (1997) im Unterricht. – Erwähnenswert ist aber auch, dass Naturschutz- gegenüber Umweltschutzthemen allgemein im Biologieunterricht in den Hintergrund treten; zu schweigen von der Bearbeitung von Begründungen für Naturschutz.

19.3.3 Kreationismusproblem

Ist die von manchen Gruppen vertretene „absolute Schöpfungstheorie“ unter Ablehnung von Evolution rational begründbar, gar eine wissenschaftliche Theorie? Gibt es Verknüpfungsmöglichkeiten zwischen theologischen und biologischen Vorstellungen?

Die Evolutionstheorie ist die wichtigste Theorie der gesamten Biologie. Sie ist zentral für unser Selbst- und Weltverständnis. Dennoch wird sie von einem Großteil der Bevölkerung nicht akzeptiert oder sogar abgelehnt. In der Regel stehen bestimmte religiöse Überzeugungen mit evangelikalem (wörtlichem) Bibelverständnis hinter der Leugnung von Evolution und Nichtakzeptanz der Evolutionstheorie (Ablehnungsrate in Deutschland etwa 20% in den USA etwa 50% und in muslimischen Ländern über 70%.; bei zukünftigen Lehrern in Deutschland 16%; vgl. Graf 2009a).
Die Zurückweisung evolutionärer Vorstellungen aus religiösen Gründen wird Kreationismus genannt. Vertreter dieser Denkrichtung gehen davon aus, dass der Mensch, wie alle anderen Lebewesen, im heutigen Aussehen von Gott erschaffen wurde.
In den 1990er Jahren verbreitete sich eine neue Variante des Kreationismus in den USA und hat auch in Europa mittlerweile viele Anhänger gefunden: Die Intelligent Design Bewegung. Diese argumentiert in erster Linie damit, dass Lebewesen zu komplex seien, um durch natürliche Prozesse entstanden zu sein. Ein übernatürlicher Designer (=Schöpfer) müsse die Lebewesen geschaffen haben.
Damit könnte es man bewenden lassen. Lehrer, die so eingestellte Schüler vor sich haben, sollten dennoch versuchen, diesen einerseits die Grundlagen der Evolution und andererseits den Kreationismus darzustellen (s. z. B. Texte von Miram & Scherf, 1998, in „Biologie heute SII“, wobei jedoch der grundsätzliche Gegensatz zwischen Evolutionstheorie als Wissenschaft und Kreationismus als Glaubensvorstellung noch deutlicher herausgestellt werden sollte). Nicht in dieser Weise eingestellte Schüler sollen in die Lage versetzt werden, kundig gegen kreationistische Ideen zu argumentieren.

Vieles, was Kreationisten bis in die 90er Jahre des 20. Jahrhunderts gegen Evolution und für ihre Vorstellungen an sogenannten Fakten vorgetragen haben, hat Jessberger (1990) ausführlich analysiert und widerlegt; später Kutschera (2004). Auf das Studium eines dieser Bücher sollte man nicht verzichten, wenn man sich mit diesem Thema auseinandersetzen will oder muss. Das UB-Themenheft „Evolution und Schöpfung" (UB 333 2008) beschäftigt sich unter mehreren Aspekten mit dem Thema; es enthält dazu auch Unterrichtsvorschläge. Sieben für den Unterricht nützliche „Leitideen zum Umgang mit Kreationismus" hat neuerdings auch BAYRHUBER (2006) vorgetragen.

Unter besonders Strenggläubigen findet man so gut wie niemanden, der mit der Evolution im Reinen ist (s. GRAF 2008). Besonders stark wird die Evolution unter denjenigen abgelehnt, die religiöse Schriften wörtlich auslegen. Solche evangelikalen religiösen Vorstellungen sind allerdings nicht die einzige Ursache für die Leugnung evolutionärer Vorgänge. Neben Personen mit unzureichendem Wissen über Evolution sind es vor allem Menschen, die Wissenschaft negativ bewerten, und solche mit Fehlvorstellungen über die Prinzipien wissenschaftlichen Arbeitens, welche Evolution nicht akzeptieren. Hieraus ergibt sich für den Biologieunterricht einmal mehr die Forderung nach verstärkten Bemühungen um Wissenschaftspropädeutik.

Beispielhaft sollen einige Prinzipien der Evolutionstheorie und des Kreationismus für eine erste Information von Lehrern gegenübergestellt werden.

1. Evolutionstheorie entspricht allen Anforderungen, die man an eine gut begründete wissenschaftliche Theorie (s. 19.2., Punkt 1) stellen muss.

   Kreationismus kann grundsätzlich keine wissenschaftliche Theorie sein (eine Behauptung, die gerne aufgestellt wird): Sie entspricht keiner der Anforderungen an eine erfahrungswissenschaftliche Theorie. Diese sogenannte „Theorie" geht nicht von einer überprüfbaren Prämisse aus (ist also grundsätzlich unwiderlegbar), sondern von einem übernatürlichen Schöpfungsakt. Selbst wenn Kreationismus Beweise für Evolution widerlegen könnte (was bis heute nicht in einem einzigen Fall gelungen ist), wäre er immer noch keine wissenschaftliche Theorie.

   Der immer wieder geäußerten Forderung, Kreationismus im Biologieunterricht gleichberechtigt neben der Evolutionstheorie zu behandeln, darf nicht entsprochen werden – Jüngst ist erstmals in Deutschland von in Verantwortung stehenden Politikern die Behandlung der Schöpfungslehre im Biologieunterricht gefordert worden, einer Ansicht, die derjenigen eines großen Teils der Bevölkerung entspricht (z. B. in der Schweiz 75% oder unter englischen Lehrern 33%; s. GRAF 2009a). Unterricht muss wissenschaftsorientiert sein und bleiben (s. Kap. 15.2.1). Diesem Anspruch kann Kreationismus grundsätzlich nicht genügen. Auch Intelligent Design verlässt im Übrigen den Boden wissenschaftlicher Erklärung, wenn es das Wirken eines Designers behauptet, der sich nicht an die Naturgesetze halten muss.
2. Kreationismus geht von einer speziellen Theologie aus, der Verbalinspiration. D. h., alle Texte der Bibel wurden von Gott unmittelbar in die Feder der Autoren „diktiert". Sie müssen deshalb wörtlich verstanden werden. Daraus ergibt sich das oberste Interesse des Kreationismus: eine bestimmte theologische Vorstellung zu verteidigen. Phänomene sollen gerade nicht erklärt werden. Evolutionstheorie ist dagegen in der Lage, einen Ausschnitt unserer Welt rational zu erklären.

   – Kritische Theologie lehnt Verbalinspiration aufgrund der heterogenen Entstehung der biblischen Texte ab. Entsprechend verhalten sich die großen christlichen Kirchen.
3. Evolutionstheorie beruht auf wissenschaftlichen Methoden. Nach dem Kreationismus sind die Lebewesen dagegen durch eine metaphysische Geisteskraft entstanden (s. auch Vitalismus). So werden z. B. physikalische Methoden der Altersbestimmung konsequent abgelehnt. Die Erde wurde z. B. nach bestimmten kreationistischen Vorstellungen vielmehr am „22. Oktober 4004 v. Chr." erschaffen. Für eine „Sintflut" hätte das auf der Erde vorhandene Wasser nicht ausgereicht. Also muss dieses Wasser auf übernatürlichem Weg „über das Firmament" gelangt sein (JESSBERGER 1990:70).

Die Aufzählung solcher erstaunlicher Verteidigungsargumente (die sich zum Teil nicht einmal mehr mit biblischen Aussagen belegen lassen) ist leicht zu vermehren. Kreationismus zwingt damit seine Vertreter, in einem Bereich Fakten zu leugnen und irrational zu denken (was diese im Alltag sonst ja bekanntlich keineswegs tun).

Ein Lehrer sollte nicht darauf verzichten, Wege zu ebnen, den Versuch zu machen, subjektive Hilfe zu geben. Evolutionstheorie muss als ein Stück belegter Welterklärung akzeptiert und als ein zentrales Thema von Biologieunterricht präzise und ausführlich (!) behandelt werden. Schöpfungslehre hat dagegen im Biologieunterricht keinen Platz. Jedermann kann „hinter" dem Beobachtbaren einen Schöpfer, einen Schöpfungsplan annehmen, wenn er dies will. Biologie und andere Wissenschaften können die Annahme eine einer übernatürlichen Schöpfung weder benoch widerlegen. Nebenbei: Dies ist eine Lösung, die (subjektiver Erfahrung zufolge) von kreationistisch eingestellten Schülern nicht selten akzeptiert wird.

19.3.4 Esoterikproblem

Die Revolte gegen die Naturwissenschaften wendet sich gegen die Vorstellung, dass man sich der Wahrheit annähern kann durch diszipliniertes, geduldiges und kritisches Denken. Der Rebell gegen Naturwissenschaften sucht die Wahrheit entweder bei einem Okkultisten oder durch direkte Intuition... Sein Interesse besteht darin, sich egoistisch selbst zu entwickeln, nicht in der Kultivierung einer Wissenschaft, einer Kunst, die unabhängig von ihm existiert (PASSMORE 1975:58).

In Deutschland und anderen Ländern ist es in den letzten Jahren zu einer erstaunlichen Renaissance nichtwissenschaftlicher Vorstellungen zur Erklärung der Welt gekommen (Belege hierzu s. GRAF 1998a). Diese Denkweisen werden gemeinhin unter dem Sammelbegriff „Esoterik" zusammengefasst. Es werden transzendente Wirklichkeiten –gleichsam eine Welt hinter der Welt – postuliert. Mit deren Hilfe sollen unsere Alltagsprobleme einfacher gelöst werden können. Diese „Wirklichkeiten" sind jedoch nur Esoterikern zugänglich, „Normalbürgern" aber bleiben sie verschlossen.

Esoterisches Denken ignoriert wissenschaftliche Erkenntnisse bzw. weist diese als irrelevant zurück. Viele Esoterik-Erklärungsmodelle werden von ihren Vertretern trotzdem mit dem Gütesiegel „Wissenschaftlichkeit" versehen. Man stellt vielfach spirituelle oder paranormale Erklärungen als ganzheitliche, sanfte, menschliche o. ä. Wissenschaften den sogenannten Schulwissenschaften gegenüber.

Ursachen für das Anwachsen dieser „Bewegung" sind sicher vielfältig und schwierig zu ergründen. Neben einer allgemeinen Suche nach Lebenssinn dürfte dabei ein wesentlicher Faktor die immer weiter zunehmende Wissenschaftsfeindlichkeit sein; deren Auftreten in der Literatur hat ZÖLLER (1974b) schon früh mit zahlreichen Beispielen belegt. Vielfach sind unspezifische Ängste im Spiel: Atomenergie, Atombombe, zunehmende Umweltverschmutzung, Gentechnologie, sogenannte Apparatemedizin (vgl. BERCK 1997) sind beispielhafte gesellschaftliche Diskussions- bzw. Problemfelder, für die der Wissenschaft Verantwortung zugeschrieben wird.

Vielfach kommt es auch zu dem fundamentalen Missverständnis, Wissenschaften würden „letzte Wahrheiten" erkennen. Dass sie dies gerade nicht tun, ihre Erkenntnisse immer vorläufig bleiben und sie sich dadurch von spirituellen und paranormalen Glaubenssystemen unterscheiden, wird nicht gesehen.

GRAF (1998a) nennt etwa 30 verschiedene Themenfelder aus dem Inhaltsbereich des Biologieunterrichts, bei denen esoterisches Denken eine Rolle spielt. Bis heute jedoch wird im Biologieunterricht das Aufkommen der Esoterik-Welle weitgehend ignoriert. In Schulbüchern und Zeitschriften für den Biologieunterricht finden sich sogar moderate bis unkritische Stellungnahmen zu bestimmten esoterischen Praktiken (z. B. Homöopathie). Insgesamt ist festzustellen, dass es offenbar weder dem Biologieunterricht noch anderen Unterrichtsfächern gelingt, Schüler über das Wesen der Wissenschaft und den Unterschied zu esoterischen Denkweisen ausreichend aufzuklären. Der amerikanische Philosoph KURTZ (1996:305) befürchtet, *dass die zunehmende irrationale Wissenschaftsfeindlichkeit die Überlebensfähigkeit der wissenschaftlichen Forschung einschließlich der aus ihr stammenden Lösungsansätze untergräbt. Der Schlüssel liegt in der Bildung... Wir müssen das Verständnis [über die Ziele von Wissenschaft] unter Schülern und Studenten... verbessern.*

Es reicht in diesem Zusammenhang allerdings nicht aus, Ziele und Methoden von Wissenschaft zu vermitteln: Unterricht, der esoterische Inhalte in Form angeblicher medizinischer Heilverfahren, psychologischer Hilfesysteme, okkulter Abenteuer etc. nicht zum Thema macht, der die Thematik totschweigt, kann die zunehmend distanzierte bis feindliche Einstellung gegenüber Wissenschaft nicht verringern. Ansatzpunkte zur unterrichtlichen Aufarbeitung finden sich bei GRAF (1998a) und WEBER (2008). Eine Zusammenstellung „theoretischer Mängel" von Esoterik, die im Unterricht besprochen werden können, gibt Tabelle 20-1.

Soll man im Unterricht also Sachverhalte ansprechen, die offensichtlich falsch sind? In Anbetracht der knappen Unterrichtszeit ist man geneigt, die Frage zu verneinen. Dann bliebe ja noch weniger Zeit für biologische Themen. Bei genauerer Betrachtung spricht jedoch einiges für das kritische Behandeln ausgewählter esoterischer Themen. Wenn man das seit Jahrzehnten allgemein anerkannte Oberste Lehrziel für den Biologieunterricht (s. Kap. 3.2) bzw. die Kontextorientierung ernst nimmt, kommt man an deren Behandlung nicht vorbei. Wie sonst sollen Schüler kritische Argumente – z. B. zu esoterischen Heilslehren – entwickeln können?

Darüber hinaus erscheint es wichtig, verstärkt allgemein den Charakter von Wissenschaften bzw. den grundsätzlichen Unterschied zwischen Wissenschaften und esoterischem Denken herauszuarbeiten. Auf diese Weise ist es vielleicht möglich, den Schülern Beurteilungsmaßstäbe an die Hand zu geben. Der Kompetenzbereich Erkenntnisgewinnung der „Bildungsstandards" erscheint besonders geeignet, um den Schülern betreffendes Wissen zu vermitteln.

Kritisch thematisiert werden könnte beispielsweise die Homöopathie (GRAF 2004, WEBER 2008), die vermutlich die verbreiteteste[13] esoterische Heilslehre ist. Würden die Prinzipien der Homöopathie zutreffen, müsste das gesamte naturwissenschaftliche Lehrgebäude umgeschrieben werden. Aus heutiger Sicht sind z. B. angebliche Phänomene, wie „Potenzierung durch Verdünnung", „Wassergedächtnis" o. ä. nicht zu erklären. Dies ist allerdings auch gar nicht notwendig, weil sämtliche Heilungserfolge nach Verabreichung homöopathi-

13 Eine repräsentative Untersuchung des Instituts für Demoskopie Allensbach aus dem Jahr 2009 ergab, dass 53% der Bevölkerung schon einmal homöopathische Medikamente zu sich genommen hat..Dagegen kennen nur 17% die homöopathischen Glaubensgrundlagen der Wirkungspotenzierung durch Verdünnung und der Heilung durch Verabreichung von Stoffen, die bei Gesunden Krankheitssymptome auslösen (BAH 2009).

Tab. 20-1: Darstellung empirischer und theoretischer Mängel von Aussagen als Indizien für Parawissenschaften (aus GRAF 1998a, gekürzt)

- Subjektive Messungen, anekdotische Schilderungen, subjektive Einschätzungen;
- Geringe Unterschiede zwischen Kontroll- und Testgruppe; Statistik wird missbraucht – oder gar nicht verwendet.
- Es wird auf das Vorhandensein von Phänomenen geschlossen, ohne dass direkte Belege vorliegen.
- Keine immer besseren Belege, keine Weiterentwicklung der Theorien im Lauf der Zeit;
- vorausgesagte Phänomene bleiben unsicher; aus der Theorie abgeleitete Phänomene treten nur unvorhersehbar auf; immer, wenn man ein Phänomen messen will, verschwindet es.
- Unzureichende Suche nach Alternativen (wissenschaftlichen) Erklärungen;
- Behauptung, man habe Beweise, die aber die Wissenschaft nicht akzeptiert

scher Medikamenten durch Placebowirkungen erklärt werden können (s. Ernst & Singh 2009).

In Deutschland gibt es nur wenige Veröffentlichungen für die Schulpraxis, die Esoterik kritisch beleuchten (z. B. Hund 1995, 2004, Graf 1998a, 2004, Weber 2008). Nicht besser sieht es im englischen Sprachraum aus (z. B. Allen 1995, Shermer 1995).

19.3.5 Natur oder Kultur?

Auch für den Biologieunterricht ist die alte Streitfrage ein wichtiges Thema, in welchem Ausmaß unser Verhalten vorwiegend biologisch/genetisch („Biologisten") oder kulturell („Kulturisten") bestimmt wird. Dem setzt Voland (2000) aufgrund verhaltensphysiologischer Befunde das „interaktionistische Lernmodell (Kultur via Natur)" gegenüber: Die Unterscheidung von „vermeintlich angeborenen und erworbenen Verhaltensanteilen ist äußerst irreführend"; Gene (und v. a. deren Expression) definieren die Reaktionsnorm auf äußere Entwicklungsabläufe. Die Umwelt entscheidet mit darüber, zu welchem Ergebnis die genetisch programmierten Entwicklungsabläufe führen. Wir haben notwendigerweise in der Evolution entstandene Verhaltens-/Lernstrategien, die wesentlich unser Verhalten bestimmen. Zweckmäßige Reaktionen des menschlichen Verhaltens auf jeweils herrschende kulturelle Bedingungen können als eine evolutionäre Ausstattung angesehen werden. Anpassung an spezifische kulturelle Bedingungen nicht nur eines Menschen, sondern ebenfalls der Verwandten kann zu einer besseren „Gesamtfitness" mit höherer Reproduktionsrate führen.

Es gibt also neben den dualistischen (etwa Kultur als das ganz andere) verschiedene evolutionäre Erklärungen über die Ursachen der kulturellen Entwicklung, z. B. Bindungsprozesse innerhalb von Gruppen, Kultur führt zur Erhöhung der Lebens- und damit auch der Fortpflanzungschancen.

Voland (2002) vertritt (mit anderen) die Hypothese des evolutionären Vorteils der „Imitation": Imitiere die Erfolgreichen, wähle schnell und gefahrlos Verhalten, mit dem andere Erfolg hatten (wobei freilich auch subjektiv Nachteiliges gelernt werden kann). Nur biologisch, d. h., letztlich in Bezug auf Vorteile bei der Fortpflanzung, erfolgreiches Verhalten wird in die jeweilige kulturelle Tradition aufgenommen – wofür es zahlreiche Beispiele gibt. Dieses „Fitnessrennen" verhindert auch Stillstand. Sobald ein Verhalten von vielen angenommen wird, verliert es leicht seinen Selektionsvorteil, dann wird Alternatives erfolgversprechender. – Zahlreiche soziobiologische Beispiele, die den Aussagen von Voland entsprechen, enthält der Beitrag von Paul (1999). Verbeek (1999) untersucht die biologischen Wurzeln von Rassismus, der sich als Abneigung gegenüber allen Fremden recht deutlich aus den Überlebensstrategien unserer Vorfahren erklären lässt.

Ein „Kulturist" würde gegen solche Vorstellungen einwenden: Kultur ist eine qualitativ andersartige „Umgebung" als „Natur". Sie enthält Gestaltungselemente, die nicht natürlich sind (Sprache, Symbole, Artefakte, die sich nicht allein nach dem Kriterium „Nützlichkeit", so die Kunst) beurteilen lassen.[14] Der „Interaktionist" könnte dem wiederum erwidern, dass gerade die Anwendung der genannten Elemente von Kultur auf der Grundlage der biologisch programmierten Lernfähigkeit unter bestimmten Bedingungen positiven Selektionsvorteil für ein Individuum haben. – Es handelt sich also um wichtige, noch immer kontroverse Themen, auf die im Biologieunterricht (zumindest) der Sekundarstufe II nicht verzichtet werden sollte. Anstatt diesen Problemkreis zu verdrängen, weil er für viele eine „narzisstische Kränkung" (Verbeek 1999) darstellt – muss er in der Hoffnung behandelt werden, Abhängigkeiten unseres Verhaltens durch Wissen um deren Ursprünge zu verändern. – Zahlreiche Literaturangaben zum Thema „Mensch und Evolution" finden sich in der schon mehrmals erwähnten „Datenbank Schulpraxis" (2009).

14 So G. Henrtich, Professor für Ethik, dem ich für ausführliche Korrespondenz zu diesem Thema sehr zu danken habe!

19.4 Bewertungskompetenz – am Beispiel ethischer Urteilskompetenz

Zu den von Schülern zu erwerbenden Kompetenzen gehört die der Bewertung von Sachverhalten. Dass dies ganz zentral für die oben dargestellten biophilosophischen Themen gilt, bedarf keiner weiteren Begründung. Allerdings sind bislang kaum empirische Befunde bekannt, wie denn nun diese Bewertungskompetenz bei Schülern erreicht werden kann.

Ein „Modell" wie dergleichen am Beispiel der „Ethischen Urteilskompetenz" für die Mittelstufe erreicht werden könnte, haben REITSCHERT et al. (2007) vorgelegt. Sie schlagen dafür folgende „Dimensionen" bzw. allgemeingültige Elemente vor: Wahrnehmen und Bewusstmachen der eigenen Einstellung, Wahrnehmen und Bewusstmachen moralischer Relevanz, Beurteilen, Folgenreflexion, Urteilen, Basiswissen. Dazu werden weiterhin zwei grundlegende Fertigkeiten vorausgesetzt: Argumentationsfähigkeit und Perspektivenwechsel (sich in andere Positionen zu versetzen und deren Allgemeingültigkeit zu erkennen bzw. zu überprüfen). – Es erscheint wahrscheinlich, dass die genannten Kriterien zur Erarbeitung vieler Bewertungssituationen nützlich sind.

Es ist einleuchtend, dass bei der Bearbeitung von Fragen zur Bioethik die Bewertungskompetenz von Schülern gut geschult werden kann; dazu liegen ausführliche Studien vor (EGGERT & HÖSSLE 2006, HÖSSLE 2006, HÖSSLE & BAYRHUBER 2006). Ausgehend von einem Dilemma, also einer Situation in der mindestens zwei Lösungen möglich sind, schlagen sie sechs Schritte zur Urteilsfindung vor: Definieren des Dilemmas, Klärung möglicher Handlungsmöglichkeiten, Aufzählung ethischer Werte die mögliche Handlungen betreffen, begründete Urteilsfindung, Diskussion andersartiger Urteile, Aufzählung von Konsequenzen, die das eigene und mögliche andere Urteile beinhalten. Diese Schritte der Urteilsfindung geben den Schülern ein „Regelwerk" vor, das ihnen den Bewertungsprozess erleichtert, systematisiert und ihre Bewertungskompetenz (so die Autoren) fördert. HÖSSLE schlägt vor, die „Beteiligungs- und Aufmerksamkeitsrate" mit Hilfe entsprechender Beobachtungsbögen zu ermitteln.

Begriffe. Anthropinon, Anthropozentrismus, Physiozentrismus, Naturschutz-Ethik (Modelle), Kreationismus, „Biologist" – „Kulturist – „Interaktionist", Esoterik

Literatur

Abkürzungen:

ABT	American Biology Teacher
Beitr.	Beiträge
Ber. IDB	Berichte Institut Didaktik Biologie Universität Münster
biol. didac.	biologica didacta
Biol. Schule	Biologie in der Schule
BU	Der Biologieunterricht
Educ.	Education
Europ. J. Science Educ.	European Journal of Science Education
Int. J. Science Educ.	International Journal of Science Education
IPN	Institut für die Pädagogik der Naturwissenschaften
J. Biol. Educ.	Journal of Biological Education
J. Environm. Educ.	Journal of Environment Education
J. Exp. Educ.	Journal of Experimental Education
J. Res. Science Teach.	Journal of Research in Science Teaching
MNU	Der mathematische und naturwissenschaftliche Unterricht
NiUB	Naturwissenschaft im Unterricht Biologie
Päd. Welt	Pädagogische Welt
Prax. Biol.	Praxis der Naturwissenschaften Biologie
Rev. Edic. Res.	Review Education Research
Schr.	Schrift, Schriften
SMP	Sachunterricht und Mathematik in der Primarstufe
SSR	School Science Review
UB	Unterricht Biologie
VDBiol	Verband Deutscher Biologen
ZfDN	Zeitschrift für Didaktik der Naturwissenschaften
Zt.	Zeitschrift

Da für die Schreibweise mit Kapitälchen das Zeichen für „ß" fehlt, müssen oftmals Personennamen mit „ß" bedauerlicherweise mit „ss" geschrieben werden.

Heftangaben (H.) erfolgen nur, wenn mehrere Hefte eines Bandes oder Jahrgangs jeweils neu paginiert werden.

Zur besseren Lesbarkeit wird auch in den Literaturzitaten die neue Form der Rechtschreibung verwendet.

Es sind nur Literaturangaben in der Literaturliste enthalten, die auch im Buch zitiert werden. Bei Sammelbänden, aus denen einzelne Arbeiten zitiert werden, werden die Herausgeber noch einmal zitiert.

Literaturangaben mit * weisen darauf hin, dass dieses Werk eine besonders umfangreiche Literaturliste zum angeschnittenen Thema enthält.

Bei Autoren mit gleichem Namen werden bei Literaturangaben im Text zur Vermeidung von Verwechslungen gelegentlich die Initialen der Vornamen angegeben.

A Campo, A. (2007): Rettet die mathematische und naturwissenschaftliche Bildung. – MNU 60: 3.

Abraham, M. R. (1998): The Learning Cycle Approach as a Strategy for Instruction in Science. – In: Fraser, B. J. & K. G. Tobin (Hrsg.): International Handbook of Science Education. – Dordrecht.

Adl-Amini, G. & R. Künzli (Hrsg.) (1980): Didaktische Modelle und Unterrichtspraxis. – München.

Aebli, H. (1983): Zwölf Grundformen des Lehrens. – Stuttgart.

Agnew, P. W. – A.S. Kellermann – J. Meyer (1996): Multimedia in the Classroom. – Boston.

Ajzen, I. & M. Fishbein (1980): Understanding Attitudes and Predicting Social Behavior. – New Jersey.

Allen, R.D. (1995): Biology. A Critical Thinking Approach. – Dubuque.

Alt-Stutterheim, W. v. (1980): Schülerurteile zur Arbeitsbelastung. – UB 48/49: 66-70.

Amesberger, G. – K. Schörghuber – V. Sotzko (1995): Innere und äußere Natur – zum Naturverständnis bei Outdoor-Aktivitäten. – Umwelt-Erziehung 1:19-23.

Anderson, J. R. (1988): Kognitive Psychologie, – Heidelberg.

Anonymus (1901): Über die gegenwärtige Lage des Biologischen Unterrichts an höheren Schulen. – Verhandlungen 73. Versamml. deutscher Naturforscher und Ärzte [ohne Bd.). – Jena.

Anonymus (1997): Multimedia CD-ROMs: Neuerscheinungen 1996. – Multimedia-Magazin o. J. H. 1:2-35.

Arber, A. (1960): Sehen und Denken in der biologischen Forschung. – rowohlts deutsche enzyklopädie 110.

Arbinger, R. (1975): Zum Problem des Entdeckenden Lernens. – Manuskript Fachbereich Psychologie, Universität Gießen, Projekt: „Motivation im naturwissenschaftlichen Unterricht".

Arbinger, R. et al. (1976): Stabilität und Veränderung der Interessen von Schülern der 5. bis. 9. Klassenstufe an Problemen der Physik und Biologie. – In: Spitznagel, A. & E. Todt (Hrsg.): Beiträge zur pädagogischen Psychologie der Sekundarstufe I. – Schr. Univ. Gießen 2.

Armbruster, B. B. & T. H. Anderson (1991): Textbook Analysis. – In: Lewy, A. (Hrsg.): The International Encyclopedia of Curriculum.

Arnold, N. (1976): Wildlife Conservation by Young People. – London.

Artelt, C. et al. (2000) (Hrsg.): PISA 2000 – Zusammenfassung zentraler Befunde. – Berlin.

Aschersleben, R. (Hrsg.) (1986): Moderner Frontalunterricht. Neubegründung einer umstrittenen Unterrichtsmethode. – Frankfurt a.M.

Auerswald, B. (1863): Botanische Unterhaltungen – Vollständiges Lehrbuch der Botanik. – Leipzig.

Ausubel, D. (1973): Entdeckendes Lernen. – In: Neber, H. (Hrsg.): Entdeckendes Lernen. – Weinheim.

Ausubel, D. – J. D. Novak – H. Hansian (1981): Psychologie des Unterrichts. – Weinheim.

Baade, H. (2006): Erfahrungen und Überlegungen zu einem museumspädagogischen Aspekt. – Prax. Biol. 55, H. 5: 34-39.

BAH – Bundesverband der Arzneimittel-Hersteller (2009): Allensbach-Studie belegt: Bevölkerung schenkt Homöopathie ihr Vertrauen. – http://www.bah-bonn.de/index.php?id=178.

Bahl, E. et al. (1975/77): Arbeitsbuch für den Sachunterricht in der Grundschule, 4. Schuljahr. – Frankfurt a. M.

Ballauff, Th. (1962): Die pädagogische Unzulänglichkeit biologischer Anthropologie. – neue päd. bemühungen 3 (Essen).

Bambacher, H. et al. (Hrsg.) (1996): Prüfen und Beurteilen. – Friedrich Jahresheft XIV.

Bannert, U. & G. Rutz (1998): Fachdidaktik Biologie, Teil 1, Teil 2. – Univ. Zürich Fachdidaktik Biologie (zwei Hefter).

Barrass, R. (1979): Vocabulary for Introduction Courses in Biology: Necessary, Unnecessary and Misleading Terms – J. Biol. Educ. 13:179-181.

Bartsch, A. et al.(1990): Die Pfeffersche Zelle: Realität und Modell. – UB 14, H. 160:34-37.
Bauer, A. et al. (2003) (Hrsg.): Entwicklung von Wissen und Kompetenzen im Biologieunterricht. – Kiel (IPN).
Bauer, E. W. (1976): Zeichnen auf Tafel und Folie. – Heidelberg.
Bauhardt, V. (1990): Veränderung der Einstellung gegenüber Gliedertieren durch Interaktion mit lebenden Tieren im Biologieunterricht. – Münchner Schr. zur Didaktik Biologie 7.
Baumann, K. (1975): Fachübergreifender Naturwissenschaftlicher Unterricht in der Sekundarstufe I. – MNU 28:117.
Bäumer-Schleinkofer, Ä. (1992): NS-Biologie und Schule. – Frankfurt a. M.
Baumert, J. et al. (2003): Deutsches Pisa-Konsortium: Naturwissenschaftliche Grundbildung, Testkonzeption und Ergebnisse. – Opladen.
Baumert, J. & R. Lehmann (1997): TIMSS – Mathematisch-naturwissenschaftlicher Unterricht im internationalen Vergleich. – Berlin.
Bäuml-Rossnagel, M. A. (1979, 1989): Sachunterricht in der Grundschule. – München.
Bayerisches Staatsministerium für Unterricht, Kultus, Wissenschaft und Kunst (1991): Lehrplan zur individuellen Lernförderung. – KWMBl I Nr. 1/1991:8-27, 57-63, 404-416, 628-654.
Bayerts, K. (1993): Autonomie und Biologie. – In: Bayerts, K. (Hrsg.): Evolution und Ethik. – Stuttgart (Reclam).
Bayrhuber, H. (2007): Leitideen zum Umgang mit dem Kreationismus. – MNU 60: 196-199.
Bayrhuber, H. (Hrsg.) (1999): Lernen im Biologieunterricht. – Salzburg (Inst. f. Didaktik der Naturwissenschaften).
Bayrhuber, H. & F. Brinkmann (Hrsg.) (1998): What – Why – How? Research in Didaktik of Biology. – Kiel (ipn-materialien).
Bayrhuber, H. & J. Mayer (Hrsg.) (2000): Empirical Research on Environmental Education in Europe. – Münster.
Bayrhuber, H. & U. Unterbruner (Hrsg.) (2000): Lehren und Lernen im Biologieunterricht. – Forschungen z. Fachdidaktik 1 (Wien).
Bayrhuber, H. et al. (Hrsg.) (1994): Interdisziplinäre Themenbereiche und Projekte im Biologieunterricht. – Kiel (IPN).
Bayrhuber, H. et al. (Hrsg.) (1997): Biologieunterricht und Lebenswirklichkeit. – Kiel (IPN 150).
Bayrhuber, H. et al. (Hrsg.) (1999): Biologie und Bildung. – Kiel (IPN 166).
Bayrhuber, H. et al. (Hrsg.) (2001): Biowissenschaften in Schule und Öffentlichkeit. – Kiel (IPN).
Bayrhuber, H. et al. (2007a): Biologie im Kontext. – MNU 60: 282-286.
Bayrhuber et al. (2007b): Biologie im Kontext – erste Forschungsergebnisse. – MNU 65: 304-312.
Beasley, W. F. (1978): The Effect of Physical and Mental Practice of Psychomotor Skills on Chemistry Student Laboratory Performance. – J. Res. Science Teach. 16:473-479.
Beck, E. - G. (2001): Der Biologiekurs Klasse 11-12-13 im Internet und Unterricht. – MNU 54: 43-45.
Beck, G. et al. (1995): Das neue Sach- und Machbuch 2 (Cornelsen). – Berlin.
Becker, P. & K. – H. Berck (1992): Ohne genaue Kenntnis des Homologiebegriffs kein Verständnis für Evolution auch in der Sekundarstufe I. – MNU 45:419-425.
Beier, W. (1971): Auswahl von Biologiebüchern durch den Lehrer. – Blickpunkt Schulbuch H. 14:20-24.
Beiler, A. (1949): Fachliche und schulpraktische Fragen zum Problem der Lebensgemeinschaft. – Päd. Rundschau 3:356-360.
Beiler, A. (1960): Der biologische Unterricht der Volksschulen nach den Richtlinien der deutschen Bundesländer. – Pädag. Rundschau 7: 307-310.
Beiler, A. (1965): Die lebendige Natur im Unterricht. – Ratingen.
Beisenherz, W. (1982): Die Bedeutung des Experimentes für den Biologieunterricht der gymnasialen Oberstufe. – Prax. Biol. 29:216-219.
Berck, H. (1986): Begriffe im Biologieunterricht. – Didaktik der Naturw. Bd. 10. – Köln.

Berck, K. - H. (1966): Vom subjektiven Wert der Ornithologie. – Luscinia 39:5-8.
Berck, K. - H. (1968): Tier- und Humanpsychologie – eine methodische Anleitung für den Unterricht. – Heidelberg.
Berck, K. - H. (1970): Der Homologiebegriff im Biologieunterricht. – MNU 23:27-33.
Berck, K. - H. (1975a): Neue Tendenzen im Biologieunterricht – der Einfluss von Curriculumtheorien. – Prax. Biol. 24:169-176.
Berck, K. - H. (1975b): Quellen und Arbeitstexte Biologie, Sekundarstufe I. – Bonn.
Berck, K. - H. (1976): Fundamentalthemen – notwendiges oder nutzloses Element von Biologieunterricht ? – MNU 29:471-474.
Berck, K. - H. (1980): Biologie in der Sekundarstufe I. – In: Roth, L. (Hrsg.): Handlexikon zur Didaktik der Schulfächer. – München.
Berck, K. - H. (1987a): Aufgaben des Biologieunterrichts – vor einer Gegenreform. – Prax. Biol. 36, H.8:43-45.
Berck, K. - H. (1987b): Warum so wenig Interesse der Schüler am naturwissenschaftlichen Unterricht? – MNU 40:387-389.
Berck, K. - H. (1992): Der Einstieg in eine Biologiestunde. – MNU 45:44-48.
Berck, K. - H. (1997): Lebenswirklichkeit und Biologieunterricht. – In: Bayrhuber, H. et al. (Hrsg).: Biologieunterricht und Lebenswirklichkeit. – Kiel (IPN 150).
Berck, K. - H. (2006): Kein Fach Naturwissenschaften in Klasse 5/6 – Widerspruch gegen einen Einwand – Titel in MNU: Zu Nordrhein-Westfalen kippt Einführung des Faches Naturwissenschaften in den Jahrgängen 5/6. – MNU 59, S. 117 (2005).
Berck, K. - H. (2009): Artenkenntnis wozu – Naturbegegnung was ist das? – MNU 62: 68 – 71.
Berck, K. - H. et al. (1975): Biologiedidaktische Veranstaltungen im Studium von Biologielehrern. – Mitt. VDBiol. 228:1079-1082.
Berck, K. - H. & D. Erber (1993): Hagenbuttentee und Hermelinmantel – Vermittlung von Artenkenntnissen usw. – UB 189:14-17.
Berck, K. - H. & D. Erber (1996): Tiere und Pflanzen Kennen lernen – Lehrererzählungen und Arbeitsblätter, vierzig Beispiele für den Unterricht in den Klassen 3–6. – Gießen (Institut für Biologiedidaktik).
Berck, K. - H. & D. Graf (1987a): Begriffslernen im Biologieunterricht – Begriffe zur Unterrichtseinheit „Zelle“. – MNU 40:161-168.
Berck, K. - H. & D. Graf (1987b): Rahmenplan des Verbandes Deutscher Biologen für das Schulfach Biologie, Kurzfassung. – MNU 41:182-185.
Berck, K. - H. & D. Graf (1987c): Rahmenplan des Verbandes Deutscher Biologen für den Biologieunterricht. – VDBiol Veröffentl. 7.
Berck, K. - H. & D. Graf (1991): Begriffsbildung – Hypothesen über das schlechte biologische Grundwissen der Schüler. – Biologie heute 390:1-3.
Berck, K. - H. & D. Graf (1992): Begriffsauswahl und Begriffsvermittlung. – Überblick über den Forschungsstand für den Biologieunterricht. – In: Entrich, H. & L. Staeck (Hrsg.): Sprache und Verstehen im Biologieunterricht. – Alsbach.
Berck, K. - H. & D. Graf (2003): Biologiedidaktik von A bis Z – Wörterbuch mit 1000 Begriffen. - Wiebelsheim.
Berck, K. - H. & R. Klee (1992): Interesse an Pflanzen- und Tierarten und Handeln im Natur-Umweltschutz. – Frankfurt a. M.
Berck, K. - H. & J. Weiss (Hrsg.) (1984):Naturschutz – Thema des Biologieunterrichts. – Wetzlar (Naturschutzzentrum Hessen).
Berck, K. - H. & W. Wöllert (1994): Biologieunterricht in Gymnasien. – In: Riquarts, K. et al. (Hrsg.): Naturwissenschaftliche Bildung in der Bundesrepublik Deutschland, Bd. II. – Kiel (IPN 125).
Beuren, A. & M. Dahm (2000): Lernen in Stationen. – UB 259: 4-9.
Beyer, I (1995): Aktuelle Biologie – Zeitungs- und Zeitschriftenartikel als Grundlage zu Aufgaben. – Prax. Biol. 44, H. 1:1-36.
Biehl, J. – S. Hopmann – R. Künzli (1998): Zum Stand der empirischen Lehrplanarbeit. – In: Künzli, R. & S. Hopmann (Hrsg.): Lehrpläne: Wie sie entwickelt werden und was von ihnen zu erwartet wird. – Chur/Zürich.

BILLER, K. (1981): Die Vorbereitung des Unterrichts. – In: TWELLMANN, W. (Hrsg.): Handbuch Schule und Unterricht, Bd. 4.2. – Düsseldorf.
BILS, W. (1996): Übungsaufgaben zum Biologieunterricht in den Klassen 9 und 10 – Humanbiologie. – Wiesbaden.
BILS, W. (1992): Übungsaufgaben und Antworten zum Biologieunterricht in den Klassen 5 und 6. – Wiesbaden.
BILS, W. (1994): Übungsaufgaben zum Biologieunterricht in den Klassen 7 und 8. – Wiesbaden.
BINGER, D. & K. - H. BERCK (1993): Begriffsverwendung in Filmen für den Biologieunterricht. Analyse ausgewählter Beispiele. – MNU 46:489-49.
BIRETT, H. (1974): Funktionsmodelle – Versuche zur biologischen Nachrichtenverarbeitung. – Frankfurt a.M.
BIRETT, H. (1979): Modelle für biologische Prozesse. – MNU 29:103-107.
BIRKNER, C. (1990): Die Konstruktion von Aufgaben für die mündliche Abiturprüfung. – Prax. Biol. 39, H. 5:39-46.
BIRNBACHER, D. (1980): Ökologie und Ethik. – Stuttgart.
BLANKERTZ, H. (1970): Theorien und Modelle der Didaktik. – München.
BLECH, J, & R. VON BREDOW (2007): Die Grammatik des Guten. – Der Spiegel 31 (30.7.07).
BLECKMANN, H. – K. - H. BERCK – CH. SCHWAB (1979): Unterrichtseinheit Naturschutz, Lehrerausgabe. – Bonn.
BLOCH, J. R. et al. (Hrsg.) (1976): Curriculum Naturwissenschaft. – Köln.
BLOHM, M. (1999): Max Ernst: Die Glocke, Experimente zur Bildwahrnehmung. – Die Grundschule H.4:16-18.
BLOOM, B. S. et al. (1972): Taxonomie von Lernzielen im kognitiven Bereich. – Weinheim.
BLOOM, B. S. et al. (1974): Taxonomy of Education Objectives, Handbook I: Cognitive Domain. – New York.
BLUM, A. (1991): Integrated Science Studies. – In: LEWY, A. (Hrsg.): The International Encyclopedia of Curriculum. – Oxford.
BÖDDEKER, W. et al. (1974): Forschungen über mathematisch-naturwissenschaftlichen und fremdsprachigen Unterricht. – Weinheim.
BOECK, L. & S. BOYER (1997): College Students´ Attitudes towards Living Organisms: the Influence of Experience and Knowledge. – ABT 59: 558-563.
BÖGEHOLZ, S. (1999): Qualität primärer Naturerfahrung und ihr Zusammenhang mit Umweltwissen und Umwelthandeln. – Opladen.
BÖGEHOLZ, S. & J. MAYER (1998): Haben Naturerfahrungen Einfluss auf umweltgerechtes Handeln? – In: BAYRHUBER, H. et al. (Hrsg.): Biologie und Bildung. – Kiel (IPN 166).
BOGNER, F. (1997): Einstellungen gegenüber der Natur und Bereitschaft zu umweltbezogenem Verhalten bei Schülerinnen und Schülern der Sekundarstufe I. – In: BAYRHUBER, H. et al. (Hrsg). Biologieunterricht und Lebenswirklichkeit. – Kiel (IPN 150).
BÖHMER, M. (1979): Lernerfolgskontrolle. – Königstein/Taunus.
BOHN, M. (2008): Schulbiologie im Umbruch. – VBIO-Biol. i. unserer Zeit 38: 360-363.
BÖHNKE, H. (1978): Die Behandlung wissenschaftlicher Erkenntnisweisen im Biologieunterricht der gymnasialen Oberstufe. – MNU 31:490-495.
BOLEY, E. (1998): Das Waldschulheim. Eine vergleichende Untersuchung von Waldschulheimaufenthalten unter besonderer Berücksichtigung der Bedeutung der Waldarbeit. – In: BAYRHUBER et al. (1998): Biologie und Bildung. – Kiel (IPN).
BOLSCHO, D. (1990): Environmental Education in Practice in the FRG: an Empirical Study. – Int. J. Science Educ. 12:133-146.
BOLSCHO, D. & H. SEYBOLD (1996): Umweltbildung und ökologisches Lernen. – Berlin.
BOLTE, C. (2004): Selbstevaluation des (eigenen) Biologieunterrichts. – Prax. Biol. 53, H. 3:42 – 47.
BONNSTETTER, R.J. (1984): Characteristics of Teachers Associated with an Exemplary Programm Compared with Science Teachers in General. – Iowa: Doctoral Dissertation Univ. Iowa /USA.
BOSSEL, H. (1985): Umweltdynamik. – München.

Boud, D. – J. Dunn – E. Hegarty-Hazel (1989): Teaching in Laboratories. – Stony Stratford (Society for Research into Higher Education & Open Univ. Press).
Brandhorst, A. R. (1991): Social Skills Educational Programs. – In: Lewy, A. (Hrsg.): The International Encyclopedia of Curriculum. – Oxford.
Braun, A. (1983): Umwelterziehung zwischen Anspruch und Wirklichkeit. – Frankfurt a. M.
Brehmer, K. (1993): Ethik im Biologieunterricht. – Prax. Biol. 42, H. 3:41-47.
Bretschneider, J. (1992): Wie konsequent ist die biologische Fachsprache? – In: Entrich, H. & L. Staeck (Hrsg.): Sprache und Verstehen im Biologieunterricht. – Alsbach.
Bretschneider, J. (1993): Zum Verhältnis von Empirischem und Theoretischem in der Biologie. – Aachen.
Bretschneider, J. (1998): Philosophieren im Biologieunterricht; Arbeitsmaterial für Schülerinnen und Schüler der Sek. I und II; Handreichung für Lehrerinnen und Lehrer. – Neustadt.
Brezmann, S. (2004): Erkenntnistätigkeiten im Unterricht – Das Definieren und Vergleichen. – Prax. Biol. 54, H. 4: 28- 30.
Brinkmann, F. G. (1997): Die Bedeutung von vorunterrichtlich geprägten Vorstellungen für das Verständnis von Biologie. – In: Bayrhuber, H. et al. (Hrsg): Biologieunterricht und Lebenswirklichkeit. – Kiel (IPN 150).
Brinschwitz, T. & & H. Gropengiesser (2003): Auf dem Prüfstand: Didaktisch rekonstruierte Lernangebote zur Zelle. – In: Bauer et al.: Entwicklung von Wissen und Kompetenzen. – Kiel (IPN).
Brockhaus, W. (1958): Biologie in unserer Zeit. – Essen.
Brohmer, P. (1932): Biologie-Handbuch der Volksschulpädagogik. – Frankfurt a.M.
Brohmer, P. (1935): Biologieunterricht unter Berücksichtigung von Rassekunde und Erbpflege. – Osterwieck.
Brohmer, P. (1952): Die deutschen Lebensgemeinschaften. – Weinheim.
Bromme, R. (1995): What exactly is "Pedagogical Content Knowledge"? – In: Hopmann, S. & K. Riquarts (Hrsg.): Didaktik and/or Curriculum. – Kiel (IPN 147).
Bromme, R. & W. Bünder (1994): Fachbegriffe und Arbeitskontext: Unterschiede in der Struktur chemischer Fachbegriffe bei verschiedenen Nutzergruppen. – Zt. Sprache u. Kognition 13:178-190.
Brophy, J. E. & T. L. Good (1986): Teacher Behavior and Student Achievement. – In: Wittrock, M. C. (Hrsg.): Handbook of Research on Teaching, 3. Ed. – New York.
Brown, D. S. (2003): A Group Approch to Concept Mapping. – ABT 65:192-197.
Brügelmann, H. (1972): Offene Curricula – Zt. f. Pädagogik 1972, H. 1:95-118.
Brüggemann, O. (1958): Philosophie im biologischen Unterricht. – In: Ballauff, Th. (Hrsg.): Philosophie im mathematischen und naturwissenschaftlichen Unterricht. – Heidelberg.
Brüggemann, O. (1967): Naturwissenschaft und Bildung. – Heidelberg.
Brüllow, F. (1877): Der Unterricht in der Naturgeschichte. – Essen.
Bruner, J. S. (1966). Towards a Theory of Instruction. – Cambridge.
Bruner, J. S. (1970): Der Prozess der Erziehung. – Düsseldorf.
Bruner, J. S. (1973): Der Akt der Entdeckung. – In: Neber, H. (Hrsg.): Entdeckendes Lernen. – Weinheim.
BSCS – Biological Sciences Curriculum Study (1968): High School Biology, Green Version. – New York.
Buck, P. (1992): Didaktik integrierten naturwissenschaftlichen Unterrichts. – In: Riquarts, K. et al. (Hrsg.): Naturwissenschaftliche Bildung in der Bundesrepublik Deutschland, Bd.III. – Kiel (IPN 125).
Bünder, W. (1998): BLK-Modellversuch beendet – PING lebt. – IPN-Blätter 15, H. 1:4-5.
Bünder, W. & F. Wimber (1997): BLK-Modellversuch: Praxis integrierter naturwissenschaftlicher Grundbildung. – Kiel (IPN).
Bundesministerium für Bildung und Forschung (BMBF) (2007) (Hrsg.): Bildungsforschung Band 1 Zur Entwicklung nationaler Bildungsstandards. – Berlin.
Bund-Länder-Kommission f. Bildungsplanung u. Forschungsförderung (1997): Gutachten zur Vorbereitung des Programms „Steigerung der Effizienz des mathem. – naturw. Unterrichts". – Materialien z. Bildungsplanung u. z. Forschungsförderung, H. 60 (Bonn).

BUNGE, M. & M. MAHNER (2004): Über die Natur der Dinge. – Stuttgart.
BUNK, B. & J. TAUSCH (1980): Verhaltenslehre, Handbuch der Unterrichtsversuche. – Braunschweig.
BUSCHE, E. (1978): Vererbung bei Krupp, Krause und im Schulbuch oder warum und wozu reaktionäre Erblehre im Biologieunterricht. – In: BUSCHE, E. – B. MARQUARDT – M. MAURER (Hrsg.): natur in der schule. – Reinbek.
BUSCHE, E. – B. MARQUARDT – M. MAURER (1978) (Hrsg.): natur in der schule. – Reinbek.
BUSEMANN, L. (1905): Lebensbilder aus dem Tierreich. Entwürfe für den tierkundlichen Unterricht in der Volksschule auf biologischer Grundlage. – In: BETZ, K. O. & A. RUDE (Hrsg.): Der Bücherschatz des Lehrers. – Osterwieck.
BYBEE, R. (1997): Achieving Scientific Literacy: From Purposes to Practices. Portsmouth, NH.
CAAMAÑO, A. et al. (2002): Der naturwissenschaftliche Unterricht in der Sekundarstufe einiger europäischer Länder. – MNU 55: 132.
CAMPBELL, N. (1999, 2004): Der Bio-Trainer. – Heidelberg.
CAMPBELL, N. & J. B. REECE (2006): Biologie. – München.
CAREY, S. (1985): Conceptual Change in Childhood. – Massachusetts USA (Massachusetts Inst. of Technology).
CARR, S. (2000a): As Distance Education Comes of Age, the Challenge is Keeping the Students. – The Chronicle of Higher Education. – http://chronicle.com/free/v46/i23/23a00101.htm.
CARR, S. (2000b): Psych students Learn More through Distance but Are Less Satisfied. – The Chronicle of Higher Education. – http://chronicle.com/free/2000/02/2000021401u.htm.
CARSEN, S. R. (1996): Foxes and Rabbits – and a Spreadsheet. – SSR 21: 27; SSR 79: 129.
CHERIF, A. H. & C. H. SOMERVILL (1995): Maximizing Learning: Using Role Playing in the Classroom. – ABT 5:28-33.
CHIAPPETTA E. L .& T.R. KOBALLA (2006): Science Instruction in the Middle and Secondary Schools. – Upper Saddle River.
CHIAPPETTA; E. L. – G. H. SETHNA – D. A. FILLMANN (1991): A Quantitative Analysis of High School Chemistry Textbooks for Scientific Literacy Themes and Expository Learning Aids. – J. Res. Science Teach. 28: 939-951.
CHIN-CHUNG TSAI & CHAO-MING HUANG (2002): Exploring Students´ Cognitive Structure in Learning Science: a Review of Relevant Methods. – ABT 36: 163-169.
CLEMENT, P. (1998): La Biologie et sa Didactique Dix Ans de Recherche. – Aster 27: 57-89.
CLARK, R. E. & G. SALOMON (1986): Media in Teaching. – In: WITTROCK, M. C. (Hrsg.): Handbook of Research on Teaching, 3 Ed. – New York.
CLEFFMANN, G. (1979): Stoffwechselphysiologie der Tiere. – Stuttgart.
CLÉMENT, P. (1996): Images and Learning- Didactics of Biological and Medical Images. – In: GIORDAN, A. & Y. GIRAULT (Hrsg.) (1996): The New Learning Models. – Nice.
COBERN, W. W. et al. (2009): Inquiry Science Instruction or Direct? Literature Review. – Proceedings NARST 2009.
COLLETTE, A. T. & E. L. CHIAPETTA (1994): Science Instruction in the Middle and Secondary Schools. – New York.
COMBER, L. & J. KEEVES (1973): Science Education in 19 Countries. – Stockholm.
COMMITTEE ON HIGH-SCHOOL BIOLOGY EDUCATION NATIONAL RESEARCH COUNCIL (1990): Biology Education in the Nation's Schools. – Washington.
CONDORET, A. (1973): L'animal et les Étapes du Dévelopment des l'Enfant. – Paris.
COPEI, F. (1963): Der fruchtbare Moment im Bildungsprozess. – Heidelberg.
COQUIDÉ-CANTOR, M. & C. V. BORGHT (1998): Des Recherches en Didactique de la Biologie: Finalités, Problématiques, Concepts et Production (1988–1998). – Aster 27: 96-117.
CORNELL, J. (1989): Flow learning. – In: NATURSCHUTZZENTRUM HESSEN (Hrsg.): Umwelt und Natur in der Lebenswelt der Kinder. – Wetzlar.
CORNELL, J. (1991): Mit Kindern die Natur erleben. – Mühlheim an der Ruhr.

COULTER, J. C. (1966): The Effectiveness of Inductive Laboratory, Inductive Demonstration and Deductive Laboratory in Biology. – J. Res. Science Teach. 4:185-186.
COWARD, R. (1995): Nur Natur? Die Mythen der Alternativmedizin. – München.
CRAIG, N. L. (1963): Handbook of Research in Teaching. – Chicago.
DALLAS, D. (1980): Teaching Biology Today. – London.
DARWIN, CH. (1900): Die Entstehung der Arten. – Leipzig.
DAUMER, K. (1979): Klassische und molekulare Genetik. – In: FALKENHAN, H. H. (Hrsg.) (1970–1979): Handbuch der praktischen und experimentellen Schulbiologie. – Köln.
DAUMER, K. (1982): Bericht der Arbeitsgruppe „Lehrpläne für die Sekundarstufe II." – In: HEDEWIG, R. & D. RODI (Hrsg.): Biologielehrpläne und ihre Realisierung. – Köln.
DAUMER, K. (1988): Genetik. – München.
DE JONG, O. – F. KORTHAGEN – T. WUBBELS (1998): Research on Science Teacher Education in Europe: Teacher Thinking and Conceptual Change. – In: FRASER, B. J. & K. G. TOBIN (Hrsg.): International Handbook of Science Education. – Dordrecht.
DE LANDSHEERE, V. (1991): Taxonomies of Educational Objectives. – In: LEWY, A. (Hrsg.): The International Encyclopedia of Curriculum. – Oxford.
DE ROSNEY, J. (1979): Das Makroskop. – Reinbek.
DEMUTH, R. (1995): Naturwissenschaftlicher Unterricht am Scheideweg? – Prax. Chemie 44:1f.
DEUTSCHER BILDUNGSRAT (1970a): Empfehlungen der Bildungskommission zur Förderung praxisnaher Curriculumentwicklung. – Bonn.
DEUTSCHER BILDUNGSRAT (1970b): Strukturplan für das Bildungswesen. – Bonn.
DEUTSCHER VEREIN Z. FÖRDERUNG D. MATHEM. U. NATURW. UNTERRICHTS – MNU (2001): Biologieunterricht und Bildung. – MNU 54: Beihefter zu Heft 4.
DEUTSCHER VEREIN Z. FÖRDERUNG DES MATHEM. UND NATURW. UNTERRICHTS (2006): Arbeiten mit den Bildungsstandards im Fach Biologie. MNU 59, H. 2, Beihefter.
DEUTSCHER VEREIN ZUR FÖRDERUNG DES MATHEMATISCHEN UND NATURWISSENSCHAFTLICHEN UNTERRICHTS (1989): Empfehlungen zur Lehrerausbildung in Mathematk und den Naturwissenschaften. – MNU 42, Beihefter zu Heft 3.
DIAS DE BUSTAMANTE, J. & M. P. JIMÉNEZ ALEIXANDRE (1998): Interpretation and Drawing of Images in Biology Learning. – In: BAYRHUBER, H. & F. BRINKMANN (Hrsg.): What – Why – How? Research in Didaktik of Biology. – Kiel (ipn-materialien).
DIETRICH, G. (1962): Die Sicherung der Lernergebnisse im Biologieunterricht. – Berlin.
DIETRICH, G. & AUTORENKOLLEKTIV (1976): Methodik – Biologieunterricht. – Berlin.
DITTMAR, A. (2006): Wissenschaftsphilosophie am Rande des Faches? – MNU 59: 432-439.
DÖRGES, A. (2001): Erfahrungen mit dem integrierten naturwissenschaftlichen Unterricht. – MNU 54:230-232.
DÖRING, N. (1995): Internet: Bildungsreise auf der Infobahn. – In: ISSING, L. J. & P. KLIMSA: Information und Lernen mit Multimedia. – Weinheim.
DÖRNER, D. (1992): Die Logik des Misslingens – Hamburg.
DÖRNER, D. (1996): Der Umgang mit Unbestimmtheit und Komplexität und der Gebrauch von Computersimulationen. – In: DIEKMANN, A. & C. C. JAEGER (Hrsg.): Umweltsoziologie. – Köln.
DRIESCH, H. (1928): Philosophie des Organischen. – Leipzig.
DRUTJONS, P. (1973): Biologieunterricht – Erziehung zur Mündigkeit. – Frankfurt a. M.
DRUTJONS, P. (1982): Biologieunterricht 5-10. – Weinheim.
DRUVA, C. A. & R. D. ANDERSEN (1983): Science Teacher Characteristics by Teacher Behavior and by Student Outcome. – J. Res. Science Teach. 20:467-480.
DÜBEL, J. & H. BAYRHUBER (2007): Gestaltung des Biologieunterrichts auf evolutionsbiologischer Grundlage. – MNU 60 229-234.
DUIT R. ET AL. (1997): Das Modell der Didaktischen Rekonstruktion. – ZfDN 3, H. 3: 3-18.
DUIT, R. & CH. VON RHÖNECK (1996): Lernen in den Naturwissenschaften. – Kiel (IPN).
DUIT, R. & J. MAYER (Hrsg.) (1999): Studien zur naturwissenschaftlichen Lern- und Interessensforschung. – Kiel (IPN 165).
DULITZ, B. & U. KATTMANN (1990): Bioethik – Fallstudien für den Unterricht. – Stuttgart.

DUMPERT, K. (1976): Eine Umfrage über die Verwendung lebender Organismen im Biologie- und Sachkundeunterricht an Schulen der Bundesrepublik. – Prax. Biol. 25: 57-68, 100-104.
DUNCKER, L. & W. POPP (1994) (Hrsg.): Kind und Sache – zur pädagogischen Grundlegung des Sachunterrichts. – München.
DÜPPERS, W. (1975): Wieweit ist der Biologieunterricht experimenteller Unterricht? – MNU 28:197-199.
DÜRR, CH. (1986): Das Naturkundemuseum aus der Sicht von Schülern. Befragung von Schülern vor und nach Museums- und Ausstellungsbesuchen im städtischen Museum Schwäbisch-Gmünd. – In: HEDEWIG, R. & J. KNOLL (Hrsg.): Biologieunterricht außerhalb des Schulgebäudes. – Köln.
DYLLA, K. (1964/65): Schüler beobachten und experimentieren im zoologischen Garten. – MNU 17:123-128.
DYLLA, K. (1965): Methoden des Unterrichtens im Zoologischen Garten. – BU 1, H. 5: 52-65.
DYLLA, K. (1965/66): Ein für die Schule geeigneter Modellversuch zum Nachweis verschiedener Selektionsprinzipien. – MNU 18:168-176.
DYLLA, K. (1972): Eine Untersuchung über die Transformierbarkeit moderner biologischer Erkenntnisse in den Unterstufenunterricht. – MNU 25:37-46.
DYLLA, K. (1974): Zur Didaktik eines zeitgemäßen Biologieunterrichts – Zur Didaktik des Faches. – MNU 27:139-144.
DYLLA, K. (1976): Zur Relevanz der Schülerinteressen für den Biologieunterricht auf der Orientierungsstufe. – Prax. Biol. 25:312-329.
EBERWEIN, S. & J. THIELEN (2006): Lernen an Stationen auch fachübergreifend. – Prax. Biol. 55, H. 5: 1-3.
ECKERT, A. & H. GRIMME (1982): Lehrpläne der Sekundarstufe II und ihre inhaltliche Ausfüllung unter dem Gesichtspunkt der Gesundheitserziehung. – In: HEDEWIG, R. & D. RODI (Hrsg.): Biologielehrpläne und ihre Realisierung. – Köln.
ECKERT, G. (1980): Kenntnis biologischer Begriffe bei Schülern nach Abschluss der Grundschulzeit – analysiert aufgrund eines Leistungstests. – Univ. Gießen (Examensarbeit Inst. f. Biologiedidaktik).
EDER, E. (2001): Naturerfahrung: Fühlen statt wissen – esoterisch-pantheistische Ansätze in der Umwelterziehung. – In: RIBOLITS, E. & J. ZUBER: Karma und Aura statt Tafel und Kreide. –Wien.
EGGERT, S. & C. HÖSSLE (2006): Bewertungskompetenz im Biologieunterricht. – Prax. Biol. 55, H. 1:1-10.
EHRITT, R. et al. (1997): Umgehen mit Natur. Lehrbuch für die Arbeit im Schulgarten. – Berlin.
EINSIEDLER, W. (1997): Probleme und Ergebnisse der empirischen Sachunterrichtsforschung. – In: MARQUARDT-MAU, B. – W. KÖHNLEIN – R. LAUTERBACH (Hrsg.): Forschung zum Sachunterricht. – Bad Heilbrunn.
EINSIEDLER, W. & R. RABENSTEIN (1984): Grundlegendes Lernen im Sachunterricht der Grundschule. – Nürnberg.
ELKS, I. (2003): Kooperatives Lernen im Chemieunterricht, Teil 1. – MNU 56: 51-55.
ELLENBERGER, W. (Hrsg.) (1993): Ganzheitlich-kritischer Biologieunterricht. – Berlin.
ELLENBERGER, W. et al. (1988): Beiträge zur Weiterentwicklung des Biologieunterrichts, Hefte 1-3. – Fuldatal, Hess. Inst. f. Lehrerfortbildung.
ELLIS, H. (1965): The Transfer of Learning. – New York.
ENGEL, J. & P. KASBOHM (1988): Bearbeitungserfolge verbindlicher biologisch-orientierter Lehrplaneinheiten des Heimat- und Sachunterrichts. – SMP 16:101-195.
ENGELBRECHT, A. (2003): Genetisches Lernen zwischen Wunschdenken und Wirklichkeit. – MNU 56:464-470.
ENGIN, E. (2005): DaZ im Biologieunterricht. – Lernchancen 8: 55-62.
ENTRICH, H. (1982): Stellungnahme und Thesen – Lehrpläne für die Sekundarstufe II: Das Verhältnis von Theorie und Praxis in der reformierten Oberstufe. – In: HEDEWIG, R. & D. RODI (Hrsg.): Biologielehrpläne und ihre Realisierung. – Köln.

ENTRICH, H. (1994): Wie biologisch muss der Biologieunterricht von heute sein?. – Biol. Schule 43:161-168.
ENTRICH, H. & H. U. GRAF (1984): Untersuchungen zum biologischen Wissen und zur Studienmotivation von Studienanfängern im Fach Biologie. – In: HEDEWIG, R. & L. STAECK (Hrsg.): Biologieunterricht in der Diskussion. – Köln.
ENTRICH, H. & L. STAECK (1992): Biologieunterricht in der Hauptschule. – In: RIQUARTS, K. et al. (Hrsg.): Naturwissenschaftliche Bildung in der Bundesrepublik Deutschland Band II. – Kiel.
ERAUT, M.R. (1991): Defining Educational Objectices. – In: LEWY, A.: The International Encyclopedia of Curriculum. – Oxford.
ERBER, D. (1983): „Fertiges Insekt oder Imago"? Ein Beitrag zur Vereinheitlichung biologischer Begriffe. – MNU 36: 288-294.
ERBER, D. & E. GÖTTERT (1981): Biologieunterricht im Naturkundemuseum – Eine Untersuchung zum Stand der Museumspädagogik. – MNU 34:129.
ERNST, E & S. SINGH (2009): Gesund ohne Pillen – was kann die Alternativmedizin? München.
ESCHENHAGEN D. & V. LÄNGSFELD (1981): Biologie in der Grundschule im Lichte der Aussagen von Schülern des 5. Schuljahres. – NiUB 29: 71-77.
ESCHENHAGEN, D. (1974): Zur Situation der Grundschulbiologie in der Bundesrepublik Deutschland. – BU 10, H. 14-23.
ESCHENHAGEN, D. (1984): Untersuchungen zu Pflanzen- und Tierkenntnissen von Schülern. – In: HEDEWIG, R. & L. STAECK (Hrsg.): Biologieunterricht in der Diskussion. – Köln.
ESCHENHAGEN, D. (1990): Das Projekt, eine auch für den Biologieunterricht wichtige methodische Grundform. – In: KILLERMENN, W. & L. STAECK (Hrsg.): Methoden des Biologieunterrichts. – Köln.
ESCHENHAGEN, D. & K. SCHILKE (1973): Untersuchungen zum biologischen Wissen von Studienanfängern. – Prax. Biol. 22. 253-263.
ESCHENHAGEN, D. – U. KATTMANN – D. RODI (1985, 1993, 1998, 2006): Fachdidaktik Biologie. – Köln.
ESCHENHAGEN, D. – U. KATTMANN – D. RODI (1989–1999): Handbuch des Biologieunterrichts. – Köln.
ESCHENHAGEN, D. – U. KATTMANN – D. RODI (1991): Umwelt, Bd. 8: Handbuch des Biologieunterrichts. – Köln.
ESSER, H. (1972, 1978): Der Biologieunterricht. Handbuch der Realschulpädagogik. – Berlin.
ETSCHENBERG, K. (1979): Zielorientierter Biologieunterricht in der Sekundarstufe I. – Hamburg.
EULEFELD, G. (Hrsg.) (1981): Ökologie und Umwelterziehung. – Stuttgart.
EULEFELD, G. et al. (1975): Thesen zur Strukturierung des Biologiecurriculums. – In: KATTMANN, U. & W. ISENSEE (Hrsg.): Strukturen des Biologieunterrichts. – Köln.
EULEFELD, G. & G. TROMMER (Hrsg.) (1981): Didaktik der Ökologie. – Köln.
EULEFELD, G. & K. JARITZ (Hrsg.) (1995): Umwelterziehung/Umweltbildung. – Kiel (IPN 146).
EVANS, J. D. (1975): Technical Terms in School Textbooks of Human Biology. – J. Biol. Educ. 9:118-122.
EVANS, J. D. (1976): The Treatment of Technical Vocabulary in Textbooks of Biology. – J. Biol. Educ 10:19-30.
EWERS, M. (1974): Bildungskritik und Biologiedidaktik. – Frankfurt a. M.
EWERS, M. (1978b): Geschichte der Naturwissenschaft und Unterricht – Paradigma Biologie. – texte zur mathem. – naturw. tech. forschung u. lehre 3: 127-140.
EWERS. M. (1978a): Einführung in die wissenschaftliche Didaktik. – texte zur mathem. – naturw. tech. forschung u. lehre 3: 1-28.
FAHRENBERGER, G. (1972): Biologische Aspekte im Sachunterricht der Grundschule. – In: HESSISCHES INSTITUT FÜR LEHRERFORTBILDUNG: Protokoll der Lehrgänge F 696, F 724 der Zweigstelle Frankfurt a. M.
FALKENHAN, H. H. (Hrsg.) (1970/1979): Handbuch der praktischen und experimentellen Schulbiologie. – Köln.

FALKENHAN, H. H. & D. MÜLLER-SCHWARZE (1976): Biologische Quellen. – In: FALKENHAN, H. H. (Hrsg.): Handbuch der praktischen und experimentellen Schulbiologie, Bd. 5. – Köln.
FALKENHAUSEN, E. V. (1971): Das Experiment im Biologieunterricht. – MNU 24:108-111.
FALKENHAUSEN, E. V. (1979): Leistungsmessung im Biologieunterricht. – In: FALKENHAN, H. H. (Hrsg.): Handbuch der praktischen und experimentellen Schulbiologie, Bd.1/I. – Köln.
FALKENHAUSEN, E. V. (1983): Abituraufgaben im Vergleich. – Prax. Biol. 32:81-89.
FALKENHAUSEN, E. V. (1988): Wissenschaftspropädeutik im Biologieunterricht. – Köln.
FALKENHAUSEN. E. V. (2000): Biologieunterricht – Materialien zur Wissenschaftspropädeutik. – Köln.
FALKENHAUSEN, E. V. et al. (1992): 50 neue Abituraufgaben Biologie. – Köln.
FALLER, A. (1976): Der Körper des Menschen. – Stuttgart.
FEHNKER, U. (2008): Rollentausch im Biologieunterricht. – Prax. Biol. 57,H. 2:28-32.
FEHNKER, U. (2009): Lernort Museum. – Prax. Biol. 58, H. 1:35 – 36.
FEUSTEL, H. (1978): Biologieunterricht im Naturkunde-Museum. – In: FALKENHAN, H. H. (Hrsg.): Handbuch der praktischen und experimentellen Schulbiologie, Bd. 1/II. – Köln.
FINKE, E. (1998): Interesse an Humanbiologie und Umweltschutz in der Sekundarstufe I – Empirische Untersuchung zu altersbezogenen Veränderungen und Anregungsfaktoren. – Hamburg (Diss. Univ. Gießen).
FISCHBACH, U. (1991): Vermittlung von Artenkenntnissen in der Grundschule mit Hilfe von Lehrererzählung und Schülerarbeitsblatt. – Gießen (Staatsexamensarbeit Univ. Gießen).
FISCHER, A. (1996): Erkenntnisse und Erlebnisse im Wald zur Differenzierung von Wissen und Einstellung. – Univ. Marburg (Staatsexamensarbeit Univ. Marburg).
FISCHER, T. (1995): Theoretische Überlegungen zu Methoden und Instrumenten empirischer Forschung in der Erlebnispädagogik. – Zt. Erlebnispäd. 15, H. 5:1-70.
FIUCZYNSKI, D. (1977): Berliner Abiturthema in Biologie. – Schr. MNU H. 22.
FLADT,R. (2005): Lernzielkontrollen unter der Lupe. – MNU 59: 308-313.
FLITNER, W. (1959): Hochschulreife und Gymnasium. – Heidelberg.
FLÖRKE, W. (1967): Unfallverhütung im naturwissenschaftlichen Unterricht. – Heidelberg.
FÖLLING-ALBERS, M. (1995): Interessen von Grundschulkindern. – Grundschule 27, H.6:24-26.
FÖLLING-ALBERS, M. et. al. (Hrsg.) (2001): Kindheitsforschung, Forschung zum Sachunterricht. – Jahrbuch Grundschule III. – Frankfurt a. M. (Grundschulverband).
FORRESTER, J. W. (1968): Principles of Systems. – Cambridge.
FRANK, W. (1977): Biologieunterricht bei Lernbehinderten. – Donauwörth.
FRANK, W. (1978): Biologie ist kein Nebenfach. – In: BAIER, H. (Hrsg.): Unterricht in der Schule für Lernbehinderte. – Donauwörth.
FRANK, W. (1985): Vorschläge zur Neugestaltung des amtlichen Biologielehrplans der Schulen für Lernbehinderte. – Behindertenpädagogik in Bayern 28: 321-324.
FRANK, W. (1990): Konzept zum Biologieunterricht an der Schule für Lernbehinderte. – In: KILLERMANN, W. & L. STAECK (Hrsg.): Methoden des Biologieunterrichts. – Köln.
FRASER, B. J. (1998): Science Learning Environments: Assessment, Effects and Determinants. – In: FRASER, B. J. & K. G. TOBIN (Hrsg.): International Handbook of Science Education. – Dordrecht.
FRASER, B. J. & K. G. TOBIN (Hrsg.) (1998): International Handbook of Science Education. – Dordrecht.
FREIMANN, TH. (1999): Probleme des aktuellen Biologieunterrichts und methodisch-didaktische Vorschläge zu ihrer Lösung. – In: BAYRHUBER, H. (Hrsg.) (1999): Lernen im Biologieunterricht. – Salzburg (Inst. f. Didaktik der Naturwissenschaften).
FREY, K. (1970): Die Taxonomien und das Curriculum. – Paedagogia Europaea 1970/1971, S. 50-72.
FREY, K. (1971): Eine Handlungsstrategie zur Curriculumkonstruktion. – Z. f. Pädagogik 17, H. 1.
FREY, K. (1974): Integrierter Naturwissenschaftlicher Unterricht in der Bundesrepublik Deutschland; Beitrag für das Symposion über „An Interdisciplinary Approach Towards the Teaching of Science Subjects at the Secondary Level“, 14.8.1974. – Straßburg (Europarat).

FREY, K. (1980): Curriculum – Lehrplan. – In: ROTH, L. (Hrsg.): Handbuch zur Didaktik der Schulfächer. – München.
FREY, K. (1982): Die Projektmethode. – Weinheim.
FREY, K. & K. BLÄNSDORF (1974): Integriertes Curriculum Naturwissenschaft. – Weinheim.
FREYDANK, W. (1974): Bedeutung und Stand der Lernmotivation im BU der allgemeinbildenden polytechnischen Oberschule und deren weitere Intensivierung als Beitrag zur Entwicklung bewussten und schöpferischen Lernens. – Berlin (Dissertation Humboldt-Univ.).
FREYER. M. (1995): Vom mittelalterlichen Medizin zum modernen Biologieunterricht. – Passau.
FREYTAG, K. (1973): Schulversuche zur Bakteriologie. – Köln.
FREYTAG, K. – G. HAGENS – E. THOMAS (1974): Die naturwissenschaftlichen Fächer Physik, Chemie und Biologie. – In: AHRENS, E. (Hrsg.): Einführung in die Schulpraxis. – Heidelberg.
FRIEGE; G. & G. LIND (2004): Leistungsmessung im Leistungskurs. – MNU 57: 259-265.
FÜLLER, F. (1992): Biologische Unterrichtsexperimente – Bedeutung und Effektivität. – Münchner Schr. zur Didaktik der Biologie 8.
GAGNÉ, R. M. (1973): Die Bedingungen menschlichen Lernens. – Hannover.
GAHL, H. (1977): Über die Quellen von Tierkenntnissen bei Grundschülern. – In: Inst. für Biologied. Univ. Gießen (Hrsg.): Arbeiten zum 70. Geburtstag von Prof. Dr. Hermann Desselberger.
GARDNER, P. L. (1969): Prerequisite Concepts and Principles for High School Biology. – J. Biol. Educ. 3:11-16.
GARDNER, P. L. (Hrsg.) (1975): The Structure of Science Education. – Victoria (Australien).
GARLICHS, A. – D. KNAB – F. E. WEINERT (Hrsg.) (1983): CIEL II, Fallstudie zu einem Förderungsprogramm der Stiftung Volkswagenwerk zur Elementarerziehung. – Göttingen.
GÄRTNER, H. (1976): Bibliographie Sachunterricht der Primarstufe. – Paderborn.
GEBHARD, U. (1994): Kind und Natur. – Stuttgart.
GEHLHAAR, K. – H. (1980): Möglichkeiten der Gestaltung von Arbeitsblättern zur Festigung der Lernergebnisse. – Biol. Schule 29: 63-68.
GEHLHAAR, K. - H., G. KLEPEL & K. FRANKHÄNEL (1999): Analyse der Ontogenese der Interessen an Biologie, insbesondere an Tieren und Pflanzen, an Humanbiologie und Natur- und Umweltschutz. – In: DUIT, R. & J. MAYER (Hrsg.): Studien zur naturwissenschaftlichen Lern- und Interessensforschung. – Kiel (IPN 165).
GEHRECKE, S. & C. MOHR (1973): Naturlehre in der Schule für Lernbehinderte. – Berlin.
GENSCHEL, R. (1951): Naturkundlicher Arbeitsunterricht. – Berlin.
GERDES, H. (1997): Lernen mit Text und Hypertext. – Lengerich.
GERHARDT, A. & CH. PIEPENBROCK (1992): Untersuchungen zu Alltagsvorstellungen von Schülern im Biologieunterricht der Sekundarstufe I. – In: ENTRICH, H. & L. STAECK (Hrsg.): Sprache und Verstehen im Biologieunterricht. – Alsbach.
GERHARDT-DIERCKSEN, A. (1995): Mehr Formenkunde im Biologieunterricht?! – In. Mayer, J. (Hrsg.): Vielfalt begreifen – Wege zur Formenkunde. – Kiel.
GERM, M. (2008): Unterrichtsstrukturierung durch Lernaufgaben im Biologieunterricht. – MNU 61:487-492.
GERNER, B. (1966): Das exemplarische Prinzip. – Darmstadt.
GIBAS, H. (1981): Unterrichtsplanung im Sinne kritisch-kommunikativer Didaktik; Entwurf einer Planungsmatrix. – In: TWELLMANN, W. (Hrsg.): Handbuch Schule und Unterricht, Bd. 4.2. – Düsseldorf.
GIEST, H. (2005): Zum Bildungswert des Schulgartens. – Lerngegenstände im fächerübergreifenden naturwissenschaftlichen Unterricht. – Grundschulunterricht, 52, H. 9: 30-34.
GILBERT, P. & R. RICHTER (2004): Einheitliche Prüfungsanforderungen (EPA) für das Fach Biologie. – MNU 57:173-176.
GIORDAN, A. (1998): Modes of Thinking and Learning. – In: BAYRHUBER, H. & F. BRINKMANN (Hrsg.): What – Why – How? Research in Didaktik of Biology. – Kiel (ipn-materialien).
GIORDAN, A. & Y. GIRAULT (Hrsg.) (1996): The New Learning Models. – Nice.
GIRODAN, A. (1996): Learning beyond Constructivism. – In: GIORDAN, A. & Y. GIRAULT (Hrsg.): The New Learning Models. – Nice.

GLÖCKEL, H. (Hrsg.) (1992): Vorbereitung des Unterrichts. – Bad Heilbrunn.
GLOWINSKI, I (2007): Schülerlabore im Themenbereich Molekularbiologie als Interesse fördernde Lernumgebungen. – KIEL (IPN).
GLYNN, S. M. & R. DUIT (Hrsg.) (1995): Learning Science in the Schools: Research Reforming Practice. – New Jersey (USA).
GOEKRE, H. (1989): Carl von Linné. – Stuttgart.
GRAEBER, C. (1907): Ideal-Schulgärten im XX. Jahrhundert – Frankfurt/Oder.
GRAEF; J. P. (1994): Lernen durch Lehren. – Rimbach.
GRAF, D. (1986): Begriffsbildung im Biologieunterricht am Beispiel der Begriffe „Ernährung" und „Verdauung" - MNU 39: 335- 341.
GRAF, D. (1989a): Begriffslernen im Biologieunterricht der Sekundarstufe I. – Frankfurt a. M.
GRAF, D. (1989b): Anwendung der Mapping-Methode zur Begriffsvermittlung und Begriffsüberprüfung am Beispiel der Unterrichtseinheit „Ernährung und Verdauung" für die Klassen 5/6. – MNU 42:427-432.
GRAF, D. (1995): Vorschläge zur Verbesserung des Begriffslernens im Biologieunterricht – ein Literaturvergleich. – MNU 48: 341-345, 392-395.
GRAF, D. (1996): „Ökonomie und Ökologie" ein Thema für den Biologieunterricht. – MNU 49:393-400.
GRAF, D. (1997): Biologen und Internet – Das World Wide Web als Informationsquelle. – Biologen heute o. Jg. H. 430: 5-7.
GRAF, D. (1998a): Parawissenschaften – ein Thema für den Biologieunterricht? – MNU 52:170-174.
GRAF, D. (1998b): Häufigkeitslisten biologischer Begriffe in Schulbüchern. – Bonn.
GRAF, D. (1999) (Hrsg.): Und sie bewegt sich doch.., Biologiedidaktik im Spiegel 25jähriger Forschung unter Prof. Dr. K. - H. Berck. – Schriften Inst. Biologied. Univ. Gießen.
GRAF, D. (2001a): Schulen am Netz – was jetzt? – MNU 54 3.
GRAF, D. (2001b): Das Internet und der Biologieunterricht. – MNU 54: 4-9.
GRAF, D. (2004a): Alles nur geklaut? – MNU 57:195.
GRAF, D. (2004b): Nichts wirkt? Homöopathie auf dem Prüfstand. – MNU 57: 358-364.
GRAF, D. (2008): Kreationismus vor den Toren des Biologieunterrichts? – Einstellungen und Vorstellungen zur „Evolution". – In: ANTWEILER, C. et al. (Hrsg.): Die unerschöpfte Theorie. – Aschaffenburg.
GRAF, D. (2009a): Auferstehung des Schöpfungsglaubens – Kreationismus in Europa. In: WUKETITS, F. (Hrsg,): Wohin brachte uns Charles Darwin. Lenz, Neu Isenburg.
GRAF, D. (2009b): Concept Mapping als Instrument zur Wissensdiagnostik. – UB 347/348 66-69.
GRAF, D. & A. BAUER (2002).: Das Internet in der Biologielehrerausbildung – ein Zwischenbericht. – Ber. IDB 11: 61-75.
GRAF, D. & K. - H. BERCK (1998): Das Sequenzierungsproblem von Inhalten für den Biologieunterricht. – MNU 51:135-141.
GRAF, D. & R. KLEE (1999): Online-Lernen mit Studierenden. – Ber. IDB Münster 8: 43-52.
GRAF, D. – M. MÖLTGEN – E. SCHORR (1992): Regelkreise (Software zu LINDER Biologie: Lehrbuch für die Oberstufe – mit Handbuch). – Duisburg.
GRAF, H. U. (1994): Die Realität des Biologieunterrichts unter dem Einfluss unterrichtsbestimmender Faktoren. – Bremen (Diss. Fachbereich Biologie/Chemie, Univ. Bremen).
GRÄSEL, C. (2000): Closing the Gap between Knowledge and Action. Some Considerations for Environmental Education. – In: BAYRHUBER, H. & J. MAYER (Hrsg.) (2000): Empirical Research on Environmental Education in Europe. – Münster.
GRÄSEL, C. (2000): Gestaltung problemorientierter Lernumgebung. – In: BAYRHUBER, H. & U. UNTERBRUNER (Hrsg.): Lehren und Lernen im Biologieunterricht. – Forschungen z. Fachdidaktik 1 (Wien).
GREBER, E. & W. GREBER (1996): Phänomen Leben. – UB 211:4-13.
GRELL, J. (1981): Das Lehrerverhalten und seine Auswirkungen auf die Schüler. – In: TWELLMANN, W. (Hrsg.): Handbuch für Schule und Unterricht, Bd.1. – Düsseldorf.
GRELL, J. (1999): Direktes Unterrichten. – In: WIECHMANN, J. (Hrsg.): Zwölf Unterrichtsmethoden. – Weinheim.

GRELL, J. & M. GRELL (1987): Unterrichtsrezepte. – Weinheim.
GRIESEL, H. (1980): Mathematik. – In. ROTH, L. (Hrsg.): Handlexikon zur Didaktik der Schulfächer. – München.
GRODDECK, N. (1983): Offener Unterricht. – In: Enzyklopädie Erziehungswissenschaft Bd. 8. – Stuttgart.
GRÖNKE, O. (1982): Vergleichende Lehrplananalyse als Quelle für die Weiterentwicklung der Biologielehrpläne der DDR. – In: Vorträge des II. Symposiums zur Biologiemethodik, Biol. Ges. der DDR, Sektion Schulbiologie.
GRÖNKE, O. (1991): Gesetzmäßigkeiten in der Biologiedidaktik? – In: LEPEL, W. & U. KATTMANN (Hrsg.): Sprache, Begriffe und Gesetze in der Biologiedidaktik. – Oldenburg (Univ. Oldenburg).
GROOTHOF, H. H. & M. STALLMANN (Hrsg.) (1971): Neues Pädagogisches Lexikon. – Stuttgart.
GROPENGIESSER, I. (1992): Neue Zeiten der Cholera. – UB 176:16.
GROSS, U et al. (2009).: Der medizinische Blutegel – Neurophysiologisches Experimentieren, Fortbewegung und Nahrungsaufnahme. – MNU 69 170-173.
GROTE, A. (1998): Versuchstier Computer. – c't H. 1:60-63.
GRUBE, CH. – A. MÖLLER – J. MAYER (2007): Dimensionen eines Kompetenzstrukturmodells zum Experimentieren. – In: BAYRHUBER, H. et al. (Hrsg.): Ausbildung und Professionalisierung von Lehrkräften. – Kassel (Univ. – Naturwissenschaften).
GRÜMME, T. (2007): Haltung, Pflege und Einsatz lebender Tiere im Unterricht. – Prax. Biol. 56, H. 5:28 – 30.
GRUPE, H. (1921): Natur und Unterricht – Eine Wegweisung im Sinne der Arbeits- und Heimatschule. – Frankfurt a. M.
GRUPE, H. (1951): Naturkundliches Arbeitsbuch. – Frankfurt a. M.
GRUPE, H. (1952): Kinder begegnen der Natur. – Stuttgart.
GRUPE, H. (1963): Naturkundliches Wanderbuch. – Frankfurt a. M.
GRUPE, H. (1977): Biologie-Didaktik. – Köln.
GUENTHER, K. (1919): Der Naturschutz. – Stuttgart.
GUICHARD, J. (1996): Can Children Learn in an Exhibition? – In: GIORDAN, A. & Y. GIRAULT (Hrsg.): The New Learning Models. – Nice.
GÜMPEL, G., A. MESSER & S. THIEL (1976): Sachunterricht, Ansätze und Perspektiven. – Workshop Schulpädagogik Materialien 18 (Ravensburg).
GUTH, S. (1990): Tier- und Pflanzenmonographien als Methode zur Verbesserung der Artenkenntnis bei Grundschülern. – Gießen (Staatsexamensarbeit Inst. Biologiedidaktik).
HAECKEL, E. (1902 [1899]): Die Welträtsel. Gemeinverständliche Studien über Monistische Philosophie. – Leipzig.
HÄFNER, P. (1977): Testmodelle zur objektivierten Leistungsmessung. – MNU 30:460-464.
HAGE, K. et al. (1985): Das Methoden-Repertoire von Lehrern. – Opladen.
HAGMÜLLER, P. (1985): Einführung in die Unterrichtsvorbereitung. – Düsseldorf.
HAHN, M. (1983): Zum Einsatz von Arbeitsblatt und Schulbuch. – NiUB 31:165-170.
HAINZ, M.R. (1983): Verhaltensbiologische Aspekte zum Sport. – Prax. Biol. 32:312-320.
HALBACH, U. (1977): Modelle in der Biologie. – In: SCHAEFER, G. – G. TROMMER – K. WENK (Hrsg.): Denken in Modellen. – Leitthemen Beitr. z. Didaktik Naturw. 2/77.
HALBACH, U. (1979): Modelle und Modellvorstellungen in der Biologie. – In: FALKENHAN, H. H. (Hrsg.): Handbuch der praktischen und experimentellen Schulbiologie, Bd. 1/I. – Köln.
HAMMANN, M. & M. PRENZEL (2008): Ergebnisse des internationalen PISA Naturwissenschaftstest 2006. – MNU 61:67-74.
HAMMANN M. (2002): Kriteriengeleitetes Vergleichen im Biologieunterricht. – Innsbruck.
HAMMANN, M. (2004): Kompetenzentwicklungsmodelle. – MNU 57 196 – 203.
HAMMANN, M. (2006): Kompetenzförderung und Aufgabenentwicklung. – MNU 59: 85-95.
HAMMANN, M. & H. BAYRHUBER (2002): Formenvielfalt vergleichen: Eine Instruktionsstudie in Klasse 6. – In: KLEE, R. & H. BAYRHUBER (Hrsg.): Lehr- und Lernforschung in der Biologiedidaktik, Bd.1. – Innsbruck.

HANCOCK, J. M. (1988a): Junior- and Senior-High-School Biology Courses. – Portland (USA).
HANCOCK, J. M. (1988b): Project Starters for Biology Classes. – Portland (USA).
HANSEL, T. (1981): Projektunterricht – didaktischer Ort und unterrichtliche Realisation. – In: TWELLMANN, W. (Hrsg.): Handbuch für Schule und Unterricht, Bd. 4.1. – Düsseldorf.
HANSEN, K. & U. KLINGER (1998): Interessenentwicklung und Methodenverständnis im Fach Naturwissenschaft. – Kiel (IPN).
HANSEN, K. – H. & M. LANG (1993): Computer in der Schule. – Kiel.
HAPPEL, M. (1997): Begriffsverwendung im Sachunterricht der Primarstufe. – Eine empirische Untersuchung. – Gießen (Staatsexamensarbeit Inst. f. Biologiedidaktik).
HARLEN, W. (1998): Teaching for Understanding in Pre-Secondary Science. – In: FRASER, B. J. & K. G. TOBIN (Hrsg.): International Handbook of Science Education. – Dordrecht.
HARLEN, W. (2001): Research in Primary Science Education. – J. Biol. Educ.35: 61-65.
HARMS, U. (2008): Fächerübergreifender Unterricht. – UB 336: 2-6.
HARMS, U. (2008a): Problemfelder des fächerübergreifenden Unterrichts. – UB 336: 34-36.
HARMS, U. et al. (2004): Kerncurriculum und Standards für den Biologieunterricht der gymnasialen Oberstufe. – In: TENORTH; H. - E. (Hrsg.): Kerncurriculum Oberstufe II. – Weinheim.
HARMS, U. et al. (2004): Kerncurriculum und Standards für den Biologieunterricht in der gymnasialen Oberstufe. – In: TENORTH, H. E. (Hrsg.): Kerncurriculum Oberstufe II, Biologie, Chemie, Physik, Geschichte, Politik. – Weinheim.
HARTKOPF, G. & E. BOHNE (1983): Umweltpolitik I. – Opladen.
HARTMANN, M. (1956): Einführung in die Allgemeine Biologie. – Berlin.
HASEBROOK, J. (1995): Multimedia – Psychologie. – Heidelberg.
HASSENSTEIN, B. (1954): Abbildende Begriffe. – Verh. d. Deutschen Zoolog. Ges. 1954: 197-202.
HASSENSTEIN, B. (1967a): Erklären und Verstehen in den Naturwissenschaften. – Freiburger Dies Universitatis 14.
HASSENSTEIN, B. (1967b): Biologische Kybernetik. – Heidelberg.
HAUG, E. et al. (o. J.): Erfahren und Begreifen – ein Sachbuch für die Grundschule, 1. Schuljahr. – München.
HÄUSSLER, P. (1976): Ansätze zu einem integrierten Curriculum Naturwissenschaften. – In: BLOCH, J. R. et al. (Hrsg.): Curriculum Naturwissenschaft. – Köln.
HÄUSSLER, P. et al. (1998): Naturwissenschaftsdidaktische Forschung – Perspektiven für die Unterrichtspraxis. – Kiel (IPN).
HAVEL, P. D. (1995): Assignments: An Important Means of Learning Subject Matter and the Writing Process. – ABT 57: 330-334.
HECKHAUSEN, H. (1968): Förderung der Lernmotivation und der intellektuellen Tüchtigkeit. – In: ROTH, H. (Hrsg.): Begabung und Lernen. – Stuttgart.
HEDEWIG, R. (1990): Bericht der Arbeitsgruppe „Experimentieren im Biologieunterricht". – In: KILLERMANN, W. & L. STAECK (Hrsg.): Methoden des Biologieunterrichts. – Köln.
HEDEWIG, R. (1993): Biologieunterricht und Projekte. – UB 188: 4-12.
HEDEWIG, R. (1994): Theorie und Praxis interdisziplinärer Projekte im Biologieunterricht der alten Bundesländer. – In: BAYRHUBER, H. et al. (Hrsg.): Interdisziplinäre Themenbereiche und Projekte im Biologieunterricht. – Kiel (IPN).
HEDEWIG, R. (1995): Die Vermittlung von Formenkunde bei überwiegend allgemeinbiologischer Orientierung des Unterrichts. – In: MAYER, J. (Hrsg.): Vielfalt begreifen – Wege zur Formenkunde. – Kiel.
HEDEWIG, R. (1998): Die Entwicklung der Biologielehrpläne in Deutschland. – Schriften MNU 59: 33-39.
HEDEWIG, R. (2008): Ist ein Fallobst essender Mensch ein Destruent? – MNU 42-44.
HEDEWIG, R. & D. RODI (Hrsg.) (1982): Biologielehrpläne und ihre Realisierung. – Köln.
HEDEWIG, R. & I. WENNING (2002): Fachliche Fehler in Schulbüchern. – MNU 55. 293–298.
HEDEWIG, R. & J. KNOLL (Hrsg.) (1986): Biologieunterricht außerhalb des Schulgebäudes. – Köln.
HEDEWIG, R. & L. STAECK (1984) (Hrsg.): Biologieunterricht in der Diskussion. – Köln.
HEDEWIG, R. & W. STICHMANN (1988): Biologieunterricht und Ethik. – Köln.

HEDGES, L. V. – R. M. GIACONIA – N. L. GAGE (1981): Meta-Analysis of the Effect of Open and Traditional Instruction. – Stanford (USA).
HEGELE, I. (1999): Stationenarbeit. Ein Einstieg in den offenen Unterricht. – In: HEGELE, I. (Hrsg.) (1997): Lernziel: Stationenarbeit. – Weinheim.
HEIMANN, P. – G. OTTO – W. SCHULZ (1970): Unterricht – Analyse und Planung. – Hannover.
HEINE, C. & F. DURRER (2001): Computer und Neue Medien in der Schule. Erfahrungen mit EDV-gestützten Lernprogrammen und Erwerb von Computerkenntnissen während der Schulzeit. Befunde aus der Befragung der studienberechtigten Schulabgänger 1999 – HIS-Hochschul-Informations-System.
HEINTEL, P. (1978): Modellbildung in der Fachdidaktik. – Klagenfurter Universitätsreden, Heft 7/8.
HEINZEL, I. (1988): Der Beitrag des Biologieunterrichts zur Verhaltensbildung unserer Schüler – dargestellt am Beispiel der Aneignung von Normen. – In: ZABEL, E.: Auswahl von Vorträgen des III. Symposiums zur Methodik des Biologieunterrichts. – Greifswald.
HEINZEL, I. & F. SCHUBERT (1969): Das Bilden von Begriffen. – Wiss. Zt. Univ. Jena mathem./ naturw. 18:461-469.
HELL, P. (1980): Das Arbeitsblatt im Biologieunterricht. – Päd. Welt (ohne Bandnr.) S. 182-187.
HELLBERG-RODE, G. (1992): Schulgärten und naturnah gestaltete Schulgelände. – Ber. IDB 1:101-115.
HELLER, A. & R. SEMMERLING (1983): Das ProWo-Buch – Leben, lernen, Arbeiten in Projekten und Projektwochen. – Königstein.
HELLER, K. (1975): Leistungsbeurteilung in der Schule. – Heidelberg.
HELM, H. & J. D. NOVAK (1983): Proceedings of the International Seminar: Misconceptions in Science and Mathematics. – Ithaca (USA).
HEMMER, P. (1979): Ein Punktsystem zur Leistungsbewertung im Biologieunterricht der Sekundarstufe I. – MNU 32:173-175.
HENDEE, J. C. et al. (1968): Wilderness Users in the Pacific Northwest – Their Characteristics, Values and Management Preferences. – U.S. Department Agric. Forest Service Research Paper PNW 61. – Portland (USA).
HENSLE, U. (1979): Einführung in die Arbeit mit Behinderten. – Heidelberg.
HENTIG, H. V. (1993): Schule neu denken. – München.
HERRMANN, N. (1969): Film und Lichtbild im Biologieunterricht. – BU 5, H. 3:35-49.
HERTRAMPF, H.D. & M LASSKE (1986): Biologieunterricht einmal anders – 15 Jahre Zooschule Halle. – Biol. Schule 35:485-487.
HESSE, M. (1984): Empirische Untersuchungen zum Biologie-Interesse bei Schülern der Sekundarstufe I. – NiUB 32:344-350.
HESSE, M. (1999): Zur Genese der Interessen an Tier- und Pflanzenarten sowie Natur- und Umweltschutz. – In: GRAF, D. (Hrsg.): Und sie bewegt sich doch.., Biologiedidaktik im Spiegel 25jähriger Forschung unter Prof. Dr. K. – H. BERCK. – Schriften Inst. Biologied. Univ. Gießen.
HESSE, M. (2000): Erinnerungen an die Schulzeit – Ein Rückblick auf den erlebten Biologieunterricht junger Erwachsener. – ZfDN 6: 187-201.
HESSE, M. (2002): Eine neue Methode zur Überprüfung von Artenkenntnissen bei Schülern. Frühblüher: Erkennen – Selbsteinschätzen – Wiedererkennen. – ZfDN 8:53-66.
HESSE, M. (2002): Nur geringes Wissen über Zellbiologie – eine empirische Studie an Lehramtsstudierenden. – Ber IDB 11: 21-33.
HESSE, M. & J. LUMER (2000): Was blieb von der Schule? – Ber. IDB Münster 9: 27-40.
HESSISCHE BEITRÄGE ZUR SCHULREFORM (1950): II. BERICHT DES AUSSCHUSSES FÜR BIOLOGIE. 2. JG., H. 9.
HESSISCHER KULTUSMINISTER (1983): Ausbildungspläne für die pädagogische Ausbildung für die Lehrämter, Teil I. – Wiesbaden.
HESSISCHER KULTUSMINISTER (Hrsg.) (1976): Rahmenrichtlinien Primarstufe Sachunterricht – naturwissenschaftlich-technischer Aspekt. – Amtsbl. Hess. Kultusm. 1976, Nr. 3.
HESSISCHER KULTUSMINISTER (o. J. [1972]): Rahmenrichtlinien Sekundarstufe I, Biologie. – Wiesbaden.

HESSISCHES KULTUSMINISTERIUM (1978): Rahmenlehrpläne für die Schule für Lernbehinderte Biologie. – Amtsblatt Hessischer Kultusminister 11/31:1-32.
HESSISCHES KULTUSMINISTERIUM (1996): Rahmenplan Sachunterricht – Schule für Lernhilfe. – Wiesbaden.
HEUBGEN, G. (1987): Verbesserung der Lernfähigkeit – Hilfen zum Problemlösen. – Prax. Biol. 36, H. 1:33-37.
HIERING, P. G. (1990): Computersimulation im Biologieunterricht – Möglichkeiten und Grenzen. – In: KILLERMANN, W & L. STAECK (Hrsg.): Methoden des Biologieunterrichts. – Köln.
HIGHET, G. (1956): The Art of Teaching. – New York.
HILLEBRAND, T. (2005): Lernen an Stationen. – Prax. Biol. 54, H. 2: 1-13.
HILLS, G. (1982): Misconceptions Misconceived? – In: HELM, H. & J. D. NOVAK (Hrsg.): Proceedings of the International Seminar: Misconceptions in Science and Mathematics. – Ithaca (Cornell Univ.).
HÖBEL-MEVERS, M. et al. (1976): Offenes Curriculum als Konstruktion im Handlungsfeld. – Ahrensburg b. Hamburg.
HODSON, D. (1985): Philosophy of Science, Science and Science Education. – Studies Science Education 12:25-57.
HOF, S. & J. MAYER (2009): Förderung von wissenschaftsmethodischen Kompetenzen durch Forschendes Lernen. – In: VOGT, H. et al. (Hrsg.): Erkenntnisweg Biologiedidaktik 7. – Kassel (Univ.).
HOF, S. & J. MAYER (2009): Development of Inquiry Skills in Middle Schools (grade 7): Analysing the Effectiveness of Different Types of Instruction. – NARST 2009.
HOFER, H. & G. ALTNER (1972): Die Sonderstellung des Menschen. – Stuttgart.
HOFER, M. (1981): Lehrer-Schüler-Interaktion. – In: SCHIEFELE, H. & A. KRAPP (Hrsg.): Handlexikon zur Pädagogischen Psychologie. – München.
HOFFMANN, J. (1986): Die Welt der Begriffe. – Weinheim.
HOFFMANN, L. & M. LEHRKE (1985): Eine Zusammenstellung erster Ergebnisse aus Querschnittserhebungen 1984 über Schülerinteressen an Physik und Technik vom 5. bis 10. Schuljahr. – Kiel (IPN).
HÖFLING, O. (1960/61): Neugestaltung der Oberstufe der Gymnasien. – MNU 13:275-276.
HOFSTÄTTER, P. & D. WENDT (1983): Intelligenzförderung durch Spiele. – In: GARLICHS, A. – D. KNAB – F. E. WEINERT (Hrsg.): CIEL II, Fallstudie zu einem Förderungsprogramm der Stiftung Volkswagenwerk zur Elementarerziehung. – Göttingen.
HÖGERMANN, C. (2008): Kompetenzen im Biologieunterricht. – Prax. Biol. 57, H. 8:46-49.
HOLSTERMANN, N. & S. BÖGEHOLZ (2007): Interesse von Jungen und Mädchen an naturwissenschaftlichen Themen am Ende der Sekundarstufe. – ZfDN 13: 76-81.
HÖLZENBEIN, S. (2002): Bestimmen lernen online – Kern eines neuen didaktischen Konzepts für die Botanischen Bestimmungsübungen. – In: BACHMANN, G. – O. HAEFELI, O. – M. KINDT (2002) (Hsrg.): Campus 2002. Die virtuelle Hochschule in der Konsolidierungsphase. – Münster.
HÖLZENBEIN, ST. (1998): HyperLAB – ein offenes Internet-Projekt für die Biologie. – MNU 51: 478-484.
HOPKINS, D. (2002): A Teacher´s Guide to Classroom Research (3. Aufl.). – London.
HOPMANN, S. & K. RIQUARTS (1995): Didaktik and/or Curriculum: Basic Problems of Comparative Didaktik. – In: HOPMANN, S. & K. RIQUARTS (Hrsg.): Didaktik and/or Curriculum. – Kiel (IPN 147).
HÖRMANN; M. (1965): Methodik des Biologieunterrichtes. – München.
HORN, F. (1989): Der Lehrplan Biologie der zehnklassigen allgemeinbildenden polytechnischen Oberschule. – Berlin.
HORNEMAN, G. (1993): Umweltinterpretation in den USA. – In: ANT, H. & A. STIPPROWEIT (Hrsg.): Beiträge zur Geschichte und Didaktik der Biologie. – Frankfurt am Main.
HORWITZ, R. A. (1979): Psychological Effects of Open Classroom. – Rev. Educ. Res. 49:71-86.
HÖSLE, V. (1999): Die Philosophie und die Wissenschaften. – München.
HÖSSLE, C. (2002): Ethische Dimensionen der Gentechnik im Unterricht. – Prax. Biol. 51: 30–33.

Hössle, C. & H. Bayrhuber (2006): Sechs Schritte moralischer Urteilsfindung. – Prax. Biol. 55, H. 4:1-6.
Hössle, S. (2005): Das Dilemma liegt im Auge des Betrachters. – Prax. Biol. 55, H. 1:10 – 16.
Howie, T. R. (1974): Indoor or Outdoor Environmental Education? – J. Environm. Educ. 6:32-36.
Huber, G. L. (1970): Begriffsbildung im Unterricht. – Empirische Untersuchung über Denkprozesse bei Schülern. – München.
Hübner, H. (1993): Die schriftliche Reifeprüfung im Spiegel exemplarischer Arbeit. – Biol. Schule 42:61-68.
Hund, W. (1995): Okkultismus – Materialien zur kritischen Auseinandersetzung. – Mülheim/Ruhr.
Hund, W. (2004): Gibt's das wirklich? Okkultismus und Esoterik in Fragen und Antworten. – Neuried.
Hungerford, H. R. & T. L. Volk (1990): Changing Learner Behavior through Environmental Education. – J. Environm. Educ. 21:8-21.
Immelmann, K. et al. (1988): Psychobiologie – Grundlagen des Verhaltens. – Stuttgart.
Ingenkamp, K. (1985): Lehrbuch der pädagogischen Diagnostik. – Weinheim.
Ingensiep, H. W. (1994): Möglichkeiten und Grenzen der Evolutionären Erkenntnistheorie. – In: Bayrhuber, H. et al. (Hrsg.): Interdisziplinäre Themenbereiche und Projekte im Biologieunterricht. – Kiel (IPN).
Institute of Biology London (2009): Biological Nomenclature – Standard Terms and Expressions Used in the Teaching of Biology. – London.
Irrgang, B. (1997): Forschungsethik, Gentechnik und neue Biotechnologie. – Stuttgart.
Issing, L. J. & P. Klimsa (Hrsg.) (1995): Information und Lernen mit Multimedia. – Weinheim.
Iwon, W. (1992): Formenlernen im Freiland und im Klassenraum. – UB 172:43.
Jaenicke, J. & W. Jungbauer (Hrsg.) (1987): Klausur- und Abiturtraining Biologie. – Köln.
Jahn, I. – R. Löther – K. Senglaub (1985): Geschichte der Biologie. – Berlin.
Jäkel, L. & A. Schaer (2004): Wie sicher sind Pflanzenkenntnisse von Schülerinnen und Schülern? – Ber. IDB 13:1-24.
Jank, W. & H. Meyer (1993): Didaktische Modelle. – Heidelberg.
Janssen, W. (1984): Naturschutzerziehung im Naturkundemuseum. – In: Berck, K. - H. & J. Weiss (Hrsg.): Naturschutz – Thema des Biologieunterrichts. – Wetzlar (Naturschutzzentrum Hessen).
Janssen, W. (1988): Naturerleben. – UB 137:2-7.
Jessberger, R. (1990): Kreationismus – Kritik des modernen Antievolutionismus. – Berlin.
Jörg, W. (1982): Fachdidaktik Physik – Technizistisches Missverständnis oder liebenswerte Marotte? – In: Fischler, H. (Hrsg.): Lehren und Lernen im Physikunterricht. – Didaktik der Naturw. 8. – Köln.
Jüdes, U. & K. Frey (Hrsg.) (1993): Biologie in Projekten. – Köln.
Jung, W. (1978): Geschichte der Naturwissenschaften im naturwissenschaftlichen Unterricht. – texte zur mathem. – naturw. tech. forschung u. lehre 3:29-54.
Junge, F. (1885): Der Dorfteich als Lebensgemeinschaft. – Kiel.
Junker, R. & S. Scherer (2006): Evolution – ein kritisches Lehrbuch. – Gießen.
Jürgens, E. (1995): Leistung und Beurteilung in der Schule. – St. Augustin.
Jürgensen, F. & M. Schieber (2001): Zur Beliebtheit eines integrierten Fachs „Naturwissenschaften". – MNU 54: 489-496.
Jütte, R. (1997): Seuchen im Spiegel der Zeit. – Spektrum der Wissenschaft. Dossier: Seuchen. S. 6-13.
Kahlow, E. (Hrsg.) (1986): Grundwissen für Lehrer – Schulgartenunterricht. – Berlin.
Kaiser, A. (1997): Einführung in die Didaktik des Sachunterrichts. – Hohengehren.
Kaminski, G. (1965): Ordnungsstrukturen und Ordnungsprozesse. – In: Bergius, R. (Hrsg.): Allgemeine Psychologie I. – Göttingen.
Kant, I. (1949): Die drei Kritiken. Kröners Taschenausgabe Bd. 104. – Stuttgart.

KASBOHM, P. (1973): Schülergruppenexperimente zur Physiologie des Menschen. – Prax. Biol. 22:291-302.
KASPER, H. (1980): Offener Unterricht in der Diskussion. – Grundschule 5:62-66.
KATHLEEN, J. R. et al. (2009): Coherence and Science Content Storylines in Science Teaching: Evidence of Neglect? Evidence of Effect? – Proceedings NARST 2009.
KATTMANN, U. (1974): Der Mensch und die Tiere; IPN-Einheitenbank Biologie. – Köln.
KATTMANN, U. (1980a): Bezugspunkt Mensch. Grundlegung einer humanzentrierten Strukturierung des Biologieunterrichts. – Köln.
KATTMANN, U. (1980b): Fließgleichgewicht und Homöostase – Zur kybernetischen Beschreibung von Biosystemen I, II. – MNU 33:202-209, 283-289.
KATTMANN, U. (2008): Evolution und Schöpfung. – UB 333.
KATTMANN, U. et al. (1997): Das Modell der Didaktischen Rekonstruktion – Ein Rahmen für naturwissenschaftlich-didaktische Forschung und Entwicklung. – ZfDN 3, H. 1:3-18.
KATTMANN, U. & W. ISENSEE (Hrsg.) (1975): Strukturen des Biologieunterrichts. – Köln.
KAUFMANN, W. (1984): Biologische Schulgärten. – Krefeld/Viersen (Deutscher Bund f. Vogelschutz).
KECKSTEIN, R. (1981): Die Geschichte des biologischen Unterrichts in Deutschland. – biol. didac. 3, Heft 4 (Sonderheft).
KEIL, S. (1974): Soziologische Aspekte. – In: Bundeszentrale für Gesundheitliche Aufklärung (Hrsg.): Sexualerziehung. – Stuttgart.
KELLE, A. & H. STURM (1979): Pflanzen leicht bestimmt. – Bonn.
KELLE, A. & H. STURM (1984): Tiere leicht bestimmt. – Bonn.
KELLER, G. (1984): Lernen will gelernt sein! Ein Lerntraining für Schüler. – Heidelberg.
KELLERT, S. R. (1980): American´s Attidues and Knowledge of Animals. – Transactions of the 45th North American Wildlife a. Natural Resources Conference. – Washington (Wildlife Managament Institute).
KELLOUGH, R. D. (1994): A Resource Guide for Teaching: K-12. – New Jersey (USA).
KELLY, A. (1985): The Development of Girls' and Boys' Attitudes to Science: a Longitudinal Study. – In: LEHRKE, M. – L. HOFFMANN – L. GARDNER (Hrsg.): Interests in Science and Technology Education. – Kiel (IPN).
KERSCHENSTEINER, G. (1963): Wesen und Wert des naturwissenschaftlichen Unterrichts. – München.
KERSTAN, TH. (1998): Mathe schockt. – DIE ZEIT Nr. 11 vom 5.3.1998.
KETTLING, A. (1987): Möglichkeiten und Grenzen wissenschaftsorientierten Biologieunterrichts in Klasse 5 und 6 – eine empirische Untersuchung. – MNU 40: 237-243, 288-294.
KIEMSTEDT, H. (1967): Zur Bewertung der Landschaft für die Erholung. – Beitr. z. Landschaftspflege, Sonderh. 1.
KIESSLING, F. & E. PFALZ (1888): Wie muss der Naturgeschichts-Unterricht sich gestalten, wenn er der Ausbildung des sittlichen Charakters dienen soll. – Braunschweig.
KILGER, U. (1981): Schul- und Lehrgärten. – München (Techn. Universität).
KILLERMANN, W. (1979): Biologie in Unterrichtsmodellen für die Jahrgangsstufen 5–9. – Donauwörth.
KILLERMANN, W. (1996a): Biologieunterricht heute (10. Aufl.). – Donauwörth.
KILLERMANN, W. (1996b): Biology Education in Germany: Research into the Effectiveness of Different Teaching Methods. – Int. J. Science Educ. 18:333-346.
KILLERMANN, W. et al. (2005): Biologieunterricht heute (11. Aufl.). – Donauwörth.
KILLERMANN, W. & A. SCHMITT (1996): Unterricht mit Video oder Mikroskop? – ZfDN 2, H. 2:15-20.
KILLERMANN, W. & E. STÖHR (1980): Didaktische Vereinfachung, insbesondere Modellmethode im Biologieunterricht. – In: RODI, D. & W. BAUER (Hrsg.): Biologiedidaktik als Wissenschaft. – Köln.
KILLERMANN, W. & L. STAECK (1990): Methoden des Biologieunterrichts. – Köln.
KIPER, H. et al. (2002): Einführung in die Schulpädagogik. – Berlin.
KIRCHSHOFER, R. (1978): Biologieunterricht im zoologischen Garten. – In: FALKENHAN, H. H. (Hrsg.) (1970/1979): Handbuch der praktischen und experimentellen Schulbiologie. – Köln.

KIRCHSHOFER, R. (1984): Naturschutzerziehung im Zoounterricht. – In: BERCK, K. - H. & J. WEISS (Hrsg.): Naturschutz – Thema des Biologieunterrichts. – Wetzlar (Naturschutzzentrum Hessen).
KLAFKI, W. (1962): Analyse als Kern der Unterrichtsvorbereitung. – In: ROTH, H. & A. BLUMENTHAL (Hrsg.): Didaktische Analyse. – Hannover.
KLAFKI, W. (1971): Das Elementare, Fundamentale, Exemplarische. – In: GROOTHOFF, H. H. & M. STALLMANN (Hrsg.): Neues Pädagogisches Lexikon. – Berlin.
KLAHM, G. (1987): Der Schulgarten in der Grundschule. – SMP 3:103-108.
KLASSEN, TH. F. (1981): Eine Grundschule in England. – Gießen.
KLAUER, K. J. (Hrsg) (1978): Handbuch der pädagogischen Diagnostik. – Düsseldorf.
KLAUSING, O. (1968): Biologie in der Bildungsreform. – Weinheim.
KLAUSMEIR, H. J. & R. E. RIPPLE (1975): Moderne Unterrichtspsychologie 3 – Lernen und Lernerfolg. – München.
KLAUSS, B. & G. BRILLA (1985): Politik in Schulbüchern. – In: PÖGGELER, F. (Hrsg.): Politik im Schulbuch. – Schriftenr. Bundeszentr. f. politische Bildung Bd. 231.
KLAUTKE, S. (1974a): Kriterien zur Beurteilung von Schulbüchern für Biologie. – Blickpunkt Schulbuch H. 16:30-32.
KLAUTKE, S. (1974b): Grundsätze für die Stoffauswahl und Anordnung in der Schulbiologie. – NiUB 22:536-545.
KLAUTKE, S. (1980): Aktuelle Fragen des Biologieunterrichts in Grund- und Hauptschulen. – Päd. Welt 34:130-139.
KLAUTKE, S. (1997): Experimentieren im Biologieunterricht. – MNU 50:323-329.
KLEE, R. (1997): Alle sind dafür, doch nur wenige handeln: Ein Dilemma des Natur- und Umweltschutzes. – Jb. Naturschutz in Hessen 2:197-202.
KLEE, R. & H. BAYRHUBER (2002): Lehr- und Lernforschung in der Biologiedidaktik. – Innsbruck.
KLEE, R. et al. (2000): Analyzing Determinants of Educational Methods in Environmental Education by Using the Theory of Planned Behavior. – In: BAYRHUBER, H. & U. UNTERBRUNER (Hrsg.) (2000): Lehren und Lernen im Biologieunterricht. – Forschungen z. Fachdidaktik 1 (Wien).
KLEE, R. & S. VOGEL (1978): Temperaturmessung an einem „Laubwaldbodenmodell" – Schülerversuch für den Sachunterricht zum Thema Frühblüher. – SMP 6:61-63.
KLEIN, A. (1991): Ringen um die mathematisch-naturwissenschaftliche Bildung. – Bonn.
KLEIN, G. (1975): Kritische Analyse gegenwärtiger Konzeptionen der Sonderschule für Lernbehinderte. – In: BAIER, H. & G. KLEIN (Hrsg.): Aspekte der Lernbehindertenpädagogik. – Berlin.
KLEIN, H. - P. (2009): Bildungsstandards, Kompetenzen Kerncurricula – die neuen Heilsbringer schulischer Bildung. – In: KLEIN, H. P. et. al. (Hrsg.): Aktuelle Themen aus den Bildungs- und Biowissenschaften. – Frankfurt.
KLEMM, J. (1974): Vergleichende Untersuchungen über den Pflanzenbegriff von Schülern. – Prax. Biol. 23:13-22.
KLIEME, E. (1999): Anforderungsmerkmale von Aufgaben der Internatonalen Biologieolympiade: Experteneinschätzungen und psychologische Analysen. – In: BAYRHUBER, H. (Hrsg.) (1999): Lernen im Biologieunterricht. – Salzburg (Inst. f. Didaktik der Naturwissenschaften).
KLIPPERT, H. & F. MÜLLER (2003): Methodenlernen in der Grundschule – Bausteine für den Unterricht. – Weinheim.
KLOPFER, L. E. (1971): Evaluation of Learning in Science. – In: BLOOM, B. S. – J. TH. HASTINGS – J. F. MADAUS (Hrsg.): Handbook on Formative and Summative Evaluation of Student Learning. – New York.
KLUMPP, W. (1953): Das Grundphänomen in der Biologie. – MNU 6:104-109.
KNIRSCH, R. (1986): Umwelterziehung in den USA. – Frankfurt a. M.
KNOLL, J. (1979): Biologieunterricht in der Grundschule. – Bad Heilbrunn.
KOBALA, T. R. & F. E. CRAWLEY (1990): A Summary of Research in Science Education. – Science Educ. 74: 315-333.
KOCH, H. (1960): Bildende Elemente im Biologieunterricht. – Frankfurt a. M.

KOCH, K. (1977): Kriterien zur Auswahl von Biologiebüchern für einen effektiven Unterricht. – UB 9: 47-49.
KOCHAN, B. & E. NEUHAUS-SIEMON (Hrsg.) (1979): Taschenlexikon Grundschule. – Königstein.
KÖCHY, K (2008): Biophilosophie. – Hamburg.
KÖGEL et al. (2000): Biologieinteressen der Schüler. Erste Ergebnisse einer Interviewstudie. – In: BAYRHUBER, H. & U. UNTERBRUNER (Hrsg.): Lehren und Lernen im Biologieunterricht. – Forschungen z. Fachdidaktik 1 Wien.
KOLLORZ, S. & H. LINDEMANN (2003): Kinder sehen anders – Eine Studie zur visuellen Wahrnehmung von Grundschülern. – Ztschr. Sach-Wort-Zahl 34:40-45.
KOLLOTSCHEK, C. (1995): Mathematikunterricht – wozu? – MNU 48:306-309.
KOSCHWITZ, H. (1985): Der Mikrocomputer im Biologieunterricht. – MNU 38:487-501.
KOSCHWITZ, H. & J. WEDEKIND (1985): BASIC Biologieprogramme. – Stuttgart.
KRAMER, B. (2005): Mentale Integration von Text und Bild beim Lernen mit Multimedia am Beispiel der olfaktorischen Signaltransduktion. IPN Kiel http://eldiss.uni-kiel.de/macau/servlets/MCRFileNodeServlet/dissertation_derivate_00001546/d1546.pdf?hosts= [1.8.08].
KRAMER, L. M. J. (1975): Teaching the Life Sciences. – London.
KRAPP, A. (1989): Neuere Ansätze einer pädagogisch orientierten Interessenforschung. – Zt. zu Theorie u. Praxis erziehungsw. Forschung 3:233-255.
KRAPP, A. (1992): Das Interessenskonstrukt. – In: KRAPP, A. & M. PRENZEL (Hrsg.): Interesse, Lernen, Leistung. – Münster.
KRAPP, A. & M. PRENZEL (Hrsg.) (1992): Interesse, Lernen, Leistung. – Münster.
KRATHWOHL, D. R. – B. S. BLOOM – D. T. MILES (1964): Taxonomy of Educational Objectives: The Classifikation of Educational Goals, Handbook II: Affective Domain. – New York.
KREBS, A. (1997): Naturethik im Überblick. – In: KREBS, A. (Hrsg.): Naturethik. – Frankfurt a. M.
KREMER, A. (1985): Naturwissenschaftlicher Unterricht und Standesinteresse. – Reihe Soznat. Mythos Wissenschaft Bd.9 (Marburg).
KREMER, A. & L. STÄUDEL (1997): Zum Stand des fächerübergreifenden naturwissenschaftlichen Unterrichts in der Bundesrepublik Deutschland. – ZfDN 3, H. 1:52-66.
KREMER, K. H. – D. URHAHNE – J. MAYER (2007): Das Verständnis von der Natur der Naturwissenschaften als Kompetenzdimension der Erkenntnisgewinnung. – Kassel (Univ. – Naturwissenschaften).
KREMER, K. H. – D. URHAHNE – J. MAYER (2008): Wege der Kompetenzförderung und Kompetenzdiagnostik. – In: VOGT, H. et al. (Hrsg.): Erkenntnisweg Biologiedidaktik 6. – Kassel (Univ.).
KRIEGE, G. & L. GUNTER (2004): Leistungsmessung im Leistungskurs. –MNU 57: 259-265.
KROH, O. (1956): Die veränderte Gesellschaft und ihr Einfluss auf die Erziehung. – In: [Ohne Hrsg.]: Erziehung wozu? – Stuttgart.
KRONER, B. & H. SCHAUER (1997): Unterricht erfolgreich planen und durchführen. – München.
KRÖNIG, M. (1997): Ökologie und Ethik. – Prax. Biol. 46, H. 8:39-43.
KRÜGER, D. (2000): Evaluation der Gen-Welten-Ausstellung. – Ber. IDB Münster 9: 41-57.
KRÜGER, D. (2002a): Entwicklungsorientierte Evaluation im computergestützten Gentechnikunterricht. – ZfdN 8: 133 – 150.
KRÜGER, D. (2002b): Lernen im computergestützten Gentechnikunterricht: Feldstudie zum Einsatz des Computers in der Sekundarstufe II. In: BAYRHUBER, H. et al. (Hrsg.): Biowissenschaften in Schule und Öffentlichkeit. – Kiel (IPN).
KRÜGER, D. (2007): Die Conceptual Change Theorie. In: KRÜGER, D. & H. VOGT (Hrsg.): Theorien der biologiedaktischen Forschung. – Heidelberg.
KRÜGER, D. & H. VOGT (2007) (Hrsg.): Theorien der biologiedaktischen Forschung. – Heidelberg.
KRUMWIEDE, D. (1982a): Schwerpunkt Biologie-Didaktik. – Mitt. VDBiol 292: 1345-1348.
KRUMWIEDE, D. (1982b): Trends im Biologieunterrichts der Sekundarstufe II – Versuch eines Überblicks über die Länderrichtlinien. – In: HEDEWIG, R. & D. RODI (Hrsg.): Biologielehrpläne und ihre Realisierung. – Köln.

KRUSE, H. (1997): Auf dem „ethischen Auge blind“? Ergebnisse einer Lehrerbefragung zum Thema „Ethik im Biologieunterricht“. – Typoskript Erziehungsw. Fakultät Univ. Kiel (September 1997).

KUBLI, F. (1981): Piagét und Naturwissenschaftsdidaktik. – Didaktik der Naturw. 3. – Köln.

KUBLI; F. (2001): Narrative Aspekte im naturwissenschaftlichen Unterricht. – ZfDN 7: 25-32.

KUCHENBECKER, D (1978): Naturwissenschaftlicher Unterricht in der UdSSR – Studien zur Bildungsforschung. – Husum.

KUGEMANN, W. F. (1967): Kopfarbeit mit Köpfchen. – München.

KUHN, K. – W. PROBST – K. SCHILKE (1986): Biologie im Freien. – Stuttgart.

KUHN, W. (1967a): Der aufrechte Gang des Menschen. – BU 3, H. 1:35-48.

KUHN, W. (1967b): Methodik und Didaktik des Biologieunterrichts. – Schriften für die Schulpraxis Bd. 22 München.

KUHN, W. (1970): Exemplarische Biologie in Unterrichtsbeispielen, 1. Teil. – München.

KÜHNEMUND, H. (1993): Lebenswirklichkeit und Wissenschaft. – In: KÜHNEMUND, H. & H. D. FREY (Hrsg.): Lebenswirklichkeit und Wissenschaft I. – Tübingen (Arbeitsber. Naturw. 15:7-15, DIFF).

KULIK, C. L. – J. A. KULIK – P. COHEN (1980): Effectiveness of Computer-Based College Teaching – a Meta Analysis of Findings. – Rev. Educ. Res. 50: 525-544.

KULIK, C.L. & J. A. KULIK (1991): Effectiveness of Computer-Based Instruction: an Updated Analysis. – Computers in Human Behavior 7:75-94.

KULIK, J. A. (2003): Effects of Using Instructional Technology in Elementary and Secondary Schools: What Controlled Evaluation Studies Say. – http://www.sri.com/policy/csted/reports/sandt/it/Kulik_ITinK-12_Main_Report.pdf [1.8.09].

KULTUSMINISTERKONFERENZ (1972): Vereinbarung zur Neugestaltung der gymnasialen Oberstufe. – Neuwied.

KULTUSMINISTERKONFERENZ (1975): Einheitliche Prüfungsanforderungen in der Abiturprüfung – Biologie. – Neuwied.

KULTUSMINISTERKONFERENZ (1978): Empfehlungen zur Arbeit in der Sekundarstufe II vom 7. Juli 1972 – Neuwied.

KULTUSMINISTERKONFERENZ (2004): Einheitliche Prüfungsanforderungen in der Abiturprüfung Biologie, Fassung vom 5.5.2004. – Internet.

KULTUSMINISTERKONFERENZ (2005): Bildungsstandards im Fach Biologie für den Mittleren Schulabschluss. Beschluss vom 16.12. 2005. – Neuwied.

KULTUSMINISTERKONFERENZ (2008): Vereinbarung zur Gestaltungder gymnasialen Oberstufe in der Sekundarstufe II; Beschluss der Kultusministerkonferenz vom 07.07.1972 i.d.F. vom 24.10.2008.

KUMERICS, M. (1984): Anleitung zur Entwicklung von Lernstrategien für den Biologieunterricht in der Sekundarstufe II. – Prax. Biol. 33:97-117.

KÜNZLI, R. (1988): Von sinnlichen Vorstellungen zu deutlichen Begriffen. – Friedrich Jahresh. VI: 80-81.

KÜNZLI, R. & S. HOPMANN (1998): Zum Stand der empirischen Lehrplanforschung. – Chur.

KURTZ, P. (1996): Das Anwachsen der Wissenschaftsfeindlichkeit. – In: SHERMER, M. et al. (Hrsg.): Skeptisches Jahrbuch. – Aschaffenburg.

KURZWEIL, R. (2002): Homo s@piens. – Köln.

KUTSCHERA, U. (2004): Streitpunkt Evolution – Darwinismus und Intelligentes Design. – Münster.

KUTZER, R. (1976): Zur Kritik gegenwärtiger Didaktik der Schule für Lernbehinderte. – Marburg (Dissertation Univ. Marburg).

KUTZER, R. (1983): Mathematik entdecken und verstehen, Bd. 1: Lehrerband. – Frankfurt a. M.

LANDMANN, M. (1964): Philosophische Anthropologie. – Berlin.

LANGE, C. – B. RASCOE – J. ZAWICKI (2009): The Nature of the Pedagogy of the Historie of Science. – Proceedings NARST 2009.

LANGEHEINE, R. & J. LEHMANN (1986): Die Bedeutung der Erziehung für das Umweltbewusstsein. – Kiel (IPN).

LANGENOHL, H. (1976): Biologieunterricht an der Lernbehindertenschule. – Berlin.
LANGLET, J. (2001): Wider die Chemisierung des Biologieunterrichts. – MNU 54: 67.
LANGLET, J. (2003):Strittige „Theorien“ – Chancen für den Unterricht. – Prax. Biol.53, H. 8:6-9.
LAUDENBACH, B. (1983): Materialien und Gedanken zum Problem der Lehrerarbeitslosigkeit. – Mitt. Bundesarbeitskr. Seminar- und Fachleiter 3/1983.
LAUMEYER, U. M. (2000): Lernen durch Lehren – Schüler halten Unterricht. – MNU 53:179-183.
LAUTERBACH, R. et al. (1991): Wie Kinder erkennen. – Kiel (IPN).
LAUTERBACH, R. & B. MARQUARDT (Hrsg.) (1982): Sachunterricht zwischen Alltag und Wissenschaft. – Frankfurt a.M.
LAWSON, A. E. (1988): The Aquisition of Biological Knowledge During Childhood. – J. Res. Science Teach. 25:185-199.
LAZAROWITZ, R. (1981): Correlataions of Junior High School Students' Age, Gender, and Intelligence with Ability in Construction Classification in Biology. – J. Res. Science Teach. 18: 15-22.
LEE, V. R. (2009): Examining Patterns of Visual Representation Use in Middle School Science Classrooms. – Proceedings NARST 2009.
LEHMANN, J. & K. SCHILKE (1987): Games and Simulations in Biology Teaching. – In: Unesco (Hrsg.): New Trends in Biology Teaching, Vol. V. – Paris.
LEHRKE, M. – L. HOFFMANN – P. GARDNER (1985): Interests in Science and Technology Education. – Kiel (IPN).
LEIBOLD, K. & S. KLAUTKE (1999): Lerneffekte des Einsatzes gegenständlicher Modelle in Biologieleistungskursen des Gymnasiums. – ZfDN 5:3-23.
LEICHT, W. H. (1981): Repetitorium Fachdidaktik Biologie. – Bad Heilbrunn.
LEICHT, W. H. & K. HOCHMUTH (1979): Eine empirische Untersuchung über die Effektivität von Tonfilm und Lichtbild im Biologieunterricht. – NiUB 27:65-69.
LEISEN, J. (2006): Aufgabenkultur im mathematisch-naturwissenschaftlichen Unterricht. – MNU 59: 260-266.
LEISEN, J. (2007): Das Erklären im Unterricht. – MNU 60: 459-462.
LEITNER, S. (1972): So lernt man lernen. – Freiburg.
LEMKE, W. (1948): Biologieunterricht – zur Methode und Praxis des Biologieunterrichts in der Grundschule. – Berlin.
LENTKE, H. M. (1974): Zur fachlichen Vorbildung der Referendare mit Biologiefakultas. – MNU 27: 344-349.
LENZEN, D. (1976): Offene Curricula – Leidensweg einer Fiktion. – Jb. Erziehungswissenschaften 1976:138-162.
LEPEL, W. (1996): Begriffsbildung im Biologieunterricht – ein Rückblick auf die Greifswalder Forschungen zum Themenbereich „Organismengruppen“. – MNU 49: 12-16.
LEPEL, W. (1997): Fachunterricht oder „Integrierter Naturwissenschaftlicher Unterricht“? – MNU 50:243-244.
LEPEL, W. & U. KATTMANN (Hrsg.) (1991): Sprache, Begriffe und Gesetze in der Biologiedidaktik. – Oldenburg (Carl von Ossietzky Univ.).
LEWY, A. (Hrsg.) (1991): The International Encyclopedia of Curriculum. – Oxford.
LIEB, E. (1986): Aufgaben des Biologieunterrichts. – Prax. Biol. 35: 45-47.
LIESENFELD, F. J. (1979): Ein methodischer Vorschlag zum Unterricht über Vogelstimmen in Klasse 6. – BU 15, H.1: 48-56.
LIND, G. (1992): Physikunterricht und formale Bildung. – MNU 45:108-113.
LINDER, H. (1950): Arbeitsunterricht in Biologie. – Stuttgart.
LINDNER-EFFLAND, M. (1997): Messung von Nervenaktivitäten mit dem Computer. – UB 221:19-22.
LINDNER-EFFLAND, M. (2003): Der PC als Messinstrument. – In: BICKEL-SANDKÖTTER, S. (Hrsg.): Computer, Internet & Co im Biologieunterricht. – Berlin.
LINNÉ, C. V. (1964): Lappländische Reise. – Frankfurt a. M.
LITT, TH. (1954): Naturwissenschaft und Menschenbildung. – Heidelberg.
LITT, TH. (1955/56): Selbstbewusstsein und Grenzbewusstsein der Naturwissenschaften. – MNU 8:250-259.

LOCK, R. (1985): Dick Taite and B. Damned – a Comparison of Three Approches to Getting Notes into Pupil Exercise Books. – J. Biol. Educ. 19:119-124.
LOESER, O. (1982):Arbeitsblätter als Unterrichtsmedium. – In: LOESER, O. & W. KÖNIGS (Hrsg.): Tafelbild, Arbeitstransparent, Arbeitsblatt im Unterricht. – Darmstadt.
LÖFGREN, L. (2009): A Ten-Year Study Following Students´ Ideas About Situations in which Transformations Matter Occurs. – Proceedings NARST 2009.
LOHMANN, K. (1987): Die schriftliche Unterrichtsplanung in der zweiten Staatsprüfung aus der Sicht der Hochschule und der didaktischen Theorie. – Mitt. Bundesarbeitskreis Seminar-Fachleiter 1987, H. 4:7-23.
LOIDL, E. (1980): Schulbücher für den Biologieunterricht. – Erziehung u. Unterricht (o. Jg.): 690-695.
LOOSS, M. (2003): Pro und Contra Wagenschein. – In: BAUER, A. et al. (Hrsg.): Entwicklung von Wissen und Kompetenzen im Biologieunterricht. – Kiel (IPN).
LORD, T. R. (2001): 101 Reasons for Using Cooperative Learning in Biology Teaching. – ABT 63: 30-38.
LÖW, R. (1980): Philosophie des Lebendigen. – Frankfurt a.M.
LÖWE, B. (1990): Biologische Arbeitsweisen im Spiegel der Schülerinteressen. – In: KILLERMANN, W. & L. STAECK (Hrsg.): Methoden des Biologieunterrichts. – Köln.
LÖWE, B. (1992a): Biologieunterricht und Schülerinteresse an Biologie. – Schriftenr. Päd. Hochschule Heidelberg Bd. 9.
LÖWE, B. (1992b): Wozu empirische Untersuchungen über Formen- bzw. Sippenkenntnisse? – UB 172: 42-43.
LÖWE, B. (1992c): Vergleich der Entwicklung biologischer Interessen von Schülern aus Brandenburg und Baden-Württemberg. – Biol. Schule 41:283-291.
LUMER, J. – F. PICARD – M. HESSE (1998): Concept-Mapping-Verfahren zur Konsolidierung des Lernstoffes. – Prax. Biol. 47, H. 1:31-36.
LUMER, J. (1996): Chemie im Biologieunterricht der Sekundarstufe II. – Münster (Dissertation Univ.).
MAGER, R. F. (1977): Lernziele und programmierter Unterricht. – Weinheim.
MAGER, R. F. (1994): Lernziele und Unterricht. – Weinheim.
MAHNER, M. & M. BUNGE (2000): Philosophische Grundlagen der Biologie. – Heidelberg.
MAIERHOFER, M. (2001): Förderung des systemischen Denkens durch computerunterstützten Biologieunterricht. – Herdecke.
MALLIG, H. D. (2001): Biologie-online-Unterricht mit und aus dem Internet. – MNU 54: 47-50.
MANITZ, R. (1998): Was kann nur der Biologieunterricht an Allgemeinbildung vermitteln? – In: BAYRHUBER et al. (Hrsg.): Biologie und Bildung. – Kiel (IPN).
MARQUARD, O. (1986): Apologie des Zufälligen. – Stuttgart.
MARQUARDT, B. & U. UNTERBRUNER (1981): Das Biologieschulbuch als Unterrichtsmedium. – UB 60/61:10-15.
MARQUARDT-MAU, B et. al.(Hrsg.) (1997): Forschungen zum Sachunterricht. – Bad Heilbrunn.
MARTIN, T. (1982): Erfahrungen und Vorschläge zur Arbeit mit dem Lehrbuch im Biologieunterricht. – Biol. Schule 31:16-21.
MASENDORF, F. (1995): Wissenserwerb Lernbehinderter im Sachunterricht als Funktion der Zeit, dargestellt am Beispiel des Unterrichtsgegenstandes „Luftfahrt". – Heilpäd. Forschung 21:122-129.
MAURER, M. (1978): Naturverständnis und Weltanschauung in Biologieschulbüchern. – In: BUSCHE, E. – B. MARQUARDT – M. MAURER (Hrsg.): natur in der schule. – Reinbek.
MAYER, J. – CHR. GRUBE – A. MÖLLER (2008): Kompetenzmodell naturwissenschaftlicher Erkenntnisgewinnung. – In: HARMS, U. & A. SANDMANN (Hrsg.): Lehr- und Lernforschung in der Biologiedidaktik – Ausbildung und Professionalisierung von Lehrkräften 3.
MAYER, J. (1992): Formenvielfalt im Biologieunterricht. – Kiel (IPN 132).
MAYER, J. (1993): Vielfalt begreifen – Wege zur Formenkunde. IPN-Symposium. – Kiel.
MAYER, J. (1996): Biodiversitätsforschung als Zukunftsdisziplin. – Ber. IDB 5:19-41.

MAYER, J. (2000a): Dimensionen der Naturbeziehung bei Kindern und Jugendlichen. – In: SIMANTKE, CH. & W. FÖLSCH (Hrsg.): Pädagogische Zugänge zum Mensch-Nutztier-Verhältnis. – Witzenhausen (Gesamthochschule Kassel).
MAYER, J. (2000b): Naturbeziehung als motivationales Konstrukt. – In: BAYRHUBER, H. & U. UNTERBRUNER (Hrsg.): Lehren und Lernen im Biologieunterricht.
MAYER, J. (2004): Qualitätsentwicklung im Biologieunterricht. – MNU 57: 92-99.
MAYER, J. (2005): Die Natur der Erfahrung und die Erfahrung der Natur. – In: GEBAUER, M. & U. GEBHARDT (Hrsg.): Naturerfahrung. – Zug /Schweiz.
MAYER, J. (2007): Erkenntnisgewinnung als wissenschaftliches Problemlösen. – In: KRÜGER, D. & H. VOGT (Hrsg.): Theorien in der biologiedidaktischen Forschung. – Berlin.
MAYER, J. et al. (2004): Kerncurriculum Biologie der gymnasialen Oberstufe. – MNU 57: 166-173.
MAYER, J. & F. HORN (1993): Formenkenntnis – wozu? – UB 189: 4-13.
MAYER, J. & P. ZIEMEK (2006): Offenes Experimentieren – Forschendes Lernen im Biologieunterricht. – UB 317: 4-12.
MAYER, R. E (2001): Multimedia Learning. – Cambridge.
MAYR, E. (1998): Das ist Biologie – die Wissenschaft vom Leben. – Heidelberg.
MCDERMOTT, M. A. & B. HAND (2009): A Secondary Reanalysis of Student Perceptions while Participating in Non-Traditional Writing in Science. – Proceedings Narst 2009.
MEADOWS, D L. et al. (1993): Fish Banks, LTD. A Micro-Computer Assisted Group Simulation. Laboratory for Interactive Learning. – Institute for Policy and Social Science Research, Hood House, University of Hampshire.
MEADOWS, D. et al. (1973): Die Grenzen des Wachstums. – Reinbek.
MEHRMANN, E. (1994): Moderierte Gruppenarbeit mit Metaplan-Technik. – Düsseldorf.
MEIER, R. (1997): Sachunterricht wohin? – In: MEIER, R. et. al. (Hrsg.) (1997): Sachunterricht in der Grundschule. – Beitr. Reform der Grundschule Bd. 101.
MEIER, R. (2003): Methodenkompetenz erwerben. – Grundschule Sachunterr. (ohne Bd.) H. 184-9;10-15.
MEIER, R. et al. (Hrsg.) (1997): Sachunterricht in der Grundschule. – Beitr. Reform der Grundschule Bd. 101.
MEINHARD, B. & F. MOISL (1995): Abiturtraining Biologie 1 und 2. – Freising.
MELCHERT, H. (1985): Die erste Ausbildungsphase im Urteil Berliner Lehramtsanwärter. – Frankfurt a. M.
MELNIK, A. (1968): Questions: An Instructional-Diagnostic Tool. – J. of Reading 11:509 ff.
MEMMERT, W. (1970): Grundfragen der Biologiedidaktik. – Essen.
MEMMERT, W. (1983): Biologie. – In: BAIER, H. & U. BLEIDICK (Hrsg.): Handbuch der Lernbehindertenpädagogik. – Stuttgart.
MEMMERT, W. (Hrsg.) (1990): Natur begreifen – Biologie 2. – Hannover.
MENDE, P. (1994): ZUR ROLLE DIDAKTISCHER BEGRIFFE IN DER LEHRERAUSBILDUNG. – GIESSEN (DISSERTATION INST. F. BIOLOGIEDIDAKTIK).
MENZEL, S. & S. BÖGEHOLZ (2006): Vorstellungen und Argumentationsstrukturen von Schüler(inne)n der elften Jahrgangsstufe zur Biodiversität, deren Gefährdung und Erhaltung. – ZfDN 12: 199-217.
MERZYN, G.: Sprache im naturwissenschaftlichen Unterricht. – Physik in der Schule 36: 203-205, 284-288.
MERZYN, G. (1987): Die Sprache unserer Schulbücher. – MNU 40:75-80.
MERZYN, G. (1994): Physikschulbücher, Physiklehrer und Physikunterricht. – Kiel (IPN 139).
MERZYN, G. (2000): Lehrerausbildung in der Zerreißprobe. – MNU 53: 455-460.
MERZYN, G. (2005): Lehrerbildung – ein Stiefkind der Universitäten. – Deutsche Schule 97: 342-350.
MESSNER, H. (1978): Wissen und Anwenden. – Stuttgart.
MESSNER, R. (1979): Lernziele. – In: KOCHAN, B. & E. NEUHAUS-SIEMON (Hrsg.): Taschenbuch Grundschule. – Königstein i. Taunus.
MEYER, G. (1972): Notwendigkeit und Möglichkeit der Leistungskontrolle im Biologieunterricht dargestellt an Testbeispielen. – MNU 25: 430-436.

MEYER, G. (1973): Leistungskontrolle. – Schr. MNU. 18:79-100.
MEYER, G. R. (1988): Overcoming Constraints on the Teaching of Biology – a Global Perspective. – Sydney (UNESCO).
MEYER, G. R. (1995): Current Issues in Bioethics: an Educator´s Response. – In: SCHAEFER, G. & T. YOUNÈS (Hrsg.): New Challenges for Biological Education. – Biology International, Special Issue 11.
MEYER, H. (1990): Modelle. – UB 160:4-10.
MEYER, H. (1994): Leitfaden Unterrichtsvorbereitung. – Berlin.
MEYER, H. U. & V. MUULI (1997): Hello Spring. – UB 21, H. 221:44-46.
MIKAT, P. – L. BECK – W. KORFF (Hrsg.) (1998): Lexikon der Bioethik (3 Bde.). – Gütersloh.
MILLER, M. & K. J. DRESCHER (1995): Zum Bluff der Handlungsorientierung und Ganzheitlichkeit. – Hess. Lehrer-Zeitung H. 1:20-21.
MILLHOFER, P & B. MAIER (Hrsg.) (1975): Sexualerziehung zwischen Elternhaus und Grundschule. – Beitr. z. Reform der Grundschule Bd. 70.
MILLS, J. & R. JACKSON (1997): Analysis of Microbial Growth Data Using a Spreadsheet. – J. Biol. Educ. 31:34-38.
MINISTERIUM SCHULE UND WEITERBILDUNG NRW (2009): Datenbank Schulpraxis 2009. – CD (c/o Minist. Schule u. Weiterbildung NRW, Dienststelle Soest).
MIRAM, W. (1975): Zur Vereinfachung der Korrektur von Klassen- und Testarbeiten im Fach Biologie. – Prax. Biol. 24:204-212.
MIRAM, W. & K. – H. SCHERF (Hrsg.) (1998): Biologie heute S II. – Hannover.
MOHR, H. (1981): Biologische Erkenntnis. – Stuttgart.
MOHR, H. (2008): Einführung in (natur-)wissenschaftliches Denken. – Heidelberg.
MÖLLER, A. – CH. GRUBE – J. MAYER (2007): Kompetenzniveaus der Erkenntnisgewinnung bei Schülerinnen und Schülern der Sekundarstufe I. – Kassel (Univ. - Naturwissenschaften).
MÖLLER, K. (2002): Anspruchsvolles Lernen in der Grundschule – am Beispiel naturwissenschaftlich-technischer Inhalte. – Pädagog. Rundschau 56: 411-435.
MÖRBE, K. (1999): Zur Mensch-Tier-Beziehung bei Kindern der 1.–4. Klasse einer Berliner Großstadtschule. – Berlin (Freie Univ., Dissertation Veterinärmedizin).
MORRIS, D. (1963): Biologie der Kunst. – Düsseldorf.
MOSTLER, G. – D. KRUMWIEDE – G. MEYER (1975): Methodik und Didaktik des Biologieunterrichts. – Heidelberg.
MPFS – MEDIENPÄDAGOGISCHER FORSCHUNGSVERBUND SÜDWEST (2003): Lehrer/-Innen und Medien – Nutzung, Einstellungen, Perspektiven. – http://www.mpfs.de/fileadmin/Einzelstudien/Lehrerbefragung.pdf [1.8.08].
MÜLLER, H. (1999): Vergleichende Analyse des Lernbereichs Biologie in den Lehrplänen für den Sachunterricht in der Grundschule. – In: BAYRHUBER, H. et al. (Hrsg.): Biologie und Bildung. – Kiel (IPN 166).
MÜLLER, H. (2003): Biologische Kenntnisse von Studienanfängern. – MNU 56: 4-12.
MÜLLER, J. (1964): Einige Aufgaben und Probleme bei der Entwicklung des logischen Denkens der Schüler im Biologieunterricht. – Wiss. Z. Univ. Greifswald 13:253-264.
MÜLLER, J. (1973): Modellierung der didaktisch-logischen Grundstruktur des Erkenntnisprozesses als Führungshilfe für den Biologieunterricht. – Biol. Schule 7:297-301, 336-342, 383-391, 481-484, 524-535.
MÜLLER, K. – G. SCHNEIDER – W. SCHULZ (1982): Zum Verhältnis von Biologiedidaktik und Mediendidaktik. – Prax. Biol. 31:197-200.
MÜLLER, S. & A. GERHARDT-DIRCKSEN (2000): Nur geringes Wissen über Ökologie – eine empirische Studie. – MNU 53: 202-209.
MUTSCHELLER, F. (1957): Die Ausbildung der Studienreferendare für Biologie. – Schr. MNU H. 2 (Fachleitertagung für Biologie).
MYSCHKER, N. (1983): Lernbehindertenpädagogik. – In: SOLAROVÁ, S. (Hrsg.): Geschichte der Sonderpädagogik. – Stuttgart.
NATIONAL RESEARCH COUNCIL – COMMITTEE ON HIGH-SCHOOL BIOLOGY EDUCATION (1990): Fulfilling the Promise. – Washington.
NATIONAL SCIENCE TEACHER ASSOCIATION – NSTA (1990): Scope, Sequence, and Coordination of Secondary Science: A Rationale. – Washington (NSTA).

NEFF, G. (1975): Probleme des verfahrensorientierten Sachunterrichts. – Grundschule 7:250-255.
NERDEL. C. (2003): Die Wirkung von Animation und Simulation auf das Verständnis von stoffwechselphysiologischen Prozessen. – Kiel (Dissertation Universität).
NEWE, H. (1963): Der exemplarische Unterricht als Idee und Wirklichkeit. – Kiel.
NICKLIS, W. S. (1981): Didaktik der Hauptschule. – In: TWELLMANN, W. (Hrsg.): Handbuch Schule und Unterricht, Bd. 4.1, 4.2, 5.1. – Düsseldorf.
NIEDDERER, H. – M. HARTMANN-WÖHRLE – I. ZORN (2000): Integrating Course and Project Teaching in Environment Physics and Biology. – In: BAYRHUBER, H. & J. MAYER (Hrsg.) (2000): Empirical Research on Environmental Education in Europe. – Münster.
NIEMANN, G. & W. WURTHE (1907): Präparation für den naturgeschichtlichen Unterricht. – In. Beetz, K. O. (Hrsg.): Der Bücherschatz des Lehrers. – Osterwieck.
NOACK, W. & G. WINKEL (1988): Wasserspiele. – UB 137: 22-23.
NOLL, A. (1984): Biologie und Schülerinteresse. – Frankfurt a. M.
NORRIS, J. P. (1984): Defining Observational Competence. – Science Educ. 68: 129-142.
NOVAK, J. D. (1990): Concept Maps and Vee Diagramms: Two Metacognitive Tools to Facilitate Meaningful Learning. – Instructional Science 19:29-52.
NUFFIELD FOUNDATION (Hrsg.) (1966 ff.): Nuffield Biology Text I-V, Teachers Guide I-V. – Harmondsworth (England).
OECD (2006) (Hrsg.) Assessing Scientific, Reading and Mathematical Literacy. A Framework for PISA 2006. – Paris.
OEHMIG, B. (1990a): Begriffsbildung im Biologieunterricht der Sekundarstufe II. – Berlin (Diss. Universität).
OEHMIG, B. (1990b): Die Rolle biologischer Fachausdrücke für die Verständlichkeit von Schulbuchtexten – Ergebnisse einer empirischen Erhebung. – In: KILLERMANN, W. & L. STAECK (Hrsg.): Methoden des Biologieunterrichts. – Köln.
OERTER, R. & L. MONTADA (1995): Entwicklungspsychologie, 3. Auflage. – Weinheim.
OLSON, J. M. & M. P. ZANNA (1993): Attitudes and Attitude Change. – Annual Rev. Psychology 44:117-154.
ORTH, U. (1995): Methoden der Leistungsüberprüfung im Biologieunterricht. – Gießen (Staatsexamensarbeit Inst. f. Biologiedidaktik).
OSIF, B. A. (1997): Evolution and Religious Beliefs: a Survey of Pennsylvanian High School Teachers. – ABT 59:552-556.
OTTO, A. (1984): Möglichkeiten zur Förderung selbstgeregelten Lernens als Einführung in die Lernweise der gymnasialen Oberstufe. – Prax. Biol. 33:56-64.
OTTO, G. (1992): Verstehen und Verständigung im Blick auf die Verwendung von Bildern im Biologieunterricht. – In: ENTRICH, H. & L. STAECK (Hrsg.): Sprache und Verstehen im Biologieunterricht. – Alsbach.
PALM, W. (1964/65): Bestimmungsübungen an Blüten- und Farnpflanzen. – MNU 17:70-74.
PALMER, J. A. (1993): Development of Concern for the Environment and Formative Experiences of Educators. – J. Environm. Educ. 24:26-30.
PALMER, J. A. & P. NEAL (1994): The Handbook of Environmental Education. – London.
PASSMORE, J. (1975): The Revolt Against Science. – In: GARDNER, P. L. (Hrsg.): The Structure of Science Education. – Victoria (Australien).
PAUL, A. (1999): Die „Sonderstellung" des Menschen im Lichte neuerer Erkenntnisse der Evolutionsbiologie. – MNU 52: 4-9.
PAUL, A. (2001): Soziobiologie – von der Schulreife zur Schulpflicht. – MNU 54: 233 – 240.
PEARSON, J. T. & W. J. HUGHES (1986): Designing a A-Level Genetic Course. – J. Biol. Educ. 20:47 ff.
PENZLIN, H. (1977): Lehrbuch der Tierphysiologie. – Stuttgart.
PETERSEN, A. (1928): Kind und Natur – Der Anfangsunterricht in der Naturkunde. – Langensalza.
PETERSON, N. J. & H. R. HUNGERFORD (1981): Developmental Variables Affecting Environmental Sensitivity in Professional Environmental Educators: a Research Abstract. – In: SACKS, A. B. et al. (Hrsg.): Current Issues in Environmental Education. – Environmental Studies VII (Ohio State Univ.).

PFEIFER, R. & I. NUSS (1971): Biologie im präzisierten Lehrplan der DDR. – Schriftenr. z. Schulbiologie; Berlin Pädagogisches Zentrum.
PFLIGERSDORFFER, G. (1984): Empirische Untersuchungen über Lerneffekte auf Biologie-Exkursionen. – In: HEDEWIG, R. & L. STAECK (Hrsg.): Biologieunterricht in der Diskussion. – Köln.
PFLIGERSDORFFER, G. (2002): Wie Schüler die Spielsimulation „Fish Banks" erleben. Zwischen komplexer Dynamik und einem ökologisch sozialen Dilemma. – ZfDN 8:103 – 118.
PFUNDT, H. & R. DUIT (1991): Bibliographie Schülervorstellungen und naturwissenschaftlicher Unterricht. – Kiel (IPN).
PIEPENBROCK, CH. (1994): Biologieunterricht in Realschulen. – In: RIQUARTS, K. et al. (Hrsg.): Naturwissenschaftliche Bildung in der Bundesrepublik Deutschland Band II. – Kiel.
PISA-KONSORTIUM DEUTSCHLAND (2007): PISA 2006 – Die Ergebnisse der dritten internationalen Vergleichsstudie. – Münster.
PISA PROJECT CONSORTIUM (2000): New Material; How Will the Assessments Be Carried Out? – http://www.pisa.oecd.org/ 11.5.1999.
PLOSS, G. (1987): Lernprogramme im Biologieunterricht. – Münchner Schr. zur Didaktik der Biologie 4.
PLOTKIN, M. (2003): Giving Up the Ghost: An Allegory for Teaching Scientific Method. – ABT 65:425-429.
PLÖTZ, F. (1970): Kind und lebendige Natur. – München.
PORTMANN, A. (1961): Neue Wege der Biologie. – München.
PORTMANN, A. (1963): Der Pfeil des Humanen – über Teilhard de Chardin. – Freiburg.
POSER, H. (2001): Wissenschaftstheorie. Eine philosophische Einführung. – Stuttgart.
POSNER, G. (1995): Curriculum Theory, School Science and the Natural Sciences. – In: HOPMANN, S. & K. RIQUARTS (Hrsg.): Didaktik and/or Curriculum. – Kiel (IPN 147).
POSNER, G. & A. N. RUDNITSKY (1994): Course Design – a Guide to Curriculum Development for Teachers. – New York.
POSTMAN, N. (1997): Keine Götter mehr – das Ende der Erziehung. – München.
PRENZEL, M. (1997): Situiertes Lernen. Möglichkeiten im Unterricht. – In: BAYRHUBER, H. et al. (Hrsg.): Biologieunterricht und Lebenswirklichkeit. – Kiel (IPN 150).
PRENZEL, M. et al. (2002): Didaktisch optimierter Einsatz neuer Medien im naturwissenschaftlichen Unterricht. – Kiel: IPN.
PRENZEL, M. et al. (2003): Naturwissenschaftliche Grundbildung: Testkonzeption und Ergebnisse. – In: BAUMERT et al. (Hrsg.): Deutsches Pisa-Konsortium: 4 Naturwissenschaftliche Grundbildung, Testkonzeption und Ergebnisse – Opladen.
PREUSS, G. (Hrsg.) (1966): Naturschutz und Schule. – Beitr. Landespf. Rheinland-Pfalz Bd 1.
PREUSS, H. (1987): Analogon oder Modell? – MNU 40:81-84.
PROBST, W. (1997 ff.): Gärten zum Leben und Lernen (Loseblattsammlung). – Seelze.
PROKOP, O. (1995): Homöopathie. – Was leistet sie wirklich? – Frankfurt a. M.
PURVES, A. C. (1991): Composition Instruction. – In: LEWY, A. (Hrsg.): The International Encyclopedia of Curriculum. – Oxford.
PUTHZ, V. (1987): Über die Benennungen bei Mitose und Meiose und Vorschläge zu ihrer Verbesserung. – Prax. Biol. 36, H. 5:40-46.
QUALTER, A. (1993): I Would Like to Know More about that: a Study of the Interest Shown by Girls and Boys in Scientific Topics. – Int. J. Science Educ. 15:307-317.
QUANDT, S. & H. SÜSSMUTH (Hrsg.) (1982): Historisches Erzählen. – Göttingen.
QUENSTEDT, F. (1988): Plädoyer für ein eigenständiges Fach Gesundheitslehre an Sonderschulen für Verhaltensgestörte und Lernbehinderte. – Zt. f. Heilpäd. 39: 679-683.
RABINOWITZ, M. & W. H. SCHUBERT (1991): Prerequisite Knowledge. – In: LEWY, A. (Hrsg.): The International Encyclopedia of Curriculum. – Oxford.
RADISCH, F. & E. KLIEME (2004): Wirkungen ganztägiger Schulorganisation. – Deutsche Schule 96: 153-169.
RALLE, B. (2002): Bewegung in der Lehrerausbildung. – MNU 55:3.

RALLE, B. (2003): Aufgepasst: Bildungsstandards. – MNU 56:195.
RALLE, B. & D. GRAF (Hrsg.) (2009): MNU-Sonderheft Evolution. – 2009.
RAMSEY, J. et al. (1981): The Effects of Environmental Action and Environmental Case Study etc. – J. Environm. Educ. 13:24-29.
RANDLER, G. & K. METZ (2005): Zusammenhänge zwischen Artenkenntnis und Artnamen. – Prax. Biol. 54, H. 6:41-42.
RAPP, G. (1970): Informelle, objektive Leistungsmessung im Unterrichtsfach Biologie. – BU 6, H.1:53-71.
RAPP, G. (1975): Messung und Evaluierung von Lernergebnissen. – Bad Heilbrunn.
RAUCH, M. & L. TOMASCHEWSKI (1986): Schulbücher für den Sachunterricht. – Beitr. zur Reform der Grundschule Bd. 66.
RAUSCH, M. (2000): Unterrichtsideen mit dem Internet – Teil 3: DNA im Internet. – Prax. Biol. 49, H. 7: 29-33.
REED, H. B. (1961): Teacher Variables of Warmth, Demand and Utilization of Intrinsic Motivation Related to Pupils' Science Interests. – J. Exp. Educ. 29:205-229.
REICHART, G. (1979): Modelle im Unterricht. – In: WENK, K. & G. TROMMER (Hrsg.): Unterrichten mit Modellen. – Beitr. z. Didaktik Naturw. 2/78.
REICHART, G. – N. REICHART – G. TROMMER (1984): Die Geschichte des Unterrichtsfaches Biologie. – In: MANNZMANN, A. (Hrsg.): Geschichte der Unterrichtsfächer III. – München.
REICHELT, G (1974): Ökologie exemplarisch – der Bodensee, CVK-Biologie-Kolleg. – Bielefeld.
REICHERT, K. et al. (2007): Dimensionen Ethischer Urteilskompetenz. – MNU 60: 43-51.
REID, D. J. (1984): THE PICTURE SUPERIORITY EFFECT AND BIOLOGICAL EDUCATION. – J. BIOL. EDUC. 18: 29-35.
REINHOLD, P. (2004): Naturwissenschaftsdidaktische Forschung in der Lehrerausbildung. – ZfDN 10: 117-145.
REISS, M. J. & S. D. TUNNICLIFFE (1999): Conceptual Development. – J. Biol. Educ. 34: 13-16.
REITHER, F. (1977): Über das Denken mit Analogien und Modellen. – In: SCHAEFER, G. – G. TROMMER – K. WENK (Hrsg.): Denken in Modellen. – Beitr. z. Didaktik Naturw. 2/77.
REITSCHERT, K. & C. HÖSSLE (2007): Wie Schüler ethisch bewerten. – ZfdN 13 125-143.
RENKL, A. (1996): Träges Wissen: Wenn Erlerntes nicht genutzt wird. – Psychol. Rundschau 47:78-92.
RENSCH, B. (1959): Homo sapiens – Vom Tier zum Halbgott. – Göttingen.
RENSCH, B. (1963): Das Problem der Willensfreiheit in biologischer und philosophischer Sicht. – Hippokrates 24:1019-1032.
RENSCH, B. (1965): Über ästhetische Faktoren im Erleben höherer Tiere. – Naturw. u. Medizin 2, H. 9:43-59.
RESNICK, L. B. (1987): Instruction and the Cultivation of Thinking. – In. DE CORTE, E. et al. (Hrsg.): Learning and Instruction. – Europ. Research in an Int. Context, Vol. 1 Oxford.
RETZLAFF-FÜRST, C. (2000): Die Ästhetik des Lebendigen – Analysen und Vorschläge zum Biologieuntertricht am Gegenstand der Formenkunde. – Rostock (Diss. Mathem. – Naturw. Fakultät der Univ.).
RETZLAFF-FÜRST, C. & F. HORN (2000): Ästhetisches Urteilen im Biologieunterricht. – In: BAYRHUBER, H. & U. UNTERBRUNER (Hrsg.): Lehren und Lernen im Biologieunterricht. – Forschungen z. Fachdidaktik 1 Wien.
REXER, E. & P. BIRKEL (1986): Größerer Lernerfolg durch Unterricht im Freiland? – UB 117:43-45.
RICHTER, R. (2007): Biologieunterricht im Umbruch. – UB 328: 2-7.
RIEDL, R. (1987): Begriff und Welt. – Berlin.
RIEGER, W. (1995): Das Mikroskop als Arbeitsmittel im Biologieunterricht der Hauptschule etc. – Münchner Schr. z. Didaktik d. Biologie 10.
RIQUARTS, K. (1990): Beeinflussung der naturwissenschaftlichen Bildung der Bundesrepublik Deutschland von außen: Internationale Entwicklungen. – In: RIQUARTS, K. et al. (Hrsg.): Naturwissenschaftliche Bildung in der Bundesrepublik Deutschland, Bd. I. – Kiel (IPN 125).

Riquarts, K. et al. (Hrsg.) (1994): Naturwissenschaftliche Bildung in der Bundesrepublik Deutschland Bd. II. – Kiel.

Riquarts, K. & C. Wadewitz (2003): Framework for Science Education in Germany, 4. Aufl. – Kiel: IPN.

Robinsohn. S. B. (1969): Ein Struktur-Konzept für Curriculum-Entwicklung. – Zt. f. Pädagogik 15:631-653.

Robinsohn, S. B. (1971): Schulreform als Revision des Curriculum. – Neuwied.

Robinson, R. (2001): An Application to Increase Student Writing and Reading skills. – ABT 63:474-480.

Rockmann, U. (2004): Qualitätskriterien für IT basierte Lernmedien – nützlich oder unsinnig. – In: Tergan, S. – O. & P. Schenkel (Hrsg.): Was macht e-Leaning erfolgreich? – Berlin.

Rodi, D. (1975): Ein Strukturierungsansatz für den Biologieunterricht in der Sekundarstufe I durch das ökologische Konzept. – In: Kattmann, U. & W. Isensee (Hrsg.): Strukturen des Biologieunterrichts. – Köln.

Röpke, R. (1990): Messen und Experimentieren – Anleitungen und Versuche zur biologischen Messwerterfassung. – Bonn.

Rösner, E. – H. Bräuer – A. Riegas (2003): Begleitevaluation der initiative.nrw" Netzwerk für Bildung – Ergebnisse der ersten quantitativen Erhebungen (Zwischenbericht). – Dortmund 2003. – http://www.ehttp://www.e. – initiative.nrw.de/download_pdf/download/Begleitevaluation-Zwischenbericht.pdf.

Rossig, W. E. & J. Prätsch (1998): Wissenschaftliche Arbeiten – Ein Leitfaden. – Bremen.

Rossmässler, E. A. (1860): Der naturgeschichtliche Unterricht. – Leipzig.

Rossner, F. (1940): Handbuch für den Biologieunterricht, Lieferung 1. – Langensalza.

Rotfuchs, G. (1982): Wir untersuchen Eulengewölle. – UB 68:19-24.

Roth, L. (Hrsg.) (1980): Handlexikon zur Didaktik der Schulfächer. – München.

Roth, W. M. (1998): Teaching and Learning as Everyday Acitivity. – In: Fraser, B. J. & K. G. Tobin (Hrsg.): International Handbook of Science Education. – Dordrecht.

Rottländer. E. (1992): Quellenarbeit im Biologieunterricht mit der Methode des Gruppenpuzzles – Texte von Robert Koch über die Ursache von Infektionskrankheiten. – MNU 45:82-87 (Teil 1), 45:167-172 (Teil 2).

Rowe, M. B. (1974a): Wait-Time and Rewards as Instructional Variables. Part I. - J. Res. Science Teach. 11:81-94.

Rowe, M. B. (1974b): Relations of Wait-time and Rewards to the Development of Language, Logic and Fate control. Part II. – J. Res. Science Teach. 11:291-308.

Royal Society (1985): The Public Understanding of Science. – London.

Rumelhard, G. (1998): Au Milieu des Courants, Constituion d'une Didactique des Sciences de la Vie et de la Terre. – Aster 27:47-55.

Rupp, G. & S. Schatte (2005): Gruppenpuzzle Nutzpflanzen. – Prax. Biol. 54, H. 2:28 – 31.

Ruppert, K. (1972): Zur Beurteilung der Erholungsfunktion siedlungsnaher Wälder. – Mit. d. Hess. Landesforstverwaltung 8.

Rüther, F. (1978): Biologie – Biologiedidaktik – Biologieunterricht. – biol. didac. 1:59-68.

Rüther, F. (1991): Ökosystem Wald. – In: Eschenhagen, D. – U. Kattmann – D. Rodi (Hrsg.): Umwelt, Bd. 8: Handbuch des Biologieunterrichts. – Köln.

Rüther, F. & B. Stephan-Brameyer (1984): Die „Beobachtung" im Biologieunterricht der Sekundarstufe I. Empirische Untersuchungen zur Effektivität vergleichender und monographischer Verfahren. – In: Hedewig, R. & L. Staeck (Hrsg): Biologieunterricht in der Diskussion. – Köln.

Sacher, W. (1990): Prüfen – Beurteilen – Benoten. Theoretische Grundlagen und praktische Hilfestellungen für den Primar- und Sekundarbereich. – Bad Heilbrunn.

Salzmann, Ch. G. (1964): Ameisenbüchlein oder Anweisung zu einer vernünftigen Erziehung der Erzieher. – Klinkhardts Päd. Quellentexte, Bad Heilbrunn.

Sandmann, A. & U. Amthor (2002): Aufgabensammlungen für den Biologieunterricht. – Prax. Biol. 51, H. 8:32.

SAUERLAND, H. (1966/67): Bestimmungsübungen an Pflanzen. Ein Beitrag zum Arbeitsunterricht nach Kerschensteiner. – MNU 19:26-30.
SAUNDERS, A. (1972): European Curriculum Studies No. 3: Biology. – Strasbourg (Council for Cultural Cooperation, Council of Europe).
SCARDAMALIA, M. & C. BEREITER (1986): Research on Written Composition. – In: WITTROCK, M. C. (Hrsg.): Handbook of Research on Teaching, 3 Ed. – New York.
SCHAAL, R. (1959): Das Miterleben mit dem Lebendigen. – Westermann Päd. Beitr. 11: 330-335.
SCHAEFER, G. (1968): Lebewesen und lebende Systeme. – MNU 21:88-100.
SCHAEFER, G. (1971): Probleme der Curriculum-Konstruktion. – BU 7, H. 4:6-17.
SCHAEFER, G. (1972): Fach – Didaktik – Fachdidaktik. – MNU 24:390-396.
SCHAEFER, G. (1973): Informationstheoretische Bemerkungen zur Ableitung von Unterrichtszielen. – Prax. Biol. 22:1-6.
SCHAEFER, G. (1976a): Integrierte Naturwissenschaft oder mehr Biologie? – MNU 29:271-276.
SCHAEFER, G. (1976b): Die Oberstufenbiologie im Lichte des Normenbuches. – MNU 29:65-70.
SCHAEFER; G. (1976c): Was ist „Wachstum“? – Beitr. Didaktik Naturw. 1/17:58-89.
SCHAEFER, G. (1980a): Biologie. – In: ROTH, L. (Hrsg.): Handlexikon zur Didaktik der Schulfächer. – München.
SCHAEFER, G. (1980b): Die Wissenschaftssprache im Lichte inklusiven Denkens. – In: SCHAEFER, G. &. W. LOCH (Hrsg.): Kommunikative Grundlagen des naturwissenschaftlichen Unterrichts. – Weinheim.
SCHAEFER, G. (1984): Naturwissenschaftliches Denken auf dem Weg vom exklusiven zum inklusiven Denken. – MNU 37:324-336.
SCHAEFER, G. (Hrsg.) (2000): Wittenberger Initiative – Vorschläge zur Allgemeinbildung durch Naturwissenschaften. – Bad Honnef (Ges Deutscher Naturforscher u. Ärzte).
SCHAEFER, G. (Hrsg.) (2007): Allgemeinbildung durch Naturwissenschaften – Denkschrift der GDNÄ-Bildungskommission. – Köln.
SCHAEFER, G. & R. MANITZ-SCHAEFER (2002): Zickzack-Lernen. – Frankfurt a. M.
SCHAEFER, G. – G. TROMMER – K. WENK (Hrsg.) (1977): Denken in Modellen. – Beitr. z. Didaktik Naturw. 2/77.
SCHAEFER, G. & R. YOSHIOKA (1999): Thinking – An Educational Perspective for 2000+ on the Basis of Cross-Cultural German/Japanese Study. – Frankfurt a.M.
SCHÄFER, D. & K. – H. BERCK (1995): Zentrale Begriffe zum Thema Ökologie. – MNU 48:110-117.
SCHÄFER, U. (1988): Internationale Bibliographie zur Projektmethode in der Erziehung 1895-1982. – Berlin.
SCHANZE, S. & P. NENTWIG (2008): Standards im Naturwissenschaftlichen Unterricht. – ZfDN 14: 125-143.
SCHEELE, I. (1981): Von Lüben bis Schmeil. – Berlin.
SCHEERER-NEUMANN, G. (1989): Was kommt schon dabei raus? – Grundschule 1:51-55.
SCHERF, G. (1986): Zur Bedeutung pflanzlicher Formenkenntnisse für eine schützende Einstellung gegenüber Pflanzen und zur Methodik formenkundlichen Unterrichts. – Münchner Schr. z. Didaktik d. Biologie 3.
SCHERF, G. (1989): Vom deutschen Wald zum deutschen Volk. – In: DITHMAR, R. (Hrsg.): Schule und Unterricht im Dritten Reich. – Hannover.
SCHEUERL, H. (1958): Die exemplarische Lehre. – Tübingen.
SCHICKOR, H. (2001): Arbeit mit dem bzw. im Internet. – MNU 54: 51-52.
SCHIEFELE, H. (1994): Motivation und Lernen mit Texten. – München (Habilschrift Univ. Bundeswehr).
SCHIEFELE, H. & A. KRAPP (1981): Handwörterbuch zur Pädagogischen Psychologie. – München.
SCIENCE EXPERT GROUP (2001). Science Expert Group: Record of Meeting. Brüssel: OECD/PISA.
SCHIETZEL, C. (1973): Exakte Naturwissenschaft in der Grundschule? – Grundschule 5:153-164.

SCHILKE, K. (Hrsg.) (1992): Agrarökologie. – Hannover.
SCHILKE, K. & B. WEISSLER (2000): Die Vielfalt von Pflanzen und Tieren in Grundschullehrplänen zum Sachunterricht und zum Schulgartenunterricht. – ZfDN 6: 129-137.
SCHILLING, S. (1852): Grundriss der Naturgeschichte, erstes Bändchen: Das Thierreich. – Breslau.
SCHIMPF, D. (1980): Anforderungen an das biologische Wissen unserer Mitbürger – eine Analyse von Tageszeitungen. – Gießen (Staatsexamensarbeit Inst. f. Biologiedidaktik).
SCHLEICHER, A. (2003): Umgang von Schülerinnen und Schülern mit neuen Medien im internationalen Vergleich. – In: e-nitiative (Hrsg.): Neue Medien – Neue Lernkultur. – Düsseldorf.
SCHMEIL, O. (1900): Über die Reformbestrebungen auf dem Gebiet des naturgeschichtlichen Unterrichts (4. Aufl.). – Stuttgart.
SCHMID, B. (1988): Untersuchungen zum Einfluss biologischer Unterrichtsfilme auf den Lernerfolg: Empirische Arbeiten in der gymnasialen Unter- und Mittelstufe zum Einsatz von Super-8-Kurzfilmen. – Münchner Schr. zur Didaktik der Biologie 5.
SCHMIDT, E. (1971): Zur Methodik von Insektenbestimmungen in der Schule. – MNU 24:16-25.
SCHMIDT, E. (1991): Binnengewässer. – In: ESCHENHAGEN, D. – U. KATTMANN – D. RODI: Umwelt, Bd.8: Handbuch des Biologieunterrichts. – Köln.
SCHMIDT, H. J. (1980): Primarstufe (Grundschule). – In: ROTH, L. (Hrsg.): Handlexikon zur Didaktik der Schulfächer. – München.
SCHMIDT, S. J. (1991): Der Diskurs des Radikalen Konstruktivismus. – suhrkamp taschenbuch wissenschaft 636.
SCHMIDT-SCHEERSOI, A. & H. VOGT (2003): Das Naturkundemuseum als interessefördernder Lernort. – In: BAUER, A. et al. (Hrsg.): Entwicklung von Wissen und Kompetenzen im Biologieunterricht. – Kiel (IPN).
SCHMINKE, M., P. PFEIFER & L. HAAG (2007): Mehr Interesse am Chemieunterricht durch Praxisorientierung? – MNU 6: 177 – 185.
SCHMITT, C. (o. J. [ab 1925]): Wege zur Naturliebe, 10 Teilbände. – Freising-München.
SCHMITT, R. (1987): Das Zusammenspiel von Kognition und Emotion in der ästhetischen Erziehung. – In: MATTHIES, K. et al. (Hrsg.): Ästhetische Erziehung in der Grundschule. – Beitr. z. Reform d. Grundschule Bd. 69.
SCHMITT, R. (1994): Ausbildung für die Grundschule. – Beitr. z. Reform d. Grundschule Bd. 94.
SCHMITZ, K. (1977): Wissenschaftsorientierter Unterricht: Didaktische Konzepte – Projekte – Konsequenzen. – München.
SCHNEID, A. (1965): Tierkundliches Sachzeichnen. – Donauwörth.
SCHOLER, W. (1970): Geschichte des naturwissenschaftlichen Unterrichts im 17.–19. Jahrhundert. – Berlin.
SCHOOF, J. (1977): Projektorientierter Unterricht. – Braunschweig.
SCHORB, A. (o. J.): Pädagogisches Taschenlexikon. – Bochum.
SCHOTT F. et al. (2000): Evaluation von multimedialer Lernsoftware auf der Basis von ELISE (1.0). Ein Ansatz zu einer theorie-, adressaten- und anwenderorientierten Methode zur Evaluation von multimedialen Lern- und Informationssystemen. In SCHENKEL P. et al. (Hrsg.): Qualitätsbeurteilung multimedialer Lern- und Informationssysteme. Evaluationsmethoden auf dem Prüfstand. – Heidelberg.
SCHRAAG, M. & W. SCHENTZ (2000): Die innovative Sonderschule. – Grundschule 32, H. 12:16-18.
SCHREIER, H. (1986): Wege zum Naturschönen. – Grundschule 16:20-22.
SCHRENK, M. (1997): Zum Stand der Naturwissenschaftlichen Elementarbildung. – In: MEIER, R. et al. (Hrsg.): Sachunterricht in der Grundschule. – Beitr. Reform der Grundschule Bd. 101.
SCHRÖDER, H. (1985): Grundwortschatz Erziehungswissenschaft. – München.
SCHRÖDER, U. (1992): Lernbehindertenpädagogik. – In: KLAUER, K. J. (Hrsg.): Grundriss der Sonderpädagogik. – Berlin.
SCHRÖER, W. (1973): Zur unzureichenden Ausbildung von Biologielehrern im Bereich Humanbiologie. – MNU 26:472-477.
SCHULMEISTER, R. (2007): Grundlagen hypermedialer Lernsysteme. – München.

SCHULTZE, W. & C. FÜHR (1966): Das Schulwesen in der Bundesrepublik Deutschland. – Weinheim, Berlin.
SCHULZ, W. (1985): Einstellung zur Natur. – München (Diss. Univ.).
SCHULZE, G. (1992): Die Erlebnisgesellschaft – Kultursoziologie der Gegenwart. – Frankfurt a. M.
SCHURIUS, L. (1985): Relevante Arbeitstechniken im Biologieunterricht der Grund- und Hauptschule. – Päd. Welt 39:173-177.
SCHWAAB, K. E. (1982): Instructional Methods: Their Use and Effectiveness in Environmental Education. – J. Environm. Educ. 14:8-12.
SCHWAB, J. J. (1962): The Teaching of Science as Inquiry. – In: SCHWAB, J. J. & P. BRANDWEIN (Hrsg): The Teaching of Science. – Cambridge (USA).
SCHWAB, J. J. (1964): Structure of the Disciplines: Meanings and Significances. – In: FORD, G. W. & L. PUGNO (Hrsg.): The Structure of Knowledge and the Curriculum. – Chicago.
SCHWARTZ, E. (Hrsg.) (1973): Entdeckendes Lernen im Lernbereich Biologie. – Beitr. z. Reform der Grundschule Bd.16/17.
SCHWARTZ, E. et al. (Hrsg.) (1971): Materialien zum Lernbereich Biologie im Sachunterricht der Grundschule. – Beitr. zur Reform der Grundschule Bd. 6/7.
SCIENCE EXPERT GROUP (2001): Record of Meeting. – OECD/PISA.
SEEL, M. (1991): Eine Ästhetik der Natur. – Frankfurt a. M.
SEGER, J. (1992): Forschungsorientiertes Lernen – Unterrichtsanregungen für zoopädagogisches Arbeiten in der Sekundarstufe II. – Prax. Biol. 41, H. 3:6-13.
SEIBT, M. & G. PFLIGERSDORFFER (1997): Kriterien zur Beurteilung von Unterrichtssoftware. – UB 221:51-52.
SEKRETARIAT DER STÄNDIGEN KONFERENZ DER KULTUSMINISTER DER LÄNDER IN DER BUNDESREPUBLIK DEUTSCHLAND (2008): Statistische Veröffentlichungen der Kultusministerkonferenz Dokumentation Nr. 185 – Bonn; erhältlich unter: http://www.kmk.org/fileadmin/pdf/PresseUndAktuelles/Dok185.pdf, Zugriff 13.05.09.
SEKTION FACHDIDAKTIK IM VDBIOL (1978): Qualifikationen eines Biologielehrers. – Mitt. VDBiol. 247:1156-1158.
SENATOR FÜR BILDUNG ETC. BREMEN (1990): Sekundarstufe I, Lehrplanentwurf Naturwissenschaften – Hauptschule Klasse 7. – Bremen.
SEYMOUR, L. A. & L. PADBERG (1975): The Relative Effectiveness of Small Group and Individual Settings in a Simulated Problem Solving Game. – Science Educ. 59:297-301.
SHERMER, M. (1995): Teach your Child Science. – Los Angeles.
SHYMANSKY, J. A. – W. C. KYLE – J. M. ALPORT (1983): The Effects of New Science Curricula on Student Performance. – J. Res. Science Teach. 20:398-404.
SIEDENTOP, W. (1965): Der Mensch – Gegenstand und Leitmotiv des Biologieunterrichts. – Schr. MNU 10:13-18.
SIEDENTOP, W. (1968): Methodik und Didaktik des Biologieunterrichts. – Heidelberg.
SIMANTKE, CH. & W. FÖLSCH (Hrsg.) (2000): Pädagogische Zugänge zum Mensch-Nutztier-Verhältnis. – Witzenhausen (Gesamthochschule Kassel).
SKIBA, F. & M. SPIELER (2008): Lernen an Stationen. – UB 337/338.
SOLOMON, J. (1986): Motivation for Learning Science. – SSR 67:437-442.
SOOSTMEYER, M. (1978): Problemorientiertes Lernen im Sachunterricht. – Paderborn.
SOOSTMEYER, M. (1998): Zur Sache Sachunterricht, 3. Aufl. – Frankfurt a. M.
SPAIN, J. (1982): BASIC Computer Models in Biology. – London.
SPANNER, L. (1960/1964): Lehrerhandbuch Botanik, Bd. 1-3. – München.
SPÖRHASE-EICHMANN, U. & W. RUPPERT (Hrsg.) (2004): Biologie-Didaktik, Praxishandbuch für die Sekundarstufe I und II. – Berlin.
SPRECKELSEN, K. (Hrsg.) (1985): Schülervorstellungen im Sachunterricht der Grundschule. – Kassel (Gesamthochschule, Fachbereich Physik).
STAECK, L. (1980): Medien im Biologieunterricht. – Königstein.
STAECK, L. (2009): Zeitgemäßer Biologieunterricht. – Hohengehren.
STAROSTA, B. (1990): Erkundungen der belebten Natur nach dem Prinzip des entdeckenden Lernens – didaktische Konzepte und Ergebnisse einer Untersuchung. – In: KILLERMANN, W. & L. STAECK (Hrsg.): Methoden des Biologieunterrichts. – Köln.

STAROSTA, B. & H. GOLLER (2001): Erwerb von Formenkenntnissen unter situierten Lernbedingungen im Biologieunterricht. – In: BAYRHUBER, H. et al. (Hrsg.): Biowissenschaften in Schule und Öffentlichkeit. – Kiel (IPN).

STAROSTA, B. & R. KIRCHHÖFER (1994): Projektorientierter Unterricht mit formenkundlichen Übungen in der Grundschule am Beispiel Getreide in einer 3. Jahrgangsstufe. – In: BAYRHUBER, H. et al. (Hrsg.): Interdisziplinäre Themenbereiche und Projekte im Biologieunterricht. – Kiel (IPN).

STASCHEIT, M. & M. HESSE (1987): Zur mineralischen Ernährung von Nutzpflanzen. Ein Schülerversuch zum Mineralsalzmangel bei Mais. – Prax. Biol. 36:22-30.

STAWINSKI, W. (1986): Research into the Effectiveness of Student Experiments in Biology Teaching. – Europ. J. Science Educ. 8: 213-224.

STAWINSKI, W. (1984): Die Entwicklung von Erhebungsinstrumenten zur Erfassung der Prozesse und Wirkungen von Schülerübungen im Biologieunterricht. – In: HEDEWIG, R. & L. STAECK (Hrsg.): Biologieunterricht in der Diskussion. – Köln.

STEBBINS, R. C. & A. BROCKENBROUGH (1979): Schulversuche zur Evolution – Simulation der natürlichen Auslese. – MNU 32:37-44.

STEGLICH, C. (2000): A Writing Assignment the Changes Attitudes in Biology Classes. – ABT 62: 98-101.

STEIN, G. (1979) (Hrsg.): Schulbuch-Schelte als Politikum und Herausforderung wissenschaftlicher Schulbucharbeit. – Stuttgart.

STEINECKE, F. (1933): Methodik des biologischen Unterrichts. – Leipzig.

STEINECKE, F. (1951): Methodik des biologischen Unterrichts an höheren Lehranstalten. – Heidelberg.

STEINECKE, F. (1963): Experimentelle Biologie. Biologische Arbeitsbücher 3. – Heidelberg.

STEINER, G. (1957): Die Ausbildung zukünftiger Biologielehrer an der Universität. – Schr. MNU H. 2.

STERN, E. (2003): Wissen ist der Schlüssel zum Können. – Psychologie Heute (o. Jg.) Juli 2003: 30-35.

STEWART, I. (1986): Research Reviews. – ABT 48:63-64.

STICHMANN, W. (1970): Biologie. – Düsseldorf.

STICHMANN, W. (1981): Schulbiologie auf neuen Wegen. – In: TWELLMANN, W. (Hrsg.): Handbuch Schule und Unterricht, Bd. 5.2. – Düsseldorf.

STICHMANN, W. (1988): Biotope aus zweiter Hand. – UB 135:4-13.

STICHMANN, W. & B. DALHOFF (1996): Schule öffnen. – UB 217:4-11.

STIEREN, B. (1973): Struktur und Effektivität des erlebten Biologie-Unterrichts. – Die Scholle (o. Jg.),S. 450-452.

STIEREN, B. (1974): Fachbereich Biologie. – In. MEISSNER, O. & H. ZÖPFEL (Hrsg.): Handbuch der Unterrichtspraxis, Bd. 3: Der Unterricht in der Hauptschule. – München.

STINNER, A. (1995): Science Textbooks: Their Present Role and Future Form. – In: GLYNN, S. M. & R. DUIT (Hrsg.): Learning Science in the Schools: Research Reforming Practice. – New Jersey (USA).

STÖHR, E. & W. KILLERMANN (1982): Empirische Untersuchungen zur Bedeutung der Modellmethode für den Biologieunterricht. – In: HEDEWIG, R. & D. RODI (Hrsg.): Biologielehrpläne und ihre Realisierung. – Köln.

STRASBURGER, E. (1983): Handbuch der Botanik, 31. Aufl. – Stuttgart.

STREY, G. (1999): Die Muschel auf dem Vertiko – Gedanken zur Rolle der Natur in der Freizeit. – In: KATTMANN, U. (Hrsg.): Biologiedidaktik in der Praxis; Dieter Eschenhagen zum 65. Geburtstag. – Köln.

STRUNK, U. – G. LÜCK – R. DEMUTH (1998): Der naturwissenschaftliche Sachunterricht in Lehrplänen, Unterrichtsmaterialien und Schulpraxis – Eine quantitative Analyse der Entwicklung in den letzten 25 Jahren. – ZfDN 4, H. 1:69-80.

STUBENRAUCH, H. (1978): Projektorientiertes Lernen im Widerspruch des Systems. – In: GEISLER, W. et al.: Projektorientierter Unterricht. – Weinheim.

STUCKMANN, E. (1981): Die Aufgabe der Gymnasialdidaktik. – In: TWELLMANN, W. (Hrsg.): Handbuch Schule und Unterricht, Bd. 5.1. – Düsseldorf.

STÜCKRATH, F. (1952): Kindeseigene Zoologie. – Westermanns Päd. Beitr. 4:574-582.

STURM, H. (1974): Beobachtung im Biologieunterricht – ein Versuch zur Begriffsklärung. – MNU 27: 339-344.
STURM, H. (1975): Bestimmungsübungen im Biologieunterricht. – BU 11, H. 1:53-78.
ŠULA, J. (1968): Das Vergleichen und seine Bedeutung für die Bildung elementarer biologischer Begriffe. – BU 4:21-39.
SUMFLETH, H. (1991): Mentale Repräsentationen – ein lernpsychologisches Konstrukt mit Bedeutung für die Chemiedidaktik? – MNU 44:458-463.
SUTTON, C. & D. TOMLEY (1980): Teaching for Action beyond School: Theoretical and Practical Problems. – In: KELLY, P. J. & G. SCHAEFER (Hrsg.): Biological Education for Community Development. – London.
TALTON, E. L. & R. D. SIMPSON (1987): Relationships of Attitude toward Classroom Environment with Attitude towards and Achievement in Science among Tenth Grade Biology Students. – J. Res. Sience Teach. 24:507-525.
TAMIR, P. (1991): Reforms in Science Education. – In: LEWY, A. (Hrsg.): The International Encyclopedia of Curriculum. – Oxford.
TANNER, L. N. (1991): Educational Psychology. – In: LEWY, A. (Hrsg.): The International Encyclopedia of Curriculum. – Oxford.
TAUSCH, R. & A. M. TAUSCH (1977): Erziehungspsychologie. – Göttingen.
TENORTH, H. E. (Hrsg.) (2004): Kerncurriculum Oberstufe II, Biologie, Chemie, Physik, Geschichte, Politik. – Weinheim.
TERGAN, S. O. (1986): Modelle der Wissenspräsentation als Grundlage qualitativer Wissensdiagnostik. – Beitr. z. psych. Forschung 7.
TEUTLOFF, G. (1994): Natur- und Umweltfilme im Biologieunterricht. – UB 192:4-13.
THE ASSOCIATION FOR SCIENCE EDUCATION (1995): The ASE Primary Science Teachers Handbook. – Cheltenham (England).
THEOBALD, J. H. (1980): The Interaction of Student Attributes and Teaching Style. – J. Biol. Educ. 14: 231-236.
THORNDIKE, E. L. (1924): Mental Discipline in High School Studies – J. Educ. Psych. 33ff.
TILLE, R. (2005): Anfangsunterricht – Ansätze und Konzepte für einen Anfangsunterricht als Biologieunterricht, als fächerübergreifender Fachunterricht und als integrierter naturwissenschaftlicher Unterricht. – Prax. Biol. 54, H. 3:3.
TILLING, S. (2004): Fieldwork in UK Secondary Schools: Influences and Provision. – J. Biol. Educ. 38: 54-58.
TIMMERNMANN, F. (1972): Fachdidaktik in Forschung und Lehre. – Hannover.
TOBIN, K. (1984): Effects of Extended Wait-Time on Dicours Caracteristics and Achievment in Middle School Grades. – J. Res. Science Teach. 21:779.
TOBIN, K. – D. F. TREAGUST – B. J. FRASER (1988): An Investigation of Exemplary Biology Teaching. – ABT 50:142-147.
TODT, E. (1978): Das Interesse – empirische Untersuchungen zu einem Motivationskonzept. – Bern.
TODT, E. (1990): Entwicklung des Interesses. – In: HETZER, H. et al. (Hrsg.): Angewandte Entwicklungspsychologie des Kindes- und Jugendalters. – Wiesbaden.
TODT, E. (Hrsg.) (1977): Motivation. – Heidelberg.
TODT, E. & B. HÄNDEL-MATTES (1990): Motivation und Motivierung im Unterricht. – Unveröff. DFG-Bericht, Gießen Fachbereich Psychologie.
TODT, E. – G. SCHÜTZ – A. MOSER (1978): Gesundheitsbezogene Interessen in der Sekundarstufe I. – Stuttgart.
TÖPPERWIEN, B. & N. KÖTTKER (2008): Kompetenzen vermitteln, Kompetenzen erwerben – Biologie. – Köln.
TROMMER, G. (1986): Zur Kritik am naturgeschichtlichen Unterricht des 19. Jahrhunderts. – Mitt. Techn. Univ. Braunschweig XXI, H. 2:20-37.
TROMMER, G. (1988): Draußen Naturerleben – historische Beispiele. – UB 137:8-12.
TROMMER, G. (1989): Umwelt und Natur in der Lebenswelt der Kinder. – In: Naturschutzzentrum Hessen (Hrsg.): Umwelt und Natur in der Lebenswelt der Kinder. – Wetzlar.
TROTTER, R. J. (1986): Wie man Meister wird: Wissen, Erfahrung, Intuition. – Psych. Heute (o. Jg.) Okt. 1986:22-27.

TÜTKEN, H. & K. SPRECKELSEN (1970): Zielsetzung und Struktur des Curriculum. – Frankfurt a. M.

TWELLMANN, W. (Hrsg.) (1981ff.): Handbuch Schule und Unterricht. – Düsseldorf.

TYLER, L. L. (1991): Learning Experiences. – In: LEWY, A. (Hrsg.): The International Encyclopedia of Curriculum. – Oxford.

UEXKÜLL, J. V. (1956): Streifzüge durch die Umwelten von Tieren und Menschen. – Hamburg.

UHE, E. (1979): Schulbuchanalyse mit Hilfe eines allgemeinen Beurteilungsrasters. – In: STEIN, G. (Hrsg.): Schulbuch-Schelte als Politikum und Herausforderung wissenschaftlicher Schulbucharbeit. – Stuttgart.

UHL, M. & E.VOLAND (2002): Angeber haben mehr vom Leben. – Heidelberg.

UHLIG, A. et al. (1962): Didaktik des Biologieunterrichts. – Berlin.

UHLIG, A. & AUTORENKOLLEKTIV (1962): Didaktik des Biologieunterrichts. – Berlin.

UIHLEIN, A. – D. GRAF – R. KLEE (2003): Vergleich zweier Aufgabentypen bei der Diagnose von Verstehensprozessen im Biologieunterricht. – MNU 56: 132-136.

UIHLEIN, A. et al. (2001): Wissen, Verstehen und Problemlösen – Empirische Untersuchungen zur Beziehung zwischen den Kategorien. – In: BAYRHUBER, H. et al. (Hrsg.): Biowissenschaften in Schule und Öffentlichkeit. – Kiel (IPN).

UMBREIT, H. (2000): Wissenschaftspropädeutik im Sekundarbereich I – zwischen Banalität und Überforderung. – MNU 53: 72-76.

UNESCO (1994): Erklärung von Salamanca. – http://bidok.uibk.ac.at/library/unesco-salamanca.html (5.8.09).

UNTERBRUNER, U. & G. UNTERBRUNER (2002): Multimedia im Ökologieunterricht. Lernprozesse und Programmgestaltung. – In H. BAYRHUBER et al. (Hrsg.): Biowissenschaften in Schule und Öffentlichkeit. – Kiel (IPN).

URHAHNE, D. (2006): Ich will Biologielehrer(in) werden! – Berufswahlmotive von Lehramtsstudierenden der Biologie. – ZfDN 12: 111-125.

URHAHNE, D. – K. KREMER – J. MAYER (2008): Welches Verständnis haben Jugendliche von der Natur der Naturwissenschaften? Entwicklung und erste Schritte zur Validierung eines Fragebogens. – Unterrichtswissenschaft 36: 71-93.

VAN DEN AKKER, J. (1998): The Science-Curriculum: Between Ideals and Outcomes. – In: FRASER, B. J. & K. G. TOBIN (Hrsg.): International Handbook of Science Education. – Dordrecht.

VAN DICK, L. (1991): Freie Arbeit, Offener Unterricht, Projektunterricht, Handelnder Unterricht, Praktischer Unterricht – Versuch einer Synopse. – Zt. f. Pädagogik 37, H. 6):31-34.

VAN DIJK, E. M. & U. KATTMANN (2008): Biologieunterricht in naturgeschichtlicher Perspektive. – MNU 61:12-15; 107-114.

VDBIOL – VERBAND DEUTSCHER BIOLOGEN (1973): Rahmenplan des Verbandes Deutscher Biologen für das Schulfach Biologie. – Mitt. VDBiol 192 (Beilage Naturw. Rundschau 25: Heft 6).

VDBIOL – VERBAND DEUTSCHER BIOLOGEN (1987): Rahmenplan des VDBiol für das Schulfach Biologie. – Veröff. des VDBiol 7.

VENZMER, G. (1938): Der Mensch und sein Leben – ein Volksbuch. – Stuttgart.

VERBEEK, B. (1999): Fremdenfeindlichkeit, Rassismus und weltanschauliche Intoleranz – ein wichtiges Thema für den Biologieunterricht. – MNU 52: 196-201.

VERFÜRTH, M. (1984): Jugendarbeit im Naturschutz aus der Sicht eines Biologiedidaktikers. – In: HEDEWIG, R. & L. STAECK (Hrsg.): Biologieunterricht in der Diskussion. – Köln.

VERFÜRTH, M. (1987): Kompendium Didaktik Biologie. – München.

VLIJM, L. et al. (1981): Biology in Secondary Schools. – Kiel (IPN 22).

VOGT, H. et al. (1999): Einfluss von Biologieunterricht auf die Entwicklung von Interessen und Einstellungen bei Schülern einer sechsten Jahrgangsstufe eines Gymnasiums. – In: DUIT, R. & J. MAYER (Hrsg.): Lern- und Interessenforschung. – Kiel (IPN 165).

VOGT, H. – B. WIEDER – S, SCHWAAB (2000): Individuelles Interesse bei Grundschülern als „Schutz" gegen Interessenverfall in der Sekundarstufe I. – IDB 9: 83 – 100.

VOLAND, E. (2000a): Natur oder Kultur? Eine Jahrhundertdebatte entspannt sich. – Kolloquium zum Kulturbegriff. 18. – 21.2.1999, S.41-43. – Halle (Saale).

VOLAND, E. (2000b): Welche Werte? Ethik, Anthropologie und Naturschutz. – Philosophia naturalis 37:131-152.
VOLAND, E. (2002): Grundriss der Soziobiologie; 2. Aufl. – Heidelberg.
VOLAND, E. (2007a): Seine Kultur ist des Menschen Natur. – In: EIBL, K. – K. MELLMANN – R. ZYMNER (Hrsg.): Im Rücken der Kulturen. – Paderborn.
VOLAND, E. (2007b): Die Natur des Menschen. – München.
VOLAND, E. & C. SÖLING (2004): Die biologische Basis der Religiosität in Instinkten. – In: LÜKE, U. & J. SCHNAKENBERG (Hrsg.): Darwin und Gott. – Darmstadt.
VOLAND, E. & R. VOLAND (2002): Erziehung in einer biologisch determinierten Welt. – Zt. f. Pädagogik 48: 690-706.
VOLLMER, G. (1980): Evolutionäre Erkenntnistheorie. – Stuttgart.
VOLLMER, G. (1985/86): Was können wir wissen? Bd. 1 und 2. – Stuttgart.
VOLLMER, G. (1995): Biophilosophie. – Stuttgart.
VÖLP, B. – W. BEIER. – G. SCHLOSSER-DREFAHL (1984): Die Bedeutung der Hausaufgaben im Biologieunterricht aus der Sicht der Schüler. – NiUB 32:127-130.
VON REEKEN, D. (Hrsg.) (2003): Handbuch Methoden im Sachunterricht. – Hohengehren.
WAGENER, A. (1982): Experimentieren im Biologieunterricht. –NiUB 30: 425-425.
WAGENER, A. (1992): Biologie unterrichten. – Heidelberg.
WAGENSCHEIN, M. (1961): Erwägungen über das exemplarische Prinzip im Biologie-Unterricht. – Schr. MNU, ohne Heftnr. (2. Fachleitertagung für Biologie).
WAGENSCHEIN, M. (1961/62): Erwägungen über das Exemplarische im Biologieunterricht. – MNU 15:1-9.
WAGENSCHEIN, M. (1965): Ursprüngliches Verstehen und exaktes Denken. – Stuttgart.
WAGENSCHEIN, M. (1970): Verstehen lehren. – Weinheim.
WAGENSCHEIN, M. (1977): Rettet die Phänomene! – MNU 30:129-137.
WAGENSCHEIN, M. – A. BANHOLZER – S.THIEL (1973): Kinder auf dem Wege zur Physik. – Stuttgart.
WAGNER, PH. (2008): Von der Raritätenshow zum Forschungsinstitut. – Prax. Biol. 57: 6 – 12.
WALBER, H. J. (1986) Synthesis of Research on Teaching. – In: WITTROCK, M. C. (Hrsg.): Handbook of Research on Teaching, 3. Aufl. – New York.
WALBERG, H. J. & R. A. PASCHAL (1995): Homework. – In: ANDERSON, L. W. (Hrsg.): International Encyclopaedia of Teaching and Teacher Education. – Oxford.
WAMBACH, H. (2002): Facharbeit und besondere Lernleistungen. – MNU 55: 328 – 333.
WANDERSEE, J. H. (1985): Are there too Many Terms to Learn in Biology? – ABT 47:364.
WASMANN-FRAHM, A. (2006): Schülerlabors gehören in die Schule. – Prax. Biol. 55; 37 – 43.
WASMANN-FRAHM, A. (2008): Lernwirksamkeit von Projektunterricht. – Hohengehren.
WATSON, S.B. (1992): The Essential Elements of Cooperative Learning. – ABT 54:84-86.
WEBER, D. (2008): Der Lehrer, der WC-Reiniger trinkt. – MNU 61 157-159.
WEBER; H. E. (1976): Das Problem der didaktischen Reduktion im Biologieunterricht. – BU 12, H. 3:4-26.
WEBER, W. (1992): Das Biologie-Schulbuch in der Unterrichtspraxis. – Prax. Biol. 41, H. 4:44-46.
WEIDENMANN, B. et al. (Hrsg.) (1993): Pädagogische Psychologie. – Weinheim.
WEIGELT, C. & E. GRABINSKI (1996): VDBiol-Schulumfrage zum Biologieunterricht. – [ohne Ortsangabe].
WEIGLHOFER, H. (2000): Die Förderung der Gesundheit in der Schule. – Wien.
WEINERT, F. E. (1997): Wissen und Denken. – Naturw. Rundschau 50:169-174.
WEINERT, F. E. (1986): Lernen – gegen die Abwertung des Wissens. – Friedrich Verlag Jahresheft IV Lernen: 102-104.
WEINERT, F. E. (2001): Leistungsmessung in Schulen. – Weinheim.
WEISS, J. (1984): Ermittlung von naturschutzbezogenen Interessen bei Mitgliedern naturkundlicher Verbände. – In BERCK, K. - H. & J. WEISS (Hrsg.): Naturschutz – Thema des Biologieunterrichts. – Wetzlar (Naturschutzzentrum Hessen).
WELLERNHOFER, W. (1991): Grundlagen einer modernen Arbeitsblatt-Praxis. – München.

WELTNER, K. (1979): Wahlverhalten der Oberstufenschüler in den mathematisch-naturwissenschaftlichen Fächern. – MNU 22:245-247.

WENDEL, CH. (2004): Bio-Master – Im Würfelspiel das Wissen testen. – Prax. Biol. 53: ab Heft 2ff.

WENK, K. & G. TROMMER (Hrsg.) (1979): Unterrichten mit Modellen. – Beitr. z. Didaktik Naturw. 2/78.

WERNER, H. (1971): Die Misere des Biologieunterrichts und des biologischen Curriculums in Grund- und Hauptschulen. – Blätter f. Lehrerfortbildung 1971, H. 1:7-17.

WERNER, H. (1973): Biologie in der Curriculumdiskussion. – München.

WERNER, H. (1980): Wo steht die Fachdidaktik Biologie? – In: RODI, D. & W. BAUER (Hrsg.): Biologiedidaktik als Wissenschaft. – Köln.

WERNING, R. & M. BANNACH (1992): Möglichkeiten des entdeckenden Lernens im Sachunterricht der Primarstufe der Schule für Lernbehinderte. – Zt. f. Heilpädagogik 43:606-615.

WESCHENFELDER, K. & W. ZACHARIAS (1981): Handbuch Museumspädagogik. – Düsseldorf.

WESSEL, V. (1980): Lehrpfade von Schülern gestaltet. – BU 16, H. 3:36-70.

WHITE, R.T. & R.P.TISHER (1985): Research on Natural Sciences. – In: WITTROCK, M.C. (Hrsg.): Handbook of Research on Teaching, 3. Aufl. – New York.

WICHLER, G. (1963): Charles Darwin. – München.

WICKE, E. (Hrsg.) (1985): Wissenschaftsorientierter Unterricht in der Krise. – Arbeitsber. 5. – Gesamthochschule Kassel.

WIECHMANN, J. (Hrsg.) (1999): Zwölf Unterrichtsmethoden. – Weinheim.

WILD, K. P. – A. KRAPP – A. WINTELER (1992): Die Bedeutung von Lernstrategien zur Erklärung des Einflusses von Studieninteressen auf Lernleistungen. – In: KRAPP, A. & M. PRENZEL (Hrsg.): Interesse, Lernen, Leistung. – Münster.

WILDE, M. – D. URHAHNE – S. KLAUTKE (2003): Unterricht im Naturkundemuseum: Untersuchung über das „richtige" Maß an Instruktion. – ZfDN 9:125-134.

WILDE, M. & K. BÄTZ (2006): Einfluss unterrichtlicher Vorbereitung auf das Lernen im Naturkundemuseum. – ZfDN 12: 77-89.

WILLAND, H. (1994): Naturwissenschaftliche Bildung in Sonderschulen. – In: RIQUARTS, K. et al. (Hrsg.): Naturwissenschaftliche Bildung in der Bundesrepublik Deutschland Band II. – Kiel.

WILMANNS, O. (1971): Ökologie und moderner Naturschutz. – Biol. in unserer Zeit (ohne Bd. Nr.) 1147-1156.

WILSON, E. O. (1977): Sociobiology. – Cambridge.

WILSON, V. L. (1983): A Meta-Analysis of the Relationship between Science Achievement and Science Attitude. – J. Res. Science Educ. 20:839-850.

WINKEL, G. (1978a): Das Pflegerische als Leitidee der Schule unter besonderer Berücksichtigung des Biologieunterrichts. – Prax. Biol. 26:163-170.

WINKEL, G. (1978b): Naturkundemuseum und Schule. – UB 24/25:4-15.

WINKEL, G. (1986): Biologie im Schullandheim. – UB 186:4-12.

WINKEL, G. (Hrsg.) (1985): Das Schulgarten-Handbuch. – Seelze.

WINKELER, R. (1980): Verkehrserziehung. – In: ROTH. L. (Hrsg.): Handlexikon zur Didaktik der Schulfächer. – München.

WINKLER, U. (1989): Leserbrief zu einem Aufsatz „Mikroorganismen im Biologieunterricht". – Biologie heute Nr. 369: 6.

WINNENBURG, W. (1987): Sachunterricht – Quo vadis? – SMP 15:382-389.

WIRTH, J. & D. LEUTNER (2003): Problemlösen – eine fächerübergreifende Kompetenz? – In: BAUER, A. et al. (Hrsg.): Entwicklung von Wissen und Kompetenzen im Biologieunterricht. – Kiel (IPN).

WISNIESWKI, H. (1994): Einsatzmöglichkeiten, kognitive Effizienz und emotionale Wirkung ausgewählter Schulfernsehsendungen im Biologieunterricht der Realschule. – Münchner Schr. z. Didaktik Biologie 9.

WITTE. H. (1974): Zur Rollenproblematik und zum Selbstverständnis des Lehrers. – Heidelberg.

WITTKOWSKE, ST. (1997): Sachunterricht im Schulgarten. – In: MEIER, R. et al. (Hrsg.) (1997): Sachunterricht in der Grundschule. – Beitr. Reform der Grundschule Bd. 101.

WITTROCK; M. C. (1986) (Hrsg.): Handbook of Research on Teaching, 3. Ed. – New York.
WOLF, A. (1981): Prinzipien des Unterrichts. – In: TWELLMANN, W. (Hrsg.): Handbuch Schule und Unterricht, Bd. 4.1. – Düsseldorf.
WÖLLERT, W. (1990): Wahlverhalten in der Sekundarstufe II. – MNU 43:439-443.
WOOD-ROBINSON, C. (1995): Children's Biological Ideas: Knowledge About Ecology, Inheritance, and Evolution. – In: GLYNN, S. M. & R. DUIT (Hrsg.): Learning Science in the Schools: Research Reforming Practice. – New Jersey (USA).
WRAGG, E. C. (Hrsg.) (1984): Classroom Teaching Skills. – London.
WUKETITS, F. M. (1979): Die Bedeutung des Systemdenkens in der Biologie. – Biol. in unserer Zeit 9:73-79.
WUKETITS, F. M. (1981): Biologie und Kausalität. – Hamburg.
WUKETITS, F. M. (1982): Biophilosophie heute – Argumente, Probleme, Perspektiven. – MNU 35:65-76, 206-208, 332-335, 460-462.
WUKETITS, F. M. (1983): Biologische Erkenntnis: Grundlagen und Probleme. – Stuttgart.
YAGER, R. E. (1982): The Crisis in Biology Education. – ABT 44:128-135.
YAGER, R. E. (1984): The Major Crisis in Science Education. – School Science and Mathematics 84:189-198.
YAGER, R. E. (1995): Constructivism and the Learning of Science. – In: GLYNN, S. M. & R. DUIT (Hrsg.): Learning Science in the Schools: Research Reforming practice. – New Jersey (USA).
ZABEL, E. (1965): Untersuchungen über die Bedeutung der Sippenkenntnis und über Prinzipien der Auswahl von Sippen für den Unterricht. – Biol. Schule 14:489-504.
ZABEL, E. (1988): Auswahl von Vorträgen des III. Symposiums zur Methodik des Biologieunterrichts. – Greifswald.
ZABEL, E. (1994): Konzeptionen und Entwicklungen des interdisziplinären, projektorientierten Lernens im Biologieunterricht der neuen Bundesländer (vor 1989). – In: BAYRHUBER, H. et al. (Hrsg.): Interdisziplinäre Themenbereiche und Projekte im Biologieunterricht. – Kiel (IPN).
ZABEL, E. (1998): Beiträge zur Fachdidaktik Biologie aus drei Jahrzehnten (1965 bis 1997). – Güstrow (Selbstverlag).
ZABEL, E. (Hrsg.) (1991): Differenzierter Biologieunterricht im Rahmen der Erneuerung der Schule. – Königstein.
ZABEL, E. (1995): Vermittlung von Sippen-(Formen-)kenntnissen in einem allgemeinbiologisch orientierten Unterricht. – In. MAYER, J. (Hrsg.): Vielfalt begreifen – Wege zur Formenkunde. – Kiel.
ZACHARIAS, R. (Hrsg.) (1981): Allgemeine Didaktik und Fachdidaktik. – Zeitschr. Erziehungswissenschaft und Beruf, Päd. Reihe H. 2.
ZAHORIK, J. A. (1995): Evaluation. – Heidelberg.
ZIECHMANN, J. (HRSG.) (1980): SACHUNTERRICHT IN DER DISKUSSION, KONZEPTE UND PROJEKTE DES MODERNEN SACHUNTERRICHTS. – BRAUNSCHWEIG.
ZIEMEK, H. –P. (2003): Die Arbeit im Schülerlabor. – IDB 12: 77-82.
ZILLIG, M. (1961): Mädchen und Tier. – Heidelberg.
ZIMMER, D. E. (1988): Weißt Du, wie viel Wörtlein – Zahlen, Fakten und Vermutungen über ein immer wichtigeres Thema: Die Menge der Wörter. – Die ZEIT v. 4.11.1988.
ZIMMERLI, E. (1970): Tragt Sorge zur Natur. – Aarau.
ZIMMERMANN, H. (1891): Handbuch für den Anschauungsunterricht und die Heimatkunde, 2. Bd. – Braunschweig.
ZÖLLER, W. (1971): Die Erstellung informeller Tests. – BU 7, H. 1:11-26.
ZÖLLER, W. (1974a): Testähnliche Verfahren zur Ermittlung des Lehr- und Lernerfolges im Biologieunterricht. – MNU 26:501-506.
ZÖLLER, W. (1974b): Einige Anmerkungen über abwertende Haltungen gegenüber Naturwissenschaften. – MNU 27:463-467.
ZÖLLER, W. (1975): Über Zweck, Formen und Lernziele von Testaufgaben; mit Beispielen aus Themenbereichen der Mittel- und Oberstufe. Teil 1 u. 2. – Prax. Biol. 23:317-319; 24:11-16.

Zöller, W. (1977): Einige Anmerkungen zum „Relationsindex“ im Rahmen der Leistungsbeurteilung im Biologieunterricht. – MNU 30:242-243.

Zubke, G. & J. Mayer (2003): Ökologisches Verständnis und Umwelthandeln im schulischen und außerschulischen Kontext. – In: Bauer, A. et al. (Hrsg.): Entwicklung von Wissen und Kompetenzen im Biologieunterricht. – Kiel (IPN).

Stichwortverzeichnis

A

Abbilddidaktik 27, 32, 61
Abfolge Themen 16, 22, 57, 81, 82
Abitur 27, 28, 64, 152, 160, 161, 171, 196, 262, 263, 264, 265, 266, 299, 302, 304, 309
Abituranforderungen 350
Abiturprüfung 152, 160, 161, 302
Abschreiben Texte 188, 189
Abstammung 65, 66, 222, 320, 322
Abstammungslehre 263
Abstrakte Begriffe 121
Abstrakte Denotation 121
Affektive Lehrziele 51
Affektivität 51
Allgemeinbildung 30, 64, 72, 136, 267, 276, 291
Allgemeinbiologische Themen 59, 61, 266
Allgemeinbiologische Themen/Interesse 115
Allgemeine Biologie 20
Allgemeine Biologiedidaktik 22
Allgemeine Formale Bildung 33
Alltagsbegriff 84
Alltagsdidaktik 240
Alltagsnamen 122
Alltagssprache 123, 189
Alltagsvorstellungen 132
Alternativmedizin 37
Animation 201, 202, 203, 206
Anschaulichkeit 163
Anspruchsniveau 219
Anthropina 320
Anthropologie 275, 321
Arbeiten im Lernzirkel 197
Arbeitsblatt 191
Arbeitsheft 188
Arbeitsmethode 162, 183, 197, 213
Arbeitsschulbewegung 264, 271
Arbeitsunterricht 76, 234, 235, 264, 271
Arbeitsweisen für Schüler/Überblick 163
Arbeitszeit zu Hause 192
Arteninteresse 114, 142, 143, 147
Arteninteresse Genese 147
Artenkenntnis 136
Artenmonographie 58, 244, 286
Arten-Spiele 147
Artensteckbrief 58
Artname 124, 125, 146
Assoziatives Umfeld 121, 135
Ästhetik 41, 148, 318
Ästhetisierender Biologieunterricht 267, 268
Attribute Begriff 120
Aufgabendidaktik 306
Aufgabenkultur 191
Aufgabentypen 156
Aufgeschlossenheit für Biologie 96
Aufklärung 138, 170, 261
Äußere Geschichte Biologieunterricht 259
Außerschulischer Lernort 17, 226, 228, 271
Aufsatz 159, 241
Aufsatzform 153
Ausbilder 102
Ausbildung Sachunterricht 281
Ausflug 51, 227
Ausmerze 272
Auswahl Inhalte 16, 18, 22, 24, 27, 42, 43, 50, 57, 62, 63, 66, 71, 77, 79, 80, 88, 110, 165, 243, 274, 290, 292, 309
Auswahlkriterium 290, 291, 296
Autoritätsbedürfnis 108

B

Barockzeit 79
Basiskonzepte 28, 29, 73, 74
Basiswissen 30, 31, 43, 62, 127, 274, 291, 304, 328
Beantworten 53
Bedürfnis nach Zustimmung 109
Begeisterungsfähigkeit/Lehrer 99
Beginn Arteninteresse 142
Begriffe Biologieliteratur 94, 126
Begriffe Hauptschule 287, 297
Begriffe Lehrpläne 124, 128, 131
Begriffsauswahl 84, 118, 124
Begriffsüberfrachtung 119
Begriffsbildung 93, 105, 111, 118, 130
Begriffsdefinition 120, 157
Begriffseinführung 83, 85
Begriffshäufigkeit 177
Begriffshuberei 119
Begriffsinhalt 126, 293
Begriffslernen Schüler 105, 118, 125, 127, 128, 130, 131, 134, 175, 285
Begriffsname 17, 77, 121, 134, 135, 166, 245, 285, 293
Begriffsnetze 68, 82, 127, 128, 129, 285
Begriffsnetz Erstellung 20, 44, 56, 85, 129, 131, 135, 150, 156, 159, 196, 243
Begriffsökonomie 119
Begriffsorientierte Sequenzierung 83
Begriffssystem 83, 119
Begriffstraining 160
Begriffsumfang 121
Begriffsverwendung/Schulbücher 124
Begründete Ableitungssysteme 63

Begründeter Lehrplan 55, 56
Behandlung Lebensgemeinschaften 59
Behinderte 276, 287, 321
Benotung 152, 161
Beobachten 32, 53, 59, 68, 74, 180, 181, 182, 197, 233, 263, 270, 292
Beobachtungsaufgabe 178, 179
Beobachtungsfähigkeit 182
Bereichsdidaktik 306
Berufsbezogenes Studium 102
Beschriftung Abbildungen 157, 166
Bestimmungsübung 145
Bestimmungsschlüssel 146, 206, 229, 287
Beurteilen von Schülern 149
Beurteilungskriterium 192
Beurteilung Unterrichtsstunde 105, 240, 254, 257
Bewertungsindex 152
Bewertungskompetenz 75, 328
Bewertungsmaßstab 45, 152
Bewertungs-Rollenspiel 225
Bezugswissenschaft 19, 27, 33, 270, 273
Bilder besprechen 163
Bildmontage 179
Bildsprache 162
Bildung 16, 21, 27, 28, 32, 40, 71, 72, 80, 82, 83, 108, 109, 262, 275, 309, 325
Bildungsinhalt 34
Bildungsstandards 22, 28, 29, 36, 43, 60, 71, 72, 74, 78, 87, 92, 136, 165, 196, 271, 273, 295, 302, 306, 313, 326
Bildungstheoretische Didaktik 242
Bildungswert 237, 242, 270
Bildungswert Naturwissenschaften 34
Bildungsziel 20, 72
Bioethik 318
Biokybernetik 273
Biological Awareness 96, 304
Biological Sciences Curriculum Study 61
Biologiebuch 55, 128, 162
Biologiedidaktik 16
Biologiedidaktik Aufgaben 16, 21, 22, 104, 122
Biologiedidaktik DDR 265
Biologiedidaktik Definition 19
Biologiedidaktik Frankreich 274
Biologiedidaktik Studienrahmenplan 104
Biologiedidaktik Wissenschaft 104, 243
Biologiedidaktische Begriffe 128
Biologieheft 188
Biologie im Freien 136, 228
Biologiekurs 145, 303
Biologiesammlung 144, 180
Biologieschulbuch 24, 164, 165, 168
Biologie und Bildung 64
Biologieunterricht England/ USA 274
Biologieunterricht Freiland 41, 59, 64, 105, 110, 146, 228, 268, 273, 293, 296
Biologieunterricht Gymnasium/SEK II 125, 299
Biologieunterricht Haupt- und Realschule 293, 295, 296, 297, 299
Biologieunterricht NS-Zeit 16, 37, 264, 271, 273
Biologieunterricht Sonderschule 288, 294
Biologieunterricht Türkei 275, 278
Biologische Arbeitsweisen 162
Biologische Exkursion 17, 228, 283
Biologisches Denken 98
Biologische Texte schreiben 189, 190
Biologismus 312
Biophilosophie 312
Biophilosophische Fragestellungen 92, 312
Bioästhetik 36
Biotechnik 98
Biozentrismus 322
Bipolarität 98
Blended Learning 207, 208
Botanischer Garten 105, 229
BSCS 50, 61, 276
Burnout-Syndrom 107

C

Computerbasierte Bestimmungshilfen 206
Computereinsatz 197, 199, 202
Computerexperiment 203, 204, 205
Computerprogramm 199
Computer Simulationen 183, 200, 203
Computersimulation Experiment 172, 176
Concept-Maps 128
Courseware 206
Curriculum 62, 79
Curriculumansatz 56
Curriculum-Determinanten 30, 42
Curriculum-Entwicklung 79
Curriculumreform 56,79,265

D

Datenbank 97, 207, 209, 221, 222, 240, 244, 305, 327
DDR Biologiedidaktik 265
Definition Begriff 120
Demonstration 177, 185
Demonstrationsexperiment 20, 113, 168, 175, 176
Denk- und Arbeitsweisen 294
Denotation 121
Dia 146, 177, 178, 215
Didaktische Analyse 242
Didaktische Induktion 169, 187
Didaktische Rekonstruktion 246
Didaktisches Experiment 20
Differenzierung 155, 289, 307
Diktieren Texte 189
Direktes Lernen 220
Distraktor 158
Distraktorenanalyse 158
Disziplin 19, 25, 154, 227, 258, 267, 270, 305, 312, 325

Dominanz Schülerbedürfnisse 36
Drill-and-practice-Programm 205
Dualismus 261, 316

E

Edutainment-Programm 206
Eigenaktivität Schüler 183
Eigenschaften von Modellen 185
Eigenständigkeit der Biologiedidaktik 19
Eigenwert von Lebewesen 51
Einführendes Experiment 171
Einstellung 25, 37, 38, 39, 40, 41, 42, 47, 48, 51, 52, 53, 70, 71, 109, 110, 113, 120, 138, 139, 141, 143, 144, 145, 146, 148, 150, 169, 170, 175, 228, 231, 255, 276, 277, 290, 296, 318, 326, 328
Einstieg 110, 117, 178, 197, 213, 215, 249, 253, 256
E-Learning 207, 208
Elementar 88
Emergente Eigenschaften 315
Empirie 19
Enrichment-Modell 163
Entdeckendes Lernen 90
Entelechie 315
Entwurf Unterrichtsstunde 240, 244, 246, 270
Ergänzungsaufgabe 155, 157
Erkenntnisproblem 317
Erklären 166, 170, 216, 217, 218, 258
Erklärungsmodell Desinteresse 108
Erlebnispädagogik 36, 37
Erste Phase Lehrerausbildung 101
Erzählen 216
Esoterik 325
Esoterisches Denken 325
Evolution 18, 29, 47, 54, 65, 66, 88, 89, 93, 105, 115, 133, 182, 207, 218, 236, 260, 263, 266, 277, 295, 297, 298, 301, 302, 304, 307, 308, 311, 314, 316, 317, 319, 320, 321, 322, 323, 324, 327
Evolutionäre Ausstattung 327
Evolutionäre Erkenntnistheorie 317
Evolutionäre Ästhetik 39
Exemplarisches Prinzip 62, 87
Existenzbiologie 31, 81, 239
Exklusives-Inklusives Denken 99
Exkursion 97, 105, 110, 140, 144, 145, 189, 227, 228, 229, 296
Experiment 19, 20, 22, 24, 26, 34, 45, 49, 55, 59, 68, 69, 74, 75, 79, 89, 90, 97, 98, 100, 105, 113, 119, 149, 161, 168, 169, 170, 171, 172, 175, 176, 180, 182, 184, 186, 189, 193, 203, 213, 216, 219, 229, 231, 233, 243, 244, 246, 257, 258, 261, 265, 272, 274, 277, 284, 292, 302, 303
Experimentalunterricht Begriff 168
Experimentalunterricht, Begriff 175
Experiment Effektivität 20, 135, 172, 174, 176
Experiment-Ziel 170
Expertenwissen 97

F

Facharbeit 195, 196
Fachdidaktische Ausbildung 300
Fächerübergreifendem Unterrich 306
Fachgemäße Arbeitsweisen 105
Fachleiter 254
Fachmann Biologiedidaktik 97
Fachorientierung 32, 237
Fachsystematik 19
Fachterminus 122, 123, 134
Fachübergreifender Unterricht 291, 306, 310
Fachübergreifende Themen 22, 68, 103, 188
Falsifizierung 175
Faszination 147
Fehlvorstellungen 133
Feiertagsdidaktik 240
Feinsequenzierung 83
Feinziel 46
Fernsehfilm 114, 177
Film 114, 124, 143, 147, 177, 178, 179, 216, 243, 257
Film Effektivität 162, 163, 172, 177, 178
Filmgestützter Unterricht 177, 178
Filtersystem 82
Fließdiagramm 129, 159
Fünf-Minuten-Biologie 145, 146, 147
Förderschule 287
Formale Bildung 33
Formale Unterrichtsprinzipien 235
Formenkenntnis 136
Formenkunde 136, 234
Forschungsanaloges Experiment 171
Fortbildung 25, 71, 100, 101, 237, 266, 282, 313
Fragend-entwickelnder Unterricht 219
Fragend-entwickelndes Unterrichtsgespräch 218
Frauenrolle 272
Freilandbiologen 138
Freilandlabor 228, 230
Freilandpädagogik 227
Freilandunterricht 145, 228, 229, 232, 293, 294
Freizeitaktivität 138, 296
Freizeitverhalten 114, 286
Frontalunterricht 216, 218, 220, 221, 302
Fundamentale Erkenntnis 93, 316
Fundamentales 88, 92, 93, 94, 99, 312
Funktion Leistungsmessung 105, 154
Funktionsmodell 184

G

Ganzheitlicher Biologieunterricht 237
Ganzheitlichkeit 234, 237, 238, 239, 309
Ganzheitsmedizin 238
Ganztagsschule 267
Garten 98, 105, 227, 229, 230, 259, 271, 296
Geburtstagspflanze 287
Geburtstagstier 287
Gedankenexperiment 166, 203
Geist 34, 246, 259, 268, 275, 276, 282, 287, 316, 317, 321, 324
Genetik 52, 55, 61, 65, 105, 115, 122, 215, 266, 277, 302, 304, 305, 321
Genetisches Lernen 89, 91, 130
Genetisches Lernens 89
Gentechnik 54, 105, 127, 166, 206, 319
Genussmotiv 36
Gesamtschule 131, 295
Gesamtunterrichtsbewegung 238
Geschichte Biologieunterricht 260
Geschlossene Bilder 167
Gesellschaftsrelevanz 30, 42, 62, 76, 80, 224, 241, 242, 290
Gesundheitserziehung 22, 32, 64, 65, 208, 248, 283, 291, 300, 306
Glaubensaussage 165
Globalziel 43, 46
Grenzüberschreitung 314, 316
Grenzen unserer Erkenntnis 92
Gründe Begriffsvermittlung 118
Grobsequenzierung 83, 85
Grobziel 46
Grundansatz Biologieunterricht 165
Grundbegriff 82, 127, 133, 134, 283
Grundbegriffsliste 84
Grundbildung 28, 72, 74, 76, 229, 277, 307, 309
Grundfragen der Biologie 42, 60, 190, 312
Grundkenntnisse Lehrer 98
Grundkurs S II 301
Grundregeln Lehrerverhalten 24
Grundschüler 41, 99, 103, 141, 163, 231, 280, 281, 284, 286, 309
Grundschule 36, 47, 52, 58, 69, 71, 94, 110, 111, 113, 114, 145, 155, 166, 229, 237, 244, 260, 278, 280, 281, 285, 286
Grundschulpädagogik 282
Grund-Vokabular 119
Grundwissen 90, 126, 194, 266, 285, 291, 301, 303, 304
Gruppenarbeit 34, 91, 117, 130, 191, 197, 221, 222, 243, 246, 250, 256
Gruppenpuzzle 187
Gütekriterium Test 154
Gymnasiallehrer 26, 102, 103, 277, 300
Gymnasium 125, 262, 264, 272, 276, 299, 305

H

Handlungsbereitschaft 22, 73, 144
Handlungsorientierung 183
Hardware 199
Hauptaufgaben Biologiedidaktik 21
Hauptschüler 266, 293, 296
Hauptschulabschluss 296
Hauptschule 59, 217, 288, 293, 295, 297, 299, 308
Hausarbeit 188, 189
Hausaufgaben Effektivität 155, 167, 187, 188, 192, 193, 194
HausaufgabenSchulbuch 167
Hausheft 188
Haustier 64, 193, 284
Heimatbegriff 41
Heimatkunde 105, 271
Heimatliebe 138
Herbar 113, 146
Hermeneutik 20
Hermeneutische Methoden 20
Holismus 322
Homologie 47, 88, 89, 93, 121, 218, 236, 298
Homöopathie 326
Hospitation 254
Humanbiologie 101, 105, 134, 208
Hypothese 23, 24, 49, 63, 70, 72, 75, 91, 117, 151, 166, 170, 171, 172, 175, 182, 192, 199, 219, 222, 257, 263, 282, 292, 327

I

Identismus 320
Identitätstheorie 316
Impulsfrage 25, 67, 89, 91, 187, 219, 243, 256
Indoktrination 51
Induktion / Grundschule 69
Induktion/Grundschule 69
Informationsdichte in Filmen 178
Informeller Test 157
Informelle Tests 155
Inhalte Sachunterricht 284
Inhaltliche Struktur 17, 18
Inputsteuerung 71
Integrierter Naturwissenschaftlicher Unterricht 306
Interaktionistische Modell Kultur/ Natur 327
Interesse 109
Interesse Allgemeinbiologie 115
Interesse an Arten 114, 138, 140, 141, 143, 287
Interesse Botanik 114, 138, 142, 175
Interesse der Schüler 107
Interesse Humanbiologie 114
Interessensdoktrin 107
Interessenserosion 111
Interessens-Förderung 109
Interessensgenesehypothese I 107
Interessensgenesehypothese II 108
Interesse Umweltschutz 114, 115, 142
Interesse Zoologie 114, 142
Interessiertheit 109
Internet 105, 188, 199, 201, 203, 206, 207, 208

K

Kausalität 98
Kennenlernen Arten 136, 145, 284
Kennzeichen Lebewesen 64, 316
Kennzeichen Lehrplan 80
Kerncurriculum SII Biologieunterricht 300
Klassenarbeit 151, 152, 197
Klassenarbeitsheft 188
Klassenklima 112, 247
Klassenmaßstab 152
Klassenspiegel 152
Klassenunterricht 145, 146, 226, 293
Kleinschrittiges Lehrziel 45
Kochbuchmethode 169
Kognitionsforschung 35
Kognitionspsychologie 108, 119
Kognitive Integration 98
Kognitiver Konflikt 215
Kognitives Lehrziel 47
Kognitive Unterrichtsprinzipien 235, 236
Kognitiv-Formale Lehrziele 49
Kognitiv-Formaler Lehrziele 50
Kognitivistische Wende 205
Kollative Eigenschaften 213
Kommerzgesellschaft 36
Kommunikationsfähigkeit 221
Kompetenz 26, 27, 28, 29, 31, 32, 40, 42, 43, 45, 47, 48, 50, 51, 56, 61, 62, 64, 66, 68, 69, 71, 72, 73, 74, 75, 77, 78, 86, 87, 89, 91, 95, 99, 101, 104, 125, 138, 149, 181, 183, 191, 192, 196, 197, 199, 202, 207, 213, 224, 225, 231, 234, 237, 242, 243, 267, 273, 277, 282, 295, 300, 302, 310, 313, 326, 328
Kompetenzbereiche 29, 42, 73, 74, 75, 77, 161, 187
Kompetenzen/Evaluation 75
Kompetenzerweiterung Experiment 169
Kompetenzstufen 75, 152
Konflikt-Rollenspiel 225
Konnotation 121
Konstruktivismus 66
Konstruktivistische Prinzipien 66
Kontextualisierung 97
Kontrollversuch 168, 169
Konzept 121
Konzeptionsmodell 185
Kooperatives Lernen 221
Kopfdaten 244
Kopf-Schwanz-Methode 58
Korrektur 153, 154, 158, 193, 196
Kreationismusproblem 323
Kreationist 164, 323, 324
Kriteriengeleitetes Vergleichen 182
Kritik Curriculumreform 81
Kritisches Attribut 120
Kulturheuchelei 51
Kumulatives Lernen 68
Kursstrukturpläne 299
Kursunterricht 265, 300
Kurzantwortaufgabe 155, 157
Kurzzeitexperiment 171

L

Labor 98, 180, 196, 203, 205
Landheimaufenthalt 232, 233
Landheimunterricht 232
Landschaft Erlebnis 39
Langeweile 25, 109, 140, 232
Langzeitbehalten 175
Langzeitexperiment 171, 176
Lückentext 157, 191, 285
Lebens-Begriff 316
Lebensbezug 291, 309
Lebensgemeinschaft 270
Lebenslanglernen 71
Lebensphilosophie 53, 54
Lehramtsanwärter 102
Lehramtsprüfung 262, 264
Lehramtsstudiengang 103, 104
Lehranfänger 102
Lehren Naturbegabung 23
Lehrereigenschaft 99
Lehrererzählung zu Arten 145
Lehrerexperimen 175
Lehrerfolg 99, 129
Lehrerfortbildung 101
Lehrerfrage 219, 220
Lehrerrolle 197
Lehrer-Schüler-Interaktionen 24
Lehrervortrag 170, 212, 216, 217
Lehrerwissen 97, 100
Lehrerzentrierter Unterricht 163, 220, 302
Lehrfilm 177
Lehrform 70, 91, 170, 172, 176, 212, 213, 216, 218, 220, 221, 222, 223, 225, 226, 234, 235, 243, 244, 256, 283
Lehr-Lernprogramm 200
Lehrpfad 228, 230
Lehrplan 55
Lehrplan Ableitungs-Schemata 24
Lehrplanentscheidung 16, 82
Lehrplantheorie 22, 24
Lehrprobe 50, 87, 244
Lehrverfahren 66
Lehrwanderung 228
Lehrziel 43
Lehrziel-Hierarchie 47
Lehrzielkatalog 43
Lehrzielkontrolle 43
Lehrzielorientierte Leistungsmessung 151
Lehrzielorientierung 151
Lehrziel-Taxonomie 47
Leib-Seele-Problem 261, 316
Leistung 150
Leistungsanspruch 99
Leistungsbeurteilung 154
Leistungskontrolle 43
Leistungskurs S II 301
Leistungsmessung 105, 149, 150, 151, 152, 154, 155, 157, 158, 159, 223, 277
Leistungsmessung Funktion 105, 154
Leistungsmotiv 109
Leistungsnachweis 156
Leitidee 55, 56, 234, 324
Leitziel 27
Lernangebote in WWW 207
Lernbehinderte Jugendliche 288

Lernbehindertenpädagogik 288
Lernbehinderung 289, 290
Lernbereitschaft 109, 249, 280, 281, 290, 296
Lerneffekt 24, 46, 167, 178, 192, 199, 232, 274, 307
Lernen mit Computern 199
Lernerfolg 48, 58, 99, 107, 126, 127, 130, 131, 143, 148, 168, 169, 176, 178, 183, 188, 205, 206, 216, 285, 289, 293
Lernförderung 291
Lernhilfe 154, 207, 288, 291
Lernmotivation 213
Lernprozess 19, 46, 55, 66, 68, 69, 83, 89, 105, 107, 118, 136, 154, 201, 206, 223, 237, 294, 295, 298, 300
Lernpsychologe 97, 134
Lernstörung 289
Lernstufe 290
Lernvermögen 131, 319, 320
Lernzeit 18, 197, 205, 206, 293
Lernziel 43
Lesbarkeit Schulbuch 167
Lesbarkeit Text 167, 329
Lieblingsthema 242
Lippstädter Fall 263
Literaturauswertung 97, 240
Literatur zitieren 189, 241
Lob 25
Logischer Kern 121

M

Map 84, 128, 163
Materiale Bildung 33
Mathematisierung 92
Mechanismus 238, 261
Medien 162
Medienangebot 243
Medienauswahl 163
Medien Effektivität 105, 162, 274
Medien-Theorien 162
Medienvergleich 162
Mehrfachwahlaufgabe 156
Meisterlehre 23
Memory 146, 194, 287
Menschenbild 19, 320
Menschenkunde 16, 266, 271, 287
Menschentypen/Wahrnehmung 163
Mentor 254
Merksatz 166
Methoden-Grenz-Problem 314
Methodenorientierung 68
Mikroskopieren 105, 113, 150, 169, 308
Misconceptions 133
Modell 21, 41, 45, 48, 74, 76, 80, 84, 87, 89, 98, 104, 121, 130, 147, 153, 162, 163, 165, 177, 178, 180, 184, 185, 186, 200, 202, 215, 220, 238, 240, 242, 246, 274, 283, 306, 308, 316, 322, 323, 325, 327, 328
Modell-Anwendungstraining 186
Modellbildung 186
Modell-Typen 184
Modellversuch 20, 77, 184, 307
Momentane Lernbereitschaft 109
Momentane Lernmotivation 213
Monographien 58
Motivation 72, 73, 90, 91, 99, 104, 105, 109, 117, 171, 197, 201, 203, 205, 213, 216, 217, 255, 258, 293, 294, 309
Multimedia-Lernprogramme 201
Multiple-choice-Test 158
mündliches Abfragen 159
Mündliches Abitur 161
Museumspädagogik 231
Mut zur Lücke 88

N

Natur 23, 29, 36, 38, 39, 40, 41, 59, 136, 140, 143, 145, 261, 268, 292, 293, 311, 312, 313, 316, 318, 322, 327
Naturalistischer Fehlschluss 319
Naturbegegnung 36, 38, 40, 105, 114, 115, 143, 144, 147, 227, 232, 289
Naturerlebnis 318
Naturgeschichtlicher Unterrichts 260
Naturkundliches Museum 105, 231
Naturobjekt 38, 40, 140, 143, 161, 162, 177, 178, 179, 180, 182, 183, 185, 199, 289
Naturobjekt Auswahlkriterien 179
Naturphilosophie 312
Naturschutz 22, 29, 42, 52, 53, 58, 64, 65, 66, 87, 114, 115, 119, 136, 138, 139, 140, 142, 143, 144, 153, 164, 177, 215, 220, 224, 225, 228, 229, 231, 232, 243, 268, 286, 291, 296, 314, 319, 322, 323
Naturschutzaktivität 97, 144, 296
Naturschutzerziehung 22, 64, 230, 306
Naturschutz-Ethik 323
Naturschutzprojekt 110, 233
Naturschutzzentrum 228
Naturverbundenheit 36, 37, 41, 53, 63
Naturwissenschaftliche Grundbildung 28, 72, 307
Nebengeordneter Begriff 130
Noten 100, 149, 150, 154, 303
Notengebung/Klassenspiegel 152
Notenspiegel 152
Nuffield Biology Texts 61

O

Oberstes Lernziel 27
Oberstufenreform 300
Objektivierte Leistungsmessung 151
Objektivierung Lehrpläne 80
Offene Bilder 167
Offener Unterricht 69
Offenes Programm 206
Offenheit im Unterricht 69
Ökologisches Konzept 60

Ökosystem 60
Ontologie 315
Open Education 70
Operationalisierbarkeit 51
Organismische Biologie 315
Originalquellen 186
Originaltext 187
Originaltexte 186
Outputsteuerung 71

P

Parawissenschaft 326
Pathozentrismus 322
Pädagogische Ethik 52
Pfadanalyse 138
Pflanzentisch 146
Philosophie 96,102,276,312
Philosophieunterricht 33
Phänomene Bedeutung 62, 65, 89
Physikunterricht 263
PING-Projekt 307
PISA 16, 28, 30, 32, 55, 62, 68, 71, 72, 75, 77, 81, 87, 89, 91, 94, 104, 131, 149, 151, 152, 195, 216, 243, 260, 264, 266, 275, 283, 284, 297, 300, 302, 304
Plagiat 189
Planungsmatrix 240
Planung Unterricht 46, 69, 87, 241, 243
Politische Ideologisierung 264
Praxisschock 254
Prädikator 120
Prüfungsanforderungen 152, 160
Primarstufe 69
Primarstufe Begriffslernen 285
Prinzip des Unterrichts 234, 313
Prinzipmodell 185
Problemlösefähigkeit 33, 55, 77, 90, 91, 127, 130, 221
Problemlösekompetenz 301
Problemlösestrategien 91
Problemorientierte Materialsammlung 195
Problemorientiertes Lernen 91
Programmierte Unterricht 45
Projekt 22, 42, 100, 110, 161, 163, 205, 206, 207, 223, 224, 231, 232, 258, 306, 307, 310
Projektunterricht 184, 223
Projekt Vorteile 223
Projektwoche 223, 224
Propädeutik 64, 104, 234, 236, 300, 313, 324
Protokoll 45, 171, 172, 175, 180, 189, 227, 266
Prozessorientierung 68
Pseudo-fragend-entwickelnder Unterricht 216
psychomotorische Leistungen/Beurteilung 150
Psychomotorisches Lehrziel 47, 49
Psychomotorisch-Formale Lehrziele 49

Q

Qualitatives Experiment 169
Qualität von Programmen 201
Quantifizierung/Aufgaben 153
Quantifizierung Leistungsmessung 153
Quantitatives Experiment 169
Quelle (Text) 67, 89, 92, 114, 163, 183, 186, 187, 191, 208, 214, 241, 246, 249

R

Rahmenlehrpläne Sonderschule 289
Rahmenplan VDBiol 62
Realexperiment 168, 203
Realmodell 184
Realobjekt 179
Recherche Computer 199
Reduktionismus 315
Referendariat 100, 103
Reformpädagogik 238
Reliabilität Testgütekriterium 154
RichertscheSchulreform 264
Richtziel 27, 300
Robinsohn-Modell 80
Rollenspiel 163, 184, 225, 226

S

Saarbrücker Rahmenvereinbarungen 264
Sachanalyse 126, 245, 246, 247, 249
Sachbezogener Anreiz 109, 110
Sachlich-inhaltlicher Sachunterricht 282
Sachstrukturanalyse 294
Sachunterricht 22, 34, 36, 64, 69, 71, 99, 103, 105, 110, 132, 134, 143, 181, 194, 216, 237, 244, 260, 277, 280, 281, 282, 283, 284, 285, 286, 287, 290, 329
Schichten-Problem 315
Schüleraktivität 156, 163, 180, 183, 213, 265, 284
Schülerexperiment 163, 168, 171, 174, 175, 176, 213, 284
Schülerlabor 180
Schülerorientierung 70
Schülerrelevanz 30, 42, 62, 76, 80, 114, 224, 241, 250, 274
Schülervortrag 212,218,243
Schülerzentrierung 70
Schlüsselbegriffe 131
Schlüsselqualifikation 300
Schmeilscher Biologieunterricht 57
Schriftliche Arbeit 151, 190
Schulbuch 24, 31, 61, 83, 125, 137, 164, 165, 166, 167, 168, 189, 191, 192, 193, 194, 258, 268, 293, 297
Schulbuch Beurteilungskriterien 165
Schulbuch Funktion 164
Schule für Lernbehinderte 291
Schule Lernhilfe 287, 288, 289, 290, 291, 292, 293, 294, 295
Schulgarten 98, 105, 163, 227, 229, 230, 259, 271

Schwierigkeitsindex Test 157
Science Education 77, 112, 152, 274, 280, 282, 329
Scientific Literacy 30
Scientismus 27
Seele 36, 261, 311, 314, 316, 321
Sekundarstufe II 16, 27, 28, 60, 65, 105, 132, 159, 160, 186, 215, 216, 217, 220, 222, 237, 244, 261, 265, 273, 299, 301, 302, 303, 304, 305, 313, 327
Sekundärbiotop 229, 230
Selbstbeurteilung Unterricht 257
Selbsterkenntnis 18
Selbstverständnis 18, 92
Sequenzierung 82
Sequenzierungsproblem 82
Sequenzierungs-Problem 57
Sexualerziehung 20, 29, 64, 97, 103, 105, 164, 236, 273, 280, 283, 291
Simulation Computer 172, 176, 183, 200, 202, 203, 204
Sinnvolles Lernen 127
Sippenkenntnis 137
Situationsanalyse 62, 68
Situations-handlungs-sachorientierten Unterricht 282
Situiertes Lernen 68
Skizzen zeichnen 163
Sokratische Methode 66
Sonderschule 276, 287, 288, 289
Sonderstellung Menschen 321
Sozialdarwinismus 272, 320
Spezielle Biologie 20
Spezielle Biologiedidaktik 22
Spezifikationstabelle 151
Spiel 35, 65, 140, 218, 225, 241, 294
Spiralcurriculum 81, 289
Spiralprinzip 81
Standardisierter Test 157
Stationenlernen 197
Stillarbeit 212, 220, 253
Stoffanordnung 56, 82, 83, 104
Stoffauswahl 24, 27, 62, 94, 104, 243, 291
Strukturansatz 56
Strukturansatz Allgemeinbiologie 60, 61
Strukturansatz Kriterien 57
Strukturansatz Lebensgemeinschaften 56, 58, 59
Strukturansatz Monographie 58
Strukturansatz Offener Unterricht 69, 70
Strukturansatz Prozessorientierung 68
Strukturansatz Sachunterricht 64, 69
Strukturansatz Situationsanalyse 62
Strukturansatz Taxonomie 57, 79, 266
Strukturlernen 61
Strukturmodell 184
Struktur-niveauorientiertes Lernen 294
Studienseminar 103, 104, 246
Studierfähigkeit 300, 301
Studium Biologiedidaktik 100, 101, 102, 103, 105
Stufen von Kompetenz 75, 152
Stundenplanung 243
Stundenverlaufsplanung 46, 243, 244, 246
Stundenvorbereitung 25, 243, 244, 245
Substantielle Struktur 17, 19, 35
Suchmaschine 209
Supervisor 245, 254
Symbolsprache 162
Symbolsystem 162
Synchrone Kommunikation 207
Syntaktische Formale Bildung 33, 68
Syntaktische Struktur 18, 19, 68
Synthetische Unterrichtsmethode 271
Systemanalyse-Programm 203
Systemdenken 310
Systemeigenschafteni 315

T

Tafelbild 196
Tafeltext 189
Taxonomie 43, 47, 53, 57, 63, 76, 79, 81, 82, 83, 136, 266
Taxonomie affektiver Lehrziele 53
Taxonomie kognitiver Lehrziele 48, 219
Technikfeindlichkeit 37
Teilleistungsschwäche 289
Teleologieproblem 316
Teleonomie 317
Terminus 120
Test 20, 28, 75, 90, 128, 131, 146, 152, 154, 155, 156, 157, 158, 171, 191, 195, 206, 208, 231, 257, 258, 276, 293
Testarbeit 155
Testergebnis 154
Testform 158
Test-Gütekriterium 154
Test-Gütekriterium Objektivität 154
Test-Gütekriterium Trennschärfe 155
Textanalyse 187, 250
Texte schreiben 163, 189, 190
Textinterpretation 187
Themenabfolge 82
Themenauswahl 57, 62, 63, 71, 79, 88, 243, 309
Theorie 18, 314
Theorien 18
Theorien, Entwicklung 18
Tierbuch 114, 140, 143, 284
Tiergeschichten 144, 287
Transferforschung 33, 35
Trennschärfeindex 158
Träges Wissen 34, 220

U

Übungsheft 188, 190, 191, 196, 242
Umgangssprache 121, 122, 285
Umordnungsaufgabe 156
Unfallverhütung 98
Unsinniges Lernen 127

Unterrichtsbesuch 254
Unterrichtseinheit 63
Unterrichtsform 22, 55, 71, 199, 207, 217, 220, 221, 222, 225, 294, 302
Unterrichtsgespräch 67, 213, 218, 286
Unterrichtsparameter 71, 76, 87, 88, 92, 93, 94, 241
Unterrichtsprinzip 228, 234, 235, 236, 237, 289, 292, 306
Unterrichtsprogramm 45
Unterrichtsvorbereitung 52, 105, 164, 192, 199, 219, 235, 240
Unterrichtsvorbereitung, Internet 199, 208
Ursprüngliches Interesse/ Lebewesen 140
Urteilskompetenz 149, 328

V

Validität Testgütekriterium 154
Verfahrensorientierter Sachunterricht 282
Verfahrensorientierung 68
Vergleichen 182
Verhaltens-Problem 319
Verifikations-Experiment 171
Vermittlung Artenkenntnis 17, 29, 36, 58, 63, 145, 146, 228, 236, 259, 284, 286, 287
Vermittlungswissenschaft 23, 43, 102, 237, 274, 300
Vermittlungswissenschaftler 17, 24, 96
Verwendung von Fachtermini 123
Verwissenschaftlichung Lehrplan 80
Video 172, 177, 206, 207, 209, 231, 257
Virtuelles Labor 203, 205
Vitalismus 93, 315
Vitalismusproblem 315
Volksschule 59, 263, 268, 272, 273, 295
Volkstümliche Bildung 299
Vorbereitung Unterrichtseinheit 25, 240, 241
Vorbereitung Unterrichtsstunde 244, 245
Vorerfahrung 132, 289, 290, 294
Vorführen 213, 268
Vortrag 146, 161, 170, 180, 212, 216, 217, 218, 224, 227, 230, 243, 256
Vortragsdauer 217
Vorwissen 42, 83, 84, 132, 167, 187, 201, 206, 218, 219, 242, 253, 289

W

Wachsenlassen 261
Wagenschein (Exemplarisches Prinzip) 62, 66, 68, 76, 79, 87, 88, 90, 94, 95
Wahlpflichtfach 297
Wahlpflichtkurs 266, 310
Wahlpflichtunterricht 28, 297
Wahlverhalten S II 303
Wahrnehmen 53, 328
Wandertag 228
Wanderung 52, 136, 140, 143, 228, 286
Web-Based Instruction 207
Weiterbildung 63, 300
Weltbild 65, 96
Weltverständnis 71, 303, 312, 313, 323
Wertentscheidung 27, 57
Wiederholung 27, 49, 131, 154, 160, 178, 188, 194, 218, 256, 289
Willensfreiheit 93, 222, 312, 318
Wissen Bedeutung 34, 35, 107, 285
Wissensüberprüfung 23, 307
Wissenschaft 17
Wissenschaftliche Induktion 169
Wissenschaftlich orientierter Unterricht 237
Wissenschaftsfeindlichkeit 325
Wissenschaftsorientierung 234, 237, 282, 292, 293
Wissenschaftspropädeutik 312
Wissenschaftsrelevanz 30, 42, 62, 76, 80, 241, 242, 274
Wissenschaftssprache 122, 285
Wissenschaftstheorie 312
Wissensexplosion 80

Z

Zeichnung 180, 184, 194, 214
Zeitgeist 16, 20, 27, 96, 242, 259, 270, 273
Zeitungsausschnitte sammeln 243
Zentralabitur 152, 302
Ziel Biologieunterricht 29, 30, 31, 35, 104, 235
Zielfrage 27
Zoo 105, 113, 146, 163, 227, 230
Zoopädagogik 230
Zuordnungsaufgabe 155, 156, 157